国防特色学术专著·控制科学与工程

捷联式惯导系统动、静基座初始对准

王新龙 著

西北工业大学出版社

北京航空航天大学出版社　北京理工大学出版社
哈尔滨工业大学出版社　哈尔滨工程大学出版社

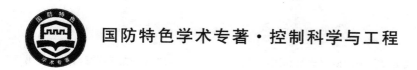

内容提要

本书主要根据作者与课题组成员多年来的研究成果和国内、外初始对准技术的最新进展撰写而成。全书内容共13章，全面阐述了捷联式惯导系统在航空、航天、航海以及地面运载体应用时的初始对准方法，包括捷联惯导静基座初始对准方法、捷联惯导多位置初始对准方法、捷联惯导晃动基座初始对准方法、捷联惯导动基座传递对准方法、神经网络技术在捷联惯导动、静基座初始对准中的应用方法以及旋转调制技术在初始对准中的应用等。为便于读者理解、掌握概念内涵，书中提供了大量详细的例题与仿真实例。

本书可作为从事导航技术研究与应用领域的研究者和工程技术人员的参考书，也可作为高等院校相关专业高年级本科生和研究生的教材。

图书在版编目(CIP)数据

捷联式惯导系统动、静基座初始对准/王新龙著．—西安：西北工业大学出版社，2013.9
ISBN 978-7-5612-3822-6

Ⅰ．①捷… Ⅱ．①王… Ⅲ．①捷联式惯性制导—研究 Ⅳ．①V448.131

中国版本图书馆CIP数据核字(2013)第216185号

捷联式惯导系统动、静基座初始对准

王新龙 著

责任编辑 杨 帆 雷 军

*

西北工业大学出版社出版发行

西安市友谊西路127号(710072) 发行部电话：029-88493844 传真：029-88491147

http://www.nwpup.com E-mail:fxb@nwpup.com

陕西向阳印务有限公司印装 各地书店经销

*

开本：787×1 092 1/16 印张：23 字数：562千字

2013年9月第1版 2013年9月第1次印刷 印数：2 000册

ISBN 978-7-5612-3822-6 定价：50.00元

前　言

由于惯性导航系统具有高度的自主性、隐蔽性以及信息完备性等特点，所以随着国民经济建设与国防建设的发展，惯性导航技术的应用日益广泛。目前，惯性导航不仅应用于航空、航天、航海等军事领域，例如飞机、航天器、导弹、舰船、潜艇中，而且已扩展到民用领域，如石油钻井、大地测量、航空测量与摄影、车辆以及移动机器人等的系统中。随着惯性元器件、现代控制理论与计算机技术的发展，捷联式惯性导航系统（简称捷联式惯导系统）以其体积小、质量轻、成本低、结构简单、可靠性高等特点，已成为惯性导航系统发展的主流和方向。初始对准作为捷联式惯导系统的一项关键技术，初始对准的精度关系到武器系统的打击命中精度，初始对准的速度决定了系统的快速反应能力（发射瞄准准备时间）。因此，捷联式惯导系统初始对准技术多年来一直受到国内、外惯导界的重视。

此前，国内、外出版了许多有关惯性导航系统原理的著作与教材，但绝大多数只用有限篇幅讲述了初始对准的基本原理与经典方法，而对广受关注的捷联式惯导系统初始对准部分讲述得不够完整、深入。多年来，笔者在国家自然科学基金(60304006)、航天创新基金、航天支撑基金、航空基金以及国家重点实验室基金等项目的资助下，会同课题组成员对初始对准技术进行了系统而深入的研究。本书即是对笔者这些研究成果的系统汇总。以研究和工程应用为目标，本书对捷联式惯导系统的初始对准问题进行了系统、全面、深入的论述，围绕捷联式惯导系统初始对准技术的有关概念、原理进行了系统阐述，注重从读者易于理解及工程应用的角度出发，反映当前捷联式惯导系统初始对准技术的新成就及今后的发展趋向。

本书共分 13 章。第 1 章简述了捷联式惯导系统的基本原理和初始对准的要求与特点；第 2 章论述了捷联式惯导系统的误差方程、可观测性和可观测度分析方法以及最优估计理论；第 3 章讲述了捷联式惯导系统静基座初始对准的实现方法；第 4 章讲述了捷联式惯导系统静基座多位置初始对准方法；第 5 章讲述了捷联式惯导系统晃动基座的初始对准方法；第 6 章讲述了捷联式惯导系统动基座传递对准理论与方法；第 7 章讲述了无初始姿态信息条件下捷联式惯导系统空中对准方法；第 8 章讲述了舰载武器快速传递对准方法；第 9 章讲述了双惯组精确传递对准方法；第 10 章、第 11 章和第 12 章分别讲述了神经网络技术在捷联式惯导静基座和动基座初始对准中的应用方法；第 13 章讲述了旋转调制技术在初始对准中的应用。

本书是笔者与课题组成员多年研究成果的结晶。书中部分内容采用了北京航空航天大学申亮亮硕士、刘志琴硕士、郭隆华硕士和马闪硕士学位论文的研究成果。此外，本书部分内容还参考了国内、外同行专家学者的最新研究成果。在此，对他们为本书做出的贡献表示诚挚的谢意！

尽管笔者力求使本书能更好地满足读者的要求，但因内容涉及面广，限于水平，书中不足之处在所难免，诚望读者批评指正。

作　者

2013年4月于北京

目　　录

第1章 绪　　论

1.1 引　　言

将载体从起始点引导到目的地的技术或方法称为导航。导航所需的最基本导航参数为载体的即时位置、速度和姿态。惯性导航系统是利用惯性敏感器(陀螺仪和加速度计)、基准方位以及初始位置信息来确定载体的方位、位置和速度的自主式航位推算导航系统,通常简称为惯导系统。惯导系统主要由惯性测量装置、专用计算机和控制显示器三部分组成。惯性测量装置又由陀螺仪、加速度计、导航平台以及电子线路组成。

惯性导航系统(Inertial Navigation System, INS)可以分为平台式惯性导航系统(Platform Inertial Navigation System, PINS)和捷联式惯性导航系统(Strapdown Inertial Navigation System,SINS)两大类。PINS是将陀螺仪和加速度计安装在一个实体的稳定平台上,以平台坐标系为基准测量载体运动参数的惯导系统;SINS是将陀螺仪和加速度计直接安装在载体上,不需要实体平台,其"平台基准"的寻找和跟踪保持是由计算机来完成的。无论是SINS还是PINS,虽然惯性测量装置的结构和程序编排不同,但其导航计算都是以实现相对选定的空间基准稳定为目标。可以将惯性测量装置看成是一个"黑箱",它的输入量为来自外部环境的比力、角速度,输出量为位置、速度以及载体相对当地地理坐标系的航向角和水平姿态角。

惯性导航系统的工作原理是根据牛顿力学来实现的。从图1.1可以看出,首先要建立一个进行比力测量的导航参考坐标系;其次应精确测量在所选取的导航坐标系中的比力分量,并在测得的比力分量中将惯性加速度分离出来;最后再将分离出来的惯性加速度实时进行两次积分。为了简单明了起见,图中假设运载体仅作简单的平面运动,它要求两个加速度计的输入轴应严格对准导航参考坐标系的两根轴。

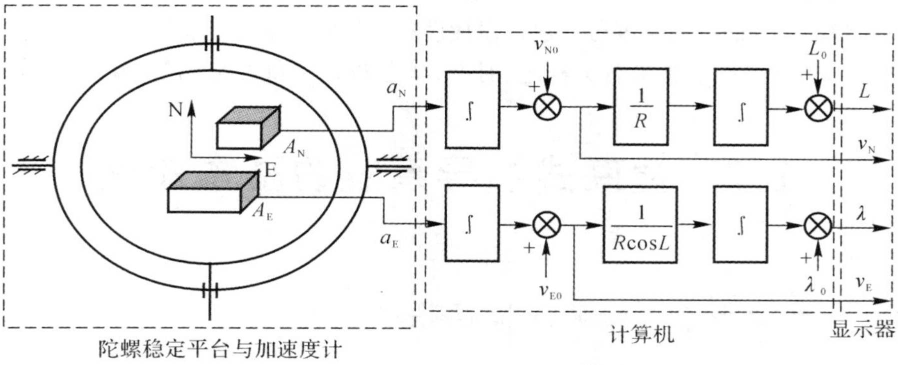

图1.1　惯性导航系统基本工作原理

惯导系统是一种不依赖于任何外部信息、也不向外部辐射能量的自主式导航系统，这就决定了惯导系统具有其他导航系统无法比拟的优异特性。首先，它的工作不受外界电磁干扰的影响，也不受电波传播条件所带来的工作环境限制(可全球工作运行)。这就使它不但具有很好的隐蔽性，而且其工作环境不仅包括太空、空中、地面，还包括水面、水下，这对军事应用来说具有非常重要的意义。其次，它除了能够提供载体的位置和速度信息外，还能给出载体的航向和姿态角信息，因此它所提供的导航和制导信息十分完整。此外，惯导系统又具有数据更新率高、短期精度和稳定性好的优点。所有这些，使惯导系统在军用、民用领域中都发挥着越来越大的作用。与其他导航技术相比，惯导系统的特点主要体现在以下几个方面：

(1)自主性：无需任何导航台站，导航功能完全可由惯导系统自身来完成；

(2)隐蔽性：不向载体以外发出任何信号，敌方无法搜索或发现它的工作信息；

(3)抗干扰：不受外部电磁环境影响，敌方也无法实施电磁干扰和控制；

(4)全球性：不受地域限制，具有全球导航能力；

(5)连续性：能够提供连续、实时的导航信息；

(6)完备性：既能提供载体的位置信息，又能提供载体的姿态、速度和时间信息。

随着陀螺仪和计算机性能的不断提高，捷联式惯导系统已成为惯导系统发展的主流。平台式惯导系统体积大、质量大，机械结构复杂，可靠性和维护性较差，系统性能受极限精度制约，系统成本十分昂贵；捷联式惯导系统反应时间短、可靠性高、体积小、质量轻，结构简单，通过适当的冗余度配置，可以提高系统的精度和可靠性。根据有关资料报道，美国军用惯导系统于1984年全部为平台式惯导系统，到1989年有一半改为捷联式，1994年捷联式惯导系统已占90%。目前，捷联式惯导系统已广泛应用于各种需要导航定位的工程领域。

实际上，组成惯导系统的惯性敏感器——加速度计和陀螺仪——必然存在测量误差。在开始进行导航之前，需要对加速度计和陀螺仪分别进行标定(calibration)，即在由其组成的惯性测量单元的不同方位，将加速度计和陀螺仪的输出与基准值进行比较，其差值用于在导航中对测量的比力和角速度进行修正。加速度计和陀螺仪的标定要在重力矢量值和地理位置非常精确的地点进行。

标定可以提供正确表达加速度计和陀螺仪输出的系数，但是当导航开始时还要确定每个加速度计输入轴的方向，这就需要通过初始对准(alignment)来实现。导航开始之前的最后一项工作是导航运算参数的初始化。在计算机开始导航积分计算之前，必须向计算机提供初始位置、速度和姿态值。初始位置可从事先的大地测量或从全球定位系统(Global Position System, GPS)获得，而相对地球不为零的初始速度可以通过惯性设备以外的其他测量装置获得。

综上所述，惯性导航通常可分为标定、对准、状态初始化和当前状态计算4个阶段。

1.2 捷联式惯导系统的基本知识

1.2.1 数学平台与捷联式惯性导航系统

如图1.2所示为捷联式惯导系统的原理方框图。由陀螺仪和加速度计所构成的惯性测量组件(Strapdown Inertial Sensor Assemlies,ISA)直接安装在载体上,它们分别感应出载体坐标系相对于惯性坐标系的角速度矢量$\boldsymbol{\omega}_{ib}^{b}$和载体系的比力矢量$\boldsymbol{f}_{ib}^{b}$。实际上惯性测量单元(Inertial Measurement Units,IMU)从构造形式上讲,它和平台式惯导系统没有什么区别,所不同的主要是陀螺仪只起感测运载体转动的角速度,没有对惯导平台实施控制。也就是说,惯性测量单元完全与载体的动态状况一样。正因为这样,为了避免系统误差和随机误差对载体陀螺仪和加速度计的影响,计算机首先要根据所接收陀螺仪和加速度计的输出信息,按照陀螺仪和加速度计的误差模型对其误差进行补偿,这样才能得到比较精确的载体相对惯性系所具有的比力$\boldsymbol{f}_{ib}^{b}$和角速度$\boldsymbol{\omega}_{ib}^{b}$。

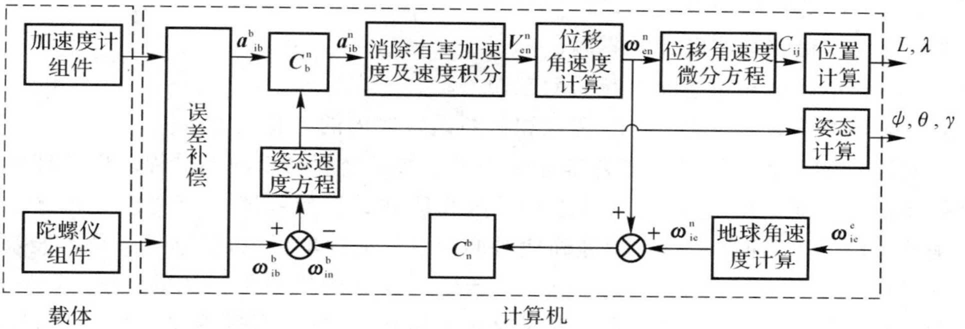

图 1.2　捷联式惯导系统的原理

$\boldsymbol{a}_{ib}^{b}$— 载体坐标系中的加速度；　$\boldsymbol{C}_{b}^{n}$— 姿态矩阵；　$\boldsymbol{a}_{ib}^{n}$— 导航坐标系中的加速度；　$\boldsymbol{V}_{en}^{n}$— 导航计算中的“地速”；
$\boldsymbol{\omega}_{en}^{n}$— 地理坐标系相对地心坐标系的转动速度；　C_{ij}— 位置矩阵中的元素；　L— 纬度；　λ— 经度；
$\boldsymbol{\omega}_{ib}^{b}$— 载体坐标系相对惯性坐标系的角速度；　$\boldsymbol{\omega}_{in}^{b}$— 导航坐标系相对惯性坐标系的角速度；
$\boldsymbol{C}_{n}^{b}$— 姿态矩阵$\boldsymbol{C}_{b}^{n}$的逆矩阵；　$\boldsymbol{\omega}_{ie}^{n}$— 地球角速度；　$\boldsymbol{\omega}_{ie}^{e}$— 位移角速度；　ψ— 航向角；　θ— 俯仰角；　γ— 横滚角

在捷联式惯导系统中,由于不存在实际代表水平面的实体物理平台,所以为了实现导航以及获得姿态信息,就必须在计算机中用数学模型表示出和物理平台起相同作用的“数学平台”。如果把航向角记作ψ,俯仰角记作θ,横滚角记作γ,并假定开始时载体坐标系$Ox_by_bz_b$与导航坐标系$Ox_ny_nz_n$完全重合,然后由于载体运动,经过方位、俯仰和横滚三次旋转实现从n系到b系的变换,就可得到由3个转角构成的姿态矩阵$\boldsymbol{C}_{n}^{b}$。因此,姿态矩阵$\boldsymbol{C}_{n}^{b}$的元素都是ψ,θ,γ的函数,当载体相对地球运动时,实际上也就是引起姿态矩阵中各姿态角的变化。考虑到地球的自转以及载体相对地球的转动,就可以从捷联式惯性测量单元中陀螺仪所感测的角速度信息中计算出姿态角变化的角速度。然后,由姿态角的变化角速度可以准确计算出姿态矩阵和新的姿态角。

显然,姿态矩阵的作用与平台式惯导系统中的物理平台很相似,因而姿态矩阵也叫作数学平台。因此,把载体上加速度计所感测的加速度信息变换到导航坐标系中,这样捷联式惯导系统也就和平台式惯导系统一样了。对有害加速度和重力加速度进行补偿,进而计算相对地球的速度和载体所处的即时位置。

1.2.2　捷联式惯导系统的误差、初始对准

在平台式惯导系统中,惯性仪表是安装在物理平台台体上的,由于平台对载体角运动的隔

离作用,所以载体的角运动对惯性仪表基本上没有影响。而在捷联式惯导系统中采用数学平台,在所有误差中惯性仪表因载体运动所引起的动态误差和计算误差非常可观。因此,在捷联式惯导系统中必须对陀螺仪和加速度计所输出的信号进行误差补偿,然后再进行姿态矩阵的计算。如图1.2所示,陀螺仪和加速度计输出到计算机的信号首先要按其误差模型进行误差补偿。误差补偿的模型和姿态矩阵计算方法可以有不同的形式和内容,一般需根据实际所用陀螺仪和加速度计的具体情况而定。

捷联式惯导系统的主要误差有以下几种:

(1) 惯性仪表的结构误差;

(2) 惯性仪表的标度因数误差;

(3) 陀螺仪漂移和加速度计的零偏;

(4) 载体的角运动和加速度引起的动态误差;

(5) 包括数学模型的简化、量化、舍入和截断误差在内的计算误差等。

所谓对准指的是确定惯导系统各坐标轴相对于参考坐标系指向的过程。以地理坐标系为导航坐标系的惯导系统中(包括平台式惯导系统和捷联式惯导系统),物理平台和数学平台都是测量加速度的基准,而且平台必须准确地对准和跟踪地理坐标系,以避免由平台误差引起的加速度测量误差。在惯导系统加电启动后,平台的三根轴的指向是任意的,既不在水平面内,又没有确定的方位。因此,在惯导系统进入导航工作状态之前,必须将平台的指向对准,此过程便称为惯导系统的初始对准。

捷联式惯导系统初始对准的物理实质与平台式惯导系统进行初始对准是一样的。所不同的是,捷联式惯导系统数学平台的水平基准是计算机根据加速度计所感测重力加速度的水平分量用数学平台计算方法来确定,惯性测量组件不会像平台式惯导系统中的惯性测量组件那样相对水平面转动。在完成水平基准的确定以后,根据陀螺仪跟随地球转动所感测的信息,利用与平台式惯导系统计算罗经法相同的关系确定出数学平台所处的方位,也就完成了捷联式惯导系统的初始对准(initial alignment)。至于对准的精度,其水平精度主要取决于加速度计的零位偏置,而方位精度则主要取决于东西向陀螺仪漂移的大小。

1.3 初始对准的任务、要求及分类

1.3.1 初始对准的任务

从惯导系统原理中知道,飞行器的速度和位置是通过测量加速度再积分得到的。而要积分就必须知道初始条件,如初始速度和初始位置。对平台式惯导系统来说,物理平台是测量加速度的基准,要求系统开始工作时,平台处于预定的坐标系内,否则将产生由于平台误差引起的加速度测量误差。对于捷联式惯导系统,数学平台是测量加速度的基准,由于加速度计安装在机体坐标系上,所以要求当系统开始工作时,需要确定机体坐标系相对导航坐标系(数学平台)的初始变换矩阵。该变换矩阵的误差同样会产生加速度测量误差。因此,捷联式惯导系统初始对准的任务有两项:第一,机体起飞前将初始速度和初始位置引入惯导系统;第二,求出

机体坐标系与导航坐标系的初始变换矩阵。另外，有些系统的初始化还包括惯导仪表的校准，即对陀螺仪的标度系数进行测定，对陀螺仪的漂移进行测定并补偿，对加速度计也同样测定标度系数并存入计算机。初始化过程中对惯性仪表的校准是提高系统精度的重要保证。

对于第一项任务，在静基座情况下，初始速度为零，初始位置为当地的经纬度。在动基座情况下，这些初始条件一般应由外界提供的速度、位置和姿态信息来确定。这一过程比较简单，只要将这些初始信息通过控制器送入飞机上计算机中的捷联计算程序便可。至于第二项任务，一般比较复杂，尤其在动基座情况下，必须对基座的晃动、载体的杆臂效应和弹性变形加以考虑，它是捷联式惯导系统初始对准的主要任务。要求初始变换矩阵与实际机体坐标系相对导航坐标系的变换矩阵相一致，这是一项精度指标。此外，对准时间也是一项重要的指标。

1.3.2 初始对准的要求

平台式惯导系统的初始对准过程是由惯性器件或外界参考信息，经计算机中的对准程序处理产生控制信号，施矩于陀螺仪，从而使惯导平台在陀螺仪的控制下趋于导航坐标系；捷联式惯导系统的初始对准根据惯性器件或外界的参考信息，经过计算机的实时运算，不断地将数学平台变换到能精确描述理想机体坐标系到导航坐标系的方向余弦矩阵。

初始对准误差是惯导系统的主要误差源之一，它直接影响惯导系统的性能。初始对准时间是反映系统快速反应能力的重要技术指标，尤其对于军事应用领域。初始对准过程具有两种基本类型：一种是利用陀螺罗经的自对准，另一种是子系统相对主参考基准的对准。不论采用哪种对准方法，都会存在各种系统误差和随机误差，限制惯导系统的对准精度。这些误差主要包括惯性敏感器误差、由传输延迟引起的数据延迟误差、信号的量化误差、其他不希望的运动造成的误差以及振动效应误差等。因此，要求初始对准精度高、对准时间短，即精而快。为了达到这一要求，陀螺仪和加速度计必须具有高的精度和稳定性，系统的鲁棒性要好，对外界的干扰不敏感等。然而，较高的对准精度往往需要较长的对准时间，因此如何解决对准精度和快速性之间的矛盾一直是初始对准的一项关键技术。

1.3.3 初始对准的分类

1. 按照对准的阶段分

捷联式惯导系统按照对准的阶段来分，对准过程分为粗对准和精对准两个阶段。粗对准阶段以重力矢量和地球角速度矢量为信息，利用解析方法进行，其任务是得到粗略的捷联矩阵，为后续的精对准提供基础。此阶段精度可以低一些，但要求速度快。精对准是在粗对准的基础上进行的，通过处理惯性器件的输出信息，精确校正真实导航坐标系与计算的导航坐标系之间的失准角，使之趋于零，从而得到精确的捷联矩阵。

平台式惯导系统通常从频率域角度设计对准回路，并将对准分为水平对准和方位对准，对准过程首先是水平粗对准，然后是方位粗对准。在粗对准之后再精对准，首先是水平精对准，然后是方位精对准。由于对准回路频带低，响应慢，所以整个对准时间比较长。

2. 按照初始对准时载体的运动状态分

按照捷联式惯导系统初始对准时载体的运行状态来分，对准可分为静基座对准和动基座对准。顾名思义，静基座对准时载体是不动的，而动基座对准是在载体运动状态下完成的。通常，飞机或舰船的机动会加速对准的过程，提高对准精度。

3. 按照初始对准时是否需要外部信息分

按照初始对准时是否需要外部信息分，惯导系统可分为自对准和非自对准。惯导系统利用陀螺罗经的自对准是利用重力矢量和地球自转角速度矢量通过解析的方法实现初始对准的。这种对准方法的优点是自主性强，缺点是所需的对准时间长、精度不高。非自对准可以通过机电或光学方法将外部参考坐标系引入系统，实现惯导系统的初始对准。在捷联式惯导系统的粗对准阶段，可以通过引入主惯导系统的航向姿态信息，经过传递对准，迅速将数学平台对准导航坐标系，减小初始失准角(在数据传递时刻，主惯导系统和子惯导系统之间的任何相对角位移将作为对准误差引入子惯导系统中)。在精对准阶段，可采用受控对准方法，利用其他导航设备(如 GPS，计程仪等)提供的信息(如速度和位置)作为观测信息，通过卡尔曼滤波实现精对准。

4. 按照对准的轴系分

在对准时取地理坐标系为导航坐标系的情况下，初始对准可分为水平对准和方位对准。在平台式惯导系统中，物理平台通常先进行水平对准，然后进行平台的方位对准；捷联式惯导系统中的数学平台，一般情况下水平与方位对准是同时进行的。

1.4 初始对准常用的方法

地面条件下的静基座初始对准常采用自对准方法。对于平台式惯导系统，在平台启动后实际的初始平台坐标系和理想平台坐标系之间的误差角一般是很大的，如果不进行平台对准，整个惯导系统就无法工作。要想使整个惯导系统顺利地进入导航工作状态，从一开始就要调整平台使它对准在所要求的理想平台坐标系内。平台式惯导系统对准的方法可分为两类：

(1) 引入外部基准，通过光学或机电方法，将外部参考坐标系引入平台，使平台对准在外部提供的姿态基准方向；

(2) 利用惯导系统本身的敏感元件——陀螺仪与加速度计——测得的信号，结合系统作用原理进行自动对准，也就是自主式对准。

捷联式惯导系统的初始对准就是确定捷联矩阵的初始值。在静基座条件下，捷联式惯导系统加速度计的输入量为 $-\boldsymbol{g}^{b}$，陀螺仪的输入量为地球自转角速度 $\boldsymbol{\omega}_{ie}^{b}$，因此 $\boldsymbol{g}^{b}$ 与 $\boldsymbol{\omega}_{ie}^{b}$ 就成为初始对准的基准。将陀螺仪与加速度计的输出引入计算机，就可以计算出捷联矩阵的初始值。

可见，惯导系统在地面对准时可以利用加速度计和陀螺仪测量的重力加速度矢量和地球自转角速度矢量来完成。但当载体运动时，这两种矢量无法测量，因此动基座对准必须借助外部信息来完成。目前，常用的方法有地球率对准、空间率对准、传递对准。

(1)地球率对准。地球率对准是指利用被对准的惯导系统航向角信息分解外速度信息，从而进行对准的方法。过去一般采用环节校正方法。而目前，由于卡尔曼滤波具有适应各种飞行条件和误差统计特性的特点，故一般都是利用差值(如速度差值)作为测量值，以卡尔曼滤波方法计算平台误差角估计值，从而完成空中对准。

(2)空间率对准。载体所能取得的外速度信息一般都需利用惯导系统航向角信息来分解，而外位置信息却经常是与地理坐标系有关(例如经纬度信息)，这样就不需再进行分解。因此，把利用外位置信息的空中对准称为空间率对准。

(3)传递对准。传递对准是指当载体航行时，载体上需要对准的子惯导与已对准好的主惯导系统的信息进行比较，估算出子惯导系统相对主惯导系统的相对失准角以解决初始对准问题的一种方法。载体子惯导系统未对准以前，其捷联矩阵的误差相当于平台误差角，对惯导系统各种性能参数都会产生误差影响。因此，主、子惯导系统之间各种性能参数的差值都不同程度地反映失准角的大小。利用这些差值，就能进行传递对准。传递对准方法近年来引起了广泛的关注，也称为惯性测量匹配法。图 1.3 给出了传递对准方法的原理框图。它通过比较两个系统的运动测量值来算出其参考坐标轴的相对指向。初始的粗对准可以用"一次性"对准方法来完成，然后启动传递对准方法。

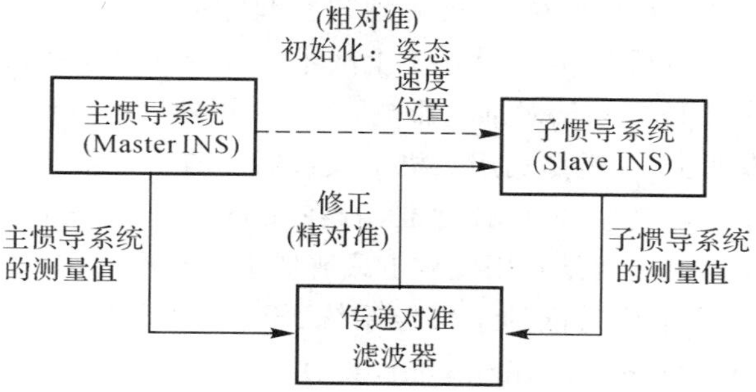

图 1.3　传递对准方法的原理框图

根据所选参数的不同，就形成了不同的匹配方式。传递对准的匹配方法一般分为两大类，即计算参数匹配法和测量参数匹配法。速度和位置是惯导系统计算的两种导航参数，故速度匹配和位置匹配属于计算参数匹配法；加速度和角速度是惯导系统的惯性元件所测量的参数，故加速度匹配和角速度匹配属于测量参数匹配法。姿态匹配利用惯导测量的载体姿态角信息进行对准，也属于测量参数匹配法。一般来说，计算参数匹配法的估计精度较高，但对准速度较慢，而测量参数匹配的速度较快，但其精度受载体弹性变形的影响较大。

简单来讲，捷联式惯导系统动基座初始对准的目的是为了得到从载体坐标系到计算机坐标系的初始变换矩阵，并且驱使失准角为零。为了提高捷联式惯导系统的工作精度，还希望初始对准时能够对杆臂效应误差角、载体弹性变形误差角、陀螺仪漂移及加速度计误差进行测定和补偿。要使系统具有较好的抗干扰能力和鲁棒性，还须应用滤波技术将有用信息和干扰信号加以分离。由此可见，捷联式惯导系统的初始对准技术是一个复杂的系统过程，有一系列问题需要综合考虑。

1.5 战术导弹惯导系统动基座对准

1.5.1 动基座对准原理

装备惯导系统的战术导弹，有多种发射平台，它可以在陆地上或战车上发射(陆基机动发射)，可以在空中飞机上发射，还可以在海上各种舰船或潜艇上发射。后两种发射方式的发射平台处于各种运动环境下，因此又称为动基座发射。战术导弹在动基座平台发射前，所装备的惯导系统必须在运动条件下实现对准，即建立起一个基准，故称该对准过程为战术导弹惯导系统动基座对准。

机载、舰载战术导弹在发射前，由于安装位置处存在各种振动干扰、弯曲和挠曲变形干扰，因此战术导弹上的惯导系统是很难建立起一个基准的。另外，导弹的载体即发射平台又处于既有线运动(速度和加速度)又有角运动(载体姿态变化)的环境中。那么，未启动也未建立起导航和控制基准的惯导系统是如何快速、准确地建立起它的导航与控制基准呢？这便是惯导系统工作时必须建立基准的原因，否则就谈不上战术导弹的发射和精确制导。

为了克服运动环境对 INS 初始对准的影响，必须采用外界信息作为基准对 INS 进行初始对准。这种信息主要有两类：一类是利用飞机上或舰船上的相关测速雷达、测速仪等提供速度信息，对弹上的 INS 进行运动状态下的对准，若在飞行中进行对准则称之为空中对准(In Flight Alignment，IFA)；另一类是利用飞机上或舰船上已对准的主惯导系统(Master INS，也称主 INS)作为信息源对弹上要对准的子惯导系统(Slave INS，也称子 INS)在运动中进行对准，此时称它为传递对准(Transfer Alignment，TA)。

采用 TA 技术时，无论主 INS 是平台式惯导系统还是捷联式惯导系统，都认为它已完全对准。这是由于将主 INS 作为信息源，认为它的精度是足够高的(通常，主惯导系统的精度一般比子惯导系统的精度高几个数量级)。如果主 INS 精度不够高，则必须对它定时或连续地用其他设备加以修正。目前，大量采用的是用 GPS 对主 INS 进行定时采样修正。要对准的子 INS 可以是平台式惯导系统，也可以是捷联式惯导系统。主/子动基座传递对准分为 3 种形式：①平台式惯导系统对平台式惯导系统的对准；②平台式惯导系统对捷联式惯导系统的对准；③捷联式惯导系统对捷联式惯导系统的对准。虽然组合形式不同，但对准原理是类同的。

如图 1.4 所示为机载战术导弹惯性制导系统在发射前的传递对准过程及一个完整的惯性制导系统功能程序。由图 1.4 可以看出，飞机上的惯导系统是已经在地面启动并完全对准好的，它在飞行中的惯导系统参数误差是随时间积累的，因此必须采用其他辅助导航设备修正。目前用得较多的是 GPS 修正或者把惯导系统与 GPS 组合成复合导航系统，即 GPS/惯性系统。当发现目标并准备发射战术导弹时，惯导系统开始启动，载机开始做各种形式的机动飞行(如 S 形)，并开始对弹上的子 INS 进行初始对准。当开始对准时，弹上惯性传感器组合(ISA)由陀螺仪分系统和加速度计分系统组成，也称为惯性测量装置(IMU)。它把测量信息传递给信息处理机(也称导航计算机)进行捷联解算，同时由载机主 INS 传递原始数据和对准数据给弹上子 INS 进行初始粗对准。在飞机飞行中，弹上子 INS 不断地把导航参数的数据传递给卡尔曼滤波器，并与载机主 INS 的同类数据进行比较和最优估算，进行杆臂效应补偿。最后，把状态校准数据传递给弹上导航计算机进行精确对准，从而完成了两个 INS 的主/子传递对准，使弹上的子 INS 建立起发射前的初始基准。

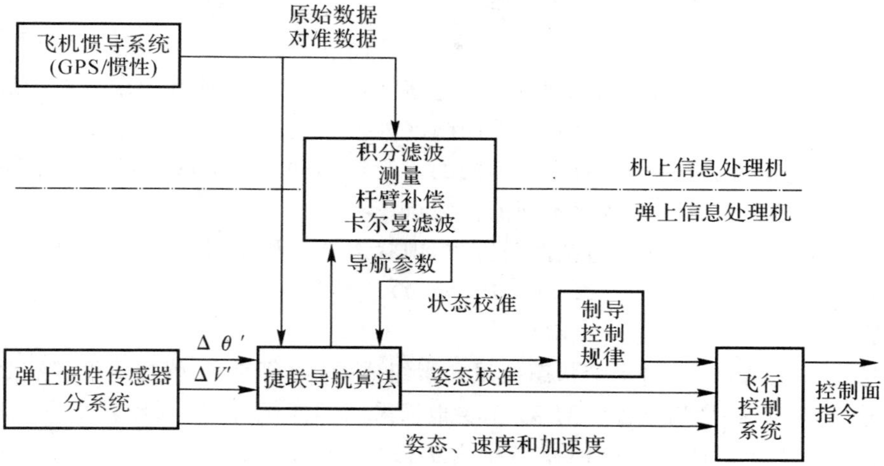

图 1.4 战术导弹惯性制导系统对准和功能示意图

图 1.4 是一个惯性制导系统即惯性控制系统示意图，而以上所述程序只是完成了其中的惯导系统的初始基准建立。要完成对一个战术导弹的导航与控制，必须将各类控制信息和制导控制规律传送给飞行控制系统(通常称为数字驾驶仪系统)，以达到对导弹的控制。例如，当载机利用地形匹配辅助惯导系统低空突防时，在目标防区外准备发射战术导弹。发射前必须利用载机上的惯导系统对机载战术导弹上的惯导系统进行传递对准，以使战术导弹上的惯导系统建立起一个导航和控制基准。当进行传递对准时，载机在等高的飞行平面内做一个 S 形机动飞行，这是传递对准所必须需的。

动基座传递对准的原理可用如图 1.5 所示的方块图来描述。

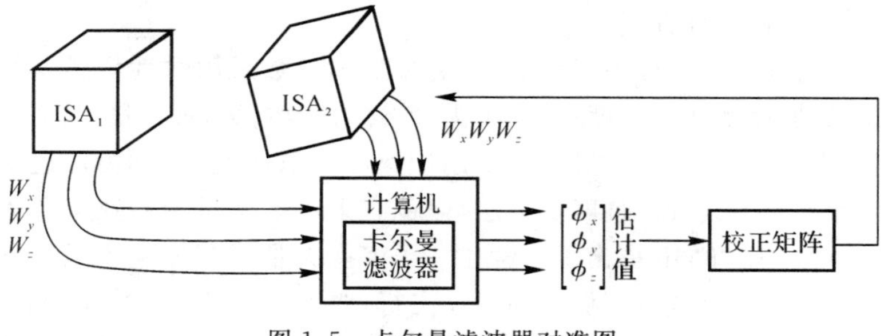

图 1.5 卡尔曼滤波器对准图

图 1.5 表明了两个惯性传感器组合的输出在卡尔曼滤波器计算机内估计失准角，然后校准矩阵，同时反馈校准 ISA_2，最终使 $\phi\to 0$ 达到传递对准的目的。

综上所述，动基座传递对准的基本原理是利用飞机上或舰船上已有的主 INS，将它们的输出作为信息源，把原始数据和对准数据传递给弹上的子 INS，经卡尔曼滤波对状态参数进行最优或次优估计，最终达到消除主、子两个惯性坐标系之间失准角的目的，使弹上子 INS 建立起初始基准。这种传递对准的一个优点是可以校准弹上惯性传感器的误差,提高弹上 INS 的精度,实现用低精度、低成本的惯性传感器完成高精度惯性制导的目的。

1.5.2 动基座传递对准方法

对动基座传递对准的技术要求有两点:一是精度要求;二是快速性要求。对于战术导弹主要是在一定精度下快速性的要求。例如,美国防区外发射的战术空地导弹要求 3 min 对准完毕。由于有不同的对准方法,所以效果是不同的。针对不同类型的战术导弹有不同的传递对准方法,不同的方法又都存在着各自不同的优缺点。

动基座传递对准的数学描述包括两类方程,即状态方程和量测方程,其标准形式如下:

状态方程 $$\boldsymbol{X}(t)=\boldsymbol{F}(t)\boldsymbol{X}(t)+\boldsymbol{W}(t)$$

量测方程 $$\boldsymbol{Z}(t)=\boldsymbol{H}\boldsymbol{X}(t)+\boldsymbol{V}(t)$$

式中,状态方程中的 $\boldsymbol{X}(t)$ 是由多个状态变量元素组成的,如角速度、线加速度、陀螺仪漂移、加速度计偏置、失准角等;量测方程中的 $\boldsymbol{X}(t)$ 要根据采用的匹配方法,选择其变量元素,其他未选变量置零;$\boldsymbol{Z}$ 为测量值;$\boldsymbol{W}(t)$ 和 $\boldsymbol{V}(t)$ 分别为状态方程中的系统白噪声和量测方程中的量测白噪声。

传递对准几种方法是指根据量测参数不同而产生的各种方法,而不是指传递对准方程式的处理方法。目前,工程实际中实现传递对准时有两个明显的特点:① 传递对准一般都采用卡尔曼滤波器。这是因为当采用它传递对准时,对准时间和对准精度要比用古典闭环控制好得多。再者,利用卡尔曼滤波实现传递对准的同时,可以对惯性测量装置(IMU)或惯性传感器组合(ISA)的主要误差进行标定和修正,这就为利用低成本的 IMU 或 ISA 提供了依据。② 在选取状态变量时都采用了降阶法。这是因为计算机的计算量与阶次 n 的二次方和立方有关(n^2 和 n^3),在满足战术导弹对准精度和对准时间的前提下尽可能降阶,使卡尔曼滤波为次优滤波。由于状态变量的时变性和随机性,所以不便采用最小二乘法。对于一个稳态系统和缓变系统可处理后采用。由于计算机的发展和惯性元件数学模型的建立,所以使用先进的卡尔曼滤波技术已经成熟,且十分方便。

采用传递对准的方法可以分为两大类:一类为量测参数采用惯性传感器对弹体运动直接测量的测量参数,如加速度和角速度;另一类为 INS 的计算参数,如速度、位置和姿态。若采用速度为量测变量,称为速度矢量匹配法;若采用加速度为量测变量,称为加速度矢量匹配法。由以上量测参数种类决定共有 5 种匹配方法,但也有采用多个量测参数组合为变量的匹配方法。例如,美国 James E. Kain 提出了一种主 / 子姿态矢量匹配加主 / 子速度匹配的组合方法。实现这种方法的要点是载机不做横向机动飞行,要求载机做快速横滚机动,从而使传递对准在 10 s 内完成 1 mrad 精度的快速传递对准。此方法采用的是 24 个状态、6 个量测量的卡尔曼滤波器。

图 1.4 表示的对准属于计算参数匹配原理,它包括姿态匹配、速度匹配和位置匹配。图 1.5 表示了测量参数匹配,它包括角速度匹配和线加速度匹配。

1.5.3　动基座传递对准程序及关键技术分析

从动基座传递对准原理看，这项技术似乎很简单，只需将飞机上或舰船上已对准的主 INS 作为信息源。在战术导弹发射前，将主 INS 或主 ISA 的信息传递给弹上子 INS 或子 ISA，从而使弹上 INS 建立起初始基准。而实际上，这是一项非常复杂的技术。动基座传递对准分为两个阶段：粗对准阶段和精对准阶段。粗对准就是将主 INS 的计算姿态参数传递给子 INS，使之建立起一个很粗的初始基准（一般姿态精度在 5° 以内即可），从而使主、子 INS 的导航坐标系失准角 $\boldsymbol{\Phi}$ 控制在小角度范围内。这为精对准奠定了良好的基础，使精对准方程式属于线性方程式，从而满足了使用最优估计理论如卡尔曼滤波理论的条件。如图 1.6 所示为粗对准原理简图。

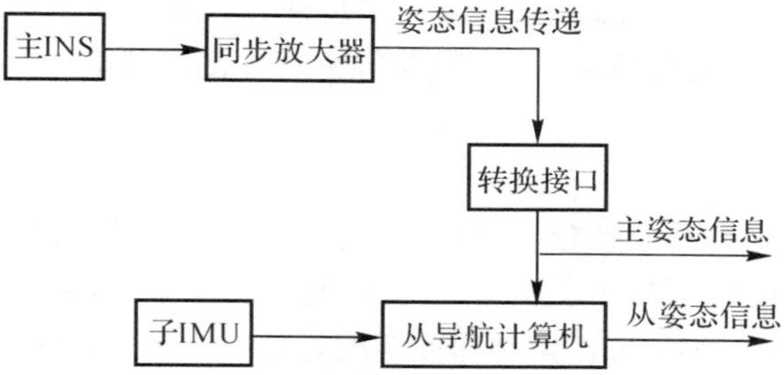

图 1.6　粗对准原理简图

精对准过程实际上是弹上子 INS 导航参数调整校准过程，以便达到消除两个（主、子）导航坐标系失准角的目的。同时，主 INS 将一些原始数据如地球参数（经纬度、自转速度等）传递给子 INS 导航计算机。在选定对准方法以后，主 INS 要将量测参数的数值经卡尔曼滤波传递给子 INS 导航计算机，以修正失准角 $\boldsymbol{\Phi}$。如图 1.7 所示为主、子动基座传递精对准简图。

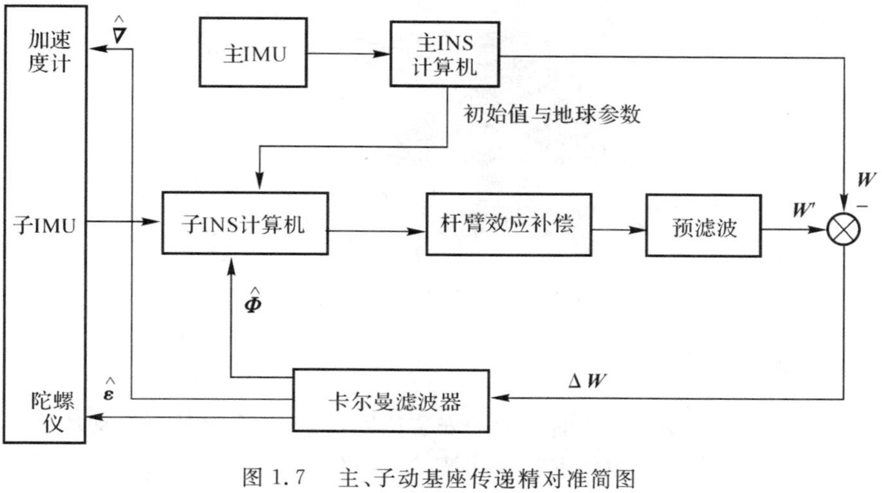

图 1.7　主、子动基座传递精对准简图

由图 1.7 可以看出，量测参数 $\boldsymbol{W}$ 经主、子 INS 求差，将差值 $\Delta\boldsymbol{W}$ 输入卡尔曼滤波器。滤波器输出 3 种参数：计算失准角 $\hat{\boldsymbol{\Phi}}$、计算陀螺仪漂移 $\hat{\boldsymbol{\varepsilon}}$ 和计算加速度计偏置 $\hat{\boldsymbol{\nabla}}$。$\hat{\boldsymbol{\varepsilon}}$ 和 $\hat{\boldsymbol{\nabla}}$ 可回输修正

惯性元件误差，提高IMU的精度。$\hat{\boldsymbol{\Phi}}$可回输校正，从而使$\hat{\boldsymbol{\Phi}}$逐渐趋于零($\hat{\boldsymbol{\Phi}}\to\mathbf{0}$)。这是采用卡尔曼滤波器进行传递对准最突出的优点。动基座传递对准的关键技术有4项，分别叙述如下。

1. 状态系统噪声和量测噪声的处理

从传递对准方程必要条件可知，系统噪声$\boldsymbol{W}(t)$和量测噪声$\boldsymbol{V}(t)$必须是均值为零的白噪声，否则就不能采用最优线性滤波。实际上无论系统噪声还是量测噪声都是有色噪声。系统噪声是各状态参数噪声的总和，其中各状态量的噪声都是有色的，这就要对各参数建立准确的随机模型。另外，实际中动基座发射平台的运动本身是随机的，既有角振动又有线振动，而且发射平台又在以一定的速度运动着。导弹上的子INS所处的位置与载体上的主INS存在着一定的杆臂距离，运动中必然会产生杆臂效应误差，子INS对此效应是能够感应的。这种对杆臂效应的感应也会产生有色噪声，加之主、子参数量传递过程中产生的有色噪声都必须准确地建模和处理，使有色噪声处理为白噪声，为使用卡尔曼滤波奠定基础。

2. 杆臂效应测量与补偿

一般情况下，主、子惯导系统平台(或惯性组件)在载体上相距较远，当载体绕本身有转动动作时，主、子惯导系统因转动易承受的加速度和速度都不同，这种现象称为杆臂效应(lever arm effect)。杆臂效应影响加速度匹配和速度匹配等方法。因此，必须计算杆臂效应值，消除或减小其影响。如图1.8所示，由于主INS与子INS之间存在杆臂R_0并产生杆臂效应，所以为对其进行补偿必须首先准确测量R_0。通常的做法是对杆臂加速度或杆臂速度进行测量补偿。

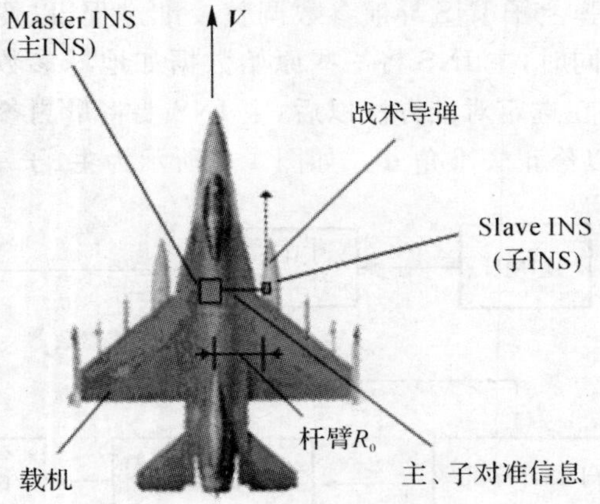

图1.8 机载传递对准示意图

3. 预滤波技术

子INS处于一个振动变形和挠曲变形的安装位置，而主INS也处于振动环境之中。在主、子参数传递当中必须对它们的输出进行预滤波，这样可以大大降低卡尔曼滤波中状态量的阶次，实现战术导弹的快速对准。也有使用高阶次的卡尔曼滤波，但前提是要对各状态量准确建模，而每建立一个模型就要加大状态阶次，从而使阶次变得很高，如上述的24个状态、6个量测量的卡尔曼滤波器。从技术上讲，对惯性元件准确地随机建模，以及对振动变形和挠曲变形产生的误差效应进行随机建模都是十分复杂和困难的。而且，阶次的扩大必然会加重导航计算机的负担，从而放慢了对准速度。若采用图 1.7 中描述的预滤波，必然会降低对随机建模的要求，实现一定精度要求下次优滤波的目的。

4. 发射平台的机动运动是方位对准的关键

无论发射平台是飞机还是舰船，要实现方位对准，发射平台必须机动运动，这是由动基座传递对准的特性决定的。水平对准靠惯性元件对地球两个参数的测量($\boldsymbol{g}$ 和 $\boldsymbol{\omega}_{ie}$)实现。由于两个地球参数的量级远大于随机噪声，以及水平失准角 ϕ_x 和 ϕ_y 方程的可观测性，所以可以很快实现水平对准，使 ϕ_x 和 ϕ_y 趋于零。在方位上两个地球参数不起作用，加之方位失准角 ϕ_z 的方程不直接可观测(罗经效应可使 ϕ_z 缓慢衰减)，故方位对准实现很慢。因此，要求发射平台必须作横向机动或横滚机动，以使方位失准角 ϕ_z 在方程中直接可观测，消除方位失准角，实现方位对准。

对准时，3 种发射平台机动运动的形式如图 1.9 所示。

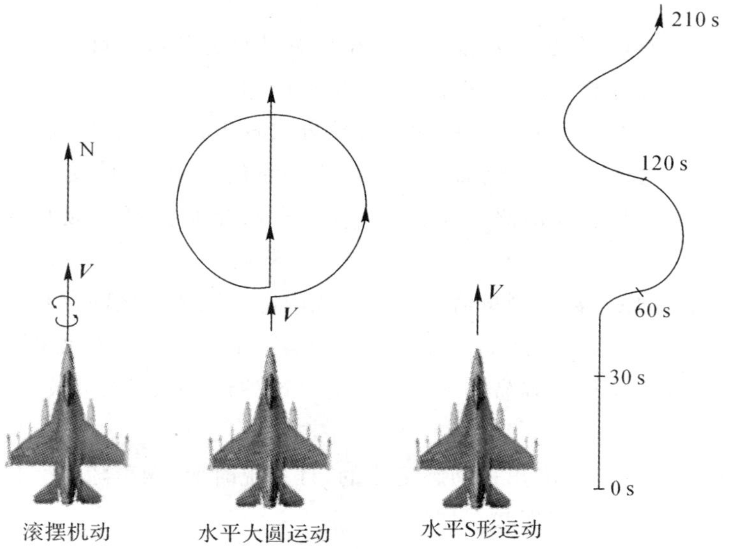

图 1.9　发射平台机动运动对准示意图

如图 1.9 所示的滚摆机动适用于战斗机发射平台，它的优点是对准速度快。水平大圆运动和水平 S 形运动适用于一般发射平台，如轰炸机和快速舰船等。

1.6　传递对准不同匹配方法的特点

1.6.1　计算匹配参数法

速度和位置是惯导系统计算的两个导航参数，因此速度匹配和位置匹配属于计算参数匹配法。根据导航方程的推导,可以知道变化着的相对失准角通过比力使计算参数(速度或位置)之差发生变化。因此,可以利用这一差值按卡尔曼滤波的方法,实时估计这一相对失准角,并在发射前对子惯导系统实现传递对准。这种对准方法有如下性质:

(1)计算参数匹配法利用主、子惯导系统各自计算的导航参数各分量的差值作为测量值。由于速度或位置信息不是直接从测量元件中测得的,不能在量测方程中直接反映出相对失准角与这些差值的关系,故必须将相对失准角和速度差值都列为状态,将它们之间的关系由状态方程表示。测量值和状态方程的上述性质,加上状态间关系又与载体变化着的航行条件有关,使估计的计算量较大,时间变长,但对准精度较高。

(2)计算参数匹配法的对准原理类似静基座自对准和空间率空中对准。当载体平直等速航行时,水平对准靠重力,方位对准靠罗经效应,载体西向航行将减弱罗经效应,使对准时间变长,精度降低。载体的加速运动或其他机动运动动作能够增加方位相对失准角的可观测程度,大大加快对准时间,提高方位对准精度。这种方法适用于各型传递对准,是目前普遍应用的方法。

(3)由于惯导的速度或位置信息都按导航坐标系计算各分量,所以速度或位置的差值和相对失准角也都按导航坐标系(或平台坐标系)分量来描述。

(4)速度差受杆臂效应影响较大,应通过补偿方法减小其影响。速度差也受载体弹性振动影响,但其频率较高,受子惯导系统加速度计量化当量的影响,不易反映在速度差值中,必要时,还可采用低通滤波器予以消除。相比之下,位置匹配受杆臂效应和载体弹性振动的影响小。

(5)在惯性敏感器原始数据测量值和惯导系统内部速度估值之间存在积分过程,由于积分过程的平滑效应,对准过程中的挠曲变形和敏感器噪声的影响比加速度匹配方法中遇到的要小得多,而且,速度匹配法比较容易实现杆臂校正。这种在“速度”上的校正仅是转动角速度和相对距离的函数。

(6)由于被估计的相对失准角是动态变化的,且系统时变,噪声随机变化,所以计算参数匹配法适宜用卡尔曼滤波技术实现状态估计。

(7)对于位置匹配,因为由相对失准角产生一定数量位置差值的过程长,所以对准时间较长,它常作为传递对准的辅助方法。

(8)载体挠曲慢变形主要影响惯导基座的基准,而与导航坐标系无关。因此,计算参数匹配法受载体挠曲慢变形的影响小,这也是这种方法精度较高的主要原因。

1.6.2 测量参数匹配法

惯导系统通过测量元件直接对载体运动的某些参数进行测量。由于在主、子惯导系统上,这些测量值的差值直接与相对失准角有关,所以可以从这些差值中估计出相对失准角。这种利用主、子惯导系统本身测量载体某些运动参数的差值进行传递对准的方法称之为测量参数匹配法,它包括加速度匹配、角速度匹配和姿态匹配。捷联式惯导姿态匹配就是子惯导姿态矩阵元素值用主惯导信息来处理。由于受到惯性组件安装误差和载体挠曲变形等因素的影响,精度难以保证，常作为粗对准之用。

测量参数匹配法有如下性质：

(1)测量参数匹配法依靠物理矢量在主、子惯导系统各自测量轴上分量的差异来进行对准。由于测量值直接与相对失准角有关，所以一般对准所需时间短，且系统定常，计算方便。但这类方法必须在载体有小量加速度或角速度机动动作的条件下才能进行，对准精度也因受载体挠曲变形的影响而受限。它是目前正在研究和推广的方法。

(2)失准角各分量按载体坐标系描述。

(3)加速度差值受杆臂效应的影响。

(4)测量参数匹配法一般都应考虑载体挠曲变形的影响，将变形角作为状态来估计。

(5)测量参数匹配法受载体挠曲变形的影响大。载体在航行中的挠曲变形主要有两种，一种是机动动作时产生的挠曲慢变形，另一种是载体内部振源或阵风等使载体产生的振动变形。阵风产生的振动变形相对较小。振动变形可对传递对准产生与杆臂效应一样的影响，而挠性慢变形将使主、子惯导系统平台(或惯性组件)基座产生相对角位移，对与基座的基准有关的匹配方法(姿态匹配和角速度匹配等)产生很大的影响，必须予以考虑。如何适当描述这种变形的随机过程是一个尚待解决的问题，它是影响这种对准方法精度的主要原因。

(6)当主惯导系统和子惯导系统相距很远，存在很大的挠曲变形时，一般不采用线性加速度和角速率匹配法进行传递对准的匹配方案。这是由于挠曲运动的存在，主惯导系统和子惯导系统各自测出的转动角速度和线性加速度不同，这些差异会被系统错误地认为是存储的姿态数据中的误差，从而降低了可能达到的对准精度。而且，加速度匹配和角速度匹配对挠曲效应特别敏感，尽管在理论上有可能建立挠曲运动的模型，从而把挠曲运动引起的测量差异与引起对准误差的分量分离开来，但是实际上这种挠曲运动模型目前还没有。

(7)即使是在刚性的载体上进行传递对准，当载体有滚动动作时，由于杆臂效应，在主惯导系统和子惯导系统各自位置上检测到的平移运动也是不同的。载体机动时杆臂效应引起的两个系统的测量值差异也会被系统错误地认为是对准误差，因而妨碍了对准的顺利完成。这些附加的测量值差异是载体转动速度、角加速度和两个系统间的物理距离的函数。尽管理论上有可能在进行测量值比较之前对其中的一组测量数据进行校正，但是这种校正依赖于能否得到这些量测量的足够精确的估值。虽然可以假设距离能够精确地知道，实际转动角速度可以由子惯导系统直接提供，但是角加速度测量值通常不能得到，而且不用角加速度计很难估算出来。

(8)姿态匹配法最初是为直升机设计的，在直升机上主惯导系统与子惯导系统之间的杆臂刚性相对更好一些。对于机翼外挂架上挂有武器的飞机，挠曲环境会更加严重。在卡尔曼滤波器中适当选择低增益可以将杆臂振动的影响平均掉。然而，机翼和武器挂架在飞机机动时的挠曲变形会引起更加严重的问题，这种挠曲变形会严重降低姿态匹配传递对准的性能。有一种解决方案是引入一些附加的卡尔曼滤波器状态，用这些状态来模拟机翼受力引起的相对指向的变化，并增大卡尔曼滤波器预先设定的测量噪声，使之成为机翼受力时偏离其稳定状态值的函数。

(9)除了速度匹配法以外，姿态匹配法也可以提高惯导系统姿态误差的可观测性，实现更精确的对准,或者在保证对准精度的前提下缩短对准时间或减小载体的机动。更重要的是,姿态和速度匹配法使得系统可以在仅存在摇摆机动时进行对准。相比之下,只采用速度匹配法对准通常要求载体进行一些变航向机动,而这对飞行员构成了战术限制。子惯导系统与主惯导系统间的姿态角之差是子惯导系统的姿态误差与两个导航系统相对物理指向误差之和。为了将这两项误差分离,卡尔曼滤波器必须估计出相对指向角。

(10)如果考虑载体为刚体,则测量参数匹配法中的加速度匹配法和角速度匹配法可采用最小二乘法计算相对失准角估值,除此情况和姿态匹配法外,各种传递对准方法都宜采用卡尔曼滤波的估计技术。

第2章 捷联式惯导系统误差方程与最优估计理论

2.1 引　　言

捷联式惯导系统和平台式惯导系统的主要区别是，前者用的是数学平台，而后者用实体的物理平台。从基本原理上讲，两种系统没有本质的区别。但是，捷联式惯导系统的一些特点，使它在性能上和平台式惯导系统有所不同。

在捷联式惯导系统中，由于惯性仪表直接安装在飞行器上，所以飞行器的动态环境，特别是飞行器的角运动，会直接影响惯性仪表；在平台式惯导系统中，惯性仪表是安装在平台上的，由于平台对飞行器角运动的隔离作用，因而飞行器的角运动对惯性仪表基本没有影响。在捷联式惯导系统中，惯性仪表直接承受飞行器的角运动，因此惯性仪表的动态误差要比平台式惯导系统的大得多。因此，在实际系统中，必须加以补偿。另外，在捷联式惯导系统中，由于采用数学平台（在计算机中通过计算来完成导航平台的功能），计算方法的近似和计算机的字长也很有限，所以必然存在着计算误差。其他导航计算也存在着计算误差，但是导航计算的计算误差一般比较小，且捷联式惯导系统和平台式惯导系统基本相同，因此从计算误差来说，捷联式惯导系统和平台式惯导系统相比，多了数学平台的计算误差。可见，同平台式惯导系统相比，捷联式惯导系统增加了数学平台计算误差和机体角运动引起的动态误差这两个主要误差源。

在实际工程系统中，为了获取系统的各个物理量的数值，或者为了控制工程对象，需要利用某种测量手段测量系统的各个状态。然而，能够实际测量的值不仅可能只是系统的部分状态或其线性组合，而且其中必然包含着各种随机误差。针对上述问题，当前解决的一种有效办法就是最优估计技术。它能够通过处理仅与部分状态有关的量测值，以得出某种统计意义上估计误差最小的各状态的估值。捷联式惯导系统因为状态方程和量测方程通常都存在一定的误差，所以要获得高精度的状态估值，需要选用不同的估计准则和估计方法对系统的状态量，即位置、速度、姿态等导航信息进行实时在线估计。

所谓估计问题，就是要构造一个观测数据序列 $\boldsymbol{Z}$ 的函数 $\hat{\boldsymbol{X}}(\boldsymbol{Z})$ 来作为被估计量 $\boldsymbol{X}(t)$ 的一个估计值。希望估计出来的参数或状态变量值越接近实际值越好。为了衡量估计的好坏，必须要有一个衡量的标准，这个标准就是估计准则，常以“使估计的性能指标达到极值”作为标准。估计准则可以是多种多样的，常用的估计准则有最小方差准则、极大似然准则、极大验后准则、线性最小方差准则、最小二乘准则等。所谓最优估计，是指在某一确定的估计准则条件下，按照某种统计意义，使估值达到最优。因此，最优估计是针对某一估计准则而言的，根据不同的估计准则，有着不同的估计方法。滤波方法就是利用观测量对一个系统的状态量进行连续估计的方法。

提高惯导系统初始对准精度的最佳途径之一，是利用卡尔曼滤波这一重要估计方法进行估计。对于采用自主对准方式的惯导系统，一般用卡尔曼滤波技术估计系统的失准角和惯导系统误差，然后用一定的控制技术设计出控制角速度使失准角达到规定的要求。卡尔曼滤波的对象是用状态方程来描述随机线性系统，它按照估计误差方差最小的原则，从被污染的观测值中，实时估计出系统的各个状态。它要求系统噪声和观测噪声的统计特性是已知的，并都应为白噪声。如果系统噪声为有色噪声，则需要扩大状态变量，使系统噪声和观测噪声变成白噪声；如果观测噪声为有色噪声，则需要引入新变量以获取在有色噪声条件下的卡尔曼滤波方程。

初始对准是捷联式惯导系统的一项关键技术，在各种干扰运动的影响下，系统必须在较短的时间内，以一定的精度确定出从机体坐标系到导航坐标系的姿态转移矩阵。对于小失准角的情况，捷联式惯导系统的误差模型是线性的，可以根据经典的 $\boldsymbol{\Phi}$ 角法或 $\boldsymbol{\psi}$ 角法的推导得到（$\boldsymbol{\Phi}$ 角误差模型基于导航坐标系，是指导航坐标系到计算坐标系（通常取计算的地理坐标系）的小角度误差；$\boldsymbol{\psi}$ 角误差模型基于真实坐标系，是指导航坐标系到真实坐标系（通常取地理坐标系）的小角度误差），然后利用标准的卡尔曼滤波方法有效地解决初始对准问题。但是，对于大失准角的情况，捷联式惯导系统的误差模型通常是非线性的，基于小失准角假设建立的线性对准模型不能准确描述系统的误差传播特性，需建立大失准角非线性误差方程。此时，系统误差不再是线性的小误差方程，而是非线性的，因此，需要非线性的滤波方法。

当具体应用滤波方法时，首先要确定系统的状态方程和量测方程。同时，为了保证滤波稳定，还要求系统一致完全可控，并且一致完全可观测。但当捷联式惯导系统（SINS）初始对准时，有些状态的可观测性较差，利用滤波方法对这些状态无法很好地估计。对它的反馈校正不仅无法提高系统性能，反而影响对准时间。因此，当应用滤波器对SINS进行初始对准时，就需要首先对系统的可观测性进行分析，建立完全可观测的系统方程，或只对可观测度较高的状态进行估计及校正，从而可提高系统的初始对准速度及精度。

本章在建立捷联式惯导系统误差方程的基础上，根据捷联式惯导系统初始对准时不同情况下失准角估计的特点，详细介绍了卡尔曼滤波方法的应用，并简要介绍了扩展卡尔曼非线性滤波方法和由其派生的无迹卡尔曼滤波方法、分段线性定常系统（PWCS）可观测性分析方法和基于奇异值分解的可观测度分析方法。然后，从控制理论的观点，详细分析了惯性导航系统的可观测性。最后，通过可观测性分析，给出了 SINS 在地面进行对准时的估计误差。

2.2 捷联式惯导系统误差方程

2.2.1 姿态误差方程

在捷联式惯导系统中，机体姿态角是通过姿态矩阵（数学平台）计算出来的。理想情况下，导航计算机计算的地理坐标系（简称计算地理系，用 $\hat{\mathrm{t}}$ 表示）应和真实地理坐标系（简称真地理系，用 t 表示）一致，也就是导航计算机计算的姿态矩阵 $\boldsymbol{C}_{\mathrm{b}}^{\hat{\mathrm{t}}}$ 与理想姿态矩阵 $\boldsymbol{C}_{\mathrm{b}}^{\mathrm{t}}$ 一致。然而，由于系统存在测量误差、计算误差和干扰误差等误差源，故计算的姿态矩阵 $\boldsymbol{C}_{\mathrm{b}}^{\hat{\mathrm{t}}}$ 与理想姿态矩阵 $\boldsymbol{C}_{\mathrm{b}}^{\mathrm{t}}$ 之间将产生偏差，即数学平台有误差产生。显然，数学平台的误差反映了计算地理系 $\hat{\mathrm{t}}$

和真地理系 t 之间的姿态误差(其大小用姿态误差角 $\boldsymbol{\Phi}$ 表示)。因此，所谓数学平台的误差方程，实际上就是系统的姿态误差方程。

下面规定符号“ˆ”表示计算，“~”表示测量。

捷联式惯导系统中，姿态矩阵 $\boldsymbol{C}_{\mathrm{b}}^{\mathrm{t}}$ 是通过姿态微分方程 $\dot{\boldsymbol{C}}_{\mathrm{b}}^{\mathrm{t}}=\boldsymbol{C}_{\mathrm{b}}^{\mathrm{t}}\boldsymbol{\Omega}_{\mathrm{tb}}^{\mathrm{b}}$ 计算出来的，而反对称矩阵 $\boldsymbol{\Omega}_{\mathrm{tb}}^{\mathrm{b}}$ 是由姿态角速度 $\boldsymbol{\omega}_{\mathrm{tb}}^{\mathrm{b}}$ 决定的，$\boldsymbol{\omega}_{\mathrm{tb}}^{\mathrm{b}}$ 又是通过姿态角速度方程 $\boldsymbol{\omega}_{\mathrm{tb}}^{\mathrm{b}}=\boldsymbol{\omega}_{\mathrm{ib}}^{\mathrm{b}}-\boldsymbol{C}_{\mathrm{t}}^{\mathrm{b}}\boldsymbol{\omega}_{\mathrm{ie}}^{\mathrm{t}}-\boldsymbol{C}_{\mathrm{t}}^{\mathrm{b}}\boldsymbol{\omega}_{\mathrm{et}}^{\mathrm{t}}$ 得到的。这样，当陀螺仪存在测量误差、地面输入的经纬度存在输入误差以及导航计算机存在计算误差时，姿态角速度 $\boldsymbol{\omega}_{\mathrm{tb}}^{\mathrm{b}}$ 必然存在误差，从而使计算的姿态矩阵 $\boldsymbol{C}_{\mathrm{b}}^{\hat{\mathrm{t}}}$ 与理想的姿态矩阵 $\boldsymbol{C}_{\mathrm{b}}^{\mathrm{t}}$ 存在偏差，也就是计算地理系 $\hat{\mathrm{t}}$ 和真地理系 t 之间存在姿态误差角 $\boldsymbol{\Phi}$。

由以上分析可知，数学平台的误差角运动由矩阵微分方程 $\dot{\boldsymbol{C}}_{\mathrm{b}}^{\hat{\mathrm{t}}}=\boldsymbol{C}_{\mathrm{b}}^{\hat{\mathrm{t}}}\boldsymbol{\Omega}_{\mathrm{tb}}^{\mathrm{b}}$ 确定，而 $\boldsymbol{\Omega}_{\mathrm{tb}}^{\mathrm{b}}$ 取决于 $\boldsymbol{\omega}_{\mathrm{tb}}^{\mathrm{b}}$。在推导数学平台误差方程过程中，首先应确定 $\boldsymbol{\omega}_{\mathrm{tb}}^{\mathrm{b}}$，并分析其物理含义，然后将矩阵微分方程变换成姿态误差角 $\boldsymbol{\Phi}$ 表征的姿态误差角方程。

设真地理系 t 到计算地理系 $\hat{\mathrm{t}}$ 的方向余弦矩阵为 $\boldsymbol{C}_{\mathrm{t}}^{\hat{\mathrm{t}}}$，由于真地理系与计算地理系之间仅相差一个小角度 $\boldsymbol{\Phi}$，所以有

$$\boldsymbol{C}_{\mathrm{t}}^{\hat{\mathrm{t}}}=\begin{bmatrix}1 & \phi_z & -\phi_y\\ -\phi_z & 1 & \phi_x\\ \phi_y & -\phi_x & 1\end{bmatrix}=\boldsymbol{I}-\boldsymbol{\Phi}^{\mathrm{t}} \tag{2.1}$$

式中

$$\boldsymbol{\Phi}^{\mathrm{t}}=\begin{bmatrix}0 & -\phi_z & \phi_y\\ \phi_z & 0 & -\phi_x\\ -\phi_y & \phi_x & 0\end{bmatrix}$$

反之，计算地理系到真地理系的方向余弦矩阵 $\boldsymbol{C}_{\hat{\mathrm{t}}}^{\mathrm{t}}$ 则为

$$\boldsymbol{C}_{\hat{\mathrm{t}}}^{\mathrm{t}}=[\boldsymbol{C}_{\mathrm{t}}^{\hat{\mathrm{t}}}]^{\mathrm{T}}=\begin{bmatrix}1 & -\phi_z & \phi_y\\ \phi_z & 1 & -\phi_x\\ -\phi_y & \phi_x & 1\end{bmatrix}=\boldsymbol{I}+\boldsymbol{\Phi}^{\mathrm{t}} \tag{2.2}$$

姿态角速度 $\boldsymbol{\omega}_{\mathrm{tb}}^{\mathrm{b}}$ 的表达式为

$$\boldsymbol{\omega}_{\mathrm{tb}}^{\mathrm{b}}=\tilde{\boldsymbol{\omega}}_{\mathrm{ib}}^{\mathrm{b}}-\hat{\boldsymbol{\omega}}_{\mathrm{ie}}^{\mathrm{b}}-\boldsymbol{\omega}_{\mathrm{e\hat{t}}}^{\mathrm{b}} \tag{2.3}$$

式中，$\tilde{\boldsymbol{\omega}}_{\mathrm{ib}}^{\mathrm{b}}$ 为由陀螺仪测量的机体角速度分量；$\hat{\boldsymbol{\omega}}_{\mathrm{ie}}^{\mathrm{b}}$ 为由导航计算机计算的地球角速度分量；$\boldsymbol{\omega}_{\mathrm{e\hat{t}}}^{\mathrm{b}}$ 为由导航计算机计算的机体位移角速度分量。

捷联式惯导系统中的陀螺仪，在其输出的测量值 $\tilde{\boldsymbol{\omega}}_{\mathrm{ib}}^{\mathrm{b}}$ 中除了地球角速度 $\boldsymbol{\omega}_{\mathrm{ie}}^{\mathrm{b}}$ 之外，还含有陀螺仪漂移 $\boldsymbol{\varepsilon}_{\mathrm{b}}$ 和角运动干扰 $\boldsymbol{\omega}_{\mathrm{d}}^{\mathrm{b}}$，即

$$\tilde{\boldsymbol{\omega}}_{\mathrm{ib}}^{\mathrm{b}}=\boldsymbol{\omega}_{\mathrm{ie}}^{\mathrm{b}}+\boldsymbol{\varepsilon}_{\mathrm{b}}+\boldsymbol{\omega}_{\mathrm{d}}^{\mathrm{b}} \tag{2.4}$$

设

$$\delta\boldsymbol{\omega}_{\mathrm{ib}}^{\mathrm{b}}=\boldsymbol{\varepsilon}_{\mathrm{b}}+\boldsymbol{\omega}_{\mathrm{d}}^{\mathrm{b}}$$

则

$$\tilde{\boldsymbol{\omega}}_{\mathrm{ib}}^{\mathrm{b}}=\boldsymbol{\omega}_{\mathrm{ie}}^{\mathrm{b}}+\delta\boldsymbol{\omega}_{\mathrm{ib}}^{\mathrm{b}} \tag{2.5}$$

下面分析 $\boldsymbol{\omega}_{\mathrm{ie}}^{\mathrm{b}}$。

为实现地球角速度 $\boldsymbol{\omega}_{\mathrm{ie}}^{\mathrm{t}}$ 从地理坐标系到载体坐标系的变换，需要用到 $\boldsymbol{C}_{\mathrm{t}}^{\mathrm{b}}$ 及其逆矩阵。但在导航计算中，只有方向余弦阵 $\boldsymbol{C}_{\hat{\mathrm{t}}}^{\mathrm{b}}$ 及其逆矩阵。因此，实际计算时只能采用 $\boldsymbol{C}_{\hat{\mathrm{t}}}^{\mathrm{b}}$ 来变换，即

$$\hat{\boldsymbol{\omega}}_{\mathrm{ie}}^{\mathrm{b}}=\boldsymbol{C}_{\hat{\mathrm{t}}}^{\mathrm{b}}\hat{\boldsymbol{\omega}}_{\mathrm{ie}}^{\mathrm{t}} \tag{2.6}$$

式中，用$\hat{\boldsymbol{\omega}}_{ie}^{t}$代替$\boldsymbol{\omega}_{ie}^{t}$，表示地球角速度$\boldsymbol{\omega}_{ie}^{t}$也是经由导航计算而得到的。

当存在纬度误差时，计算的地球角速度$\hat{\boldsymbol{\omega}}_{ie}^{t}$可表示为

$$\hat{\boldsymbol{\omega}}_{ie}^{t}=\begin{bmatrix}0\\ \omega_{ie}\cos(L+\delta L)\\ \omega_{ie}\sin(L+\delta L)\end{bmatrix}\approx\begin{bmatrix}0\\ \omega_{ie}\cos L\\ \omega_{ie}\sin L\end{bmatrix}+\begin{bmatrix}0\\ -\delta L\omega_{ie}\sin L\\ \delta L\omega_{ie}\cos L\end{bmatrix} \tag{2.7}$$

令

$$\delta\boldsymbol{\omega}_{ie}^{t}=\begin{bmatrix}0\\ -\delta L\omega_{ie}\sin L\\ \delta L\omega_{ie}\cos L\end{bmatrix}$$

则式(2.7)可写成

$$\hat{\boldsymbol{\omega}}_{ie}^{t}=\boldsymbol{\omega}_{ie}^{t}+\delta\boldsymbol{\omega}_{ie}^{t} \tag{2.8}$$

将式(2.8)代入式(2.6)可得

$$\hat{\boldsymbol{\omega}}_{ie}^{b}=\boldsymbol{C}_{\hat{t}}^{b}\boldsymbol{\omega}_{ie}^{t}+\boldsymbol{C}_{\hat{t}}^{b}\delta\boldsymbol{\omega}_{ie}^{t} \tag{2.9}$$

式(2.9)右端第二项，因δL是一阶小量，故$\delta\boldsymbol{\omega}_{ie}^{t}$也是一阶小量，又因t系与$\hat{t}$系之间只差一个小角度$\boldsymbol{\Phi}$，所以可认为两者接近重合。由于一阶小量$\delta\boldsymbol{\omega}_{ie}^{t}$在两个接近重合的坐标系中分解时，其投影是相等的，所以式(2.9)右端第二项可写成

$$\boldsymbol{C}_{\hat{t}}^{b}\delta\boldsymbol{\omega}_{ie}^{t}=\boldsymbol{C}_{\hat{t}}^{b}\delta\boldsymbol{\omega}_{ie}^{\hat{t}}=\delta_1\boldsymbol{\omega}_{ie}^{b} \tag{2.10}$$

至于式(2.9)右端第一项，因$\boldsymbol{\omega}_{ie}^{t}$不是小量，所以$\boldsymbol{C}_{\hat{t}}^{b}\boldsymbol{\omega}_{ie}^{t}\neq\boldsymbol{\omega}_{ie}^{b}$。把式(2.2)代入$\boldsymbol{C}_{\hat{t}}^{b}\boldsymbol{\omega}_{ie}^{t}$得

$$\boldsymbol{C}_{\hat{t}}^{b}\boldsymbol{\omega}_{ie}^{t}=\boldsymbol{C}_{t}^{b}\boldsymbol{C}_{\hat{t}}^{t}\boldsymbol{\omega}_{ie}^{t}=\boldsymbol{C}_{t}^{b}(\boldsymbol{I}+\boldsymbol{\Phi}^{t})\boldsymbol{\omega}_{ie}^{t}=\boldsymbol{C}_{t}^{b}\boldsymbol{\omega}_{ie}^{t}+\boldsymbol{C}_{t}^{b}\boldsymbol{\Phi}^{t}\boldsymbol{\omega}_{ie}^{t}=\boldsymbol{\omega}_{ie}^{b}+\boldsymbol{C}_{t}^{b}\boldsymbol{\Phi}^{t}\boldsymbol{\omega}_{ie}^{t}=\boldsymbol{\omega}_{ie}^{b}+\delta_2\boldsymbol{\omega}_{ie}^{b} \tag{2.11}$$

式中，$\delta_2\boldsymbol{\omega}_{ie}^{b}=\boldsymbol{C}_{t}^{b}\boldsymbol{\Phi}^{t}\boldsymbol{\omega}_{ie}^{t}$。

式(2.11)表明，在机体坐标系下，地球角速度的理想值与计算值之间存在交叉耦合误差$\delta_2\boldsymbol{\omega}_{ie}^{b}$。

将式(2.10)和式(2.11)代入式(2.9)，得

$$\hat{\boldsymbol{\omega}}_{ie}^{b}=\boldsymbol{\omega}_{ie}^{b}+\delta_1\boldsymbol{\omega}_{ie}^{b}+\delta_2\boldsymbol{\omega}_{ie}^{b} \tag{2.12}$$

由式(2.12)可以看出，计算得到的地球角速度$\hat{\boldsymbol{\omega}}_{ie}^{b}$由两部分组成：一是理想地球角速度$\boldsymbol{\omega}_{ie}^{b}$；二是因输入纬度误差而引起的计算误差$\delta_1\boldsymbol{\omega}_{ie}^{b}$及经由坐标变换而产生的交叉耦合误差$\delta_2\boldsymbol{\omega}_{ie}^{b}$。

把式(2.5)和式(2.12)代入式(2.3)，可得

$$\boldsymbol{\omega}_{\hat{t}b}^{b}=\boldsymbol{\omega}_{ib}^{b}+\delta\boldsymbol{\omega}_{ib}^{b}-(\boldsymbol{\omega}_{ie}^{b}+\delta_1\boldsymbol{\omega}_{ie}^{b}+\delta_2\boldsymbol{\omega}_{ie}^{b})-\boldsymbol{\omega}_{et}^{b}=\delta\boldsymbol{\omega}_{ib}^{b}-\delta_1\boldsymbol{\omega}_{ie}^{b}-\delta_2\boldsymbol{\omega}_{ie}^{b}-\boldsymbol{\omega}_{et}^{b} \tag{2.13}$$

下面推导t系到$\hat{t}$系的误差角$\boldsymbol{\Phi}$的方程。

根据真地理系的姿态矩阵微分方程，可类似推出计算地理坐标系与载体坐标系之间的方向余弦矩阵为

$$\dot{\boldsymbol{C}}_{b}^{\hat{t}}=\boldsymbol{C}_{b}^{\hat{t}}\boldsymbol{\Omega}_{\hat{t}b}^{b} \tag{2.14}$$

由于

$$\boldsymbol{C}_{b}^{\hat{t}}=\boldsymbol{C}_{t}^{\hat{t}}\boldsymbol{C}_{b}^{t} \tag{2.15}$$

所以对式(2.15)求导可得

$$\dot{\boldsymbol{C}}_{b}^{\hat{t}}=\dot{\boldsymbol{C}}_{t}^{\hat{t}}\boldsymbol{C}_{b}^{t}+\boldsymbol{C}_{t}^{\hat{t}}\dot{\boldsymbol{C}}_{b}^{t} \tag{2.16}$$

考虑到在静基座条件下，机体坐标系相对理想平台坐标系(导航坐标系)的姿态角为常

量，因此$\dot{\boldsymbol{C}}_{\mathrm{b}}^{\mathrm{t}}=\mathbf{0}$。这样，式(2.16)就可写成

$$\dot{\boldsymbol{C}}_{\mathrm{b}}^{\hat{\mathrm{t}}}=\dot{\boldsymbol{C}}_{\mathrm{t}}^{\hat{\mathrm{t}}}\boldsymbol{C}_{\mathrm{b}}^{\mathrm{t}} \tag{2.17}$$

将式(2.17)代入式(2.14)中，有

$$\dot{\boldsymbol{C}}_{\mathrm{t}}^{\hat{\mathrm{t}}}\boldsymbol{C}_{\mathrm{b}}^{\mathrm{t}}=\boldsymbol{C}_{\mathrm{b}}^{\hat{\mathrm{t}}}\boldsymbol{\Omega}_{\mathrm{tb}}^{\mathrm{b}} \tag{2.18}$$

式(2.18)两边同时右乘以$\boldsymbol{C}_{\mathrm{t}}^{\mathrm{b}}$，得

$$\dot{\boldsymbol{C}}_{\mathrm{t}}^{\hat{\mathrm{t}}}=\boldsymbol{C}_{\mathrm{b}}^{\hat{\mathrm{t}}}\boldsymbol{\Omega}_{\mathrm{tb}}^{\mathrm{b}}\boldsymbol{C}_{\mathrm{t}}^{\mathrm{b}}=\boldsymbol{C}_{\mathrm{t}}^{\hat{\mathrm{t}}}\boldsymbol{C}_{\mathrm{b}}^{\mathrm{t}}\boldsymbol{\Omega}_{\mathrm{tb}}^{\mathrm{b}}\boldsymbol{C}_{\mathrm{t}}^{\mathrm{b}} \tag{2.19}$$

而

$$\boldsymbol{C}_{\mathrm{t}}^{\hat{\mathrm{t}}}=\boldsymbol{I}-\boldsymbol{\Phi}^{\mathrm{t}} \tag{2.20}$$

对式(2.20)两端求导，可得

$$\dot{\boldsymbol{C}}_{\mathrm{t}}^{\hat{\mathrm{t}}}=-\dot{\boldsymbol{\Phi}}^{\mathrm{t}} \tag{2.21}$$

将式(2.20)和式(2.21)代入式(2.19)，可得

$$\dot{\boldsymbol{\Phi}}^{\mathrm{t}}=-(\boldsymbol{I}-\boldsymbol{\Phi}^{\mathrm{t}})\boldsymbol{C}_{\mathrm{b}}^{\mathrm{t}}\boldsymbol{\Omega}_{\mathrm{tb}}^{\mathrm{b}}\boldsymbol{C}_{\mathrm{t}}^{\mathrm{b}} \tag{2.22}$$

由于反对称矩阵$\boldsymbol{\Phi}^{\mathrm{t}}$和$\boldsymbol{\Omega}_{\mathrm{tb}}^{\mathrm{b}}$中的元素均为一阶小量，展开式(2.22)并略去二阶小量，则式(2.22)可化简为

$$\dot{\boldsymbol{\Phi}}^{\mathrm{t}}=-\boldsymbol{C}_{\mathrm{b}}^{\mathrm{t}}\boldsymbol{\Omega}_{\mathrm{tb}}^{\mathrm{b}}\boldsymbol{C}_{\mathrm{t}}^{\mathrm{b}} \tag{2.23}$$

根据相似变换法则：

$$\left.\begin{aligned}\boldsymbol{\Omega}_{\mathrm{tb}}^{\mathrm{t}}&=\boldsymbol{C}_{\mathrm{b}}^{\mathrm{t}}\boldsymbol{\Omega}_{\mathrm{tb}}^{\mathrm{b}}\boldsymbol{C}_{\mathrm{t}}^{\mathrm{b}}\\\boldsymbol{\omega}_{\mathrm{tb}}^{\mathrm{t}}&=\boldsymbol{C}_{\mathrm{b}}^{\mathrm{t}}\boldsymbol{\omega}_{\mathrm{tb}}^{\mathrm{b}}\end{aligned}\right\} \tag{2.24}$$

式中，$\boldsymbol{\Omega}_{\mathrm{tb}}^{\mathrm{t}}$为$\boldsymbol{\Omega}_{\mathrm{tb}}^{\mathrm{b}}$的相似变换，且$\boldsymbol{\Omega}_{\mathrm{tb}}^{\mathrm{t}}$的元素与列矢量$\boldsymbol{\omega}_{\mathrm{tb}}^{\mathrm{b}}$通过$\boldsymbol{C}_{\mathrm{b}}^{\mathrm{t}}$的变换得到的矢量$\boldsymbol{\omega}_{\mathrm{tb}}^{\mathrm{t}}$的元素相对应，即$\boldsymbol{\Omega}_{\mathrm{tb}}^{\mathrm{b}}$是$\boldsymbol{\omega}_{\mathrm{tb}}^{\mathrm{b}}$的反对称矩阵。

将式(2.24)代入式(2.23)，可得

$$\dot{\boldsymbol{\Phi}}^{\mathrm{t}}=-\boldsymbol{\Omega}_{\mathrm{tb}}^{\mathrm{t}} \tag{2.25}$$

将矩阵微分方程即式(2.25)中的元素写成列矢量形式，并利用式(2.24)的关系，得

$$\dot{\boldsymbol{\Phi}}=\begin{bmatrix}\dot{\phi}_x\\\dot{\phi}_y\\\dot{\phi}_z\end{bmatrix}=-\boldsymbol{\omega}_{\mathrm{tb}}^{\mathrm{t}}=-\boldsymbol{C}_{\mathrm{b}}^{\mathrm{t}}\boldsymbol{\omega}_{\mathrm{tb}}^{\mathrm{b}} \tag{2.26}$$

式(2.26)有着鲜明的物理意义：左端为$\hat{\mathrm{t}}$系相对 t 系的误差角运动，如同平台式惯导系统中稳定平台台体 p 相对 t 系的姿态误差角运动一样；右端为引起姿态误差角的误差源。由式(2.13)可知，误差源有 3 种类型：一是陀螺仪的测量误差；二是加速度计的测量误差经前向通道变换成的误差角运动；三是外部信号建立的初始数学平台不理想而引起的计算误差。

将式(2.13)代入式(2.26)，有

$$\dot{\boldsymbol{\Phi}}=-\boldsymbol{C}_{\mathrm{b}}^{\mathrm{t}}(\delta\boldsymbol{\omega}_{\mathrm{ib}}^{\mathrm{b}}-\delta_1\boldsymbol{\omega}_{\mathrm{ie}}^{\mathrm{b}}-\delta_2\boldsymbol{\omega}_{\mathrm{ie}}^{\mathrm{b}}-\boldsymbol{\omega}_{\mathrm{e\hat{t}}}^{\mathrm{b}})=-\delta\boldsymbol{\omega}_{\mathrm{ib}}^{\mathrm{t}}+\delta_1\boldsymbol{\omega}_{\mathrm{ie}}^{\mathrm{t}}+\delta_2\boldsymbol{\omega}_{\mathrm{ie}}^{\mathrm{t}}+\boldsymbol{\omega}_{\mathrm{e\hat{t}}}^{\mathrm{t}}) \tag{2.27}$$

将式(2.27)写成矩阵形式，并考虑到$\boldsymbol{\omega}_{\mathrm{e\hat{t}}}^{\mathrm{t}}$是由加速度计的测量信号经前向通道变换而来的误差角速度，即

$$\boldsymbol{\omega}_{\mathrm{e\hat{t}}}^{\mathrm{t}}=\begin{bmatrix}\omega_{\mathrm{e\hat{t}}x}^{\mathrm{t}}\\\omega_{\mathrm{e\hat{t}}y}^{\mathrm{t}}\\\omega_{\mathrm{e\hat{t}}z}^{\mathrm{t}}\end{bmatrix}=\begin{bmatrix}-\dfrac{\delta V_{\mathrm{et}y}^{\mathrm{t}}}{R}\\\dfrac{\delta V_{\mathrm{et}x}^{\mathrm{t}}}{R}\\0\end{bmatrix} \tag{2.28}$$

则有

$$\begin{bmatrix}\dot{\phi}_x\\ \dot{\phi}_y\\ \dot{\phi}_z\end{bmatrix}=\begin{bmatrix}-\dfrac{\delta V_{ety}^{t}}{R}\\ \dfrac{\delta V_{etx}^{t}}{R}\\ 0\end{bmatrix}+\begin{bmatrix}0\\ -\delta L\omega_{ie}\sin L\\ \delta L\omega_{ie}\cos L\end{bmatrix}+\begin{bmatrix}0 & -\phi_z & \phi_y\\ \phi_z & 0 & -\phi_x\\ -\phi_y & \phi_x & 0\end{bmatrix}\begin{bmatrix}0\\ \omega_{ie}\cos L\\ \omega_{ie}\sin L\end{bmatrix}-\begin{bmatrix}\varepsilon_x^b+\omega_{dx}^t\\ \varepsilon_y^b+\omega_{dy}^t\\ \varepsilon_z^b+\omega_{dz}^t\end{bmatrix} \tag{2.29}$$

将式(2.29)展开,有

$$\left.\begin{aligned}\dot{\phi}_x&=-\frac{\delta V_{ety}^{t}}{R}+\phi_y\omega_{ie}\sin L-\phi_z\omega_{ie}\cos L-\varepsilon_x^t-\omega_{dx}^t\\ \dot{\phi}_y&=\frac{\delta V_{etx}^{t}}{R}-\delta L\omega_{ie}\sin L-\phi_x\omega_{ie}\sin L-\varepsilon_y^t-\omega_{dy}^t\\ \dot{\phi}_z&=\delta L\omega_{ie}\cos L+\phi_x\omega_{ie}\cos L-\varepsilon_z^t-\omega_{dz}^t\end{aligned}\right\} \tag{2.30}$$

可见捷联式惯导系统的姿态误差方程和平台式惯导系统的平台误差角方程是一致的。

2.2.2 速度误差方程

在捷联式惯导系统中,为进行导航位置参数的计算,加速度计测出的加速度信息经过数学平台变换成地理坐标系下的计算值为

$$\boldsymbol{a}_{ib}^{\hat{t}}=\boldsymbol{C}_b^{\hat{t}}\,\tilde{\boldsymbol{a}}_{ib}^{b}=\boldsymbol{C}_t^{\hat{t}}\,\boldsymbol{C}_b^{t}\,\tilde{\boldsymbol{a}}_{ib}^{b}=\boldsymbol{C}_t^{\hat{t}}\,\tilde{\boldsymbol{a}}_{ib}^{t}=(\boldsymbol{I}-\boldsymbol{\Phi}^{t})\,\tilde{\boldsymbol{a}}_{ib}^{b} \tag{2.31}$$

在静基座条件下,加速度计的输出中包含误差项$\boldsymbol{\nabla}$和$\boldsymbol{a}_d$(加速度计零位偏置和机体角运动引起的扰动输出)。若考虑各通道之间的交叉耦合项,并参照捷联式惯导系统的速度方程,有

$$\boldsymbol{a}_{ib}^{\hat{t}}=\boldsymbol{a}_{ib}^{t}-2\,\boldsymbol{\omega}_{ie}^{t}\times\delta\boldsymbol{V}_{et}^{t}-\boldsymbol{\Phi}\times\boldsymbol{g} \tag{2.32}$$

式中

$$\boldsymbol{a}_{ib}^{t}=\boldsymbol{\nabla}+\boldsymbol{a}_d$$

将式(2.32)展开,并忽略垂直通道,可得水平通道的速度误差方程:

$$\left.\begin{aligned}a_{ibx}^{\hat{t}}&=2\omega_{ie}\sin L\delta V_{ety}^{t}-\phi_y g+\nabla_x+a_{dx}\\ a_{iby}^{\hat{t}}&=-2\omega_{ie}\sin L\delta V_{etx}^{t}+\phi_x g+\nabla_y+a_{dy}\end{aligned}\right\} \tag{2.33}$$

式中

$$\left.\begin{aligned}\delta V_{etx}^{t}&=\int_{t_1}^{t_2}a_{ibx}^{\hat{t}}\,dt\\ \delta V_{ety}^{t}&=\int_{t_1}^{t_2}a_{iby}^{\hat{t}}\,dt\end{aligned}\right\} \tag{2.34}$$

其中,时间间隔$[t_1,t_2]$为计算步长。

2.2.3 位置误差方程

捷联式惯导系统的位置误差方程和平台式惯导系统的位置误差方程是一样的,即

$$\left.\begin{aligned}\delta\dot{L} &= \frac{\delta V_{\mathrm{et}x}^{\mathrm{t}}}{R} \\ \delta\dot{\lambda} &= \frac{\delta V_{\mathrm{et}y}^{\mathrm{t}}}{R}\sec L\end{aligned}\right\} \tag{2.35}$$

2.2.4　系统误差方程

将以上讨论所得到的姿态误差方程式(2.30)、速度误差方程式(2.34)和位置误差方程式(2.35)综合起来，就构成采用指北方案的捷联式惯导系统在静基座条件下的系统误差方程。将其写成矩阵形式，并统一略去上标“t”和下标“et”，有

$$\delta\dot{\lambda} = \frac{\delta V_y^{\mathrm{t}}}{R}\sec L \tag{2.36}$$

$$\begin{bmatrix}\delta\dot{V}_x \\ \delta\dot{V}_y \\ \delta\dot{L} \\ \dot{\phi}_x \\ \dot{\phi}_y \\ \dot{\phi}_z\end{bmatrix} = \begin{bmatrix} 0 & 2\omega_{\mathrm{ie}}\sin L & 0 & 0 & -g & 0 \\ -\omega_{\mathrm{ie}}\sin L & 0 & 0 & g & 0 & 0 \\ 0 & \frac{1}{R} & 0 & 0 & 0 & 0 \\ 0 & -\frac{1}{R} & 0 & 0 & \omega_{\mathrm{ie}}\sin L & -\omega_{\mathrm{ie}}\cos L \\ \frac{1}{R} & 0 & -\omega_{\mathrm{ie}}\sin L & -\omega_{\mathrm{ie}}\sin L & 0 & 0 \\ \frac{\tan L}{R} & 0 & \omega_{\mathrm{ie}}\cos L & \omega_{\mathrm{ie}}\cos L & 0 & 0 \end{bmatrix} \begin{bmatrix}\delta V_x \\ \delta V_y \\ \delta L \\ \phi_x \\ \phi_y \\ \phi_z\end{bmatrix} + \begin{bmatrix}\nabla_x + a_{\mathrm{d}x} \\ \nabla_y + a_{\mathrm{d}y} \\ 0 \\ -(\varepsilon_x + \varepsilon_{\mathrm{d}x}) \\ -(\varepsilon_y + \varepsilon_{\mathrm{d}y}) \\ -(\varepsilon_z + \varepsilon_{\mathrm{d}z})\end{bmatrix} \tag{2.37}$$

式中，$\boldsymbol{\nabla}$，$\boldsymbol{\varepsilon}$ 分别为加速度计常值零偏和陀螺仪常值漂移；$\boldsymbol{a}_{\mathrm{d}}$，$\boldsymbol{\varepsilon}_{\mathrm{d}}$ 分别为干扰线速度和干扰角速度。

由式(2.36)和式(2.37)可以看出，在静基座条件下，捷联式惯导系统的误差方程和平台式惯导系统的误差方程是一致的。

有了式(2.37)的系统状态空间方程，再根据实际所需的量测信息，建立量测方程，就可以利用卡尔曼滤波方程进行数学平台失准角的估计了。

2.3　捷联式惯导系统静基座初始对准卡尔曼滤波模型

从控制论的观点来看，惯导系统中有些状态是未知的(如数学平台误差角)，称其为被估计量，而有些量是可以测量得到的(如加速度计的输出)，称为量测量。卡尔曼滤波器就是从与被

估计量有关的量测量中通过算法估计出所需信号。因此，要运用卡尔曼滤波方法估计系统状态，首先要建立能反映被估计状态量之间相互关系的状态方程，以及能反映量测量与状态量之间关系的量测方程。

假设初始对准过程时间较短，将加速度计误差模型近似为常值零偏加白噪声，陀螺仪误差模型近似为常值漂移加白噪声，则

$$\dot{\varepsilon}_E=0,\quad \dot{\varepsilon}_N=0,\quad \dot{\varepsilon}_U=0$$

$$\dot{\nabla}_E=0,\quad \dot{\nabla}_N=0$$

在状态空间方程即式(2.37)的基础上，将加速度计常值零偏和陀螺仪常值漂移扩充为系统状态，取状态变量为

$$\boldsymbol{X}=[\delta V_E\quad \delta V_N\quad \phi_E\quad \phi_N\quad \phi_U\quad \nabla_x\quad \nabla_y\quad \varepsilon_x\quad \varepsilon_y\quad \varepsilon_z]^T \tag{2.38}$$

则 SINS 的误差状态方程为

$$\dot{\boldsymbol{X}}(t)=\begin{bmatrix}\dot{\boldsymbol{X}}_a(t)\\ \dot{\boldsymbol{X}}_b(t)\end{bmatrix}=\begin{bmatrix}\boldsymbol{F} & \boldsymbol{T}_i\\ \boldsymbol{O}_{5\times5} & \boldsymbol{O}_{5\times5}\end{bmatrix}\begin{bmatrix}\boldsymbol{X}_a(t)\\ \boldsymbol{X}_b(t)\end{bmatrix}+\begin{bmatrix}\boldsymbol{W}'(t)\\ \boldsymbol{O}_{5\times1}\end{bmatrix}=\boldsymbol{AX}(t)+\boldsymbol{GW}(t) \tag{2.39}$$

式中，状态矢量$\boldsymbol{X}_a=[\delta V_E\quad \delta V_N\quad \phi_E\quad \phi_N\quad \phi_U]^T$，$\boldsymbol{X}_b=[\nabla_x\quad \nabla_y\quad \varepsilon_x\quad \varepsilon_y\quad \varepsilon_z]^T$，其中下标 x，y，z 分别表示载体坐标系的 3 个坐标轴；δV_E，δV_N 分别为东向和北向速度误差；ϕ_E，ϕ_N 分别为水平失准角；ϕ_U 为方位失准角；$\boldsymbol{\nabla}$为加速度计常值零偏；$\boldsymbol{\varepsilon}$ 为陀螺仪常值漂移；$\boldsymbol{O}_{5\times5}$，$\boldsymbol{O}_{5\times1}$ 均为指定维数的零矩阵；$\boldsymbol{T}_i$，$\boldsymbol{F}$ 分别表示如下内容：

$$\boldsymbol{T}_i=\begin{bmatrix}C_{11} & C_{12} & 0 & 0 & 0\\ C_{21} & C_{22} & 0 & 0 & 0\\ 0 & 0 & C_{11} & C_{12} & C_{13}\\ 0 & 0 & C_{21} & C_{22} & C_{23}\\ 0 & 0 & C_{31} & C_{32} & C_{33}\end{bmatrix},\quad \boldsymbol{F}=\begin{bmatrix}0 & 2\Omega_U & 0 & -g & 0\\ -2\Omega_U & 0 & g & 0 & 0\\ 0 & 0 & 0 & \Omega_U & -\Omega_N\\ 0 & 0 & -\Omega_U & 0 & 0\\ 0 & 0 & \Omega_N & 0 & 0\end{bmatrix} \tag{2.40}$$

式中，$\Omega_U=\omega_{ie}\sin L$；$\Omega_N=\omega_{ie}\cos L$；$L$ 为当地地理纬度；g 为当地重力加速度矢量的绝对值；$C_{ij(i,j=1,2,3)}$ 为姿态矩阵$\boldsymbol{C}_b^n$ 中相应的元素，$\boldsymbol{C}_b^n=\{C_{ij}\}_{i,j=1,2,3}$；$\boldsymbol{W}(t)$ 为 $N(0,\boldsymbol{Q})$ 的高斯白噪声，且 $\boldsymbol{W}(t)=[w_{\delta V_E}\quad w_{\delta V_N}\quad w_{\phi_E}\quad w_{\phi_N}\quad w_{\phi_U}\ \vdots\ \boldsymbol{O}_{5\times1}]^T$。

选取两个水平速度误差 δV_E，δV_N 为观测量，则系统量测方程为

$$\boldsymbol{Z}(t)=\begin{bmatrix}1 & 0 & 0 & 0 & 0 & 0 & 0 & 0 & 0 & 0\\ 0 & 1 & 0 & 0 & 0 & 0 & 0 & 0 & 0 & 0\end{bmatrix}\begin{bmatrix}\boldsymbol{X}_a\\ \boldsymbol{X}_b\end{bmatrix}+\begin{bmatrix}\eta_E\\ \eta_N\end{bmatrix}=\boldsymbol{HX}(t)+\boldsymbol{\eta}(t) \tag{2.41}$$

式中，$\boldsymbol{\eta}(t)$ 为系统观测噪声矢量，表示了 $N(0,\boldsymbol{R})$ 的高斯白噪声过程。

由于状态方程(式(2.39))和量测方程(式(2.41))所代表的系统是连续的，所以为了便于在计算机中进行卡尔曼滤波递推计算，需要将系统状态方程转化为离散形式。连续系统离散化的实质是根据连续系统的系统矩阵 $\boldsymbol{A}(t)$ 计算出离散系统的状态转移矩阵。

将状态方程和量测方程所代表的连续系统离散化，得

$$\left.\begin{aligned}\boldsymbol{X}_k&=\boldsymbol{\Phi}_{k,k-1}\boldsymbol{X}_{k-1}+\boldsymbol{\Gamma}_{k-1}\boldsymbol{W}_{k-1}\\ \boldsymbol{Z}_k&=\boldsymbol{H}_k\boldsymbol{X}_k+\boldsymbol{V}_k\end{aligned}\right\} \tag{2.42}$$

式中，$\boldsymbol{X}_k$ 为 k 时刻的 n 维状态矢量，也是被估计矢量；$\boldsymbol{Z}_k$ 为 k 时刻的 m 维量测矢量；$\boldsymbol{\Phi}_{k,k-1}$ 为 $k-1$ 到 k 时刻的系统一步转移矩阵($n\times n$ 阶)；$\boldsymbol{\Gamma}_{k-1}$ 为系统噪声驱动矩阵($n\times r$ 阶)，表征由 $k-1$ 到 k 时刻的各系统噪声分别影响 k 时刻各个状态的程度；$\boldsymbol{W}_{k-1}$ 为 $k-1$ 时刻的系统激励噪

声序列(r 维)；$\boldsymbol{V}_k$ 为 k 时刻的 m 维量测噪声序列。

$\boldsymbol{\Phi}_{k,k-1}$ 和 $\boldsymbol{\Gamma}_{k-1}$ 可分别表示为

$$\boldsymbol{\Phi}_{k,k-1}=\boldsymbol{I}+\boldsymbol{A}_{k-1}T+\frac{1}{2!}\boldsymbol{A}_{k-1}^{2}T^{2}+\frac{1}{3!}\boldsymbol{A}_{k-1}^{3}T^{3}+\cdots$$

$$\boldsymbol{\Gamma}_{k-1}=T\left(\boldsymbol{I}+\frac{1}{2!}\boldsymbol{A}_{k-1}T+\frac{1}{3!}\boldsymbol{A}_{k-1}^{2}T^{2}+\cdots\right)\boldsymbol{G}$$

式中，T 为滤波周期；$\boldsymbol{A}_{k-1}$ 为 $k-1$ 时刻的系统矩阵，由于地面静基座对准时间较短，捷联式惯导系统可近似为定常系统，所以可用式(2.39)中的系统矩阵 $\boldsymbol{A}$ 代替 $\boldsymbol{A}_{k-1}$ 进行卡尔曼滤波计算；$\boldsymbol{G}$ 为过程噪声驱动矩阵($n\times n$ 阶)；$\boldsymbol{H}_k$ 为 k 时刻的量测矩阵($m\times n$ 阶)，由于量测矩阵 $\boldsymbol{H}$ 为常值矩阵，不随时间变化，因此有

$$\boldsymbol{H}_k=\boldsymbol{H}=\begin{bmatrix}1&0&0&0&0&0&0&0&0&0\\0&1&0&0&0&0&0&0&0&0\end{bmatrix}$$

卡尔曼滤波要求$\{\boldsymbol{W}_k\}$和$\{\boldsymbol{V}_k\}$为互不相关的零均值白噪声序列，有

$$\left.\begin{aligned}\boldsymbol{E}\{\boldsymbol{W}_k\boldsymbol{W}_j^{\mathrm{T}}\}&=\boldsymbol{Q}_k\delta_{kj}\\\boldsymbol{E}\{\boldsymbol{V}_k\boldsymbol{V}_j^{\mathrm{T}}\}&=\boldsymbol{R}_k\delta_{kj}\end{aligned}\right\}\tag{2.43}$$

式中，$\boldsymbol{Q}_k$ 和 $\boldsymbol{R}_k$ 分别为系统噪声和量测噪声的方差阵，可以根据过程噪声和量测噪声的统计特性来确定。

根据离散化后的状态转移矩阵$\boldsymbol{\Phi}_{k,k-1}$，系统噪声驱动矩阵$\boldsymbol{\Gamma}_{k-1}$，量测矩阵 $\boldsymbol{H}$，以及系统噪声和量测噪声方差阵$\boldsymbol{Q}_k$ 和 $\boldsymbol{R}_k$，利用离散卡尔曼滤波方程就可以完成数学平台误差角的递推计算。

2.4　初始对准常用最优估计方法

初始对准的数学模型实质上描述了失准角等误差参数的传播规律及其与观测量之间的联系。滤波算法的作用则是利用这种规律、联系和已知的观测数据对未知的误差参数进行估计。为保证估计的效果，必须选择合适的滤波算法。当选择滤波算法时，需考虑算法的适用范围、精确度、鲁棒性以及实时性。

(标准)卡尔曼滤波器(Kalman Filter, KF)的性能对于系统中存在的噪声不确定性比较敏感，因此(标准)卡尔曼滤波难以取得高精度，有时还会发散。另外，实际系统的数学模型往往是经过一定的近似和简化得到的。由于系统的模型误差和噪声统计特性存在不确定性，所以就要求所设计的滤波器有特别突出的鲁棒性。对于线性初始对准模型，最常用的滤波算法当数(标准)卡尔曼滤波算法。当捷联式惯导系统的姿态误差较大时，相应的对准模型通常为非线性模型。此外，低精度的惯性传感器也会导致对准问题的严重非线性。扩展卡尔曼滤波(Extended Kalman Filter, EKF)算法虽可以用于处理非线性滤波问题，但其本质是将非线性模型作泰勒展开保留一阶近似实现线性化，滤波精确度依赖于系统的局部非线性强度。同扩展卡尔曼滤波相比，无迹卡尔曼滤波(Unscented Kalman Filter, UKF)算法的计算量与之相当，但无需线性化处理，鲁棒性强，因此在实际应用中常采用无迹卡尔曼滤波算法代替扩展卡尔曼滤波算法以提高精确度。下面介绍惯导系统初始对准时常用的几种滤波算法。

2.4.1 卡尔曼滤波算法

卡尔曼滤波算法是一种递推线性最小方差估计法。它是根据系统中能够测量的量，去估计系统状态量的一种方法。它对状态量估计的均方误差小于或等于其他估计的均方误差，因而是一种最优估计。卡尔曼滤波计算方法采用递推形式，即在前一时刻估值的基础上，根据当前时刻的量测值递推当前时刻的状态估值。由于前一时刻的估值是根据前一时刻的量测值得到的，所以按这种递推算法得到的当前时刻估值，可以说是综合利用了当前时刻和前一时刻的所有量测信息，且一次仅处理一个时刻的量测值，使计算量大大减小。正是由于上述特点，卡尔曼滤波理论一经提出就得到了广泛应用。目前，卡尔曼滤波理论作为一种最重要的最优估计理论被广泛应用于各种领域。要运用卡尔曼滤波算法估计系统状态，首先就要能列出反映有关状态量之间相互关系的状态方程，以及能反映量测量与状态量之间关系的量测方程。

目前，惯导系统数据处理常用的方法是卡尔曼滤波算法，通过卡尔曼滤波器估计出系统的误差状态，然后对惯导进行校正，以达到提高导航精度的目的。如果初始对准时采用卡尔曼滤波器，将平台的 3 个失准角、陀螺仪漂移和加速度计偏置估计出来，然后加以校正，这不仅可以达到对准的目的，而且从对准回路来看，滤波器和校正量的接入，相当于对准回路接入了时变的校正环节，可以使对准回路的频带在对准阶段逐渐从高向低变换，从而很好地解决了干扰加速度影响和对准时间之间的矛盾。因此，如果能够合理使用与成功设计惯导系统初始对准的滤波器，就能改善对准精度，缩短对准时间。

1. 离散系统的数学描述

这里所提到的离散系统就是用离散化后的差分方程来描述连续系统。设离散化后的系统状态方程和量测方程分别为

$$\boldsymbol{X}_k = \boldsymbol{\Phi}_{k,k-1}\boldsymbol{X}_{k-1} + \boldsymbol{\Gamma}_{k-1}\boldsymbol{W}_{k-1} \tag{2.44}$$

$$\boldsymbol{Z}_k = \boldsymbol{H}_k\boldsymbol{X}_k + \boldsymbol{V}_k \tag{2.45}$$

式中，$\boldsymbol{X}_k$ 为 k 时刻的 n 维状态矢量，也是被估计的状态量；$\boldsymbol{Z}_k$ 为 k 时刻的 m 维量测矢量；$\boldsymbol{\Phi}_{k,k-1}$ 为 $k-1$ 到 k 时刻的系统一步转移矩阵（$n\times n$ 阶）；$\boldsymbol{W}_{k-1}$ 为 $k-1$ 时刻的系统噪声（r 维）；$\boldsymbol{\Gamma}_{k-1}$ 为系统噪声矩阵（$n\times r$ 阶），表征由 $k-1$ 到 k 时刻的各系统噪声分别影响 k 时刻各个状态的程度；$\boldsymbol{H}_k$ 为 k 时刻的量测矩阵（$m\times n$ 阶）；$\boldsymbol{V}_k$ 为 k 时刻的 m 维量测噪声。

卡尔曼滤波要求 $\{\boldsymbol{W}_k\}$ 和 $\{\boldsymbol{V}_k\}$ 为互不相关零均值的高斯白噪声序列，则有

$$\boldsymbol{E}\{\boldsymbol{W}_k\boldsymbol{W}_j^{\mathrm{T}}\} = \boldsymbol{Q}_k\delta_{kj} \tag{2.46}$$

$$\boldsymbol{E}\{\boldsymbol{V}_k\boldsymbol{V}_j^{\mathrm{T}}\} = \boldsymbol{R}_k\delta_{kj} \tag{2.47}$$

式中，$\boldsymbol{Q}_k$ 和 $\boldsymbol{R}_k$ 分别为系统噪声和量测噪声的方差矩阵。

在卡尔曼滤波算法中都要求已知数值为非负定阵和正定阵。δ_{kj} 是 Kronecker δ 函数，即

$$\delta_{kj} = \begin{cases} 0 & (k\neq j) \\ 1 & (k=j) \end{cases} \tag{2.48}$$

初始状态的一、二阶统计特性为

$$\boldsymbol{E}\{\boldsymbol{X}_0\} = \boldsymbol{m}_{\boldsymbol{X}_0},\quad \mathrm{Var}\{\boldsymbol{X}_0\} = \boldsymbol{C}_{\boldsymbol{X}_0} \tag{2.49}$$

式中，$\mathrm{Var}\{\boldsymbol{X}_0\}$ 为对 $\boldsymbol{X}_0$ 求方差。

卡尔曼滤波算法要求$\boldsymbol{m}_{\boldsymbol{X}_0}$ 和$\boldsymbol{C}_{\boldsymbol{X}_0}$ 为已知量，且要求$\boldsymbol{X}_0$ 与$\{\boldsymbol{W}_k\}$ 和$\{\boldsymbol{V}_k\}$ 都不相关。

2. 离散卡尔曼滤波方程

(1) 状态一步预测方程。

$$\hat{\boldsymbol{X}}_{k|k-1} = \boldsymbol{\Phi}_{k,k-1}\hat{\boldsymbol{X}}_{k-1} \tag{2.50}$$

式中，$\hat{\boldsymbol{X}}_{k-1}$ 为状态$\boldsymbol{X}_{k-1}$ 的卡尔曼滤波估值，可认为是利用 $k-1$ 时刻以及以前时刻的量测值计算得到的；$\hat{\boldsymbol{X}}_{k|k-1}$ 是利用$\hat{\boldsymbol{X}}_{k-1}$ 计算得到的对$\boldsymbol{X}_k$ 的一步预测，也可以认为是利用$k-1$时刻以及以前时刻的量测值计算所得的对$\boldsymbol{X}_k$ 的一步预测。

从状态方程(式(2.44))可以看出，在系统噪声未知的条件下，按式(2.50)计算对$\boldsymbol{X}_k$ 的一步预测是最“合适”的。

(2) 状态估值计算方程。

$$\hat{\boldsymbol{X}}_k = \hat{\boldsymbol{X}}_{k|k-1} + \boldsymbol{K}_k(\boldsymbol{Z}_k - \boldsymbol{H}_k\hat{\boldsymbol{X}}_{k|k-1}) \tag{2.51}$$

式(2.51)是计算估值$\hat{\boldsymbol{X}}_k$ 的方程。$\hat{\boldsymbol{X}}_k$ 是在一步预测$\hat{\boldsymbol{X}}_{k|k-1}$ 的基础上根据量测值$\boldsymbol{Z}_k$ 计算出来的。式中括弧内容可按式(2.45)的关系改写为

$$\boldsymbol{Z}_k - \boldsymbol{H}_k\hat{\boldsymbol{X}}_{k|k-1} = \boldsymbol{H}_k\boldsymbol{X}_k + \boldsymbol{V}_k - \boldsymbol{H}_k\hat{\boldsymbol{X}}_{k|k-1} = \boldsymbol{H}_k\tilde{\boldsymbol{X}}_{k|k-1} + \boldsymbol{V}_k \tag{2.52}$$

式中，$\tilde{\boldsymbol{X}}_{k|k-1} \overset{\text{def}}{=\!=} \boldsymbol{X}_k - \hat{\boldsymbol{X}}_{k|k-1}$，称为一步预测误差。

如果将$\boldsymbol{H}_k\hat{\boldsymbol{X}}_{k|k-1}$ 看作是量测值$\boldsymbol{Z}_k$ 的一步预测，则$(\boldsymbol{Z}_k - \boldsymbol{H}_k\hat{\boldsymbol{X}}_{k|k-1})$就是量测值$\boldsymbol{Z}_k$ 的一步预测误差。从式(2.52)可以看出，它是由两部分组成的，一部分是一步预测$\hat{\boldsymbol{X}}_{k|k-1}$ 的误差$\tilde{\boldsymbol{X}}_{k|k-1}$(以$\boldsymbol{H}_k\tilde{\boldsymbol{X}}_{k|k-1}$ 形式出现)，一部分是量测误差$\boldsymbol{V}_k$，而$\tilde{\boldsymbol{X}}_{k|k-1}$ 正是在$\hat{\boldsymbol{X}}_{k|k-1}$ 的基础上估计$\boldsymbol{X}_k$ 所需要的信息，因此又称$(\boldsymbol{Z}_k - \boldsymbol{H}_k\hat{\boldsymbol{X}}_{k|k-1})$为新息。

式(2.51)就是通过新息将$\tilde{\boldsymbol{X}}_{k|k-1}$ 估计出来的，并加到$\hat{\boldsymbol{X}}_{k|k-1}$ 中，从而得到估值$\hat{\boldsymbol{X}}_k$。$\tilde{\boldsymbol{X}}_{k|k-1}$ 的估值方法就是将新息右乘以系数矩阵$\boldsymbol{K}_k$，即得式(2.51)等号右边的第二项，$\boldsymbol{K}_k$ 称为滤波增益矩阵。由于$\hat{\boldsymbol{X}}_{k|k-1}$ 可认为是由$k-1$时刻及以前时刻的量测值计算得到的，而$\tilde{\boldsymbol{X}}_{k|k-1}$ 的估值是由新息(其中包括$\boldsymbol{Z}_k$)计算得到的，因此$\hat{\boldsymbol{X}}_k$ 可认为是由 k 时刻及以前时刻的量测值计算得到的。

(3) 滤波增益方程。

$$\boldsymbol{K}_k = \boldsymbol{P}_{k|k-1}\boldsymbol{H}_k^{\mathrm{T}}(\boldsymbol{H}_k\boldsymbol{P}_{k|k-1}\boldsymbol{H}_k^{\mathrm{T}} + \boldsymbol{R}_k)^{-1} \tag{2.53}$$

$\boldsymbol{K}_k$ 选取的标准是卡尔曼滤波的估计准则，也就是使估值$\hat{\boldsymbol{X}}_k$ 的均方误差阵最小。式(2.53)中的$\boldsymbol{P}_{k|k-1}$ 是一步预测均方差阵，即

$$\boldsymbol{P}_{k|k-1} \overset{\text{def}}{=\!=} E\{\tilde{\boldsymbol{X}}_{k|k-1}\tilde{\boldsymbol{X}}_{k|k-1}^{\mathrm{T}}\} \tag{2.54}$$

由于$\tilde{\boldsymbol{X}}_{k|k-1}$ 具有无偏性，即$\tilde{\boldsymbol{X}}_{k|k-1}$ 的均值为零，所以$\boldsymbol{P}_{k|k-1}$ 也称为一步预测误差方差阵。式(2.53)中的$\boldsymbol{H}_k\boldsymbol{P}_{k|k-1}\boldsymbol{H}_k^{\mathrm{T}}$ 和$\boldsymbol{R}_k$ 是新息中两部分内容($\boldsymbol{H}_k\tilde{\boldsymbol{X}}_{k|k-1}$ 和$\boldsymbol{V}_k$)的均方阵。

如果状态值$\boldsymbol{X}_k$ 和量测值$\boldsymbol{Z}_k$ 都是一维的，那么从式(2.51)～式(2.53)可以直接看出：若$\boldsymbol{R}_k$ 大，$\boldsymbol{K}_k$ 就小，说明新息中$\tilde{\boldsymbol{X}}_{k|k-1}$ 的比例小，因此系数取得小，也就是对量测值的信赖和利用的程度小；若$\boldsymbol{P}_{k|k-1}$ 大，则说明新息中$\tilde{\boldsymbol{X}}_{k|k-1}$ 的比例大，因此系数就应取得大，也就是对量测值的信赖和利用的程度大。

(4) 一步预测均方误差方程。

$$\boldsymbol{P}_{k|k-1} = \boldsymbol{\Phi}_{k,k-1}\boldsymbol{P}_{k-1}\boldsymbol{\Phi}_{k,k-1}^{\mathrm{T}} + \boldsymbol{\Gamma}_{k-1}\boldsymbol{Q}_{k-1}\boldsymbol{\Gamma}_{k-1}^{\mathrm{T}} \tag{2.55}$$

欲求$\boldsymbol{K}_k$，必须先求出$\boldsymbol{P}_{k|k-1}$。式(2.55)中$\boldsymbol{P}_{k-1}$ 为$\hat{\boldsymbol{X}}_{k-1}$ 的均方误差阵，即

$$P_{k-1} \overset{\text{def}}{=\!=\!=} E\{\widetilde{X}_{k-1}\widetilde{X}_{k-1}^{\mathrm{T}}\} \tag{2.56}$$

式中，$\widetilde{X}_{k-1} \overset{\text{def}}{=\!=\!=} X_{k-1}-\hat{X}_{k-1}$ 为$\hat{X}_{k-1}$ 的估计误差。

从式(2.55)可以看出，一步预测均方误差阵$P_{k|k-1}$ 是从估计均方误差阵P_{k-1} 转移过来的，并加上了系统噪声方差的影响。

式(2.50)～式(2.55)6个方程基本说明了从量测值Z_k 计算$\hat{X}_k$ 的过程。除了必须已知描述系统量测值的矩阵$\Phi_{k,k-1}$ 和H_k，以及噪声方差阵Q_{k-1} 和R_k 外，还必须有上一时刻的估值$\hat{X}_{k-1}$ 和估计均方误差阵P_{k-1}。因此，在计算$\hat{X}_k$ 的同时，还需要计算在估计均方误差方程中所用的P_k。

(5) 估计均方误差方程。

$$P_k=(I-K_kH_k)P_{k|k-1}(I-K_kH_k)^{\mathrm{T}}+K_kR_kK_k^{\mathrm{T}} \tag{2.57}$$

或

$$P_k=(I-K_kH_k)P_{k|k-1} \tag{2.58}$$

式(2.50)和式(2.55)又称为时间修正方程；式(2.51)、式(2.53)以及式(2.57)、式(2.58)又称为量测修正方程。

式(2.57)和式(2.58)都是计算P_k 的方程。式(2.58)的计算量小，但因计算有舍入误差，不能保证算出的P_k 始终是对称的，而式(2.57)的性质却相反，因此可以根据系统的具体情况和要求选用其中一个方程。如果把式中的K_k 理解成滤波估计的具体体现，则两个方程都说明P_k 是在$P_{k|k-1}$ 的基础上经滤波估计演变而来的。从式(2.58)更能直接看出，由于滤波估计的作用，$\hat{X}_k$ 的均方误差阵P_k 比$\hat{X}_{k|k-1}$ 的均方误差阵$P_{k|k-1}$ 小。

以上对滤波方程的介绍，说明在得到量测值Z_k 后，如何从$k-1$时刻的估值$\hat{X}_{k-1}$ 递推得到k时刻的估值$\hat{X}_k$ 的过程，由此可以理解所有时刻的估计情况。

(6) 初值的确定。

滤波开始，必须有初始值$\hat{X}_0$ 和P_0 才能进行估计，因此$\hat{X}_0$ 和P_0 必须选择给定。为了保证估值的无偏性，可以选择

$$\hat{X}_0=E\{X_0\}=m_{X_0} \tag{2.59}$$

从而

$$P_0=E\{(X_0-\hat{X}_0)(X_0-\hat{X}_0)^{\mathrm{T}}\}=E\{(X_0-m_{X_0})(X_0-m_{X_0})^{\mathrm{T}}\}=\mathrm{Var}\{X_0\}=C_{X_0} \tag{2.60}$$

这样，就能保证估计均方误差阵$P_k(k=1,2,3,\cdots)$始终是最小的。

另外，如果系统和量测值中都有已知确定性输入量，即系统状态方程和量测方程分别为

$$X_k=\Phi_{k,k-1}X_{k-1}+\Gamma_{k-1}W_{k-1}+B_{k-1}U_{k-1} \tag{2.61}$$

$$Z_k=H_kX_k+V_k+Y_k \tag{2.62}$$

式中，U_{k-1} 为系统确定性输入矢量(s维)；B_{k-1} 为输入矩阵($n\times s$阶)；Y_k 为量测值中确定性输入矢量(m维)。那么只需将滤波方程中一步预测方程(式(2.50))改为

$$\hat{X}_{k|k-1}=\Phi_{k,k-1}\hat{X}_{k-1}+B_{k-1}U_{k-1} \tag{2.63}$$

状态估值计算方程(式(2.51))改为

$$\hat{X}_k=\hat{X}_{k|k-1}+K_k(Z_k-Y_k-H_k\hat{X}_{k|k-1}) \tag{2.64}$$

其他滤波方程(式(2.52)～式(2.55))保持不变。

(7) 系统离散化中转移矩阵$\Phi_{k+1,k}$ 和系统噪声方差阵Q_k 的计算。

连续系统离散化的实质是根据连续系统的系统矩阵 $\boldsymbol{A}(t)$ 计算出离散系统的状态转移矩阵$\boldsymbol{\Phi}_{k+1,k}$ 的，以及根据连续系统的系统噪声方差强度阵 $\boldsymbol{Q}(t)$ 计算出离散系统噪声方差阵$\boldsymbol{Q}_k$。

1) $\boldsymbol{\Phi}_{k+1,k}$ 的计算方法。如果计算周期 T 远小于系统矩阵 $\boldsymbol{A}(t)$ 发生明显变化所需要的时间，则$\boldsymbol{\Phi}_{k+1,k}$ 可以利用定常系统的计算方法，即

$$\boldsymbol{\Phi}_{k+1,k} \approx \mathrm{e}^{\boldsymbol{A}(t_k)T} = \sum_{n=0}^{\infty} \frac{T^n}{n!} \boldsymbol{A}^n(t_k) \tag{2.65}$$

式中，T 为滤波器的计算周期。

为了求得准确的转移矩阵，理论上当然应该取尽可能多的项，以减少计算的截断误差。但是，如果取项过多，不仅会大大增加计算机的计算量，而且增多了计算步骤，也增加了舍入误差，因此项数必须适当。这可通过在滤波器设计过程中误差分析的结构来确定，也可在转移矩阵计算程序中采用项数自动判别的方法来确定。例如，当第$(L+1)$项的值小于前 L 项累加值的10^{-i}(i 为事先确定的整数值) 时，累加即可停止。还可以利用转移矩阵的特性，即

$$\boldsymbol{\Phi}_{j+1,j-1} = \boldsymbol{\Phi}_{j+1,j}\,\boldsymbol{\Phi}_{j,j-1} \tag{2.66}$$

将滤波器计算周期 T 分隔成 N 个时间间隔 ΔT，即 $T=N\Delta T$，则转移矩阵$\boldsymbol{\Phi}_{k+1,k}$ 就是各个分隔时间间隔 ΔT 转移矩阵的乘积，即

$$\boldsymbol{\Phi}_{k+1,k} = \prod_{i=1}^{N} \boldsymbol{\Phi}_{k(i),k(i-1)} \tag{2.67}$$

式中，下标 $k(i)$ 为 $t_k+i\Delta T$ 时刻，即 $t_{k(i)}=t_k+i\Delta T$。

各个时间间隔的转移矩阵可按下法计算，即

$$\boldsymbol{\Phi}_{k(i),k(i-1)} \approx \boldsymbol{I} + \Delta T\,\boldsymbol{A}_{i-1} \tag{2.68}$$

式中，$\boldsymbol{A}_{i-1} \overset{\text{def}}{=\!=} \boldsymbol{A}[t_{k(i-1)}]=\boldsymbol{A}[t_k+(i-1)\Delta T]$。

转移矩阵$\boldsymbol{\Phi}_{k+1,k}$ 除了可按式(2.67) 计算外，还可以进一步简化为

$$\boldsymbol{\Phi}_{k+1,k} \approx \boldsymbol{I} + \Delta T\sum_{i=1}^{N}\boldsymbol{A}_{i-1} + \boldsymbol{O}(\Delta T^2) \approx \boldsymbol{I} + \Delta T\sum_{i=1}^{N}\boldsymbol{A}_{i-1} \tag{2.69}$$

式中，$\boldsymbol{O}(\Delta T^2)$ 表示其元素与 ΔT^2 同阶或更高阶的小量矩阵。

虽然式(2.69) 比式(2.67) 和式(2.68) 计算的转移矩阵精度低，但计算量却小得多。

对一般时变连续系统，虽然可以根据线性系统理论从系统阵 $\boldsymbol{A}(t)$ 计算转移阵 $\boldsymbol{\Phi}(t,t+T)$ 的积分公式数值求解，但实用中常将计算周期 T 分隔为 N 个时间间隔 ΔT，按各 ΔT 时间间隔中系统矩阵近似为常阵来计算。

2) $\boldsymbol{Q}_k$ 的计算方法。由于在滤波计算中需要的系统噪声方差形式为$\boldsymbol{\Gamma}_k\boldsymbol{Q}_k\boldsymbol{\Gamma}_k^{\mathrm{T}}$，所以一般不单独计算$\boldsymbol{Q}_k$，而是从连续系统的 $\boldsymbol{G}(t)\boldsymbol{Q}(t)\boldsymbol{G}^{\mathrm{T}}(t)$ 直接计算$\boldsymbol{\Gamma}_k\boldsymbol{Q}_k\boldsymbol{\Gamma}_k^{T}$。设连续系统为定常系统，为了简化起见，令

$$\boldsymbol{\Gamma}_k\boldsymbol{Q}_k\boldsymbol{\Gamma}_k^{\mathrm{T}} \overset{\text{def}}{=\!=} \boldsymbol{Q}_k,\quad \boldsymbol{G}\boldsymbol{Q}\boldsymbol{G}^{\mathrm{T}} \overset{\text{def}}{=\!=} \boldsymbol{Q}$$

则$\boldsymbol{Q}_k$ 的计算公式为

$$\boldsymbol{Q}_k = \boldsymbol{Q}T + [\boldsymbol{F}\boldsymbol{Q}+(\boldsymbol{F}\boldsymbol{Q})^{\mathrm{T}}]\frac{T^2}{2!} + \{\boldsymbol{F}[\boldsymbol{F}\boldsymbol{Q}+(\boldsymbol{F}\boldsymbol{Q})^{\mathrm{T}}]+[\boldsymbol{F}(\boldsymbol{F}\boldsymbol{Q}+\boldsymbol{Q}\boldsymbol{F}^{\mathrm{T}})]^{\mathrm{T}}\}\frac{T^3}{3!} + \cdots \tag{2.70}$$

计算时项数的确定与计算$\boldsymbol{\Phi}_{k+1,k}$ 时的方法相同。时变系数也可按各分段间隔(ΔT) 的系统阵为定常阵的假设来计算，其计算公式为

$$\boldsymbol{Q}_k = N\boldsymbol{Q}\Delta T + \left(\sum_{i=1}^{N} i\boldsymbol{A}_i\boldsymbol{Q} + \boldsymbol{Q}\sum_{i=1}^{N-1} i\boldsymbol{A}_i^{\mathrm{T}}\right)\Delta T^2 \tag{2.71}$$

如果计算周期 T 比较短，则 $\boldsymbol{Q}_k$ 可按下式计算：

$$\boldsymbol{Q}_k = (\boldsymbol{Q} + \boldsymbol{\Phi}_{k+1,k}\boldsymbol{Q}\boldsymbol{\Phi}_{k+1,k}^{\mathrm{T}})\frac{T}{2} \tag{2.72}$$

3. 连续型卡尔曼滤波的基本方程

线性连续系统的卡尔曼最优滤波问题，主要是用连续的观测矢量随机过程 $\boldsymbol{Z}(t)$，按线性最小方差的估计方法来估计状态矢量随机过程 $\boldsymbol{X}(t)$，以获得连续的滤波估计值 $\hat{\boldsymbol{X}}(t|t)$。由于它是连续型的，滤波所依据的系统状态方程是线性矢量微分方程，所以计算方法不具有递推性，一般适宜用模拟计算。

连续型卡尔曼滤波，首先需要建立 $\boldsymbol{X}(t)$ 的滤波估值 $\hat{\boldsymbol{X}}(t|t)$ 的微分方程，其次是求解该微分方程，从而得到 $\boldsymbol{X}(t)$ 的滤波估值 $\hat{\boldsymbol{X}}(t|t)$。

如果线性连续随机系统模型为

$$\left.\begin{aligned} \dot{\boldsymbol{X}}(t) &= \boldsymbol{A}(t)\boldsymbol{X}(t) + \boldsymbol{F}(t)\boldsymbol{W}(t) \\ \boldsymbol{Z}(t) &= \boldsymbol{H}(t)\boldsymbol{X}(t) + \boldsymbol{V}(t) \end{aligned}\right\} \tag{2.73}$$

式中，$\boldsymbol{X}(t)$ 为 n 维状态矢量；$\boldsymbol{W}(t)$ 为 p 维随机干扰矢量；$\boldsymbol{Z}(t)$ 为 m 维观测矢量；$\boldsymbol{V}(t)$ 为 m 维观测噪声矢量；$\boldsymbol{A}(t)$，$\boldsymbol{F}(t)$，$\boldsymbol{H}(t)$ 分别为 $n\times n$，$n\times p$，$m\times n$ 维系数矩阵。

那么所谓连续型卡尔曼滤波问题，就是在假设：

1) $\{\boldsymbol{W}(t);t\geqslant t_0\}$，$\{\boldsymbol{V}(t);t\geqslant t_0\}$ 分别为零均值白噪声和高斯白噪声，即有

$$\boldsymbol{E}\{\boldsymbol{W}(t)\}=0,\quad \mathrm{Cov}\{\boldsymbol{W}(t),\boldsymbol{W}(\tau)\}=\boldsymbol{Q}(t)\delta(t-\tau)$$
$$\boldsymbol{E}\{\boldsymbol{V}(t)\}=0,\quad \mathrm{Cov}\{\boldsymbol{V}(t),\boldsymbol{V}(\tau)\}=\boldsymbol{R}(t)\delta(t-\tau)$$

式中，$\boldsymbol{Q}(t)$ 为随时间变化的 $p\times p$ 对称非负定矩阵，是 $\boldsymbol{W}(t)$ 的协方差强度阵；$\boldsymbol{R}(t)$ 为随时间变化的 $m\times m$ 对称正定矩阵，是 $\boldsymbol{V}(t)$ 的协方差强度阵；$\delta(t-\tau)$ 是 Dirac－δ 函数。

2) $\{\boldsymbol{W}(t);t\geqslant t_0\}$ 与 $\{\boldsymbol{V}(t);t\geqslant t_0\}$ 互不相关，即有

$$\mathrm{Cov}\{\boldsymbol{W}(t),\boldsymbol{V}(\tau)\}=0$$

3) 初始状态 $\boldsymbol{X}(t_0)$ 是具有某一已知概率分布的随机矢量，并且其均值和方差阵分别为

$$\boldsymbol{E}\{\boldsymbol{X}(t_0)\}=\mu_x(t_0)$$
$$\mathrm{Var}\{\boldsymbol{X}(t_0)\}=\boldsymbol{P}_x(t_0)$$

4) $\{\boldsymbol{W}(t_0);t\geqslant t_0\}$ 和 $\{\boldsymbol{V}(t_0);t\geqslant t_0\}$ 均与初始状态 $\boldsymbol{X}(t_0)$ 独立，即有

$$\mathrm{Cov}\{\boldsymbol{W}(t_0),\boldsymbol{X}(t_0)\}=0$$
$$\mathrm{Cov}\{\boldsymbol{V}(t_0),\boldsymbol{X}(t_0)\}=0$$

在此条件下，由式(2.73)中的观测方程式在时间区间 $[t_0,t]$ 内提供的观测数据 $\boldsymbol{Z}^t=\{\boldsymbol{Z}(\tau);t_0\leqslant\tau\leqslant t\}$，求系统状态矢量 $\boldsymbol{X}(t)$ 在 t 时刻的最优估计值问题。

在离散型卡尔曼滤波基本方程的基础上，令采样周期 $\Delta t\to 0$，取与连续系统等效的离散系统卡尔曼滤波基本方程的极限，得到连续型卡尔曼滤波的基本方程。整个过程分三步进行：

1) 将连续系统模型离散化为等效的离散系统模型；

2) 写出等效离散系统的离散型卡尔曼滤波基本方程；

3) 令采样周期 $\Delta t\to 0$，求离散型卡尔曼滤波基本方程的极限，即得连续系统的连续型卡

尔曼滤波基本方程。

通过上述 3 个步骤，可得到一套完整的连续系统卡尔曼滤波基本方程：

1) $\dot{\hat{\boldsymbol{X}}}(t \mid t)=\boldsymbol{A}(t)\hat{\boldsymbol{X}}(t \mid t)+\boldsymbol{K}(t)[\boldsymbol{Z}(t)-\boldsymbol{H}(t)\hat{\boldsymbol{X}}(t \mid t)]$；

2) $\boldsymbol{K}(t)=\boldsymbol{P}(t \mid t)\boldsymbol{H}^{\mathrm{T}}(t)\boldsymbol{R}^{-1}(t)$；

3) $\dot{\boldsymbol{P}}(t \mid t)=\boldsymbol{A}(t)\boldsymbol{P}(t \mid t)+\boldsymbol{P}(t \mid t)\boldsymbol{A}^{\mathrm{T}}(t)-\boldsymbol{P}(t \mid t)\boldsymbol{H}^{\mathrm{T}}(t)\boldsymbol{R}^{-1}(t)\boldsymbol{H}(t)\boldsymbol{P}(t \mid t)+\boldsymbol{F}(t)\boldsymbol{Q}(t)\boldsymbol{F}^{\mathrm{T}}(t)$。

上述方程的初始条件为

$$\hat{\boldsymbol{X}}(t_0 \mid t_0)=\boldsymbol{E}\{\boldsymbol{X}(t_0)\}=\mu_x(t_0)$$
$$\boldsymbol{P}(t_0 \mid t_0)=\mathrm{Var}\{\boldsymbol{X}(t_0)\}=\boldsymbol{P}_x(t_0)$$

2.4.2　扩展卡尔曼滤波算法

捷联式惯导系统初始对准时系统必须在较短时间内，以一定的精度确定出从机体坐标系到导航坐标系的姿态转移矩阵。对于小失准角的情况，捷联式惯导系统的误差模型是线性的，利用标准卡尔曼滤波方法就能够有效地解决初始对准问题；而对于大失准角的情况，捷联式惯导系统的误差模型通常是非线性的，这时基于小失准角假设建立的线性对准模型不能准确描述系统的误差传播特性，需建立大失准角非线性误差方程。此时，需要采用非线性的滤波方法对失准角和惯导系统误差进行估计。

对于一般非线性系统，在理论上还很难找到一种严格的递推滤波方程。通常是用近似方法解决非线性滤波问题。目前应用比较广泛的近似方法是非线性滤波的“线性化”方法。扩展卡尔曼滤波（EKF）算法是一种常用的处理非线性系统状态参数估计的方法。其基本原理是将系统进行泰勒展开，并取一阶近似，从而将非线性系统近似为线性系统，然后应用卡尔曼滤波递推算法进行状态估计。

1. 非线性系统的数学描述

一般情况下，随机非线性系统可用如下非线性微分方程或非线性差分方程来描述。对于连续随机非线性系统，有

$$\left.\begin{aligned}\dot{\boldsymbol{X}}(t)&=\boldsymbol{f}[\boldsymbol{X}(t),\boldsymbol{W}(t),t]\\ \boldsymbol{Z}(t)&=\boldsymbol{h}[\boldsymbol{X}(t),\boldsymbol{V}(t),t]\end{aligned}\right\} \tag{2.74}$$

对于离散随机非线性系统，有

$$\left.\begin{aligned}\boldsymbol{X}(k+1)&=\boldsymbol{f}[\boldsymbol{X}(k),\boldsymbol{W}(k),k]\\ \boldsymbol{Z}(k+1)&=\boldsymbol{h}[\boldsymbol{X}(k+1),\boldsymbol{V}(k+1),k+1]\end{aligned}\right\} \tag{2.75}$$

式中，$\boldsymbol{f}[\cdot]$ 为 n 维矢量非线性函数；$\boldsymbol{h}[\cdot]$ 为 m 维矢量非线性函数；$\{\boldsymbol{W}(t);t \geqslant t_0\}$ 和 $\{\boldsymbol{W}(k);k \geqslant 0\}$ 为 p 维系统干扰噪声矢量；$\{\boldsymbol{V}(t);t \geqslant t_0\}$ 和 $\{\boldsymbol{V}(k);k \geqslant 0\}$ 为 m 维观测噪声矢量；$\boldsymbol{X}(t_0)$，$\boldsymbol{X}(0)$ 分别为任意的 n 维随机矢量和非随机矢量。

如果噪声 $\{\boldsymbol{W}(t);t \geqslant t_0\}$ 和 $\{\boldsymbol{W}(k);k \geqslant 0\}$，$\{\boldsymbol{V}(t);t \geqslant t_0\}$ 和 $\{\boldsymbol{V}(k);k \geqslant 0\}$ 的概率分布是任意的，那么式(2.74) 和式(2.75) 描述了一类具有普遍性的随机非线性系统。这样的系统，很难对其最优估计状态问题求解。因此，为了使估计问题得到解决，常常对上述模型给予适当的限制，并对噪声统计特性给予一些既符合实际又便于数学处理的假设。也就是说，下面所要

讨论的非线性最优状态估计问题，是以如下一类随机非线性模型为基础的。

$$\left.\begin{aligned}\dot{\boldsymbol{X}}(t)&=\boldsymbol{f}[\boldsymbol{X}(t),t]+\boldsymbol{F}[\boldsymbol{X}(t),t]\boldsymbol{W}(t)\\ \boldsymbol{Z}(t)&=\boldsymbol{h}[\boldsymbol{X}(t),t]+\boldsymbol{V}(t)\end{aligned}\right\}\tag{2.76}$$

或

$$\left.\begin{aligned}\boldsymbol{X}(k+1)&=\boldsymbol{f}[\boldsymbol{X}(k),k]+\boldsymbol{\Gamma}[\boldsymbol{X}(k),k]\boldsymbol{W}(k)\\ \boldsymbol{Z}(k+1)&=\boldsymbol{h}[\boldsymbol{X}(k+1),k+1]+\boldsymbol{V}(k+1)\end{aligned}\right\}\tag{2.77}$$

式中，$\boldsymbol{X}(t)$ 和 $\boldsymbol{X}(k)$ 为 n 维状态矢量；$\boldsymbol{f}[\cdot]$ 为 n 维矢量非线性函数；$\boldsymbol{h}[\cdot]$ 为 m 维矢量非线性函数；$\boldsymbol{F}[\cdot]$ 和 $\boldsymbol{\Gamma}[\cdot]$ 为 $n\times p$ 维矩阵函数；$\{\boldsymbol{W}(t);t\geqslant t_0\}$ 和 $\{\boldsymbol{W}(k);k\geqslant 0\}$，$\{\boldsymbol{V}(t);t\geqslant t_0\}$ 和 $\{\boldsymbol{V}(k);k\geqslant 0\}$ 均是彼此不相关的零均值高斯白噪声过程和序列，并且它们与 $\boldsymbol{X}(t_0)$ 和 $\boldsymbol{X}(0)$ 不相关。

因此，对于 $t\geqslant t_0$ 和 $k\geqslant 0$，有

$$\boldsymbol{E}\{\boldsymbol{W}(t)\}=0,\quad \boldsymbol{E}\{\boldsymbol{W}(t)\boldsymbol{W}^{\mathrm{T}}(t)\}=\boldsymbol{Q}(t)\delta(t-\tau)$$
$$\boldsymbol{E}\{\boldsymbol{V}(t)\}=0,\quad \boldsymbol{E}\{\boldsymbol{V}(t)\boldsymbol{V}^{\mathrm{T}}(\tau)\}=\boldsymbol{R}(t)\delta(t-\tau)$$
$$\boldsymbol{E}\{\boldsymbol{W}(t)\boldsymbol{V}^{\mathrm{T}}(\tau)\}=0,\quad \boldsymbol{E}\{\boldsymbol{X}(t_0)\boldsymbol{W}^{\mathrm{T}}(\tau)\}=\boldsymbol{E}\{\boldsymbol{X}(t_0)\boldsymbol{V}^{\mathrm{T}}(\tau)\}=0$$

或

$$\boldsymbol{E}\{\boldsymbol{W}(k)\}=0,\quad \boldsymbol{E}\{\boldsymbol{W}(k)\boldsymbol{W}^{\mathrm{T}}(j)\}=\boldsymbol{Q}_k\delta_{kj}$$
$$\boldsymbol{E}\{\boldsymbol{V}(k)\}=0,\quad \boldsymbol{E}\{\boldsymbol{V}(k)\boldsymbol{V}^{\mathrm{T}}(j)\}=\boldsymbol{R}_k\delta_{kj}$$
$$\boldsymbol{E}\{\boldsymbol{W}(k)\boldsymbol{V}^{\mathrm{T}}(j)\}=0,\quad \boldsymbol{E}\{\boldsymbol{X}(0)\boldsymbol{W}^{\mathrm{T}}(k)\}=\boldsymbol{E}\{\boldsymbol{X}(0)\boldsymbol{V}^{\mathrm{T}}(k)\}=0$$

而初始状态为具有如下均值和方差阵的高斯分布随机矢量：

$$\boldsymbol{E}\{\boldsymbol{X}(t_0)\}=\mu_x(t_0),\quad \mathrm{Var}\{\boldsymbol{X}(t_0)\}=\boldsymbol{P}_x(t_0)$$

或

$$\boldsymbol{E}\{\boldsymbol{X}(0)\}=\mu_x(0),\quad \mathrm{Var}\{\boldsymbol{X}(0)\}=\boldsymbol{P}_x(0)$$

2. 离散型扩展卡尔曼滤波

推广的扩展卡尔曼滤波是先将随机非线性系统模型中的非线性矢量函数 $\boldsymbol{f}[\cdot]$ 和 $\boldsymbol{h}[\cdot]$ 围绕滤波值线性化，得到系统线性化模型，然后应用卡尔曼滤波基本方程，解决非线性滤波问题的。

将离散随机非线性系统方程即式(2.75)状态方程中的非线性矢量函数 $\boldsymbol{f}[\cdot]$ 和 $\boldsymbol{h}[\cdot]$ 围绕滤波值 $\boldsymbol{X}(kk)$ 展开成泰勒级数，并略去二次项及以上各项，得

$$\boldsymbol{X}(k+1)=\boldsymbol{f}[\hat{\boldsymbol{X}}(k|k),k]+\left.\frac{\partial \boldsymbol{f}[\boldsymbol{X}(k),k]}{\partial \boldsymbol{X}(k)}\right|_{\boldsymbol{X}(k)=\hat{\boldsymbol{X}}(k|k)}[\boldsymbol{X}(k)-\hat{\boldsymbol{X}}(k|k)]+\boldsymbol{\Gamma}[\boldsymbol{X}(k),k]\boldsymbol{W}(k)\tag{2.78}$$

将观测方程即式(2.75)中的非线性矢量函数 $\boldsymbol{h}[\cdot]$ 围绕预测估值 $\hat{\boldsymbol{X}}(k+1|k)$ 展开成泰勒级数，并略去二次项及以上各项，得

$$\boldsymbol{Z}(k+1)=\boldsymbol{h}[\hat{\boldsymbol{X}}(k+1|k),k+1]+\left.\frac{\partial \boldsymbol{h}[\hat{\boldsymbol{X}}(k+1),k+1]}{\partial \boldsymbol{X}(k+1)}\right|_{\boldsymbol{X}(k)=\hat{\boldsymbol{X}}(k+1|k)}[\boldsymbol{X}(k+1)-\hat{\boldsymbol{X}}(k+1|k)]+\boldsymbol{V}(k+1)\tag{2.79}$$

若令

$$\left.\frac{\partial \boldsymbol{f}}{\partial \boldsymbol{X}}\right|_{\boldsymbol{X}(k)=\hat{\boldsymbol{X}}(k|k)}=\boldsymbol{\Phi}[k+1,k]$$

$$\boldsymbol{\Phi}[\hat{\boldsymbol{X}}(k|k),k]-\left.\frac{\partial \boldsymbol{f}}{\partial \boldsymbol{X}}\right|_{\boldsymbol{X}(k)=\hat{\boldsymbol{X}}(k|k)}\hat{\boldsymbol{X}}(k|k)=\boldsymbol{U}(k)$$

$$\boldsymbol{\Gamma}[\boldsymbol{X}(k),k]=\boldsymbol{\Gamma}[\hat{\boldsymbol{X}}(k|k),k]$$

$$\left.\frac{\partial \boldsymbol{h}}{\partial \boldsymbol{X}}\right|_{\boldsymbol{X}(k+1)=\hat{\boldsymbol{X}}(k+1|k)}=\boldsymbol{H}(k+1)$$

$$\boldsymbol{h}[\hat{\boldsymbol{X}}(k+1|k),k+1]-\left.\frac{\partial \boldsymbol{h}}{\partial \boldsymbol{X}}\right|_{\boldsymbol{X}(k+1)=\hat{\boldsymbol{X}}(k|k)}\hat{\boldsymbol{X}}(k+1|k)=\boldsymbol{Y}(k+1)$$

则式(2.78)和式(2.79)可以写成

$$\left.\begin{aligned}\boldsymbol{X}(k+1)&=\boldsymbol{\Phi}[k+1,k]\boldsymbol{X}(k)+\boldsymbol{U}(k)+\boldsymbol{\Gamma}[\hat{\boldsymbol{X}}(k|k),k]\boldsymbol{W}(k)\\ \boldsymbol{Z}(k+1)&=\boldsymbol{H}(k+1)\boldsymbol{X}(k)+\boldsymbol{Y}(k+1)+\boldsymbol{V}(k+1)\end{aligned}\right\}\tag{2.80}$$

显然，这是属于具有非随机外作用 $\boldsymbol{U}(k)$ 和非随机观测误差项 $\boldsymbol{Y}(k+1)$ 的情况。根据离散型卡尔曼滤波的相应方程，可得如下离散型扩展卡尔曼滤波的方程：

$$\hat{\boldsymbol{X}}(k+1|k+1)=\hat{\boldsymbol{X}}(k+1|k)+\boldsymbol{K}(k+1)[\boldsymbol{Z}(k+1)-\boldsymbol{Y}(k+1)-\boldsymbol{H}(k+1)\hat{\boldsymbol{X}}(k+1|k)]$$

即　$\hat{\boldsymbol{X}}(k+1|k+1)=\hat{\boldsymbol{X}}(k+1|k)+\boldsymbol{K}(k+1)\{\boldsymbol{Z}(k+1)-\boldsymbol{h}[\hat{\boldsymbol{X}}(k+1|k),k+1]\}$

其中　$\hat{\boldsymbol{X}}(k+1|k)=\boldsymbol{\Phi}[k+1,k]\boldsymbol{X}(k|k)+\boldsymbol{U}(k)=\boldsymbol{f}[\hat{\boldsymbol{X}}(k|k),k]$

因此　$\hat{\boldsymbol{X}}(k+1|k+1)=\boldsymbol{f}[\hat{\boldsymbol{X}}(k|k),k]+\boldsymbol{K}(k+1)\{\boldsymbol{Z}(k+1)-\boldsymbol{h}[\hat{\boldsymbol{X}}(k+1|k),k+1]\}$

离散型扩展卡尔曼滤波的递推方程：

1) $\hat{\boldsymbol{X}}(k+1|k+1)=\boldsymbol{f}[\hat{\boldsymbol{X}}(k|k),k]+\boldsymbol{K}(k+1)\{\boldsymbol{Z}(k+1)-\boldsymbol{h}[\hat{\boldsymbol{X}}(k+1|k),k+1]\}$；

2) $\boldsymbol{K}(k+1)=\boldsymbol{P}(k+1|k)\boldsymbol{H}^{\mathrm{T}}(k+1)[\boldsymbol{H}(k+1)\boldsymbol{P}(k+1|k)\boldsymbol{H}^{\mathrm{T}}(k+1)+\boldsymbol{R}_{k+1}]^{-1}$；

3) $\boldsymbol{P}(k+1|k)=\boldsymbol{\Phi}[k+1,k]\boldsymbol{P}(k|k)\boldsymbol{\Phi}^{\mathrm{T}}[k+1,k]+\boldsymbol{\Gamma}[\hat{\boldsymbol{X}}(k|k),k]\boldsymbol{Q}_k\boldsymbol{\Gamma}^{\mathrm{T}}[\hat{\boldsymbol{X}}(k|k),k]$；

4) $\boldsymbol{P}(k+1|k+1)=[\boldsymbol{I}-\boldsymbol{K}(k+1)\boldsymbol{H}(k+1)]\boldsymbol{P}(k+1|k)$。

其中，$\boldsymbol{\Phi}[k+1,k]=\left.\dfrac{\partial \boldsymbol{f}}{\partial \boldsymbol{X}}\right|_{\boldsymbol{X}(k)=\hat{\boldsymbol{X}}(k|k)}$，$\boldsymbol{H}(k+1)=\left.\dfrac{\partial \boldsymbol{h}[\boldsymbol{X}(k+1),k+1]}{\partial \boldsymbol{X}(k+1)}\right|_{\boldsymbol{X}(k+1)=\hat{\boldsymbol{X}}(k+1|k)}$。

应当指出，上述离散型扩展卡尔曼滤波方程只有在滤波误差 $\tilde{\boldsymbol{X}}(k|k)=\boldsymbol{X}(k)-\hat{\boldsymbol{X}}(k|k)$ 和一步预测误差 $\tilde{\boldsymbol{X}}(k+1|k)=\boldsymbol{X}(k+1)-\hat{\boldsymbol{X}}(k+1|k)$ 都较小时，才能应用。

3. 连续型扩展卡尔曼滤波

如果假定在 t 时刻式(2.76)的状态矢量 $\boldsymbol{X}(t)$ 的滤波值 $\hat{\boldsymbol{X}}(t|t)$ 已知，那么就可以将系统模型即式(2.76)中的非线性矢量函数 $\boldsymbol{f}[\cdot]$ 和 $\boldsymbol{h}[\cdot]$ 在 $\boldsymbol{X}(t)=\hat{\boldsymbol{X}}(t|t)$ 周围展开成泰勒级数，并取一次项，得

$$\left\{\begin{aligned}\boldsymbol{X}(t)&=\boldsymbol{f}[\hat{\boldsymbol{X}}(t|t),t]+\left.\frac{\partial \boldsymbol{f}[\boldsymbol{X}(t),t]}{\partial \boldsymbol{X}(t)}\right|_{\boldsymbol{X}(t)=\hat{\boldsymbol{X}}(t|t)}[\boldsymbol{X}(t)-\hat{\boldsymbol{X}}(t|t)]+\boldsymbol{F}[\boldsymbol{X}(t),t]\boldsymbol{W}(t)\\ \boldsymbol{Z}(t)&=\boldsymbol{h}[\boldsymbol{X}(t),t]+\left.\frac{\partial \boldsymbol{f}[\boldsymbol{X}(t),t]}{\partial \boldsymbol{X}(t)}\right|_{\boldsymbol{X}(t)=\hat{\boldsymbol{X}}(t|t)}[\boldsymbol{X}(t)-\hat{\boldsymbol{X}}(t|t)]+\boldsymbol{V}(t)\end{aligned}\right.$$

若令

$$\left.\frac{\partial \boldsymbol{f}[\boldsymbol{X}(t),t]}{\partial \boldsymbol{X}(t)}\right|_{\boldsymbol{X}(t)=\hat{\boldsymbol{X}}(t|t)}=\boldsymbol{A}(t)$$

$$\boldsymbol{f}[\hat{\boldsymbol{X}}(t|t),t]-\boldsymbol{A}(t)\hat{\boldsymbol{X}}(t|t)=\boldsymbol{U}(t)$$

$$\left.\frac{\partial \boldsymbol{h}[\boldsymbol{X}(t),t]}{\partial \boldsymbol{X}(t)}\right|_{\boldsymbol{X}(t)=\hat{\boldsymbol{X}}(t|t)}=\boldsymbol{H}(t)$$

$$\boldsymbol{h}[\boldsymbol{X}(t|t),t]-\boldsymbol{H}(t)\hat{\boldsymbol{X}}(t|t)=\boldsymbol{Y}(t)$$

并将 $\boldsymbol{F}[\boldsymbol{X}(t),t]$ 写为 $\boldsymbol{F}[\hat{\boldsymbol{X}}(t|t),t]\stackrel{\text{def}}{=\!=}\boldsymbol{F}(t)$，则有

$$\left.\begin{aligned}\dot{\boldsymbol{X}}(t)&=\boldsymbol{A}(t)\boldsymbol{X}(t)+\boldsymbol{U}(t)+\boldsymbol{F}(t)\boldsymbol{W}(t)\\\boldsymbol{Z}(t)&=\boldsymbol{H}(t)\boldsymbol{X}(t)+\boldsymbol{Y}(t)+\boldsymbol{V}(t)\end{aligned}\right\}\tag{2.81}$$

式(2.81)就是系统模型方程式(2.76)在滤波值附近的线性化模型。这里状态方程中具有非随机外作用$\boldsymbol{U}(t)$,观测方程中有非随机观测误差$\boldsymbol{Y}(t)$,参考之前连续卡尔曼滤波的相应方程,可得连续型扩展卡尔曼滤波的方程为

$$\dot{\hat{\boldsymbol{X}}}(t|t)=\boldsymbol{A}(t)\hat{\boldsymbol{X}}(t|t)+\boldsymbol{K}(t)[\boldsymbol{Z}(t)-\boldsymbol{Y}(t)-\boldsymbol{H}(t)\hat{\boldsymbol{X}}(t|t)]+\boldsymbol{U}(t)\tag{2.82}$$

将$\boldsymbol{Y}(t)$和$\boldsymbol{U}(t)$的表达式代入式(2.82),可得

$$\dot{\hat{\boldsymbol{X}}}(t|t)=\boldsymbol{f}[\hat{\boldsymbol{X}}(t|t),t]+\boldsymbol{K}(t)\{\boldsymbol{Z}(t)-\boldsymbol{h}[\hat{\boldsymbol{X}}(t|t),t]\}$$

连续型扩展卡尔曼滤波方程组：

1) $\dot{\hat{\boldsymbol{X}}}(t|t)=\boldsymbol{f}[\hat{\boldsymbol{X}}(t|t),t]+\boldsymbol{K}(t)\{\boldsymbol{Z}(t)-\boldsymbol{h}[\hat{\boldsymbol{X}}(t|t),t]\}$;

2) $\boldsymbol{K}(t)=\boldsymbol{P}(t|t)\boldsymbol{H}^{\mathrm{T}}(t)\boldsymbol{R}^{-1}(t)$;

3) $\dot{\boldsymbol{P}}(t|t)=\boldsymbol{A}(t)\boldsymbol{P}(t|t)+\boldsymbol{P}(t|t)\boldsymbol{A}^{\mathrm{T}}(t)-\boldsymbol{P}(t|t)\boldsymbol{H}^{\mathrm{T}}(t)\boldsymbol{R}^{-1}(t)\boldsymbol{H}(t)\boldsymbol{P}(t|t)+\boldsymbol{F}(t)\boldsymbol{Q}(t)\boldsymbol{F}^{\mathrm{T}}(t)$。

初始值为

$$\hat{\boldsymbol{X}}(t_0|t_0)=\boldsymbol{E}\{\boldsymbol{X}(t_0)\}=\boldsymbol{\mu}_x(t_0)$$
$$\boldsymbol{P}(t_0|t_0)=\mathrm{Var}\{\boldsymbol{X}(t_0)\}=\boldsymbol{P}_x(t_0)$$

其中

$$\begin{cases}\boldsymbol{A}(t)=\left.\dfrac{\partial\boldsymbol{f}[\boldsymbol{X}(t),t]}{\partial\boldsymbol{X}(t)}\right|_{\boldsymbol{X}(t)=\hat{\boldsymbol{X}}(t|t)}\\\boldsymbol{H}(t)=\left.\dfrac{\partial\boldsymbol{h}[\boldsymbol{X}(t),t]}{\partial\boldsymbol{X}(t)}\right|_{\boldsymbol{X}(t)=\hat{\boldsymbol{X}}(t|t)}\\\boldsymbol{F}(t)=F[\boldsymbol{X}(t),t]\big|_{\boldsymbol{X}(t)=\hat{\boldsymbol{X}}(t|t)}=\boldsymbol{F}[\hat{\boldsymbol{X}}(t|t),t]\end{cases}$$

2.4.3 无迹卡尔曼滤波算法

扩展卡尔曼滤波算法是一种常用的非线性系统滤波方法,应用时首先需要将系统非线性模型进行泰勒展开,保留一阶项而忽略高阶项,实现对非线性模型的线性化处理。因此,线性化处理后的系统模型存在较大的截断误差,从而影响了模型的精确性,造成滤波精度降低,甚至发散,影响系统的正常工作。而且,扩展卡尔曼滤波算法将状态方程中的模型误差作为过程噪声来处理,且假设该噪声为高斯白噪声,这与系统实际的噪声情况并不相符。

近年来出现了一种基于UT(Unscented Trans-formation, UT)变换的非线性无迹卡尔曼滤波算法。它是采用确定性采样的策略来逼近非线性分布的方法,以UT变换为基础,精心选取一系列Sigma采样点逼近状态分布,再通过非线性方程演化系统状态的分布特性。其中,采样点的选取是无迹卡尔曼滤波算法的关键。

无迹卡尔曼滤波算法的核心思想:首先,在原状态分布中取一些点,使这些点的均值和协方差等于原状态分布的均值和协方差;再将这些点代入非线性函数中,得到非线性函数值点集,通过该点集求取变换后的均值和协方差;最后,根据正交投影法则导出递推公式。同扩展卡尔曼滤波算法相比,无迹卡尔曼滤波算法的计算量与之相当,但无需线性化处理,因此常采用无迹卡尔曼滤波算法代替扩展卡尔曼滤波算法以提高精确度。

对于如下一个连续非线性系统：

$$\left.\begin{aligned} \boldsymbol{x}(t) &= \boldsymbol{F}[\boldsymbol{x}(t), \boldsymbol{w}(t), t] + \boldsymbol{u}(t) \\ \boldsymbol{z}(t) &= \boldsymbol{H}[\boldsymbol{x}(t), \boldsymbol{v}(t), t] + \boldsymbol{u}(t) \end{aligned}\right\} \tag{2.83}$$

无迹卡尔曼滤波算法的主要步骤概括为以下几步：

(1) 首先，采用 4 阶龙格库塔(Runge Kutta) 法以数值积分的方法将系统模型进行离散化，得到一个离散非线性系统：

$$\left.\begin{aligned} \boldsymbol{x}_{k+1} &= \boldsymbol{f}(\boldsymbol{x}_k, \boldsymbol{u}_k, k) + \boldsymbol{w}_k \\ \boldsymbol{z}_k &= \boldsymbol{h}(\boldsymbol{x}_k, \boldsymbol{u}_k, k) + \boldsymbol{v}_k \end{aligned}\right\} \tag{2.84}$$

式中，$\boldsymbol{x}_k$ 为系统状态矢量；$\boldsymbol{w}_k$ 为系统噪声矢量；$\boldsymbol{z}_k$ 为观测矢量；$\boldsymbol{v}_k$ 为量测噪声矢量。

(2) 进行初始化。给定初始状态矢量$\hat{\boldsymbol{x}}_0$ 与初始协方差$\boldsymbol{P}_0$：

$$\hat{\boldsymbol{x}}_0 = E[\boldsymbol{x}_0], \quad \boldsymbol{P}_0 = E[(\boldsymbol{x}_0 - \hat{\boldsymbol{x}}_0)(\boldsymbol{x}_0 - \hat{\boldsymbol{x}}_0)^{\mathrm{T}}] \tag{2.85}$$

(3) 在 $\hat{\boldsymbol{x}}(k|k)$ 附近选取一系列采样点，其均值和协方差分别为 $\hat{\boldsymbol{x}}(k|k)$ 和 $\boldsymbol{P}(k|k)$。这些采样点通过该非线性系统，产生相应的变换采样点。对这些变换采样点进行计算，便可得到预测的均值和协方差。

设状态变量为 $n\times 1$ 维，那么 $2n+1$ 个采样点为

$$\left.\begin{aligned} \boldsymbol{\chi}_{0,k} &= \hat{\boldsymbol{x}}_k \\ \boldsymbol{\chi}_{i,k} &= \hat{\boldsymbol{x}}_k + \sqrt{n+\tau}\,[\sqrt{\boldsymbol{P}(k|k)}]_i \\ \boldsymbol{\chi}_{i+n,k} &= \hat{\boldsymbol{x}}_k - \sqrt{n+\tau}\,[\sqrt{\boldsymbol{P}(k|k)}]_i \end{aligned}\right\} \tag{2.86}$$

计算采样点的权重：

$$\left.\begin{aligned} W_0 &= \tau/(n+\tau) \\ W_i &= 1/[2(n+\tau)] \\ W_{i+n} &= 1/[2(n+\tau)] \end{aligned}\right\} \tag{2.87}$$

式中，$i=1,2,\cdots,n$；$\tau\in\mathbf{R}$；当 $\boldsymbol{P}(k|k)=\boldsymbol{A}^{\mathrm{T}}\boldsymbol{A}$ 时，$[\sqrt{\boldsymbol{P}(k|k)}]_i$ 取 $\boldsymbol{A}$ 的第 i 行，当 $\boldsymbol{P}(k|k)=\boldsymbol{A}\boldsymbol{A}^{\mathrm{T}}$ 时，$[\sqrt{\boldsymbol{P}(k|k)}]_i$ 取 $\boldsymbol{A}$ 的第 i 列。

(4) 当 $\boldsymbol{x}(k)$ 假定为高斯分布时，通常选取 $n+\tau=3$。当 $\tau<0$ 时，计算出的估计值误差协方差 $\boldsymbol{P}(k+1|k)$ 有可能是负定的。为了保证算法的鲁棒性，采用基于 SVD(Singular Value Decomposition，SVD) 分解的无迹卡尔曼滤波算法，其核心思想是用 SVD 分解方法计算$\boldsymbol{P}_k$ 的平方根：

$$\boldsymbol{P}_k = \boldsymbol{U}_k \boldsymbol{S}_k \boldsymbol{V}_k^{\mathrm{T}} \tag{2.88}$$

由于奇异值总是非负的，所以采用$\sqrt{\boldsymbol{P}(k|k)} = \boldsymbol{U}_{i,k}\sqrt{S_{i,k}}$ 可以解决观测更新过程中方差阵的病态问题。其中，$\boldsymbol{U}_{i,k}$ 为$\boldsymbol{U}_k$ 的第 i 列，$S_{i,k}$ 为$\boldsymbol{S}_k$ 的第 i 个奇异值。

(5) 时间更新。状态矢量的一步预测值为

$$\boldsymbol{\chi}_{i,k|k-1} = f(\boldsymbol{\chi}_{i,k-1}) \tag{2.89}$$

$$\hat{\boldsymbol{x}}_{\bar{k}} = \sum_{i=0}^{2n} W_i \boldsymbol{\chi}_{i,k|k-1} \tag{2.90}$$

一步预测均方误差为

$$\boldsymbol{P}_{\bar{k}} = \sum_{i=0}^{2n} W_i [\boldsymbol{\chi}_{i,k|k-1} - \hat{\boldsymbol{x}}_{\bar{k}}][\boldsymbol{\chi}_{i,k|k-1} - \hat{\boldsymbol{x}}_{\bar{k}}]^{\mathrm{T}} + \boldsymbol{Q}_k \tag{2.91}$$

量测值的一步预测为

$$z_{i,k|k-1}=h(\boldsymbol{\chi}_{i,k|k-1}) \tag{2.92}$$

$$\hat{z}_{\bar{k}}=\sum_{i=0}^{2n}W_i\, z_{i,k|k-1} \tag{2.93}$$

(6) 量测更新。量测值的估计均方差方程：

$$\boldsymbol{P}_{\bar{z}_k\bar{z}_k}=\sum_{i=0}^{2n}W_i[z_{i,k|k-1}-\hat{z}_{\bar{k}}][z_{i,k|k-1}-\hat{z}_{\bar{k}}]^{\mathrm{T}}+\boldsymbol{R}_k \tag{2.94}$$

$$\boldsymbol{P}_{x_k z_k}=\sum_{i=0}^{2n}W_i[\boldsymbol{\chi}_{i,k|k-1}-\hat{\boldsymbol{x}}_{\bar{k}}][z_{i,k|k-1}-\hat{z}_{\bar{k}}]^{\mathrm{T}} \tag{2.95}$$

滤波器增益方程：

$$\boldsymbol{K}_k=\boldsymbol{P}_{x_k z_k}\boldsymbol{P}_{\bar{z}_k\bar{z}_k}^{-1} \tag{2.96}$$

状态变量估计值的更新：

$$\hat{\boldsymbol{x}}_k=\hat{\boldsymbol{x}}_{\bar{k}}+\boldsymbol{K}_k(z_k-\hat{z}_{\bar{k}}) \tag{2.97}$$

状态变量估计均方误差方程：

$$\boldsymbol{P}_k=\boldsymbol{P}_{\bar{k}}-\boldsymbol{K}_k\boldsymbol{P}_{\bar{z}_k\bar{z}_k}\boldsymbol{K}_k^{\mathrm{T}} \tag{2.98}$$

式中，$\boldsymbol{Q}_k$ 和 $\boldsymbol{R}_k$ 分别为系统噪声和量测噪声的协方差。

从上述无迹卡尔曼滤波算法的主要步骤可以看出，这种算法不再局限于系统和量测噪声为高斯分布的情形，不需要计算雅可比矩阵，也不需要对状态方程和量测方程进行线性化处理。因此，也就不像扩展卡尔曼滤波线性化处理时存在较大的截断误差。

2.5 可观测性和可观测度分析方法

在设计卡尔曼滤波器之前，通常先进行系统的可观测性分析，确定卡尔曼滤波器的滤波效果。

进行系统可观测性分析包括两个内容：一是确定系统是否完全可观测；二是对不完全可观测系统大致确定哪些状态变量可观测，哪些状态变量不可观测。因为对可观测的状态变量，卡尔曼滤波器会收敛，能够将这些状态变量估计出来；而对不可观测的状态变量，卡尔曼滤波器则无法将其估计出来。由于在地面静基座对准过程中，捷联式惯导系统可近似看作定常系统，线性定常系统的可观测性分析起来比较容易。但是，在动基座初始对准时，捷联式惯导系统成为线性时变系统，对时变系统进行可观测性分析较定常系统要复杂得多。1992 年，以色列学者 Goshen-Meskin 提出了一种有效的分段线性定常系统可观测性分析方法。将线性时变系统在每个时间区间内看成线性定常系统，故称为分段线性定常系统（Piece-Wise Constant System，PWCS）。它用线性时变系统所提取的可观测矩阵（Stripped Observability Matrix，SOM）代替系统总的观测矩阵（Total Observability Matrix，TOM）来分析系统的可观测性，使线性时变系统的可观测性问题分析大大简化，具有重要的应用价值。

可观测性的强弱用可观测度来衡量。可观测性分析只能对系统状态变量的可观测情况（即可估计性）进行定性的分析，尤其对不完全可观测系统，只能知道哪些状态变量可观测及哪些状态变量（或状态变量的线性组合）不可观测，而无法知道状态变量的可观测程度。然而，只有状态变量的可观测程度（称为可观测度）才能真正反映卡尔曼滤波器进行状态估计时的收敛速度和收敛精度。因此，同可观测性相比，可观测度能够更精细地反映出初始对准模型的内在特征。目前，常用的可观测度分析方法主要包括估计误差协方差矩阵的特征值法与可观测性矩阵的奇异值分解法。Ham 提出的特征值法的基本思想是用估计误差协方差矩阵的特征值和特征矢量来对系统的可观测度进行定量描述。它是利用卡尔曼滤波器的估计误差协方差矩阵的特征值和特征矢量来指示系统的可观测度，其结论是估计误差协方差矩阵的特征值越小，系统的可观测度越高，反之，特征值越大，系统的可观测度越低，并在最小特征值时计算特征矢量，该特征矢量指示出高可观测度的方向。利用该方法能够判断出完全可观测系统的可观测度。但是，该方法是在卡尔曼滤波运算之后进行的，就是只有在计算出被估计状态误差的协方差矩阵之后才能进行系统的可观测度判断，计算量大，在实际应用中较少。奇异值分解法是程向红等人提出的一种有效的可观测度分析方法。其基本思想是利用可观测性矩阵的奇异值及奇异矢量对模型的可观测度进行定量描述，它的最大优点是能够同时得到可观测性和可观测度的分析结果。近几年来，学术界对基于奇异值分解的可观测度分析方法的关注程度呈上升之势。

下面对 PWCS 可观测性分析理论、基于奇异值分解的可观测性和可观测度分析方法作简要介绍。

2.5.1　PWCS 可观测性分析理论

系统状态的可观测性反映了系统状态变量的可估计性。在动基座条件下，捷联式惯导系统是一个时变的系统，因此其可观测性的分析比定常系统要复杂得多。分段线性定常系统(PWCS) 是一种有效判断时变系统可观测性的方法，它是在一个足够小的时间段内，将时变系统看作定常系统处理，可简化可观测性分析的过程。

设离散的线性时变系统为

$$\left.\begin{aligned}\boldsymbol{X}(k+1)&=\boldsymbol{F}_j\boldsymbol{X}(k)+\boldsymbol{B}_j\boldsymbol{U}(k)\\ \boldsymbol{Z}_j(k)&=\boldsymbol{H}_j\boldsymbol{X}(k)\end{aligned}\right\}\tag{2.99}$$

式中，$\boldsymbol{X}(k)\in\mathbf{R}^n$，$\boldsymbol{F}_j\in\mathbf{R}^{n\times n}$，$\boldsymbol{B}_j\in\mathbf{R}^{n\times s}$，$\boldsymbol{U}(k)\in\mathbf{R}^s$，$\boldsymbol{Z}_j(k)\in\mathbf{R}^m$，$\boldsymbol{H}_j\in\mathbf{R}^{m\times n}$，$j=1,2,\cdots,r$。对于每个时间段 j，矩阵 $\boldsymbol{F}_j$，$\boldsymbol{B}_j$ 和 $\boldsymbol{H}_j$ 都是恒定的，但对应不同的时间段，每个矩阵可以是不同的。

由于系统的可观测性与激励无关，所以可以只研究齐次系统的可观测性，上述 PWCS 所对应的齐次系统方程为

$$\left.\begin{aligned}\boldsymbol{X}(k+1)&=\boldsymbol{F}_j\boldsymbol{X}(k)\\ \boldsymbol{Z}_j(k)&=\boldsymbol{H}_j\boldsymbol{X}(k)\end{aligned}\right\}\tag{2.100}$$

进而可以得到系统在第 j 时间段的可观测性矩阵：

$$\boldsymbol{Q}_j=[\boldsymbol{H}_j^{\mathrm{T}}\quad(\boldsymbol{H}_j\boldsymbol{F}_j)^{\mathrm{T}}\quad\cdots\quad(\boldsymbol{H}_j\boldsymbol{F}_j^{n-1})^{\mathrm{T}}]^{\mathrm{T}}\tag{2.101}$$

对系统齐次方程式(2.100)，由初值表示的系统输出为

$$\boldsymbol{Z}=\boldsymbol{Q}(r)\boldsymbol{X}(0)\tag{2.102}$$

式中，$\boldsymbol{Q}(r)$ 为总的可观测矩阵，即

$$\boldsymbol{Q}(r)=\begin{bmatrix}\boldsymbol{Q}_1\\ \boldsymbol{Q}_2\,\boldsymbol{F}_1^{n-1}\\ \vdots\\ \boldsymbol{Q}_r\,\boldsymbol{F}_{r-1}^{n-1}\,\boldsymbol{F}_{r-2}^{n-1}\cdots\boldsymbol{F}_1^{n-1}\end{bmatrix}$$

为了了解离散分段线性定常系统(PWCS)的可观测性,必须分析 $\boldsymbol{Q}(r)$ 矩阵。但直接用 $\boldsymbol{Q}(r)$ 进行离散 PWCS 的可观测性分析相当麻烦,为此需要将 $\boldsymbol{Q}(r)$ 矩阵进行简化。令

1)$\boldsymbol{X}$ 为 n 维矢量;

2)$\boldsymbol{M}_j(1\leqslant j\leqslant r)$ 为 $n\times n$ 维的恒定矩阵序列;

3)$\boldsymbol{G}_j(1\leqslant j\leqslant r)$ 为 $nm\times n$ 维的恒定矩阵序列。

$$\boldsymbol{G}=\begin{bmatrix}\boldsymbol{G}_1\\ \boldsymbol{G}_2\\ \vdots\\ \boldsymbol{G}_r\end{bmatrix},\quad \boldsymbol{E}_{\mathrm{d}}=\begin{bmatrix}\boldsymbol{G}_1\\ \boldsymbol{G}_2\,\boldsymbol{M}_1^{n-1}\\ \vdots\\ \boldsymbol{G}_r\,\boldsymbol{M}_{r-1}^{n-1}\cdots\boldsymbol{M}_1^{n-1}\end{bmatrix}$$

这里,$\boldsymbol{G}$ 和$\boldsymbol{E}_{\mathrm{d}}$ 均为 $mnr\times n$ 阶矩阵。

引理1 如果$\boldsymbol{M}_j\boldsymbol{X}=\boldsymbol{X},\forall\boldsymbol{X}\in\mathrm{null}(\boldsymbol{G}_j),1\leqslant j\leqslant r$,那么 $\mathrm{null}(\boldsymbol{E}_{\mathrm{d}})=\mathrm{null}(\boldsymbol{G}),\mathrm{rank}(\boldsymbol{E}_{\mathrm{d}})=\mathrm{rank}(\boldsymbol{G})$。

定义$\boldsymbol{Q}_{\mathrm{s}}(r)$ 为离散 PWCS 的提取可观测性矩阵(SOM):

$$\boldsymbol{Q}_{\mathrm{s}}(r)=\begin{bmatrix}Q_1\\ Q_2\\ \vdots\\ Q_r\end{bmatrix}$$

对于式(2.99)的离散系统有下述定理。

定理1 如果$\boldsymbol{F}_j\boldsymbol{X}=\boldsymbol{X},\forall\boldsymbol{X}\in\mathrm{null}(\boldsymbol{Q}_j),1\leqslant j\leqslant r$,那么 $\mathrm{null}[\boldsymbol{Q}(r)]=\mathrm{null}[\boldsymbol{Q}_{\mathrm{s}}(r)]$,$\mathrm{rank}[\boldsymbol{Q}(r)]=\mathrm{rank}[\boldsymbol{Q}_{\mathrm{s}}(r)]$。

上述定理表明,利用 SOM 代替 TOM 来分析系统可观测性,可使分析过程大大简化。然而,PWCS 方法虽然可以定性地分析系统状态能否可观测,但无法定量地给出各个状态在不同时间段的可观测程度。因此,需要采用一种能够定量分析系统状态可观测度的方法,以分析惯导系统对准时系统状态的可观测度。

2.5.2 基于奇异值分解的可观测度分析方法

通过对可观测性矩阵秩的测试可以计算并分析系统是否完全可观测,或者可观测状态和变量的个数,或者可观测状态线性组合的个数,但无法预测状态的可观测度如何。有关可观测度目前还没有统一的定义,但对同一系统而言,可观测性越高,或者可观测性矩阵秩相同但可观测度越高,利用卡尔曼滤波器估计的效果越好,反之亦然。下面给出一种基于奇异值分解的可观测性分析方法,即利用数值方法来分析观测矩阵的特性。从线性系统理论的角度分析,状态变量 $\boldsymbol{X}(0)$ 的可观测性应该只取决于系统结构,而与观测量 $\boldsymbol{Z}$ 是无关的。因此,可观测度分析方法的研究可以不依赖于观测量。

首先,将 SOM 观测矩阵分解为

$$\boldsymbol{Q}_{\mathrm{s}}(j)=\boldsymbol{USV}^{\mathrm{T}}\tag{2.103}$$

式中,$\boldsymbol{S}=\begin{bmatrix}\boldsymbol{D}\\ \boldsymbol{O}_{(m-n)\times n}\end{bmatrix}$;$\boldsymbol{D}$ 为矩阵$\boldsymbol{Q}_{\mathrm{s}}(j)$ 的奇异值 $\sigma_i(i=1,2,\cdots,n)$ 组成的对角阵;$\boldsymbol{U}$ 和 $\boldsymbol{V}$ 分别为 m 维和 n 维正交阵,定义$\boldsymbol{u}_i$ 和$\boldsymbol{v}_i$ 分别为 $\boldsymbol{U}$ 和 $\boldsymbol{V}$ 对应的列矢量。

下面分析观测矩阵的奇异值及其对应的列矢量与状态可观测度的关系。

对于线性定常系统，有如下关系：

$$\boldsymbol{Z}=\boldsymbol{Q}_{\mathrm{s}}(r)\boldsymbol{X}(0) \tag{2.104}$$

从式(2.104)可以看出，观测矩阵$\boldsymbol{Q}_{\mathrm{s}}(r)$直接反映了观测矢量与状态矢量之间的关系。由于$\boldsymbol{Q}_{\mathrm{s}}(r)$是一个$m\times n$矩阵，所以当$m\neq n$时，无法分析其特征值和特征矢量；当$m=n$时，其对应特征值有正有负，也不便于分析。这样，为了建立特征值与状态矢量之间的关系，式(2.104)两边同时左乘$\boldsymbol{Q}_{\mathrm{s}}^{\mathrm{T}}(r)$，并令$\boldsymbol{Z}^{*}=\boldsymbol{Q}_{\mathrm{s}}^{\mathrm{T}}(r)\boldsymbol{Z}$，则有

$$\boldsymbol{Z}^{*}=\boldsymbol{Q}_{\mathrm{s}}^{\mathrm{T}}(r)\boldsymbol{Z}=\boldsymbol{Q}_{\mathrm{s}}^{\mathrm{T}}(r)\boldsymbol{Q}_{\mathrm{s}}(r)\boldsymbol{X}(0) \tag{2.105}$$

这样，状态矢量$\boldsymbol{X}(0)$和矩阵$\boldsymbol{Q}_{\mathrm{s}}^{\mathrm{T}}(r)\boldsymbol{Q}_{\mathrm{s}}(r)$的特征值及特征矢量相对应，$\boldsymbol{Q}_{\mathrm{s}}^{\mathrm{T}}(r)\boldsymbol{Q}_{\mathrm{s}}(r)$是一个$n\times n$正定对称矩阵，其对应的特征值是非负的。

令λ_i和$\boldsymbol{w}_i$分别为$\boldsymbol{Q}_{\mathrm{s}}^{\mathrm{T}}(r)\boldsymbol{Q}_{\mathrm{s}}(r)$的特征值和对应的特征矢量，则有

$$\boldsymbol{Q}_{\mathrm{s}}^{\mathrm{T}}(r)\boldsymbol{Q}_{\mathrm{s}}(r)\boldsymbol{w}_i=\lambda_i\boldsymbol{w}_i \tag{2.106}$$

对式(2.106)两边取转置，有

$$\boldsymbol{w}_i^{\mathrm{T}}\boldsymbol{Q}_{\mathrm{s}}^{\mathrm{T}}(r)\boldsymbol{Q}_{\mathrm{s}}(r)=\lambda_i\boldsymbol{w}_i^{\mathrm{T}} \tag{2.107}$$

利用式(2.105)，可得

$$\boldsymbol{w}_i^{\mathrm{T}}\boldsymbol{Z}^{*}=\boldsymbol{w}_i^{\mathrm{T}}\boldsymbol{Q}_{\mathrm{s}}^{\mathrm{T}}(r)\boldsymbol{Q}_{\mathrm{s}}(r)\boldsymbol{X}(0)=\lambda_i\boldsymbol{w}_i^{\mathrm{T}}\boldsymbol{X}(0) \tag{2.108}$$

由式(2.106)可以看出：① $\boldsymbol{Q}_{\mathrm{s}}^{\mathrm{T}}(r)\boldsymbol{Q}_{\mathrm{s}}(r)$的最大特征值对应的特征矢量所对应的状态矢量或状态矢量的线性组合是最可观的，特征矢量中最大的数(指绝对值)对应的状态变量是最可观测的；② $\boldsymbol{Q}_{\mathrm{s}}^{\mathrm{T}}(r)\boldsymbol{Q}_{\mathrm{s}}(r)$的最小特征值对应的特征矢量所对应的状态矢量或状态矢量的线性组合的可观测性最差。

由于$\boldsymbol{U}$和$\boldsymbol{V}$是正交阵，所以有如下关系：

$$\boldsymbol{U}\boldsymbol{U}^{\mathrm{T}}=\boldsymbol{U}^{\mathrm{T}}\boldsymbol{U}=\boldsymbol{I}_m \tag{2.109}$$

$$\boldsymbol{V}\boldsymbol{V}^{\mathrm{T}}=\boldsymbol{V}^{\mathrm{T}}\boldsymbol{V}=\boldsymbol{I}_n \tag{2.110}$$

式中，$\boldsymbol{I}_m$和$\boldsymbol{I}_n$分别为m维和n维单位矩阵。

利用式(2.106)和式(2.107)，有

$$\left.\begin{aligned}\boldsymbol{Q}_{\mathrm{s}}(r)\boldsymbol{v}_i&=\boldsymbol{u}_i\sigma_i\\ \boldsymbol{Q}_{\mathrm{s}}^{\mathrm{T}}(r)\boldsymbol{u}_i&=\boldsymbol{v}_i\sigma_i\end{aligned}\right\} \tag{2.111}$$

式(2.111)的第二个表达式两边同乘以σ_i可得

$$\boldsymbol{Q}_{\mathrm{s}}^{\mathrm{T}}(r)\boldsymbol{u}_i\sigma_i=\boldsymbol{v}_i\sigma_i^2 \tag{2.112}$$

将式(2.111)代入式(2.112)，则有

$$\boldsymbol{Q}_{\mathrm{s}}^{\mathrm{T}}(r)\boldsymbol{Q}_{\mathrm{s}}(r)\boldsymbol{v}_i=\sigma_i^2\boldsymbol{v}_i \tag{2.113}$$

由式(2.113)可以看出，观测矩阵$\boldsymbol{Q}_{\mathrm{s}}(r)$的奇异值的二次方$\sigma_i^2$正好是$\boldsymbol{Q}_{\mathrm{s}}^{\mathrm{T}}(r)\boldsymbol{Q}_{\mathrm{s}}(r)$的特征值，$\boldsymbol{v}_i$是$\boldsymbol{Q}_{\mathrm{s}}^{\mathrm{T}}(r)\boldsymbol{Q}_{\mathrm{s}}(r)$的特征值对应的特征矢量$\boldsymbol{w}_i$。因此，对应有如下结论：

1) 最大奇异值对应的列矢量所对应的状态矢量或状态矢量线性组合是可观测性最强的，列矢量中最大的数(指绝对值)对应的状态变量是最可观测的；

2) 最小奇异值对应的列矢量所对应的状态矢量或状态矢量线性组合是可观测性最差的，列矢量中最大的数(指绝对值)对应的状态变量是最不可观测的。

因此，观测矩阵$\boldsymbol{Q}_{\mathrm{s}}(r)$的奇异值和对应的矢量可以用来分析系统状态的可观测性。

以上讨论了奇异值与系统状态可观测性及可观测度之间的关系，可以看出奇异值分解法

的最大优点是能够同时得到可观测性和可观测度的分析结果。用奇异值分解法分析时变系统可观测性与可观测度的具体步骤如下：

1) 首先选取时变系统的第一时间段，令 $j=1$；

2) 定义$\boldsymbol{F}_j$ 和$\boldsymbol{H}_j$，计算对应这一时间段的可观测性矩阵$\boldsymbol{Q}_j$；

3) 确定当前的 SOM 矩阵，即$\boldsymbol{Q}_s(j)$；

4) 求出当前时间段可观测性矩阵$\boldsymbol{Q}_s(j)$ 的奇异值 σ_j；

5) 根据式(2.103) 中$\boldsymbol{V}$ 的列矢量每个元素绝对值的大小来判断状态变量或状态变量线性组合的可观测度的高低；

6) 如果当前时间段不是最后的时间段，继续进行下一时间段的分析，即令 $j=2$，返回到步骤 2)，继续进行直至完成分析的全部时间段。

2.6 捷联式惯导系统与平台式惯导系统误差模型的等价性

惯性导航系统可分为平台式惯导系统(PINS) 与捷联式惯导系统(SINS) 两种。SINS 初始对准的原理与 PINS 的基本相同，PINS 初始对准的目的是确定物理平台坐标系与导航坐标系间的误差角，并通过系统校正予以消除，使平台坐标系与导航坐标系对准。而 SINS 初始对准是通过精确估计计算参考坐标系与导航坐标系之间的小失准角，得到从载体坐标系到导航坐标系之间准确的初始变换矩阵，驱使失准角为零。PINS 在地面静基座对准时通常采用自对准方案，即利用加速度计测量平台水平轴向的重力分量来进行水平对准及方位对准的罗经法。但实际工作中载体因受到阵风、振动等外界干扰，加速度计测量的比力中包含有干扰加速度，使测量的重力分量产生误差。由于这种干扰加速度频率较高，所以可以通过设计低频对准回路来抑制这种干扰加速度的影响。但是，这种对准回路频带低、响应慢，对准时间也长。下面通过引入李雅普诺夫等价变换，论证了 SINS 与 PINS 误差模型在物理本质上的等价性。

2.6.1 SINS 静基座对准误差模型的建立

SINS 的误差传播特性由系统的误差方程来描述，通常误差方程包含了三类基本导航误差，即载体的姿态角误差、速度误差和位置误差。

在 Bar-Itzhack 推导的 PINS 地面对准用误差模型的基础上，采用北东地地理坐标系为导航坐标系，得到修正后的 SINS 误差模型为

$$\begin{bmatrix}\dot{\boldsymbol{X}}_a(t)\\ \dot{\boldsymbol{X}}_b(t)\end{bmatrix}=\begin{bmatrix}\boldsymbol{F} & \boldsymbol{T}(t)\\ \boldsymbol{O}_{5\times5} & \boldsymbol{O}_{5\times5}\end{bmatrix}\begin{bmatrix}\boldsymbol{X}_a(t)\\ \boldsymbol{X}_b(t)\end{bmatrix}+\begin{bmatrix}\boldsymbol{W}'(t)\\ \boldsymbol{O}_{5\times1}\end{bmatrix}=\boldsymbol{AX}(t)+\boldsymbol{W}(t) \tag{2.114}$$

式中，状态矢量$\boldsymbol{X}=[\delta V_N \quad \delta V_E \quad \phi_N \quad \phi_E \quad \phi_D \quad \nabla_x \quad \nabla_y \quad \varepsilon_x \quad \varepsilon_y \quad \varepsilon_z]^T$，$\delta V_N$，$\delta V_E$ 分别为北向和东向速度误差，ϕ_N，ϕ_E，ϕ_D 为数学平台的3个误差角，∇_x，∇_y分别为水平加速度计的常值偏置，ε_x，ε_y，ε_z 分别为陀螺仪的常值漂移；$\boldsymbol{W}'(t)=[w_{\delta V_N} \quad w_{\delta V_E} \quad w_{\phi_N} \quad w_{\phi_E} \quad w_{\phi_D}]^T$，下标 N，E，D 及 x,y,z 分别为导航坐标系和载体坐标系的相应坐标轴方向；$\boldsymbol{O}_{i\times j}$ 为相应维数的零矩阵。

$$\boldsymbol{F}=\begin{bmatrix} 0 & 2\Omega_{\mathrm{D}} & 0 & g & 0 \\ -2\Omega_{\mathrm{D}} & 0 & -g & 0 & 0 \\ 0 & 0 & 0 & \Omega_{\mathrm{D}} & 0 \\ 0 & 0 & -\Omega_{\mathrm{D}} & 0 & \Omega_{\mathrm{N}} \\ 0 & 0 & 0 & -\Omega_{\mathrm{N}} & 0 \end{bmatrix},\quad \boldsymbol{T}(t)=\begin{bmatrix} \widetilde{\boldsymbol{C}}_{\mathrm{b}}^{\mathrm{n}} & \boldsymbol{O}_{2\times 3} \\ \boldsymbol{O}_{3\times 2} & \boldsymbol{C}_{\mathrm{b}}^{\mathrm{n}} \end{bmatrix}$$

式中，$\boldsymbol{C}_{\mathrm{b}}^{\mathrm{n}}=\{C_{ij}\}_{i,j=1,2,3}$；$\widetilde{\boldsymbol{C}}_{\mathrm{b}}^{\mathrm{n}}=\{C_{ij}\}_{i,j=1,2}$；$\Omega_{\mathrm{N}}=\omega_{\mathrm{ie}}\cos L$，$\omega_{\mathrm{ie}}$ 为地球自转角速率，L 为所处位置纬度；$\Omega_{\mathrm{D}}=-\omega_{\mathrm{ie}}\sin L$；$g$ 为重力加速度。

取两个水平方向速度误差 δV_{N} 和 δV_{E} 为量测量，系统观测方程为

$$\boldsymbol{Z}=\boldsymbol{H}\boldsymbol{X}+\boldsymbol{V}(t) \tag{2.115}$$

式中，$\boldsymbol{Z}=[\delta V_{\mathrm{N}} \quad \delta V_{\mathrm{E}}]^{\mathrm{T}}$，$\boldsymbol{H}=[\boldsymbol{I}_{2\times 2} \ \vdots\ \boldsymbol{O}_{2\times 8}]$，$\boldsymbol{V}(t)=[v_1 \quad v_2]^{\mathrm{T}}$ 为测量的高斯随机白噪声。

2.6.2 SINS 与 PINS 模型的等价性关系

由于 SINS 的状态方程式(2.114)中包含坐标变换矩阵$\boldsymbol{C}_{\mathrm{b}}^{\mathrm{n}}$，矩阵$\boldsymbol{C}_{\mathrm{b}}^{\mathrm{n}}$各元素皆为航向角、俯仰角和横滚角方向余弦的乘积，所以利用该模型对系统的特性进行分析时，很难进行。SINS 中惯性仪表直接固联在载体上，它以计算机数学平台代替物理平台，使 SINS 的数学平台与 PINS 的物理平台等效。数学平台是通过载体坐标系到导航坐标系的坐标变换阵，将惯性仪表在载体坐标系中的测量值转换到导航坐标系的。因此，下面通过对传统 SINS 误差模型进行李雅普诺夫等价变换，使系统矩阵规范化，以便于揭示 SINS 的系统特征，而不会改变原系统的性质，因此称为等价变换。

1. 李雅普诺夫等价变换原理

对于齐次线性系统动态方程：

$$\dot{\boldsymbol{X}}=\boldsymbol{A}(t)\boldsymbol{X} \tag{2.116}$$

引入李雅普诺夫变换：

$$\boldsymbol{Y}=\boldsymbol{M}(t)\boldsymbol{X} \tag{2.117}$$

则

$$\dot{\boldsymbol{Y}}=\boldsymbol{A}_{\mathrm{I}}(t)\boldsymbol{Y} \tag{2.118}$$

式中，$\boldsymbol{A}_{\mathrm{I}}(t)=[\dot{\boldsymbol{M}}(t)+\boldsymbol{M}(t)\boldsymbol{A}(t)]\boldsymbol{M}^{-1}(t)$，其中变换矩阵 $\boldsymbol{M}(t)$ 的性质为

1) $\boldsymbol{M}(t)$ 和 $\dot{\boldsymbol{M}}(t)$ 在区间$[t_0,\infty)$连续有界；

2) 存在常数 m，使 $0<m\leqslant|\det\boldsymbol{M}(t)|$。

2. 李雅普诺夫变换后的 SINS 静基座误差模型

一般选取李雅普诺夫变换矩阵 $\boldsymbol{M}(t)$ 为正交矩阵，这里令变换矩阵：

$$\boldsymbol{M}(t)=\begin{bmatrix} \boldsymbol{I}_{5\times 5} & \boldsymbol{O}_{5\times 5} \\ \boldsymbol{O}_{5\times 5} & \boldsymbol{T}(t) \end{bmatrix},\quad \boldsymbol{T}(t)=\begin{bmatrix} \widetilde{\boldsymbol{C}}_{\mathrm{b}}^{\mathrm{n}}(t) & \boldsymbol{O}_{2\times 3} \\ \boldsymbol{O}_{3\times 2} & \boldsymbol{C}_{\mathrm{b}}^{\mathrm{n}}(t) \end{bmatrix} \tag{2.119}$$

引理 2 如果载体坐标系和导航坐标系之间角速度矢量的投影$\boldsymbol{\omega}_{\mathrm{nb}}^{\mathrm{n}}(t)=[\omega_{\mathrm{N}}(t) \quad \omega_{\mathrm{E}}(t) \quad \omega_{\mathrm{D}}(t)]$在区间$[t_0,\infty)$上是连续、有界的，那么引入的变化矩阵 $\boldsymbol{M}(t)$ 是李雅普诺夫变换矩阵。

证明 $\dfrac{\mathrm{d}\boldsymbol{C}_\mathrm{b}^\mathrm{n}(t)}{\mathrm{d}t}=\dfrac{\mathrm{d}\,\boldsymbol{C}_\mathrm{b}^\mathrm{n}(t)}{\mathrm{d}t}\Big|_\mathrm{n}+\boldsymbol{\omega}_\mathrm{nb}^\mathrm{n}\times\boldsymbol{C}_\mathrm{b}^\mathrm{n}(t)=\boldsymbol{\omega}_\mathrm{nb}^\mathrm{n}\times\boldsymbol{C}_\mathrm{b}^\mathrm{n}(t)=\boldsymbol{\Omega}_\mathrm{nb}^\mathrm{n}(t)\times\boldsymbol{C}_\mathrm{b}^\mathrm{n}(t)$

因为

$$\boldsymbol{M}(t)=\begin{bmatrix}\boldsymbol{I}_{5\times5} & \boldsymbol{O}_{5\times5}\\ \boldsymbol{O}_{5\times5} & \boldsymbol{T}(t)\end{bmatrix}$$

所以

$$\dot{\boldsymbol{M}}(t)=\begin{bmatrix}\boldsymbol{O}_{5\times5} & \boldsymbol{O}_{5\times5}\\ \boldsymbol{O}_{5\times5} & \dot{\boldsymbol{T}}(t)\end{bmatrix}$$

其中，$\dot{\boldsymbol{T}}(t)=\begin{bmatrix}\widetilde{\boldsymbol{\Omega}}_\mathrm{nb}^\mathrm{n}\widetilde{\boldsymbol{C}}_\mathrm{b}^\mathrm{n} & \boldsymbol{O}_{2\times3}\\ \boldsymbol{O}_{3\times2} & \boldsymbol{\Omega}_\mathrm{nb}^\mathrm{n}\boldsymbol{C}_\mathrm{b}^\mathrm{n}\end{bmatrix}$，$\boldsymbol{\Omega}_\mathrm{nb}^\mathrm{n}(t)=\begin{bmatrix}0 & \omega_\mathrm{D}(t) & -\omega_\mathrm{N}(t)\\ -\omega_\mathrm{D}(t) & 0 & \omega_\mathrm{E}(t)\\ \omega_\mathrm{N}(t) & -\omega_\mathrm{E}(t) & 0\end{bmatrix}$，$\widetilde{\boldsymbol{\Omega}}_\mathrm{nb}^\mathrm{b}$ 为$\boldsymbol{\Omega}_\mathrm{nb}^\mathrm{b}$ 的前两行和前两列。

由于假设$\boldsymbol{\omega}_\mathrm{nb}^\mathrm{n}(t)$ 在区间$[t_0,\infty]$上是连续有界的，所以变换矩阵$\boldsymbol{M}(t)$ 满足性质 1)；很明显变换矩阵 $\boldsymbol{M}(t)$ 也满足性质 2)，因此 $\boldsymbol{M}(t)$ 是一个李雅普诺夫变换矩阵。

对 SINS 状态方程式(2.114) 和测量方程式(2.115) 进行李雅普诺夫变换，得

$$\boldsymbol{Y}=\boldsymbol{M}(t)\boldsymbol{X}=[\delta V_\mathrm{N}\quad \delta V_\mathrm{E}\quad \phi_\mathrm{N}\quad \phi_\mathrm{E}\quad \phi_\mathrm{D}\quad C_{11}\nabla_x+C_{12}\nabla_y\quad C_{21}\nabla_x+C_{22}\nabla_y\quad C_{11}\varepsilon_x+C_{12}\varepsilon_y+C_{13}\varepsilon_z\quad C_{21}\varepsilon_x+C_{22}\varepsilon_y+C_{23}\varepsilon_z\quad C_{31}\varepsilon_x+C_{32}\varepsilon_y+C_{33}\varepsilon_z]^\mathrm{T}$$

$$\boldsymbol{A}_\mathrm{I}(t)=[\dot{\boldsymbol{M}}(t)+\boldsymbol{M}(t)\boldsymbol{A}(t)]\boldsymbol{M}^{-1}(t)=\left[\begin{array}{c:c}\boldsymbol{F} & \boldsymbol{I}_{5\times5}\\ \hdashline \boldsymbol{O}_{5\times5} & \boldsymbol{O}_{5\times5}\end{array}\right],\quad \boldsymbol{H}_\mathrm{I}=\boldsymbol{H}\boldsymbol{T}^{-1}=\boldsymbol{H}$$

这样，通过等价变换后 SINS 的误差状态方程变为

$$\dot{\boldsymbol{Y}}=\boldsymbol{A}_\mathrm{I}\boldsymbol{Y}+\boldsymbol{W}(t)\tag{2.120}$$

量测方程为

$$\boldsymbol{Z}=\boldsymbol{H}\boldsymbol{Y}+\boldsymbol{V}(t)\tag{2.121}$$

令

$$\left.\begin{aligned}\nabla_\mathrm{N}&=C_{11}\nabla_x+C_{12}\nabla_y\\ \nabla_\mathrm{E}&=C_{21}\nabla_x+C_{22}\nabla_y\\ \varepsilon_\mathrm{N}&=C_{11}\varepsilon_x+C_{12}\varepsilon_y+C_{13}\varepsilon_z\\ \varepsilon_\mathrm{E}&=C_{21}\varepsilon_x+C_{22}\varepsilon_y+C_{23}\varepsilon_z\\ \varepsilon_\mathrm{D}&=C_{31}\varepsilon_x+C_{32}\varepsilon_y+C_{33}\varepsilon_z\end{aligned}\right\}\tag{2.122}$$

则 SINS 原状态矢量 $\boldsymbol{X}$ 线性变换后的状态矢量为

$$\boldsymbol{Y}=[\delta V_\mathrm{N}\quad \delta V_\mathrm{E}\quad \phi_\mathrm{N}\quad \phi_\mathrm{E}\quad \phi_\mathrm{D}\quad \nabla_\mathrm{N}\quad \nabla_\mathrm{E}\quad \varepsilon_\mathrm{N}\quad \varepsilon_\mathrm{E}\quad \varepsilon_\mathrm{D}]^\mathrm{T}\tag{2.123}$$

显然，变换后的 SINS 状态方程式(2.120)、量测方程式(2.121) 与 PINS 模型的形式完全相同，其差别仅在于 SINS 的变换模型中，∇_N，∇_E，ε_N，ε_E，ε_D 分别为加速度计和陀螺仪在导航坐标系中的等效值，ϕ_N，ϕ_E，ϕ_D 为数学平台在导航坐标系的失准角。可以看出，通过等价变换后的系统矩阵里已不含姿态信息$\boldsymbol{C}_\mathrm{b}^\mathrm{n}$ 和$\widetilde{\boldsymbol{C}}_\mathrm{b}^\mathrm{n}$，从而将使对 SINS 的分析大大简化。因此，为简便起见，以下分析中虽以 PINS 为研究对象，但其研究结果及方法，同样可应用到 SINS 系统中。

由于 PINS 只有在初始对准和标定后才具有良好的性能，而系统初始对准和标定性能的好坏取决于系统的可观测性，所以系统的可观测性反映了能否由输出的测量值来确定出系统各状态分量的问题，即反映了系统各状态分量的可估计性能。为了使用卡尔曼滤波器对系统的状态变量进行估计，首先要对系统方程进行可观测性分析。根据 SINS 等价变换后的等价卡尔曼滤波模型即式(2.120) 和式(2.121)，得到静基座对准的系统矩阵和量测矩阵分别为

$$A_{\mathrm{I}}=\begin{bmatrix} F & I_{5\times5} \\ O_{5\times5} & O_{5\times5} \end{bmatrix},\quad H=\begin{bmatrix} 1 & 0 & 0 & 0 & 0 & 0 & 0 & 0 & 0 & 0 \\ 0 & 1 & 0 & 0 & 0 & 0 & 0 & 0 & 0 & 0 \end{bmatrix}$$

根据线性时不变系统可观测性判定准则，系统的可观测性矩阵为

$$Q_{\mathrm{s}}=[H^{\mathrm{T}}\quad (HA)^{\mathrm{T}}\quad (HA^2)^{\mathrm{T}}\quad (HA^3)^{\mathrm{T}}\quad \cdots\quad (HA^9)^{\mathrm{T}}]^{\mathrm{T}} \tag{2.124}$$

另外，根据可观测性的定义，两个外观测量是完全可观测的。因此，忽略式(2.124)中的两个水平速度误差项，可以得到Q_{s}的子可观测性矩阵为

$$Q'_{\mathrm{s}}=\begin{bmatrix} 0 & -g & 0 & 1 & 0 & 0 & 0 & 0 \\ g & 0 & 0 & 0 & 1 & 0 & 0 & 0 \\ \Omega_{\mathrm{U}} & 0 & 0 & 0 & 0 & 0 & -1 & 0 \\ 0 & \Omega_{\mathrm{U}} & -\Omega_{\mathrm{N}} & 0 & 0 & 1 & 0 & 0 \\ 0 & 0 & 0 & 0 & 0 & 0 & 0 & 0 \\ \Omega_{\mathrm{N}} & 0 & 0 & 0 & 0 & 0 & 0 & 1 \\ 0 & 0 & 0 & 0 & 0 & 0 & 0 & 0 \\ \vdots & \vdots & \vdots & \vdots & \vdots & \vdots & \vdots & \vdots \end{bmatrix}$$

由Q'_{s}的表达式可知，系统子可观测性矩阵的秩$\mathrm{rank}(Q'_{\mathrm{s}})=5$，则原系统可观测性矩阵的秩$\mathrm{rank}(Q_{\mathrm{s}})=7<10$，故系统是不完全可观测的。只有7个状态变量或状态变量的线性组合可观测，即用卡尔曼滤波器估计其状态可收敛，有3个状态变量是不可观测的。关于PINS的3个不可观测状态变量的选取有不同的观点：Bar-Itzhack认为应选择∇_{E}，ε_{E}和ε_{D}为不可观测状态，而Y. E. Jiang认为不可观测状态应为∇_{N}，∇_{E}及ε_{E}。

2.7　基于控制理论的惯性导航系统可观测性分析

惯性导航系统(INS)从本质上讲是一个测量系统，理想的INS能够提供载体的准确位置、速度和姿态。由于实际INS工作时会受到各种误差因素的影响，因此对理想的INS进行分析实际上是没有意义的。只有对INS进行误差分析，才能发现INS的典型特性。人们已经建立了能够准确描述这些误差特性的线性误差模型，这些误差模型已于20世纪60年代中期被成功地用于估计INS误差以及误差来源的卡尔曼滤波器中。当分析INS的误差时，首先会想到下列问题：这些误差随时间是如何变化的，能否测量出所有的误差，如果只能测量出其中的一部分误差，那么其余的误差能否被估计出来，这些误差是否是可控的。

目前，关于这些问题的回答几乎都是经验性的。因此，本节的目的不是揭示INS的新特性，而是用线性系统和控制理论的知识来重新认识INS的特性，以及探究系统特性与系统参数和状态变量之间所隐含的关系。例如，在包含垂直通道的情况下，用这种方法可以计算出系统的特征值，从而能够确定系统真正的振荡频率，这和有些文献里所给出的结果有些不同。例如，Broxmeyer和Briting研究了在巡航状态下INS的特征值，发现垂直通道与水平通道之间的耦合性很弱，而且垂直通道存在阻尼运算，因此可以略去垂直通道。然而，在包含垂直通道的情况下，特征值确实发生了一些改变。当检验系统的可观测性时，采用直接变换的方法将系统变换成可观测的子空间和不可观测的子空间，这反过来又揭示了在初始对准和标定阶段妨碍对INS误差估计的状态变量。Kortum采用这种方法成功地解决了以水平加速度计的输出

作为观测量进行 INS 平台初始对准所遇到的问题，而本节是以 INS 的水平速度作为观测量的。此外，将对传统方法和本节所提方法进行比较，并讨论这种方法的独特性以及可观测性与估计精度之间的关系，为研究可观测性问题提供另外一种思路。本节采用 Bar-Itzhack 的控制理论观点将 INS 作为一个整体进行研究，能够对 INS 有更深入的理解，以及提供另外一种分析 INS 的思路。

2.7.1 系统的误差模型

INS 误差模型的推导有两种方法：一种称为扰动法(或称为真实坐标系法)，另外一种称为 $\boldsymbol{\psi}$ 角法(或称为计算坐标系法)。推导扰动法误差模型时，是在 INS 真实地理位置的地理坐标系中，对标准非线性导航方程加一扰动，以表示误差因素造成的影响；而对于 $\boldsymbol{\psi}$ 角误差模型，是在 INS 计算出的地理位置的地理坐标系中，给标准非线性导航方程加一扰动导出的。Benson 已证明这两种模型是等价的，因而可以得出相同的结果。

描述 INS 误差特性的微分方程可分为成平动误差方程和姿态误差方程，分别反映 INS 的平动误差传播特性和姿态误差传播特性。平动误差方程和姿态误差方程均可用两种形式表达：平动误差方程的两种表示形式取决于方程中的变量是位置误差还是速度误差；姿态误差方程的两种表示形式取决于方程中的变量是取平台坐标系与计算地理坐标系之间的误差角，还是取平台坐标系与真实地理坐标系之间的误差角。当然，这些表示形式在本质上是一致的。因此，在建立 INS 误差方程之前，首先要确定是采用扰动法还是 $\boldsymbol{\psi}$ 角法，而且平动误差方程究竟采用哪种表示形式。

许多关于 INS 误差的著作采用 $\boldsymbol{\psi}$ 角法和平动误差方程的速度误差表达形式。因此，本节也使用这种模型。另外，本节采用以平台坐标系与计算地理坐标系之间的误差角作为状态变量的姿态误差方程。虽然这一误差角是拟定出来的，是不能被测量的，但这样可使平动误差不会耦合到姿态误差方程中去。平台坐标系与真实地理坐标系之间的姿态误差角可以通过位置误差以及从 INS 误差方程中所求得的姿态误差计算出来。这样，INS 的误差模型可由下列方程描述：

$$\left.\begin{aligned}&\dot{\boldsymbol{v}}+(\boldsymbol{\Omega}+\boldsymbol{\omega})\times\boldsymbol{v}=\boldsymbol{\nabla}-\boldsymbol{\psi}\times\boldsymbol{f}+\Delta\boldsymbol{g}\\&\dot{\boldsymbol{r}}+\boldsymbol{\rho}\times\boldsymbol{r}=\boldsymbol{v}\\&\dot{\boldsymbol{\psi}}+\boldsymbol{\omega}\times\boldsymbol{\psi}=\boldsymbol{\varepsilon}\end{aligned}\right\}\tag{2.125}$$

式中，$\boldsymbol{v}$，$\boldsymbol{r}$ 和 $\boldsymbol{\psi}$ 分别为速度、位置和姿态误差矢量；$\boldsymbol{\Omega}$ 为地球自转角速度矢量；$\boldsymbol{\omega}$ 为地理坐标系相对惯性坐标系的角速度矢量；$\boldsymbol{\nabla}$为加速度计误差矢量；$\boldsymbol{f}$ 为比力矢量；$\Delta\boldsymbol{g}$ 为重力矢量的计算误差；$\boldsymbol{\rho}$ 为地理坐标系相对地球的转动角速度矢量；$\boldsymbol{\varepsilon}$ 为陀螺仪漂移矢量。

在北东地地理坐标系中，有

$$\boldsymbol{\Omega}=\begin{bmatrix}\Omega\cos L\\0\\-\Omega\sin L\end{bmatrix}\tag{2.126}$$

式中，L 为惯导系统所处的地理纬度。

$\boldsymbol{\omega}$ 的计算公式如下：

$$\boldsymbol{\omega}=\boldsymbol{\Omega}+\boldsymbol{\rho}\tag{2.127}$$

其中

$$\boldsymbol{\rho}=\begin{bmatrix}\dot{\lambda}\cos L\\ -\dot{L}\\ -\dot{\lambda}\sin L\end{bmatrix}\tag{2.128}$$

将式(2.125)在地理坐标系中展开,可以得到能够表示成状态空间模型的9个微分方程。如果将式(2.126)～式(2.128)的结果代入,可以得到如下的状态空间模型:

$$\frac{\mathrm{d}}{\mathrm{d}t}\begin{bmatrix}r_{\mathrm{N}}\\ r_{\mathrm{E}}\\ r_{\mathrm{D}}\\ v_{\mathrm{N}}\\ v_{\mathrm{E}}\\ v_{\mathrm{D}}\\ \psi_{\mathrm{N}}\\ \psi_{\mathrm{E}}\\ \psi_{\mathrm{D}}\end{bmatrix}=\begin{bmatrix}0 & -\dot{\lambda}\sin L & \dot{L} & 1 & 0 & 0 & 0 & 0 & 0\\ \dot{\lambda}\sin L & 0 & \dot{\lambda}\cos L & 0 & 1 & 0 & 0 & 0 & 0\\ -\dot{L} & -\dot{\lambda}\cos L & 0 & 0 & 0 & 1 & 0 & 0 & 0\\ -g/R & 0 & 0 & 0 & -(2\Omega+\dot{\lambda})\sin L & \dot{L} & 0 & -f_{\mathrm{D}} & f_{\mathrm{E}}\\ 0 & -g/R & 0 & (2\Omega+\dot{\lambda})\sin L & 0 & (2\Omega+\dot{\lambda})\cos L & f_{\mathrm{D}} & 0 & -f_{\mathrm{N}}\\ 0 & 0 & 2g/R & -\dot{L} & -(2\Omega+\dot{\lambda})\cos L & 0 & -f_{\mathrm{E}} & f_{\mathrm{N}} & 0\\ 0 & 0 & 0 & 0 & 0 & 0 & 0 & -(\Omega+\dot{\lambda})\sin L & \dot{L}\\ 0 & 0 & 0 & 0 & 0 & 0 & (\Omega+\dot{\lambda})\sin L & 0 & (\Omega+\dot{\lambda})\cos L\\ 0 & 0 & 0 & 0 & 0 & 0 & -\dot{L} & -(\Omega+\dot{\lambda})\cos L & 0\end{bmatrix}\begin{bmatrix}r_{\mathrm{N}}\\ r_{\mathrm{E}}\\ r_{\mathrm{D}}\\ v_{\mathrm{N}}\\ v_{\mathrm{E}}\\ v_{\mathrm{D}}\\ \psi_{\mathrm{N}}\\ \psi_{\mathrm{E}}\\ \psi_{\mathrm{D}}\end{bmatrix}+\begin{bmatrix}0\\ 0\\ 0\\ \nabla_{\mathrm{N}}\\ \nabla_{\mathrm{E}}\\ \nabla_{\mathrm{D}}\\ \varepsilon_{\mathrm{N}}\\ \varepsilon_{\mathrm{E}}\\ \varepsilon_{\mathrm{D}}\end{bmatrix}\tag{2.129}$$

由于INS的工作时间主要集中在载体处于巡航状态,而当载体处于静基座与巡航状态时,INS的工作状态差别很小,所以下面将重点关注处于静止状态时INS误差的传播特性。其次,在许多情况下,INS的初始对准与标定工作都是在系统处于静基座的条件下进行的,因此,INS误差的很多特性都是在系统处于静基座的条件下给出的。当INS处于静基座状态时,式(2.129)可简化为

$$\frac{\mathrm{d}}{\mathrm{d}t}\begin{bmatrix}r_{\mathrm{N}}\\ r_{\mathrm{E}}\\ r_{\mathrm{D}}\\ v_{\mathrm{N}}\\ v_{\mathrm{E}}\\ v_{\mathrm{D}}\\ \psi_{\mathrm{N}}\\ \psi_{\mathrm{E}}\\ \psi_{\mathrm{D}}\end{bmatrix}=\begin{bmatrix}0 & 0 & 0 & 1 & 0 & 0 & 0 & 0 & 0\\ 0 & 0 & 0 & 0 & 1 & 0 & 0 & 0 & 0\\ 0 & 0 & 0 & 0 & 0 & 1 & 0 & 0 & 0\\ -\omega & 0 & 0 & 0 & 2\Omega_{\mathrm{D}} & 0 & 0 & g & 0\\ 0 & -\omega^2 & 0 & -2\Omega_{\mathrm{D}} & 0 & 2\Omega_{\mathrm{N}} & -g & 0 & 0\\ 0 & 0 & 2\omega^2 & 0 & -2\Omega_{\mathrm{N}} & 0 & 0 & 0 & 0\\ 0 & 0 & 0 & 0 & 0 & 0 & 0 & \Omega_{\mathrm{D}} & 0\\ 0 & 0 & 0 & 0 & 0 & 0 & -\Omega_{\mathrm{D}} & 0 & \Omega_{\mathrm{N}}\\ 0 & 0 & 0 & 0 & 0 & 0 & 0 & -\Omega_{\mathrm{N}} & 0\end{bmatrix}\begin{bmatrix}r_{\mathrm{N}}\\ r_{\mathrm{E}}\\ r_{\mathrm{D}}\\ v_{\mathrm{N}}\\ v_{\mathrm{E}}\\ v_{\mathrm{D}}\\ \psi_{\mathrm{N}}\\ \psi_{\mathrm{E}}\\ \psi_{\mathrm{D}}\end{bmatrix}+\begin{bmatrix}0\\ 0\\ 0\\ \nabla_{\mathrm{N}}\\ \nabla_{\mathrm{E}}\\ \nabla_{\mathrm{D}}\\ \varepsilon_{\mathrm{N}}\\ \varepsilon_{\mathrm{E}}\\ \varepsilon_{\mathrm{D}}\end{bmatrix}$$

(2.130a)

式中，$\omega^2=g/R$；$\Omega_N=\Omega\cos L$ 为地球自转角速度的北向分量；$\Omega_D=-\Omega\sin L$ 为地球自转角速度的垂直方向分量。

简化后的模型表达式(式(2.130a))可以写成

$$\dot{x}'=A'x'+f' \tag{2.130b}$$

其中，A'，x' 和 f' 的定义由式(2.130a)可显而易见。

当INS在静基座条件下进行初始对准和标定时，由于系统的地理位置可以准确知道，即 $\dot{r}_N\approx0$，$\dot{r}_E\approx0$，$\dot{r}_D\approx0$，所以状态矢量的前3个状态分量可以去掉。在初始对准和标定过程中的量测信号是 v_N，v_E，而垂直速度误差 v_D 则无关紧要。此外，由于垂直通道和水平通道的耦合性很弱，所以 v_D 对量测信号 v_N，v_E 的影响不大。因此，在初始对准和标定阶段，v_D 可以从描述INS误差模型的状态矢量中略去。通常将卡尔曼滤波器用于INS初始对准和标定，然而，由于加速度计误差和陀螺仪漂移不是白噪声过程，所以式(2.130)中给出的误差模型不能满足卡尔曼滤波器的要求。而根据实际的加速度计误差和陀螺仪误差数据的统计特征可以发现，由白噪声过程驱动的线性模型的输出能够很好地替代加速度计和陀螺仪的误差。将加速度计误差和陀螺仪漂移扩充为状态变量后，INS的基本误差模型便得到了扩展。而影响扩展后误差模型的噪声之间互不相关，因此这时的误差模型可以满足卡尔曼滤波器的要求。在此分析中，假设加速度计误差为常值偏差，陀螺仪误差为常值漂移，那么

$$\left.\begin{aligned}\dot{\nabla}&=0\\ \dot{\varepsilon}&=0\end{aligned}\right\} \tag{2.131}$$

将式(2.130a)中的INS误差模型状态变量 r_N，r_E 和 r_D 去掉，并用式(2.131)对误差模型进行扩展，便可得到

$$\frac{d}{dt}\begin{bmatrix}v_N\\v_E\\\psi_N\\\psi_E\\\psi_D\\\nabla_N\\\nabla_E\\\varepsilon_N\\\varepsilon_E\\\varepsilon_D\end{bmatrix}=\begin{bmatrix}0&2\Omega_D&0&g&0&1&0&0&0&0\\-2\Omega_D&0&-g&0&0&0&1&0&0&0\\0&0&0&\Omega_D&0&0&0&1&0&0\\0&0&-\Omega_D&0&\Omega_N&0&0&0&1&0\\0&0&0&-\Omega_N&0&0&0&0&0&1\\0&0&0&0&0&0&0&0&0&0\\0&0&0&0&0&0&0&0&0&0\\0&0&0&0&0&0&0&0&0&0\\0&0&0&0&0&0&0&0&0&0\\0&0&0&0&0&0&0&0&0&0\end{bmatrix}\begin{bmatrix}v_N\\v_E\\\psi_N\\\psi_E\\\psi_D\\\nabla_N\\\nabla_E\\\varepsilon_N\\\varepsilon_E\\\varepsilon_D\end{bmatrix} \tag{2.132a}$$

模型表达式式(2.132a)可以写成

$$\dot{x}=Ax \tag{2.132b}$$

式(2.132b)中 x 和 A 的定义也是显而易见的。

当INS处于静基座状态，且加速度计和陀螺仪的误差为常数时，这一模型描述了 v_N 和 v_E 的传播特性。对状态变量进行估计便可得到 ψ 的估计，以及加速度计和陀螺仪常值误差的估计。这样，求得 ψ 角便可完成初始对准，求得加速度计和陀螺仪的常值误差也便完成了对惯性器件的标定。

下面从控制理论的角度对式(2.130)和式(2.132)给定的系统模型特性进行研究分析。

2.7.2　系统的特征值

在研究一个线性定常系统的时候，首先关心的问题是：这个系统的特征值是多少。当 INS 处于静基座时，描述 INS 误差传播特性模型的特征值是下列多项式的根：

$$|\boldsymbol{A}' - \lambda \boldsymbol{I}| = 0 \tag{2.133}$$

其中，$\boldsymbol{A}'$ 对应式(2.130a)中的相应部分。

令 $S = \lambda^2$，那么行列式 $|\boldsymbol{A}' - \lambda \boldsymbol{I}|$ 可以写成关于 S 和 λ 的多项式形式：

$$\lambda(S + \Omega^2)[S^3 + 4\Omega^2 S^2 + \omega^2(4\Omega_{\mathrm{N}}^2 - 8\Omega_{\mathrm{D}}^2 - 3\omega^2)S - 2\omega^6] = 0 \tag{2.134}$$

很显然，其中的 3 个特征值为

$$\lambda_1 = 0 \tag{2.135a}$$

$$\lambda_{2,3} = \pm \mathrm{j}\Omega \tag{2.135b}$$

这 3 个特征值与姿态误差方程有关。特征值 λ_1 位于原点，λ_2 和 λ_3 接近于 24 h 振荡周期，而求解剩余的特征值需要求解式(2.134)中方括号里面的多项式。当 INS 处于赤道或地球的一个极点(两种极端情况)时，方括号里面的多项式可以很容易地进行求解。

当 INS 处于赤道时，$\Omega_{\mathrm{N}}^2 = \Omega^2$，$\Omega_{\mathrm{D}}^2 = 0$，这时，式(2.134)可以简化为

$$S^3 + 4\Omega^2 S^2 + \omega^2(4\Omega^2 - 3\omega^2)S - 2\omega^6 = 0 \tag{2.136}$$

式(2.136)可以进一步写为

$$(S + \omega^2)[S^2 + (4\Omega^2 - \omega^2)S - 2\omega^4] = 0 \tag{2.137}$$

可得

$$\lambda_{4,5} = \pm \mathrm{j}\omega \tag{2.138}$$

二次多项式的计算结果为

$$S_{1,2} = \frac{\omega^2 - 4\Omega^2}{2} \pm \left[\frac{(\omega^2 - 4\Omega^2)^2}{4} + 2\omega^4\right]^{1/2}$$

从而

$$\lambda_{6,7} = \pm \mathrm{j}\left\{\frac{\omega^2 - 4\Omega^2}{2} - \left[\frac{(\omega^2 - 4\Omega^2)^2}{4} + 2\omega^4\right]^{1/2}\right\}^{1/2} \tag{2.139}$$

$$\lambda_{8,9} = \pm \mathrm{j}\left\{\frac{\omega^2 - 4\Omega^2}{2} + \left[\frac{(\omega^2 - 4\Omega^2)^2}{4} + 2\omega^4\right]^{1/2}\right\}^{1/2} \tag{2.140}$$

因 $\omega^2 \approx 1.5 \times 10^{-6}$，而 $4\Omega^2 \approx 2 \times 10^{-8}$，所以 $4\Omega^2$ 可以从式(2.139)和式(2.140)中略去。因此，可得

$$\lambda_{6,7} = \pm \mathrm{j}\omega \tag{2.141}$$

$$\lambda_{8,9} = \pm \mathrm{j}2^{1/2}\omega \tag{2.142}$$

$\lambda_4 \sim \lambda_7$ 是与 INS 水平通道有关的振荡回路(舒勒回路)的特征值。λ_8 和 λ_9 是与垂直通道有关的发散回路与收敛回路的特征值。尽管由式(2.139)和式(2.140)求出的特征值 $\lambda_6 \sim \lambda_9$ 与式(2.141)和式(2.142)求出的不完全相同，但它们之间的差别小于 0.25%。

当 INS 处于地球极点位置时，$\Omega_{\mathrm{N}}^2 = 0$，$\Omega_{\mathrm{D}}^2 = \Omega^2$。式(2.134)可以简化为

$$S^3 + 4\Omega^2 S^2 - \omega^2(8\Omega^2 + 3\omega^2)S - 2\omega^6 = 0 \tag{2.143}$$

式(2.143)可以进一步写成如下的形式：

$$(S-2\omega^2)[S^2+2(2\Omega^2+\omega^2)S+\omega^4]=0 \tag{2.144}$$

由于垂直通道的特征值为 $\pm j2^{1/2}\omega$，即

$$\lambda_{8,9}=\pm j2^{1/2}\omega \tag{2.145}$$

所以舒勒回路对应的是下面二次多项式方程的根：

$$S^2+2(2\Omega^2+\omega^2)S+\omega^4=0 \tag{2.146}$$

式(2.146)的根为

$$S_{1,2}=-(2\Omega^2+\omega^2)\pm[(2\Omega^2+\omega^2)^2-\omega^4]^{1/2}$$

最终的结果为

$$\lambda_{4,5}=\pm j\{(2\Omega^2+\omega^2)-[(2\Omega^2+\omega^2)^2-\omega^4]^{1/2}\}^{1/2} \tag{2.147a}$$

$$\lambda_{6,7}=\pm j\{(2\Omega^2+\omega^2)+[(2\Omega^2+\omega^2)^2-\omega^4]^{1/2}\}^{1/2} \tag{2.147b}$$

由式(2.147)求出的振荡频率与 $\boldsymbol{\omega}$ 之间的差值约为 6%。这时回路的振荡频率之所以与 $\boldsymbol{\omega}$ 不相同，是因为与 24 h 振荡回路存在着耦合。当简化分析 INS 的误差时，这一耦合可以忽略。这样，误差方程可以用状态方程描述成一个线性系统，当用这种方法对这一系统进行分析时，通过计算系统矩阵的特征值，便能获得系统回路的准确表达形式。但是，如果将垂直通道从误差方程中去掉，就会影响特征值的结果。

如果加速度计和陀螺仪的误差如式(2.131)所描述的那样，那么 INS 在静基座初始对准和标定阶段误差的动态特性由式(2.132)中系统矩阵 $\boldsymbol{A}$ 的特征值确定。系统矩阵 $\boldsymbol{A}$ 的特征值是下面行列式的根：

$$|\boldsymbol{A}-\lambda\boldsymbol{I}|=0 \tag{2.148}$$

经过化简后可得

$$\lambda^6(\lambda^2+4\Omega_D^2)(\lambda^2+\Omega^2)=0 \tag{2.149}$$

因此，特征值为

$$\lambda_{1\sim6}=0 \tag{2.150a}$$

$$\lambda_{7,8}=\pm j2\Omega_D \tag{2.150b}$$

$$\lambda_{9,10}=\pm j\Omega \tag{2.150c}$$

其中，因为加速度计的误差为常值偏差，陀螺仪的误差为常值漂移，所以特征值 $\lambda_1\sim\lambda_5$ 为零。特征值 λ_6 与特征值 λ_9，λ_{10} 是与姿态误差方程相关的。最后，特征值 λ_7 和 λ_8 是由于 v_N 和 v_E 之间存在耦合关系而产生的。可以发现，$\boldsymbol{A}'$ 中存在的与地球回路有关的所有特征值在初始对准和标定阶段的误差方程中都存在(即在 $\boldsymbol{A}$ 中)。然而与舒勒回路有关的特征值没有在矩阵 $\boldsymbol{A}$ 的特征值中出现。另外，在赤道上，λ_7 和 λ_8 也为零。

2.7.3 系统的可控性与可观测性

当给定一个线性系统模型时，人们通常会提出的另一个问题是：这个系统是否可控，是否可观测。但对于 INS 而言，系统是否可控并不是研究的重点。这是因为，虽然式(2.130)和式(2.132)中不包含外部控制量，但所有的状态变量均受控于控制信号。位置、速度、加速度计和陀螺仪的误差，这些状态变量均可通过改变它们在寄存器中的值来实现控制。当系统是捷联式惯导系统时，姿态误差的状态变量也可通过改变寄存器中的值来实现控制；当系统是平台式惯导系统时，这些状态变量可通过改变施加平台轴的力矩来进行控制。按照可控性的定

义，一个可控系统可以在任意的时间内，由一任意状态转换到另一任意状态。按此定义，平台式惯导系统是不可控的，这是因为对平台施加的力矩是有界的，因而平台的最大转动速度也是有界的。因此，平台从起始位置转换到要求的位置所耗费的时间肯定会大于某一值，如果要求平台在小于这一时间的时间段内完成转换，那是不可能实现的。而且，如果严格按照这种可控性的定义，那么任何物理系统都是不可控的，因为实际中的控制信号和状态变量都是有界的。因此，只要平台在最大的力矩范围工作，就能保证姿态误差的状态变量是可控的。

大家真正感兴趣的是系统的可观测性问题，尤其是在系统的初始对准和标定阶段。因为惯导系统整个工作阶段的可观测性与初始对准和标定阶段的可观测性几乎一致，而且能否很好地对器件进行标定主要取决于系统的可观测性。以下将详细地讨论系统的可观测性问题，而且主要关心的是式(2.132)给出的模型。

在初始对准和标定阶段，将速度误差作为观测量，并且希望能够估计出系统的 10 个状态变量，观测方程如下：

$$\boldsymbol{z}=\begin{bmatrix}1&0&0&0&0&0&0&0&0&0\\0&1&0&0&0&0&0&0&0&0\end{bmatrix}\boldsymbol{x} \tag{2.151a}$$

即

$$\boldsymbol{z}=\boldsymbol{Cx} \tag{2.151b}$$

其中，$\boldsymbol{C}$ 由式(2.151a)定义。

1. 系统可观测性分析的经典法

由式(2.132)和式(2.151)所描述的系统，其可观测性矩阵为

$$\boldsymbol{Q}=\begin{bmatrix}\boldsymbol{C}\\\boldsymbol{CA}\\\boldsymbol{CA}^2\\\vdots\\\boldsymbol{CA}^9\end{bmatrix} \tag{2.152}$$

可得

$$\operatorname{rank}\boldsymbol{Q}=7<10$$

这表明系统不是完全可观测的。

令 $\boldsymbol{F}_1$ 为系统 $\{\boldsymbol{A},\boldsymbol{C}\}$ 的可观测子空间，$\boldsymbol{F}_2$ 为 $\boldsymbol{R}^{10}$ 的正交补集，那么 $\boldsymbol{F}_2$ 便为系统 $\{\boldsymbol{A},\boldsymbol{C}\}$ 的不可观测子空间，其中 $\boldsymbol{F}_1$ 是 7 维的，$\boldsymbol{F}_2$ 是 3 维的。由于 $\boldsymbol{Q}$ 的秩是 7，因此从 $\boldsymbol{Q}$ 中选择 7 个独立行生成 $\boldsymbol{F}_1$，并形成 7×10 的矩阵 $\boldsymbol{Q}_1$。根据式(2.152)计算 $\boldsymbol{Q}$，可以发现 $\boldsymbol{Q}$ 的前 7 行是相互独立的。

令 $\boldsymbol{Q}$ 的前 7 行构成 $\boldsymbol{Q}_1$：

$$\boldsymbol{Q}_1=\begin{bmatrix}1&0&0&0&0&0&0&0&0&0\\0&1&0&0&0&0&0&0&0&0\\0&2\Omega_D&0&g&0&1&0&0&0&0\\-2\Omega_D&0&-g&0&0&0&1&0&0&0\\-4\Omega_D^2&0&-3\Omega_D g&0&g\Omega_N&0&2\Omega_D&0&g&0\\0&-4\Omega_D^2&0&-3\Omega_D g&0&-2\Omega_D&0&-g&0&0\\0&-8\Omega_D^3&0&-g(7\Omega_D^2+\Omega_N^2)&0&-4\Omega_D^2&0&-3\Omega_D g&0&g\Omega_N\end{bmatrix} \tag{2.153}$$

再找其他 3 个相互独立的行矢量构成 3×10 的矩阵 $\boldsymbol{Q}_2$，可定义 $\boldsymbol{Q}^*$ 如下：

$$\boldsymbol{Q}^* = \begin{bmatrix} \boldsymbol{Q}_1 \\ \boldsymbol{Q}_2 \end{bmatrix} \tag{2.154}$$

因此，$\boldsymbol{Q}^*$ 的秩为 10。然后用$\boldsymbol{Q}_2$ 的行矢量生成$\boldsymbol{F}_2$，此外，如果定义一个新的状态矢量 $\boldsymbol{f}$ 如下：

$$\boldsymbol{f} = \boldsymbol{Q}^* \boldsymbol{x} = \begin{bmatrix} \boldsymbol{Q}_1 \boldsymbol{x} \\ \boldsymbol{Q}_2 \boldsymbol{x} \end{bmatrix} = \begin{bmatrix} \boldsymbol{f}_1 \\ \boldsymbol{f}_2 \end{bmatrix} \tag{2.155}$$

那么

$$\boldsymbol{f}_2 = \boldsymbol{Q}_2 \boldsymbol{x} \tag{2.156}$$

由于$\boldsymbol{f}_2$ 位于$\boldsymbol{F}_2$ 中，因此$\boldsymbol{f}_2$ 是新的状态矢量 $\boldsymbol{f}$ 的不可观测的部分。为了根据式(2.156) 求出$\boldsymbol{f}_2$，需要先求出$\boldsymbol{Q}_2$。

若$\boldsymbol{Q}_2$ 的选择如下：

$$\boldsymbol{Q}_2 = \begin{bmatrix} 0 & 0 & 0 & 0 & 0 & 0 & 1 & 0 & 0 & 0 \\ 0 & 0 & 0 & 0 & 0 & 0 & 0 & 1 & 0 & 0 \\ 0 & 0 & 0 & 0 & 0 & 0 & 0 & 0 & 0 & 1 \end{bmatrix} \tag{2.157}$$

则$\boldsymbol{Q}^*$ 的秩为 10。也就是说，$\boldsymbol{Q}_2$ 的行矢量与$\boldsymbol{Q}_1$ 的行矢量之间是相互独立的。因此，$\boldsymbol{Q}_2$ 的选择是合适的。$\boldsymbol{Q}_2$ 的行矢量为正交的单位矢量，可用其生成$\boldsymbol{F}_2$，将$\boldsymbol{Q}_2$ 代入式(2.156)，可得

$$\boldsymbol{f}_2 = \begin{bmatrix} \nabla_{\mathrm{E}} \\ \varepsilon_{\mathrm{E}} \\ \varepsilon_{\mathrm{D}} \end{bmatrix} \tag{2.158}$$

需要指出的是，对$\boldsymbol{Q}_2$ 的选择并不是任意的，而是利用了 ∇_{E}，ε_{E} 和 ε_{D} 是矢量 $\boldsymbol{y}$ 中不可观测的状态变量这一信息，而这一信息是从变化率状态矢量的定义中获得的。

2. 基于物理变换矩阵的系统可观测性分析方法

大家希望在观测方程为式(2.151) 的情况下，了解式(2.132) 所描述的系统的可观测性，即研究$\{\boldsymbol{A},\boldsymbol{C}\}$ 的可观测性。为达到这个目的，引入一个变换，将原来的状态空间变换成不可观测的子空间和可观测的子空间两部分。这个变换有着明确的物理意义，即所谓的“变化率状态空间”，不可观测子空间的特点在于其中的矢量 $\boldsymbol{\mu}$ 具有这样的形式：$\boldsymbol{\mu} = \nabla_{\mathrm{E}} \boldsymbol{Z}_1 + \varepsilon_{\mathrm{E}} \boldsymbol{Z}_2 + \varepsilon_{\mathrm{D}} \boldsymbol{Z}_3$，而$\{\boldsymbol{Z}_1, \boldsymbol{Z}_2, \boldsymbol{Z}_3\}$ 是不可观测子空间的标准正交基。

因此，在这种变换下，∇_{E}，ε_{E}，ε_{D} 是不可观测的状态变量，现将此总结为下面的定理并进行解释(注意，Ω_{D} 和 Ω_{N} 的大小均与纬度有关：在极点处，$\Omega_{\mathrm{N}} = 0$；在赤道处，$\Omega_{\mathrm{D}} = 0$。暂时避开极点，这时 Ω_{N} 为非零值，而极点处的对准稍后再讨论)。

定理 2 $\{\boldsymbol{A},\boldsymbol{C}\}$ 由式(2.132) 和式(2.151) 给定，其中 $\Omega_{\mathrm{N}} = 0$，定义如下矩阵 $\boldsymbol{T}$：

$$\boldsymbol{T} = \begin{bmatrix} 1 & 0 & 0 & 0 & 0 & 0 & 0 & 0 & 0 & 0 \\ 0 & 1 & 0 & 0 & 0 & 0 & 0 & 0 & 0 & 0 \\ 0 & 2\Omega_{\mathrm{D}} & 0 & g & 0 & 1 & 0 & 0 & 0 & 0 \\ -2\Omega_{\mathrm{D}} & 0 & -g & 0 & 0 & 0 & 1 & 0 & 0 & 0 \\ 0 & 0 & 0 & \Omega_{\mathrm{D}} & 0 & 0 & 0 & 1 & 0 & 0 \\ 0 & 0 & -\Omega_{\mathrm{D}} & 0 & \Omega_{\mathrm{N}} & 0 & 0 & 0 & 1 & 0 \\ 0 & 0 & 0 & -\Omega_{\mathrm{N}} & 0 & 0 & 0 & 0 & 0 & 1 \\ 0 & 0 & 0 & 0 & 0 & 0 & 1 & 0 & 0 & 0 \\ 0 & 0 & 0 & 0 & 0 & 0 & 0 & 0 & 1 & 0 \\ 0 & 0 & 0 & 0 & 0 & 0 & 0 & 0 & 0 & 1 \end{bmatrix} \tag{2.159}$$

用矩阵 $\boldsymbol{T}$ 将矢量 $\boldsymbol{x}$ 变换成矢量 $\boldsymbol{y}$，使得

1）$\boldsymbol{y}$ 可以分成 $\boldsymbol{y}_1$ 和 $\boldsymbol{y}_2$ 两部分，其中 $\boldsymbol{y}_1$ 是可观测的，$\boldsymbol{y}_2$ 是不可观测的；

2）$\boldsymbol{y}$ 的维数是 7；

3）$\boldsymbol{y}_2^{\mathrm{T}}=[\nabla_{\mathrm{E}}\quad \varepsilon_{\mathrm{E}}\quad \varepsilon_{\mathrm{D}}]$。

证明　定义矩阵 $\boldsymbol{W}$ 如下：

$$\boldsymbol{W}=\begin{bmatrix} 1 & 0 & 0 & 0 & 0 & 0 & 0 & 0 & 0 & 0 \\ 0 & 1 & 0 & 0 & 0 & 0 & 0 & 0 & 0 & 0 \\ -2\Omega_{\mathrm{D}}/g & 0 & 0 & -1/g & 0 & 0 & 0 & 1/g & 0 & 0 \\ 0 & 0 & 0 & 0 & 0 & 0 & -1/\Omega_{\mathrm{N}} & 0 & 0 & 1/\Omega_{\mathrm{N}} \\ -2\Omega_{\mathrm{D}}^2/g\Omega_{\mathrm{N}} & 0 & 0 & -\Omega_{\mathrm{D}}/g\Omega_{\mathrm{N}} & 0 & 1/\Omega_{\mathrm{N}} & 0 & \Omega_{\mathrm{D}}/g\Omega_{\mathrm{N}} & -\Omega_{\mathrm{N}} & 0 \\ 0 & -2\Omega_{\mathrm{D}} & 1 & 0 & 0 & 0 & g/\Omega_{\mathrm{N}} & 0 & 0 & -g/\Omega_{\mathrm{N}} \\ 0 & 0 & 0 & 0 & 0 & 0 & 0 & 1 & 0 & 0 \\ 0 & 0 & 0 & 0 & 1 & 0 & \Omega_{\mathrm{D}}/\Omega_{\mathrm{N}} & 0 & 0 & -\Omega_{\mathrm{D}}/\Omega_{\mathrm{N}} \\ 0 & 0 & 0 & 0 & 0 & 0 & 0 & 0 & 1 & 0 \\ 0 & 0 & 0 & 0 & 0 & 0 & 0 & 0 & 0 & 1 \end{bmatrix} \tag{2.160}$$

易证 $|\boldsymbol{T}|\neq 0$，且 $\boldsymbol{TW}=\boldsymbol{I}$，因此，$\boldsymbol{W}=\boldsymbol{T}^{-1}$。如果进行上面的变换，很容易得出

$$\dot{\boldsymbol{y}}=\boldsymbol{Ly} \tag{2.161a}$$

$$\boldsymbol{z}=\boldsymbol{Cy} \tag{2.161b}$$

其中

$$\boldsymbol{L}=\boldsymbol{TA}\,\boldsymbol{T}^{-1}$$

且

$$\boldsymbol{L}=\left[\begin{array}{ccccccc:ccc} 0 & 0 & 1 & 0 & 0 & 0 & 0 & 0 & 0 & 0 \\ 0 & 0 & 0 & 1 & 0 & 0 & 0 & 0 & 0 & 0 \\ 0 & 0 & 0 & 2\Omega_{\mathrm{D}} & 0 & g & 0 & 0 & 0 & 0 \\ 0 & 0 & -2\Omega_{\mathrm{D}} & 0 & -g & 0 & 0 & 0 & 0 & 0 \\ 0 & 0 & 0 & 0 & 0 & \Omega_{\mathrm{D}} & 0 & 0 & 0 & 0 \\ 0 & 0 & 0 & 0 & -\Omega_{\mathrm{D}} & 0 & \Omega_{\mathrm{N}} & 0 & 0 & 0 \\ 0 & 0 & 0 & 0 & 0 & -\Omega_{\mathrm{N}} & 0 & 0 & 0 & 0 \\ \hdashline 0 & 0 & 0 & 0 & 0 & 0 & 0 & 0 & 0 & 0 \\ 0 & 0 & 0 & 0 & 0 & 0 & 0 & 0 & 0 & 0 \\ 0 & 0 & 0 & 0 & 0 & 0 & 0 & 0 & 0 & 0 \end{array}\right] \tag{2.162}$$

即

$$\boldsymbol{L}=\left[\begin{array}{c:c} \boldsymbol{L}_{11} & \boldsymbol{O}_{7\times 3} \\ \hdashline \boldsymbol{O}_{3\times 7} & \boldsymbol{O}_{3\times 3} \end{array}\right] \tag{2.163}$$

其中

$$
\boldsymbol{L}_{11}=\begin{bmatrix}0&0&1&0&0&0&0\\0&0&0&1&0&0&0\\0&0&0&2\Omega_{\mathrm{D}}&0&g&0\\0&0&-2\Omega_{\mathrm{D}}&0&-g&0&0\\0&0&0&0&0&\Omega_{\mathrm{D}}&0\\0&0&0&0&-\Omega_{\mathrm{D}}&0&\Omega_{\mathrm{N}}\\0&0&0&0&0&-\Omega_{\mathrm{N}}&0\end{bmatrix}\tag{2.164}
$$

显然，$\dot{\boldsymbol{y}}$ 被分成$\dot{\boldsymbol{y}}_1$ 和$\dot{\boldsymbol{y}}_2$ 两部分，其中

$$\dot{\boldsymbol{y}}_1=\boldsymbol{L}_{11}\ \boldsymbol{y}_1\tag{2.165a}$$

$$\boldsymbol{z}=\boldsymbol{C}_{L1}\ \boldsymbol{y}_1\tag{2.165b}$$

$$\dot{\boldsymbol{y}}_2=0\tag{2.165c}$$

其中

$$
\boldsymbol{C}_{L1}=\begin{bmatrix}1&0&0&0&0&0&0\\0&1&0&0&0&0&0\end{bmatrix}\tag{2.166}
$$

构成的可观性矩阵$\boldsymbol{Q}_{L1}$ 如下：

$$
\boldsymbol{Q}_{L1}=\begin{bmatrix}\boldsymbol{C}_{L1}\\\boldsymbol{C}_{L1}\ \boldsymbol{L}_{11}\\\vdots\\\boldsymbol{C}_{L1}\ \boldsymbol{L}_{11}^{6}\end{bmatrix}\tag{2.167}
$$

由于经过计算可得$|\boldsymbol{Q}_{L1}|\neq 0$，所以$\boldsymbol{Q}_{L1}$ 是满秩，从而$\{\boldsymbol{L}_{11},\boldsymbol{C}_{L1}\}$ 对应的系统是完全可观测的，因此$\dot{\boldsymbol{y}}_1$ 是完全可观测的，且它的维数是 7。同时，式(2.165)表明，矢量$\dot{\boldsymbol{y}}_2$ 与矢量$\dot{\boldsymbol{y}}_1$ 是完全解耦的，且矢量$\dot{\boldsymbol{y}}_2$ 是不可量测的，因此，矢量$\dot{\boldsymbol{y}}_2$ 是不可观测的。由式(2.132)和式(2.159)可以验证定理 2 中的 3)。

将这一理论得出的结果与用经典法求不可观测子空间的步骤相比较，会看到这一方法更简单易行。用这种新的变换方法进行变换后，能够立即看出(通过检查矩阵 $\boldsymbol{L}$)哪些状态变量是不可观测的，以及如何定义一系列矢量形成不可观测的子空间。这样便省去了猜测这样一系列矢量的烦冗工作，虽然还必须求矩阵的秩，但它是一个 7 阶而不是 10 阶矩阵。而且，更重要的是用这种新的变换方法求解系统的可观测性和讨论系统的可观测性，不仅仅只是一个数学变换，而是和系统的物理特性紧密相关的。下面详细推导这一物理变换。

由式(2.132a)给定的系统的动力学方程可以分为 INS 的动力学方程和传感器的动力学方程。INS 的动力学方程为

$$\dot{v}_{\mathrm{N}}=2\Omega_{\mathrm{D}}v_{\mathrm{E}}+g\psi_{\mathrm{E}}+\nabla_{\mathrm{N}}\tag{2.168a}$$

$$\dot{v}_{\mathrm{E}}=-2\Omega_{\mathrm{D}}v_{\mathrm{N}}-g\psi_{\mathrm{N}}+\nabla_{\mathrm{E}}\tag{2.168b}$$

$$\dot{\psi}_{\mathrm{N}}=\Omega_{\mathrm{D}}\psi_{\mathrm{E}}+\varepsilon_{\mathrm{N}}\tag{2.168c}$$

$$\dot{\psi}_{\mathrm{E}}=-\Omega_{\mathrm{D}}\psi_{\mathrm{N}}+\Omega_{\mathrm{N}}\psi_{\mathrm{D}}+\varepsilon_{\mathrm{E}}\tag{2.168d}$$

$$\dot{\psi}_{\mathrm{D}}=-\Omega_{\mathrm{N}}\psi_{\mathrm{E}}+\varepsilon_{\mathrm{D}}\tag{2.168e}$$

在经典的初始对准中，信号 v_{N} 和 v_{E} 输送给控制器，控制器根据信号 v_{N} 和 v_{E} 的大小对 INS 施加力矩(物理上或数学分析上)，以使 ψ_{N}，ψ_{E} 和 ψ_{D} 趋近于零，这就是初始对准的目的。然而实际情况是，初始对准工作在误差信号 v_{N} 和 v_{E} 为零的情况下便停止了，而不是在 3 个失准角

为零的情况下停止的。当误差信号 v_N 和 v_E 为零时，$\psi_N=\nabla_E/g$，$\psi_E=-\nabla_N/g$（由式(2.168a)和式(2.168b)可以看出）。在 $\psi_N=\nabla_E/g$，$\psi_E=-\nabla_N/g$ 的情况下，$\dot{\psi}_N$ 和 $\dot{\psi}_E$ 必定为零，这是由于 ∇_E 和 ∇_N 均为常数。最后，由于 ε_E 为常数，所以从式(2.168d)中可以看出，当 $\dot{\psi}_N=0$ 时，如果 $\dot{\psi}_D=0$，则 $\dot{\psi}_E$ 可以为零。总之，初始对准工作是在 $\dot{v}_N=\dot{v}_E=\dot{\psi}_N=\dot{\psi}_E=\dot{\psi}_D=0$ 的情况下停止的，而不是在 $\psi_N=\psi_E=\psi_D=0$ 的情况下停止的。

目前，在初始对准过程中，经常用卡尔曼滤波器从误差信号 v_N 和 v_E 中估计出 ψ_N，ψ_E 和 ψ_D 的大小。经典控制理论无法使 ψ_N，ψ_E 和 ψ_D 趋于零，与之对应的是，卡尔曼滤波器也无法完全估计出它们的真实值。这是由于以 v_N 和 v_E 作为观测量，系统的状态变量是不完全可观测的。因为在固定状态下，$g\psi_E$ 与 ∇_N 一样是常数，所以卡尔曼滤波器不能区分它们各自对 $\dot{v}_N$ 的影响(见式(2.168a))。对于 $-g\psi_N$ 和 ∇_E 也是这样。类似地，在固定状态下，卡尔曼滤波器不能区分式(2.168c)中的 $\Omega_D\psi_E$ 与 ε_N 各自对 $\dot{\psi}_N$ 的影响，也不能区分式(2.168d)中的 $-\Omega_D\psi_N$ 与 ε_E 或 $\Omega_N\psi_D$ 各自对 $\dot{\psi}_E$ 的影响。最后，卡尔曼滤波器也不能区分式(2.168e)中的 $-\Omega_N\psi_E$ 与 ε_D 各自对 $\dot{\psi}_D$ 的影响。换句话说，在静基座状态下，没有一个状态变量与观测量 v_N 或者 v_E 存在一一对应的关系。

因此，当卡尔曼滤波器用于估计状态矢量时，不是直接量测的状态变量的估计误差在减小到一个稳定的状态值之后便不会再减小了。只有式(2.168)中状态变量的组合可以被估计，因为它们属于可观测子空间。因此，如果将它们和观测量定义成新的状态变量，那么，其余的状态变量就一定是不可观测的。于是，定义新的状态变量如下：

$$y_1=v_N \tag{2.169a}$$

$$y_2=v_E \tag{2.169b}$$

$$y_3=2\Omega_D v_E+g\psi_E+\nabla_N \tag{2.169c}$$

$$y_4=-2\Omega_D v_N-g\psi_N+\nabla_E \tag{2.169d}$$

$$y_5=\Omega_D\psi_E+\varepsilon_N \tag{2.169e}$$

$$y_6=-\Omega_D\psi_N+\Omega_N\psi_D+\varepsilon_E \tag{2.169f}$$

$$y_7=-\Omega_N\psi_E+\varepsilon_D \tag{2.169g}$$

$$y_8=\nabla_E \tag{2.169h}$$

$$y_9=\varepsilon_E \tag{2.169i}$$

$$y_{10}=\varepsilon_D \tag{2.169j}$$

新的状态变量包含了原来 INS 所有动力学状态变量的变化率。因此，称新的状态变量为变化率状态变量，从矢量 $\boldsymbol{y}$ 的定义以及式(2.168)，容易得到

$$\dot{y}_1=y_3 \tag{2.170a}$$

$$\dot{y}_2=y_4 \tag{2.170b}$$

$$\dot{y}_3=2\Omega_D y_4+g y_6 \tag{2.170c}$$

$$\dot{y}_4=-2\Omega_D y_3-g y_5 \tag{2.170d}$$

$$\dot{y}_5=\Omega_D y_6 \tag{2.170e}$$

$$\dot{y}_6=-\Omega_D y_5+\Omega_N y_7 \tag{2.170f}$$

$$\dot{y}_7=-\Omega_N y_6 \tag{2.170g}$$

$$\dot{y}_8=0 \tag{2.170h}$$

$$\dot{y}_9=0 \tag{2.170i}$$

$$\dot{y}_{10}=0 \tag{2.170j}$$

由式(2.169)给出的矢量 $\boldsymbol{y}$ 的定义可以导出式(2.159)中给定的变换矩阵 $\boldsymbol{T}$，由式(2.170)给出的微分方程组可以导出式(2.162)中给定的动力学矩阵 $\boldsymbol{L}$，它主要是用来研究系统的可观测性的。的确，从 $\boldsymbol{L}$ 中可以很容易地看出，y_8，y_9 和 y_{10} 与系统的观测量 y_1 和 y_2 完全解耦。因此，y_8，y_9 和 y_{10} 是不可观测的，就像 f_2 一样(见经典法)：

$$\begin{bmatrix} y_8 \\ y_9 \\ y_{10} \end{bmatrix}=\begin{bmatrix} \nabla_E \\ \varepsilon_E \\ \varepsilon_D \end{bmatrix} \tag{2.171}$$

这些状态变量构成了矢量 $\boldsymbol{f}$ 以及矢量 $\boldsymbol{y}$ 的不可观测部分。可以看到，新的状态变量(即变化率状态变量)的定义是以简单明了的物理特性为基础的，从新的状态变量导出的动力学矩阵中可以很容易地找出不可观测的状态变量。

现在定义一个新的(带 $*$)状态矢量：

$$\boldsymbol{y}_1^*=\boldsymbol{A}_1\ \boldsymbol{y}_1 \tag{2.172a}$$

$$\boldsymbol{y}_2^*=\boldsymbol{A}_2\ \boldsymbol{y}_2 \tag{2.172b}$$

$$\boldsymbol{y}^*=\begin{bmatrix} \boldsymbol{y}_1^* \\ \hdashline \boldsymbol{y}_2^* \end{bmatrix} \tag{2.172c}$$

其中，$\boldsymbol{A}_1$ 和 $\boldsymbol{A}_2$ 是可逆的常矩阵，能够很容易地求出

$$\begin{bmatrix} \dot{\boldsymbol{y}}_1^* \\ \hdashline \dot{\boldsymbol{y}}_2^* \end{bmatrix}=\begin{bmatrix} \boldsymbol{L}_{11}^* & \boldsymbol{O}_{7\times3} \\ \boldsymbol{O}_{3\times7} & \boldsymbol{O}_{3\times3} \end{bmatrix}\begin{bmatrix} \boldsymbol{y}_1^* \\ \hdashline \boldsymbol{y}_2^* \end{bmatrix} \tag{2.173}$$

即 $\boldsymbol{y}_1^*$ 是可观测的，$\boldsymbol{y}_2^*$ 是不可观测的。由于有许多个$\{\boldsymbol{A}_1, \boldsymbol{A}_2\}$满足这一要求，所以将矢量 $\boldsymbol{x}$ 变换成矢量 $\boldsymbol{y}$ 的变换矩阵不是唯一的。其中，矢量 $\boldsymbol{y}$ 被分段成可观测的子空间与不可观测的子空间，而且可观测的子空间与不可观测的子空间之间完全解耦。由 $\boldsymbol{y}^*$ 的定义可以看出，矢量 $\boldsymbol{y}_1^*$ 和矢量 $\boldsymbol{y}_2^*$ 分别是矢量 $\boldsymbol{y}_1$ 和矢量 $\boldsymbol{y}_2$ 的线性组合，其中矢量 $\boldsymbol{y}_1$ 是可观测的，矢量 $\boldsymbol{y}_2$ 是不可观测的。然而，这并不是将一个新的状态矢量定义成完全解耦的可观测部分和不可观测部分的唯一方法。也就是说，可以保持矢量 $\boldsymbol{y}_1$ 不变，而选择另一个不可观测的矢量 $\boldsymbol{y}_2$。例如，$\boldsymbol{y}_2^{\mathrm{T}}=[\nabla_N \quad \nabla_E \quad \varepsilon_D]$ 或 $\boldsymbol{y}_2^{\mathrm{T}}=[\psi_N \quad \psi_E \quad \psi_D]$ 等(但不是随便选择一组可能的状态变量$\{\boldsymbol{x}_i\}$形成一个合适的 $\boldsymbol{y}_2$，并声明它们是系统的不可观测状态变量，如果这样做那就是错误的)。只能说是对于一个特殊的变换，得到的 $\boldsymbol{y}_2$ 包含了这种变换下的不可观测的状态变量。由各组不同的$\{\boldsymbol{x}_i\}$组成 $\boldsymbol{y}_2$ 是有实际意义的，如果这些状态变量能够被测量(除了 v_N 和 v_E)，那么将有可能使系统变得完全可观测。

在赤道处进行初始对准是前文所讲述的对准的一个特例，这时 $\Omega_D=0$，$\Omega_N=\Omega$。在极点处的初始对准却是完全不同的情况，此时 $\Omega_N=0$，定理 2 在这时不成立。很明显，当 $\Omega_N=0$ 时，$\boldsymbol{T}$ 是奇异的，系统在极点处的可观测性可按下面的定理求解。

定理 3 由式(2.132)和式(2.151)给定$\{\boldsymbol{A}, \boldsymbol{C}\}$，其中 $\Omega_N=0$，$\Omega_D=-\Omega$，定义矩阵 $\boldsymbol{T}'$ 如下：

$$
\boldsymbol{T}'=\begin{bmatrix}
1 & 0 & 0 & 0 & 0 & 0 & 0 & 0 & 0 & 0\\
0 & 1 & 0 & 0 & 0 & 0 & 0 & 0 & 0 & 0\\
0 & 2\Omega & 0 & g & 0 & 1 & 0 & 0 & 0 & 0\\
-2\Omega & 0 & -g & 0 & 0 & 0 & 1 & 0 & 0 & 0\\
0 & 0 & 0 & \Omega & 0 & 0 & 0 & 1 & 0 & 0\\
0 & 0 & -\Omega & 0 & 0 & 0 & 0 & 0 & 1 & 0\\
0 & 0 & 0 & 0 & 1 & 0 & 0 & 0 & 0 & 1\\
0 & 0 & 0 & 0 & 0 & 1 & 0 & 0 & 0 & 0\\
0 & 0 & 0 & 0 & 0 & 0 & 1 & 0 & 0 & 0\\
0 & 0 & 0 & 0 & 0 & 0 & 0 & 0 & 0 & 1
\end{bmatrix}
\tag{2.174}
$$

用 $\boldsymbol{T}'$ 将矢量 $\boldsymbol{x}$ 变换成矢量 $\boldsymbol{y}'$ 时，可得

1）$\boldsymbol{y}'$ 可分成 $\boldsymbol{y}'_1$ 和 $\boldsymbol{y}'_2$ 两部分，其中 $\boldsymbol{y}'_1$ 是可观测的，$\boldsymbol{y}'_2$ 是不可观测的；

2）$\boldsymbol{y}'_1$ 的维数是 6；

3）$\boldsymbol{y}_2^{\mathrm{T}}=[\psi_{\mathrm{D}}\quad \nabla_{\mathrm{E}}\quad \nabla_{\mathrm{N}}\quad \varepsilon_{\mathrm{D}}]$。

这个定理的证明与定理 2 相同，只是 $\boldsymbol{T}'$ 的逆阵 $\boldsymbol{W}'$ 为

$$
\boldsymbol{W}'=\begin{bmatrix}
1 & 0 & 0 & 0 & 0 & 0 & 0 & 0 & 0 & 0\\
0 & 1 & 0 & 0 & 0 & 0 & 0 & 0 & 0 & 0\\
-2\Omega_{\mathrm{D}}/g & 0 & 0 & -1/g & 0 & 0 & 0 & 0 & 1/g & 0\\
0 & -2\Omega_{\mathrm{D}}/g & 1/g & 0 & 0 & 0 & 0 & -1/g & 0 & 0\\
0 & 0 & 0 & 0 & 0 & 0 & 1 & 0 & 0 & 0\\
0 & 0 & 0 & 0 & 0 & 0 & 0 & 1 & 0 & 0\\
0 & 0 & 0 & 0 & 0 & 0 & 0 & 0 & 1 & 0\\
0 & 2\Omega^2/g & -\Omega/g & 0 & 1 & 0 & 0 & \Omega/g & 0 & 0\\
-2\Omega^2/g & 0 & 0 & -\Omega/g & 0 & 1 & 0 & 0 & \Omega/g & 0\\
0 & 0 & 0 & 0 & 0 & 0 & 0 & 0 & 0 & 1
\end{bmatrix}
\tag{2.175}
$$

相应的动力学方程 $\boldsymbol{L}'$ 如下所示：

$$
\boldsymbol{L}'=\left[\begin{array}{cccccc:cccc}
0 & 0 & 1 & 0 & 0 & 0 & 0 & 0 & 0 & 0\\
0 & 0 & 0 & 1 & 0 & 0 & 0 & 0 & 0 & 0\\
0 & 0 & 0 & 2\Omega_{\mathrm{D}} & 0 & g & 0 & 0 & 0 & 0\\
0 & 0 & -2\Omega_{\mathrm{D}} & 0 & -g & 0 & 0 & 0 & 0 & 0\\
0 & 0 & 0 & 0 & 0 & \Omega_{\mathrm{D}} & 0 & 0 & 0 & 0\\
0 & 0 & 0 & 0 & -\Omega_{\mathrm{D}} & 0 & 0 & 0 & 0 & 0\\
\hdashline
0 & 0 & 0 & 0 & 0 & 0 & 0 & 0 & 0 & 1\\
0 & 0 & 0 & 0 & 0 & 0 & 0 & 0 & 0 & 0\\
0 & 0 & 0 & 0 & 0 & 0 & 0 & 0 & 0 & 0\\
0 & 0 & 0 & 0 & 0 & 0 & 0 & 0 & 0 & 0
\end{array}\right]
\tag{2.176}
$$

注意，在极点处 ψ_{D} 是不可观测的。很明显，由于 ψ_{D} 是通过陀螺罗经法获得的，所以如果沿轴向北方向没有地球自转角速度的分量，则陀螺罗经法便会失效。其实，可以证明，无论采用什么变换得到的状态变量被分成可观测的子空间与不可观测的子空间的矢量 $\boldsymbol{y}$，ψ_{D} 都将是

矢量 $\boldsymbol{y}$ 的不可观测子空间中的一个状态变量。

2.7.4 系统的估计与可观测性

正如前面所提到的，大家主要关心的是系统的可观测性问题，这是因为卡尔曼滤波器在估计系统状态变量的过程中扮演着重要的角色。估计出式(2.132) 中给出系统的状态变量并将它们从 INS 中去掉，这是系统初始对准和标定阶段所要做的主要工作。

当用卡尔曼滤波器估计矢量 $\boldsymbol{x}$ 时，估计误差的标准差(Estimation Error Standard Deviation，EESD) 会达到一个稳定值。这是因为系统是不完全可观测的，所有没有被直接观测(即 $x_3 \sim x_{10}$) 的状态变量的 EESD 都不会小于某一边界值。当估计 $\boldsymbol{y}$(在极点处，$\boldsymbol{y}$ 变成 $\boldsymbol{y}'$) 时，其状态变量的 EESD 的结果依赖于初始协方差阵 $\boldsymbol{P}_y(0)$。如果 $\boldsymbol{P}_y(0)$ 是对角阵，那么，可观测的状态变量的 EESD 将渐近地趋于零，而不可观测的状态变量的 EESD 则不改变(这可由 $\boldsymbol{L}$ 和 $\boldsymbol{L}'$ 中最后为零的几列看出)。然而，为了保证估计量 $\boldsymbol{y}$ 和 $\boldsymbol{x}$ 的等价性，需要从与 $\boldsymbol{x}(0)$ 和 $\boldsymbol{P}_x(0)$ 分别相对应的 $\boldsymbol{y}(0)$ 和 $\boldsymbol{P}_y(0)$ 开始。

这可以用下列的变换来实现：

$$\boldsymbol{y}(0) = \boldsymbol{T}\boldsymbol{x}(0) \tag{2.177a}$$

$$\boldsymbol{P}_y(0) = \boldsymbol{T}\boldsymbol{P}_x(0)\boldsymbol{T}^{\mathrm{T}} \tag{2.177b}$$

当然，在极点处，用 $\boldsymbol{T}'$ 代替 $\boldsymbol{T}$。

现在，$\boldsymbol{P}_y(0)$ 在对角线以外还存在非零的项，即状态变量之间存在相关性。当检验 $\boldsymbol{x}$ 与 $\boldsymbol{y}$ 之间的关系时，便可发现不可观测的状态变量与可观测的状态变量之间开始时是相关的。正因为如此，用矩阵 $\boldsymbol{T}$ 或 $\boldsymbol{T}'$ 进行变换以后，所有的状态变量，包括不可观测的状态变量，它们的 EESD 在估计过程开始以后便开始减小。然而，随着估计过程的进行，$\boldsymbol{P}_y(0)$ 的影响逐渐减小，当达到稳定状态时，不可观测的状态变量的 EESD 达到一个非零的小值，而可观测的状态变量的 EESD 则趋于零。而在变换前的表达式中，所有没有被测量的状态变量的 EESD 都不能趋于零，而经过矩阵 $\boldsymbol{T}$ 或 $\boldsymbol{T}'$ 变换后，只有不可观测的状态变量的 EESD 不能趋于零。这是因为在 $\boldsymbol{x}$ 中，虽然不可观测的状态变量和其余的状态变量在初始时刻是相关的，但是它们之间是存在耦合的。而在 $\boldsymbol{y}$ 中，虽然不可观测的状态变量和其余的状态变量在初始时刻是相关的，但是它们之间是完全解耦的。

2.8 可观测性分析 INS 在地面进行对准时的估计误差

初始失准角是惯性导航系统(INS) 的主要误差源之一。对于地面导航来说，初始对准误差不仅会造成姿态误差，还会引起速度和位置的误差。因此，在导航之前，必须先进行初始对准，估计出平台坐标系与导航坐标系之间的初始失准角。求取初始失准角的一种方法是采用光学法将外部参考坐标系引入系统，但是，这种方法受操作环境的影响。而大部分地面 INS 在初始对准阶段多采用另外一种方法，即利用陀螺罗经的原理进行自主式对准。通常陀螺罗经包含两部分，即水平对准和方位对准。陀螺罗经的基本原理是，将与加速度计输出的或与速度误差输出的成比例的信号送给相应的水平陀螺和方位陀螺。

初始对准的目的是使初始失准角趋于零。而在实际系统中，这个目标不可能实现。这是因为传感器的误差不可能被完全补偿掉。从 2.7 节控制理论的角度看，初始对准过程中所遇到的技术难题，主要是由于系统是不完全可观测的。

确定系统在初始对准过程中哪些状态变量是不可观测的对于研究系统的性能具有重要的意义。通常，系统的状态可被转换成可观测的规范形式，即将系统状态转换成可观测部分和不可观测部分。但是，由于变换矩阵有很多，所以可观测（或不可观测）状态变量的选择不是唯一的。如何选择合适的不可观测的状态变量，这一问题是研究者们进行 INS 地面初始对准过程中，系统可观测性研究的主要问题之一。

下面介绍 Y. F. Jiang 研究 INS 在静基座条件下线性误差模型的可观测性时提出的方法。以 INS 的水平速度输出作为系统的观测量，由于可观测的状态变量和不可观测的状态变量分布在两个解耦的子空间中，因而不可观测的状态变量可以被整体确定。另外还会发现，水平失准角可以由系统的观测量以及观测量的一阶导数估算出来。但是，要估算方位失准角就需要系统观测量的二阶导数。也就是说，方位失准角的估算可以由水平失准角和水平失准角的变化率估算出来。利用这一现象可以设计一个滤波器，能够同时进行水平对准和方位对准，且不需要采用陀螺仪的输出。

2.8.1 地面初始对准误差模型

为了研究 INS 的特性，需要知道 INS 的误差模型。众所周知，用线性误差模型能够很好地描述 INS 误差的传播特性，因此 INS 的特性可以从线性误差模型中获得。本节采用 Bar-Itzhack 和 Berman 推导的用于 INS 进行地面初始对准的误差模型，并假设导航系统坐标系为当地水平的北（N）东（E）地（D）地理坐标系。

由于垂直通道与水平通道的耦合性非常微弱，所以可以忽略垂直通道。当系统是在静基座条件下进行初始对准时，由于能够获得准确的地理位置，所以位置误差变量和重力误差变量均可去掉。此外，由于系统相对地面是固定不动的，所以哥氏加速度也可以忽略不计。这样，含有水平速度误差变量和姿态误差变量的系统动力学误差方程可以大大地简化。

INS 在地面初始对准过程中的误差模型可表示如下：

$$\begin{bmatrix} \delta\dot{v}_N \\ \delta\dot{v}_E \\ \dot{\phi}_N \\ \dot{\phi}_E \\ \dot{\phi}_D \end{bmatrix} = \begin{bmatrix} 0 & 2\Omega_D & 0 & g & 0 \\ -2\Omega_D & 0 & -g & 0 & 0 \\ 0 & 0 & 0 & \Omega_D & 0 \\ 0 & 0 & -\Omega_D & 0 & \Omega_N \\ 0 & 0 & 0 & -\Omega_N & 0 \end{bmatrix} \times \begin{bmatrix} \delta v_N \\ \delta v_E \\ \phi_N \\ \phi_E \\ \phi_D \end{bmatrix} + \begin{bmatrix} \delta a_N \\ \delta a_E \\ \delta w_N \\ \delta w_E \\ \delta w_D \end{bmatrix} \tag{2.178}$$

式中，$\delta\boldsymbol{v}$ 和 $\boldsymbol{\Phi}$ 分别为速度误差和姿态误差；$\delta\boldsymbol{a}$ 和 $\delta\boldsymbol{w}$ 分别为加速度计误差和陀螺仪漂移；$\boldsymbol{g}$ 为本地重力加速度；$\boldsymbol{\Omega}$ 为地球自转角速度。

误差模型式(2.178) 既适用于平台式惯导系统，又适用于捷联式惯导系统。式(2.178) 可写成简洁的形式：

$$\dot{\boldsymbol{x}}' = \boldsymbol{A}'\boldsymbol{x}' + \boldsymbol{b} \tag{2.179}$$

其中，变量 $\boldsymbol{x}'$，$\boldsymbol{A}'$ 和 $\boldsymbol{b}$ 与式(2.178) 中的对应项相等。

在地面初始对准的过程中，假设加速度计误差和陀螺仪漂移均为常值。因此，传感器的误差可建模为

$$\dot{b}=\begin{bmatrix}\delta\dot{a}\\ \delta\dot{w}\end{bmatrix}=0 \tag{2.180}$$

式中，$\delta\dot{a}=[\delta a_N \quad \delta a_E]^T$ 为加速度计误差矢量；$\delta\dot{w}=[\delta w_N \quad \delta w_E \quad \delta w_D]^T$ 为陀螺仪漂移矢量。

合并式(2.179)和式(2.180)可得

$$\begin{bmatrix}\dot{x}'\\ \dot{b}\end{bmatrix}=\begin{bmatrix}A' & I\\ O_{5\times5} & O_{5\times5}\end{bmatrix}\begin{bmatrix}x'\\ b\end{bmatrix} \tag{2.181}$$

式中，I 为单位矩阵。

这一线性动力学误差模型也可记为

$$\dot{x}=Ax \tag{2.182}$$

其中，$x^T=[x'^T \quad \delta a^T \quad \delta w^T]$，而 A 的定义根据式(2.181)可以很容易求得。

最后，将 INS 水平速度分量的输出作为系统的观测量，即

$$z=[z_1 \quad z_2]^T=[\delta v_N \quad \delta v_E]^T \tag{2.183}$$

那么，观测量与式(2.179)中的系统 A' 之间的关系为

$$z=C'x' \tag{2.184}$$

其中

$$C'=\begin{bmatrix}1&0&0&0&0\\0&1&0&0&0\end{bmatrix} \tag{2.185}$$

同理，观测量与式(2.182)中系统矩阵 A 之间的关系为

$$z=Cx \tag{2.186}$$

其中

$$C=\begin{bmatrix}1&0&0&0&0&0&0&0&0&0\\0&1&0&0&0&0&0&0&0&0\end{bmatrix} \tag{2.187}$$

下面就可以分析系统 A' 和 A 的可观测性了。

2.8.2 可观测性分析

考虑一线性定常(time invariant)系统，若系统的可观测性矩阵的秩等于系统的阶数，则系统是完全可观测的。反之，如果系统的可观测性矩阵的秩不等于系统的阶数，则系统是不完全可观测的。通常，系统矩阵 A 与观测矩阵 C 的可观测性矩阵可表示为

$$Q=\begin{bmatrix}C\\ CA\\ \vdots\\ CA^{n-1}\end{bmatrix} \tag{2.188}$$

式中，n 为系统的阶数。

因此，系统完全可观测的必要条件是可观测性矩阵是满秩的。

对于观测矩阵 C' 与系统矩阵 A' 的可观测性矩阵可写为

$$Q'=\begin{bmatrix}C'\\ C'A'\\ C'A'^2\end{bmatrix} \tag{2.189}$$

将式(2.185)中 $\boldsymbol{C}'$ 的定义与式(2.179)中 $\boldsymbol{A}'$ 的定义代入式(2.189)中，经过计算可得 $\boldsymbol{Q}'$ 的秩为5，等于系统矩阵 $\boldsymbol{A}'$ 的阶数，因此，$\boldsymbol{Q}'$ 是满秩的，系统 $\boldsymbol{A}'$ 是完全可观测的。这意味着，如果传感器的误差能够被完全补偿，则对准过程中所存在的估计难题将会迎刃而解。

对于观测矩阵 $\boldsymbol{C}$ 与系统矩阵 $\boldsymbol{A}$ 的可观测性矩阵可写为

$$\boldsymbol{Q}=\begin{bmatrix}\boldsymbol{C}\\ \boldsymbol{CA}\\ \vdots\\ \boldsymbol{CA}^4\end{bmatrix} \tag{2.190}$$

将式(2.187)中 $\boldsymbol{C}$ 的定义与式(2.182)中 $\boldsymbol{A}$ 的定义代入式(2.190)中，经过计算可得 $\boldsymbol{Q}$ 的秩是7，它小于系统的阶数10。因此，矩阵 $\boldsymbol{Q}$ 是不满秩的矩阵，系统 $\boldsymbol{A}$ 是不完全可观测的。由于存在3个不可观测的状态变量，所以要想估计出所有的状态变量是不可能的。显然，系统 $\boldsymbol{A}$ 是在式(2.179)～式(2.182)扩展之后，它的完全可观测性才遭到了破坏。这便意味着，如果传感器误差的动力学特性能够被忽略，那么系统将是完全可观测的。然而，这种假设是不切实际的。那么在初始对准和标定阶段，确定不可观测的状态变量便成为进行状态估计的关键问题。

由于系统的量测量是可观测的，所以状态变量 δv_{N} 和 δv_{E} 无疑是可观测的。为了方便，重新定义变量如下：

$$\boldsymbol{x}_1=[\delta v_{\mathrm{N}}\quad \delta v_{\mathrm{E}}]^{\mathrm{T}} \tag{2.191}$$

$$\boldsymbol{x}_2=[\phi_{\mathrm{E}}\quad \delta a_{\mathrm{N}}\quad \delta w_{\mathrm{N}}\quad \delta w_{\mathrm{D}}]^{\mathrm{T}} \tag{2.192}$$

$$\boldsymbol{x}_3=[\phi_{\mathrm{N}}\quad \phi_{\mathrm{D}}\quad \delta a_{\mathrm{E}}\quad \delta w_{\mathrm{E}}]^{\mathrm{T}} \tag{2.193}$$

以及

$$\boldsymbol{y}_1=\begin{bmatrix}z_1\\ z_2\end{bmatrix} \tag{2.194}$$

$$\boldsymbol{y}_2=\begin{bmatrix}\dot{z}_1-2\Omega_{\mathrm{D}}z_2\\ \ddot{z}_2+4\Omega_{\mathrm{D}}^2z_2\\ \dddot{z}_1+8\Omega_{\mathrm{D}}^3z_2\\ \ddddot{z}_2-16\Omega_{\mathrm{D}}^4z_2\end{bmatrix} \tag{2.195}$$

$$\boldsymbol{y}_3=\begin{bmatrix}\dot{z}_2+2\Omega_{\mathrm{D}}z_1\\ \ddot{z}_1+4\Omega_{\mathrm{D}}^2z_1\\ \dddot{z}_2-8\Omega_{\mathrm{D}}^3z_1\\ \ddddot{z}_1-16\Omega_{\mathrm{D}}^4z_1\end{bmatrix} \tag{2.196}$$

由于矩阵的秩在初等行变换过程中是保持不变的，所以式(2.190)中矩阵 $\boldsymbol{Q}$ 的可观测性等价于下式的可解性：

$$\begin{bmatrix}\boldsymbol{y}_1\\ \boldsymbol{y}_2\\ \boldsymbol{y}_3\end{bmatrix}=\begin{bmatrix}\boldsymbol{I}_{2\times2} & 0 & 0\\ 0 & \boldsymbol{Q}_2 & 0\\ 0 & 0 & \boldsymbol{Q}_3\end{bmatrix}\begin{bmatrix}\boldsymbol{x}_1\\ \boldsymbol{x}_2\\ \boldsymbol{x}_3\end{bmatrix} \tag{2.197}$$

其中，$\boldsymbol{I}_{2\times2}$ 为单位矩阵，

$$Q_2=\begin{bmatrix} g & 1 & 0 & 0 \\ -3g\Omega_D & -2\Omega_D & -g & 0 \\ -7g\Omega_D^2-g\Omega_N^2 & -4\Omega_D^2 & -3g\Omega_D & g\Omega_N \\ 15g\Omega_D^3+3g\Omega_N^2\Omega_D & 8\Omega_D^3 & 7g\Omega_D^2 & -3g\Omega_N\Omega_D \end{bmatrix} \tag{2.198}$$

$$Q_3=\begin{bmatrix} -g & 0 & 1 & 0 \\ -3g\Omega_D & g\Omega_N & 2\Omega_D & g \\ 7g\Omega_D^2 & -3g\Omega_N\Omega_D & -4\Omega_D^2 & -3g\Omega_D \\ 15g\Omega_D^3+g\Omega_N^2\Omega_D & -7g\Omega_N\Omega_D^2-g\Omega_N^3 & -8\Omega_D^3 & -7g\Omega_D^2-g\Omega_N^2 \end{bmatrix} \tag{2.199}$$

式(2.197)表明了系统的可观测性取决于3个互相解耦的子方程的可解性，显然，$\boldsymbol{x}_1$ 是可观测的。因此，3个不可观测的状态变量必定存在于矢量 $\boldsymbol{x}_2$ 和矢量 $\boldsymbol{x}_3$ 中，相应地有

$$\boldsymbol{y}_2=\boldsymbol{Q}_2\boldsymbol{x}_2 \tag{2.200}$$

$$\boldsymbol{y}_3=\boldsymbol{Q}_3\boldsymbol{x}_3 \tag{2.201}$$

不难看出，当系统不在地球极点处时，$\Omega_N\neq 0$，这时 $\boldsymbol{Q}_2$ 的第一列是其他三列的线性组合，因此，由式(2.198)可得，$\boldsymbol{Q}_2$ 的秩为3，它比 $\boldsymbol{Q}_2$ 的阶数小1。故矢量 $\boldsymbol{x}_2$ 中只有一个状态变量是不可观测的。同样，因为 $\boldsymbol{Q}_3$ 的第一列是第三列和第四列的线性组合，$\boldsymbol{Q}_3$ 的第二列等于第四列乘以 Ω_N，所以由式(2.199)可得，$\boldsymbol{Q}_3$ 的秩为2。显然，在矢量 $\boldsymbol{x}_3$ 中存在两个不可观测的状态变量。经过观察可以发现，ϕ_D 和 $\delta w_E/\Omega_N$ 对于 $\boldsymbol{y}_3$ 具有相同的影响形式，因此式(2.201)可写为

$$\boldsymbol{y}_3=\begin{bmatrix} -g & 0 & 1 \\ -3g\Omega_D & g\Omega_N & 2\Omega_D \\ 7g\Omega_D^2 & -3g\Omega_N\Omega_D & -4\Omega_D^2 \\ 15g\Omega_D^3+g\Omega_N^2\Omega_D & -7g\Omega_N\Omega_D^2-g\Omega_N^3 & -8\Omega_D^3 \end{bmatrix}\begin{bmatrix} \phi_N \\ \phi_D+\dfrac{\delta w_E}{\Omega_N} \\ \delta a_E \end{bmatrix} \tag{2.202}$$

式(2.202)表明了 ϕ_D 和 δw_E 只有一个能够被观测。但是，它们可以被同时选为不可观测的状态变量，这时 ϕ_N 和 δa_E 必然是可观测的。

注意，当系统位于地球的极点处时，$\Omega_N=0$，$\boldsymbol{Q}_2$ 的第四列和 $\boldsymbol{Q}_3$ 的第二列都为零，因此 ϕ_D 和 δw_D 肯定是不可观测的。这也说明了INS在极点处不能进行自主式对准的原因。这时 $\boldsymbol{Q}_2$ 的秩降为2，$\boldsymbol{Q}_3$ 的秩保持不变。

2.8.3 估计初始失准角

初始对准的目的是使失准角 ϕ_N，ϕ_E，ϕ_D 趋于零或尽可能得小，因此这些状态变量必须是可观测的。从前文的讨论中可知，矢量 $\boldsymbol{x}_3$ 中 δa_E 和 δw_E 必定是不可观测的。那么，从矢量 $\boldsymbol{x}_2$ 中只能选择一个不可观测的状态变量。理论上除了 ϕ_E 之外，其他状态变量都可以被选作为不可观测的状态变量。但是，为了达到较好的估计精度，必须谨慎地对不可观测的状态变量进行选择。从 $\boldsymbol{Q}_2$ 的前两列可以看到，ϕ_E 与 $\delta a_N/g$ 之间存在着强耦合的关系。此外，如果将 δa_N 选为可观测的状态变量，则需要观测量更高阶的导数来估算 ϕ_E 的大小。这样便影响了 ϕ_E 的估计精度，因此应该避免。可见，在地面初始对准过程中，最好选择 δa_N，δa_E，δw_E 作为系统不可观测的状态变量。在这种情况下，便能够估计出 δw_N 与 δw_D 的大小。

一旦选定了不可观测的状态变量，便可以开始设计用于估算初始失准角的算法。合并

式(2.200)的第一个方程和式(2.202)的前两个方程可得

$$\dot{z}_1 - 2\Omega_D z_2 = g\phi_E + \delta a_N \tag{2.203}$$

$$\dot{z}_2 + 2\Omega_D z_1 = -g\phi_N + \delta a_E \tag{2.204}$$

$$\ddot{z}_1 + 4\Omega_D^2 z_1 = -3g\Omega_D\phi_N + g\Omega_N\left(\phi_D + \frac{\delta w_E}{\Omega_N}\right) + 2\Omega_D\delta a_E \tag{2.205}$$

将式(2.183)代入式(2.203)～式(2.205)，并求解初始失准角可得

$$\phi_N = -\frac{1}{g}(\delta\dot{v}_E + 2\Omega_D\delta v_N - \delta a_E) \tag{2.206}$$

$$\phi_E = \frac{1}{g}(\delta\dot{v}_N - 2\Omega_D\delta v_E - \delta a_N) \tag{2.207}$$

$$\phi_D = -\frac{1}{g\Omega_N}(\delta\ddot{v}_N - 3\Omega_D\delta\dot{v}_E - 2\Omega_D^2\delta v_N + \Omega_D\delta a_E) - \frac{\delta w_E}{\Omega_N} \tag{2.208}$$

由于选择 δa_N，δa_E，δw_E 作为系统不可观测的状态变量，所以当这些不可观测的状态变量为零时，初始失准角的估计精度能达到最高，即

$$\hat{\phi}_N = -\frac{1}{g}(\delta\dot{v}_E + 2\Omega_D\delta v_N) \tag{2.209}$$

$$\hat{\phi}_E = \frac{1}{g}(\delta\dot{v}_N - 2\Omega_D\delta v_E) \tag{2.210}$$

$$\hat{\phi}_D = -\frac{1}{g\Omega_N}(\delta\ddot{v}_N - 3\Omega_D\delta\dot{v}_E - 2\Omega_D^2\delta v_N) \tag{2.211}$$

式(2.209)～式(2.211)表明，水平失准角 ϕ_N 和 ϕ_E 可以根据系统的观测量以及观测量的一阶导数估算出来，方位失准角 ϕ_D 可以根据系统的观测量以及观测量的一阶导数和二阶导数估算出来。

显然，根据式(2.209)～式(2.211)和式(2.206)～式(2.208)可以求出估计的误差为

$$\begin{bmatrix}\delta\phi_N\\ \delta\phi_E\\ \delta\phi_D\end{bmatrix} = \begin{bmatrix}\hat{\phi}_N - \phi_N\\ \hat{\phi}_E - \phi_E\\ \hat{\phi}_D - \phi_D\end{bmatrix} = \begin{bmatrix}-\dfrac{\delta a_E}{g}\\ \dfrac{\delta a_N}{g}\\ \dfrac{\delta w_E}{\Omega_N} - \dfrac{\delta a_E}{g}\tan L\end{bmatrix} \tag{2.212}$$

式中，L 为系统所在位置的地理纬度。

这个估计误差与很多有关初始对准的文献所给的估计误差完全一样，而且也符合实际的物理意义。水平失准角的估算误差是由加速度计的误差引起的，方位失准角的估算误差是由东向陀螺仪漂移和北向水平加速度计的误差引起的，而且这两种误差对方位失准角估计精度的影响都与纬度有关。例如，1 mg① 加速度计误差引起的水平失准角的估算误差约为 3.4′；0.015 °/h 的东向陀螺仪漂移引起的方位失准角的估算误差约为 3.4sec$L$(单位：′)；1 mg 的东向加速度计误差引起的方位失准角的估算误差约为 3.4tan$L$(单位：′)。

最后，对式(2.210)求微分可得

$$\dot{\hat{\phi}}_E = \frac{1}{g}(\delta\ddot{v}_N - 2\Omega_D\delta\dot{v}_E) \tag{2.213}$$

① 1 mg $= 1\times10^{-3}$ g(g 为重力加速度)。

将式(2.209)和式(2.213)代入式(2.211)中可得

$$\hat{\phi}_D = \frac{1}{\Omega_N}(\dot{\hat{\phi}}_E + \Omega_D \hat{\phi}_N) \tag{2.214}$$

式(2.214)表明,方位失准角可以由北向水平失准角和东向水平失准角的变化率估算出来。由此可以看出,方位失准角的估算不需要依赖于陀螺仪的输出信号。这一现象可用于设计一个滤波器,能够同时估计出水平失准角和方位失准角的大小。

本节虽然是在当地地理坐标系中分析 PINS 初始对准的可观测性的,同理可以很容易地推广到游动自由方位坐标系中。而且,由于 SINS 和 PINS 的等价性关系,结果也很容易推广应用到捷联式惯导系统中。

2.9 本章小结

本章首先介绍了捷联式惯导系统的误差方程,包括姿态误差方程、速度误差方程和位置误差方程,并建立了捷联式惯导系统静基座初始对准卡尔曼滤波模型。其次,本章介绍了初始对准中常用的最优估计方法,包括卡尔曼滤波算法、扩展卡尔曼滤波算法以及无迹卡尔曼滤波算法。然后,本章介绍了 PWCS 可观测性分析理论以及基于奇异值分解的可观测度分析方法,并从系统控制理论的观点,对惯导系统可观测性进行了详细的分析,用整个状态空间模型描述了 INS 的误差方程,有利于全面了解系统的特性。本章还研究了 INS 在静基座的情况下和初始对准与标定阶段的误差模型,给出了一种线性变换方法,能够将初始对准和标定阶段 INS 误差模型的状态矢量变换成所谓的变化率状态矢量。通过研究新的动力学矩阵,可以发现变化率状态矢量被分成可观测的子空间和不可观测的子空间两部分,而且这两部分是完全解耦的。这样便省去了运用经典方法确定系统不可观测子空间的烦琐过程。最后,通过可观测性分析给出了 INS 在地面进行对准时的估计误差。根据 Bar-Itzhack 和 Berman 的 INS 误差模型,分析了在地面初始对准阶段 INS 的可观测性。推导了 INS 在地面静基座条件下的初始对准估算算法,水平失准角可由观测的速度的大小以及速度的一阶导数估算出来,当估算方位失调角时需要用到北向速度的二阶导数。此外,还发现方位失调角估算结果正比于北向水平失准角的估算结果以及东向水平失准角的变化率。这一性质可用来设计估计水平失准角和方位失准角的备用滤波器。

第3章　捷联式惯导系统静基座初始对准

3.1 引　　言

惯导系统是一种自主式导航系统。它不需要任何人为的外部信息，只要给定导航的初始条件（例如初始速度、位置等），便可根据系统中的惯性敏感元件测量的比力和角速度通过计算机实时地计算出各种导航参数。由于“平台”是测量比力的基准，所以“平台”的初始对准就非常重要。对于平台式惯导系统，初始对准的任务就是要将平台调整在给定的导航坐标系的方向上；对于捷联式惯导系统，由于捷联矩阵$\boldsymbol{C}_b^n$起到了平台的作用，所以导航工作一开始就需要获得捷联矩阵$\boldsymbol{C}_b^n$的初始值，以便完成导航的任务。显然，捷联式惯导系统的初始对准就是确定捷联矩阵的初始值，初始对准的误差将会对捷联式惯导系统的工作造成难以消除的影响。在静基座条件下，由于捷联式惯导系统加速度计的输入量为$-\boldsymbol{g}^b$，陀螺仪的输入量为地球自转角速度$\boldsymbol{\omega}_{ie}^b$，所以$\boldsymbol{g}^b$与$\boldsymbol{\omega}_{ie}^b$就成为初始对准的基准。将陀螺仪与加速度计的输出引入计算机，通过计算机就可以计算出捷联矩阵的初始值。因此，陀螺仪与加速度计的误差会导致初始对准误差，初始对准时载体的干扰运动也是产生对准误差的重要因素，故滤波技术就显得非常重要了。

3.2 捷联式惯导系统初始对准过程

当导航系统进入导航状态时，希望在计算机中建立一个能够准确地描述载体坐标系 b 与当地地理坐标系 t 之间的坐标变换矩阵$\boldsymbol{C}_b^t$，以便导航参数在正确的基础上计算。捷联式惯导系统初始对准的目的就是确定捷联矩阵$\boldsymbol{C}_b^t$的初始值，而$\boldsymbol{C}_b^t$只能通过计算机算出，并且计算得到的捷联矩阵为$\boldsymbol{C}_b^{\hat{t}}$，在求得$\boldsymbol{C}_b^{\hat{t}}$以后，若能求得误差角矩阵$\boldsymbol{\Phi}^t$，则可得

$$\boldsymbol{C}_b^{\hat{t}}=\boldsymbol{C}_t^{\hat{t}}\boldsymbol{C}_b^t=(\boldsymbol{I}-\boldsymbol{\Phi}^t)\boldsymbol{C}_b^t \tag{3.1}$$

利用式(3.1)的关系便可对$\boldsymbol{C}_b^{\hat{t}}$修正，从而获得更准确的$\boldsymbol{C}_b^t$，即

$$\boldsymbol{C}_b^t=(\boldsymbol{I}-\boldsymbol{\Phi}^t)^{-1}\boldsymbol{C}_b^{\hat{t}}=(\boldsymbol{I}+\boldsymbol{\Phi}^t)\boldsymbol{C}_b^{\hat{t}} \tag{3.2}$$

从对准过程来看，捷联式惯导系统要经过粗对准和精对准两个阶段，粗对准又分为解析粗对准和修正粗对准两部分。首先进行粗对准，解析粗对准是依靠重力矢量和地球角速度矢量的测量值，直接估算从机体坐标系到地理坐标系的姿态矩阵$\boldsymbol{C}_b^{\hat{t}}$，修正粗对准是用陀螺仪与加速度计的信息通过估算，求得误差角及相应的误差角矩阵，对$\boldsymbol{C}_b^{\hat{t}}$进行进一步修正。其特点是，对准速度快，对准精度较低，仅为进一步精对准提供一个满足要求的初始变换矩阵$\boldsymbol{C}_b^{\hat{t}}$。在精对准阶段，则通过处理惯性器件的输出信息及外观测信息，精确地确定计算参考坐标系（数学平台）与地理坐标系之间的失准角，从而建立起准确的初始变换矩阵$\boldsymbol{C}_b^t$。精对准速度比粗对

准要慢，但对准精度要高。将两者结合起来，以满足在规定时间内达到对准精度的要求。

3.3　解析式粗对准

矩阵$\boldsymbol{C}_{\mathrm{b}}^{\mathrm{t}}$可以通过加速度计与陀螺仪的测量值来计算。当进行初始对准时，当地的经度λ和纬度L是已知的，因此重力加速度$\boldsymbol{g}$和地球自转角速度$\boldsymbol{\omega}_{\mathrm{ie}}$在地理坐标系的分量都是确定的，它们可表示为

$$\boldsymbol{g}^{\mathrm{t}}=\begin{bmatrix} g_x \\ g_y \\ g_z \end{bmatrix}=\begin{bmatrix} 0 \\ 0 \\ -g \end{bmatrix} \tag{3.3}$$

$$\boldsymbol{\omega}_{\mathrm{ie}}^{\mathrm{t}}=\begin{bmatrix} \omega_{\mathrm{ie}x}^{\mathrm{t}} \\ \omega_{\mathrm{ie}y}^{\mathrm{t}} \\ \omega_{\mathrm{ie}z}^{\mathrm{t}} \end{bmatrix}=\begin{bmatrix} 0 \\ \omega_{\mathrm{ie}}\cos L \\ \omega_{\mathrm{ie}}\sin L \end{bmatrix} \tag{3.4}$$

进而，由$\boldsymbol{g}$和$\boldsymbol{\omega}_{\mathrm{ie}}$构成一个新矢量$\boldsymbol{r}$，即

$$\boldsymbol{r}=\boldsymbol{g}\times\boldsymbol{\omega}_{\mathrm{ie}} \tag{3.5}$$

根据地理坐标系与机体坐标系之间的转换矩阵$\boldsymbol{C}_{\mathrm{t}}^{\mathrm{b}}$可得

$$\left.\begin{aligned} \boldsymbol{g}^{\mathrm{b}}&=\boldsymbol{C}_{\mathrm{t}}^{\mathrm{b}}\boldsymbol{g}^{\mathrm{t}} \\ \boldsymbol{\omega}_{\mathrm{ie}}^{\mathrm{b}}&=\boldsymbol{C}_{\mathrm{t}}^{\mathrm{b}}\boldsymbol{\omega}_{\mathrm{ie}}^{\mathrm{t}} \\ \boldsymbol{r}^{\mathrm{b}}&=\boldsymbol{C}_{\mathrm{t}}^{\mathrm{b}}\boldsymbol{r}^{\mathrm{t}} \end{aligned}\right\} \tag{3.6a}$$

由式(3.6a)中的3个矢量等式可以写出9个标量方程。由于$\boldsymbol{g}^{\mathrm{b}}$与$\boldsymbol{\omega}_{\mathrm{ie}}^{\mathrm{b}}$可以测得，而$\boldsymbol{\omega}_{\mathrm{ie}}^{\mathrm{t}}$，$\boldsymbol{r}^{\mathrm{b}}$，$\boldsymbol{r}^{\mathrm{t}}$和$\boldsymbol{g}^{\mathrm{t}}$均可通过计算得到，所以联立求解9个标量方程就可以求出$\boldsymbol{C}_{\mathrm{t}}^{\mathrm{b}}$的9个元素。

再将式(3.6a)两边转置，并考虑到$\boldsymbol{C}_{\mathrm{b}}^{\mathrm{t}}$为正交矩阵，即$(\boldsymbol{C}_{\mathrm{t}}^{\mathrm{b}})^{\mathrm{T}}=(\boldsymbol{C}_{\mathrm{t}}^{\mathrm{b}})^{-1}=\boldsymbol{C}_{\mathrm{b}}^{\mathrm{t}}$。于是有

$$\left.\begin{aligned} (\boldsymbol{g}^{\mathrm{b}})^{\mathrm{T}}&=(\boldsymbol{g}^{\mathrm{t}})^{\mathrm{T}}\boldsymbol{C}_{\mathrm{b}}^{\mathrm{t}} \\ (\boldsymbol{\omega}_{\mathrm{ie}}^{\mathrm{b}})^{\mathrm{T}}&=(\boldsymbol{\omega}_{\mathrm{ie}}^{\mathrm{t}})^{\mathrm{T}}\boldsymbol{C}_{\mathrm{b}}^{\mathrm{t}} \\ (\boldsymbol{r}^{\mathrm{b}})^{\mathrm{T}}&=(\boldsymbol{r}^{\mathrm{t}})^{\mathrm{T}}\boldsymbol{C}_{\mathrm{b}}^{\mathrm{t}} \end{aligned}\right\} \tag{3.6b}$$

将式(3.6b)写成分块矩阵形式，则有

$$\begin{bmatrix} (\boldsymbol{g}^{\mathrm{b}})^{\mathrm{T}} \\ (\boldsymbol{\omega}_{\mathrm{ie}}^{\mathrm{b}})^{\mathrm{T}} \\ (\boldsymbol{r}^{\mathrm{b}})^{\mathrm{T}} \end{bmatrix}=\begin{bmatrix} (\boldsymbol{g}^{\mathrm{t}})^{\mathrm{T}} \\ (\boldsymbol{\omega}_{\mathrm{ie}}^{\mathrm{t}})^{\mathrm{T}} \\ (\boldsymbol{r}^{\mathrm{t}})^{\mathrm{T}} \end{bmatrix}\boldsymbol{C}_{\mathrm{b}}^{\mathrm{t}} \tag{3.6c}$$

由式(3.6c)可得

$$\boldsymbol{C}_{\mathrm{b}}^{\mathrm{t}}=\begin{bmatrix} (\boldsymbol{g}^{\mathrm{t}})^{\mathrm{T}} \\ (\boldsymbol{\omega}_{\mathrm{ie}}^{\mathrm{t}})^{\mathrm{T}} \\ (\boldsymbol{r}^{\mathrm{t}})^{\mathrm{T}} \end{bmatrix}^{-1}\begin{bmatrix} (\boldsymbol{g}^{\mathrm{b}})^{\mathrm{T}} \\ (\boldsymbol{\omega}_{\mathrm{ie}}^{\mathrm{b}})^{\mathrm{T}} \\ (\boldsymbol{r}^{\mathrm{b}})^{\mathrm{T}} \end{bmatrix} \tag{3.7}$$

在测得$\boldsymbol{g}^{\mathrm{b}}$和$\boldsymbol{\omega}_{\mathrm{ie}}^{\mathrm{b}}$的基础上，计算出$\boldsymbol{r}^{\mathrm{b}}$，$\boldsymbol{r}^{\mathrm{t}}$，然后就可以按式(3.7)计算出初始矩阵$\boldsymbol{C}_{\mathrm{b}}^{\mathrm{t}}$。因此，由式(3.7)表示的矩阵叫作“对准矩阵”。

由式(3.5)可知

$$\boldsymbol{r}^{\mathrm{t}}=\boldsymbol{g}^{\mathrm{t}}\times\boldsymbol{\omega}_{\mathrm{ie}}^{\mathrm{t}}=\begin{bmatrix}0 & g & 0\\ -g & 0 & 0\\ 0 & 0 & 0\end{bmatrix}\begin{bmatrix}0\\ \omega_{\mathrm{ie}}\cos L\\ \omega_{\mathrm{ie}}\sin L\end{bmatrix}=\begin{bmatrix}g\omega_{\mathrm{ie}}\cos L\\ 0\\ 0\end{bmatrix}$$

而式(3.7)中的$\boldsymbol{r}^{\mathrm{b}}$为

$$\boldsymbol{r}^{\mathrm{b}}=\boldsymbol{g}^{\mathrm{b}}\times\boldsymbol{\omega}_{\mathrm{ie}}^{\mathrm{b}}=\begin{bmatrix}0 & -g_z^{\mathrm{b}} & g_y^{\mathrm{b}}\\ g_z^{\mathrm{b}} & 0 & -g_x^{\mathrm{b}}\\ -g_y^{\mathrm{b}} & g_x^{\mathrm{b}} & 0\end{bmatrix}\begin{bmatrix}\omega_{\mathrm{ie}x}^{\mathrm{b}}\\ \omega_{\mathrm{ie}y}^{\mathrm{b}}\\ \omega_{\mathrm{ie}z}^{\mathrm{b}}\end{bmatrix}=\begin{bmatrix}\omega_{\mathrm{ie}z}^{\mathrm{b}}g_y^{\mathrm{b}}-\omega_{\mathrm{ie}y}^{\mathrm{b}}g_z^{\mathrm{b}}\\ \omega_{\mathrm{ie}x}^{\mathrm{b}}g_z^{\mathrm{b}}-\omega_{\mathrm{ie}z}^{\mathrm{b}}g_x^{\mathrm{b}}\\ \omega_{\mathrm{ie}y}^{\mathrm{b}}g_x^{\mathrm{b}}-\omega_{\mathrm{ie}x}^{\mathrm{b}}g_y^{\mathrm{b}}\end{bmatrix}\tag{3.8}$$

将$\boldsymbol{r}^{\mathrm{t}}$，$\boldsymbol{g}^{\mathrm{t}}$，$\boldsymbol{\omega}_{\mathrm{ie}}^{\mathrm{t}}$代入式(3.7)等号右边的左侧逆矩阵：

$$\begin{bmatrix}(\boldsymbol{g}^{\mathrm{t}})^{\mathrm{T}}\\ (\boldsymbol{\omega}_{\mathrm{ie}}^{\mathrm{t}})^{\mathrm{T}}\\ (\boldsymbol{r}^{\mathrm{t}})^{\mathrm{T}}\end{bmatrix}^{-1}=\begin{bmatrix}0 & 0 & -g\\ 0 & \omega_{\mathrm{ie}}\cos L & \omega_{\mathrm{ie}}\sin L\\ g\omega_{\mathrm{ie}}\cos L & 0 & 0\end{bmatrix}^{-1}=\begin{bmatrix}0 & 0 & \frac{1}{g\omega_{\mathrm{ie}}}\sec L\\ \frac{1}{g}\tan L & \frac{1}{\omega_{\mathrm{ie}}}\sec L & 0\\ -\frac{1}{g} & 0 & 0\end{bmatrix}\tag{3.9}$$

将测量得到的$\boldsymbol{g}^{\mathrm{b}}$，$\boldsymbol{\omega}_{\mathrm{ie}}^{\mathrm{b}}$和按式(3.8)计算的$\boldsymbol{r}^{\mathrm{b}}$以及式(3.9)代入式(3.7)，便可计算出$\boldsymbol{C}_{\mathrm{b}}^{\mathrm{t}}$，即

$$\boldsymbol{C}_{\mathrm{b}}^{\mathrm{t}}=\begin{bmatrix}0 & 0 & \frac{1}{g\omega_{\mathrm{ie}}}\sec L\\ \frac{1}{g}\tan L & \frac{1}{\omega_{\mathrm{ie}}}\sec L & 0\\ -\frac{1}{g} & 0 & 0\end{bmatrix}\begin{bmatrix}g_x^{\mathrm{b}} & g_y^{\mathrm{b}} & g_z^{\mathrm{b}}\\ \omega_{\mathrm{ie}x}^{\mathrm{b}} & \omega_{\mathrm{ie}y}^{\mathrm{b}} & \omega_{\mathrm{ie}z}^{\mathrm{b}}\\ \omega_{\mathrm{ie}z}^{\mathrm{b}}g_y^{\mathrm{b}}-\omega_{\mathrm{ie}y}^{\mathrm{b}}g_z^{\mathrm{b}} & \omega_{\mathrm{ie}x}^{\mathrm{b}}g_z^{\mathrm{b}}-\omega_{\mathrm{ie}z}^{\mathrm{b}}g_x^{\mathrm{b}} & \omega_{\mathrm{ie}y}^{\mathrm{b}}g_x^{\mathrm{b}}-\omega_{\mathrm{ie}x}^{\mathrm{b}}g_y^{\mathrm{b}}\end{bmatrix}$$

设$\boldsymbol{C}_{\mathrm{b}}^{\mathrm{t}}$的元素为$C_{ij}(i=1,2,3;\ j=1,2,3)$，将上式相乘后可求得$\boldsymbol{C}_{\mathrm{b}}^{\mathrm{t}}$的 9 个元素，即

$$\left.\begin{aligned}
C_{11}&=\frac{\sec L}{g\omega_{\mathrm{ie}}}(\omega_{\mathrm{ie}z}^{\mathrm{b}}g_y^{\mathrm{b}}-\omega_{\mathrm{ie}y}^{\mathrm{b}}g_z^{\mathrm{b}})\\
C_{12}&=\frac{\sec L}{g\omega_{\mathrm{ie}}}(\omega_{\mathrm{ie}x}^{\mathrm{b}}g_z^{\mathrm{b}}-\omega_{\mathrm{ie}z}^{\mathrm{b}}g_x^{\mathrm{b}})\\
C_{13}&=\frac{\sec L}{g\omega_{\mathrm{ie}}}(\omega_{\mathrm{ie}y}^{\mathrm{b}}g_x^{\mathrm{b}}-\omega_{\mathrm{ie}x}^{\mathrm{b}}g_y^{\mathrm{b}})\\
C_{21}&=\frac{g_x^{\mathrm{b}}}{g}\tan L+\frac{\omega_{\mathrm{ie}x}^{\mathrm{b}}}{\omega_{\mathrm{ie}}}\sec L\\
C_{22}&=\frac{g_y^{\mathrm{b}}}{g}\tan L+\frac{\omega_{\mathrm{ie}y}^{\mathrm{b}}}{\omega_{\mathrm{ie}}}\sec L\\
C_{23}&=\frac{g_z^{\mathrm{b}}}{g}\tan L+\frac{\omega_{\mathrm{ie}z}^{\mathrm{b}}}{\omega_{\mathrm{ie}}}\sec L\\
C_{31}&=-\frac{g_x^{\mathrm{b}}}{g}\\
C_{32}&=-\frac{g_y^{\mathrm{b}}}{g}\\
C_{33}&=-\frac{g_z^{\mathrm{b}}}{g}
\end{aligned}\right\}\tag{3.10}$$

式(3.10)中的g_x^{b}，g_y^{b}，g_z^{b}可用加速度计的输出$\tilde{f}_x^{\mathrm{b}}$，$\tilde{f}_y^{\mathrm{b}}$，$\tilde{f}_z^{\mathrm{b}}$来近似代替；$\omega_{\mathrm{ie}x}^{\mathrm{b}}$，$\omega_{\mathrm{ie}y}^{\mathrm{b}}$，$\omega_{\mathrm{ie}z}^{\mathrm{b}}$可由陀螺仪的输出$\tilde{\omega}_{\mathrm{ib}x}^{\mathrm{b}}$，$\tilde{\omega}_{\mathrm{ib}y}^{\mathrm{b}}$，$\tilde{\omega}_{\mathrm{ib}z}^{\mathrm{b}}$来代替；对准点的纬度$L$与重力加速度$\boldsymbol{g}$的精确值可作为已知数输入

系统，$\boldsymbol{\omega}_{ie}$ 为常数。显然，按式(3.10)计算出的$\boldsymbol{C}_b^t$ 为近似值，并可用$\boldsymbol{C}_b^{\hat{t}}$ 表示。这样进行对准矩阵的计算也就是完成了解析式粗对准。

3.4 一次修正粗对准

由式(3.10)计算的初始方向余弦矩阵$\boldsymbol{C}_b^{\hat{t}}$ 是粗略的，不能准确地描述载体坐标系 b 与当地地理坐标系 t 之间的真实角度关系$\boldsymbol{\Phi}_{tb}$，也就是说初始计算地理坐标系 $\hat{t}$ 与理想地理坐标系 t 不完全重合，其间小角度误差为$\boldsymbol{\Phi}_{t\hat{t}}$。t 系、$\hat{t}$ 系与 b 系之间的关系如图 3.1 所示。

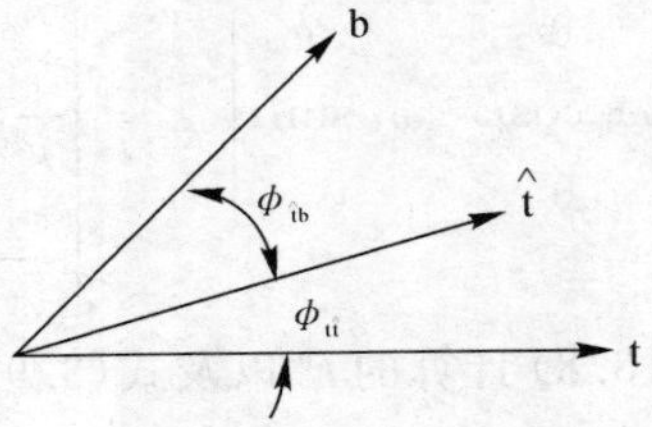

图 3.1 t 系、$\hat{t}$ 系和 b 系之间的关系示意图

一次修正粗对准方法就是利用加速度计和陀螺仪提供的信息，通过解析算出误差角$\boldsymbol{\Phi}_{t\hat{t}}$，从而利用式(3.2)对$\boldsymbol{C}_b^{\hat{t}}$ 进行一次修正得到比较准确的初始方向余弦矩阵$\boldsymbol{C}_b^t$。

由速度误差方程式(2.33)，并略去交叉耦合项 $2\omega_{ie}\sin L\delta V_N$ 和 $-2\omega_{ie}\sin L\delta V_E$，可得

$$\left.\begin{aligned} f_E^{\hat{t}} &= -\phi_N g + \nabla_E + a_{dE} \\ f_N^{\hat{t}} &= \phi_E g + \nabla_N + a_{dN} \end{aligned}\right\} \tag{3.11}$$

假设加速度计没有测量误差，即 $\delta\boldsymbol{a} = \boldsymbol{\nabla} + \boldsymbol{a}_d = \boldsymbol{0}$，则式(3.11)可写成

$$\left.\begin{aligned} f_E^{\hat{t}} &= -\phi_N g \\ f_N^{\hat{t}} &= \phi_E g \end{aligned}\right\} \tag{3.12}$$

$$\boldsymbol{\omega}_{ib}^{\hat{t}} = \boldsymbol{C}_b^{\hat{t}}\,\boldsymbol{\varpi}_{ib}^b = \boldsymbol{C}_t^{\hat{t}}\,\boldsymbol{C}_b^t\,\boldsymbol{\varpi}_{ib}^b = \boldsymbol{C}_t^{\hat{t}}\,\boldsymbol{\varpi}_{ib}^t \tag{3.13}$$

因

$$\boldsymbol{C}_t^{\hat{t}} = \begin{bmatrix} 1 & \phi_U & -\phi_N \\ -\phi_U & 1 & \phi_E \\ \phi_N & -\phi_E & 1 \end{bmatrix} = (\boldsymbol{I} - \boldsymbol{\Phi}^t) \tag{3.14}$$

式中

$$\boldsymbol{\Phi}^t = \begin{bmatrix} 0 & -\phi_U & \phi_N \\ \phi_U & 0 & -\phi_E \\ -\phi_N & \phi_E & 0 \end{bmatrix}$$

将式(3.14)代入式(3.13)，有

$$\boldsymbol{\omega}_{ib}^{\hat{t}} = \boldsymbol{C}_t^{\hat{t}}\,\boldsymbol{\varpi}_{ib}^t \tag{3.15}$$

在静基座条件下，陀螺仪的实际输出包含地球角速度及测量误差。在地理坐标系表示为

$$\boldsymbol{\varpi}_{ib}^t = \boldsymbol{\varpi}_{ie}^t + \delta\boldsymbol{\varpi}_{ib}^t \tag{3.16}$$

即

$$\begin{bmatrix}\tilde{\omega}_{ibE}^{t}\\ \tilde{\omega}_{ibN}^{t}\\ \tilde{\omega}_{ibU}^{t}\end{bmatrix}=\begin{bmatrix}0\\ \omega_{ie}\cos L\\ \omega_{ie}\sin L\end{bmatrix}+\begin{bmatrix}\varepsilon_E+\omega_{dE}\\ \varepsilon_N+\omega_{dN}\\ \varepsilon_U+\omega_{dU}\end{bmatrix} \tag{3.17}$$

将式(3.17)和式(3.16)代入式(3.15)，可得

$$\begin{bmatrix}\omega_{ibE}^{\hat{t}}\\ \omega_{ibN}^{\hat{t}}\\ \omega_{ibU}^{\hat{t}}\end{bmatrix}=\begin{bmatrix}1 & \phi_U & -\phi_N\\ -\phi_U & 1 & \phi_E\\ \phi_N & -\phi_E & 1\end{bmatrix}\begin{bmatrix}\varepsilon_E+\omega_{dE}\\ \omega_{ie}\cos L+\varepsilon_N+\omega_{dN}\\ \omega_{ie}\sin L+\varepsilon_U+\omega_{dU}\end{bmatrix} \tag{3.18}$$

略去二阶小量，式(3.18)的分量为

$$\left.\begin{aligned}\omega_{ibE}^{\hat{t}}&=\phi_U\omega_{ie}\cos L-\phi_N\omega_{ie}\sin L+\varepsilon_E+\omega_{dE}\\ \omega_{ibN}^{\hat{t}}&=\omega_{ie}\cos L+\phi_E\omega_{ie}\sin L+\varepsilon_N+\omega_{dN}\\ \omega_{ibU}^{\hat{t}}&=\omega_{ie}\sin L-\phi_E\omega_{ie}\cos L+\varepsilon_U+\omega_{dU}\end{aligned}\right\} \tag{3.19}$$

式(3.19)为考虑测量误差情况下陀螺输出信息在 $\hat{t}$ 系中的分量式。若不考虑测量误差，即 $\delta\boldsymbol{\omega}_{ib}^{t}=\boldsymbol{\varepsilon}+\boldsymbol{\omega}_d=\mathbf{0}$，则式(3.19)表示为

$$\left.\begin{aligned}\omega_{ibE}^{\hat{t}}&=\phi_U\omega_{ie}\cos L-\phi_N\omega_{ie}\sin L\\ \omega_{ibN}^{\hat{t}}&=\omega_{ie}\cos L+\phi_E\omega_{ie}\sin L\\ \omega_{ibU}^{\hat{t}}&=\omega_{ie}\sin L-\phi_E\omega_{ie}\cos L\end{aligned}\right\} \tag{3.20}$$

式(3.12)和式(3.20)是在不考虑加速度计和陀螺仪测量误差的情况下，惯性仪表的测量值变换到计算地理坐标系 $\hat{t}$ 的表达式。由式(3.12)和式(3.20)中的第一式，可以得到在不考虑测量误差的理想情况下，计算地理坐标系 $\hat{t}$ 与理想地理坐标系 t 之间的“平台”误差角 $\boldsymbol{\Phi}_{t\hat{t}}$ 的关系式为

$$\left.\begin{aligned}\phi_E^{\hat{t}}&=\frac{f_N^{\hat{t}}}{g}\\ \phi_N^{\hat{t}}&=-\frac{f_E^{\hat{t}}}{g}\\ \phi_U^{\hat{t}}&=\frac{\omega_{ibE}^{\hat{t}}}{\omega_{ie}\cos L}+\tan L\phi_N=\frac{\omega_{ibE}^{\hat{t}}}{\omega_{ie}\cos L}-\tan L\frac{f_E^{\hat{t}}}{g}\end{aligned}\right\} \tag{3.21}$$

式(3.21)中 g，$\omega_{ie}\cos L$ 和 $\tan L$ 的值是能够精确得出的，惯性仪表的输出信息经初始方向余弦矩阵 $\boldsymbol{C}_b^{\hat{t}}$ 的变换能够求出 $f_E^{\hat{t}}$，$f_N^{\hat{t}}$ 及 $\omega_{ibE}^{\hat{t}}$。于是根据式(3.21)可计算出平台误差角 $\phi_E^{\hat{t}}$，$\phi_N^{\hat{t}}$，$\phi_U^{\hat{t}}$，从而求得 $\boldsymbol{\Phi}_{tb}$，因此可用准确的方向余弦矩阵 $\boldsymbol{C}_b^{t}$ 代替初始方向余弦矩阵 $\boldsymbol{C}_b^{\hat{t}}$，以实现“数学平台”的对准。

由上述分析可以看出，准确得到方向余弦矩阵 $\boldsymbol{C}_b^{t}$ 的前提是要精确地计算出平台误差角 $\phi_E^{\hat{t}}$，$\phi_N^{\hat{t}}$，$\phi_U^{\hat{t}}$，为此要求惯性仪表的输出信息是理想的，即不包含载体的干扰角运动和干扰线运动，且 $\boldsymbol{\nabla}$ 和 $\boldsymbol{\varepsilon}$ 为零。实际上，载体的干扰运动总是存在的，且 $\boldsymbol{\nabla}$ 和 $\boldsymbol{\varepsilon}$ 也不可能为零，故惯性仪表输出信息中必定含有测量误差 $\delta\boldsymbol{\omega}$ 和 $\delta\boldsymbol{a}$。这样，计算 $\hat{t}$ 系与 t 系之间的误差角时，实际上是将式(3.21)中的理想值 $\hat{f}_E^{\hat{t}}$，$\hat{f}_N^{\hat{t}}$ 和 $\hat{\omega}_{ibE}^{\hat{t}}$ 换成由惯性仪表输出值经 $\boldsymbol{C}_b^{\hat{t}}$ 变换所得的计算值。将式(3.12)和式(3.19)中的第一式代入式(3.21)，在机体干扰运动和惯性仪表存在 $\boldsymbol{\nabla}$，$\boldsymbol{\varepsilon}$ 误差的情况下，得到计算数学平台误差角的关系式为

$$\left.\begin{aligned}\phi_{cE}^{\hat{t}}&=\phi_{E}^{\hat{t}}+\frac{\nabla_{N}}{g}+\frac{a_{dN}}{g}\\\phi_{cN}^{\hat{t}}&=\phi_{N}^{\hat{t}}-\frac{\nabla_{E}}{g}-\frac{a_{dE}}{g}\\\phi_{cU}^{\hat{t}}&=\phi_{U}^{\hat{t}}+\frac{\varepsilon_{E}+\omega_{dE}}{\omega_{ie}\cos L}-\frac{\nabla_{E}+a_{dE}}{g}\tan L\end{aligned}\right\}\tag{3.22}$$

由于$\boldsymbol{a}_d$,$\boldsymbol{\omega}_d$ 和 $\boldsymbol{\nabla}$,$\boldsymbol{\varepsilon}$ 的存在,所以计算值$\boldsymbol{\Phi}_c$ 不是 $\hat{t}$ 系与 t 系之间的理想误差角 $\boldsymbol{\Phi}$,$\boldsymbol{\Phi}_c$ 中包含有误差的成分。$\delta\boldsymbol{\Phi}_c$,$\boldsymbol{\Phi}_c$,$\boldsymbol{\Phi}$ 三者之间的关系,如图 3.2 所示。

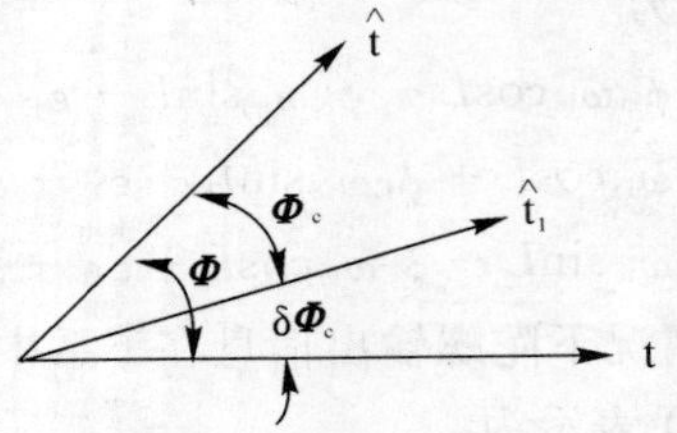

图 3.2　计算误差角$\boldsymbol{\Phi}_c$ 与理想误差角 $\boldsymbol{\Phi}$ 之间的关系示意图

计算误差 $\delta\boldsymbol{\Phi}_c$ 是计算机实际计算误差角$\boldsymbol{\Phi}_c$ 与理想误差角 $\boldsymbol{\Phi}$ 之间的差值,即

$$\left.\begin{aligned}\delta\phi_{cE}^{\hat{t}}&=\phi_{cE}^{\hat{t}}-\phi_{E}^{\hat{t}}\\\delta\phi_{cN}^{\hat{t}}&=\phi_{cN}^{\hat{t}}-\phi_{N}^{\hat{t}}\\\delta\phi_{cU}^{\hat{t}}&=\phi_{cU}^{\hat{t}}-\phi_{U}^{\hat{t}}\end{aligned}\right\}\tag{3.23}$$

将式(3.22) 代入式(3.23),即得计算误差:

$$\left.\begin{aligned}\delta\phi_{cE}^{\hat{t}}&=\frac{\nabla_{N}}{g}+\frac{a_{dN}}{g}\\\delta\phi_{cN}^{\hat{t}}&=-\frac{\nabla_{E}}{g}-\frac{a_{dE}}{g}\\\delta\phi_{cU}^{\hat{t}}&=\frac{\varepsilon_{E}+\omega_{dE}}{\omega_{ie}\cos L}-\tan L\,\frac{\nabla_{E}+a_{dE}}{g}\end{aligned}\right\}\tag{3.24}$$

由此可见,在解析粗对准中,计算误差角$\boldsymbol{\Phi}_c$ 的精度主要取决于加速度计及陀螺仪的测量误差 $\boldsymbol{\nabla}$,$\boldsymbol{a}_d$ 和 $\boldsymbol{\varepsilon}$,$\boldsymbol{\omega}_d$。如果能建立起加速度计和陀螺仪的误差数学模型,并对误差进行实时的补偿,或者利用现代估计理论估计随机干扰$\boldsymbol{a}_d$,$\boldsymbol{\omega}_d$,$\boldsymbol{\nabla}$以及 $\boldsymbol{\varepsilon}$,则能有效地提高计算精度。一般说来,减小干扰运动的影响,提高粗对准的计算精度,比较有效的办法是在某个适当的时间 T 内取计算值的平均值,即

$$\left.\begin{aligned}\phi_{E}^{\hat{t}}&=\frac{1}{T}\int_{0}^{T}\left(\frac{f_{N}^{\hat{t}}}{g}\right)\mathrm{d}t\\\phi_{N}^{\hat{t}}&=\frac{1}{T}\int_{0}^{T}\left(-\frac{f_{E}^{\hat{t}}}{g}\right)\mathrm{d}t\\\phi_{U}^{\hat{t}}&=\frac{1}{T}\int_{0}^{T}\left(\frac{\omega_{ibE}^{\hat{t}}}{\omega_{ie}\cos L}-\tan L\,\frac{f_{E}^{\hat{t}}}{g}\right)\mathrm{d}t\end{aligned}\right\}\tag{3.25}$$

取均值的办法虽然不及应用最优估计理论处理误差的方法来得精确,但对计算机的要求较低,计算速度快,在较短的时间里可为精对准提供满足一定精度的初始条件。

平台误差角的计算值$\boldsymbol{\Phi}_c$,虽然不是准确的理想值 $\boldsymbol{\Phi}$,但利用计算值$\boldsymbol{\Phi}_c$ 对$\boldsymbol{C}_b^{\hat{t}}$ 矩阵进行一次

修正可以得到比较准确的初始方向余弦矩阵$\boldsymbol{C}_b^{\hat{t}_1}$，从而可用新的矩阵$\boldsymbol{C}_b^{\hat{t}_1}$代替$\boldsymbol{C}_b^{\hat{t}}$。由于 $\hat{t}_1$ 系更靠近 t 系，所以矩阵$\boldsymbol{C}_b^{\hat{t}_1}$要比矩阵$\boldsymbol{C}_b^{\hat{t}}$更精确地反映 b 系与 t 系的坐标变换关系。

根据以上分析，可用图 3.3 表示解析粗对准的原理和计算。解析粗对准是按程序自动进行的，先根据加速度计和陀螺仪的输出信息粗略地计算初始方向余弦矩阵$\boldsymbol{C}_b^{\hat{t}}$，同时将加速度计和陀螺仪的输出信息经$\boldsymbol{C}_b^{\hat{t}}$变换为在 $\hat{t}$ 系中的信息，根据代数方程求出计算误差角的解析解$\boldsymbol{\Phi}_c$，然后对$\boldsymbol{C}_b^{\hat{t}}$进行一次修正，用所得的新矩阵$\boldsymbol{C}_b^{\hat{t}_1}$取代矩阵$\boldsymbol{C}_b^{\hat{t}}$，实现解析粗对准。

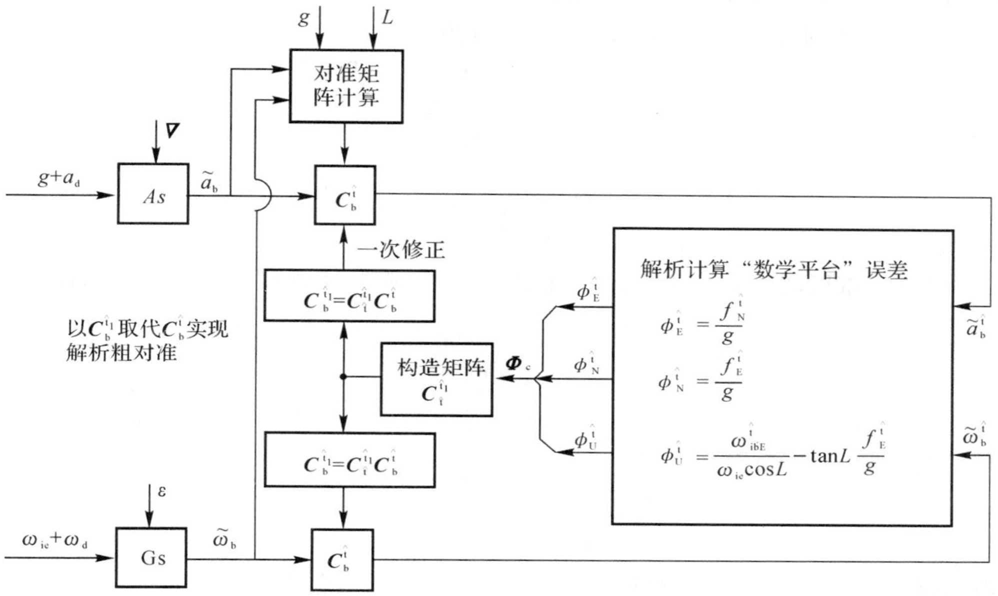

图 3.3　解析粗对准原理方框图

3.5　采用卡尔曼滤波器的精对准原理

从控制论的观点看，惯导可以看成是一个系统，其中有很多状态是未知的，包括希望知道的一些状态，如平台误差角，但系统中有些量是可以测量得到的，如加速度计的输出是能够测量的。

精对准的目的，是在粗对准的基础上精确估算平台误差角 $\boldsymbol{\Phi}$，以便得到更加准确的初始姿态矩阵$\boldsymbol{C}_b^t$。近年来，现代控制理论的一些方法在惯导系统中有了成功的应用，其中之一就是运用现代控制理论中的卡尔曼滤波进行惯导系统的初始对准。运用卡尔曼滤波的初始对准方法是在平台粗对准的基础上进行的。实施分为两步：第一步是运用卡尔曼滤波将惯导平台的初始误差角 $\boldsymbol{\Phi}$ 估计出来，同时也尽可能地将惯性器件的误差（陀螺仪漂移和加速度计零位偏置）估计出来；第二步则是根据估计结果将平台误差角消除掉，并对惯性器件的误差进行补偿。第二步是容易实现的，因此对平台误差角的估计是这种对准方法的关键。

3.5.1 初始对准卡尔曼滤波模型

从系统的误差方程入手来分析捷联式惯导系统的初始精对准。假设粗对准结束后误差角 ϕ_E,ϕ_N,ϕ_U 均为小角度。由于在一般情况下,水平误差角比方位误差角要小,故可略去水平交叉耦合项 $\phi_N\omega_{ie}\sin L$,$\phi_E\omega_{ie}\cos L$ 和 $-\phi_E\omega_{ie}\sin L$ 的影响。在静基座条件下对准时,载体的位置是已知的,因此可略去 $\delta L\omega_{ie}\cos L$,$-\delta L\omega_{ie}\sin L$ 项。在这些假设条件下,由系统误差方程式(2.37)可以得到与初始精对准相关的误差方程为

$$\left.\begin{aligned}\delta\dot{V}_E &= 2\omega_{ie}\sin L\delta V_N - \phi_N g + \nabla_x\\ \delta\dot{V}_N &= -2\omega_{ie}\sin L\delta V_E + \phi_E g + \nabla_y\\ \dot{\phi}_E &= \phi_N\omega_{ie}\sin L - \phi_U\omega_{ie}\cos L + \varepsilon_x\\ \dot{\phi}_N &= -\phi_E\omega_{ie}\sin L + \varepsilon_y\\ \dot{\phi}_U &= \phi_E\omega_{ie}\cos L + \varepsilon_z\end{aligned}\right\} \tag{3.26}$$

由于初始对准时间较短,故可假定加速度计误差和陀螺仪漂移为随机常数,即惯性器件模型为

$$\left.\begin{aligned}\dot{\boldsymbol{\nabla}} &= \mathbf{0}\\ \dot{\boldsymbol{\varepsilon}} &= \mathbf{0}\end{aligned}\right\} \tag{3.27}$$

对于捷联式惯导系统有

$$\left.\begin{aligned}[\nabla_E \quad \nabla_N \quad \nabla_U]^T &= \boldsymbol{C}_b^t[\nabla_x \quad \nabla_y \quad \nabla_z]^T\\ [\varepsilon_E \quad \varepsilon_N \quad \varepsilon_U]^T &= \boldsymbol{C}_b^t[\varepsilon_x \quad \varepsilon_y \quad \varepsilon_z]^T\end{aligned}\right\} \tag{3.28}$$

由式(3.26) ~ 式(3.28)可得捷联式惯导静基座对准的误差状态方程为

$$\dot{\boldsymbol{X}} = \boldsymbol{A}\boldsymbol{X} + \boldsymbol{W} \tag{3.29}$$

其中,选取东北天地理坐标系为导航坐标系,状态变量为 $\boldsymbol{X}=[\delta V_E \quad \delta V_N \quad \phi_E \quad \phi_N \quad \phi_U \quad \nabla_x \quad \nabla_y \quad \varepsilon_x \quad \varepsilon_y \quad \varepsilon_z]^T$,$\delta V_E$,$\delta V_N$ 分别为东向和北向速度误差,ϕ_E 和 ϕ_N 为水平失准角,ϕ_U 为方位失准角,$\boldsymbol{\nabla}$为加速度计的随机常值偏置,$\boldsymbol{\varepsilon}$ 为陀螺仪随机常值漂移,下标 x,y,z 分别表示载体坐标轴。

$$\boldsymbol{A}=\begin{bmatrix}\boldsymbol{F} & \boldsymbol{T}\\ \boldsymbol{O}_{5\times5} & \boldsymbol{O}_{5\times5}\end{bmatrix},\quad \boldsymbol{F}=\begin{bmatrix}0 & 2\Omega_U & 0 & -g & 0\\ -2\Omega_U & 0 & g & 0 & 0\\ 0 & 0 & 0 & \Omega_U & -\Omega_N\\ 0 & 0 & -\Omega_U & 0 & 0\\ 0 & 0 & \Omega_N & 0 & 0\end{bmatrix} \tag{3.30}$$

$$\boldsymbol{T}=\begin{bmatrix}C_{11} & C_{12} & 0 & 0 & 0\\ C_{21} & C_{22} & 0 & 0 & 0\\ 0 & 0 & C_{11} & C_{12} & C_{13}\\ 0 & 0 & C_{21} & C_{22} & C_{23}\\ 0 & 0 & C_{31} & C_{32} & C_{33}\end{bmatrix}$$

其中,$\Omega_U=\omega_{ie}\sin L$,$\Omega_N=\omega_{ie}\cos L$,$L$ 为当地地理纬度;$\boldsymbol{C}_b^t=\{C_{ij}\}(i=1,2,3;\ j=1,2,3)$,$C_{ij}(i=1,2,3;\ j=1,2,3)$ 为坐标变换矩阵(捷联矩阵)$\boldsymbol{C}_b^t$ 中的元素。

$\boldsymbol{W}(t)$ 为 $N(0,\boldsymbol{Q})$ 的高斯白噪声，且 $\boldsymbol{W}(t)=[w_{\delta V_E}\quad w_{\delta V_N}\quad w_{\phi_E}\quad w_{\phi_N}\quad w_{\phi_U}\ \vdots\ \boldsymbol{O}_{5\times1}]^{\mathrm{T}}$。

选取两个水平速度误差 δV_E，δV_N 为观测量，则系统的量测方程为

$$\boldsymbol{Z}=\boldsymbol{HX}+\boldsymbol{V} \tag{3.31}$$

式中，$\boldsymbol{H}=\begin{bmatrix}1&0&0&0&0&0&0&0&0&0\\0&1&0&0&0&0&0&0&0&0\end{bmatrix}$；$\boldsymbol{V}(t)$ 为系统观测噪声，为 $N(0,\boldsymbol{R})$ 的高斯白噪声过程。

由于式(3.29)所代表的系统是连续型的，为便于在计算机中进行卡尔曼滤波递推计算，需要将系统状态方程转化为离散形式。

设离散化后的系统状态方程和量测方程分别为

$$\boldsymbol{X}_k=\boldsymbol{\Phi}_{k,k-1}\boldsymbol{X}_{k-1}+\boldsymbol{\Gamma}_{k-1}\boldsymbol{W}_{k-1} \tag{3.32}$$

$$\boldsymbol{Z}_k=\boldsymbol{H}_k\boldsymbol{X}_k+\boldsymbol{V}_k \tag{3.33}$$

式中，$\boldsymbol{X}_k$ 为 k 时刻的 n 维状态矢量，也就是被估计的状态矢量；$\boldsymbol{Z}_k$ 为 k 时刻的 m 维量测矢量；$\boldsymbol{\Phi}_{k,k-1}$ 为 $k-1$ 到 k 时刻的系统一步转移矩阵($n\times n$ 阶)；$\boldsymbol{\Gamma}_{k-1}$ 为系统噪声驱动阵($n\times r$ 阶)，表征由 $k-1$ 到 k 时刻的各系统噪声分别影响 k 时刻各个状态的程度。

$$\boldsymbol{\Phi}_{k,k-1}=\boldsymbol{I}+\boldsymbol{A}_{k-1}T+\frac{1}{2!}\boldsymbol{A}_{k-1}^2T^2+\frac{1}{3!}\boldsymbol{A}_{k-1}^3T^3+\cdots \tag{3.34}$$

$$\boldsymbol{\Gamma}_{k-1}=T\left(\boldsymbol{I}+\frac{1}{2!}\boldsymbol{A}_{k-1}T+\frac{1}{3!}\boldsymbol{A}_{k-1}^2T^2+\cdots\right)\boldsymbol{G} \tag{3.35}$$

$$\boldsymbol{G}=\begin{bmatrix}\boldsymbol{I}_{5\times5}&\boldsymbol{O}_{5\times5}\\\boldsymbol{O}_{5\times5}&\boldsymbol{I}_{5\times5}\end{bmatrix} \tag{3.36}$$

在式(3.34)～式(3.35)中，T 为滤波周期；$\boldsymbol{A}_{k-1}$ 为 $k-1$ 时刻的系统矩阵，由于地面静基座对准时间较短，捷联式惯导系统可近似为定常系统，所以可用式(3.30)中的系统矩阵 $\boldsymbol{A}$ 代替 $\boldsymbol{A}_{k-1}$ 进行卡尔曼滤波计算。

$\boldsymbol{H}_k$ 为 k 时刻的量测矩阵($m\times n$ 阶)，由于量测矩阵 $\boldsymbol{H}$ 为常值矩阵，不随时间变化，所以有

$$\boldsymbol{H}_k=\boldsymbol{H}=\begin{bmatrix}1&0&0&0&0&0&0&0&0&0\\0&1&0&0&0&0&0&0&0&0\end{bmatrix} \tag{3.37}$$

$\boldsymbol{W}_{k-1}$ 为 $k-1$ 时刻的系统激励噪声序列(r 维)；$\boldsymbol{V}_k$ 为 k 时刻的 m 维量测噪声序列。卡尔曼滤波要求 $\{\boldsymbol{W}_k\}$ 和 $\{\boldsymbol{V}_k\}$ 为互不相关的零均值白噪声序列，有

$$\boldsymbol{E}\{\boldsymbol{W}_k\boldsymbol{W}_j^{\mathrm{T}}\}=\boldsymbol{Q}_k\delta_{kj},\quad \boldsymbol{E}\{\boldsymbol{V}_k\boldsymbol{V}_j^{\mathrm{T}}\}=\boldsymbol{R}_k\delta_{kj} \tag{3.38}$$

其中，$\boldsymbol{Q}_k$ 和 $\boldsymbol{R}_k$ 分别称为系统噪声和量测噪声的方差阵。

3.5.2　仿真实例

在地面静基座对准的条件下，进行捷联式惯导系统初始对准过程的计算机仿真。滤波前先确定滤波初始条件，状态矢量 $\boldsymbol{X}$ 的初始值 $\boldsymbol{X}(0)$ 均取 0，初始估计均方误差阵 $\boldsymbol{P}(0)$ 和系统噪声强度阵 $\boldsymbol{Q}$、量测噪声强度阵 $\boldsymbol{R}$ 均取中等精度陀螺仪的对应值，初始失准角 ϕ_E，ϕ_N 和 ϕ_U 均取 1°，陀螺仪常值漂移取为0.02 °/h，随机漂移取为0.01 °/h，加速度计的初始偏差均取为$1\times10^{-4}g$，随机偏差为 $0.5\times10^{-4}g$。$\boldsymbol{P}(0)$，$\boldsymbol{Q}$，$\boldsymbol{R}$ 可表示为

$$\boldsymbol{P}(0)=\mathrm{diag}[(0.1\ \mathrm{m/s})^2\quad(0.1\ \mathrm{m/s})^2\quad(1°)^2\quad(1°)^2\quad(1°)^2\quad(100\ \mu g^{①})^2\quad(100\ \mu g)^2$$
$$(0.02\ °/\mathrm{h})\quad(0.02\ °/\mathrm{h})\quad(0.02\ °/\mathrm{h})]$$
$$\boldsymbol{Q}=\mathrm{diag}[(50\ \mu g)^2\quad(50\ \mu g)^2\quad(0.01\ °/\mathrm{h})\quad(0.01\ °/\mathrm{h})\quad(0.01\ °/\mathrm{h})\quad 0\quad 0\quad 0\quad 0\quad 0]$$
$$\boldsymbol{R}=\mathrm{diag}[(0.1\ \mathrm{m/s})^2\quad(0.1\ \mathrm{m/s})^2]$$

选定滤波初始值后，滤波器（也就是计算机）就可以根据每个滤波步长得到的测量值$\boldsymbol{Z}_k$（即得到的加速度计输出值），按卡尔曼滤波方程，计算出状态变量的估计值$\hat{\boldsymbol{X}}_k$和估计均方误差阵$\boldsymbol{P}_k$，其对角线元素平方根为$\sqrt{\boldsymbol{P}_k^{ii}}$（$i=1,2,\cdots,8$），代表的就是对相应状态变量$\boldsymbol{X}_i$估计值的误差均方差，其量值实际上就是估计精度。

取滤波周期$T=0.1$ s，捷联式惯导系统所处位置的纬度为$L=45°$，3个平台失准角的估计值如图3.4所示。

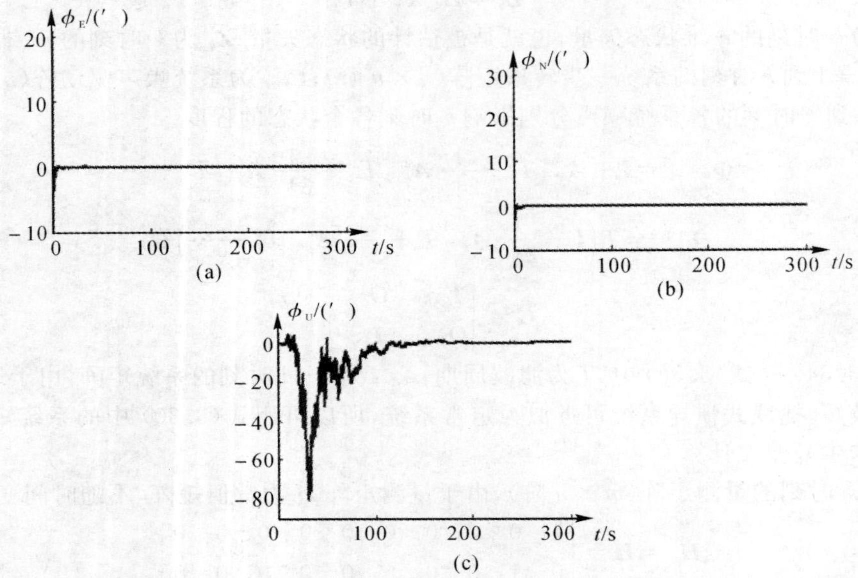

图3.4 3个平台失准角的估计值

各个估值的估计误差均方差$\sqrt{\boldsymbol{P}_k^{ii}}$（$i=1,\ 2,\ \cdots,\ 8$）随时间变化的过程如图3.5(a)～(e)所示。图中σ_i分别表示状态量ϕ_E，ϕ_N，ϕ_U，∇_x，∇_y，ε_x，ε_y，ε_z的均方差。

根据如图3.5(a)～(e)所示的各个状态估计误差均方差在滤波过程中的变化情况，可以看出利用卡尔曼滤波（以两个水平加速度计输出作为测量值）进行地面静基座条件下惯导自对准的一些性质。

(1) 平台3个误差角的估计误差均方差在对准结束后都不为零，当陀螺仪常值漂移取为0.02 °/h，加速度计常值偏置取为$1\times10^{-4}g$时，它们的数值近似为

$$\sigma_{\phi_E}(\infty)=\frac{1}{g}\sqrt{E\{\nabla_y^2\}}\approx 21''$$

$$\sigma_{\phi_N}(\infty)=\frac{1}{g}\sqrt{E\{\nabla_x^2\}}\approx 21''$$

① $1\ \mu g=1\times10^{-6}g$（g为重力加速度）。

$$\sigma_{\phi_U}(\infty)=\frac{1}{\omega_{ie}\cos L}\sqrt{E\{\varepsilon_x^2\}}\approx 6.46'$$

加速度计偏置 ∇_x，∇_y 以及东向陀螺仪漂移 ε_x 没有估计效果。这些性质与经典法对准的性质是一样的。即平台最终水平误差角与加速度计零偏 ∇ 有关，平台最终方位误差角与东向陀螺仪常值漂移 ε_x 有关，而 ∇ 和 ε_x 是无法测定的。不论加速度计零偏 ∇ 是常值还是随机常数，它与平台水平失准角（ϕ_E 或 ϕ_N）在加速度计的输出量中是分辨不出来的。只要 $\phi_E g$（或 $\phi_N g$）与 ∇_y（或 ∇_x）的数值相等，符号相反，加速度计就没有输出，就无法再利用加速度计的输出量来进行对准了。因此，平台最终水平失准角的估计精度与加速度计零偏有关，而加速度计零偏没有估计效果。同样，东向陀螺仪漂移 ε_x 与地球角速度水平分量在平台东向轴的分量 $\omega_{ie}\cos L\phi_U$ 对平台的影响也是分辨不开的。因此，平台最终的方位失准角估计精度与 ε_x 有关，而 ε_x 没有估计效果。∇_x，∇_y 和单位置对准条件的 ε_x 经常被称为不可分辨状态。

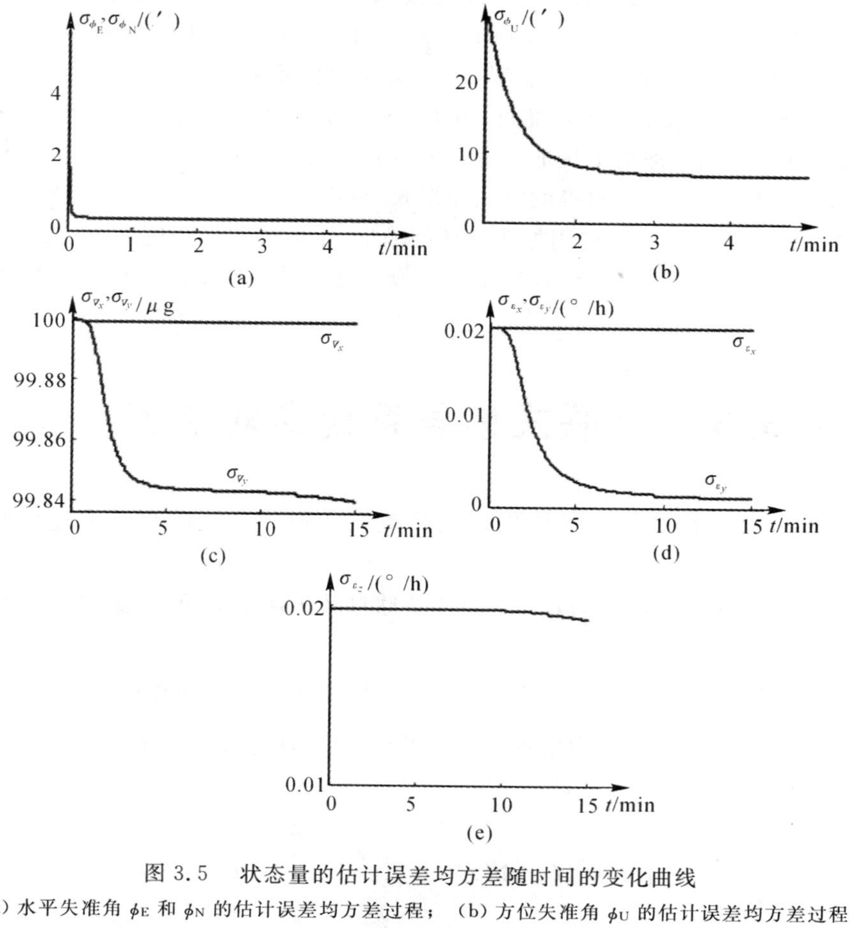

图 3.5　状态量的估计误差均方差随时间的变化曲线

(a) 水平失准角 ϕ_E 和 ϕ_N 的估计误差均方差过程；(b) 方位失准角 ϕ_U 的估计误差均方差过程；
(c) ∇_x 和 ∇_y 的估计误差均方差过程；(d) ε_x 和 ε_y 的估计误差均方差过程；(e) ε_z 的估计误差均方差过程

(2) 滤波器对水平失准角 ϕ_E，ϕ_N 的估计速度最快，效果最好，只要十几秒钟就基本达到稳定，而对方位失准角 ϕ_U 和 y 向陀螺仪漂移 ε_y 的估计却要慢得多，大约 5 min 以上。这是由于测量值直接反映了状态 ϕ_E，ϕ_N 的信息（即 $\phi_E g$ 或 $\phi_N g$），而且这种信息在测量值中占主要成分，

而 ϕ_U 和 ε_y 是通过对平台的影响，然后再在加速度计的输出量中反映出来的，时间越长，反映的信息越大。例如，$\varepsilon_y = 0.01$ °/h 的漂移量使平台水平失准角在 1 min 时间的增加量 $\Delta\phi_N$ 为

$$\Delta\phi_N = \varepsilon_y t = 0.01' = 0.6''$$

这一变化量是很小的，因此估计的时间也越长。顺便指出，估计速度的快慢还与测量噪声以及系统噪声的大小有关。在本例中，如果测量噪声的方差比 $(10^{-5}g)^2$ 小，则各个状态的估计速度都能相应地加快。

(3) 方位陀螺仪漂移 ε_z 要通过对平台方位轴产生 ϕ_U，再由 $\omega_{ie}\cos L\phi_U$ 影响平台水平轴产生 ϕ_E，然后再在加速度计输出量 Z_y 中反映出来。例如，$\varepsilon_z = 0.03$ °/h，$L = 45°$，ε_z 使平台水平失准角在 1 min 的增加量为

$$\Delta\phi_E = \frac{1}{2}\omega_{ie}\cos L\varepsilon_z t^2 = 0.002\ 8''$$

这说明在较短的时间内测量值 Z_y 中的 ε_z 信息是非常少的。因此，滤波器需要较长的时间才能对 ε_z 有估计效果，一般在 10 ～ 15 min 的对准时间内是很难估计准确的。

对地面初始对准实际应用卡尔曼滤波，还需说明以下两点：

(1) 在装机条件下进行地面自对准时，由于飞机受到阵风和人员上下的影响，不可能静止不动，这使加速度计受到外加的干扰加速度。滤波时需要增加系统状态方程来描述这种干扰，这使滤波方程的阶数增多，而且对准的时间要增长，对准精度也要受到一定影响。

(2) 滤波所需的测量值可以选用加速度计的输出，也可选用加速度计输出的积分量，即速度量。前者使系统状态方程简单，但输出量的数值变化较快，要求用较短的滤波周期，后者却相反。

3.6 捷联式惯导系统自对准流程

由前文所述的粗对准和精对准原理可以将捷联式惯导系统的自对准过程归纳为以下几步：

(1) 利用当地地理纬度 L、重力加速度 $\boldsymbol{g}$ 和地球自转角速度 $\boldsymbol{\omega}_{ie}$ 的信息，根据式(3.10)解析计算捷联矩阵 $\boldsymbol{C}_b^{\hat{n}_1}$。

(2) 采集陀螺仪和加速度计的输出数据，利用式(3.21)粗略计算出数学平台误差角 $\phi_E^{\hat{n}}$，$\phi_N^{\hat{n}}$，$\phi_U^{\hat{n}}$，构造矩阵 $\boldsymbol{C}_{\hat{n}}^{\hat{n}_1}$，对步骤(1)中由解析计算得到的捷联矩阵 $\boldsymbol{C}_b^{\hat{n}_1}$ 进行一次修正，得到 $\boldsymbol{C}_b^{\hat{n}}$，即可完成粗对准，即

$$\boldsymbol{C}_{\hat{n}}^{\hat{n}_1} = (\boldsymbol{I} + \boldsymbol{\Phi}^{\hat{n}}) = \begin{bmatrix} 1 & -\phi_U^{\hat{n}} & \phi_N^{\hat{n}} \\ \phi_U^{\hat{n}} & 1 & \phi_E^{\hat{n}} \\ -\phi_N^{\hat{n}} & \phi_E^{\hat{n}} & 1 \end{bmatrix} \tag{3.39}$$

$$\boldsymbol{C}_b^{\hat{n}} = \boldsymbol{C}_{\hat{n}_1}^{\hat{n}}\ \boldsymbol{C}_b^{\hat{n}_1} \tag{3.40}$$

(3) 根据系统误差方程建立精对准的系统矩阵和量测矩阵，处理陀螺仪和加速度计的输出数据得到卡尔曼滤波所需要的量测信息，然后根据卡尔曼滤波计算流程估计数学平台失准角、陀螺仪漂移和加速度计偏置等状态量。

(4) 根据精对准估计得到的数学平台失准角 ϕ_E，ϕ_N，ϕ_U，构造矩阵$\boldsymbol{C}_n^{\hat{n}}$，对步骤(2)中粗对准后的矩阵$\boldsymbol{C}_b^{\hat{n}}$进行反馈修正，同时对惯性器件的误差进行反馈校正，从而得到比较精确的初始姿态矩阵$\boldsymbol{C}_b^n(0)$，即可完成捷联式惯导系统的自对准，即

$$\boldsymbol{C}_{\hat{n}}^{n}=(\boldsymbol{I}+\boldsymbol{\Phi})=\begin{bmatrix}1 & -\phi_U & \phi_N\\ \phi_U & 1 & -\phi_E\\ -\phi_N & \phi_E & 1\end{bmatrix} \tag{3.41}$$

$$\boldsymbol{C}_b^n(0)=\boldsymbol{C}_{\hat{n}}^{n}\,\boldsymbol{C}_b^{\hat{n}} \tag{3.42}$$

因此，可得到捷联式惯导系统自对准流程如图 3.6 所示。

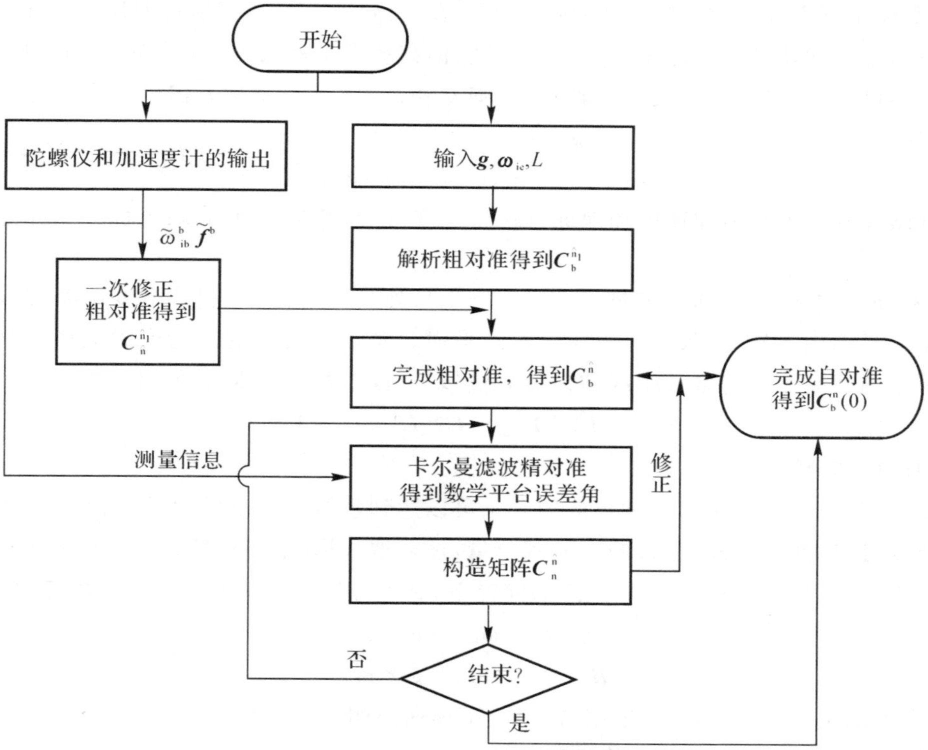

图 3.6　捷联式惯导系统自对准的流程图

综上所述，卡尔曼滤波估计过程就是利用如下信息：系统方程、量测方程、白噪声激励的统计特性、量测误差的统计特性，从与被估计信号有关的量测量中通过离散卡尔曼滤波递推算法估计出所需要的信号——数学平台误差角、加速度计零偏和陀螺仪漂移等。用估计得到的数学平台误差角对式(3.2)进行修正，得到比较准确的初始姿态矩阵$\boldsymbol{C}_b^n(0)$，即可完成初始对准，从而为导航解算提供比较精确的解算平台。

3.7　两种解析粗对准算法精度对比分析

对于捷联式惯导系统，初始对准的目的就是确定捷联式惯导姿态矩阵$\boldsymbol{C}_b^n$的初始值，以便缩短总的对准时间。初始对准分为粗对准和精对准两部分，粗对准又由解析粗对准和修正粗

对准两部分组成。其中，解析粗对准就是利用陀螺仪和加速度计对地球自转角速度和重力加速度的测量值估算姿态矩阵$\hat{C}_b^n$，修正粗对准就是用陀螺仪与加速度计的信息通过估算，求得误差角及相应的误差角矩阵，对$\hat{C}_b^n$ 进行修正。本节对捷联式惯导系统两种粗对准算法的精度进行比较。

3.7.1　解析粗对准

众所周知，自对准方法的要求是对两个不共线的矢量，当地重力加速度 $\boldsymbol{g}$ 和地球自转角速度 $\boldsymbol{\omega}_{ie}$ 在载体坐标系和导航坐标系内进行测量。在载体坐标系内，当地重力加速度和地球自转角速度可以通过加速度计和陀螺仪测得，而且它们在地理坐标系内是已知的。为了便于说明，假设导航轴已经与当地的东、北和天轴对准，则 $\boldsymbol{g}$ 和 $\boldsymbol{\omega}_{ie}$ 在导航坐标系内可以表示为

$$\boldsymbol{g}^n=[0 \quad 0 \quad -g]^T \tag{3.43}$$

$$\boldsymbol{\omega}_{ie}^n=[0 \quad \omega_{ie}\cos L \quad \omega_{ie}\sin L]^T \tag{3.44}$$

式中，$\boldsymbol{g}$ 和 $\boldsymbol{\omega}_{ie}$ 分别为重力加速度和地球自转角速度；L 为当地地理纬度；上标 T 表示矩阵的转置。

在 $\boldsymbol{g}$ 和 $\boldsymbol{\omega}_{ie}$ 的基础上，通过矢量叉乘可以产生另外 3 个矢量。在这 5 个矢量中，有 4 个矢量位于子午圈平面内，另一个矢量垂直于子午圈平面。解析式对准的问题变为在机体坐标系和导航坐标系内建立一个包含 3 个线性无关矢量$[\boldsymbol{L}_x \quad \boldsymbol{L}_y \quad \boldsymbol{L}_z]$的体系，使得方程：

$$[\boldsymbol{L}_x^b \quad \boldsymbol{L}_y^b \quad \boldsymbol{L}_z^b]=\boldsymbol{C}_b^n[\boldsymbol{L}_x^n \quad \boldsymbol{L}_y^n \quad \boldsymbol{L}_z^n] \tag{3.45}$$

中转换矩阵$\boldsymbol{C}_b^n$ 的解存在。

容易看出，一般情况下有 6 种可能的体系可以达到解析式对准的目的。由于矢量$\boldsymbol{g}^n$ 只包含一个非零分量，而矢量$\boldsymbol{\omega}_{ie}^n$ 包含两个非零分量，过多地采用$\boldsymbol{\omega}_{ie}^n$ 将使估计出的误差角包含大量的惯性器件误差，故这里在尽量选取$\boldsymbol{g}^n$ 的前提下，着重分析下面两种组合方式$\boldsymbol{B}_1$ 和$\boldsymbol{B}_2$：

$$\boldsymbol{B}_1=[\boldsymbol{g} \quad \boldsymbol{g}\times\boldsymbol{\omega}_{ie} \quad (\boldsymbol{g}\times\boldsymbol{\omega}_{ie})\times\boldsymbol{g}] \tag{3.46}$$

$$\boldsymbol{B}_2=[\boldsymbol{g} \quad \boldsymbol{\omega}_{ie} \quad \boldsymbol{g}\times\boldsymbol{\omega}_{ie}] \tag{3.47}$$

其中，组合方式$\boldsymbol{B}_2$ 为常用的粗对准组合方式，下面研究组合方式$\boldsymbol{B}_1$。

从式(3.45) 可以直接得到转换矩阵：

$$\hat{\boldsymbol{C}}_b^n=\begin{bmatrix}(\boldsymbol{L}_x^n)^T\\(\boldsymbol{L}_y^n)^T\\(\boldsymbol{L}_z^n)^T\end{bmatrix}^{-1}\begin{bmatrix}(\boldsymbol{L}_x^b)^T\\(\boldsymbol{L}_y^b)^T\\(\boldsymbol{L}_z^b)^T\end{bmatrix} \tag{3.48}$$

如果用式(3.46) 中$\boldsymbol{B}_1$ 的 3 个矢量来替换，则式(3.48) 中的$\hat{\boldsymbol{C}}_b^n$ 可以写为

$$\hat{\boldsymbol{C}}_b^n=\begin{bmatrix}(\boldsymbol{g}^n)^T\\(\boldsymbol{g}^n\times\boldsymbol{\omega}_{ie}^n)^T\\[(\boldsymbol{g}^n\times\boldsymbol{\omega}_{ie}^n)\times\boldsymbol{g}^n]^T\end{bmatrix}^{-1}\begin{bmatrix}(\boldsymbol{f}^b)^T\\(\boldsymbol{f}^b\times\boldsymbol{\omega}^b)^T\\[(\boldsymbol{f}^b\times\boldsymbol{\omega}^b)\times\boldsymbol{f}^b]^T\end{bmatrix} \tag{3.49}$$

由于考虑到惯性器件的误差，所以陀螺仪和加速度计的测量值$\boldsymbol{\omega}^b$ 和$\boldsymbol{f}^b$ 可以写为

$$\left.\begin{aligned}\boldsymbol{\omega}^b&=\boldsymbol{\omega}_{ie}^b+\boldsymbol{\varepsilon}^b\\\boldsymbol{f}^b&=\boldsymbol{g}^b+\boldsymbol{\nabla}^b\end{aligned}\right\} \tag{3.50}$$

式中，$\boldsymbol{\varepsilon}^b=[\varepsilon_x^b \quad \varepsilon_y^b \quad \varepsilon_z^b]^T$ 和 $\boldsymbol{\nabla}^b=[\nabla_x^b \quad \nabla_y^b \quad \nabla_z^b]^T$ 分别为陀螺仪和加速度计的误差。

定义陀螺仪和加速度计的测量值$\boldsymbol{\omega}^{\mathrm{b}}$ 和$\boldsymbol{f}^{\mathrm{b}}$ 分别为

$$\boldsymbol{\omega}^{\mathrm{b}}=[\omega_x^{\mathrm{b}}\quad \omega_y^{\mathrm{b}}\quad \omega_z^{\mathrm{b}}]^{\mathrm{T}} \tag{3.51}$$

$$\boldsymbol{f}^{\mathrm{b}}=[f_x^{\mathrm{b}}\quad f_y^{\mathrm{b}}\quad f_z^{\mathrm{b}}]^{\mathrm{T}} \tag{3.52}$$

由式(3.43)、式(3.44) 和式(3.50) 可知，式(3.49) 中$\hat{\boldsymbol{C}}_{\mathrm{b}}^{\mathrm{n}}$ 的各元素可以表示为

$$C_{11}=\frac{f_y^{\mathrm{b}}\omega_z^{\mathrm{b}}-f_z^{\mathrm{b}}\omega_y^{\mathrm{b}}}{g\omega_{\mathrm{ie}}\cos L},\quad C_{21}=\frac{(f_z^{\mathrm{b}})^2\omega_x^{\mathrm{b}}-f_z^{\mathrm{b}}f_x^{\mathrm{b}}\omega_z^{\mathrm{b}}-f_y^{\mathrm{b}}f_x^{\mathrm{b}}\omega_y^{\mathrm{b}}+(f_y^{\mathrm{b}})^2\omega_x^{\mathrm{b}}}{g^2\omega_{\mathrm{ie}}\cos L},\quad C_{31}=-\frac{f_x^{\mathrm{b}}}{g}$$

$$C_{12}=\frac{f_z^{\mathrm{b}}\omega_x^{\mathrm{b}}-f_x^{\mathrm{b}}\omega_z^{\mathrm{b}}}{g\omega_{\mathrm{ie}}\cos L},\quad C_{22}=\frac{(f_x^{\mathrm{b}})^2\omega_y^{\mathrm{b}}-f_y^{\mathrm{b}}f_x^{\mathrm{b}}\omega_x^{\mathrm{b}}-f_z^{\mathrm{b}}f_y^{\mathrm{b}}\omega_z^{\mathrm{b}}+(f_z^{\mathrm{b}})^2\omega_y^{\mathrm{b}}}{g^2\omega_{\mathrm{ie}}\cos L},\quad C_{32}=-\frac{f_y^{\mathrm{b}}}{g}$$

$$C_{13}=\frac{f_x^{\mathrm{b}}\omega_y^{\mathrm{b}}-f_y^{\mathrm{b}}\omega_x^{\mathrm{b}}}{g\omega_{\mathrm{ie}}\cos L},\quad C_{23}=\frac{(f_y^{\mathrm{b}})^2\omega_z^{\mathrm{b}}-f_y^{\mathrm{b}}f_z^{\mathrm{b}}\omega_y^{\mathrm{b}}-f_x^{\mathrm{b}}f_z^{\mathrm{b}}\omega_x^{\mathrm{b}}+(f_z^{\mathrm{b}})^2\omega_z^{\mathrm{b}}}{g^2\omega_{\mathrm{ie}}\cos L},\quad C_{33}=-\frac{f_z^{\mathrm{b}}}{g}$$

同理，采用组合方式$\boldsymbol{B}_2$ 时，$\hat{\boldsymbol{C}}_{\mathrm{b}}^{\mathrm{n}}$ 的各元素可以表示为

$$C_{11}=\frac{f_y^{\mathrm{b}}\omega_z^{\mathrm{b}}-f_z^{\mathrm{b}}\omega_y^{\mathrm{b}}}{g\omega_{\mathrm{ie}}\cos L},\quad C_{21}=\frac{f_x^{\mathrm{b}}\omega_{\mathrm{ie}}\sin L-f_z^{\mathrm{b}}\omega_x^{\mathrm{b}}}{g\omega_{\mathrm{ie}}\cos L},\quad C_{31}=-\frac{f_x^{\mathrm{b}}}{g}$$

$$C_{12}=\frac{f_z^{\mathrm{b}}\omega_x^{\mathrm{b}}-f_x^{\mathrm{b}}\omega_z^{\mathrm{b}}}{g\omega_{\mathrm{ie}}\cos L},\quad C_{22}=\frac{f_y^{\mathrm{b}}\omega_{\mathrm{ie}}\sin L-f_z^{\mathrm{b}}\omega_y^{\mathrm{b}}}{g\omega_{\mathrm{ie}}\cos L},\quad C_{32}=-\frac{f_y^{\mathrm{b}}}{g}$$

$$C_{13}=\frac{f_x^{\mathrm{b}}\omega_y^{\mathrm{b}}-f_y^{\mathrm{b}}\omega_x^{\mathrm{b}}}{g\omega_{\mathrm{ie}}\cos L},\quad C_{23}=\frac{f_z^{\mathrm{b}}\omega_{\mathrm{ie}}\sin L-f_z^{\mathrm{b}}\omega_z^{\mathrm{b}}}{g\omega_{\mathrm{ie}}\cos L},\quad C_{33}=-\frac{f_z^{\mathrm{b}}}{g}$$

由于惯性器件误差的存在，在以上 3 种情况下求出的$\hat{\boldsymbol{C}}_{\mathrm{b}}^{\mathrm{n}}$ 不满足正交性要求，所以可按下式进行正交化：

$$\bar{\boldsymbol{C}}_{\mathrm{b}}^{\mathrm{n}}=\frac{\hat{\boldsymbol{C}}_{\mathrm{b}}^{\mathrm{n}}}{\sqrt{(\hat{\boldsymbol{C}}_{\mathrm{b}}^{\mathrm{n}})^{\mathrm{T}}\hat{\boldsymbol{C}}_{\mathrm{b}}^{\mathrm{n}}}} \tag{3.53}$$

式中，$\bar{\boldsymbol{C}}_{\mathrm{b}}^{\mathrm{n}}$ 表示正交化后的估计值。

3.7.2　修正粗对准

修正粗对准的目的是求出漂移失准角 $\boldsymbol{\Phi}$，这里用漂移误差组成的反对称阵来描述正交化后的捷联姿态矩阵$\bar{\boldsymbol{C}}_{\mathrm{b}}^{\mathrm{n}}$ 与理想捷联姿态矩阵$\boldsymbol{C}_{\mathrm{b}}^{\mathrm{n}}$ 之间的关系，即

$$\bar{\boldsymbol{C}}_{\mathrm{b}}^{\mathrm{n}}=[\boldsymbol{I}-\boldsymbol{\Phi}\times]\ \boldsymbol{C}_{\mathrm{b}}^{\mathrm{n}} \tag{3.54}$$

式中，$\boldsymbol{\Phi}\times$ 为漂移误差角 $\boldsymbol{\Phi}=[\phi_x\quad \phi_y\quad \phi_z]^{\mathrm{T}}$ 构成的反对称矩阵。

当采用组合方式$\boldsymbol{B}_1$ 和$\boldsymbol{B}_2$ 时，将式(3.49) 写成如下形式：

$$\hat{\boldsymbol{C}}_{\mathrm{b}}^{\mathrm{n}}=\boldsymbol{M}\hat{\boldsymbol{N}}=\boldsymbol{M}(\boldsymbol{N}+\delta\boldsymbol{N}) \tag{3.55}$$

$$\hat{\boldsymbol{C}}_{\mathrm{b}}^{\mathrm{n}}=\begin{bmatrix}(\boldsymbol{g}^{\mathrm{n}})^{\mathrm{T}}\\(\boldsymbol{g}^{\mathrm{n}}\times\boldsymbol{\omega}_{\mathrm{ie}}^{\mathrm{n}})^{\mathrm{T}}\\[(\boldsymbol{g}^{\mathrm{n}}\times\boldsymbol{\omega}_{\mathrm{ie}}^{\mathrm{n}})\times\boldsymbol{g}^{\mathrm{n}}]^{\mathrm{T}}\end{bmatrix}^{-1}\begin{bmatrix}(\boldsymbol{f}^{\mathrm{b}})^{\mathrm{T}}\\(\boldsymbol{f}^{\mathrm{b}}\times\boldsymbol{\omega}^{\mathrm{b}})^{\mathrm{T}}\\[(\boldsymbol{f}^{\mathrm{b}}\times\boldsymbol{\omega}^{\mathrm{b}})\times\boldsymbol{f}^{\mathrm{b}}]^{\mathrm{T}}\end{bmatrix}$$

式中，$\boldsymbol{M}$ 分别为$\begin{bmatrix}(\boldsymbol{g}^{\mathrm{n}})^{\mathrm{T}}\\(\boldsymbol{g}^{\mathrm{n}}\times\boldsymbol{\omega}_{\mathrm{ie}}^{\mathrm{n}})^{\mathrm{T}}\\[(\boldsymbol{g}^{\mathrm{n}}\times\boldsymbol{\omega}_{\mathrm{ie}}^{\mathrm{n}})\times\boldsymbol{g}^{\mathrm{n}}]^{\mathrm{T}}\end{bmatrix}^{-1}$ 和 $\begin{bmatrix}(\boldsymbol{g}^{\mathrm{n}})^{\mathrm{T}}\\(\boldsymbol{\omega}_{\mathrm{ie}}^{\mathrm{n}})^{\mathrm{T}}\\(\boldsymbol{g}^{\mathrm{n}}\times\boldsymbol{\omega}_{\mathrm{ie}}^{\mathrm{n}})^{\mathrm{T}}\end{bmatrix}^{-1}$；$\boldsymbol{N}$ 分别为$\begin{bmatrix}(\boldsymbol{g}^{\mathrm{b}})^{\mathrm{T}}\\(\boldsymbol{g}^{\mathrm{b}}\times\boldsymbol{\omega}_{\mathrm{ie}}^{\mathrm{b}})^{\mathrm{T}}\\[(\boldsymbol{g}^{\mathrm{b}}\times\boldsymbol{\omega}_{\mathrm{ie}}^{\mathrm{b}})\times\boldsymbol{g}^{\mathrm{b}}]^{\mathrm{T}}\end{bmatrix}^{-1}$

和 $\begin{bmatrix}(\boldsymbol{g}^{\mathrm{b}})^{\mathrm{T}}\\(\boldsymbol{\omega}_{\mathrm{ie}}^{\mathrm{b}})^{\mathrm{T}}\\(\boldsymbol{g}^{\mathrm{b}}\times\boldsymbol{\omega}_{\mathrm{ie}}^{\mathrm{b}})^{\mathrm{T}}\end{bmatrix}^{-1}$；$\delta\boldsymbol{N}$ 为陀螺仪和加速度计测量误差构成的矩阵。

将式(3.53)中的平方根按级数展开,有近似的正交化公式:

$$\bar{C}_b^n=\left[I+\frac{1}{2}(M\delta N C_n^b-C_b^n\delta N^T M^T)\right]C_b^n \tag{3.56}$$

由式(3.54)可得由漂移失准角构成的反对称矩阵为

$$\boldsymbol{\Phi}\times=\frac{1}{2}(C_b^n\delta N^T M^T-M\delta N C_n^b)=\frac{1}{2}[C_b^n\delta N^T M^T-(C_b^n\delta N^T M^T)^T] \tag{3.57}$$

对于组合方式$\boldsymbol{B}_1$,有

$$M=\begin{bmatrix} 0 & \dfrac{1}{g\omega_{ie}\cos L} & 0 \\ 0 & 0 & \dfrac{1}{g^2\omega_{ie}\cos L} \\ -\dfrac{1}{g} & 0 & 0 \end{bmatrix} \tag{3.58}$$

$$\delta N=[\delta(f^b)\quad \delta(f^b\times\omega^b)\quad \delta[(f^b\times\omega^b)\times f^b]] \tag{3.59}$$

惯性器件误差在导航坐标系中的投影为

$$\boldsymbol{\nabla}^n=C_b^n\boldsymbol{\nabla}^b=[\nabla_x^n\quad \nabla_y^n\quad \nabla_z^n]^T \tag{3.60}$$

$$\boldsymbol{\varepsilon}^n=C_b^n\boldsymbol{\varepsilon}^b=[\varepsilon_x^n\quad \varepsilon_y^n\quad \varepsilon_z^n]^T \tag{3.61}$$

忽略二阶小量,可得

$$C_b^n\delta Q^T=[\boldsymbol{\nabla}^n\quad (\boldsymbol{\nabla}^n\times\omega_{ie}^n+g^n\times\boldsymbol{\varepsilon}^n)\quad (\boldsymbol{\nabla}^n\times\omega_{ie}^n)\times g^n+(g^n\times\boldsymbol{\varepsilon}^n)\times g^n+(g^n\times\omega_{ie}^n)\times\boldsymbol{\nabla}^n] \tag{3.62}$$

将式(3.58)和式(3.62)代入式(2.57),可得漂移失准角的表达式:

$$\phi_x=\frac{\nabla_y^n}{g} \tag{3.63}$$

$$\phi_y=-\frac{\nabla_x^n}{g} \tag{3.64}$$

$$\phi_z=-\frac{\nabla_x^n}{g}\tan L-\frac{\varepsilon_x^n}{\omega_{ie}\cos L} \tag{3.65}$$

由式(3.63)～式(3.65)可知,方位漂移失准角主要取决于东向陀螺仪漂移,东向漂移失准角与北向加速度计偏置有关,北向漂移失准角与东向加速度计偏置有关。

同理,采用组合方式$\boldsymbol{B}_2$有

$$\phi_x=\frac{1}{2}\left(\frac{\nabla_y^n}{g}+\frac{\nabla_z^n}{g}\tan L+\frac{\varepsilon_z^n}{\omega_{ie}\cos L}\right) \tag{3.66}$$

$$\phi_y=-\frac{\nabla_x^n}{g} \tag{3.67}$$

$$\phi_z=-\frac{\nabla_x^n}{g}\tan L-\frac{\varepsilon_x^n}{\omega_{ie}\cos L} \tag{3.68}$$

由式(3.66)～式(3.68)可知,方位漂移失准角和北向漂移失准角的表达式与组合方式$\boldsymbol{B}_1$相同,而东向漂移失准角不仅与北向加速度计偏置有关,还与天向加速度计偏置和天向陀螺仪漂移有关,而且主要取决于天向陀螺仪漂移的大小。可见采用组合方式$\boldsymbol{B}_1$进行解析粗对准比组合方式$\boldsymbol{B}_2$具有更高的水平对准精度。

3.7.3　一次修正粗对准

由前文所述的方法求得漂移误差角 $\boldsymbol{\Phi}$ 以后，可由下式对捷联姿态矩阵 $\bar{\boldsymbol{C}}_b^n$ 进行修正：

$$\boldsymbol{C}_b^n = [\boldsymbol{I} + \boldsymbol{\Phi}\times]\ \bar{\boldsymbol{C}}_b^n \tag{3.69}$$

由式(3.69)得到的 $\boldsymbol{C}_b^n$ 即为粗对准所得到的最终捷联姿态矩阵的值，将其作为精对准阶段的初始捷联姿态矩阵。

由于存在陀螺仪与加速度计的误差及飞行时各种因素的干扰，直接用某一次惯性器件的测量值 $\boldsymbol{f}^b$ 和 $\boldsymbol{\omega}^b$ 来估计 3 个误差角会带来较大误差，因此进行估算时可在适当的计算周期 t 内取平均，即

$$\begin{aligned}\bar{\phi}_x &= \frac{1}{t}\int_0^t \phi_x \mathrm{d}t \\ \bar{\phi}_y &= \frac{1}{t}\int_0^t \phi_y \mathrm{d}t \\ \bar{\phi}_z &= \frac{1}{t}\int_0^t \phi_z \mathrm{d}t\end{aligned} \tag{3.70}$$

3.7.4　仿真实例

设载体在地面静止不动，初始精度为116°，初始纬度分别取15°，45°，60° 和85° 进行仿真。初始姿态角均为零，陀螺仪和加速度计均取中等精度，陀螺仪常值漂移为0.02 °/h，随机漂移为0.01 °/h，漂移相关时间为 50 s；加速度计零偏为 $1\times10^{-4}g$，随机偏置为 $5\times10^{-5}g$，偏置相关时间为 1 500 s；对准时间为 1 min，分别采用两种解析粗对准组合方法进行粗对准过程仿真比较。

由初始条件可知，载体标准的初始矩阵应为单位矩阵，即

$$\boldsymbol{C}_b^n = \begin{bmatrix}1 & 0 & 0\\ 0 & 1 & 0\\ 0 & 0 & 1\end{bmatrix}$$

这里分别取纬度值为15°，45°，60° 和85°，并分别采用解析粗对准组合方式 $\boldsymbol{B}_1$ 和 $\boldsymbol{B}_2$ 进行捷联式惯导系统粗对准仿真。

(1) 纬度 $L=15°$。采用式(3.46) 的解析粗对准组合方式 $\boldsymbol{B}_1$，得出解析粗对准后的姿态矩阵 $\boldsymbol{C}_b^{n_1}(\boldsymbol{B}_1)$ 为

$$\boldsymbol{C}_b^{n_1}(\boldsymbol{B}_1) = \begin{bmatrix}1 & 0.000\,047\,086 & 0.000\,011\,44\\ -0.000\,047\,086 & 1 & -0.000\,011\,988\\ -0.000\,011\,44 & 0.000\,011\,988 & 1\end{bmatrix}$$

一次修正粗对准后的姿态矩阵 $\boldsymbol{C}_b^{n_2}(\boldsymbol{B}_1)$ 为

$$\boldsymbol{C}_b^{n_2}(\boldsymbol{B}_1) = \begin{bmatrix}1 & 0.000\,046\,96 & 0.000\,000\,343\,37\\ -0.000\,046\,96 & 1 & 0.000\,000\,354\,26\\ -0.000\,000\,343\,39 & 0.000\,047\,086 & 1\end{bmatrix}$$

采用式(3.47)的解析粗对准组合方式$\boldsymbol{B}_2$，得到解析粗对准后的姿态矩阵$\boldsymbol{C}_b^{n_1}(\boldsymbol{B}_2)$为

$$\boldsymbol{C}_b^{n_1}(\boldsymbol{B}_2)=\begin{bmatrix}0.999\,8 & -0.006\,897\,8 & 0.000\,098\,969\\ 0.006\,897\,4 & 0.999\,7 & 0.003\,510\,3\\ -0.000\,123\,18 & -0.003\,509\,5 & 0.999\,9\end{bmatrix}$$

一次修正粗对准后的姿态矩阵$\boldsymbol{C}_b^{n_2}(\boldsymbol{B}_2)$为

$$\boldsymbol{C}_b^{n_2}(\boldsymbol{B}_2)=\begin{bmatrix}0.999\,8 & -0.006\,897\,8 & 0.000\,098\,969\\ 0.006\,897\,8 & 0.999\,8 & 0.000\,104\,53\\ -0.000\,099\,688 & -0.000\,103\,85 & 1\end{bmatrix}$$

(2) 纬度$L=45°$。采用组合方式$\boldsymbol{B}_1$，得出解析粗对准后的姿态矩阵$\boldsymbol{C}_b^{n_1}(\boldsymbol{B}_1)$为

$$\boldsymbol{C}_b^{n_1}(\boldsymbol{B}_1)=\begin{bmatrix}1 & 0.000\,089\,066 & 0.000\,021\,844\\ -0.000\,089\,066 & 1 & -0.000\,022\,674\\ -0.000\,021\,846 & 0.000\,022\,672 & 1\end{bmatrix}$$

一次修正后的姿态矩阵$\boldsymbol{C}_b^{n_2}(\boldsymbol{B}_1)$为

$$\boldsymbol{C}_b^{n_2}(\boldsymbol{B}_1)=\begin{bmatrix}1 & 0.000\,088\,944 & -0.000\,000\,471\,78\\ -0.000\,088\,944 & 1 & -0.000\,022\,674\\ 0.000\,000\,471\,82 & -0.000\,089\,066 & 1\end{bmatrix}$$

采用组合方式$\boldsymbol{B}_2$，得到解析粗对准后的姿态矩阵$\boldsymbol{C}_b^{n_1}(\boldsymbol{B}_2)$为

$$\boldsymbol{C}_b^{n_1}(\boldsymbol{B}_2)=\begin{bmatrix}0.999\,6 & -0.009\,460\,7 & 0.000\,098\,632\\ 0.009\,460\,1 & 0.999\,4 & 0.004\,801\,2\\ -0.000\,144\,05 & -0.004\,800\,1 & 0.999\,9\end{bmatrix}$$

一次修正后的姿态矩阵$\boldsymbol{C}_b^{n_2}(\boldsymbol{B}_2)$为

$$\boldsymbol{C}_b^{n_2}(\boldsymbol{B}_2)=\begin{bmatrix}0.999\,96 & -0.009\,460\,7 & 0.000\,098\,632\\ 0.009\,460\,7 & 0.999\,96 & 0.000\,104\,71\\ -0.000\,099\,618 & -0.000\,103\,78 & 1\end{bmatrix}$$

(3) 纬度$L=60°$，采用组合方式$\boldsymbol{B}_1$，得出解析粗对准后的姿态矩阵$\boldsymbol{C}_b^{n_1}(\boldsymbol{B}_1)$为

$$\boldsymbol{C}_b^{n_1}(\boldsymbol{B}_1)=\begin{bmatrix}1 & 0.000\,178\,59 & 0.000\,044\,14\\ -0.000\,178\,59 & 1 & -0.000\,045\,556\\ -0.000\,044\,148 & 0.000\,045\,549 & 1\end{bmatrix}$$

一次修正后的姿态矩阵$\boldsymbol{C}_b^{n_2}(\boldsymbol{B}_1)$为

$$\boldsymbol{C}_b^{n_2}(\boldsymbol{B}_1)=\begin{bmatrix}1 & 0.000\,178\,58 & -0.000\,000\,664\,44\\ -0.000\,178\,58 & 1 & 0.000\,000\,675\,88\\ 0.000\,000\,664\,56 & -0.000\,045\,556 & 1\end{bmatrix}$$

采用组合方式$\boldsymbol{B}_2$，得到解析粗对准后的姿态矩阵$\boldsymbol{C}_b^{n_1}(\boldsymbol{B}_2)$为

$$\boldsymbol{C}_b^{n_1}(\boldsymbol{B}_2)=\begin{bmatrix}0.999\,91 & -0.013\,358 & 0.000\,098\,183\\ 0.013\,357 & 0.999\,89 & 0.006\,777\,06\\ -0.000\,188\,61 & -0.006\,768\,7 & 0.999\,98\end{bmatrix}$$

一次修正后的姿态矩阵$\boldsymbol{C}_b^{n_2}(\boldsymbol{B}_2)$为

$$\boldsymbol{C}_b^{n_2}(\boldsymbol{B}_2)=\begin{bmatrix}0.999\,91 & -0.013\,358 & 0.000\,098\,183\\ 0.013\,358 & 0.999\,91 & 0.000\,105\,05\\ -0.000\,099\,578 & -0.000\,103\,73 & 1\end{bmatrix}$$

(4) 纬度 $L=85°$。采用组合方式$\boldsymbol{B}_1$，得出解析粗对准后的姿态矩阵$\boldsymbol{C}_b^{n_1}(\boldsymbol{B}_1)$为

$$\boldsymbol{C}_b^{n_1}(\boldsymbol{B}_1)=\begin{bmatrix} 0.99998 & 0.005499 & 0.0013871 \\ -0.0054969 & 0.99998 & -0.0014929 \\ -0.0013953 & 0.0014853 & 1 \end{bmatrix}$$

一次修正后的姿态矩阵$\boldsymbol{C}_b^{n_2}(\boldsymbol{B}_1)$为

$$\boldsymbol{C}_b^{n_2}(\boldsymbol{B}_1)=\begin{bmatrix} 0.99998 & 0.0055536 & -0.0000031314 \\ -0.0055536 & 0.99998 & 0.0000036231 \\ 0.0000031515 & -0.000099539 & 1 \end{bmatrix}$$

采用组合方式$\boldsymbol{B}_2$，得到解析粗对准后的姿态矩阵$\boldsymbol{C}_b^{n_1}(\boldsymbol{B}_2)$为

$$\boldsymbol{C}_b^{n_1}(\boldsymbol{B}_2)=\begin{bmatrix} 0.9974 & -0.072038 & 0.000091811 \\ 0.071984 & 0.9967 & 0.037406 \\ -0.0027862 & -0.037303 & 0.9993 \end{bmatrix}$$

一次修正后的姿态矩阵$\boldsymbol{C}_b^{n_2}(\boldsymbol{B}_2)$为

$$\boldsymbol{C}_b^{n_2}(\boldsymbol{B}_2)=\begin{bmatrix} 0.9974 & -0.072038 & 0.000091811 \\ 0.072038 & 0.9974 & 0.00011059 \\ -0.000099539 & -0.00010369 & 1 \end{bmatrix}$$

从以上的仿真结果可以看出，在粗对准过程中(包括解析粗对准和一次修正粗对准)，捷联矩阵中各元素的值逐渐向真值靠近，粗对准过程解算的姿态角也逐渐接近真值，采用两种不同的组合方式在不同仿真条件下粗对准过程中产生的姿态角见表 3.1。从表中数据可以看出，当采用组合方式$\boldsymbol{B}_1=[\boldsymbol{g}\quad \boldsymbol{g}\times\boldsymbol{\omega}_{ie}\quad (\boldsymbol{g}\times\boldsymbol{\omega}_{ie})\times\boldsymbol{g}]$进行解析粗对准时，粗对准过程解算的俯仰角和横滚角比采用组合方式$\boldsymbol{B}_2$时更接近真值，而解算的航向角与组合方式$\boldsymbol{B}_2$时解算的值相当。此外，粗对准时，随着载体所在纬度值的增大，采用组合方式$\boldsymbol{B}_1$和$\boldsymbol{B}_2$的情况下，粗对准结束后解算的航向角、俯仰角和横滚角误差值均增大，且采用组合方式$\boldsymbol{B}_1$时，俯仰角和横滚角误差变化幅度小于采用组合方式$\boldsymbol{B}_2$。

表 3.1　不同仿真条件下姿态角的计算值

纬度值	组合方式	对准过程	航向角 /(′) (真值 $\psi=0°$)	俯仰角 /(′) (真值 $\theta=0°$)	横滚角 /(′) (真值 $\gamma=0°$)
15°	$\boldsymbol{B}_1$	解析粗对准	23.713	−0.357	0.3427
		一次修正粗对准	0.16144	−0.0012178	−0.0011805
	$\boldsymbol{B}_2$	解析粗对准	23.713	−12.065	0.42346
		一次修正粗对准	0.16187	−0.041211	0.039331
45°	$\boldsymbol{B}_1$	解析粗对准	32.524	−0.35675	0.34246
		一次修正粗对准	0.30577	−0.0016561	−0.001622
	$\boldsymbol{B}_2$	解析粗对准	32.524	−16.502	0.49521
		一次修正粗对准	0.30619	0.07794	0.075102

续 表

纬度值	组合方式	对准过程	航向角 /(′) (真值 $\psi=0°$)	俯仰角 /(′) (真值 $\theta=0°$)	横滚角 /(′) (真值 $\gamma=0°$)
60°	$\boldsymbol{B}_2$	解析粗对准	45.922	−0.356 11	0.342 32
		一次修正粗对准	0.613 9	−0.002 323 1	−0.002 284 6
	$\boldsymbol{B}_2$	解析粗对准	45.923	−23.269	0.648 41
		一次修正粗对准	0.613 96	0.156 58	0.151 77
85°	$\boldsymbol{B}_1$	解析粗对准	247.86	−0.356 47	0.342 19
		一次修正粗对准	18.904	−0.012 395	−0.010 834
	$\boldsymbol{B}_2$	解析粗对准	248.04	−128.27	9.584 9
		一次修正粗对准	19.902	5.105 9	4.796 6

产生这一结果的原因有以下几点：

(1) 采用式(3.46)的组合方式$\boldsymbol{B}_1$进行解析粗对准，由式(3.63)～式(3.65)得到的失准角表达式为

$$\phi_x=\frac{\nabla_y^n}{g}$$

$$\phi_y=-\frac{\nabla_x^n}{g}$$

$$\phi_z=-\frac{\nabla_x^n}{g}\tan L-\frac{\varepsilon_x^n}{\omega_{ie}\cos L}$$

采用组和方式$\boldsymbol{B}_2$时，由式(3.66)～式(3.68)得到的失准角表达式为

$$\phi_x=\frac{1}{2}\left(\frac{\nabla_y^n}{g}+\frac{\nabla_z^n}{g}\tan L+\frac{\varepsilon_z^n}{\omega_{ie}\cos L}\right)$$

$$\phi_y=-\frac{\nabla_x^n}{g}$$

$$\phi_z=-\frac{\nabla_x^n}{g}\tan L-\frac{\varepsilon_x^n}{\omega_{ie}\cos L}$$

从惯性器件误差的角度考虑，东向漂移失准角不仅与北向加速度计偏置有关，还取决于天向加速度计偏置和天向陀螺仪漂移，而北向和方位漂移失准角与采用组合方式$\boldsymbol{B}_1$时相同。因此，由分析可知，采用组合方式$\boldsymbol{B}_1$进行解析粗对准与采用组合方式$\boldsymbol{B}_2$相比，可以获得更高的水平对准精度，故解算得到的俯仰角和横滚角更接近真值。

(2) 考虑粗对准时载体所在位置，由两种解析粗对准方式得到的漂移失准角表达式可知，当采用组合方式$\boldsymbol{B}_1$时，仅方位失准角的值与纬度值有关，且与纬度成正比；当采用组合方式$\boldsymbol{B}_2$时，东向和方位漂移失准角的值均与纬度值成正比。因此，当纬度值增大时，采用组合方式$\boldsymbol{B}_1$时的方位失准角增大，水平失准角不变，但随着方位失准角的增大，其投影到水平方向的失准角也将增大。而采用组合方式$\boldsymbol{B}_2$时，方位失准角和东向水平失准角均随着纬度的增大而增大，由于投影的关系，水平失准角大于采用组合方式$\boldsymbol{B}_1$时的水平失准角。由失准角的表达式可知，方位失准角的值远大于水平失准角的值，所以水平失准角的投影对方位失准角影响

很小。

(3) 经过误差分析可以得出，采用组合方式$\boldsymbol{B}_1=[\boldsymbol{g}\quad \boldsymbol{g}\times\boldsymbol{\omega}_{ie}\quad (\boldsymbol{g}\times\boldsymbol{\omega}_{ie})\times\boldsymbol{g}]$可以获得较组合方式$\boldsymbol{B}_2=[\boldsymbol{g}\quad \boldsymbol{\omega}_{ie}\quad \boldsymbol{g}\times\boldsymbol{\omega}_{ie}]$更高的水平对准精度。

3.8　快速对准和标定模型及算法

当应用卡尔曼滤波时，首要问题是确定系统模型的状态方程和量测方程。设计卡尔曼滤波器时为保证滤波稳定，还要求系统一致完全可控并且一致完全可观测。但静基座对准时系统可观性较差，PINS 为不完全可观测系统，有些状态的可观测性差，利用卡尔曼滤波对这些状态是无法很好地估计的。卡尔曼滤波的稳定性取决于状态变量的可观测性。对于可观测的状态变量，其滤波估计是收敛的，而对于不可观测的状态变量，滤波估计是发散的。因此，如果对不可观测的状态实施反馈校正不仅无法提高系统性能，而且严重影响滤波器状态估计的收敛速度及估计精度。

可见，PINS 较差的可观测性影响了滤波器进行状态估计的收敛速度及精度，进而影响初始对准的精度和快速性，并造成对准精度和快速性两者之间的矛盾。因此，在利用卡尔曼滤波器对 PINS 进行初始对准之前，首先需要分析系统的可观测性。通过可观测性分析去除不可观测的状态，建立完全可观测的系统状态方程，采用次优卡尔曼滤波只对部分可观测度较高的状态进行估计及校正，从而可提高系统的对准速度及精度。

下面从控制论的观点给出了 PINS 对准时的一种最佳完全可观测系统模型及快速估计方位失准角和标定陀螺仪漂移的算法。通过设计基于物理本质的线性变换，用伪状态来确定可观测子空间，从而使可观测状态和不可观测状态动态解耦，得到了 PINS 对准时的最佳完全可观测子系统模型；然后对得到的 PINS 可观测子系统模型简化，得到一种快速估计方位失准角和标定陀螺仪漂移误差的方法。

3.8.1　SINS 的等价性误差模型

在第 2 章中，通过等价变换后 SINS 的误差状态方程变为

$$\dot{\boldsymbol{Y}}=\boldsymbol{A}_1\boldsymbol{Y}+\boldsymbol{W}(t) \tag{3.71}$$

量测方程为

$$\boldsymbol{Z}=\boldsymbol{H}\boldsymbol{Y}+\boldsymbol{V}(t) \tag{3.72}$$

令

$$\begin{cases}\nabla_N=C_{11}\nabla_x+C_{12}\nabla_y\\ \nabla_E=C_{21}\nabla_x+C_{22}\nabla_y\\ \varepsilon_N=C_{11}\varepsilon_x+C_{12}\varepsilon_y+C_{13}\varepsilon_z\\ \varepsilon_E=C_{21}\varepsilon_x+C_{22}\varepsilon_y+C_{23}\varepsilon_z\\ \varepsilon_D=C_{31}\varepsilon_x+C_{32}\varepsilon_y+C_{33}\varepsilon_z\end{cases}$$

则 SINS 原状态矢量 $\boldsymbol{X}$ 线性变换后的状态矢量为

$$\boldsymbol{Y}=[\delta V_N\quad \delta V_E\quad \phi_N\quad \phi_E\quad \phi_D\quad \nabla_N\quad \nabla_E\quad \varepsilon_N\quad \varepsilon_E\quad \varepsilon_D]^{\mathrm{T}}$$

显然，变换后的 SINS 状态方程式(3.71)、量测方程式(3.72) 与 PINS 模型在形式上完全

相同，其差别仅在于 SINS 的变换模型中，∇_N，∇_E，ε_N，ε_E，ε_D 分别为加速度计和陀螺仪在导航坐标系中的等效值，ϕ_N，ϕ_E，ϕ_D 为数学平台在导航坐标系的失准角。可以看出，通过等价变换后的系统矩阵里已不含姿态信息 $\boldsymbol{C}_b^n$ 和 $\tilde{\boldsymbol{C}}_b^n$，从而使对 SINS 模型的分析大大简化。因此，以下分析中虽以 PINS 为研究对象，但由于 SINS 与 PINS 误差模型的等价性，研究结果及方法，同样可应用到 SINS 系统中。

3.8.2　最佳可观测子空间

当 INS 地面静基座对准时，通常采用 INS 误差模型方程式(3.71)和式(3.72)。由于系统是不完全可观测的，并且在该模型中不可观测的传感器误差状态与其他状态是动态耦合的，卡尔曼滤波器对不可观测状态没有估计效果。因此，当利用卡尔曼滤波器对系统状态进行估计时，所有不能直接测量的状态变量估计误差的标准偏差都不能达到零。试想，如果能通过变换使原 INS 误差模型中不可观测的传感器误差状态变量和其余状态变量产生解耦，那么，不仅可观测状态变量的估计误差的标准偏差可渐近地趋于零，而且由于待估的可观测状态变量与不可观测状态变量是解耦的，从而也可缩短可观测状态的估计时间及提高估计精度。

基于以上思路，对系统误差状态模型方程式(3.71)和式(3.72)进行变换，得到

$$
\begin{bmatrix}\delta\dot{V}_N\\ \delta\dot{V}_E\\ \dot{\phi}_N\\ \dot{\phi}_E\\ \dot{\phi}_D\\ \dot{\varepsilon}_N\\ \dot{\varepsilon}_D\\ \dot{\nabla}_N\\ \dot{\nabla}_E\\ \dot{\varepsilon}_E\end{bmatrix}
=\left[\begin{array}{c|c|c|ccc}
 & 0 & 0 & 1 & 0 & 0\\
 & 0 & 0 & 0 & 1 & 0\\
\boldsymbol{F} & 1 & 0 & 0 & 0 & 0\\
 & 0 & 0 & 0 & 0 & 1\\
 & 0 & 1 & 0 & 0 & 0\\
 & 0 & 0 & 0 & 0 & 0\\
\boldsymbol{O}_{2\times5} & 0 & 0 & 0 & 0 & 0\\
\hline
\boldsymbol{O}_{3\times5} & \boldsymbol{O}_{3\times1} & \boldsymbol{O}_{3\times1} & & \boldsymbol{O}_{3\times3} &
\end{array}\right]
\begin{bmatrix}\delta V_N\\ \delta V_E\\ \phi_N\\ \phi_E\\ \phi_D\\ \varepsilon_N\\ \varepsilon_D\\ \nabla_N\\ \nabla_E\\ \varepsilon_E\end{bmatrix}
+\begin{bmatrix}w_{\delta V_N}\\ w_{\delta V_E}\\ w_{\phi_N}\\ w_{\phi_E}\\ w_{\phi_D}\\ 0\\ 0\\ 0\\ 0\\ 0\end{bmatrix}
=
$$

$$
\left[\begin{array}{c|ccc}
 & 1 & 0 & 0\\
 & 0 & 1 & 0\\
 & 0 & 0 & 0\\
\boldsymbol{F}_1 & 0 & 0 & 1\\
 & 0 & 0 & 0\\
 & 0 & 0 & 0\\
 & 0 & 0 & 0\\
\hline
\boldsymbol{O}_{3\times7} & & \boldsymbol{O}_{3\times3} &
\end{array}\right]\boldsymbol{X}(t)+\begin{bmatrix}\boldsymbol{W}_1\\ \hline \boldsymbol{O}_{3\times1}\end{bmatrix}\tag{3.73}
$$

$$
\begin{bmatrix}\delta V_N\\ \delta V_E\end{bmatrix}=\left[\begin{array}{ccccccc|ccc}1&0&0&0&0&0&0&0&0&0\\0&1&0&0&0&0&0&0&0&0\end{array}\right]\boldsymbol{X}(t)+\begin{bmatrix}v_1\\ v_2\end{bmatrix}=[\boldsymbol{H}_1\quad \boldsymbol{H}_2]\boldsymbol{X}(t)+\boldsymbol{V}(t)\tag{3.74}
$$

为了使系统对准时待估的姿态失准角与不可观测的传感器误差解耦，定义一个新的状态

$\boldsymbol{X}^{\mathrm{o}}(t)$，这里称其为伪状态矢量。

令

$$\boldsymbol{X}^{\mathrm{o}}(t)=\boldsymbol{T}_{\mathrm{o}}\boldsymbol{X}(t) \tag{3.75}$$

定义

$$\boldsymbol{T}_{\mathrm{o}}=\begin{bmatrix}\boldsymbol{I}_{7\times7} & -\boldsymbol{L}\\ \boldsymbol{O}_{3\times7} & \boldsymbol{I}_{3\times3}\end{bmatrix} \tag{3.76}$$

$$\boldsymbol{L}=\begin{bmatrix}0 & 0 & 0 & \dfrac{1}{g} & 0 & -\dfrac{\Omega_{\mathrm{D}}}{g} & \dfrac{\Omega_{\mathrm{N}}}{g}\\ 0 & 0 & -\dfrac{1}{g} & 0 & -\dfrac{\Omega_{\mathrm{D}}}{g\Omega_{\mathrm{N}}} & 0 & 0\\ 0 & 0 & 0 & 0 & \dfrac{1}{\Omega_{\mathrm{N}}} & 0 & 0\end{bmatrix}^{\mathrm{T}} \tag{3.77}$$

则 PINS 误差模型方程式(3.73)和式(3.74)经线性变换后为

$$\left.\begin{aligned}\dot{\boldsymbol{X}}^{\mathrm{o}}(t)&=\boldsymbol{F}_{\mathrm{o}}\boldsymbol{X}^{\mathrm{o}}(t)+\boldsymbol{W}(t)\\ \boldsymbol{Z}(t)&=\boldsymbol{H}_{\mathrm{o}}\boldsymbol{X}^{\mathrm{o}}(t)+\boldsymbol{V}(t)\end{aligned}\right\} \tag{3.78}$$

其中

$$\boldsymbol{X}^{\mathrm{o}}(t)=\begin{bmatrix}\boldsymbol{X}_1^{\mathrm{o}}(t)\\ \boldsymbol{X}_2^{\mathrm{o}}(t)\end{bmatrix}=\boldsymbol{T}_{\mathrm{o}}\boldsymbol{X}(t),\quad \boldsymbol{F}_{\mathrm{o}}=\boldsymbol{T}_{\mathrm{o}}\boldsymbol{F}\boldsymbol{T}_{\mathrm{o}}^{-1}=\begin{bmatrix}\boldsymbol{F}_1 & \boldsymbol{O}_{7\times3}\\ \boldsymbol{O}_{3\times7} & \boldsymbol{O}_{3\times3}\end{bmatrix}$$

$$\boldsymbol{T}_{\mathrm{o}}\boldsymbol{W}=\begin{bmatrix}\boldsymbol{W}_1^{\mathrm{T}} & \boldsymbol{O}_{3\times1}\end{bmatrix}^{\mathrm{T}},\quad \boldsymbol{H}_{\mathrm{o}}=\boldsymbol{H}\boldsymbol{T}_{\mathrm{o}}^{-1}=\begin{bmatrix}\boldsymbol{H}_1 & \boldsymbol{O}_{2\times3}\end{bmatrix}$$

$$\boldsymbol{X}_1^{\mathrm{o}}(t)=\begin{bmatrix}\delta V_{\mathrm{N}}^{\mathrm{o}}\\ \delta V_{\mathrm{E}}^{\mathrm{o}}\\ \phi_{\mathrm{N}}^{\mathrm{o}}\\ \phi_{\mathrm{E}}^{\mathrm{o}}\\ \phi_{\mathrm{D}}^{\mathrm{o}}\\ \varepsilon_{\mathrm{N}}^{\mathrm{o}}\\ \varepsilon_{\mathrm{D}}^{\mathrm{o}}\end{bmatrix}=\begin{bmatrix}\delta V_{\mathrm{N}}\\ \delta V_{\mathrm{E}}\\ \phi_{\mathrm{N}}+\dfrac{\nabla_{\mathrm{E}}}{g}\\ \phi_{\mathrm{E}}-\dfrac{\nabla_{\mathrm{N}}}{g}\\ \phi_{\mathrm{D}}+\dfrac{\Omega_{\mathrm{U}}}{\Omega_{\mathrm{N}}g}\nabla_{\mathrm{E}}-\dfrac{\varepsilon_{\mathrm{E}}}{\Omega_{\mathrm{N}}}\\ \varepsilon_{\mathrm{N}}+\dfrac{\Omega_{\mathrm{D}}}{g}\nabla_{\mathrm{N}}\\ \varepsilon_{\mathrm{D}}-\dfrac{\Omega_{\mathrm{N}}}{g}\nabla_{\mathrm{N}}\end{bmatrix} \tag{3.79}$$

$$\boldsymbol{X}_2^{\mathrm{o}}(t)=\begin{bmatrix}\nabla_{\mathrm{N}}^{\mathrm{o}}\\ \nabla_{\mathrm{E}}^{\mathrm{o}}\\ \varepsilon_{\mathrm{E}}^{\mathrm{o}}\end{bmatrix}=\begin{bmatrix}\nabla_{\mathrm{N}}\\ \nabla_{\mathrm{E}}\\ \varepsilon_{\mathrm{E}}\end{bmatrix} \tag{3.80}$$

从式(3.73)～式(3.80)可以看出，由于高斯随机变量的线性变换也是高斯随机变量，伪状态与不可观测的传感器偏置成为互不相关的独立状态。姿态误差状态被变换成新的状态，该状态与传感器不可观测的偏置误差是解耦的。通过引入的满秩线性变换$\boldsymbol{T}_{\mathrm{o}}$将原系统变换成两个子系统。子系统1的状态为$\boldsymbol{X}_1^{\mathrm{o}}(t)$，状态方程和量测方程为

$$\left.\begin{aligned}\dot{\boldsymbol{X}}_1^{\mathrm{o}}(t)&=\boldsymbol{F}_1\boldsymbol{X}_1^{\mathrm{o}}(t)+\boldsymbol{W}_1(t)\\ \boldsymbol{Z}(t)&=\boldsymbol{H}_1\boldsymbol{X}_1^{\mathrm{o}}(t)+\boldsymbol{V}(t)\end{aligned}\right\} \tag{3.81}$$

子系统2的状态为$\boldsymbol{X}_2^{\mathrm{o}}(t)$，状态方程为

$$\dot{\boldsymbol{X}}_2^{\circ}(t)=0 \tag{3.82}$$

子系统 2 由状态 ∇_{N}，∇_{E} 和 ε_{E} 组成，$\boldsymbol{X}_2^{\circ}(t)$ 与系统的量测 $\boldsymbol{Z}$ 无关，它们都是不可观测的偏置量，在整个时间过程中不变，因此 $\boldsymbol{X}_2^{\circ}(t)$ 是不可观测的。

子系统 1 的可观测性判别式为

$$\boldsymbol{Q}=\begin{bmatrix}\boldsymbol{H}_1^{\mathrm{T}} & \boldsymbol{F}_1^{\mathrm{T}}\boldsymbol{H}_1^{\mathrm{T}} & (\boldsymbol{F}_1^2)^{\mathrm{T}}\boldsymbol{H}_1^{\mathrm{T}} & \cdots & (\boldsymbol{F}_1^4)^{\mathrm{T}}\boldsymbol{H}_1^{\mathrm{T}}\end{bmatrix}^{\mathrm{T}}$$

判断 $\boldsymbol{Q}$ 第 1 至第 7 行组成的行列式，得

$$|\boldsymbol{Q}'|=-g^5\Omega_{\mathrm{N}}^2 \tag{3.83}$$

这说明，只要 $\Omega_{\mathrm{N}}\neq 0$，即 $L\neq\pm 90°$，子系统 1 是完全可观测的。如果 $\Omega_{\mathrm{N}}=0$，即从式(3.73) 可看出，方位回路与南北回路解耦，无法根据罗经方法进行方位对准。这时，方位误差角和方位陀螺仪偏置是不可观测的，这与罗经法方位对准不能在高纬度地区进行的结论是一致的。

因为变换后子系统 1 的系统矩阵和量测矩阵是原系统的 $\boldsymbol{F}_1$ 和 $\boldsymbol{H}_1$，所以针对滤波器列写系统状态方程和量测方程时，状态就是 $\boldsymbol{X}_1^{\circ}(t)$，不必再作变换。

$$\begin{bmatrix}\delta\dot{V}_{\mathrm{N}}\\ \delta\dot{V}_{\mathrm{E}}\\ \dot{\phi}_{\mathrm{N}}^{\circ}\\ \dot{\phi}_{\mathrm{E}}^{\circ}\\ \dot{\phi}_{\mathrm{D}}^{\circ}\\ \dot{\varepsilon}_{\mathrm{N}}^{\circ}\\ \dot{\varepsilon}_{\mathrm{D}}^{\circ}\end{bmatrix}=\begin{bmatrix}0 & 2\Omega_{\mathrm{D}} & 0 & g & 0 & 0 & 0\\ -2\Omega_{\mathrm{D}} & 0 & -g & 0 & 0 & 0 & 0\\ 0 & 0 & 0 & \Omega_{\mathrm{D}} & 0 & 1 & 0\\ 0 & 0 & -\Omega_{\mathrm{D}} & 0 & \Omega_{\mathrm{N}} & 0 & 0\\ 0 & 0 & 0 & -\Omega_{\mathrm{N}} & 0 & 0 & 1\\ 0 & 0 & 0 & 0 & 0 & 0 & 0\\ 0 & 0 & 0 & 0 & 0 & 0 & 0\end{bmatrix}\begin{bmatrix}\delta V_{\mathrm{N}}\\ \delta V_{\mathrm{E}}\\ \phi_{\mathrm{N}}^{\circ}\\ \phi_{\mathrm{E}}^{\circ}\\ \phi_{\mathrm{D}}^{\circ}\\ \varepsilon_{\mathrm{N}}^{\circ}\\ \varepsilon_{\mathrm{D}}^{\circ}\end{bmatrix}+\begin{bmatrix}w_{\delta V_{\mathrm{N}}}\\ w_{\delta V_{\mathrm{E}}}\\ w_{\phi_{\mathrm{N}}}\\ w_{\phi_{\mathrm{E}}}\\ w_{\phi_{\mathrm{D}}}\\ 0\\ 0\end{bmatrix} \tag{3.84}$$

$$\begin{bmatrix}\delta V_{\mathrm{N}}\\ \delta V_{\mathrm{E}}\end{bmatrix}=\begin{bmatrix}1 & 0 & 0 & 0 & 0 & 0 & 0\\ 0 & 1 & 0 & 0 & 0 & 0 & 0\end{bmatrix}\boldsymbol{X}_1^{\circ}(t)+\begin{bmatrix}v_1\\ v_2\end{bmatrix} \tag{3.85}$$

综上所述，通过变换后的系统分为可观测和不可观测的两个子系统。不可观测的子系统本身不是渐近稳定的，满足不了滤波稳定的要求。但是从式(3.81) 和式(3.82) 可以看出，两个子系统互相独立，$\boldsymbol{X}_2^{\circ}(t)$ 不但本身稳定，而且不受 $\boldsymbol{X}_1^{\circ}(t)$ 的影响，它也不影响 $\boldsymbol{X}_1^{\circ}(t)$。因此，可以将 $\boldsymbol{X}_2^{\circ}(t)$ 去掉，仅用状态解耦的 7 阶可观测子系统 1 和量测量组成滤波器，估计 $\boldsymbol{X}_1^{\circ}(t)$，从而可提高对 $\boldsymbol{X}_1^{\circ}(t)$ 状态的估计速度。

另外，$\boldsymbol{X}_1^{\circ}(t)$ 是变换后的状态矢量，即 $\phi_{\mathrm{N}}^{\circ}$，$\phi_{\mathrm{E}}^{\circ}$，$\phi_{\mathrm{U}}^{\circ}$，$\varepsilon_{\mathrm{N}}^{\circ}$ 和 $\varepsilon_{\mathrm{U}}^{\circ}$ 都不是原来的状态。因此，估计出 $\boldsymbol{X}_1^{\circ}(t)$ 后，需由式(3.79) 再反求出原来的状态。由式(3.79) 可得

$$\left.\begin{aligned}\phi_{\mathrm{N}}&=\phi_{\mathrm{N}}^{\circ}-\frac{\nabla_{\mathrm{E}}}{g}\\ \phi_{\mathrm{E}}&=\phi_{\mathrm{E}}^{\circ}+\frac{\nabla_{\mathrm{N}}}{g}\\ \phi_{\mathrm{D}}&=\phi_{\mathrm{D}}^{\circ}+\frac{\varepsilon_{\mathrm{E}}}{\Omega_{\mathrm{N}}}-\frac{\Omega_{\mathrm{U}}}{\Omega_{\mathrm{N}}g}\nabla_{\mathrm{E}}\approx\phi_{\mathrm{D}}^{\circ}+\frac{\varepsilon_{\mathrm{E}}}{\Omega_{\mathrm{N}}}\end{aligned}\right\} \tag{3.86}$$

从而可得到平台按 $\hat{\phi}_{\mathrm{N}}^{\circ}$ 校正后的失准角误差为

$$\begin{bmatrix}\delta\phi_N\\ \delta\phi_E\\ \delta\phi_D\end{bmatrix}=\begin{bmatrix}\phi_N^{\circ}-\phi_N\\ \phi_E^{\circ}-\phi_E\\ \phi_D^{\circ}-\phi_D\end{bmatrix}=\begin{bmatrix}-\dfrac{\nabla_E}{g}\\ \dfrac{\nabla_N}{g}\\ \dfrac{\varepsilon_E}{\Omega_N}\end{bmatrix}\tag{3.87}$$

这与经典对准方案的结论是一样的。这说明初始对准中平台失准角受加速度计偏置影响，以及方位失准角受东向陀螺仪偏置影响的原因是由于这些影响因素是不可观测的。

3.8.3　方位失准角快速对准法及陀螺标定方法

1. 方位失准角快速对准方法

在前文得到的 PINS 最佳可观测子系统模型方程式(3.84) 和式(3.85) 的基础上，为了进一步提高系统的对准和标定速度，需要对得到的 PINS 可观测子系统误差模型式(3.84) 作进一步简化。

PINS 在静基座的误差传播特性中，由于补偿有害加速度产生的交叉耦合项 $\Omega_D\delta V_E$ 和 $\Omega_D\delta V_N$ 与 $g\phi_E$ 和 $g\phi_N$ 相比很小，所以 $\Omega_D\delta V_N$ 和 $\Omega_D\delta V_E$ 项的影响可以忽略。另外，在系统粗对准后，ϕ_N，ϕ_E 与 ϕ_D 相比较小，ϕ_N 和 ϕ_E 所产生的交叉耦合项误差影响也不显著，因此，$\Omega_N\phi_E$ 和 $\Omega_N\phi_N$ 项也可以忽略。但由于精对准开始时 ϕ_D 可能比较大，故垂直通道对东向通道的耦合项 $\Omega_N\phi_D$ 项不能忽略。如此简化后，一个简化的 PINS 对准误差模型为

$$\dot{\boldsymbol{X}}_1^{\circ}=\boldsymbol{F}'\boldsymbol{X}_1^{\circ}=\begin{bmatrix}0&0&0&g&0&0&0\\0&0&-g&0&0&0&0\\0&0&0&0&0&1&0\\0&0&0&0&\Omega_N&0&0\\0&0&0&0&0&0&1\\0&0&0&0&0&0&0\\0&0&0&0&0&0&0\end{bmatrix}\boldsymbol{X}_1^{\circ}\tag{3.88}$$

利用得到的 PINS 简化状态方程式(3.88) 和量测方程式(3.85)，对于该线性定常系统，有

$$\widetilde{\boldsymbol{Z}}=\boldsymbol{Q}\boldsymbol{X}_1^{\circ}\tag{3.89}$$

其中

$$\boldsymbol{Q}^{T}=[\boldsymbol{H}^{T}\ \vdots\ (\boldsymbol{H}\boldsymbol{F}')^{T}\ \vdots\ (\boldsymbol{H}\boldsymbol{F}'^{2})^{T}\ \vdots\ (\boldsymbol{H}\boldsymbol{F}'^{3})^{T}]$$

$$\widetilde{\boldsymbol{Z}}=[\delta V_N\quad \delta V_E\quad \delta\dot{V}_N\quad \delta\dot{V}_E\quad \delta\ddot{V}_N\quad \delta\ddot{V}_E\quad \delta\dddot{V}_N]$$

即

$$\begin{bmatrix} \delta V_N \\ \delta V_E \\ \delta \dot{V}_N \\ \delta \dot{V}_E \\ \delta \ddot{V}_N \\ \delta \ddot{V}_E \\ \delta \dddot{V}_N \end{bmatrix} = \begin{bmatrix} 1 & 0 & 0 & 0 & 0 & 0 & 0 \\ 0 & 1 & 0 & 0 & 0 & 0 & 0 \\ 0 & 0 & 0 & g & 0 & 0 & 0 \\ 0 & 0 & -g & 0 & 0 & 0 & 0 \\ 0 & 0 & 0 & 0 & g\Omega_N & 0 & 0 \\ 0 & 0 & 0 & 0 & 0 & -g & 0 \\ 0 & 0 & 0 & 0 & 0 & 0 & g\Omega_N \end{bmatrix} \begin{bmatrix} \delta V_N \\ \delta V_E \\ \phi_N^\circ \\ \phi_E^\circ \\ \phi_D^\circ \\ \varepsilon_N^\circ \\ \varepsilon_D^\circ \end{bmatrix} \tag{3.90}$$

将式(3.90)展开,其第 3 至第 7 个表达式为

$$\delta \dot{V}_N = g\phi_E^\circ \tag{3.91}$$

$$\delta \dot{V}_E = -g\phi_N^\circ \tag{3.92}$$

$$\delta \ddot{V}_N = g\Omega_N \phi_D^\circ \tag{3.93}$$

$$\delta \ddot{V}_E = -g\varepsilon_N^\circ \tag{3.94}$$

$$\delta \dddot{V}_N = g\Omega_N \varepsilon_D^\circ \tag{3.95}$$

根据式(3.91)～式(3.93)以及式(3.86),可得到

$$\hat{\phi}_E^\circ = \phi_E + \frac{\nabla_N}{g} = \frac{\delta \dot{V}_N}{g} \tag{3.96}$$

$$\hat{\phi}_N^\circ = \phi_N - \frac{\nabla_E}{g} = -\frac{\delta \dot{V}_E}{g} \tag{3.97}$$

$$\hat{\phi}_D^\circ = \phi_D + \frac{\varepsilon_E}{\Omega_N} = \frac{\delta \ddot{V}_N}{g\Omega_N} \tag{3.98}$$

显然,由式(3.96)～式(3.98)可以得到失准角的估计误差为

$$\begin{bmatrix} \delta\phi_N \\ \delta\phi_E \\ \delta\phi_D \end{bmatrix} = \begin{bmatrix} \hat{\phi}_N^\circ - \phi_N \\ \hat{\phi}_E^\circ - \phi_E \\ \hat{\phi}_D^\circ - \phi_D \end{bmatrix} = \begin{bmatrix} -\dfrac{\nabla_E}{g} \\ \dfrac{\nabla_N}{g} \\ \dfrac{\varepsilon_E}{\Omega_N} \end{bmatrix} \tag{3.99}$$

由此可见,该简化模型的失准角估计误差与得到的最佳可观测子系统模型方程式(3.84)完全相同,即同为式(3.99)。

对式(3.96)进行微分然后代入式(3.98),方位失准角的估计值可以表示为

$$\hat{\phi}_D^\circ = \frac{\dot{\hat{\phi}}_E^\circ}{\Omega_N} \tag{3.100}$$

这意味着,方位失准角的估计值可以通过水平失准角的估计速率计算得到。这时,方位失准角的估算不再依赖于陀螺仪的输出信号,这个特性可用于方位失准角与水平失准角的同时对准,从而使方位失准角的对准时间大大缩短。

2. 陀螺仪的快速标定算法

由于 ε_N° 为可观测状态,所以从式(3.94)可得

$$\varepsilon_N^\circ = -\frac{\delta \ddot{V}_E}{g} \tag{3.101}$$

将式(3.97)代入式(3.101)，得到

$$\varepsilon_N^o = \dot{\hat{\phi}}_N^o \tag{3.102}$$

同理，由于 ε_D 为可观测状态，所以从式(3.95)可得

$$\varepsilon_D^o = \frac{\delta \dddot{V}_N}{g\Omega_N} \tag{3.103}$$

将式(3.98)代入式(3.103)，可得

$$\varepsilon_D^o = \dot{\hat{\phi}}_D^o \tag{3.104}$$

式(3.102)和式(3.104)表明，北向陀螺仪漂移和方位陀螺仪漂移可进一步从北向水平失准角估计速率和方位失准角估计速率而得到，这个现象可用于水平和方位陀螺仪漂移的快速标定。

3.9　捷联式惯导陀螺罗经自对准特性的协方差分析

在很多静基座应用中，利用陀螺罗经效应是一种常用的自对准方式。尽管陀螺罗经自对准的目的是使对准误差趋于零，但是，由于惯性器件误差的存在，实际上对准误差不可能达到零。而在捷联式惯导系统自对准误差中的交叉耦合项能影响系统误差的传播特性。初始航向误差和陀螺仪东向漂移误差有密切的关系，初始水平倾斜角误差和加速度计偏置误差有密切关系。这里利用 W. P. Heung 提出的协方差分析法对陀螺罗经自对准误差的特性进行分析。

3.9.1　传统捷联式惯导系统误差模型的陀螺罗经自对准误差特性分析

传统捷联式惯导系统误差模型是通过给惯导系统误差模型施加坐标变换矩阵得到的。为了研究陀螺罗经自对准误差特性，对 Goshen-Meskin 和 Bar-Itzhack 的误差模型进行改进。以当地水平北东地地理坐标系作为导航坐标系，当考虑陀螺罗经自对准误差特性时，由于位置误差模型没有改变，所以可将其忽略。而加速度计和陀螺仪误差认为是随机常值偏置误差，这样扩充了传感器偏置误差的捷联式惯导系统误差模型可以表示为

$$\dot{\boldsymbol{x}} = \boldsymbol{F}\boldsymbol{x} \tag{3.105}$$

式中，状态变量 $\boldsymbol{x}$ 表示为

$$\begin{aligned}\boldsymbol{x} &= [(\delta\boldsymbol{v}^n)^T \quad (\boldsymbol{\psi}^n)^T \quad (\boldsymbol{\nabla}^b)^T \quad (\boldsymbol{\varepsilon}^b)^T]^T = \\ &[\delta v_N \quad \delta v_E \quad \delta v_D \quad \psi_N \quad \psi_E \quad \psi_D \quad \nabla_N \quad \nabla_E \quad \nabla_D \quad \varepsilon_N \quad \varepsilon_E \quad \varepsilon_D]^T\end{aligned} \tag{3.106}$$

式中，$\delta\boldsymbol{v}$ 为速度误差；$\boldsymbol{\psi}$ 为姿态误差；$\boldsymbol{\nabla}$为加速度计偏置误差；$\boldsymbol{\varepsilon}$ 为陀螺仪漂移误差；上标 n 和 b 分别为导航坐标系和机体坐标系；下标 N，E 和 D 分别为导航坐标系的北向、东向和地向；下标 x，y 和 z 分别为机体坐标系的 3 个坐标轴。

系统动态矩阵 $\boldsymbol{F}$ 可表示为

$$\boldsymbol{F} = \begin{bmatrix} \boldsymbol{F}_{11} & \boldsymbol{F}_{12} & \boldsymbol{F}_{13} & \boldsymbol{O}_{3\times3} \\ \boldsymbol{O}_{3\times3} & \boldsymbol{F}_{22} & \boldsymbol{O}_{3\times3} & \boldsymbol{F}_{24} \\ \boldsymbol{O}_{3\times3} & \boldsymbol{O}_{3\times3} & \boldsymbol{O}_{3\times3} & \boldsymbol{O}_{3\times3} \\ \boldsymbol{O}_{3\times3} & \boldsymbol{O}_{3\times3} & \boldsymbol{O}_{3\times3} & \boldsymbol{O}_{3\times3} \end{bmatrix} \tag{3.107}$$

其中，$\boldsymbol{O}_{3\times3}$ 为 3×3 的零矩阵。

$$\boldsymbol{F}_{11}=\begin{bmatrix}0 & \tilde{\omega}_{\mathrm{D}} & -\tilde{\omega}_{\mathrm{E}}\\ -\tilde{\omega}_{\mathrm{D}} & 0 & \tilde{\omega}_{\mathrm{N}}\\ \tilde{\omega}_{\mathrm{E}} & -\tilde{\omega}_{\mathrm{N}} & 0\end{bmatrix} \tag{3.108}$$

式中

$$\tilde{\boldsymbol{\omega}}=\begin{bmatrix}\tilde{\omega}_{\mathrm{N}}\\ \tilde{\omega}_{\mathrm{E}}\\ \tilde{\omega}_{\mathrm{D}}\end{bmatrix}=\begin{bmatrix}(2\Omega+\dot{l})\cos L\\ -\dot{L}\\ -(2\Omega+\dot{l})\sin L\end{bmatrix} \tag{3.109}$$

式中，Ω 为地球角速率；l 为地理经度；L 为地理纬度。

$$\boldsymbol{F}_{12}=\begin{bmatrix}0 & -f_{\mathrm{D}} & f_{\mathrm{E}}\\ f_{\mathrm{D}} & 0 & -f_{\mathrm{N}}\\ -f_{\mathrm{E}} & f_{\mathrm{N}} & 0\end{bmatrix} \tag{3.110}$$

式中，f_{E}，f_{N}，f_{D} 为比力；$\boldsymbol{F}_{13}$ 和$\boldsymbol{F}_{24}$ 为从机体坐标系到导航坐标系的坐标变换矩阵$\boldsymbol{C}_{\mathrm{b}}^{\mathrm{n}}$。

$\boldsymbol{F}_{22}$ 表示为

$$\boldsymbol{F}_{22}=\begin{bmatrix}0 & \omega_{\mathrm{D}} & -\omega_{\mathrm{E}}\\ -\omega_{\mathrm{D}} & 0 & \omega_{\mathrm{N}}\\ \omega_{\mathrm{E}} & -\omega_{\mathrm{N}} & 0\end{bmatrix} \tag{3.111}$$

其中

$$\boldsymbol{\omega}=\begin{bmatrix}\omega_{\mathrm{N}}\\ \omega_{\mathrm{E}}\\ \omega_{\mathrm{D}}\end{bmatrix}=\begin{bmatrix}(\Omega+\dot{l})\cos L\\ -\dot{L}\\ -(\Omega+\dot{l})\sin L\end{bmatrix} \tag{3.112}$$

在地面静基座自对准的情况下，稳态条件为

$$\begin{bmatrix}f_{\mathrm{N}}\\ f_{\mathrm{E}}\\ f_{\mathrm{D}}\end{bmatrix}=\begin{bmatrix}0\\ 0\\ -g(0)\end{bmatrix} \tag{3.113a}$$

$$\begin{bmatrix}\omega_{\mathrm{N}}\\ \omega_{\mathrm{E}}\\ \omega_{\mathrm{D}}\end{bmatrix}=\begin{bmatrix}\Omega\cos L(0)\\ 0\\ -\Omega\sin L(0)\end{bmatrix}=\begin{bmatrix}\Omega_{\mathrm{N}}(0)\\ 0\\ \Omega_{\mathrm{D}}(0)\end{bmatrix} \tag{3.113b}$$

式中，0 为对准时的值；$g(0)$ 为对准位置处的重力加速度值。

垂直通道和水平通道几乎没关联，因此可以忽略。假设地理坐标位置精确已知，水平速度误差假定为系统的量测值，传感器误差认为是随机常值偏置并且忽略扰动。陀螺罗经自对准方法达到稳态时，有 $\delta v_{\mathrm{N}}=\delta v_{\mathrm{E}}=\delta\dot{v}_{\mathrm{N}}=\delta\dot{v}_{\mathrm{E}}=\boldsymbol{0}$，$\boldsymbol{\psi}^{\mathrm{n}}=\boldsymbol{0}$。由于固定位置对准时系统的可观测性矩阵非满秩，所以系统不完全可观测，稳态对准误差受到传感器常值偏置误差影响的关系如下：

$$\psi_{\mathrm{N}}(0)=\frac{\nabla_{\mathrm{E}}(0)}{g(0)} \tag{3.114a}$$

$$\psi_{\mathrm{E}}(0)=-\frac{\nabla_{\mathrm{N}}(0)}{g(0)} \tag{3.114b}$$

$$\psi_{\mathrm{D}}(0)=-\frac{\varepsilon_{\mathrm{E}}(0)}{g(0)}-\frac{\nabla_{\mathrm{E}}(0)\tan L(0)}{g(0)} \tag{3.114c}$$

式中，$\psi_i(0)(i=\mathrm{N,E,D})$ 为稳态时的对准误差。

在式(3.114c) 中，有 $\left|\dfrac{\varepsilon_{\mathrm{E}}(0)}{\Omega_{\mathrm{N}}(0)}\right| \gg \left|\dfrac{\nabla_{\mathrm{E}}(0)\tan L(0)}{g(0)}\right|$，因此式(3.114c) 可简化为

$$\psi_{\mathrm{D}}(0) = -\frac{\varepsilon_{\mathrm{E}}(0)}{g(0)} \tag{3.114d}$$

在式(3.114) 中，导航坐标系中的传感器误差和机体坐标系中的传感器误差关系如下：

$$\boldsymbol{\nabla}^{\mathrm{n}}(0) = \boldsymbol{C}_{\mathrm{b}}^{\mathrm{n}}(0)\boldsymbol{\nabla}^{\mathrm{b}} \tag{3.115a}$$

$$\boldsymbol{\varepsilon}^{\mathrm{n}}(0) = \boldsymbol{C}_{\mathrm{b}}^{\mathrm{n}}(0)\boldsymbol{\varepsilon}^{\mathrm{b}} \tag{3.115b}$$

式中，$\boldsymbol{C}_{\mathrm{b}}^{\mathrm{n}}(0)$ 为对准时的坐标变换矩阵。

导航开始后，式(3.114) 中的稳态对准误差赋值给初始姿态误差。在式(3.105) 中，假设初始姿态误差和传感器常值偏置误差状态量都是零均值的高斯随机变量，则它们是相关的，即

$$E[\psi_{\mathrm{N}}(0)\nabla_{\mathrm{E}}] \neq 0 \tag{3.116a}$$

$$E[\psi_{\mathrm{E}}(0)\nabla_{\mathrm{N}}] \neq 0 \tag{3.116b}$$

$$E[\psi_{\mathrm{D}}(0)\varepsilon_{\mathrm{E}}] \neq 0 \tag{3.116c}$$

其中，$E[\cdot]$ 表示$[\cdot]$ 的数学期望。

现在分析初始姿态误差的导航误差传播特性。为了简化分析，先做一些假设。假设从机体坐标系到导航坐标系的坐标变换矩阵是按滚转、俯仰和航向轴的顺序旋转的。当静止基座对准时，机体坐标系和导航坐标系是重合的，那么有

$$\boldsymbol{C}_{\mathrm{b}}^{\mathrm{n}}(0) = \begin{bmatrix} 1 & 0 & 0 \\ 0 & 1 & 0 \\ 0 & 0 & 1 \end{bmatrix} \tag{3.117}$$

而且，接下来的导航过程满足式(3.113) 的稳态条件，速度误差状态的初始条件为

$$\delta\boldsymbol{v}^{\mathrm{n}}(0) = \delta\dot{\boldsymbol{v}}^{\mathrm{n}}(0) = \boldsymbol{0} \tag{3.118}$$

利用这些假设条件，首先分析初始东向倾斜角和加速度计北向偏置误差的关系。忽略式(3.105) 中的科里奥利项，选取北向速度误差方程并考虑与北向加速度计偏置误差的相关项，可得

$$\delta\dot{v}_{\mathrm{N}} = -f_{\mathrm{D}}\psi_{\mathrm{E}} + [\boldsymbol{C}_{\mathrm{b}}^{\mathrm{n}}\boldsymbol{\nabla}^{\mathrm{b}}]_{\mathrm{N}} \tag{3.119}$$

其中，$[\cdot]_{\mathrm{N}}$ 表示$[\cdot]$ 的北向分量。

倘若一个捷联式惯导系统在固定位置时保持对准姿态，即$\boldsymbol{C}_{\mathrm{b}}^{\mathrm{n}} = \boldsymbol{C}_{\mathrm{b}}^{\mathrm{n}}(0)$，将式(3.113a)、式(3.114b) 和式(3.117) 代入式(3.119)，可得

$$\delta\dot{v}_{\mathrm{N}} = g(0)\psi_{\mathrm{E}}(0) + C_{11}\nabla_x = g(0)\left[-\frac{C_{11}\nabla_x}{g(0)}\right] + C_{11}\nabla_x = 0 \tag{3.120}$$

式(3.120) 表明，初始东向水平倾斜角误差与加速度计北向偏置误差相互抵消。因此，当北向速度误差为零时，就不会产生北向速度误差。另一方面，当捷联式惯导系统的航向角改变 180°时，即

$$\boldsymbol{C}_{\mathrm{b}}^{\mathrm{n}} = \begin{bmatrix} -1 & 0 & 0 \\ 0 & -1 & 0 \\ 0 & 0 & 1 \end{bmatrix} \tag{3.121}$$

式(3.119) 就变成为

$$\delta\dot{v}_N = -2\nabla_x \tag{3.122a}$$

等价于

$$\delta\dot{v}_N = 2g(0)\psi_E(0) \tag{3.122b}$$

可以看到初始东向水平倾斜角误差与加速度计北向偏置误差产生的影响会相互叠加。这也意味着,绕俯仰轴改变 180° 两者会产生同样的效果。

下面研究初始航向偏差和陀螺仪东向漂移的关系。从式(3.105) 中提取出北向速度误差方程和东向姿态误差方程,忽略科里奥利项。对北向速度误差方程进行微分,加入东向姿态误差方程,并选择和陀螺仪东向漂移有关的项,可得

$$\delta\ddot{v}_N = -f_D\dot{\psi}_E = -f_D\{\Omega_N\psi_D + [\boldsymbol{C}_b^n\boldsymbol{\varepsilon}^b]_E\} \tag{3.123}$$

如果捷联式惯导系统保持对准时的姿态不变,将式(3.113a)、式(3.114d) 和式(3.117) 代入式(3.123) 中,可得

$$\delta\ddot{v}_N = g(0)\{\Omega_N(0)\psi_D(0) + C_{22}\varepsilon_y\} = g(0)\left\{\Omega_N(0)\frac{-C_{22}(0)\varepsilon_y}{\Omega_N(0)} + C_{22}\varepsilon_y\right\} = 0 \tag{3.124}$$

由于从初始航向偏差中消除了陀螺仪东向漂移,所以当 $\delta v_N = \delta\dot{v}_N = 0$ 时,将不会产生北向速度误差。同时,当捷联式惯导系统绕航向轴转动 180° 时,将式(3.121) 代入式(3.123),可得

$$\delta\ddot{v}_N = -2g(0)\varepsilon_y \tag{3.125a}$$

或

$$\delta\ddot{v}_N = 2g(0)\Omega_N(0)\psi_D(0) \tag{3.125b}$$

由式(3.125) 可知,初始航向误差和陀螺仪东向漂移之间的影响会产生叠加。这同样意味着,绕横滚轴转动 180° 也会产生同样的影响效果。

3.9.2 改进捷联式惯导误差模型的陀螺罗经自对准误差特性分析

1. 改进误差模型的推导

为了让初始姿态误差和传感器常值偏置误差无关,这里定义一个新的状态变量 $\boldsymbol{\gamma}$,叫作伪状态矢量,它是对式(3.105) 中的姿态误差矢量 $\boldsymbol{\Psi}$ 进行线性变换得到的:

$$\boldsymbol{\gamma} = \boldsymbol{T}\boldsymbol{x} \tag{3.126}$$

其中,状态变量 $\boldsymbol{x}$ 由式(3.106) 给出。

变换后的变量 $\boldsymbol{\gamma}$ 表示为

$$\boldsymbol{\gamma} = [(\delta\boldsymbol{V}^n)^T \quad (\boldsymbol{\psi}^n)^T \quad (\boldsymbol{\nabla}^b)^T \quad (\boldsymbol{\varepsilon}^b)^T]^T \tag{3.127}$$

非奇异变换矩阵 $\boldsymbol{T}$ 为

$$\boldsymbol{T} = \begin{bmatrix} \boldsymbol{I}_{3\times3} & \boldsymbol{O}_{3\times3} & \boldsymbol{O}_{3\times3} & \boldsymbol{O}_{3\times3} \\ \boldsymbol{O}_{3\times3} & \boldsymbol{I}_{3\times3} & \boldsymbol{T}_{23} & \boldsymbol{T}_{24} \\ \boldsymbol{O}_{3\times3} & \boldsymbol{O}_{3\times3} & \boldsymbol{I}_{3\times3} & \boldsymbol{O}_{3\times3} \\ \boldsymbol{O}_{3\times3} & \boldsymbol{O}_{3\times3} & \boldsymbol{O}_{3\times3} & \boldsymbol{I}_{3\times3} \end{bmatrix} \tag{3.128}$$

式中,$\boldsymbol{I}_{3\times3}$ 为三阶单位矩阵。

$$\boldsymbol{T}_{23}=\begin{bmatrix} -\dfrac{C_{21}(0)}{g(0)} & -\dfrac{C_{22}(0)}{g(0)} & -\dfrac{C_{23}(0)}{g(0)} \\ \dfrac{C_{11}(0)}{g(0)} & \dfrac{C_{12}(0)}{g(0)} & \dfrac{C_{13}(0)}{g(0)} \\ 0 & 0 & 0 \end{bmatrix} \tag{3.129a}$$

$$\boldsymbol{T}_{24}=\begin{bmatrix} 0 & 0 & 0 \\ 0 & 0 & 0 \\ \dfrac{C_{21}(0)}{\Omega_{\mathrm{N}}(0)} & \dfrac{C_{22}(0)}{\Omega_{\mathrm{N}}(0)} & \dfrac{C_{23}(0)}{\Omega_{\mathrm{N}}(0)} \end{bmatrix} \tag{3.129b}$$

在式(3.126) 中，伪状态分量可以简单表示为

$$\gamma_{\mathrm{N}}=\psi_{\mathrm{N}}-\frac{\nabla_{\mathrm{E}}(0)}{g(0)} \tag{3.130a}$$

$$\gamma_{\mathrm{E}}=\psi_{\mathrm{E}}+\frac{\nabla_{\mathrm{N}}(0)}{g(0)} \tag{3.130b}$$

$$\gamma_{\mathrm{D}}=\psi_{\mathrm{D}}+\frac{\varepsilon_{\mathrm{E}}(0)}{\Omega_{\mathrm{N}}(0)} \tag{3.130c}$$

从式(3.126) ～ 式(3.130) 可以看出，高斯随机变量经过线性变换之后仍然是高斯随机变量，因此，无论对准时姿态如何，伪状态变量和传感器偏置误差之间始终是不相关且相互独立的，则

$$E[\gamma_{\mathrm{N}}(0)\nabla_{\mathrm{E}}]=0 \tag{3.131a}$$

$$E[\gamma_{\mathrm{E}}(0)\nabla_{\mathrm{N}}]=0 \tag{3.131b}$$

$$E[\gamma_{\mathrm{D}}(0)\varepsilon_{\mathrm{N}}]=0 \tag{3.131c}$$

可见，由于协方差误差矩阵中没有了非对角矩阵，使得式(3.131) 与传统误差模型中的式(3.116) 不同。

将式(3.126) 代入式(3.105) 中，得到改进的捷联式惯导系统误差模型为

$$\dot{\boldsymbol{\gamma}}=\boldsymbol{T}\boldsymbol{F}\boldsymbol{T}^{-1}\boldsymbol{\gamma}=\begin{bmatrix} \bar{\boldsymbol{F}}_{11} & \bar{\boldsymbol{F}}_{12} & \bar{\boldsymbol{F}}_{13} & \bar{\boldsymbol{F}}_{14} \\ \boldsymbol{O}_{3\times3} & \bar{\boldsymbol{F}}_{22} & \bar{\boldsymbol{F}}_{23} & \bar{\boldsymbol{F}}_{24} \\ \boldsymbol{O}_{3\times3} & \boldsymbol{O}_{3\times3} & \boldsymbol{O}_{3\times3} & \boldsymbol{O}_{3\times3} \\ \boldsymbol{O}_{3\times3} & \boldsymbol{O}_{3\times3} & \boldsymbol{O}_{3\times3} & \boldsymbol{O}_{3\times3} \end{bmatrix}\begin{bmatrix} \delta\boldsymbol{v}^{\mathrm{n}} \\ \boldsymbol{\gamma}^{\mathrm{n}} \\ \boldsymbol{\nabla}^{\mathrm{b}} \\ \boldsymbol{\varepsilon}^{\mathrm{b}} \end{bmatrix} \tag{3.132}$$

其中

$$\bar{\boldsymbol{F}}_{11}=\boldsymbol{F}_{11} \tag{3.133a}$$

$$\bar{\boldsymbol{F}}_{12}=\boldsymbol{F}_{12} \tag{3.133b}$$

$$\bar{\boldsymbol{F}}_{22}=\boldsymbol{F}_{22} \tag{3.133c}$$

$$\bar{\boldsymbol{F}}_{13}=\begin{bmatrix} C_{11}+\dfrac{f_{\mathrm{D}}C_{11}(0)}{g(0)} & C_{12}+\dfrac{f_{\mathrm{D}}C_{12}(0)}{g(0)} & C_{13}+\dfrac{f_{\mathrm{D}}C_{13}(0)}{g(0)} \\ C_{21}+\dfrac{f_{\mathrm{D}}C_{21}(0)}{g(0)} & C_{22}+\dfrac{f_{\mathrm{D}}C_{22}(0)}{g(0)} & C_{23}+\dfrac{f_{\mathrm{D}}C_{23}(0)}{g(0)} \\ C_{31}-\dfrac{f_{\mathrm{E}}C_{11}(0)}{g(0)}-\dfrac{f_{\mathrm{E}}C_{21}(0)}{g(0)} & C_{32}-\dfrac{f_{\mathrm{E}}C_{12}(0)}{g(0)}-\dfrac{f_{\mathrm{E}}C_{22}(0)}{g(0)} & C_{33}-\dfrac{f_{\mathrm{E}}C_{13}(0)}{g(0)}-\dfrac{f_{\mathrm{E}}C_{23}(0)}{g(0)} \end{bmatrix} \tag{3.133d}$$

$$\bar{\boldsymbol{F}}_{14}=\begin{bmatrix} -\dfrac{f_{\mathrm{E}}C_{21}(0)}{\Omega_{\mathrm{N}}(0)} & -\dfrac{f_{\mathrm{E}}C_{22}(0)}{\Omega_{\mathrm{N}}(0)} & -\dfrac{f_{\mathrm{E}}C_{23}(0)}{\Omega_{\mathrm{N}}(0)} \\ \dfrac{f_{\mathrm{N}}C_{21}(0)}{\Omega_{\mathrm{N}}(0)} & \dfrac{f_{\mathrm{N}}C_{22}(0)}{\Omega_{\mathrm{N}}(0)} & \dfrac{f_{\mathrm{N}}C_{23}(0)}{\Omega_{\mathrm{N}}(0)} \\ 0 & 0 & 0 \end{bmatrix} \tag{3.133e}$$

$$\bar{\boldsymbol{F}}_{23}=\begin{bmatrix} -\dfrac{\omega_{\mathrm{D}}C_{11}(0)}{g(0)} & -\dfrac{\omega_{\mathrm{D}}C_{12}(0)}{g(0)} & -\dfrac{\omega_{\mathrm{D}}C_{13}(0)}{g(0)} \\ -\dfrac{\omega_{\mathrm{D}}C_{21}(0)}{g(0)} & -\dfrac{\omega_{\mathrm{D}}C_{22}(0)}{g(0)} & -\dfrac{\omega_{\mathrm{D}}C_{23}(0)}{g(0)} \\ \dfrac{\omega_{\mathrm{N}}C_{11}(0)+\omega_{\mathrm{E}}C_{21}(0)}{g(0)} & \dfrac{\omega_{\mathrm{N}}C_{12}(0)+\omega_{\mathrm{E}}C_{22}(0)}{g(0)} & \dfrac{\omega_{\mathrm{N}}C_{13}(0)+\omega_{\mathrm{E}}C_{23}(0)}{g(0)} \end{bmatrix} \tag{3.133f}$$

$$\bar{\boldsymbol{F}}_{24}=\begin{bmatrix} C_{11}+\dfrac{\omega_{\mathrm{E}}C_{21}(0)}{\Omega_{\mathrm{N}}(0)} & C_{12}+\dfrac{\omega_{\mathrm{E}}C_{22}(0)}{\Omega_{\mathrm{N}}(0)} & C_{13}+\dfrac{\omega_{\mathrm{E}}C_{23}(0)}{\Omega_{\mathrm{N}}(0)} \\ C_{21}+\dfrac{\omega_{\mathrm{N}}C_{21}(0)}{\Omega_{\mathrm{N}}(0)} & C_{22}+\dfrac{\omega_{\mathrm{N}}C_{22}(0)}{\Omega_{\mathrm{N}}(0)} & C_{23}+\dfrac{\omega_{\mathrm{N}}C_{23}(0)}{\Omega_{\mathrm{N}}(0)} \\ C_{31} & C_{32} & C_{33} \end{bmatrix} \tag{3.133g}$$

由以上可知,初始姿态误差矢量可以简单地通过 $\boldsymbol{T}$ 矩阵的变换而得到。

2. 陀螺罗径对准误差特性

对改进的捷联式惯导系统误差模型与传统误差模型中的陀螺罗经自对准误差特性进行对比。考虑到前面所作的假设,首先分析初始东向水平倾斜角与加速度计北向偏置误差之间的关系。从式(3.132) 和式(3.133a) 以及 $\gamma_{\mathrm{E}}(0)=0$,可得

$$\delta\ddot{v}_{\mathrm{N}}=[\boldsymbol{C}_{\mathrm{b}}^{\mathrm{n}}\boldsymbol{\nabla}^{\mathrm{b}}]_{\mathrm{N}}-[\boldsymbol{C}_{\mathrm{b}}^{\mathrm{n}}(0)\boldsymbol{\nabla}^{\mathrm{b}}]_{\mathrm{N}}=(C_{11}-C_{11}(0))\ \nabla_{x} \tag{3.134}$$

由式(3.134) 可以看出,如果保持对准时的姿态不变,两者之间将出现抵消。如果捷联式惯导系统绕航向轴或俯仰轴转动 180°,则它们之间将产生叠加。

现在来研究初始航向误差和陀螺仪东向漂移的关系。由式(3.132) 可以得到东向陀螺仪漂移的方程为

$$\delta\ddot{v}_{\mathrm{N}}=g(0)\{[\boldsymbol{C}_{\mathrm{b}}^{\mathrm{n}}\boldsymbol{\varepsilon}^{\mathrm{b}}]_{\mathrm{E}}-[\boldsymbol{C}_{\mathrm{b}}^{\mathrm{n}}(0)\boldsymbol{\varepsilon}^{\mathrm{b}}]_{\mathrm{E}}\}=g(0)(C_{22}-C_{22}(0))\varepsilon_{y} \tag{3.135}$$

这同样说明,没有姿态变化时将出现相互抵消的现象,当航向轴或滚转轴转动 180° 时会产生相互叠加。可见,无论是在传统误差模型还是改进误差模型当中,初始水平偏差和初始航向偏差的特性是相同的,这两种模型是等效的。

3. 新观点

下面讨论一些有关陀螺罗经自对准误差的新观点。首先,在静基座条件下,如果沿地向轴的加速度与沿地向轴的重力加速度不同,则即使捷联式惯导系统保持对准时的姿态不变,也不能使初始水平倾斜角与相应的加速度计偏置误差之间产生抵消。其次,如果在位置改变过程中有速度的变化,这也会干扰航向误差和陀螺仪东向漂移之间的抵消关系。例如,如果纬度和经度变化率的余弦值是对准时的两倍,则航向轴转动 90° 就会造成同等幅度的北向速率误差。最后,陀螺罗经自对准误差对航向敏感的现象是由从机体坐标系到导航坐标系进行欧拉

变换时绕滚转轴或俯仰轴的旋转所引起的。

3.9.3　陀螺罗经自对准误差特性的协方差分析

在本小节中，考虑到两种误差模型的一致性，将使用两种协方差分析法分析陀螺罗经自对准误差的特性。第一种方法是使用传统的误差模型，由于其初始姿态误差状态量和传感器偏置误差状态量有关联，所以非对角线部分包括在初始协方差矩阵中；第二种方法是用改进的误差模型，由于初始姿态误差状态量和传感器偏置状态量无关联，所以初始协方差矩阵只包含对角成分。为了对比两种方法，使用简化的协方差分析例子，一个针对初始东向水平倾斜角，另一个针对初始航向角误差。

1. 初始东向水平倾斜的情况

对于初始东向水平倾斜的情况，为了采用第一种方法对式(3.105) 中的传统误差模型进行协方差分析，下面使用一种简单的包含东向水平倾斜角和加速度计北向偏置关系的误差模型：

$$\begin{bmatrix}\delta\dot{v}_N\\ \dot{\psi}_E\\ \dot{\nabla}_x\end{bmatrix}=\begin{bmatrix}0 & -f_D & C_{11}\\ 0 & 0 & 0\\ 0 & 0 & 0\end{bmatrix}\begin{bmatrix}\delta v_N\\ \psi_E\\ \nabla_x\end{bmatrix}\tag{3.136}$$

其中，所有的误差状态量都被认为是零均值高斯随机变量。

利用式(3.136) 给出的误差模型，在陀螺罗经法自对准后进行导航误差的协方差分析。这里，离散的协方差分析线性变换公式表示为

$$\boldsymbol{P}(k)=\boldsymbol{\Phi}(k,0)\boldsymbol{P}(0)\,\boldsymbol{\Phi}^{\mathrm{T}}(k,0)\tag{3.137}$$

式中，$\boldsymbol{\Phi}(k,0)=\mathrm{e}^{\boldsymbol{A}k\Delta t}$ 为状态变换矩阵；$\boldsymbol{P}(k)$ 为误差协方差矩阵，其初值为

$$\boldsymbol{P}(0)=\begin{bmatrix}0 & 0 & 0\\ 0 & \psi_E^2(0) & \psi_E(0)\nabla_x\\ 0 & \psi_E(0)\nabla_x & \nabla_x^2\end{bmatrix}\tag{3.138}$$

通过分析计算，利用式(3.113a)、式(3.114d) 和式(3.117)，k 个步长后标准的北向速度误差可以表示为

$$\sigma_{\delta v_N}(k)=\sqrt{P_{11}(k)}=\left|C_{11}(k)-C_{11}(0)\right|\nabla_x k\Delta t\tag{3.139}$$

式中，P_{ij} 为矩阵 $\boldsymbol{P}$ 的第 i 行第 j 列；Δt 为步长。

在式(3.139) 中，如果捷联式惯导系统保持对准姿态，即 $C_{11}(k)=C_{11}(0)=1$，那么 $\sigma_{\delta v_N}(k)$ 的值就为零，也就产生了抵消；如果捷联式惯导系统绕航向轴转动 180°，它们之间的影响将会相互叠加。

下面使用第二种方法，对式(3.136) 的误差模型进行改进，使用式(3.130b) 中的伪状态分量 γ_E，这样式(3.136) 就变成为

$$\begin{bmatrix}\delta\dot{v}_N\\ \dot{\gamma}_E\\ \dot{\nabla}_x\end{bmatrix}=\begin{bmatrix}0 & -f_D & C_{11}+\dfrac{f_D C_{11}(0)}{g(0)}\\ 0 & 0 & 0\\ 0 & 0 & 0\end{bmatrix}\begin{bmatrix}\delta v_N\\ \gamma_E\\ \nabla_x\end{bmatrix}\tag{3.140}$$

如果式(3.140)用于协方差分析,初始协方差矩阵是对角阵,可表示为

$$\boldsymbol{P}(0)=\mathrm{diag}[0 \quad 0 \quad \nabla_x^2] \tag{3.141}$$

k 个步长后的标准北向速度误差也可以表示为式(3.139)的形式,这样同样可以看到通过改变航向产生了相互抵消与叠加的情况。结果表明,对于初始东向水平倾斜的情况,两种方法产生了相同的结果。

2. 初始航向偏差的情况

为了采用第一种方法对式(3.105)中的传统误差模型进行协方差分析,下面使用一种简单的包含航向误差和陀螺仪东向漂移关系的误差模型:

$$\begin{bmatrix}\delta\dot{v}_N\\ \dot{\psi}_E\\ \dot{\psi}_D\\ \dot{\varepsilon}_y\end{bmatrix}=\begin{bmatrix}0 & -f_D & 0 & 0\\ 0 & 0 & \omega_N & C_{22}\\ 0 & 0 & 0 & 0\\ 0 & 0 & 0 & 0\end{bmatrix}\begin{bmatrix}\delta v_N\\ \psi_E\\ \psi_D\\ \varepsilon_y\end{bmatrix} \tag{3.142}$$

如果用式(3.142)进行协方差分析,则非对角协方差矩阵初值为

$$\boldsymbol{P}(0)=\begin{bmatrix}0 & 0 & 0 & 0\\ 0 & 0 & 0 & 0\\ 0 & 0 & \psi_D^2(0) & \psi_D(0)\varepsilon_y\\ 0 & 0 & \psi_D(0)\varepsilon_y & \varepsilon_y^2\end{bmatrix} \tag{3.143}$$

然后,利用式(3.113)、式(3.114d)和式(3.117),那么 k 个步长后标准的北向速度误差可以表示为

$$\sigma_{\delta v_N}(k)=\sqrt{P_{11}(k)}=|C_{22}(k)-C_{22}(0)|\varepsilon_x g(0)\frac{k^2\Delta t^2}{2} \tag{3.144}$$

在式(3.144)中,如果捷联式惯导系统保持对准姿态,那么 $\sigma_{\delta v_N}(k)$ 的值就成了零,也就相互抵消了;如果捷联式惯导系统绕航向轴转动180°,就会产生相互叠加的现象。

接下来使用第二种方法,用伪状态分量 γ_E 和 γ_D 得到改进的误差模型。唯一不同的是,忽略了加速度计北向偏置误差。这里假设 γ_E 与 ψ_E 相等,系统模型可表示为

$$\begin{bmatrix}\delta\dot{v}_N\\ \dot{\psi}_E\\ \dot{\gamma}_D\\ \dot{\varepsilon}_y\end{bmatrix}=\begin{bmatrix}0 & -f_D & 0 & 0\\ 0 & 0 & \omega_N & C_{22}-\dfrac{\omega_N C_{22}(0)}{\Omega_N(0)}\\ 0 & 0 & 0 & 0\\ 0 & 0 & 0 & 0\end{bmatrix}\begin{bmatrix}\delta v_N\\ \psi_E\\ \gamma_D\\ \varepsilon_y\end{bmatrix} \tag{3.145}$$

在初始协方差矩阵为对角阵的情况下,用式(3.145)进行协方差分析:

$$\boldsymbol{P}(0)=\mathrm{diag}[0 \quad 0 \quad \varepsilon_y^2] \tag{3.146}$$

k 个步长后标准的北向速率误差也可以表示为式(3.144)的形式,这样同样能看到通过改变航向产生的相互抵消与相互叠加关系。

从两种情况的结果来看,当用协方差法分析陀螺罗经自对准误差特性时,两种方法给出了相同的结果。虽然证明两种方法的统一性是在特殊情况下进行的,但在其他情况下,这个结果也是一样的。

3.10　本章小结

本章首先介绍了捷联式惯导系统初始对准的实施过程及算法，并对两种解析粗对准算法的精度进行了对比分析。然后，对SINS地面对准时的静基座误差模型，通过引入李雅普诺夫变换，论证了SINS与PINS模型的等价性。为了解决PINS静基座对准时方位失准角收敛慢的问题，通过对得到的PINS完全可观测子系统模型进行简化，导出了方位失准角、水平陀螺仪及方位陀螺仪与水平失准角估计速率的关系表达式。这样，用水平失准角速率直接来估计方位失准角和标定陀螺仪误差，这一性质对设计水平和方位快速对准滤波器是非常有用的。最后，介绍了两种协方差分析法在分析静基座对准时由于惯性器件误差引起的陀螺罗经自对准误差特性时的应用情况。一是为了展现在传统捷联式惯导系统误差模型中初始姿态误差和惯性传感器偏置误差之间的关系；二是为了展现在改进的捷联式惯导系统误差模型中初始姿态误差和惯性传感器漂移之间的无关性。由结果可知：即使捷联式惯导系统保持对准时的姿态不变，垂直轴向的加速度或位置变化也会对陀螺罗经自对准误差和惯性传感器漂移之间的关系产生影响。

第4章　捷联式惯导系统静基座多位置初始对准方法

4.1 引　言

捷联式惯导系统常用卡尔曼滤波方法进行初始对准和标定，在设计卡尔曼滤波器之前，通常先进行系统的可观测性分析，确定卡尔曼滤波器的滤波效果。因为对于可观测的状态变量，卡尔曼滤波估计结果会收敛；而对于那些不可观测的状态变量，卡尔曼滤波器是很难将它估计出来的。从捷联式惯导系统静基座误差模型式(2.120)和式(2.121)可知，系统的可观测性矩阵的秩是7，因此系统是不完全可观测系统。可见，捷联式惯导系统固定位置对准时系统的可观测性矩阵不满秩，系统不完全可观测，无法对系统误差模型的所有状态进行估计。

惯导系统的可观测性是决定对准精度和速度的一个重要因素，为了实现地面静基座快速精确对准，可以通过增加量测信息，来改善系统的可观测性。J. G. Lee, C. G. Park 等人的研究发现，等效地转动载体能够巧妙地变换SINS误差模型中的系统矩阵，从而改善SINS的可观测性，提高对准精度和速度。由于姿态或传感器误差的测量难以得到，故可通过载体坐标系与导航坐标系之间坐标变换矩阵的变化来代替更多的传感器。在静基座上，有两种坐标变换矩阵变化的方法：一种是改变载体的姿态；另一种是转动惯性测量单元(IMU)。多位置对准是相对于传统固定位置对准而言的。研究结果表明，捷联式惯导系统的对准误差通过采用多位置技术而大大减小。因此，自然地就提出两个问题：① 为了获得最好的对准精度所需要的最少位置数目是多少；② 对于给定的多位置对准，最优对准方式是什么。

本章在对绕正交轴旋转SINS可观测性分析的基础上，分别介绍了最优两位置对准、最优三位置对准以及任意方位多位置对准的方法。

4.2 绕正交轴旋转SINS可观测性

4.2.1 SINS等价误差模型的建立

采用东北天导航坐标系建立的SINS误差状态模型为

$$\dot{\boldsymbol{X}}=\boldsymbol{A}(t)X+\boldsymbol{W}(t) \tag{4.1}$$

量测模型为

$$\boldsymbol{Z}=\boldsymbol{HX}+\boldsymbol{V}(t) \tag{4.2}$$

由于式(4.1)中包含着时变的捷联矩阵$\boldsymbol{C}_b^n$，其元素皆为姿态角的正、余弦函数，所以利用该模型很难对 SINS 进行分析。下面引入李雅普诺夫变换，得到 SINS 的等价模型，以简化 SINS 的可观测性分析过程。

对于线性系统，式(4.1)的齐次动态方程为

$$\dot{\boldsymbol{X}}=\boldsymbol{A}(t)\boldsymbol{X}$$

引入李雅普诺夫变换：

$$\boldsymbol{X}_{\mathrm{I}}=\boldsymbol{M}(t)\boldsymbol{X} \tag{4.3}$$

则

$$\dot{\boldsymbol{X}}_{\mathrm{I}}=\boldsymbol{A}_{\mathrm{I}}(t)\boldsymbol{X}_{\mathrm{I}}$$

式中，$\boldsymbol{A}_{\mathrm{I}}(t)=[\dot{\boldsymbol{M}}(t)+\boldsymbol{M}(t)\boldsymbol{A}(t)]\boldsymbol{M}^{-1}(t)$。

根据李雅普诺夫变换矩阵 $\boldsymbol{M}(t)$ 的性质，令

$$\boldsymbol{M}(t)=\begin{bmatrix}\boldsymbol{I}_{6\times6} & \boldsymbol{O}_{6\times6}\\ \boldsymbol{O}_{6\times6} & \boldsymbol{T}(t)\end{bmatrix},\quad \boldsymbol{T}(t)=\begin{bmatrix}\boldsymbol{C}_{\mathrm{b}}^{\mathrm{n}}(t) & \boldsymbol{O}_{3\times3}\\ \boldsymbol{O}_{3\times3} & \boldsymbol{C}_{\mathrm{b}}^{\mathrm{n}}(t)\end{bmatrix} \tag{4.4}$$

由式(4.4)可见，为了对原系统进行李雅普诺夫变换，需要将式(2.38)的系统状态变量扩充为 12 维，即

$$\boldsymbol{X}=[\delta V_{\mathrm{E}}\quad \delta V_{\mathrm{N}}\quad \delta V_{\mathrm{U}}\quad \phi_{\mathrm{E}}\quad \phi_{\mathrm{N}}\quad \phi_{\mathrm{U}}\quad \nabla_x\quad \nabla_y\quad \nabla_z\quad \varepsilon_x\quad \varepsilon_y\quad \varepsilon_z]^{\mathrm{T}} \tag{4.5}$$

则扩充后的系统矩阵为

$$\boldsymbol{A}(t)=\begin{bmatrix}\boldsymbol{F} & \boldsymbol{T}(t)\\ \boldsymbol{O}_{6\times6} & \boldsymbol{O}_{6\times6}\end{bmatrix} \tag{4.6}$$

$$\boldsymbol{F}=\begin{bmatrix}0 & 2\Omega_{\mathrm{U}} & 2\Omega_{\mathrm{N}} & 0 & -g & 0\\ -2\Omega_{\mathrm{U}} & 0 & 0 & g & 0 & 0\\ -2\Omega_{\mathrm{N}} & 0 & 0 & 0 & 0 & 0\\ 0 & 0 & 0 & 0 & \Omega_{\mathrm{U}} & -\Omega_{\mathrm{N}}\\ 0 & 0 & 0 & -\Omega_{\mathrm{U}} & 0 & 0\\ 0 & 0 & 0 & \Omega_{\mathrm{N}} & 0 & 0\end{bmatrix}$$

利用式(4.3)进行变换可得

$$\boldsymbol{X}_{\mathrm{I}}=[\delta V_{\mathrm{E}}\quad \delta V_{\mathrm{N}}\quad \delta V_{\mathrm{U}}\quad \phi_{\mathrm{E}}\quad \phi_{\mathrm{N}}\quad \phi_{\mathrm{U}}\quad \nabla_{\mathrm{E}}\quad \nabla_{\mathrm{N}}\quad \nabla_{\mathrm{U}}\quad \varepsilon_{\mathrm{E}}\quad \varepsilon_{\mathrm{N}}\quad \varepsilon_{\mathrm{U}}]^{\mathrm{T}} \tag{4.7}$$

式中

$$\begin{cases}\nabla_{\mathrm{E}}=C_{11}\nabla_x+C_{12}\nabla_y+C_{13}\nabla_z\\ \nabla_{\mathrm{N}}=C_{21}\nabla_x+C_{22}\nabla_y+C_{23}\nabla_z\\ \nabla_{\mathrm{U}}=C_{31}\nabla_x+C_{32}\nabla_y+C_{33}\nabla_z\\ \varepsilon_{\mathrm{E}}=C_{11}\varepsilon_x+C_{12}\varepsilon_y+C_{13}\varepsilon_z\\ \varepsilon_{\mathrm{N}}=C_{21}\varepsilon_x+C_{22}\varepsilon_y+C_{23}\varepsilon_z\\ \varepsilon_{\mathrm{U}}=C_{31}\varepsilon_x+C_{32}\varepsilon_y+C_{33}\varepsilon_z\end{cases}$$

对 SINS 状态方程式(4.1)和量测方程式(4.2)进行李雅普诺夫变换，可得

$$\boldsymbol{A}_{\mathrm{I}}(t)=\begin{bmatrix}\boldsymbol{F} & \boldsymbol{I}_{6\times6}\\ \boldsymbol{O}_{6\times6} & \begin{matrix}\widetilde{\boldsymbol{\Omega}}_{\mathrm{nb}}^{\mathrm{b}}(t) & \boldsymbol{O}_{3\times3}\\ \boldsymbol{O}_{3\times3} & \widetilde{\boldsymbol{\Omega}}_{\mathrm{nb}}^{\mathrm{b}}(t)\end{matrix}\end{bmatrix} \tag{4.8}$$

$$\boldsymbol{H}_{\mathrm{I}}=\boldsymbol{H}\boldsymbol{M}^{-1}=\boldsymbol{H}$$

其中，$\tilde{\boldsymbol{\Omega}}_{nb}^{b}(t)=\boldsymbol{C}_{b}^{n}\boldsymbol{\Omega}_{nb}^{b}(t)(\boldsymbol{C}_{b}^{n})'$ 为反对称矩阵。

$$\tilde{\boldsymbol{\Omega}}_{nb}^{b}(t)=\begin{bmatrix}0 & -\tilde{\omega}_z(t) & \tilde{\omega}_y(t)\\ \tilde{\omega}_z(t) & 0 & -\tilde{\omega}_x(t)\\ -\tilde{\omega}_y(t) & \tilde{\omega}_x(t) & 0\end{bmatrix}\tag{4.9}$$

式中

$$\begin{cases}\tilde{\omega}_z(t)=k_1\omega_z-k_2\omega_y+k_3\omega_x\\ \tilde{\omega}_y(t)=-k_4\omega_z+k_5\omega_y-k_6\omega_x\\ \tilde{\omega}_x(t)=k_7\omega_z-k_8\omega_y+k_9\omega_x\end{cases}$$

其中

$$\left.\begin{array}{l}k_1=\cos\theta\cos\gamma,\quad k_2=-\sin\theta,\quad k_3=-\cos\theta\sin\gamma\\ k_4=\cos\phi\sin\theta\cos\gamma+\sin\phi\sin\gamma,\quad k_5=\cos\phi\cos\theta,\quad k_6=\sin\phi\cos\gamma-\cos\phi\sin\theta\sin\gamma\\ k_7=\cos\phi\sin\gamma-\sin\phi\sin\theta\sin\gamma,\quad k_8=-\sin\phi\cos\theta,\quad k_9=\cos\phi\cos\gamma+\sin\phi\sin\theta\sin\gamma\end{array}\right\}\tag{4.10}$$

初始位置时，载体坐标系与导航坐标系重合，因此 $\phi=0,\theta=0,\gamma=0$，将其代入式(4.10)可得 $k_1=1,k_2=0,k_3=0,k_4=0,k_5=1,k_6=0,k_7=0,k_8=0,k_9=1$。则式(4.9)可以简化为

$$\tilde{\boldsymbol{\Omega}}_{nb}^{b}(t)=\begin{bmatrix}0 & -\omega_z(t) & \omega_y(t)\\ \omega_z(t) & 0 & -\omega_x(t)\\ -\omega_y(t) & \omega_x(t) & 0\end{bmatrix}\tag{4.11}$$

由式(4.11)可以看出，通过等价变换后的系统矩阵里已不含姿态信息$\boldsymbol{C}_{b}^{n}$。这样，通过等价变换后 SINS 的误差状态方程为

$$\dot{\boldsymbol{X}}_{I}=\boldsymbol{A}_{I}(t)\boldsymbol{X}_{I}+\boldsymbol{W}(t)\tag{4.12}$$

量测方程为

$$\boldsymbol{Z}=\boldsymbol{H}\boldsymbol{X}_{I}+\boldsymbol{V}(t)\tag{4.13}$$

则 SINS 原状态矢量 $\boldsymbol{X}$ 经线性变换后为 $\boldsymbol{X}_{I}=[\delta V_E\ \ \delta V_N\ \ \phi_E\ \ \phi_N\ \ \phi_U\ \ \nabla_E\ \ \nabla_N\ \ \varepsilon_E\ \ \varepsilon_N\ \ \varepsilon_U]^T$。显然，经李雅普诺夫等价变换后 SINS 状态方程式(4.12)、量测方程式(4.13)与平台式惯导系统(PINS)的误差状态模型在形式上完全相同，其差别仅在于变换后的状态量中，∇_E，∇_N，ε_E，ε_N，ε_U 分别为加速度计偏置和陀螺仪漂移在导航坐标系中的等效值。这样，就可以用变换后的误差模型分析原系统误差模型的可观测性。

4.2.2　绕正交轴旋转 SINS 可观测性分析

从捷联式惯导系统静基座误差模型式(2.120)和式(2.121)可知，系统可观测性矩阵的秩是 7。可见，捷联式惯导系统固定位置对准时系统的可观测性矩阵不满秩，系统不完全可观测，因此应用卡尔曼滤波器无法对系统误差模型中的所有状态进行估计。其中，东向、北向加速度计零偏和东向陀螺仪常值漂移为不可观测状态，这些不可观测状态限制了 PINS 在静基座条件下初始对准的精度和速度。对于 SINS，可以通过绕旋转轴一次旋转改变 SINS 的对准位置，从而引入姿态变化来提高 SINS 误差模型的可观测性。这时可采用分段线性定常系统(PWCS)来分析系统的可观测性。

根据PWCS理论，用离散PWCS提取的可观测矩阵(SOM)代替总可观测性矩阵(TOM)来分析离散系统的可观测性。上述利用李雅普诺夫变换后SINS的等价模型方程式(4.12)和式(4.13)对应的齐次方程形式为

$$\dot{\boldsymbol{X}}_{\mathrm{I}}(t)=\boldsymbol{A}_{\mathrm{I}}(j)\,\boldsymbol{X}_{\mathrm{I}}(t) \tag{4.14}$$

$$\boldsymbol{Z}_j(t)=\boldsymbol{H}_j\,\boldsymbol{X}_{\mathrm{I}}(t) \tag{4.15}$$

式中，j 为某一时间段，$j=1,2,\cdots,r$。在每一时间段内，$\boldsymbol{A}_{\mathrm{I}}(j)$ 和$\boldsymbol{H}_j$ 是固定不变的，得到观测矢量的各次微分，从而得到系统在第 j 时间段的可观测性矩阵：

$$\boldsymbol{Q}_j=[\boldsymbol{H}_j^{\mathrm{T}}\quad (\boldsymbol{H}_j\boldsymbol{F}_j)^{\mathrm{T}}\quad \cdots\quad (\boldsymbol{H}_j\boldsymbol{F}_j^{n-1})^{\mathrm{T}}]^{\mathrm{T}} \tag{4.16}$$

$$\boldsymbol{Q}(r)=\begin{bmatrix}\boldsymbol{Q}_1\\ \boldsymbol{Q}_2\mathrm{e}^{A_{\mathrm{I}}(1)\Delta_1}\\ \vdots\\ \boldsymbol{Q}_r\mathrm{e}^{A_{\mathrm{I}}(r-1)\Delta_{r-1}}\cdots\mathrm{e}^{A_{\mathrm{I}}(1)\Delta_1}\end{bmatrix},\quad \boldsymbol{Q}_{\mathrm{s}}(r)=\begin{bmatrix}\boldsymbol{Q}_1\\ \boldsymbol{Q}_2\\ \vdots\\ \boldsymbol{Q}_r\end{bmatrix} \tag{4.17}$$

式中，$\Delta_j(j=1,2,\cdots,r)$ 为 t_j 到 t_{j+1} 的时间间隔；$\boldsymbol{Q}(r)$ 和$\boldsymbol{Q}_{\mathrm{s}}(r)$ 分别为系统的总可观测矩阵(TOM)和系统提取的可观测矩阵(SOM)。

根据以上分析，两位置对准时系统的总可观测性矩阵(TOM)为

$$\boldsymbol{Q}(2)=\begin{bmatrix}\boldsymbol{Q}_1\\ \boldsymbol{Q}_2\mathrm{e}^{A_{\mathrm{I}}(1)\Delta_1}\end{bmatrix} \tag{4.18}$$

根据等价变换后SINS的误差状态方程和量测方程，可以得到SINS两位置对准时的SOM为

$$\boldsymbol{Q}_{\mathrm{s}}(2)=[\boldsymbol{Q}_1\quad \boldsymbol{Q}_2]^{\mathrm{T}} \tag{4.19}$$

式中，$\boldsymbol{Q}_1$，$\boldsymbol{Q}_2$ 分别为SINS在第一和第二个时间段的可观测矩阵。

下面对IMU分别绕方位轴、横滚轴和俯仰轴旋转到第二位置时系统的可观测性进行分析。

1. IMU绕方位轴旋转

根据可观测性的定义，两个外观测量是完全可观测的。因此，只需要分析简化后子系统的可观测性矩阵即可，则第一时间段系统经初等变换并略去小量得到该时间段SOM为

$$\boldsymbol{Q}'_{\mathrm{s}}(1)=\begin{bmatrix}0 & -g & 0 & 1 & 0 & 0 & 0 & 0\\ g & 0 & 0 & 0 & 1 & 0 & 0 & 0\\ \Omega_{\mathrm{U}} & 0 & 0 & 0 & 0 & 0 & -1 & 0\\ 0 & \Omega_{\mathrm{U}} & -\Omega_{\mathrm{N}} & 0 & 0 & 1 & 0 & 0\\ 0 & 0 & 0 & 0 & 0 & 0 & 0 & 0\\ \Omega_{\mathrm{N}} & 0 & 0 & 0 & 0 & 0 & 0 & 1\\ 0 & 0 & 0 & 0 & 0 & 0 & 0 & 0\\ \vdots & \vdots & \vdots & \vdots & \vdots & \vdots & \vdots & \vdots\end{bmatrix}$$

可以看出，第一时间段系统可观测性矩阵与静态单位置相同，子矩阵的秩 $\mathrm{rank}[\boldsymbol{Q}'_{\mathrm{s}}(1)]=5$，故 $\mathrm{rank}[\boldsymbol{Q}_{\mathrm{s}}(1)]=7<10$，系统是不完全可观测的。第二时间段航向角变化，产生恒定的 ω_z，这时SOM变为

$$
\boldsymbol{Q}'_{\mathrm{s}}(2)=\begin{bmatrix}
0 & -g & 0 & 1 & 0 & 0 & 0 & 0\\
g & 0 & 0 & 0 & 1 & 0 & 0 & 0\\
\Omega_{\mathrm{U}} & 0 & 0 & 0 & 0 & 0 & -1 & 0\\
0 & \Omega_{\mathrm{U}} & -\Omega_{\mathrm{N}} & 0 & 0 & 1 & 0 & 0\\
0 & 0 & 0 & 0 & 0 & 0 & 0 & 0\\
\Omega_{\mathrm{N}} & 0 & 0 & 0 & 0 & 0 & 0 & 1\\
0 & 0 & 0 & 0 & 0 & 0 & 0 & 0\\
0 & 0 & 0 & 0 & 0 & 0 & 0 & 0\\
0 & 0 & 0 & 0 & -\omega_z & 0 & 0 & 0\\
0 & 0 & 0 & \omega_z & 0 & 0 & 0 & 0\\
0 & 0 & 0 & 0 & 0 & -\omega_z & 0 & 0\\
0 & 0 & 0 & 0 & 0 & 0 & \omega_z & 0\\
\vdots & \vdots & \vdots & \vdots & \vdots & \vdots & \vdots & \vdots
\end{bmatrix}
$$

可以看出，当纬度 $L\neq 90^{\circ}$ 时，第二时间段子矩阵的秩 $\mathrm{rank}[\boldsymbol{Q}'_{\mathrm{s}}(2)]=8$，故 $\mathrm{rank}[\boldsymbol{Q}_{\mathrm{s}}(2)]=10$，系统变为完全可观测的。

2. IMU 绕横滚轴旋转

第一时间段与IMU绕方位轴旋转的情况相同，故 $\mathrm{rank}[\boldsymbol{Q}_{\mathrm{s}}(1)]=7$。第二时间段弹体产生恒定的 ω_y，该时间段经过初等变换的 SOM 为

$$
\boldsymbol{Q}'_{\mathrm{s}}(2)=\begin{bmatrix}
0 & -g & 0 & 1 & 0 & 0 & 0 & 0\\
g & 0 & 0 & 0 & 1 & 0 & 0 & 0\\
\Omega_{\mathrm{U}} & 0 & 0 & 0 & 0 & 0 & -1 & 0\\
0 & \Omega_{\mathrm{U}} & -\Omega_{\mathrm{N}} & 0 & 0 & 1 & 0 & 0\\
0 & 0 & 0 & 0 & 0 & 0 & 0 & 0\\
\Omega_{\mathrm{N}} & 0 & 0 & 0 & 0 & 0 & 0 & 1\\
0 & 0 & 0 & 0 & 0 & 0 & 0 & 0\\
0 & 0 & 0 & 0 & 0 & 0 & 0 & 0\\
0 & 0 & 0 & 0 & 0 & 0 & 0 & 0\\
0 & 0 & 0 & 0 & 0 & 0 & 0 & 0\\
0 & 0 & 0 & 0 & 0 & 0 & 0 & 0\\
0 & 0 & 0 & 0 & 0 & 0 & 0 & \omega_y\\
0 & 0 & 0 & 0 & 0 & 0 & 0 & 0\\
0 & 0 & 0 & 0 & 0 & \Omega_{\mathrm{N}}-\omega_y & 0 & 0\\
\vdots & \vdots & \vdots & \vdots & \vdots & \vdots & \vdots & \vdots
\end{bmatrix}
$$

可以看出，当纬度 $L\neq 90^{\circ}$ 时，第 2 时间段子矩阵的秩 $\mathrm{rank}[\boldsymbol{Q}'_{\mathrm{s}}(2)]=7$，故 $\mathrm{rank}[\boldsymbol{Q}_{\mathrm{s}}(2)]=9$，系统为不完全可观测的。

3. IMU 绕俯仰轴旋转

第一时间段与IMU绕方位轴旋转的情况相同，故 $\mathrm{rank}[\boldsymbol{Q}_{\mathrm{s}}(1)]=7$。第二时间段弹体产生

恒定的 ω_x，该时间段经过初等变换的 SOM 为

$$
\boldsymbol{Q}'_{\mathrm{s}}(2)=\begin{bmatrix}
0 & -g & 0 & 1 & 0 & 0 & 0 & 0\\
g & 0 & 0 & 0 & 1 & 0 & 0 & 0\\
\Omega_{\mathrm{U}} & 0 & 0 & 0 & 0 & 0 & -1 & 0\\
0 & \Omega_{\mathrm{U}} & -\Omega_{\mathrm{N}} & 0 & 0 & 1 & 0 & 0\\
0 & 0 & 0 & 0 & 0 & 0 & 0 & 0\\
\Omega_{\mathrm{N}} & 0 & 0 & 0 & 0 & 0 & 0 & 1\\
0 & 0 & 0 & 0 & 0 & 0 & 0 & 0\\
0 & 0 & 0 & 0 & 0 & 0 & 0 & 0\\
0 & 0 & 0 & 0 & 0 & 0 & 0 & 0\\
0 & 0 & 0 & 0 & 0 & 0 & 0 & 0\\
0 & 0 & 0 & 0 & 0 & 0 & 0 & \omega_x\\
0 & 0 & 0 & 0 & 0 & 0 & 0 & 0\\
0 & 0 & 0 & 0 & 0 & 0 & \omega_x^2 & 0\\
\vdots & \vdots & \vdots & \vdots & \vdots & \vdots & \vdots & \vdots
\end{bmatrix}
$$

可以看出，当纬度 $L\neq 90°$ 时，第 2 时间段子矩阵的秩 $\mathrm{rank}[\boldsymbol{Q}'_{\mathrm{s}}(2)]=6$，故 $\mathrm{rank}[\boldsymbol{Q}_{\mathrm{s}}(2)]=8$，系统为不完全可观测的。

综上所述，IMU 绕 3 个正交轴方向旋转进行静基座两位置对准时，绕方位轴旋转系统可变为完全可观测的，而绕横滚轴和俯仰轴旋转系统仍是不完全可观测的。而实际工程应用中，所关注的问题是，多位置对准时绕何轴转动以及转动多少角度可使滤波估计结果最优，才能实现快速精确对准。因此，对工程应用具有实际参考意义的是知悉系统误差状态达到最优估计时 IMU 的转动方式和最优转动角位置。

4.3　最优多位置初始对准方法

定义 s 为 IMU 本体坐标系，b 为载体坐标系，以东北天地理坐标系为导航坐标系 n。初始时刻，IMU 坐标系与载体坐标系重合，IMU 绕 z_{s} 轴转动。IMU 坐标系与载体坐标系的位置关系如图 4.1 所示。

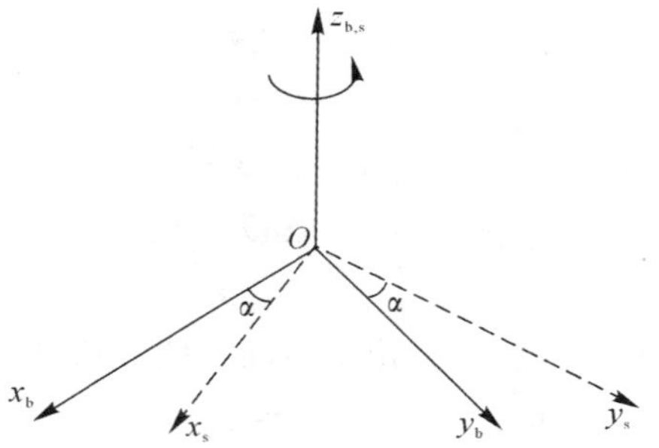

图 4.1　IMU 坐标系与载体坐标系的位置关系

由上述系统可观测性分析可知，IMU 绕方位轴转动可使系统变为完全可观测的。因此，下面以绕方位轴转动为基础来寻找最优的对准位置。

在理想角速度$\boldsymbol{\omega}_{is}^{s}$的激励下，IMU 中陀螺仪的测量输出可表示为

$$\tilde{\boldsymbol{\omega}}_{is}^{s}=(\boldsymbol{I}+\delta\boldsymbol{K}_{G})(\boldsymbol{I}+\delta\boldsymbol{C}_{G})\boldsymbol{\omega}_{is}^{s}+\boldsymbol{\varepsilon}+\boldsymbol{\varepsilon}_{n} \tag{4.20}$$

式中，$\tilde{\boldsymbol{\omega}}_{is}^{s}$为陀螺仪的输出值；$\delta\boldsymbol{K}_{G}$，$\delta\boldsymbol{C}_{G}$分别为陀螺仪的比例因子误差矩阵和安装误差矩阵；$\boldsymbol{\omega}_{is}^{s}$为陀螺仪真实输入值；$\boldsymbol{\varepsilon}$，$\boldsymbol{\varepsilon}_{n}$分别为陀螺仪的随机常值误差和随机噪声。

将式(4.20)展开并略去二阶小量，可得陀螺仪的输出误差为

$$\delta\boldsymbol{\omega}_{is}^{s}=\delta\boldsymbol{k}_{G}\,\boldsymbol{\omega}_{is}^{s}+\boldsymbol{\varepsilon}+\boldsymbol{\varepsilon}_{n} \tag{4.21}$$

其中，$\delta\boldsymbol{\omega}_{is}^{s}=\tilde{\boldsymbol{\omega}}_{is}^{s}-\boldsymbol{\omega}_{is}^{s}$，$\delta\boldsymbol{k}_{G}=\delta\boldsymbol{K}_{G}+\delta\boldsymbol{C}_{G}$。

假设初始时刻 s 系、b 系与 n 系重合，IMU 以角速率ω_{z}绕载体的方位轴旋转。旋转过程中，载体静止，t时刻 IMU 本体坐标系到载体坐标系的转换矩阵为

$$\boldsymbol{C}_{s}^{b}=\begin{bmatrix}\cos\omega_{z}t & -\sin\omega_{z}t & 0\\ \sin\omega_{z}t & \cos\omega_{z}t & 0\\ 0 & 0 & 1\end{bmatrix}=\begin{bmatrix}\cos\alpha & -\sin\alpha & 0\\ \sin\alpha & \cos\alpha & 0\\ 0 & 0 & 1\end{bmatrix} \tag{4.22}$$

式中，$\alpha=\omega_{z}t$为 IMU 相对载体坐标系转过的角度，逆时针为正。

设载体坐标系相对惯性坐标系的理想角速度为$\boldsymbol{\omega}_{ib}^{b}$，则陀螺仪的理想输入为

$$\boldsymbol{\omega}_{is}^{s}=\boldsymbol{C}_{b}^{s}\,\boldsymbol{\omega}_{ib}^{b}+\boldsymbol{\omega}_{bs}^{s} \tag{4.23}$$

其中，$\boldsymbol{\omega}_{bs}^{s}=[0\quad 0\quad \omega_{z}]^{T}$，$\boldsymbol{C}_{b}^{s}=(\boldsymbol{C}_{s}^{b})^{T}$。

将式(4.22)和式(4.23)代入式(4.21)，并将陀螺仪的输出误差投影到导航坐标系，可得

$$\delta\boldsymbol{\omega}_{is}^{n}=\boldsymbol{C}_{s}^{n}[\delta\boldsymbol{k}_{G}(\boldsymbol{C}_{b}^{s}\,\boldsymbol{\omega}_{ib}^{b}+\boldsymbol{\omega}_{bs}^{s})+\boldsymbol{\varepsilon}+\boldsymbol{\varepsilon}_{n}] \tag{4.24}$$

式中，$\boldsymbol{C}_{s}^{n}=\boldsymbol{C}_{b}^{n}\boldsymbol{C}_{s}^{b}$，b 系与 n 系重合，$\boldsymbol{C}_{b}^{n}=\boldsymbol{I}$。

4.3.1 最优两位置的确定

忽略陀螺仪的比例因子误差、安装误差和随机噪声的影响，由式(4.22)和式(4.23)可得在导航坐标系中等效陀螺仪常值漂移可表示为

$$\boldsymbol{\varepsilon}_{1}^{n}=\begin{bmatrix}\varepsilon_{1x}\\ \varepsilon_{1y}\\ \varepsilon_{1z}\end{bmatrix}=\begin{bmatrix}\varepsilon_{x}\cos\alpha-\varepsilon_{y}\sin\alpha\\ \varepsilon_{x}\sin\alpha+\varepsilon_{y}\cos\alpha\\ \varepsilon_{z}\end{bmatrix} \tag{4.25}$$

若绕方位轴旋转到$\alpha+\Delta\alpha$位置时，其中$0<\Delta\alpha<360°$，则第 2 位置的导航坐标系等效陀螺仪漂移为

$$\boldsymbol{\varepsilon}_{2}^{n}=\begin{bmatrix}\varepsilon_{2x}\\ \varepsilon_{2y}\\ \varepsilon_{2z}\end{bmatrix}=\begin{bmatrix}\varepsilon_{x}\cos(\alpha+\Delta\alpha)-\varepsilon_{y}\sin(\alpha+\Delta\alpha)\\ \varepsilon_{x}\sin(\alpha+\Delta\alpha)+\varepsilon_{y}\cos(\alpha+\Delta\alpha)\\ \varepsilon_{z}\end{bmatrix} \tag{4.26}$$

比较式(4.25)和式(4.26)可见，绕方位轴转动不能补偿方位陀螺仪漂移误差，如果使

$$\left.\begin{aligned}\varepsilon_{1x}+\varepsilon_{2x}=0\\ \varepsilon_{1y}+\varepsilon_{2y}=0\end{aligned}\right\} \tag{4.27}$$

可以唯一解得$\Delta\alpha=180°$。

因此，使IMU在α和$\alpha+180^\circ$这两个位置上分别停留相同的时间t_s，那么在导航坐标系下的等效误差为

$$\left.\begin{aligned} t_s(\varepsilon_{1x}+\varepsilon_{2x})=0 \\ t_s(\varepsilon_{1y}+\varepsilon_{2y})=0 \end{aligned}\right\} \tag{4.28}$$

由此可见，当IMU绕方位轴从初始位置旋转180°到第2位置时，如图4.2所示，等效东向和北向陀螺仪漂移误差的符号由正变为负。因此，由式(4.28)可知，若在两个位置处停留相同时间，可以相互抵消两个水平陀螺仪的常值漂移误差。由于方位失准角的估计误差与等效东向陀螺仪漂移有关，所以两位置对准可以提高方位失准角的估计精度。而在IMU转动过程中，由于z轴陀螺仪敏感轴始终没有变化，所以两位置对准时方位陀螺仪漂移的估计精度不高。

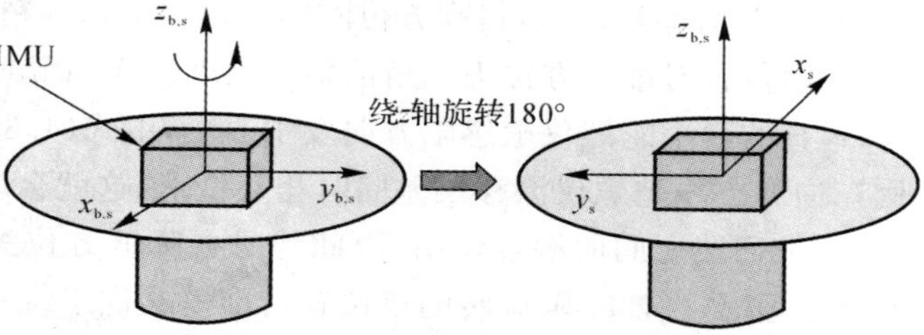

图 4.2　最优两位置对准转动示意图

4.3.2　最优三位置的确定

在保证方位失准角估计精度的前提下，在两位置的基础上，再通过绕x_s轴旋转$\Delta\beta$到第三个位置，其中$0<\Delta\beta<180^\circ$，得到第3个位置的导航坐标系下等效陀螺仪常值漂移为

$$\boldsymbol{\varepsilon}_3^n=\begin{bmatrix}\varepsilon_{3x}\\ \varepsilon_{3y}\\ \varepsilon_{3z}\end{bmatrix}=\begin{bmatrix}-\varepsilon_x\\ -\varepsilon_y\cos\Delta\beta+\varepsilon_z\sin\Delta\beta\\ \varepsilon_y\sin\Delta\beta+\varepsilon_z\cos\Delta\beta\end{bmatrix} \tag{4.29}$$

由初始位置$\alpha=0$，代入式(4.25)和式(4.26)可得

$$\boldsymbol{\varepsilon}_1^n=[\varepsilon_x\quad \varepsilon_y\quad \varepsilon_z]^T,\quad \boldsymbol{\varepsilon}_2^n=[-\varepsilon_x\quad -\varepsilon_y\quad \varepsilon_z]^T \tag{4.30}$$

比较式(4.29)和式(4.30)可见，如果使

$$\left.\begin{aligned} t_s(\varepsilon_{3y}+\varepsilon_{2y}+\varepsilon_{1y})=0 \\ t_s(\varepsilon_{3z}+\varepsilon_{2z}+\varepsilon_{1z})=0 \end{aligned}\right\} \tag{4.31}$$

当取$\Delta\beta=90^\circ$时，由式(4.31)可得，在两位置对准的基础上，IMU绕x_s轴旋转90°到第3个位置时，与x_s轴垂直的两个陀螺仪敏感轴方向发生改变，若在这3个位置处停留相同时间，可以相互抵消北向和方位陀螺仪常值漂移误差，提高方位陀螺仪漂移的估计精度。另外，旋转过程中x_s轴保持不动，可保证两位置对准中方位失准角的估计精度。

同理，若IMU绕y_s轴旋转$\Delta\gamma$到第三个位置，得到第三个位置的导航坐标系下等效陀螺仪常值漂移为

$$\boldsymbol{\varepsilon}_3^n=\begin{bmatrix}\varepsilon_{3x}\\ \varepsilon_{3y}\\ \varepsilon_{3z}\end{bmatrix}=\begin{bmatrix}-\varepsilon_x\cos\Delta\gamma-\varepsilon_z\sin\Delta\gamma\\ -\varepsilon_y\\ -\varepsilon_x\sin\Delta\gamma+\varepsilon_z\cos\Delta\gamma\end{bmatrix} \tag{4.32}$$

比较式(4.32)和式(4.30)可知,如果使

$$\left.\begin{aligned}t_s(\varepsilon_{3x}+\varepsilon_{2x}+\varepsilon_{1x})=0\\t_s(\varepsilon_{3z}+\varepsilon_{2z}+\varepsilon_{1z})=0\end{aligned}\right\}\tag{4.33}$$

当取 $\Delta\gamma=90°$ 时,由式(4.33)可得,IMU 绕 y_s 轴从第二个位置旋转90°到第3个位置,且在3个位置处停留相同时间,可以相互抵消东向和方位陀螺仪漂移误差,这就会削弱与INS类似的方位对准回路和北向水平对准回路之间的耦合作用,因此势必会降低方位失准角的估计精度。

由此可得,在两位置对准的基础上,IMU 绕 x_s 轴旋转 90°到第3个位置时,与 x_s 轴垂直的两个陀螺仪敏感轴方向发生改变,由式(4.31)可知,若在这3个位置处停留相同时间,则可以相互抵消北向和方位陀螺仪常值漂移误差,提高方位陀螺仪漂移的估计精度。另外,旋转过程中 x_s 轴保持不动,可保证两位置对准中方位失准角的估计精度。而当IMU绕 y_s 轴旋转90°到第3个位置时,与 y_s 轴垂直的两个陀螺仪敏感轴方向发生改变,由式(4.33)可知,若在3个位置处停留相同时间,则东向和方位陀螺仪漂移误差同时相互抵消,这就会削弱与INS类似的方位对准回路和北向水平对准回路之间的耦合作用,因此势必会降低方位失准角的估计精度。综上所述,在两位置基础上,IMU 绕 x_s 轴旋转的三位置对准模式优于绕 y_s 轴的旋转模式,由此可得最优三位置转动示意图如图4.3所示。

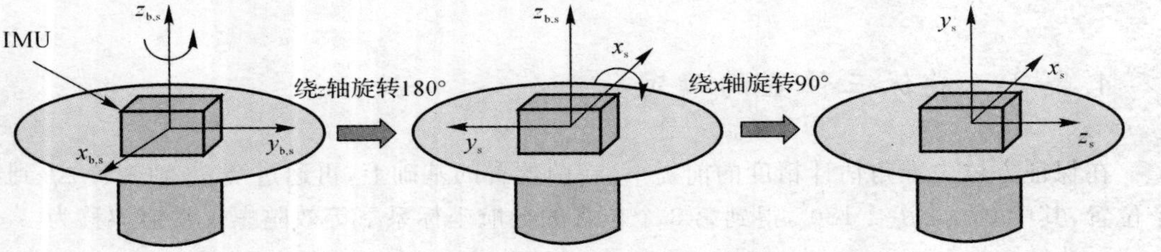

图4.3 最优三位置对准转动示意图

卡尔曼滤波器的估计误差协方差阵是衡量系统可观测度的重要性能指标,旋转过程中最优位置的确定,是使估计误差协方差阵最小,误差协方差阵由 Riccati 方程获得:

$$\left.\begin{aligned}&\boldsymbol{P}_i^{-1}(k)=[\boldsymbol{\Phi}_i^{\mathrm{T}}(k,k-1)\boldsymbol{P}_i(k-1)\boldsymbol{\Phi}_i(k,k-1)+\boldsymbol{Q}]^{-1}+\boldsymbol{H}^{\mathrm{T}}\boldsymbol{R}^{-1}\boldsymbol{H}\\&\boldsymbol{P}_i(0)=\boldsymbol{P}_{i-1}(n)\quad(k=1,2,\cdots,r)\end{aligned}\right\}\tag{4.34}$$

式中,下标 i 为时间段序号;$\boldsymbol{\Phi}_i(j,k)=\mathrm{e}^{(j-k)\boldsymbol{A}_i\Delta_i}$ 为在第 i 时间段上从 k 到 j 的状态转移矩阵。

由于卡尔曼滤波器中估计误差协方差没有解析解,所以只能利用式(4.34)求得数值解。

4.3.3 仿真实例

仿真初始条件:状态变量 $\boldsymbol{X}$ 的初始值 $\boldsymbol{X}(0)$ 取零,陀螺仪常值漂移为0.01 °/h,随机漂移为0.01 °/h;加速度计常值零偏为100 μg,随机偏置为50 μg。

(1)最优两位置对准的情况。两位置对准时,首先使 SINS 固定不动,过一段时间后改变IMU的位置。系统仿真时间为600 s,仿真步长为0.1 s,初始位置取为IMU坐标系和载体坐标系重合的位置。在300 s时IMU绕方位轴转到第二个位置。图4.4、图4.6、图4.8分别表示旋转角 α 在0°～360°(步长为30°)变化时,方位失准角、东向和北向加速度计偏置的估计误差

变化曲线;图 4.5、图 4.7、图 4.9 分别表示了相应的估计误差收敛情况。

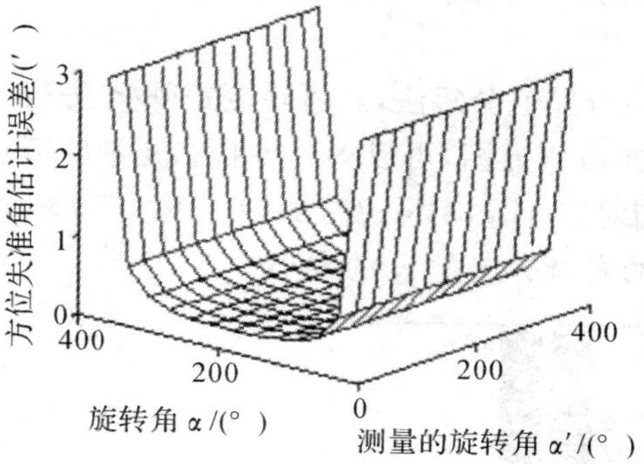

图 4.4　两位置对准时方位失准角的估计误差与旋转角变化的对应关系

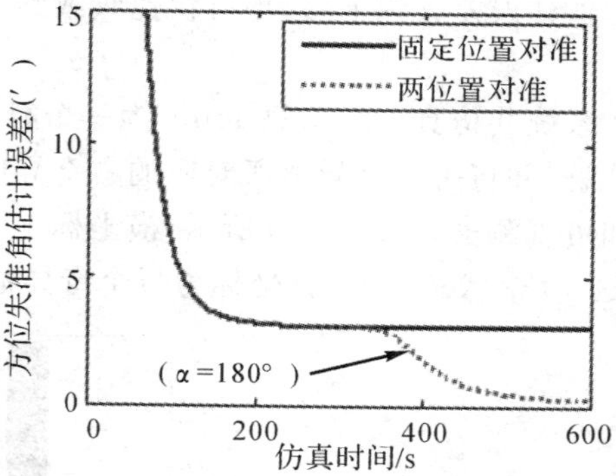

图 4.5　两位置对准时方位失准角估计误差方差的收敛情况

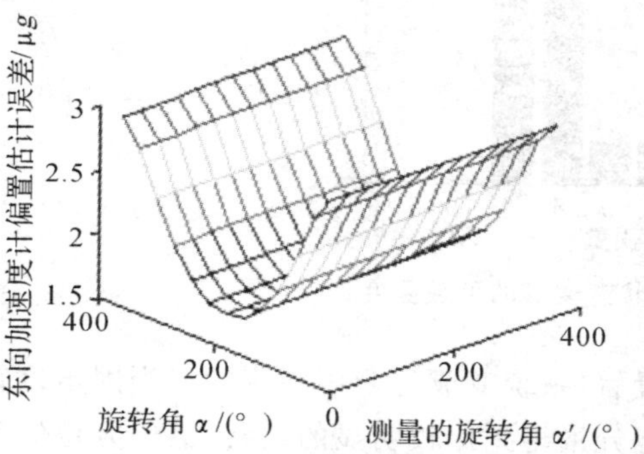

图 4.6　两位置对准时东向加速度计偏置的估计误差与旋转角变化的对应关系

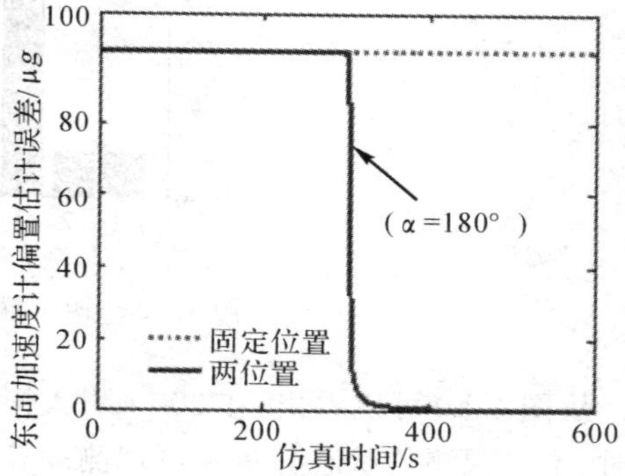

图 4.7　两位置对准时东向加速度计偏置估计误差方差的收敛情况

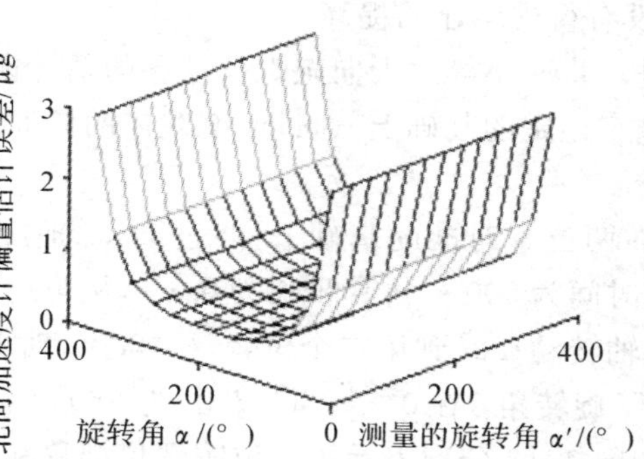

图 4.8　两位置对准时北向加速度计偏置的估计误差与旋转角变化的对应关系

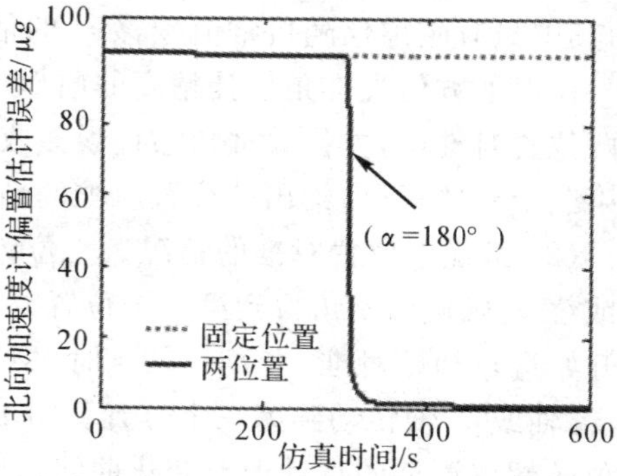

图 4.9　两位置对准时北向加速度计偏置估计误差方差的收敛情况

从图 4.4、图 4.6、图 4.8 可以看出,当 IMU 绕方位轴的旋转角 α 为180°时,方位失准角、东向和北向加速度计偏置的估计误差协方差值最小,而且具有最好的位置变化灵敏度。对应这种最优两位置对准,从图 4.5 中可以明显看出两位置对准与固定位置对准相比改善了方位失准角的估计效果,提高了估计精度,在引入第二个位置后能快速收敛到 0.3′,其精度为固定位置的 10 倍。从图 4.7 和图 4.9 也可明显看出在引入第二个位置后，两个水平方向加速度计偏置的估计误差大幅下降，均可快速收敛到 0.7 μg 以内。下面进一步分析各状态分量的可观测度。

系统共仿真 600 s，每 150 s 为一个时间段，应用奇异值分解法，对可观测矩阵$\boldsymbol{Q}_s$ 进行奇异值分解，并将每个奇异值所对应的右奇异向量 $\boldsymbol{v}_i$ 绘制成直方图，可以得到各状态变量的可观测性和可观测度，如图 4.10 所示，横坐标 1 ～ 10 分别对应 δV_E，δV_N，ϕ_E，ϕ_N，ϕ_U，∇_E，∇_N，ε_E，ε_N，ε_U 这 10 个状态变量，纵坐标为每个奇异值所对应的右奇异向量 $\boldsymbol{v}_i$ 的大小。

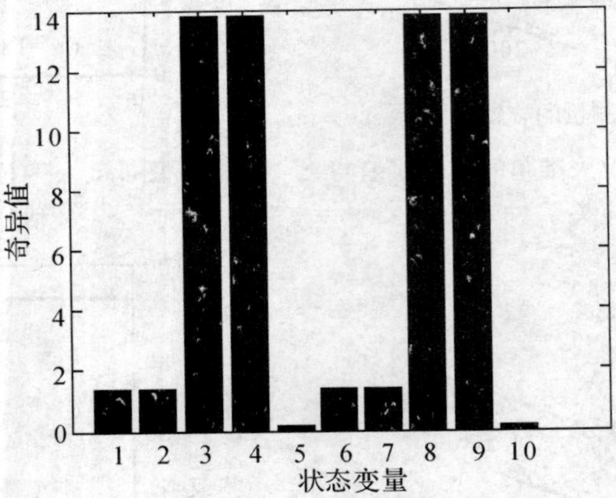

图 4.10　两位置对准系统状态变量的可观测度

从图 4.10 可以看出，在 300 s 引入第二个位置后，系统变成完全可观测的。当固定位置对准时，不可观测的状态分量和可观测度较低的状态分量得到比较明显的改善，其中方位失准角 ϕ_U 的可观测性在引入第二个位置时得到了明显的提高，可观测度也大大提高。仿真结果表明，最优两位置对准可以有效改善捷联式惯导系统的可观测性，提高部分状态变量的估计精度，其中只有陀螺仪随机常值漂移 ε_z 的估计精度没有得到明显的提高。

在保证方位失准角估计精度的前提下，为了进一步减小等效天向陀螺仪漂移的估计误差，在两位置对准中，方位失准角估计误差收敛过程趋于稳定的基础上，通过改变载体的俯仰角得到第三个位置，下面给出三位置对准的结果分析。

(2) 最优三位置对准的情况。三位置对准是在两位置对准的基础上，通过绕 x_s 轴旋转 β 角或绕 y_s 轴旋转 γ 角得到第三个位置。系统仿真时间为 900 s，仿真步长为 0.1 s，从第一个位置开始进行初始对准，当 $t=300$ s 时 IMU 绕方位轴转动180° 到第二个位置，$t=600$ s 时 IMU 绕 x_s 轴或 y_s 轴转动到第三个位置。图 4.11 表示了旋转角 β 在 0° ～ 360°（步长为30°）变化时，方位陀螺仪漂移的估计误差变化曲线。图 4.12 和图 4.13 分别表示了方位陀螺仪漂移和方位失准角估计误差方差的收敛情况。图 4.14 表示了三位置对准时系统状态变量的可观测度。

由图 4.11 可知，当 IMU 绕 x_s 轴转动90° 时，所得到的第三个位置具有最小的方位陀螺仪漂移估计误差和最好的位置变化灵敏度。对应该最优三位置对准，从图 4.12 中可明显看出三位置对准与两位置对准相比改善了方位陀螺仪漂移的估计效果，提高了估计精度，其中绕 x_s 轴比绕 y_s 轴的位置变化更能降低估计误差，在引入第三个位置后方位陀螺仪漂移的估计精度达到了0.01 °/h。图 4.13 表明，三位置对准较两位置进一步提高了方位失准角的估计精度，达到 0.1′。

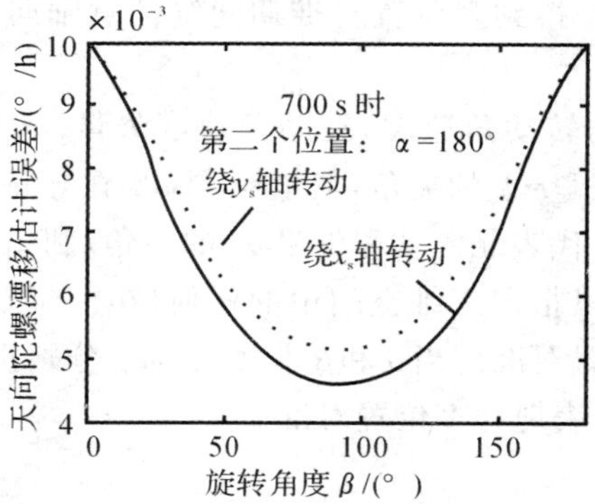

图 4.11　三位置对准时方位陀螺仪漂移的估计误差与旋转角的对应关系

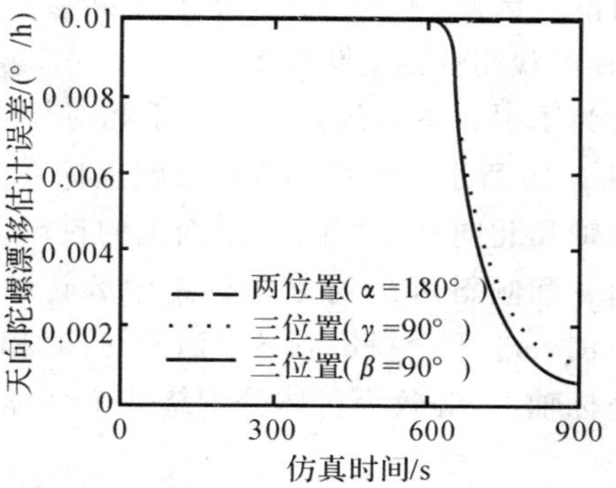

图 4.12　三位置对准时方位陀螺仪漂移估计误差方差的收敛情况

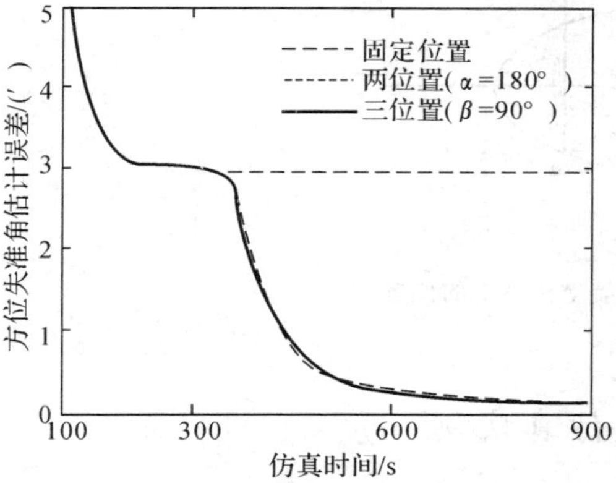

图 4.13　三位置对准时方位失准角估计误差方差的收敛情况

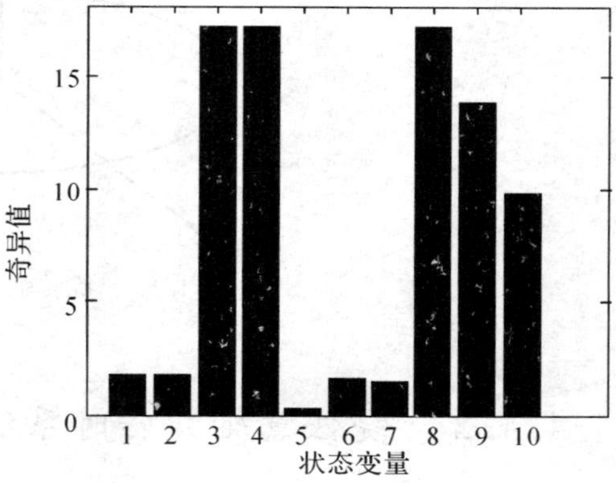

图 4.14　三位置对准时系统状态变量的可观测度

从图 4.14 可以看出，在 600 s 引入第三个位置后，系统各状态分量的可观测性和可观测度都得到了比较明显的改善，其中天向陀螺仪漂移 ε_z 的可观测性在引入第三个位置后比第二个位置得到了明显的提高，可观测度也大大提高。仿真表明，三位置对准可以有效改善捷联式惯导系统的可观测性，提高部分状态变量的估计精度。

4.4　任意方位多位置对准方法

4.4.1　任意轴旋转模式的设计

由以上分析可以看出，载体绕 3 个正交轴方向旋转进行静基座两位置对准时，绕方位轴旋转时系统可变为完全可观测的，而绕横滚轴和俯仰轴旋转时系统不能变为完全可观测的，绕横滚轴旋转时的可观测性好于绕俯仰轴旋转。而实际应用中，对于安装在地地导弹或地空导弹上的捷联式惯导系统，根据 SINS 在载体上的安装情况，很难做到单纯绕单个轴旋转进行多位置对准。因此，工程应用中更有实际参考意义的应是得到多位置对准期间绕任意轴向旋转时SINS可观测性的变化情况。

为了引入不同的弹体坐标系相对导航坐标系的转动角速度，转动角速度矢量$\boldsymbol{\omega}_{nb}^{n}$的取值如图4.15所示。倾斜角$\beta$是导航坐标系方位轴与矢量$\boldsymbol{\omega}_{nb}^{n}$的夹角，矢量$\boldsymbol{\omega}_{s}$是$\boldsymbol{\omega}_{nb}^{n}$在导航坐标系东向轴和北向轴形成的$S$平面上的投影。航向角$\alpha$代表北向轴和矢量$\boldsymbol{\omega}_{s}$的夹角，利用改变航向角$\alpha$和倾斜角$\beta$，导航坐标系中的转动坐标轴可以指向三维空间中的任何位置。当倾斜角$\beta=0$时，$\boldsymbol{\omega}_{nb}^{n}$不会投影到S平面上，这时相当于两位置对准。当$\alpha$和$\beta$非零时，$\boldsymbol{\omega}_{nb}^{n}$分别投影到3个坐标轴上，等效为机体分别绕3个坐标轴旋转，即表现为多位置对准。

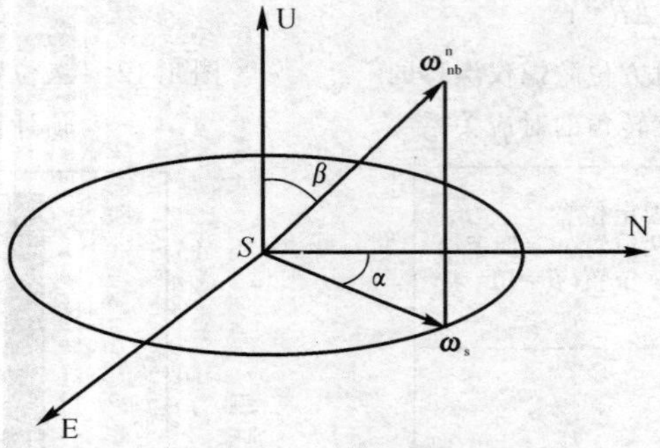

图4.15　旋转轴$\boldsymbol{\omega}_{nb}^{n}$在导航坐标系中的位置

4.4.2　绕任意轴旋转时系统性能仿真实例

1. 仿真初始条件

两位置对准时，首先使SINS保持原有的姿态角不变，然后过一段时间后变化姿态角，变化后SINS再保持最后的姿态角不变。SINS两位置对准时，仿真计算的时间为600 s，滤波周期为1 s，在300 s时通过绕旋转轴的变化引进第二个位置。

状态变量$\boldsymbol{X}$的初始值$\boldsymbol{X}(0)$取零，陀螺仪和加速度计均取中等精度，陀螺仪常值漂移为0.02 °/h，随机漂移为0.01 °/h；加速度计零偏为$1\times10^{-4}g$，随机偏置为$5\times10^{-6}g$。$\boldsymbol{P}(0)$和$\boldsymbol{Q}$，$\boldsymbol{R}$分别为

$$\boldsymbol{P}(0)=\mathrm{diag}[(0.1\ \mathrm{m/s})^2\quad(0.1\ \mathrm{m/s})^2\quad(0.1\ \mathrm{m/s})^2\quad(1^\circ)^2\quad(1^\circ)^2\quad(1^\circ)^2\quad(100\ \mu g)^2\quad(100\ \mu g)^2\quad(100\ \mu g)^2\quad(0.02\ ^\circ/\mathrm{h})^2\quad(0.02\ ^\circ/\mathrm{h})^2\quad(0.02\ ^\circ/\mathrm{h})^2]$$

$$\boldsymbol{Q}=\mathrm{diag}[(5\ \mu g)^2\quad(5\ \mu g)^2\quad(0.01\ ^\circ/\mathrm{h})^2\quad(0.01\ ^\circ/\mathrm{h})^2\quad(0.01\ ^\circ/\mathrm{h})^2\quad0\quad0\quad0\quad0\quad0]$$

$$\boldsymbol{R}=\mathrm{diag}[(0.01\ \mathrm{m/s})^2\quad(0.01\ \mathrm{m/s})^2]$$

2. 仿真结果

由于当静基座对准时，方位误差角的估计速度比较缓慢并且估计精度较低，所以对方位误差角的估计是SINS初始对准时最关注的因素之一。由前所述，静基座对准时载体绕方位轴旋转一定角度可以使系统变成完全可观测的。这里首先使载体绕航向轴旋转，图4.16表示了当$\alpha=\beta=0^\circ$，对应的航向角从$0^\circ\sim360^\circ$（步长为15°）变化时，在400 s，500 s和600 s方位失准角

的估计误差。

从图 4.16 中可以看出，当航向角转动 180° 时所得到的第二个位置具有最小的方位失准角估计误差。对应这种两位置对准，经过 600 s 以后，方位失准角的估计误差下降到 0.87′。

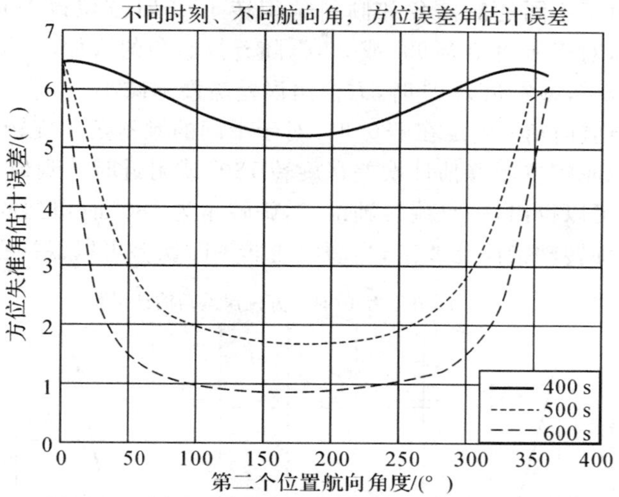

图 4.16　不同时间方位误差角估计误差

表 4.1 为旋转轴 $\boldsymbol{\omega}_{nb}^{n}$ 分别和 3 个坐标轴重合时绕旋转轴转动 180° 时各状态变量的估计误差。从表中可以看出，旋转轴 $\boldsymbol{\omega}_{nb}^{n}$ 分别和 3 个坐标轴重合时转动 180° 等效方位陀螺仪漂移估计误差都较大，接近初始值。绕 E 轴旋转时，等效东向陀螺仪漂移、等效加速度计偏置估计误差和方位失准角估计误差较大，而绕 N 轴旋转时等效加速度计偏置估计误差较大。这与 SINS 两位置对准时其误差模型状态变量的可观测度分析结果是一致的。当旋转轴与 3 个坐标轴重合时，绕 U 轴旋转可以获得最好的误差估计效果，但也无法很好地估计出等效方位陀螺仪漂移。下面对倾斜角非零时，SINS 系统两位置对准时状态变量的可观测性进行分析。

表 4.1　机体角速度绕 3 个坐标轴旋转 600 s 时状态变量估计误差

绕 3 个坐标轴旋转 / 状态变量估计误差	绕 U 轴旋转	绕 E 轴旋转	绕 N 轴旋转
东向失准角 /(′)	0.014 62	0.227 8	0.343 3
北向失准角 /(′)	0.005 932	0.343 8	0.343 8
方位失准角(′)	0.871 8	6.442	0.480 6
等效东向加速度计偏置 /μg	0.643 7	100	100
等效北向加速度计偏置 /μg	2.009	66.24	99.86
等效东向陀螺仪漂移 /(°/h)	0.001 863	0.019 88	0.001 852
等效北向陀螺仪漂移 /(°/h)	0.001 853	0.001 85	0.001 362
等效方位向陀螺仪漂移 /(°/h)	0.02	0.019 02	0.019 7

从图 4.17 可以看出，当给定倾斜角和航向角时，旋转 180° 或 180° 附近方位角误差达到最

小值。当航向角为90°或270°时，方位角误差相对较大。航向角α为90°或270°时意味着旋转轴分别指向东或西，而航向角α为0°或180°时意味着分别指向北或南。由前所述，载体绕北向轴旋转时系统的可观测性好于载体绕东向轴旋转。

图4.18表示了对于不同的航向角和倾斜角旋转180°时方位误差角估计误差的变化情况。从图中可以看出，对于航向角为90°或270°，随着倾斜角的增加，方位角误差增加很快，而对于航向角为0°或180°，倾斜角为0°时，方位角误差缓慢地减小。

图4.19表示了当航向角α固定在180°时，对于不同的倾斜角和旋转角陀螺仪漂移的最终估计误差。可以看出，陀螺仪漂移估计误差在旋转180°或附近时达到最小。

由以上仿真分析可以得出，一旦旋转轴给定，旋转角为180°时得到的SINS误差为最小值或接近最小值。如果旋转轴指向北或南，当倾斜角非零时误差可以保持在最小值。

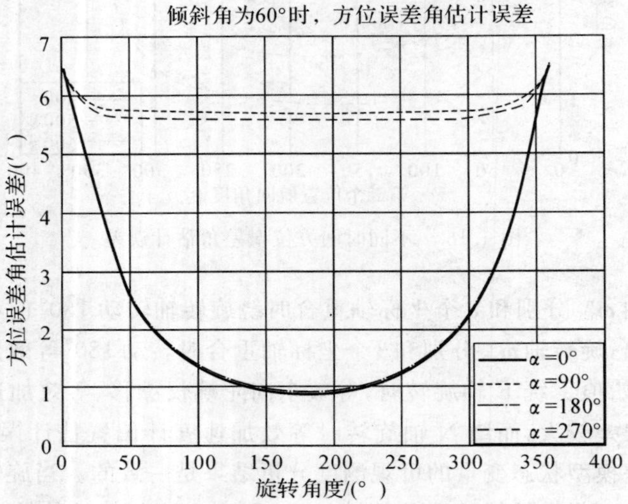

图4.17 倾斜角为60°时方位误差角的估计误差

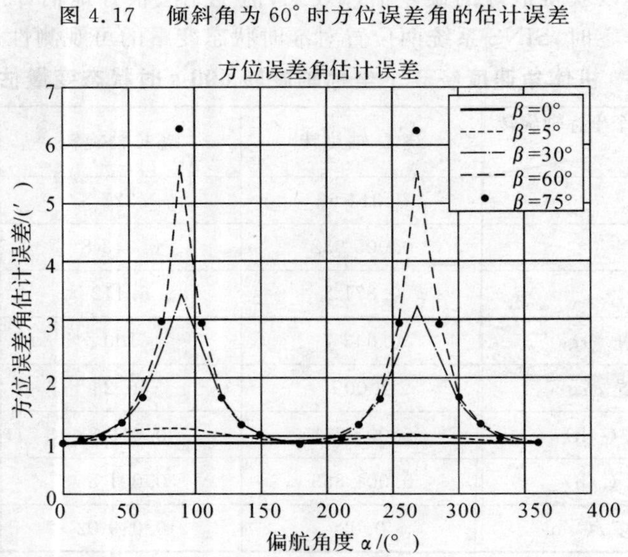

图4.18 旋转180°时方位误差角的估计误差

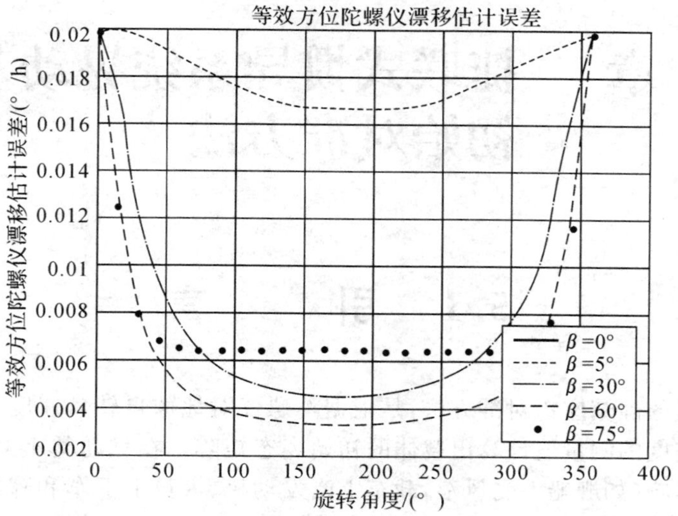

图 4.19　航向角为 180° 时陀螺仪漂移的估计误差

4.5 本章小结

本章分析了SINS多位置对准时系统的可观测性以及可观测度，并通过研究惯性器件误差与惯性测量组件（IMU）旋转角位置之间的关系，得到了使 SINS 误差状态达到最优估计时 IMU 的最佳旋转角位置。IMU 绕方位轴旋转，可以使系统变成完全可观测的。当从初始位置转动180°到第二个位置，且在两位置处停留相同时间时，可以相互抵消水平陀螺仪的常值漂移误差，提高方位失准角的估计精度。对应该最优两位置对准，方位失准角的估计精度较固定位置提高了大约 10 倍，两个水平加速度计偏置的估计误差也大幅下降。但由于绕方位轴旋转使方位陀螺仪常值漂移没有得到补偿，所以两位置对准时其估计精度不高。在两位置的基础上，绕 x_s 轴旋转 β 角比绕 y_s 轴旋转 γ 角更能降低估计误差。当绕 x_s 轴从第二个位置转动90°到第三个位置，且在 3 个位置处停留相同的时间时，可以相互抵消方位陀螺仪漂移误差，提高其估计精度。由于多位置对准可以提高SINS的可观测性，所以也就大大提高了系统的对准精度和速度。

另外，分析了 SINS 绕任意轴旋转两位置对准时系统状态变量估计误差的变换规律，说明影响SINS对准精度的一个重要因素是弹体坐标系相对于导航坐标系的转动角速度，表明了如果引入绕方位轴的常值机体角速度，那么 SINS 误差状态模型将变成完全可观测的，并且如果旋转轴给定，旋转角为 180° 时得到的 SINS 误差为最小值或接近最小值。

第5章 捷联式惯导系统晃动基座初始对准方法

5.1 引 言

传统固定位置的静基座粗对准方法，是根据陀螺仪对地球自转角速度的测量值和加速度计对地球重力加速度的测量值计算出载体的初始姿态矩阵。在晃动基座上，由于载体受到外界或自身因素的影响（如舰船上受风浪，载车上受发动机、人员上下车和阵风等），致使载体上捷联式惯导系统测量到的地球自转角速度$\boldsymbol{\omega}_{ie}$和重力加速度$\boldsymbol{g}$受到严重的干扰，干扰角速度可能比地球自转角速度$\boldsymbol{\omega}_{ie}$高出数个数量级，陀螺仪输出中的信噪比很低，且干扰角速度具有很宽的频带，已无法从陀螺仪输出中将地球自转角速度这一有用信息提取出来。在这种情况下，不能直接采用地球自转角速度$\boldsymbol{\omega}_{ie}$作为参考信息，因而无法采用传统的静基座粗对准方法进行粗对准。

由于实际上惯导系统工作时会受到各种外界干扰因素的影响，实际的对准过程一般都不是在静态中进行的。针对这个问题，本章讨论微幅晃动基座和大幅度晃动基座下的初始对准方法。

5.2 晃动基座粗对准方法设计

5.2.1 坐标系定义

在对晃动基座粗对准算法介绍之前，首先对一些坐标系及其间变换关系进行说明：

(1) 地心地球坐标系 e：与地球固连，相对惯性坐标系以地球自转角速度$\boldsymbol{\omega}_{ie}$旋转。原点位于地心，z_e轴沿地球自转轴的方向，x_e轴位于赤道平面内与本初子午线相交，y_e轴也在赤道平面内，与x_e，z_e轴构成右手直角坐标系。

(2) 地心惯性坐标系 i：在t_0时刻（t_0时刻为自对准起始时刻，即粗对准起始时刻）将地球坐标系$Ox_ey_ez_e$在惯性空间中凝固为 i 系，且在惯性空间中保持指向不变。

(3) 载体坐标系 b：原点位于载体的质心，x_b沿载体横轴向右，y_b沿载体纵轴向前，z_b沿载体立轴向上，$x_by_bz_b$构成右手直角坐标系。载体坐标系与 IMU 的本体坐标系 s 重合。

(4) 载体惯性坐标系i_{b0}：在粗对准的起始时刻t_0，将 b 系相对惯性空间凝固为惯性坐标系，在惯性空间中保持指向不变。

所定义的各坐标系之间的关系如图 5.1 所示。

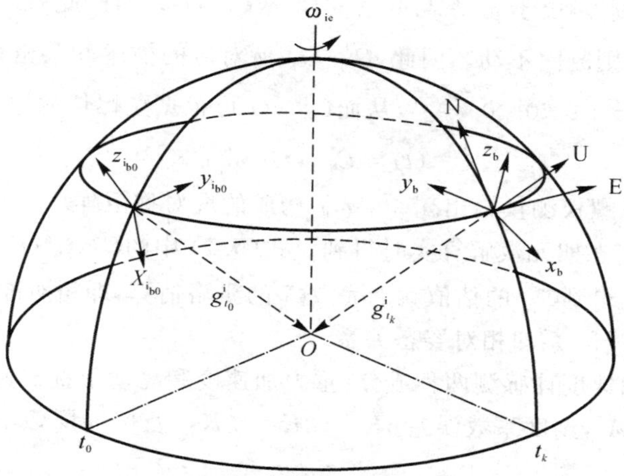

图 5.1　惯性坐标系、载体坐标系及导航坐标系的关系

5.2.2　自主粗对准的基本思想

对于重力加速度而言，虽然在晃动基座下加速度计测量到的重力加速度受到外界晃动加速度和杆臂加速度的干扰，但这些干扰加速度一般为谐波形式且幅值也小于重力加速度幅值，因此通过杆臂效应补偿和滤波处理还是可以从加速度计的输出信息中提取出重力加速度信息的，所以地球重力加速度仍可作为初始对准的参考信息。

在静基座下，一般地球重力加速度在地理坐标系中的投影为$\boldsymbol{g}^n=[0\quad 0\quad -g]^T$（东北天导航坐标系），显然在$\boldsymbol{g}^n$中不包含地球自转角速度信息，而自对准过程中该信息又是必不可少的。由于在晃动基座条件下，仅能以地球重力加速度 $\boldsymbol{g}$ 作为参考信息，所以需将 $\boldsymbol{g}$ 在某个坐标系中投影，使 $\boldsymbol{g}$ 在该坐标系中的投影分量包含地球自转角速度信息。然而地球自转角速度 $\boldsymbol{\omega}_{ie}$ 是一个已知的恒定值，只要时间测准，重力加速度 $\boldsymbol{g}$ 在惯性空间内的方向改变包含了地球北向信息。因此，若取 $\boldsymbol{g}$ 在惯性坐标系内的投影，则其投影分量就包含了地球自转角速度信息，并可提取出地球自转角速度和重力加速度信息，从而完成晃动基座下的捷联式惯导系统自主粗对准。

5.2.3　自主粗对准的算法设计

粗对准从 t_0 时刻开始，估算出导航坐标系和载体坐标系之间的变换矩阵$\boldsymbol{C}_b^n$。设对准点的纬度为 L（这里为分析简单起见，令经度 $\lambda=0$），则姿态矩阵$\boldsymbol{C}_b^n$ 可由下式确定：

$$\boldsymbol{C}_b^n(t)=\boldsymbol{C}_e^n\,\boldsymbol{C}_i^e(t)\,\boldsymbol{C}_{i_{b0}}^i\,\boldsymbol{C}_b^{i_{b0}}(t) \tag{5.1}$$

式中，$\boldsymbol{C}_e^n=\begin{bmatrix}0 & 1 & 0\\ -\sin L & 0 & \cos L\\ \cos L & 0 & \sin L\end{bmatrix}$；$\boldsymbol{C}_i^e(t)=\begin{bmatrix}\cos\omega_{ie}(t-t_0) & \sin\omega_{ie}(t-t_0) & 0\\ -\sin\omega_{ie}(t-t_0) & \cos\omega_{ie}(t-t_0) & 0\\ 0 & 0 & 1\end{bmatrix}$；$t_0$ 为粗对准起始时刻。

在粗对准起始时刻 t_0，由于 $\mathrm{i_{b0}}$ 系与 b 系重合，故 $\boldsymbol{C}_{\mathrm{b}}^{\mathrm{i_{b0}}}(t_0)=\boldsymbol{I}$。此后载体坐标系连同地球一起转动，而惯性坐标系则凝固不动。因此，$\boldsymbol{C}_{\mathrm{b}}^{\mathrm{i_{b0}}}(t)$ 所对应的描述 b 系相对于 $\mathrm{i_{b0}}$ 系转动的姿态变换四元数为 $\boldsymbol{q}_{\mathrm{b}}^{\mathrm{i_{b0}}}(t_0)=[1\quad 0\quad 0\quad 0]^{\mathrm{T}}$，从而 $\boldsymbol{C}_{\mathrm{b}}^{\mathrm{i_{b0}}}(t)$ 可根据陀螺仪的输出递推计算得到：

$$\dot{\boldsymbol{C}}_{\mathrm{b}}^{\mathrm{i_{b0}}}(t)=\boldsymbol{C}_{\mathrm{b}}^{\mathrm{i_{b0}}}(t)[\boldsymbol{\omega}_{\mathrm{i_{b0}b}}^{\mathrm{b}}\times] \tag{5.2}$$

式中，$[\boldsymbol{\omega}_{\mathrm{i_{b0}b}}^{\mathrm{b}}\times]$ 为由陀螺仪测量输出 $\boldsymbol{\omega}_{\mathrm{i_{b0}b}}^{\mathrm{b}}=\boldsymbol{\omega}_{\mathrm{ib}}^{\mathrm{b}}$ 构成的反对称矩阵。

式(5.2) 可通过姿态四元数解算实时得到。式(5.1) 中的 $\boldsymbol{C}_{\mathrm{e}}^{\mathrm{n}}$，$\boldsymbol{C}_{\mathrm{i}}^{\mathrm{e}}(t)$ 也可利用已知信息计算得到。因此，只要能得到 $\boldsymbol{C}_{\mathrm{i_{b0}}}^{\mathrm{i}}$ 的估值就能完成 $\boldsymbol{C}_{\mathrm{b}}^{\mathrm{n}}$ 的粗略估算，即粗对准的任务由对 $\boldsymbol{C}_{\mathrm{b}}^{\mathrm{n}}$ 的估算问题转化为求解 $\mathrm{i_{b0}}$ 系与 i 系的相对姿态关系。

在晃动基座上，加速度计感测两种成分：重力加速度和晃动干扰加速度。设加速度计具有安装误差 $\delta A_x,\delta A_y,\delta A_z$，刻度系数误差 $\delta K_{A_x},\delta K_{A_y},\delta K_{A_z}$ 及偏置量 $\nabla_x,\nabla_y,\nabla_z$，则加速度计的输出可表示为

$$\begin{aligned}\tilde{\boldsymbol{f}}^{\mathrm{b}}&=(\boldsymbol{I}+\delta\boldsymbol{K}_A)(\boldsymbol{I}+\delta\boldsymbol{A})(-\boldsymbol{g}^{\mathrm{b}}+\boldsymbol{f}_{\mathrm{d}}^{\mathrm{b}})+\boldsymbol{\nabla}^{\mathrm{b}}=\\&-\boldsymbol{g}^{\mathrm{b}}+\boldsymbol{f}_{\mathrm{d}}^{\mathrm{b}}+(\delta\boldsymbol{k}_A+\delta\boldsymbol{A})(-\boldsymbol{g}^{\mathrm{b}}+\boldsymbol{f}_{\mathrm{d}}^{\mathrm{b}})+\boldsymbol{\nabla}^{\mathrm{b}}\end{aligned} \tag{5.3}$$

式中

$$\delta\boldsymbol{K}_A=\mathrm{diag}[\delta K_{A_x}\quad \delta K_{A_y}\quad \delta K_{A_z}]$$

$$\delta\boldsymbol{A}=\begin{bmatrix}0 & \delta A_y & -\delta A_z\\ -\delta A_y & 0 & \delta A_x\\ \delta A_z & -\delta A_x & 0\end{bmatrix}$$

$$\boldsymbol{\nabla}^{\mathrm{b}}=[\nabla_x\quad \nabla_y\quad \nabla_z]^{\mathrm{T}}$$

$\tilde{\boldsymbol{f}}^{\mathrm{b}}$ 在 $\mathrm{i_{b0}}$ 系中的投影为

$$\tilde{\boldsymbol{f}}^{\mathrm{i_{b0}}}=\hat{\boldsymbol{C}}_{\mathrm{b}}^{\mathrm{i_{b0}}}\tilde{\boldsymbol{f}}^{\mathrm{b}} \tag{5.4}$$

将式(5.3) 带入式(5.4)，整理得

$$\begin{aligned}\hat{\boldsymbol{C}}_{\mathrm{b}}^{\mathrm{i_{b0}}}\tilde{\boldsymbol{f}}^{\mathrm{b}}&=-\hat{\boldsymbol{C}}_{\mathrm{b}}^{\mathrm{i_{b0}}}\boldsymbol{g}^{\mathrm{b}}+\hat{\boldsymbol{C}}_{\mathrm{b}}^{\mathrm{i_{b0}}}\boldsymbol{f}_{\mathrm{d}}^{\mathrm{b}}+\hat{\boldsymbol{C}}_{\mathrm{b}}^{\mathrm{i_{b0}}}[(\delta\boldsymbol{K}_A+\delta\boldsymbol{A})(-\boldsymbol{g}^{\mathrm{b}}+\boldsymbol{f}_{\mathrm{d}}^{\mathrm{b}})+\boldsymbol{\nabla}^{\mathrm{b}}]=\\&-\hat{\boldsymbol{C}}_{\mathrm{b}}^{\mathrm{i_{b0}}}\boldsymbol{g}^{\mathrm{b}}+\hat{\boldsymbol{C}}_{\mathrm{b}}^{\mathrm{i_{b0}}}\boldsymbol{f}_{\mathrm{d}}^{\mathrm{b}}+\delta\boldsymbol{a}^{\mathrm{i_{b0}}}\end{aligned} \tag{5.5}$$

式中，$\delta\boldsymbol{a}^{\mathrm{i_{b0}}}=\hat{\boldsymbol{C}}_{\mathrm{b}}^{\mathrm{i_{b0}}}[(\delta\boldsymbol{K}_A+\delta\boldsymbol{A})(-\boldsymbol{g}^{\mathrm{b}}+\boldsymbol{f}_{\mathrm{d}}^{\mathrm{b}})+\boldsymbol{\nabla}^{\mathrm{b}}]$ 为等效干扰加速度。

将式(5.5) 两边在 $[t_0,\ t_k]$ 上积分，得

$$\begin{aligned}\hat{\boldsymbol{V}}^{\mathrm{i_{b0}}}&=\int_{t_0}^{t_k}\hat{\boldsymbol{C}}_{\mathrm{b}}^{\mathrm{i_{b0}}}\tilde{\boldsymbol{f}}^{\mathrm{b}}\mathrm{d}t=-\int_{t_0}^{t_k}\hat{\boldsymbol{C}}_{\mathrm{b}}^{\mathrm{i_{b0}}}\boldsymbol{g}^{\mathrm{b}}\mathrm{d}t+\int_{t_0}^{t_k}\hat{\boldsymbol{C}}_{\mathrm{b}}^{\mathrm{i_{b0}}}\boldsymbol{f}_{\mathrm{d}}^{\mathrm{b}}\mathrm{d}t+\int_{t_0}^{t_k}\delta\boldsymbol{a}^{\mathrm{i_{b0}}}\mathrm{d}t=\\&-\int_{t_0}^{t_k}\hat{\boldsymbol{C}}_{\mathrm{b}}^{\mathrm{i_{b0}}}\boldsymbol{g}^{\mathrm{b}}\mathrm{d}t+\boldsymbol{V}_{LA}^{\mathrm{i_{b0}}}+\delta\boldsymbol{V}^{\mathrm{i_{b0}}}\end{aligned} \tag{5.6}$$

式中，$\boldsymbol{V}_{LA}^{\mathrm{i_{b0}}}$ 为杆臂速度在 $\mathrm{i_{b0}}$ 系中的投影，且 $\boldsymbol{V}_{LA}^{\mathrm{i_{b0}}}=\hat{\boldsymbol{C}}_{\mathrm{b}}^{\mathrm{i_{b0}}}(\boldsymbol{\omega}_{\mathrm{ib}}^{\mathrm{b}}\times\boldsymbol{r}^{\mathrm{b}})$，若杆臂 $\boldsymbol{r}^{\mathrm{b}}$ 已知，则由陀螺仪输出计算得到 $\hat{\boldsymbol{C}}_{\mathrm{b}}^{\mathrm{i_{b0}}}$ 及 $\hat{\boldsymbol{\omega}}_{\mathrm{ib}}^{\mathrm{b}}$，可解算出杆臂速度 $\hat{\boldsymbol{V}}_{LA}^{\mathrm{i_{b0}}}$，并且

$$\hat{\boldsymbol{V}}_{LA}^{\mathrm{i_{b0}}}=\boldsymbol{V}_{LA}^{\mathrm{i_{b0}}}+\delta\boldsymbol{V}_{LA}^{\mathrm{i_{b0}}} \tag{5.7}$$

由式(5.6) 和式(5.7)，可得

$$\tilde{\boldsymbol{V}}^{\mathrm{i_{b0}}}=\hat{\boldsymbol{V}}^{\mathrm{i_{b0}}}-\hat{\boldsymbol{V}}_{LA}^{\mathrm{i_{b0}}}=-\int_{t_0}^{t_k}\hat{\boldsymbol{C}}_{\mathrm{b}}^{\mathrm{i_{b0}}}\boldsymbol{g}^{\mathrm{b}}\mathrm{d}t-\delta\boldsymbol{V}_{LA}^{\mathrm{i_{b0}}}+\delta\boldsymbol{V}^{\mathrm{i_{b0}}}\approx\boldsymbol{C}_{\mathrm{i_0}}^{\mathrm{i_{b0}}}\boldsymbol{V}^{\mathrm{i_0}} \tag{5.8}$$

其中

$$\boldsymbol{V}^{i_0}(t_k)=\int_{t_0}^{t_k}(-\boldsymbol{g}^{i_0})\mathrm{d}t=-\int_{t_0}^{t_k}(\boldsymbol{C}_{\mathrm{e}}^{\mathrm{n}}\boldsymbol{C}_{\mathrm{i}}^{\mathrm{e}}(t)\,\boldsymbol{g}^{n})\mathrm{d}t=$$
$$\begin{bmatrix}\dfrac{g\cdot\cos L\cdot\sin\omega_{\mathrm{ie}}\cdot\Delta t_k}{\omega_{\mathrm{ie}}} & -\dfrac{g\cdot\cos L\cdot\cos\omega_{\mathrm{ie}}\cdot\Delta t_k}{\omega_{\mathrm{ie}}} & g\cdot\sin L\cdot\Delta t_k\end{bmatrix}^{\mathrm{T}} \tag{5.9}$$

式中，$\Delta t_k=t_k-t_0$。

选取两个不同的时刻 t_{k1}，t_{k2}（$t_0<t_{k1}<t_{k2}$），由式(5.8)可知

$$\widetilde{\boldsymbol{V}}^{i_{b0}}(t_{k1})=\boldsymbol{C}_{\mathrm{i}}^{i_{b0}}\,\boldsymbol{V}^{i_0}(t_{k1}) \tag{5.10a}$$

$$\widetilde{\boldsymbol{V}}^{i_{b0}}(t_{k2})=\boldsymbol{C}_{\mathrm{i}}^{i_{b0}}\,\boldsymbol{V}^{i_0}(t_{k2}) \tag{5.10b}$$

由式(5.6)和式(5.7)可知

$$\widetilde{\boldsymbol{V}}^{i_{b0}}=\hat{\boldsymbol{V}}^{i_{b0}}-\hat{\boldsymbol{V}}_{LA}^{i_{b0}}=\int_{t_0}^{t_k}\hat{\boldsymbol{C}}_{\mathrm{b}}^{i_{b0}}\,\widetilde{\boldsymbol{f}}^{\mathrm{b}}\mathrm{d}t-\hat{\boldsymbol{C}}_{\mathrm{b}}^{i_{b0}}(\hat{\boldsymbol{\omega}}_{\mathrm{ib}}^{\mathrm{b}}\times\boldsymbol{r}^{\mathrm{b}}) \tag{5.11}$$

从式(5.11)中可见，$\hat{\boldsymbol{V}}^{i_{b0}}=\int_{t_0}^{t_k}\hat{\boldsymbol{C}}_{\mathrm{b}}^{i_{b0}}\,\widetilde{\boldsymbol{f}}^{\mathrm{b}}\mathrm{d}t$，其值可根据陀螺仪和加速度计的输出进行实时解算，得到$\hat{\boldsymbol{V}}^{i_{b0}}$后，则可根据式(5.11)实时解算出$\widetilde{\boldsymbol{V}}^{i_{b0}}$，代入式(5.10)可得

$$\hat{\boldsymbol{C}}_{i_{b0}}^{\mathrm{i}}=\begin{bmatrix}\boldsymbol{V}^{i_0}(t_{k1})^{\mathrm{T}}\\ [\boldsymbol{V}^{i_0}(t_{k1})\times\boldsymbol{V}^{i_0}(t_{k2})]^{\mathrm{T}}\\ [\boldsymbol{V}^{i_0}(t_{k1})\times\boldsymbol{V}^{i_0}(t_{k2})\times\boldsymbol{V}^{i_0}(t_{k1})]^{\mathrm{T}}\end{bmatrix}^{-1}\begin{bmatrix}\widetilde{\boldsymbol{V}}^{i_{b0}}(t_{k1})^{\mathrm{T}}\\ [\widetilde{\boldsymbol{V}}^{i_{b0}}(t_{k1})\times\widetilde{\boldsymbol{V}}^{i_{b0}}(t_{k2})]^{\mathrm{T}}\\ [\widetilde{\boldsymbol{V}}^{i_{b0}}(t_{k1})\times\widetilde{\boldsymbol{V}}^{i_{b0}}(t_{k2})\times\widetilde{\boldsymbol{V}}^{i_{b0}}(t_{k1})]^{\mathrm{T}}\end{bmatrix} \tag{5.12}$$

式(5.12)即为粗对准时对$\hat{\boldsymbol{C}}_{i_{b0}}^{\mathrm{i}}$的估算式，将求得的$\hat{\boldsymbol{C}}_{i_{b0}}^{\mathrm{i}}$带入式(5.1)中得到$\boldsymbol{C}_{\mathrm{b}}^{\mathrm{n}}$，其误差与利用传统的解析粗对准得到的姿态矩阵的误差具有相同的含义，即水平姿态误差受对应东向和北向加速度计零偏的影响，方位姿态误差受东向陀螺仪漂移的影响。

5.2.4　仿真实例

仿真条件设置：设陀螺仪常值漂移均为 $\varepsilon^{\mathrm{b}}=0.01\ ^\circ/\mathrm{h}$、随机漂移为 $\varepsilon_{\mathrm{md}}^{\mathrm{b}}=0.01\ ^\circ/\mathrm{h}$，陀螺仪刻度系数误差为$10^{-4}$，加速度计常值零偏均为 $\nabla^{\mathrm{b}}=100\ \mu g$、随机偏置均为 $\nabla_{\mathrm{md}}^{\mathrm{b}}=50\ \mu g$，加速度计的刻度系数误差为 2.5×10^{-4}，加速度计和陀螺仪的安装误差为 $10''$；杆臂长度为 $[0.5\quad0.5\quad0.5]^{\mathrm{T}}$（单位：m）。在晃动基座下，载体的俯仰、横滚、方位姿态角分别按如下规律变化：

$$\left.\begin{aligned}\theta&=\theta_{\mathrm{m}}\cos(\omega_\theta t+\theta_0)\\ \gamma&=\gamma_{\mathrm{m}}\cos(\omega_\gamma t+\gamma_0)\\ \psi&=\phi_0+\psi_{\mathrm{m}}\cos(\omega_\psi t+\psi_0)\end{aligned}\right\} \tag{5.13}$$

式中，θ_{m}，γ_{m}，ψ_{m} 为姿态角变化的最大幅值；θ_0，γ_0，ψ_0 为初始相位；ϕ_0 为初始航向角。仿真时取 $\theta_{\mathrm{m}}=7^\circ$，$\gamma_{\mathrm{m}}=10^\circ$，$\psi_{\mathrm{m}}=5^\circ$；$\omega_\theta=2\pi/7\ \mathrm{rad/s}$，$\omega_\gamma=2\pi/5\ \mathrm{rad/s}$，$\omega_\psi=2\pi/8\ \mathrm{rad/s}$；$\phi_0=30^\circ$，初始相位均取零。

姿态矩阵$\boldsymbol{C}_{\mathrm{b}}^{\mathrm{n}}$的理想值由仿真条件中的$\theta$，$\gamma$，$\psi$确定，以粗对准结束时刻的姿态误差角作为衡量粗对准精度的指标，进行50次粗对准仿真，每次粗对准仿真时间为120 s，且取 $t_{k1}=60$ s，$t_{k2}=120$ s。仿真结果如图5.2、图5.3和图5.4所示。

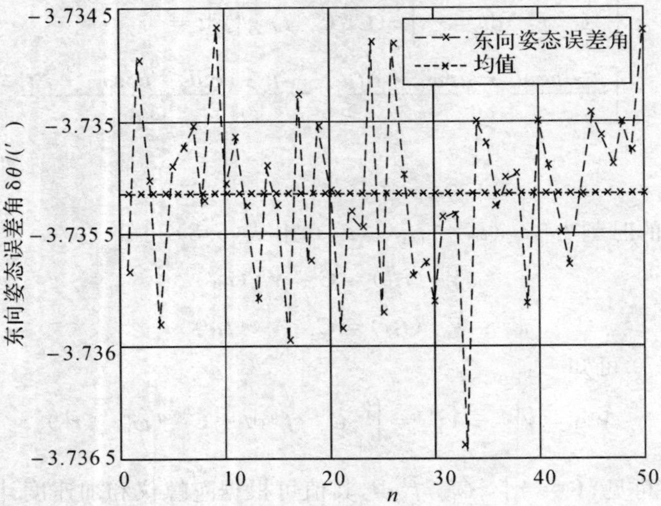

图 5.2　东向姿态角估计误差

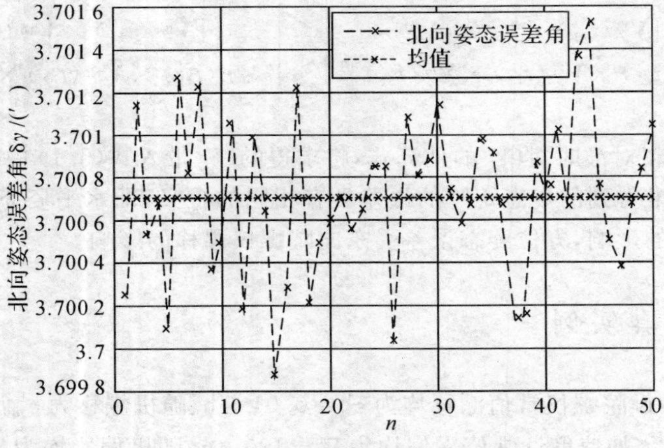

图 5.3　北向姿态角估计误差

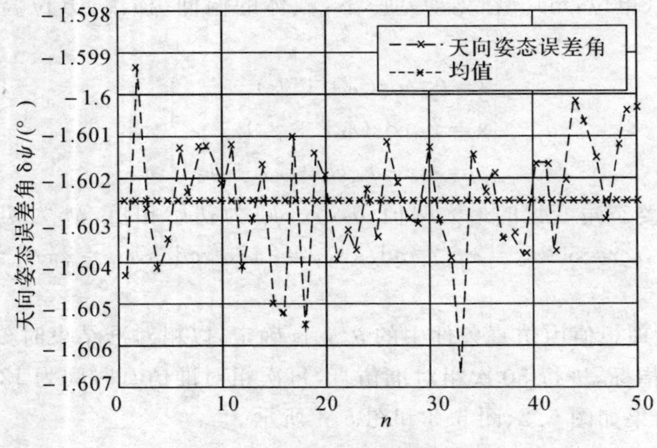

图 5.4　天向姿态角估计误差

从图 5.2、图 5.3 和图 5.4 可知，50 次粗对准仿真得到的东向、北向、天向姿态误差角的均值分别为 $-3.7353'$，$3.7007'$，$1.6025°$，东向、北向、天向姿态误差角的标准差分别为 $0.0004'$，$0.0003'$，$0.0015°$。因此，上述粗对准算法能有效计算载体姿态矩阵的粗略值，姿态误差角可视作小角度，在此基础上可对载体姿态作精确估计，即对捷联式惯导系统进行精对准。

可见，采用基于惯性坐标系的重力加速度信息的粗对准方法，应用惯性凝固假设，根据重力加速度相对惯性空间随地球旋转引起的方向变化信息，并对其进行积分，将有正有负的干扰加速度积分掉，得到速度值求解姿态矩阵，可以实现晃动基座下捷联式惯导系统粗对准，且对准精度较高，这为进一步实现捷联式惯导系统的精对准打下了良好的基础。

5.3　微幅晃动基座初始对准方法

微幅晃动条件即为静基座基础上的小幅度晃动，姿态角的晃动幅值均为(角)分级，此时虽然陀螺仪和加速度计的量测信息受到的干扰小，但是如将系统仍视为纯粹的静基座进行对准会引入较大误差。因此，在 5.2 节惯性坐标系粗对准的基础上，下面采用基于惯性坐标系量测信息的卡尔曼滤波方法和最小二乘参数辨识方法，以减小微幅晃动干扰的影响，从而实现微幅晃动基座下的初始对准。

5.3.1　惯性坐标系下卡尔曼滤波精对准算法设计

在粗对准的基础上，在惯性坐标系下利用卡尔曼滤波器进行精对准以进一步提高对准精度。粗对准结束时刻 t_{k2}，i 系与 b 系间的变换矩阵的估计值可写为

$$\hat{\boldsymbol{C}}_{\mathrm{b}}^{\mathrm{i}}(t_{k2})=\hat{\boldsymbol{C}}_{\mathrm{i_{b0}}}^{\mathrm{i}}\hat{\boldsymbol{C}}_{\mathrm{b}}^{\mathrm{i_{b0}}}(t_{k2}) \tag{5.14}$$

通过粗对准获得$\boldsymbol{C}_{\mathrm{i_{b0}}}^{\mathrm{i}}$ 的估计值$\hat{\boldsymbol{C}}_{\mathrm{i_{b0}}}^{\mathrm{i}}$ 存在较大的误差，而由陀螺仪输出计算得到的$\hat{\boldsymbol{C}}_{\mathrm{b}}^{\mathrm{i_{b0}}}$ 也存在误差。因此，由$\hat{\boldsymbol{C}}_{\mathrm{b}}^{\mathrm{i}}(t_{k2})$ 确定的 i′ 系相对 i 系存在一个姿态误差角$\boldsymbol{\Phi}^{\mathrm{i}}$，即$\boldsymbol{\Phi}^{\mathrm{i}}$ 为 i′ 系相对 i 系的转角。如果通过精对准能得到$\boldsymbol{\Phi}^{\mathrm{i}}$ 较为准确的估计值$\hat{\boldsymbol{\Phi}}^{\mathrm{i}}$，则精对准结束时刻可通过下式获得$\boldsymbol{C}_{\mathrm{b}}^{\mathrm{n}}$ 的准确估计，即

$$\hat{\boldsymbol{C}}_{\mathrm{b}}^{\mathrm{n}}(t_2)=\boldsymbol{C}_{\mathrm{i}}^{\mathrm{n}}(t_2)\hat{\boldsymbol{C}}_{\mathrm{i'}}^{\mathrm{i}}\hat{\boldsymbol{C}}_{\mathrm{b}}^{\mathrm{i'}}(t_2) \tag{5.15}$$

式中，$\boldsymbol{C}_{\mathrm{i'}}^{\mathrm{i}}=\boldsymbol{I}+(\hat{\boldsymbol{\Phi}}^{i}\times)$；$\hat{\boldsymbol{C}}_{\mathrm{b}}^{\mathrm{i'}}(t_2)$ 由粗对准结束后获得的$\hat{\boldsymbol{C}}_{\mathrm{b}}^{\mathrm{i}}(t_{k2})$ 经过陀螺仪输出数据通过姿态更新来求取。而$\boldsymbol{C}_{\mathrm{i}}^{\mathrm{n}}(t_2)$ 可由下式求取，即

$$\boldsymbol{C}_{\mathrm{i}}^{\mathrm{n}}(t_2)=\boldsymbol{C}_{\mathrm{e}}^{\mathrm{n}}\boldsymbol{C}_{\mathrm{i}}^{\mathrm{e}}(t_2)=\begin{bmatrix}0 & 1 & 0\\ -\sin L & 0 & \cos L\\ \cos L & 0 & \sin L\end{bmatrix}\begin{bmatrix}\cos\omega_{\mathrm{ie}}(t_2-t_0) & \sin\omega_{\mathrm{ie}}(t_2-t_0) & 0\\ -\sin\omega_{\mathrm{ie}}(t_2-t_0) & \cos\omega_{\mathrm{ie}}(t_2-t_0) & 0\\ 0 & 0 & 1\end{bmatrix}=$$

$$\begin{bmatrix}-\sin\omega_{\mathrm{ie}}(t_2-t_0) & \cos\omega_{\mathrm{ie}}(t_2-t_0) & 0\\ -\sin L\cos\omega_{\mathrm{ie}}(t_2-t_0) & -\sin L\sin\omega_{\mathrm{ie}}(t_2-t_0) & \cos L\\ \cos L\cos\omega_{\mathrm{ie}}(t_2-t_0) & \cos L\sin\omega_{\mathrm{ie}}(t_2-t_0) & \sin L\end{bmatrix} \tag{5.16}$$

采用闭环卡尔曼滤波对$\boldsymbol{\Phi}^{\mathrm{i}}$ 进行估计，在进行滤波估计之前，首先构造合适的观测量，建立系统的状态空间模型，然后利用闭环卡尔曼滤波对$\boldsymbol{\Phi}^{\mathrm{i}}$ 进行精确估计，获得$\boldsymbol{\Phi}^{\mathrm{i}}$ 的估计值后，利用

式(5.15)求取姿态矩阵$\boldsymbol{C}_b^n$,完成系统自对准。

1.量测矢量的构造

忽略惯导的安装误差和标度因数等误差,实际加速度计输出的比力为

$$\hat{\boldsymbol{f}}^b = -\boldsymbol{g}^b + \boldsymbol{a}_{LA}^b + \boldsymbol{a}_D^b + \boldsymbol{\nabla}^b \tag{5.17}$$

式中,$\boldsymbol{a}_{LA}^b$为载体角晃动及惯导系统重心相对载体重心存在杆臂$\boldsymbol{r}$所产生的杆臂加速度,可以加以补偿或者同载体运动产生的干扰加速度$\boldsymbol{a}_D^b$一起视为加速度干扰量。

加速度计输出的比力在i′系中的投影为

$$\boldsymbol{C}_b^{i'}\hat{\boldsymbol{f}}^b = \boldsymbol{C}_b^{i'}[(\boldsymbol{I}+\delta\boldsymbol{K}_A)(\boldsymbol{I}+\delta\boldsymbol{A})(-\boldsymbol{g}^b+\boldsymbol{a}_{LA}^b+\boldsymbol{a}_D^b)+\boldsymbol{\nabla}^b] \approx -\boldsymbol{g}^i+\boldsymbol{\Phi}^i\times\boldsymbol{g}^i+\boldsymbol{C}_b^i\boldsymbol{\nabla}^b+\boldsymbol{C}_b^{i'}\boldsymbol{a}_{LA}^b+\delta\boldsymbol{a}^i \tag{5.18}$$

式中,$\delta\boldsymbol{a}^i=\boldsymbol{C}_b^{i'}\boldsymbol{a}_D^b+\boldsymbol{C}_b^{i'}(\delta\boldsymbol{K}_A+\delta\boldsymbol{A})(-\boldsymbol{g}^b+\boldsymbol{a}_{LA}^b+\boldsymbol{a}_D^b)$为等效干扰加速度。

将式(5.18)移项,整理得

$$\boldsymbol{C}_b^{i'}\hat{\boldsymbol{f}}^b+\boldsymbol{g}^i-\boldsymbol{C}_b^{i'}\boldsymbol{a}_{LA}^b=\boldsymbol{\Phi}^i\times\boldsymbol{g}^i+\boldsymbol{C}_b^i\boldsymbol{\nabla}^b+\delta\boldsymbol{a}^i \tag{5.19}$$

将式(5.19)两边在$[t_1,t]$上积分,得

$$\widetilde{\boldsymbol{V}}^i=\int_{t_1}^t\boldsymbol{C}_b^{i'}\hat{\boldsymbol{f}}^b\mathrm{d}\tau+\int_{t_1}^t\boldsymbol{g}^i\mathrm{d}\tau-\int_{t_1}^t\boldsymbol{C}_b^{i'}\boldsymbol{a}_{LA}^b\mathrm{d}\tau=\int_{t_1}^t\boldsymbol{C}_b^{i'}\hat{\boldsymbol{f}}^b\mathrm{d}\tau+\int_{t_1}^t\boldsymbol{g}^i\mathrm{d}\tau-\boldsymbol{C}_b^{i'}(\boldsymbol{\omega}_{ib}^b\times\boldsymbol{r}^b) \tag{5.20}$$

这里令

$$\boldsymbol{V}_f^i=\int_{t_1}^t\boldsymbol{C}_b^{i'}\hat{\boldsymbol{f}}^b\mathrm{d}\tau$$

$$\boldsymbol{V}_g^i=\int_{t_1}^t\boldsymbol{g}^i\mathrm{d}\tau$$

$$\delta\boldsymbol{V}^i=\int_{t_1}^t\boldsymbol{\Phi}^i\times\boldsymbol{g}^i\mathrm{d}\tau+\int_{t_1}^t\boldsymbol{C}_b^i\boldsymbol{\nabla}^b\mathrm{d}\tau$$

$$\delta\boldsymbol{V}_D^i=\int_{t_1}^t\delta\boldsymbol{a}^i\mathrm{d}\tau$$

且令量测矢量为

$$\boldsymbol{Z}=\widetilde{\boldsymbol{V}}^i=\boldsymbol{V}_f^i+\boldsymbol{V}_g^i-\boldsymbol{V}_{LA}^i=\delta\boldsymbol{V}^i+\delta\boldsymbol{V}_D^i \tag{5.21}$$

式中,$\boldsymbol{V}_f^i$可由陀螺仪和加速度计输出经过解算得到;$\boldsymbol{V}_{LA}^i=\boldsymbol{C}_b^{i'}(\boldsymbol{\omega}_{ib}^b\times\boldsymbol{r}^b)$;$\delta\boldsymbol{V}_D^i$为不确定性干扰速度;$\boldsymbol{V}_g^i$可以根据下式计算得到:

$$\boldsymbol{V}_g^i=\int_{t_1}^t\boldsymbol{C}_n^i\boldsymbol{g}^n\mathrm{d}\tau=\begin{bmatrix} g\cos L\sin\omega_{ie}(t-t_1)/\omega_{ie} \\ -g\cos L[\cos\omega_{ie}(t-t_1)-1]/\omega_{ie} \\ g\sin L(t-t_1)\end{bmatrix} \tag{5.22}$$

将式(5.22)代入式(5.21)就可以得到惯性坐标系下卡尔曼滤波精对准的量测矢量。

2.系统状态空间模型

由式(5.21)可知

$$\delta\dot{\boldsymbol{V}}^i=-\boldsymbol{g}^i\times\boldsymbol{\Phi}^i+\boldsymbol{C}_b^i\boldsymbol{\nabla}^b,\quad \dot{\boldsymbol{\nabla}}^b=\boldsymbol{0} \tag{5.23}$$

式中,加速度计偏置$\boldsymbol{\nabla}^b$由加速度计常值偏置$\boldsymbol{\nabla}_b^b$和加速度计量测噪声$\boldsymbol{\nabla}_w^b$构成,一般情况将$\boldsymbol{\nabla}_w^b$视为高斯白噪声。

坐标变换矩阵$\boldsymbol{C}_b^i$的微分方程为

$$\dot{\boldsymbol{C}}_b^i = \boldsymbol{C}_b^i(\boldsymbol{\omega}_{ib}^b \times) \tag{5.24}$$

式中，$\boldsymbol{\omega}_{ib}^b$为陀螺仪输出的载体角速度，实际陀螺仪输出的角速度$\tilde{\boldsymbol{\omega}}_{ib}^b$中含有陀螺仪漂移$\boldsymbol{\varepsilon}^b$，即$\tilde{\boldsymbol{\omega}}_{ib}^b = \boldsymbol{\omega}_{ib}^b + \boldsymbol{\varepsilon}^b$。

设$\boldsymbol{\Phi}^i = [\phi_E \quad \phi_N \quad \phi_U]^T$，定义：

$$\boldsymbol{E} = (\boldsymbol{\Phi}^i \times) = \begin{bmatrix} 0 & -\phi_U & \phi_N \\ \phi_U & 0 & -\phi_E \\ -\phi_N & \phi_E & 0 \end{bmatrix} \tag{5.25}$$

则

$$\boldsymbol{C}_i^{i'} = \boldsymbol{I} - \boldsymbol{E} = \begin{bmatrix} 1 & \phi_U & -\phi_N \\ -\phi_U & 1 & \phi_E \\ \phi_N & -\phi_E & 1 \end{bmatrix} \tag{5.26}$$

由于

$$\boldsymbol{C}_i^{i'} = \boldsymbol{C}_b^{i'}\boldsymbol{C}_i^b \tag{5.27}$$

将式(5.26)代入式(5.27)，并对等式两边进行微分可得

$$-\dot{\boldsymbol{E}} = \dot{\boldsymbol{C}}_b^{i'}\boldsymbol{C}_i^b + \boldsymbol{C}_i^{i'}\boldsymbol{C}_b^i\dot{\boldsymbol{C}}_i^b \tag{5.28}$$

由$\boldsymbol{C}_i^b\boldsymbol{C}_b^i = \boldsymbol{I}$，且$\boldsymbol{C}_b^i\dot{\boldsymbol{C}}_i^b = -\dot{\boldsymbol{C}}_b^i\boldsymbol{C}_i^b$，将其代入式(5.28)，并两边右乘$\boldsymbol{C}_b^i$，得

$$-\dot{\boldsymbol{E}}\boldsymbol{C}_b^i = \dot{\boldsymbol{C}}_b^{i'} - \boldsymbol{C}_i^{i'}\dot{\boldsymbol{C}}_b^i \tag{5.29}$$

经过相似变换整理可得

$$\dot{\boldsymbol{E}} = -\boldsymbol{C}_i^{i'}\boldsymbol{C}_b^i\delta\boldsymbol{\omega}_{ib}^b\boldsymbol{C}_i^b = -(\boldsymbol{I}-\boldsymbol{E})\delta\boldsymbol{\omega}_{ib}^i \tag{5.30}$$

略去二阶小量，式(5.30)可写成

$$\dot{\boldsymbol{E}} = -\delta\boldsymbol{\omega}_{ib}^i \tag{5.31}$$

由式(5.24)和式(5.25)可得姿态误差方程为

$$\dot{\boldsymbol{\Phi}}^i = -\boldsymbol{C}_b^i\boldsymbol{\varepsilon}^b, \quad \dot{\boldsymbol{\varepsilon}}^b = \boldsymbol{0} \tag{5.32}$$

式中，陀螺仪漂移$\boldsymbol{\varepsilon}^b$由陀螺仪常值漂移$\boldsymbol{\varepsilon}_b^b$和陀螺仪量测噪声$\boldsymbol{\varepsilon}_w^b$构成，一般情况将$\boldsymbol{\varepsilon}_w^b$视为高斯白噪声。

由式(5.21)、式(5.23)和式(5.32)可知惯性坐标系内系统的误差方程为

$$\left.\begin{aligned} \delta\dot{\boldsymbol{V}}^i &= -\boldsymbol{g}^i \times \boldsymbol{\Phi}^i + \boldsymbol{C}_b^i\boldsymbol{\nabla}^b \\ \dot{\boldsymbol{\Phi}}^i &= -\boldsymbol{C}_b^i\boldsymbol{\varepsilon}^b \\ \dot{\boldsymbol{\nabla}}^b &= \boldsymbol{0} \\ \dot{\boldsymbol{\varepsilon}}^b &= \boldsymbol{0} \end{aligned}\right\} \tag{5.33}$$

选取系统状态矢量为$\boldsymbol{X} = [\delta\boldsymbol{V}^i \quad \boldsymbol{\Phi}^i \quad \boldsymbol{\varepsilon}_b^b \quad \boldsymbol{\nabla}_b^b]^T$，则系统姿态空间模型为

$$\left.\begin{aligned} \dot{\boldsymbol{X}} &= \begin{bmatrix} \boldsymbol{O}_{3\times3} & -(\boldsymbol{g}^i\times) & \boldsymbol{O}_{3\times3} & \boldsymbol{O}_{3\times3} \\ & \boldsymbol{O}_{3\times6} & -\boldsymbol{C}_b^i & \boldsymbol{O}_{3\times3} \\ & & \boldsymbol{O}_{3\times12} & \\ & & \boldsymbol{O}_{3\times12} & \end{bmatrix}\boldsymbol{X} + \begin{bmatrix} \boldsymbol{C}_b^i\boldsymbol{\nabla}_w^b \\ -\boldsymbol{C}_b^i\boldsymbol{\varepsilon}_w^b \\ \boldsymbol{O}_{3\times1} \\ \boldsymbol{O}_{3\times1} \end{bmatrix} \\ \boldsymbol{Z} &= [\boldsymbol{I}_{3\times3} \quad \boldsymbol{O}_{3\times9}]\boldsymbol{X} + \boldsymbol{V} \end{aligned}\right\} \tag{5.34}$$

对于由式(5.34)确定的状态空间模型，采用闭环卡尔曼滤波进行状态估计，对姿态误差按照下式进行闭环修正：

$$\hat{\boldsymbol{C}}_{\mathrm{b}}^{\mathrm{i}}(t)=\hat{\boldsymbol{C}}_{\mathrm{i_{b0}}}^{\mathrm{i}}\ \hat{\boldsymbol{C}}_{\mathrm{b}}^{\mathrm{i_{b0}}}(t),\quad \hat{\boldsymbol{C}}_{\mathrm{i'}}^{\mathrm{i}}=\boldsymbol{I}+(\hat{\boldsymbol{\Phi}}^{\mathrm{i}}\times) \tag{5.35}$$

需要说明的是，式(5.34)中存在不确定性量测干扰，为保证滤波性能，滤波中的量测噪声方差阵 **R** 需要根据实际情况来调整。

3. 仿真结果

仿真初始条件：设置仿真时间为300 s，采样时间为0.01 s，载体的初始位置为经度116°，纬度40°，高度 40 m；初始速度为 0 m/s；初始姿态为俯仰角 1°，横滚角 2°，航向角 5°；加速度计的常值零偏为 100 μg，随机偏置为 50 μg，陀螺仪的常值漂移为0.01 °/h，随机漂移为0.01 °/h；载体姿态角晃动频率为 0.3 rad/s，俯仰角、横滚角和航向角的晃动幅值分别为(1′,1′,2′)，初始失准角为$\boldsymbol{\Phi}^{\mathrm{i}}=[2' \quad 2' \quad 10']^{\mathrm{T}}$，杆臂在 b 系中的投影为(0.5 m,0.5 m,0.5 m)。图 5.5 表示了初始失准角的估计值曲线，图 5.6 和图 5.7 分别表示了载体的理想姿态和用估计出来的失准角反馈修正得到姿态角的估计值。

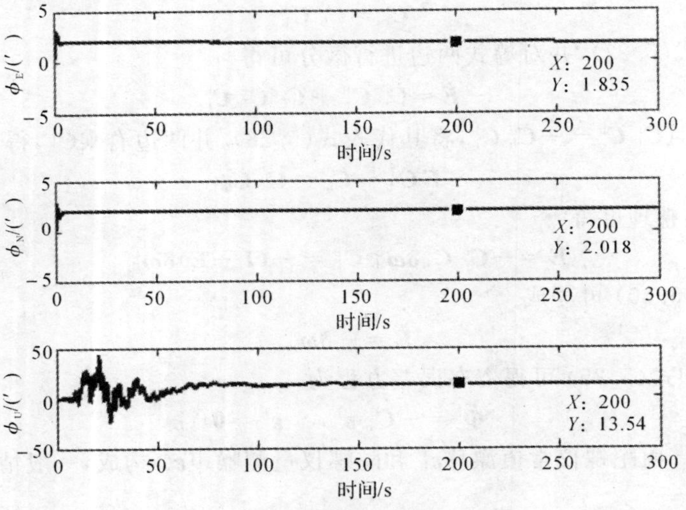

图 5.5 初始失准角的估计值曲线

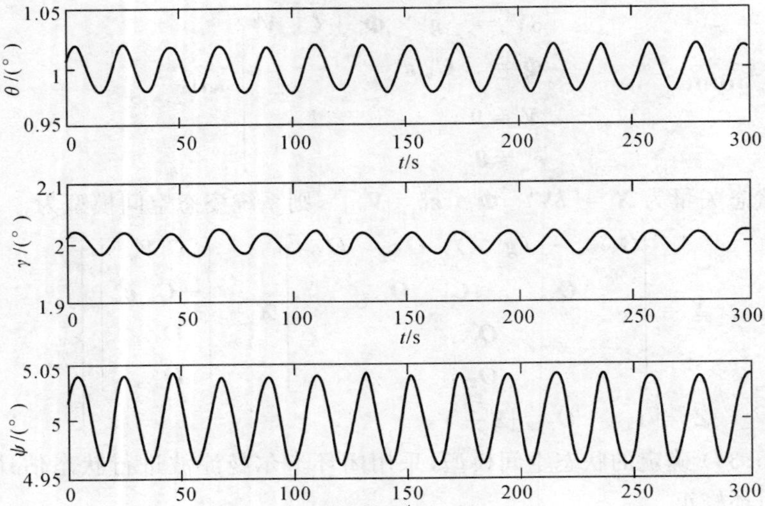

图 5.6 载体的理想姿态

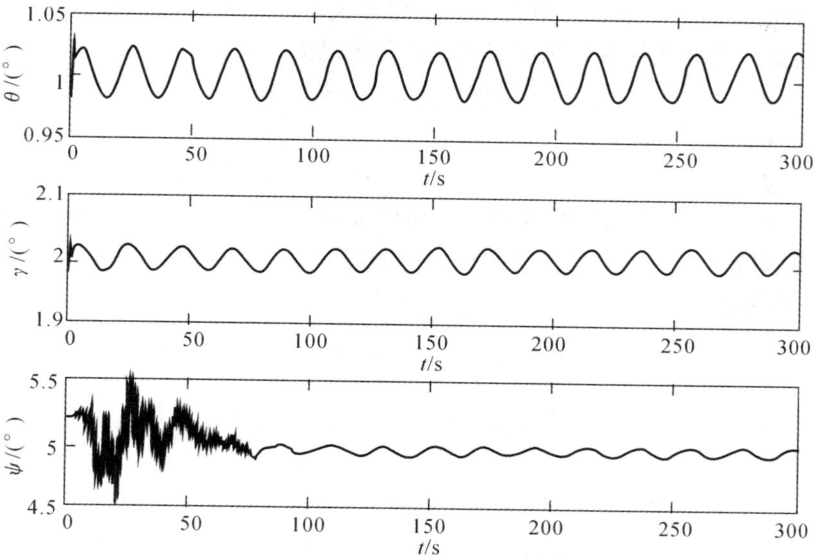

图 5.7　姿态角的修正值

如图 5.5 所示，水平失准角的估计速度较快，100 s 内就可以收敛，且估计精度较高，均在 2′以内；方位失准角的估计速度较慢，大约在 180 s 时收敛，估计精度在 4′以内。对比图 5.6 和图 5.7 可以看出，由失准角的估计值修正得到的姿态角的估计值对理想姿态的跟踪效果较好，俯仰角和横滚角的跟踪速度快且精度高，能够实时反映载体晃动姿态的变化情况，方位角的跟踪速度较慢，在将近 100 s 时才能跟踪上，而且跟踪的精度不高，估计的姿态角不能和理想姿态角完全重合。因此，微幅晃动基座条件下，基于惯性坐标系的卡尔曼滤波精对准估计效果一般，这主要与晃动基座下无法精确测量得到过程噪声和量测噪声的统计模型有关。因此，有必要研究不需要依赖噪声统计信息的精对准算法。

5.3.2　自适应加权最小二乘精对准原理

捷联式惯导系统的初始对准可理解为一种信号处理过程。由于数学平台的动力学隔离作用，姿态误差角已不受基座晃动干扰的影响，而且对准时间远比陀螺仪相关时间短，陀螺仪漂移仅体现随机常数部分，所以姿态误差与晃动干扰无关，而只是以常值漂移及姿态误差初值为系数的时间 t 的二次函数。但姿态误差必须通过加速度计的输出，即速度误差来测量，该速度误差是以陀螺仪漂移、姿态误差初值为系数的时间 t 的三次函数。因此，可以采用系统辨识技术，从速度误差测量值中提取出陀螺仪漂移及姿态误差初值，从而计算出姿态误差。当辨识过程逐渐稳定时，计算得到的姿态误差越来越精确，此时便可对数学平台作修正，初始对准即可完成。

1. 参数辨识算法设计

由式(5.27) 可知，如果能求得 ϕ_E，ϕ_N，ϕ_U，则按照下式修正可获得：

$$\boldsymbol{C}_b^i = \boldsymbol{C}_{i'}^i \boldsymbol{C}_b^{i'} = (\boldsymbol{I} + \boldsymbol{E}) \boldsymbol{C}_b^{i'} \tag{5.36}$$

式中，$C_b^{i'}$ 为粗对准得到的结果。利用式(5.15)就可获得$\hat{C}_b^n$。因此，对准问题成为如何确定出ϕ_E,ϕ_N,ϕ_U的问题。捷联式惯导系统的姿态误差角满足如下方程：

$$\begin{bmatrix}\dot{\phi}_E\\ \dot{\phi}_N\\ \dot{\phi}_U\end{bmatrix}=\begin{bmatrix}0 & \omega_{ie}\sin L & -\omega_{ie}\cos L\\ -\omega_{ie}\sin L & 0 & 0\\ \omega_{ie}\cos L & 0 & 0\end{bmatrix}\begin{bmatrix}\phi_E\\ \phi_N\\ \phi_U\end{bmatrix}-\begin{bmatrix}\varepsilon_E\\ \varepsilon_N\\ \varepsilon_U\end{bmatrix}-\begin{bmatrix}W_E\\ W_N\\ W_U\end{bmatrix} \tag{5.37}$$

式中，$[\varepsilon_E\quad\varepsilon_N\quad\varepsilon_U]^T$为捷联式陀螺仪的等效随机常值漂移；$[W_E\quad W_N\quad W_U]^T$为等效时变漂移，它是由陀螺仪的安装误差和刻度系数误差引起的对晃动角速度的测量误差。

式(5.37)的解为

$$\left.\begin{aligned}\phi_E&=\phi_{E0}+u_Et+\frac{t^2}{2}\omega_{ie}(u_N\sin L-u_U\cos L)\\ \phi_N&=\phi_{N0}+u_Nt-\frac{t^2}{2}\omega_{ie}u_E\sin L\\ \phi_U&=\phi_{U0}+u_Ut+\frac{t^2}{2}\omega_{ie}u_E\sin L\end{aligned}\right\} \tag{5.38}$$

式中，$\phi_{E0},\phi_{N0},\phi_{U0}$分别为$\phi_E,\phi_N,\phi_U$的初值，且

$$\left.\begin{aligned}u_E&=\phi_{N0}\omega_{ie}\sin L-\phi_{U0}\omega_{ie}\cos L-\varepsilon_E\\ u_N&=-\phi_{E0}\omega_{ie}\sin L-\varepsilon_N\\ u_U&=\phi_{E0}\omega_{ie}\cos L-\varepsilon_U\end{aligned}\right\} \tag{5.39}$$

式(5.38)说明，姿态误差角问题可转化为确定其初值和等效常值漂移，初始对准问题转化为参数辨识问题。

由式(5.18)可知，在晃动基座上，$\tilde{f}^b$在惯性坐标系i′内的分量为

$$\tilde{f}^{i'}=C_b^{i'}\tilde{f}^b=C_i^{i'}C_b^i\tilde{f}^b=C_i^{i'}[-g^b+f_d^b+\nabla+C_b^i(\delta K_A+\delta A)(-g^b+f_d^b)]=$$
$$\begin{bmatrix}-g\phi_N+f_{dE}+\nabla_E+\delta f_E\\ g\phi_E+f_{dN}+\nabla_N+\delta f_N\\ g+f_{dU}+\nabla_U+\delta f_U\end{bmatrix} \tag{5.40}$$

式中，$[\delta f_E\quad\delta f_N\quad\delta f_U]^T=C_b^i(\delta K_A+\delta A)f_d^b$，为干扰加速度测量误差；$[\nabla_E\quad\nabla_N\quad\nabla_U]^T=C_b^i[\nabla^b+(\delta K_A+\delta A)(-g^b)]$为等效加速度计偏置。

为方便起见，定义

$$[f_{DE}\quad f_{DN}\quad f_{DU}]^T=[f_{dE}\quad f_{dN}\quad f_{dU}]^T+[\delta f_E\quad\delta f_N\quad\delta f_U]^T$$

为加速度计输出中的干扰加速度部分，显然，它与f_d^b同频率且作简谐波动。

由式(5.40)可得到$\tilde{f}^{i'}$的水平分量为

$$\begin{cases}f_{E'}=-g\phi_N+f_{DE}+\nabla_E\\ f_{N'}=g\phi_E+f_{DN}+\nabla_N\end{cases}$$

将式(5.38)中的ϕ_E和ϕ_N代入上式，并在$[0,t]$内积分，得速度增量为

$$v_E(t)=(\nabla_E-g\phi_{N0})t-\frac{t^2}{2}gu_N+\frac{t^3}{6}g\omega_{ie}\sin L+V_{DE} \tag{5.41a}$$

$$v_N(t)=(\nabla_N+g\phi_{E0})t+\frac{t^2}{2}gu_E+\frac{t^3}{6}g\omega_{ie}(u_N\sin L-u_U\cos L)+V_{DN} \tag{5.41b}$$

由式(5.41)可以看出：

(1) 在$[0,t]$内的速度误差增量中，水平姿态误差初值构成时间的一次方项，包含陀螺仪

等效北向漂移信息的 u_N 及包含方位误差角初值信息的 u_E 构成时间的二次方项，而包含陀螺仪等效方位漂移信息的 u_U 构成时间的三次方项。由于三次曲线在时间较短时只呈现线性特性，所以辨识等效北向漂移和方位误差初值所需时间远比辨识水平误差初值的时间长，辨识等效方位陀螺仪漂移的时间更长。这说明对准时间同测漂和对准精度不能同时兼顾，更不可能无限缩短对准时间。

(2) V_{DE} 和 V_{DN} 是由作简谐波动的等效干扰加速度积分获得的，没有随时间增长的趋势，而速度增量 v_E 和 v_N 是时间的三次函数，因此信噪比随对准时间的增加而加速提高，这对抑制晃动干扰提高辨识精度是有益的。

将式(5.41)改写成

$$v_E(k)=a_{1E}kT_s+a_{2E}(kT_s)^2+a_{3E}(kT_s)^3+V_{DE} \tag{5.42a}$$

$$v_N(k)=a_{1N}kT_s+a_{2N}(kT_s)^2+a_{3N}(kT_s)^3+V_{DN} \tag{5.42b}$$

式中，T_s 为采样周期，且

$$\left.\begin{aligned}a_{1E}&=\nabla_E-g\phi_{N0}\\ a_{2E}&=-\frac{1}{2}g\phi_N\\ a_{3E}&=\frac{1}{6}g\omega_{ie}u_E\sin L\end{aligned}\right\} \tag{5.43}$$

$$\left.\begin{aligned}a_{1N}&=\nabla_N+g\phi_{E0}\\ a_{2N}&=\frac{1}{2}g\phi_E\\ a_{3N}&=\frac{1}{6}g\omega_{ie}(u_N\sin L-u_U\cos L)\end{aligned}\right\} \tag{5.44}$$

它们都是常值参数。根据式(5.43)和式(5.44)，可采用辨识技术从量测值 $v_E(k)$ 和 $v_N(k)$ 中提取出这些参数。

定义

$$\boldsymbol{\Theta}_E=[a_{1E}\quad a_{2E}\quad a_{3E}]^T,\quad \boldsymbol{\Theta}_N=[a_{1N}\quad a_{2N}\quad a_{3N}]^T$$

则由 $\boldsymbol{\Theta}_E$ 和 $\boldsymbol{\Theta}_N$ 构成的系统方程和量测方程为

$$\left.\begin{aligned}\boldsymbol{\Theta}_E(k+1)&=\boldsymbol{\Theta}_E(k)\\ \boldsymbol{v}_E(k)&=\boldsymbol{H}(k)\boldsymbol{\Theta}_E(k)+\boldsymbol{V}_{DE}(k)\end{aligned}\right\} \tag{5.45}$$

$$\left.\begin{aligned}\boldsymbol{\Theta}_N(k+1)&=\boldsymbol{\Theta}_N(k)\\ \boldsymbol{v}_N(k)&=\boldsymbol{H}(k)\boldsymbol{\Theta}_N(k)+\boldsymbol{V}_{DN}(k)\end{aligned}\right\} \tag{5.46}$$

式中

$$\boldsymbol{H}(k)=[kT_s\quad (kT_s)^2\quad (kT_s)^3]$$

若 k 时刻参数估计为 $\boldsymbol{\Theta}(k)$，估计误差的方差阵为 $\boldsymbol{P}(k)$，量测值为 $\boldsymbol{Z}(k)$。参数辨识的一种实用算法是加权自适应最小二乘滤波算法，则对应的系统方程和量测方程为

$$\begin{cases}\boldsymbol{\Theta}(k+1)=\boldsymbol{\Theta}(k)\\ \boldsymbol{Z}(k)=\boldsymbol{H}(k)\,\boldsymbol{\Theta}_E(k)+\boldsymbol{V}(k)\end{cases}$$

其算法如下：

$$\left.\begin{aligned}
&\hat{\boldsymbol{\Theta}}(k+1)=\hat{\boldsymbol{\Theta}}(k)+\boldsymbol{K}(k)[\boldsymbol{Z}(k)-\boldsymbol{H}(k)\hat{\boldsymbol{\Theta}}(k)]\\
&\hat{\boldsymbol{\Theta}}(0)=\boldsymbol{\Theta}_0\\
&\boldsymbol{K}(k)=\boldsymbol{P}(k)\boldsymbol{H}^{\mathrm{T}}(k)[\boldsymbol{H}(k)\boldsymbol{P}(k)\boldsymbol{H}^{\mathrm{T}}(k)+\hat{\boldsymbol{\Lambda}}(k+1)]^{-1}\\
&\boldsymbol{P}(k+1)=\boldsymbol{P}(k)-\boldsymbol{K}(k)[\boldsymbol{H}(k)\boldsymbol{P}(k)\boldsymbol{H}^{\mathrm{T}}(k)+\hat{\boldsymbol{\Lambda}}(k+1)]\boldsymbol{K}^{\mathrm{T}}(k)\\
&\boldsymbol{P}(0)=\boldsymbol{P}_0\\
&\hat{\boldsymbol{\Lambda}}(k+1)=\hat{\boldsymbol{\Lambda}}(k)+\frac{\boldsymbol{e}(k)\boldsymbol{e}^{\mathrm{T}}(k)-\hat{\boldsymbol{\Lambda}}(k)}{k+1}\\
&\hat{\boldsymbol{\Lambda}}(0)=\boldsymbol{\Lambda}_0\\
&\boldsymbol{e}(k)=\boldsymbol{Z}(k)-\boldsymbol{H}(k)\hat{\boldsymbol{\Theta}}(k)
\end{aligned}\right\}\tag{5.47}$$

式中，$\boldsymbol{\Theta}_0$，$\boldsymbol{P}_0$，$\boldsymbol{\Lambda}_0$ 均可任选。

上述算法中，量测噪声并未直接使用，而将它合并到量测值的估计误差 $\boldsymbol{e}(k)$ 中，由于 $\boldsymbol{e}(k)$ 每步递推计算中均可求得，所以加权自适应最小二乘滤波算法无需知道量测噪声的统计特性，这对简化计算十分有利。另外，滤波器增益利用了状态的估计均方误差和量测值的估计均方误差作自适应加权处理，加速了算法的收敛。

在由递推算法辨识得 a_{ij} $(i=1,2,3;j=\mathrm{E},\mathrm{N})$ 后，根据式(5.43)和式(5.44)，可求得 ϕ_{E0}，ϕ_{N0}，u_{E}，u_{N}，u_{U}，并由式(5.39)，得

$$\phi_{\mathrm{U0}}=\phi_{\mathrm{N0}}\tan L-\frac{u_{\mathrm{E}}+\varepsilon_{\mathrm{E}}}{\omega_{\mathrm{ie}}\cos L}\tag{5.48}$$

将上述求得的参数代入到式(5.42)，可计算出 t 时刻的姿态误差角。在辨识稳定后，利用式(5.36)对通过姿态更新获得的姿态矩阵进行一次修正，即可完成精对准。

2. 仿真结果及分析

仿真条件与5.2节相同。仿真结果如图5.8和图5.9所示。

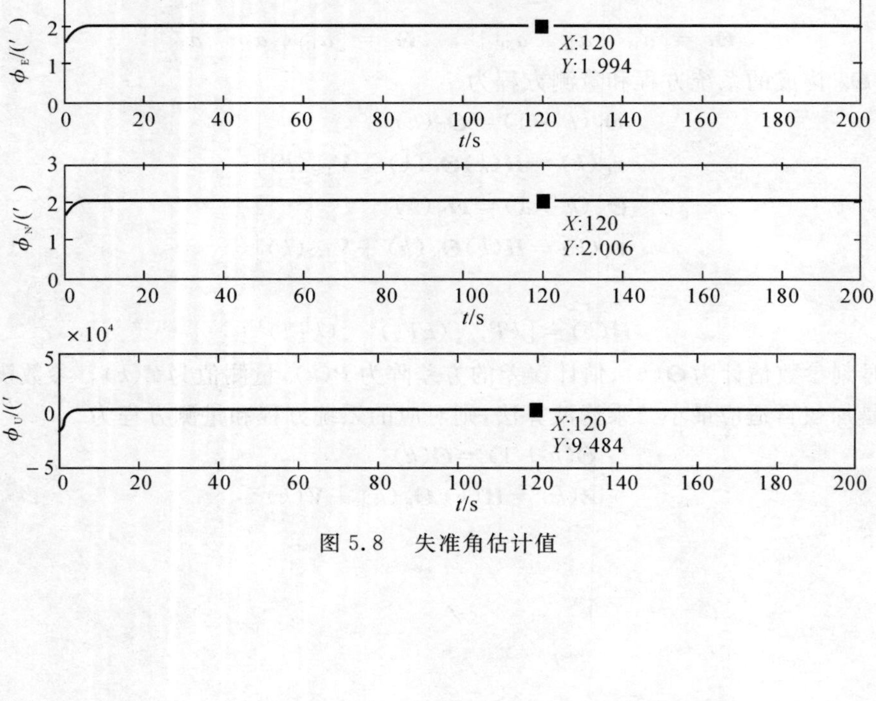

图5.8 失准角估计值

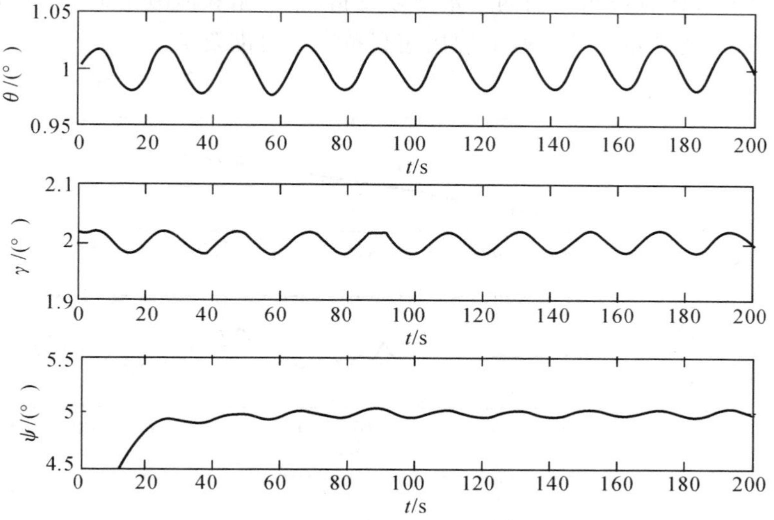

图 5.9　修正后的姿态角

由图5.8可以看出，由于参数辨识的初始姿态矩阵是在该位置经过10 s的粗对准获得的，所以精对准开始时刻误差较大。但是随着辨识过程逐渐进入稳定状态，平台失准角的估计值越来越精确，30 s后即可快速收敛。对比图5.6和图5.9可以看出，经过修正后的姿态也能实时反映晃动基座下载体理想的实时姿态角。将图5.4和图5.5相比，自适应加权最小二乘算法由于无需依赖精确的量测噪声统计模型，因此其估计精度比卡尔曼滤波精度高，而且对姿态的跟踪效果也比较好，能反映微幅晃动基座下载体的实时姿态，满足初始对准的要求。

5.4　大幅度晃动基座初始对准方法

5.4.1　传统算法问题

大幅度晃动基座下，载体的晃动模型及参数设置与5.2节的粗对准仿真条件相同。将5.2节中所述的微幅晃动基座初始对准算法——惯性坐标系下卡尔曼滤波算法和自适应加权最小二乘算法——用于大幅度晃动基座初始对准中，仿真结果如图5.10、图5.11和图5.12所示。

由图5.10可知，在大幅度晃动基座下，卡尔曼滤波精度很低，由于此时陀螺仪输出数据受到的干扰影响比较大，以至于造成滤波发散，所以用传统卡尔曼滤波精对准方法不适宜进行大幅晃动基座下的初始对准。

由图5.11和图5.12可知，在大幅晃动基座下，采用最小二乘法虽然比图5.10中的卡尔曼滤波估计好些，但失准角的估计误差仍然较大，用估计的失准角对粗对准后的姿态进行闭环修正得到的姿态角与真实姿态角间的误差较大，尤其是方位角的估计误差很大，完全没有反映出晃动基座下理想的载体方位角。而两个水平姿态角，俯仰角和横滚角虽然能跟踪上理想值，但是所需时间太长，不能满足晃动基座下的快速高精度自对准要求。

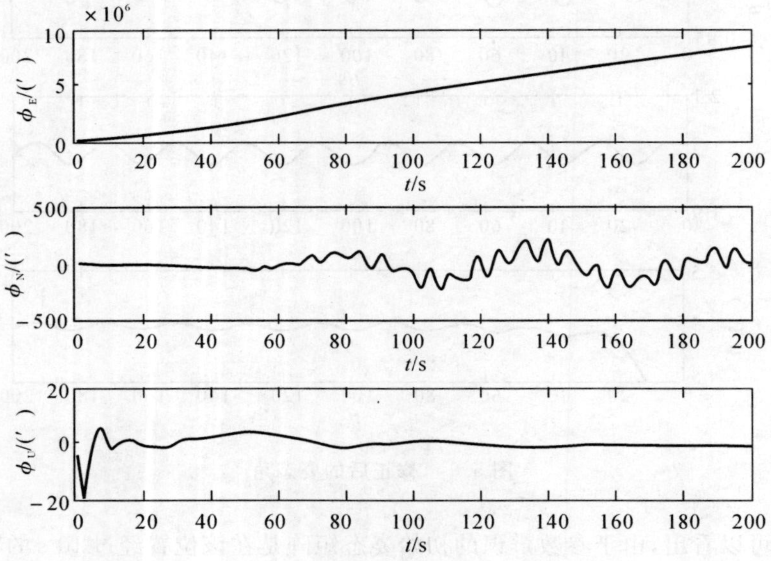

图 5.10　卡尔曼滤波精对准失准角的估计值

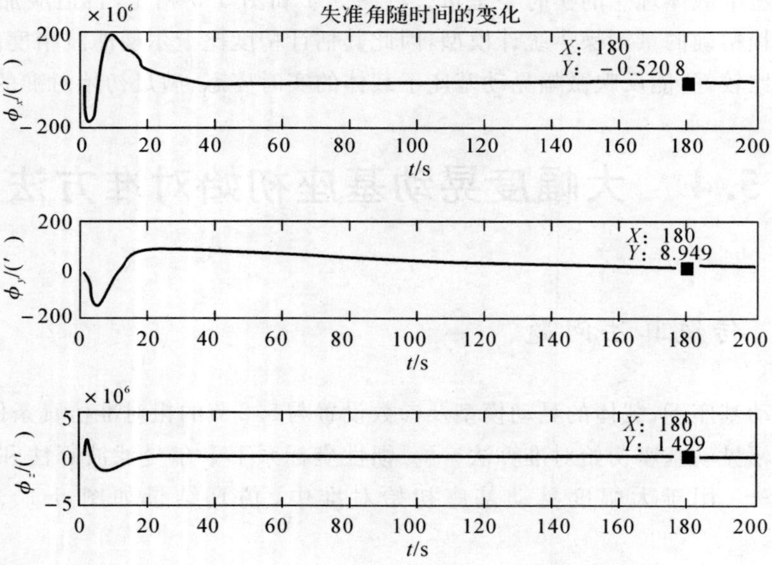

图 5.11　最小二乘精对准失准角的估计值

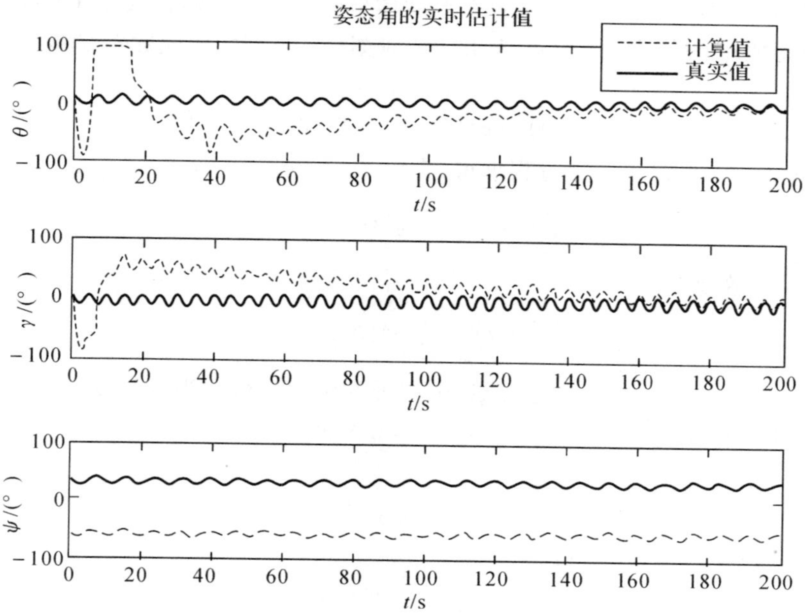

图 5.12　最小二乘精对准得到的姿态与真实姿态

综上所述，5.3 节中介绍的卡尔曼滤波算法和最小二乘算法只能适用于微幅晃动基座下的初始对准，不能实现大幅度晃动基座对准的要求。这些算法的共同点是，都属于姿态确定算法中的状态估计法，均依赖于系统的误差方程且需要先进行粗对准然后在此基础上再进行精对准，在微幅晃动下可以实现自对准，但在大幅晃动下的精度很差。因此，为了实现大幅晃动基座下的快速高精度自对准，本节着重介绍一种不依赖于系统误差方程且无需在粗对准的基础上进行精对准，即可完成大幅度晃动基座条件下的初始对准的姿态确定算法。

5.4.2　大幅晃动基座初始对准算法设计

初始对准的本质是通过矢量观测来确定姿态。因此，基于矢量观测的姿态确定算法都可用来完成初始对准。针对晃动基座下的初始对准问题，这里对初始对准的概念进行扩展，认为初始对准不仅仅要确定初始对准开始前那一时刻的姿态阵，还要根据载体的实际变化，实时地确定载体在进行导航前一时刻的姿态阵，即对准后的姿态要能实时地反映载体实际的姿态变化。为此，这里提出了对准与姿态更新同步进行的初始对准方法。

为了减少晃动干扰的影响，利用惯性坐标系下的姿态更新来实时地反映载体在晃动干扰下的姿态变化。同时，对开始对准前的姿态进行最优估计，最后结合这两部分结果完成初始对准。下面简单介绍其基本原理。

在对准开始时刻，由于惯性坐标系 i 系与载体系 b 系重合，所以$\boldsymbol{q}_i^b(0)=[1\quad 0\quad 0\quad 0]^T$，根据四元数运算关系有

$$\boldsymbol{q}_n^b(t)=\boldsymbol{q}_n^i(t)\otimes\boldsymbol{q}_i^b(t)=\boldsymbol{q}_n^i(0,t)\otimes\boldsymbol{q}_n^i(0)\otimes\boldsymbol{q}_i^b(0,t)\otimes\boldsymbol{q}_i^b(0)=\boldsymbol{q}_n^i(0,t)\otimes\boldsymbol{q}_n^b(0)\otimes\boldsymbol{q}_i^b(0,t)\tag{5.49}$$

式中，$\boldsymbol{q}_{\mathrm{n}}^{\mathrm{b}}(0)$ 为初始时刻由导航坐标系 n 系至载体坐标系 b 系的四元数；$\boldsymbol{q}_{\mathrm{n}}^{\mathrm{i}}(0,t)$ 为由初始时刻至 t 时刻的四元数$\boldsymbol{q}_{\mathrm{n}}^{\mathrm{i}}$ 的变化；$\boldsymbol{q}_{\mathrm{n}}^{\mathrm{b}}(0,t)$ 为由初始时刻到 t 时刻的四元数$\boldsymbol{q}_{\mathrm{n}}^{\mathrm{b}}$ 的变化。

由此可得

$$\boldsymbol{q}_{\mathrm{n}}^{\mathrm{i}}(0,0)=\boldsymbol{q}_{\mathrm{i}}^{\mathrm{b}}(0,0)=[1\quad 0\quad 0\quad 0]^{\mathrm{T}}$$

式(5.49) 中，$\boldsymbol{q}_{\mathrm{i}}^{\mathrm{b}}(0,t)$ 可以由微分方程求得：

$$\dot{\boldsymbol{q}}_{\mathrm{i}}^{\mathrm{b}}(0,t)=\frac{1}{2}\boldsymbol{q}_{\mathrm{i}}^{\mathrm{b}}(0,t)\otimes\boldsymbol{\omega}_{\mathrm{ib}}^{\mathrm{b}}$$

$\boldsymbol{q}_{\mathrm{n}}^{\mathrm{i}}(0,t)$ 也可以由微分方程求得：

$$\dot{\boldsymbol{q}}_{\mathrm{i}}^{\mathrm{n}}(0,t)=\frac{1}{2}\boldsymbol{q}_{\mathrm{i}}^{\mathrm{n}}(0,t)\otimes\boldsymbol{\omega}_{\mathrm{in}}^{\mathrm{n}}$$

其中，$\boldsymbol{q}_{\mathrm{i}}^{\mathrm{n}}(0,t)=\boldsymbol{q}_{\mathrm{n}}^{\mathrm{i}^*}(0,t)$，$\boldsymbol{q}_{\mathrm{n}}^{\mathrm{i}^*}(0,t)$ 表示$\boldsymbol{q}_{\mathrm{i}}^{\mathrm{n}}(0,t)$的共轭四元数。当载体没有速度时，可用$\boldsymbol{\omega}_{\mathrm{ie}}^{\mathrm{n}}$ 代替$\boldsymbol{\omega}_{\mathrm{in}}^{\mathrm{n}}$，当载体具有速度时，$\boldsymbol{\omega}_{\mathrm{in}}^{\mathrm{n}}$ 可由$\boldsymbol{\omega}_{\mathrm{in}}^{\mathrm{n}}=\boldsymbol{\omega}_{\mathrm{ie}}^{\mathrm{n}}+\boldsymbol{\omega}_{\mathrm{en}}^{\mathrm{n}}$ 求得。

由于

$$\boldsymbol{f}^{\mathrm{n}}=\boldsymbol{q}_{\mathrm{n}}^{\mathrm{b}}(t)\otimes\boldsymbol{f}^{\mathrm{b}}\otimes\boldsymbol{q}_{\mathrm{n}}^{\mathrm{b}^*}(t) \tag{5.50}$$

则将式(5.49) 代入式(5.50) 可得

$$\boldsymbol{f}^{\mathrm{n}}=\boldsymbol{q}_{\mathrm{n}}^{\mathrm{b}}(t)\otimes\boldsymbol{f}^{\mathrm{b}}\otimes\boldsymbol{q}_{\mathrm{n}}^{\mathrm{b}^*}(t)=\boldsymbol{q}_{\mathrm{n}}^{\mathrm{i}}(0,t)\otimes\boldsymbol{q}_{\mathrm{n}}^{\mathrm{b}}(0)\otimes\boldsymbol{q}_{\mathrm{i}}^{\mathrm{b}}(0,t)\otimes\boldsymbol{f}^{\mathrm{b}}\otimes\boldsymbol{q}_{\mathrm{i}}^{\mathrm{b}^*}(0,t)\otimes\boldsymbol{q}_{\mathrm{n}}^{\mathrm{b}^*}(0)\otimes\boldsymbol{q}_{\mathrm{n}}^{\mathrm{i}^*}(0,t)$$

整理可得

$$\boldsymbol{q}_{\mathrm{i}}^{\mathrm{n}}(0,t)\otimes\boldsymbol{f}^{\mathrm{n}}\otimes\boldsymbol{q}_{\mathrm{i}}^{\mathrm{n}^*}(0,t)=\boldsymbol{q}_{\mathrm{n}}^{\mathrm{b}}(0)\otimes\boldsymbol{q}_{\mathrm{i}}^{\mathrm{b}}(0,t)\otimes\boldsymbol{f}^{\mathrm{b}}\otimes\boldsymbol{q}_{\mathrm{i}}^{\mathrm{b}^*}(0,t)\otimes\boldsymbol{q}_{\mathrm{n}}^{\mathrm{b}^*}(0) \tag{5.51}$$

令

$$\boldsymbol{\alpha}(t)=\boldsymbol{q}_{\mathrm{i}}^{\mathrm{b}}(0,t)\otimes\boldsymbol{f}^{\mathrm{b}}\otimes\boldsymbol{q}_{\mathrm{i}}^{\mathrm{b}^*}(0,t) \tag{5.52}$$

$$\boldsymbol{\beta}(t)=\boldsymbol{q}_{\mathrm{i}}^{\mathrm{n}}(0,t)\otimes\boldsymbol{f}^{\mathrm{n}}\otimes\boldsymbol{q}_{\mathrm{i}}^{\mathrm{n}^*}(0,t) \tag{5.53}$$

根据式(5.51) 的关系有

$$\boldsymbol{\beta}(t)=\boldsymbol{q}_{\mathrm{n}}^{\mathrm{b}}(0)\otimes\boldsymbol{\alpha}(t)\otimes\boldsymbol{q}_{\mathrm{n}}^{\mathrm{b}^*}(0)$$

即

$$\{[\overset{+}{\boldsymbol{\beta}}(t)]-[\overset{-}{\boldsymbol{\alpha}}(t)]\}\,\boldsymbol{q}_{\mathrm{n}}^{\mathrm{b}}(0)=0 \tag{5.54}$$

设 $\boldsymbol{\beta}(t)$ 和 $\boldsymbol{\alpha}(t)$ 的矢量形式分别为 $\boldsymbol{\beta}(t)=[\beta_{\mathrm{s}}\quad\boldsymbol{\beta}_{\eta}^{\mathrm{T}}]^{\mathrm{T}}$，$\boldsymbol{\alpha}(t)=[\alpha_{\mathrm{s}}\quad\boldsymbol{\alpha}_{\eta}^{\mathrm{T}}]^{\mathrm{T}}$，则

$$[\overset{+}{\boldsymbol{\beta}}(t)]=\begin{bmatrix}\beta_{\mathrm{s}} & -\boldsymbol{\beta}_{\eta}^{\mathrm{T}}\\ \boldsymbol{\beta}_{\eta} & \beta_{\mathrm{s}}\boldsymbol{I}+(\boldsymbol{\beta}_{\eta}\times)\end{bmatrix},\quad [\overset{-}{\boldsymbol{\alpha}}(t)]=\begin{bmatrix}\alpha_{\mathrm{s}} & -\boldsymbol{\alpha}_{\eta}^{\mathrm{T}}\\ \boldsymbol{\alpha}_{\eta} & \alpha_{\mathrm{s}}\boldsymbol{I}-(\boldsymbol{\alpha}_{\eta}\times)\end{bmatrix}$$

根据最优姿态确定的 q-method 方法，可以将初始对准问题转化成著名的 Wahba 姿态确定问题：

$$\min_{\boldsymbol{q}}\int_0^t||([\overset{+}{\boldsymbol{\beta}}(t)]-[\overset{-}{\boldsymbol{\alpha}}(t)])\,\boldsymbol{q}_{\mathrm{n}}^{\mathrm{b}}(0)||^2\mathrm{d}\tau=\min_{\boldsymbol{q}}\boldsymbol{q}_{\mathrm{n}}^{\mathrm{b}}(0)^{\mathrm{T}}\int_0^t\{[\overset{+}{\boldsymbol{\beta}}(t)]-[\overset{-}{\boldsymbol{\alpha}}(t)]\}^{\mathrm{T}}\{[\overset{+}{\boldsymbol{\beta}}(t)]-[\overset{-}{\boldsymbol{\alpha}}(t)]\}\mathrm{d}\tau\,\boldsymbol{q}_{\mathrm{n}}^{\mathrm{b}}(0)=\min_{\boldsymbol{q}}\boldsymbol{q}_{\mathrm{n}}^{\mathrm{b}}(0)^{\mathrm{T}}\boldsymbol{K}\boldsymbol{q}_{\mathrm{n}}^{\mathrm{b}}(0) \tag{5.55}$$

其中，约束条件为$\boldsymbol{q}_{\mathrm{n}}^{\mathrm{b}}(0)^{\mathrm{T}}\boldsymbol{q}_{\mathrm{n}}^{\mathrm{b}}(0)=1$，$\boldsymbol{q}_{\mathrm{n}}^{\mathrm{b}}(0)^{\mathrm{T}}$ 表示$\boldsymbol{q}_{\mathrm{n}}^{\mathrm{b}}(0)$ 的转置。

$$\boldsymbol{K}=\int_0^t\{[\overset{+}{\boldsymbol{\beta}}(t)]-[\overset{-}{\boldsymbol{\alpha}}(t)]\}^{\mathrm{T}}\{[\overset{+}{\boldsymbol{\beta}}(t)]-[\overset{-}{\boldsymbol{\alpha}}(t)]\}\mathrm{d}\tau$$

这样，采用如下姿态确定递推算法来求取$\boldsymbol{q}_{\mathrm{n}}^{\mathrm{b}}(0)$，即取$\boldsymbol{q}_{\mathrm{n}}^{\mathrm{b}}(0)$ 为 $\boldsymbol{K}$ 矩阵最小特征值所对应的特征矢量。

设采样时间为 T，递推次数为 k，仿真时长 $t=kT$，则姿态确定的递推算法为

初始化：$k=0$，$\boldsymbol{q}_{\mathrm{n}}^{\mathrm{i}}(0,0)=\boldsymbol{q}_{\mathrm{i}}^{\mathrm{b}}(0,0)=[1\quad 0\quad 0\quad 0]^{\mathrm{T}}$，$\boldsymbol{K}=\boldsymbol{O}_{4\times 4}$；

步骤 1：$k=k+1$；

步骤 2：根据$\boldsymbol{\omega}_{ib}^{b}$ 和$\boldsymbol{\omega}_{in}^{n}$ 分别更新$\boldsymbol{q}_{i}^{b}(0,t)$ 和$\boldsymbol{q}_{i}^{n}(0,t)$；

步骤 3：利用$\boldsymbol{f}^{b}$ 和$\boldsymbol{f}^{n}$ 分别计算 $\boldsymbol{\alpha}(t)$ 和 $\boldsymbol{\beta}(t)$；

步骤 4：利用 $\boldsymbol{\alpha}(t)$ 和 $\boldsymbol{\beta}(t)$ 更新 $\boldsymbol{K}$ 矩阵，即

$$\boldsymbol{K}(kT) \approx \boldsymbol{K}[(k-1)T] + T \cdot \{[\overset{+}{\boldsymbol{\beta}}(t)] - [\overset{-}{\boldsymbol{\alpha}}(t)]\}^{\mathrm{T}}\{[\overset{+}{\boldsymbol{\beta}}(t)] - [\overset{-}{\boldsymbol{\alpha}}(t)]\} \tag{5.56}$$

步骤 5：通过计算 $\boldsymbol{K}(kT)$ 的最小特征值对应的归一化特征矢量来确定$\boldsymbol{q}_{n}^{b}(0)$；

步骤 6：根据式(5.51) 计算当前时刻的姿态四元数$\boldsymbol{q}_{n}^{b}(t)$；

步骤 7：返回步骤 1 直到递推结束。

从上述初始对准过程可以看出，$\boldsymbol{q}_{i}^{b}(0,t)$ 和$\boldsymbol{q}_{i}^{n}(0,t)$ 可以从对准的起始时刻开始不断地更新。在得到$\boldsymbol{q}_{i}^{b}(0,t)$ 后，根据加速度计的输出，可以得到 $\boldsymbol{\alpha}(t)$。在得到$\boldsymbol{q}_{i}^{n}(0,t)$ 后，如果速度和加速度已知，可以得到$\boldsymbol{\beta}(t)$，由 $\boldsymbol{\alpha}(t)$ 和 $\boldsymbol{\beta}(t)$ 可以得到$\boldsymbol{K}$矩阵。随着对准过程的进行，$\boldsymbol{K}$阵中包含的信息浓度越来越大，从而得到的初始对准前一时刻的姿态四元数越来越精确。同时，从初始对准开始到初始对准结束这段时间，载体受到各种干扰引起的姿态变化也被记录在$\boldsymbol{q}_{i}^{b}(0,t)$ 和$\boldsymbol{q}_{i}^{n}(0,t)$ 之中，结合对准得到的$\boldsymbol{q}_{n}^{b}(0)$，并根据式(5.49)，就可以真正地确保得到导航前一时刻的姿态阵。该算法的流程图如图 5.13 所示。

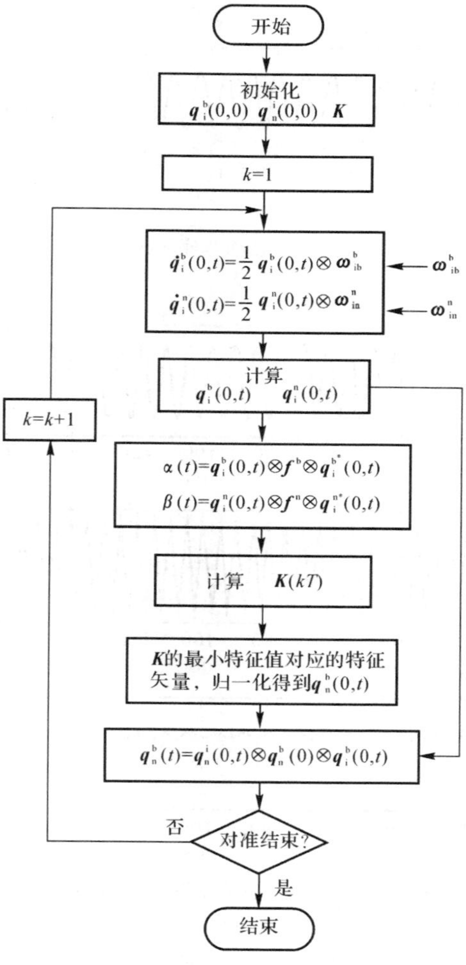

图 5.13　基于四元数的姿态确定算法流程图

5.4.3　仿真实例

仿真条件与 5.2 节中的粗对准的仿真条件相同，在此设置采样时间 $t_s = 0.01$ s，仿真时长 $t = 200$ s。图 5.14 表示了大幅晃动基座下的理想姿态。图 5.15 和图 5.16 分别表示了大幅晃动基座下姿态角的估计值和姿态角的估计误差值。

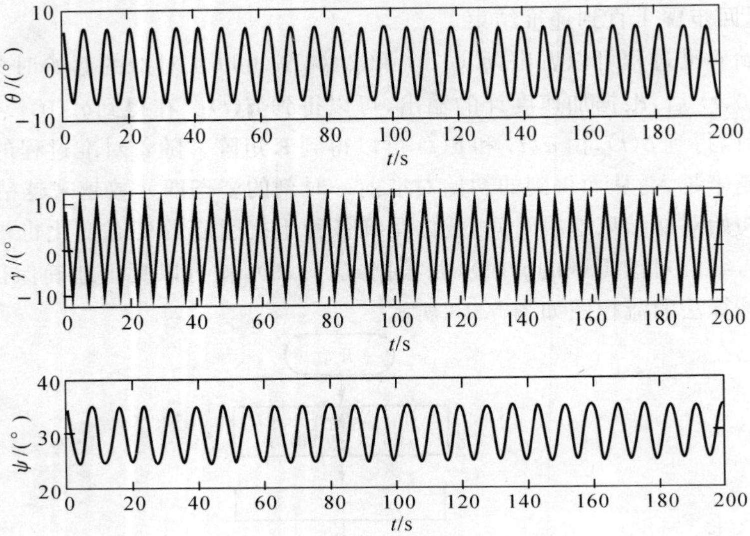

图 5.14　大幅晃动基座下的理想姿态

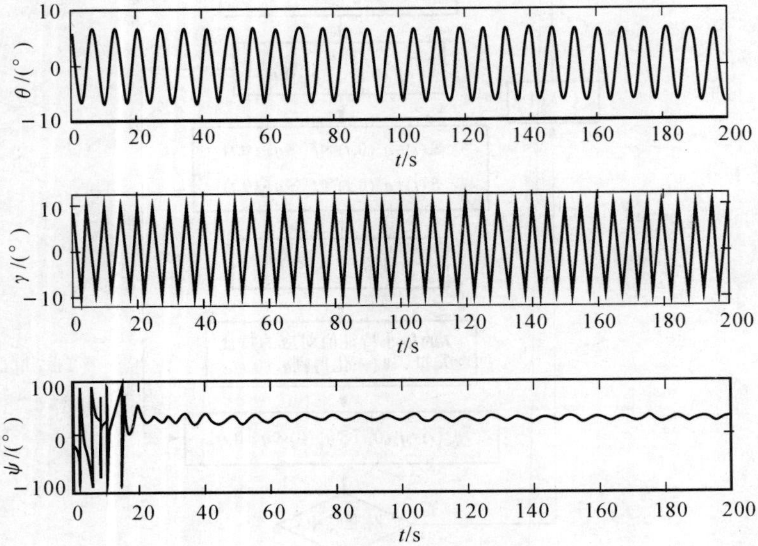

图 5.15　大幅晃动基座下姿态角的估计值

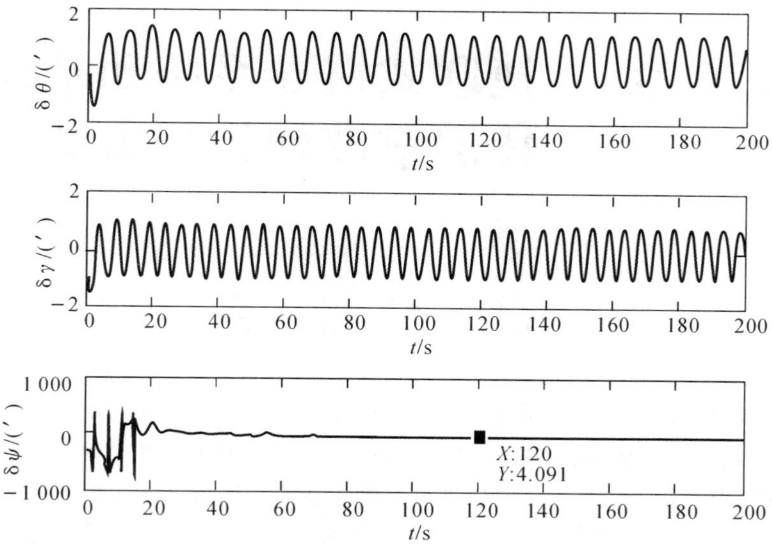

图 5.16　大幅晃动基座下姿态角的估计误差值

对比图 5.14 和图 5.15 可以看出，真实姿态与初始对准得到的姿态几乎重合，$\delta\theta$ 和 $\delta\gamma$ 很快就收敛了，$\delta\psi$ 收敛速度稍慢，但其在接近 60 s时也完全收敛了。从图 5.16 可以进一步看出，水平姿态误差在 $\pm 1'$ 以内，方位姿态误差达到 $\pm 5'$ 以内，与微幅晃动基座的对准精度相当，而且对理想姿态的跟踪效果好，能实时反映载体的晃动姿态，而不只是给出载体晃动的平均位置。由此看出，虽然载体从初始对准时刻开始一直处于晃动状态，但是利用提出的对准和姿态更新同时进行的方法，其对准结果能够满足姿态跟踪要求，从真正意义上实现在导航前一刻的大幅晃动条件下的初始对准。另外，该方法不需要事先进行粗对准，也不需要建立系统的误差状态方程和量测方程，算法计算量小，收敛速度快，完全满足导航前的对准精度和对准时间的要求。

5.5　本章小结

本章首先根据重力矢量在惯性空间投影构成一包含地球北向信息的旋转锥面的现象，利用坐标系惯性凝固假设，将姿态矩阵分解为 4 个不同的坐标变换矩阵的相乘形式，并基于重力加速度信息在惯性坐标系内解算有关变换矩阵，从而隔离了晃动干扰，实现了晃动基座下的粗对准。然后，在粗对准的基础上，进一步研究了微幅晃动基座下卡尔曼滤波算法和最小二乘算法精对准。由于微幅晃动基座下，载体姿态的晃动幅度很小为(角)分级，此时陀螺仪和加速度计受到的干扰比较小，所以这两种算法能够满足微幅晃动基座条件下初始对准的要求，其中所设计的自适应加权最小二乘精对准算法的精度更高一些。但是，在大幅度晃动基座条件下，由于陀螺仪和加速度计中的干扰信号比较大，所以这两种算法的抗干扰性能较差，不能满足快速高精度自对准的要求。为此，针对晃动基座下的 SINS 初始对准的问题，提出了对准与姿态更新同步进行的方法，通过将初始对准问题转化成 Wahba 姿态确定问题，利用姿态更新来实时地反映载体在晃动干扰下的姿态变化，并结合初始姿态的最优估计值得到载体导航前的姿态，实现了大幅晃动条件下快速、高精度初始对准的要求。

第6章 捷联式惯导系统动基座传递对准理论与方法

6.1 引 言

在动基座对准过程中，由于存在基座运动产生的各种干扰，以及受惯性元件精度限制，无法采用自对准方式在较短的时间内达到较高的对准精度。传递对准是动基座对准的一种常用方法，它是指载体航行时，载体上需要对准的子惯导系统与高精度的主惯导系统的导航信息进行比较，估算出子惯导系统对主惯导系统的相对失准角，从而实现对子惯导系统进行对准的方法。与自对准类似，传递对准也包括粗对准和精对准两个过程。粗对准时，子惯导系统直接利用主惯导系统的姿态、速度、位置等基准信息进行初始装订。装订完成之后，传递对准滤波器开始利用两套惯导系统的信息差值结合对准模型进行滤波计算，待估计出子惯导的误差参数后，将其反馈回子惯导系统并对其相应参数予以修正，从而完成精对准。

由此可见，传递对准问题的关键是如何建立合适的对准模型，并采用恰当的滤波算法对一系列有关的误差源进行参数辨识。建立模型是传递对准研究的第一步，也是极为重要的一步。为便于运用卡尔曼滤波等方法对误差参数进行估计，通常将传递对准模型表示为状态空间的形式，其状态方程、量测方程分别由惯导系统误差模型和匹配方法决定。在运用具体的滤波算法之前，还有必要对传递对准模型进行可观测性分析，以确定对准模型是否有效。通常，通过对载体运动情况和匹配方式下系统的可观测性进行分析，得出何种运动和何种匹配方式情况可以保证系统的可观测性最佳，从而使卡尔曼滤波达到最优。相对于静基座初始对准，在实际传递对准过程中，各种系统误差和随机误差限制了传递对准精度的提高。这些误差主要包括杆臂效应误差、载体挠曲变形误差以及数据延迟误差等。

另外，由于主惯导系统和子惯导系统之间有一定的距离，当载体有角运动时，造成主、子惯导系统的惯性器件所感受到的比力及由此计算出的导航速度并不相同。而且，由于主、子惯导系统的安装误差角以及载体的弹性变形和颤振会使子惯导系统的惯性器件产生附加的输出值，而主惯导系统通常并不会敏感到这样的附加输出值。这些因素使主、子惯导系统的惯性器件相对于当地水平坐标系的倾斜角是不同的，如果不能估计出主、子惯导系统之间的误差角并补偿子惯导系统的杆臂效应，将导致子惯导系统对速度和位置等导航参数的错误解算，并降低导航性能。

可见，传递对准除了具有动基座对准的一般规律外，还有其固有的一些特点：

(1) 可利用主惯导系统多种信息实现各种传递对准方法。子惯导系统未对准以前，平台失准角对惯导系统各种性能参数都产生误差影响。因此，主、子惯导系统之间各种性能参数的差值都能不同程度的反映失准角的大小。利用这些差值可以进行传递对准。例如，利用主、子惯导系统计算速度分量的差值进行对准，这种方法称为速度匹配。此外，还有加速度匹配、角速度匹配、位置匹配、姿态匹配和姿态阵匹配等。匹配方法即观测数据的类型，它是影响传递对准性能的重要因素。一直以来，匹配方法的研究是传递对准技术中最具特色的研究内容之一。

现有的匹配方法种类很多。根据匹配量的来源，可以分为测量参数匹配法（包括速度匹配和位置匹配等）和计算参数匹配法（包括加速度匹配、姿态匹配和角速度匹配等）；根据匹配量的性质，可以分为角运动参数匹配法、线运动参数匹配法和组合参数匹配法。匹配方法同传递对准的精确度、收敛速度以及模型的可观测性有着密切联系。一般地，在对准精确度方面，计算参数匹配法高于测量参数匹配法；在收敛速度方面，测量参数匹配法快于计算参数匹配法；在可观测性方面，组合参数匹配法好于角运动参数匹配法和线运动参数匹配法。当选择匹配方法时，除需考虑以上几个因素外，还应适当考虑不同的匹配方法在计算量、对辅助机动的依赖程度、适用的惯导类型等方面的差异。这些匹配方法可单独使用，也可配合使用。

(2) 传递对准时，需要考虑子惯导系统的杆臂效应影响。一般情况下，主、子惯导系统在载体上的安装位置相距较远，当载体有转动的机动动作时，主、子惯导系统因转动而承受的加速度和速度都不同，这种现象称为杆臂效应。杆臂效应影响加速度匹配和速度匹配等方法。因此，必须计算杆臂效应值，消除或减小其影响。平台式惯导系统可以利用平台环架同步器的输出得到载体转动角速度的计算量，也可从载体上安装的速率陀螺仪得到角速度的测量值，从而计算出杆臂效应加速度或速度；捷联式惯导系统则可直接从陀螺仪的输出中得到这种角速度值。

(3) 传递对准时，需考虑载体弹性变形的影响。载体在航行中的弹性变形主要有两种，一种是载体有机动动作时产生的慢变形，另一种是载体内部的振源或外界阵风等使载体产生的振动变形。振动变形对传递对准产生与杆臂效应一样的影响，而挠性慢变形将使主、子惯导系统的基座产生相对角位移，而对与基座基准有关的匹配方法（姿态匹配和角速度匹配等）将产生很大的影响，因此需要予以考虑。

(4) 传递对准时，需考虑数据延迟的影响。传递对准要求主、子惯导系统的数据是同步的，但许多实际因素常常使这一条件难以满足。例如，滤波计算通常是在子惯导系统中进行的，需要主惯导系统将必要的信息处理之后传输给子惯导系统，而信息的处理和传输均需要一定时间，这样主惯导系统的数据就会产生延迟，传输延迟误差将影响传递对准的精度。因此，传递对准时需要对数据延迟误差进行估计和补偿。

(5) 当要求导弹快速发射，惯导系统未完成对准就转入导航工作状态时，可以利用其他导航设备（如 GPS，CNS 系统）提供弹体的速度或位置信息与弹上惯导系统相应的信息比较，在飞行过程中继续对准。这种方法对准的精度主要取决于参考信息的精度。

本章在介绍捷联式惯导系统动基座传递对准基本理论的基础上，围绕机载武器捷联式惯导系统动基座传递对准过程中的两个关键问题 —— 载体的机动方式和参数匹配方法问题 —— 进行详细分析。

6.2　捷联式惯导系统传递对准的卡尔曼滤波器设计

考虑这样一种情况：两套捷联式惯性传感器组件（Inertial sensor assembly，ISA）安装在同一载体上，它们之间相隔一定的距离，这时需要估计出两套捷联式惯性传感器组件壳体轴之间存在的小的机械失准角。例如，一套ISA安装在战斗机的驾驶舱中，而另一套安装在机翼下的导弹上。假设两套ISA之间存在其他的设备，就不能采用光学对准的方法。同时，假设两套ISA之间的机械失准角远远大于所要求的对准精度，按照设备的坐标系简单地调整ISA的壳体是不可行的。这种问题通常被称为"传递对准"问题。

首先考虑第一种情况：载体为刚体，ISA中只有陀螺仪（没有加速度计）而且不需要估计惯性传感器的误差参数。这时会进一步考虑：① 当载体不是刚体时所造成的影响；② 捷联式ISA中包含加速度计；③ 需要估计惯性传感器的误差参数，即陀螺仪的漂移以及加速度计的常值偏差等情况。

当载体存在角运动时，角速度传感器将会产生相应的输出（即每套ISA中的陀螺仪）。假设由两套ISA的壳体轴所确定的坐标系之间的失准角很小，可以利用两套ISA在同一转动角速度下的响应信息来估计出两套ISA之间的失准角。如果能够估计出失准角，那么就可以对第二套ISA的输出进行修正，这就是所谓的对准。

类似地，进一步分析当载体存在动态弯曲变形的情况。

6.2.1　载体为刚体时的卡尔曼滤波器设计

1. 问题描述

在这里，可以不把捷联式ISA当成惯性导航仪或者飞行姿态确定系统，而只是一个能够测量自身相对于惯性空间转动角速度矢量的传感器。ISA的输出可以看成是转动角速度矢量分解在壳体轴向上的3个分量，如图6.1所示。当载体为刚体时，载体的旋转运动，如滚动、俯仰、偏航或者有目的的机动转弯都能够被两套ISA所敏感和测量，而两套ISA的不同输出提供了用滤波器估计失准角的基本信息。例如，如果这两套ISA已经完全对准，而且陀螺仪是理想的，那么ISA_1的输出将等于ISA_2的输出。换句话说，两套ISA输出之间的微小差别反映了轴与轴之间的失准角。

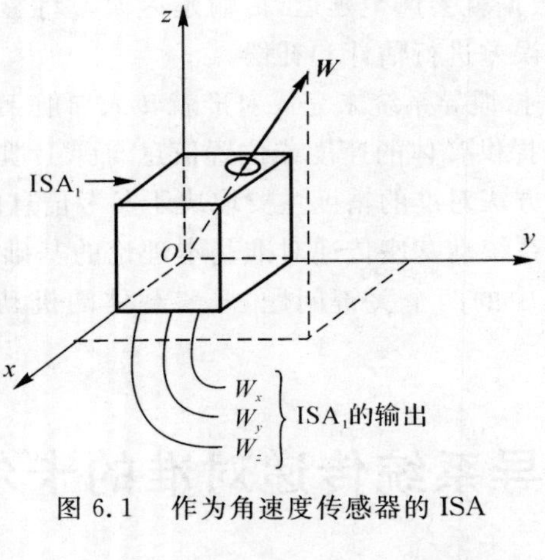

图 6.1　作为角速度传感器的ISA

实验证明，当估计问题以适当的公式表示时，失准角的大小与两套ISA输出的角速度差值成线性关系，基于线性理论的估计方法，因此卡尔曼滤波器是适合于解决对准问题的，因此卡尔曼滤波器就成为进行对准的重要工具，利用它可以估计出 ISA_1 与 ISA_2 之间的失准角，如图 6.2 所示。

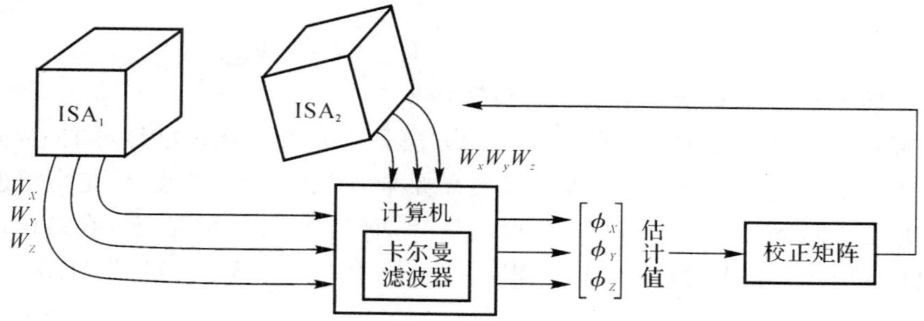

图 6.2　用卡尔曼滤波器进行对准

作如下假设：ISA 壳体被固定在载体上，失准角保持固定不变。ISA 内部的惯性器件也被固定在壳体中，模型不受维数的限制，性能不受温度或者负载的变化以及其他干扰的影响。

令 ISA_1 由壳体轴 X,Y,Z 表示，称为坐标系 F，对应的单位矢量为 $\boldsymbol{i},\boldsymbol{j},\boldsymbol{k}$。同样，$ISA_2$ 由壳体轴 x,y,z 表示，称为动坐标系 M。假设 F 与 M 都为符合右手准则的笛卡儿坐标系。令 $\boldsymbol{\Phi}=\boldsymbol{i}\phi_x+\boldsymbol{j}\phi_y+\boldsymbol{k}\phi_z$ 为坐标系 M 相对于坐标系 F 的微小失准角，这一失准角是未知的，并且是连续的，而且 $\boldsymbol{\Phi}$ 就是要确定的失准角矢量。坐标系 F 和 M 的关系如图 6.3 所示，它们之间存在一个小的失准角，而且都存在角速度 $\boldsymbol{W}$（为了简单一点，这里以二维为例进行说明）。每一次测量的结果均由 ISA 中的 3 个陀螺仪的输出组成。对于 ISA_1，令其输出 $[W_X \quad W_Y \quad W_Z]^{\mathrm{T}}$ 为 $\boldsymbol{W}$ 在 F 坐标系中的 3 个分量；对于 ISA_2，令其输出 $[W_x \quad W_y \quad W_z]^{\mathrm{T}}$ 为 $\boldsymbol{W}$ 在 M 坐标系中的 3 个分量。

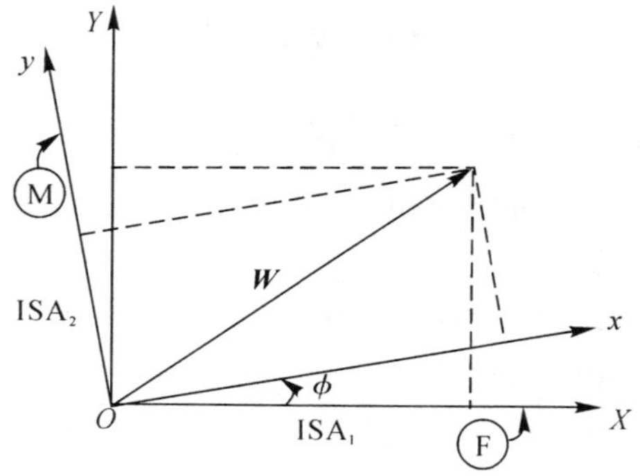

图 6.3　ISA 关于空间中的一个角速度矢量在两个不同的坐标系下的测量结果

实际上，当采用的是积分陀螺仪时，由第一个 ISA 的 3 个输出所构成的测量结果是角速度 $\boldsymbol{W}$ 在短时间 Δt 内的积分，即在 Δt 时间间隔之后所测量到的角增量 $[W_X\Delta t \quad W_Y\Delta t \quad W_Z\Delta t]^{\mathrm{T}}$。只要保证每套 ISA 中 3 个陀螺仪在测量时间间隔内的开始时间与结束时间都相同，测量时间间隔 Δt 足够小，角速度矢量在这段时间间隔内变化不大，这时以角增量为物理量与以角速度 $\boldsymbol{W}$ 为物理量进行处理，所得出的结果在本质上应该是一样的。为了适应角增量为观测量的情况，需要对当前的公式作一些小的调整。

因为没有对准，所以 $\boldsymbol{W}$ 在 F 坐标系各坐标轴上的 3 个分量与 $\boldsymbol{W}$ 在坐标系 M 中相应各坐标轴上的3个分量不完全相同。因此,即使两套ISA测量的是同一个矢量$\boldsymbol{W}$,也会得到不同的结果。将ISA的输出看成是一个3×1的列矩阵,则ISA_1的输出矩阵与ISA_2的输出矩阵将不会相等,即

$$[W_X \quad W_Y \quad W_Z]^{\mathrm{T}} \neq [W_x \quad W_y \quad W_z]^{\mathrm{T}} \tag{6.1}$$

正是这种差异性为估计$\boldsymbol{\Phi}$的大小和方向提供了依据。

另一种解释两套ISA的输出矩阵不相等的方法是认为两套ISA已经对准了,但是它们测量的是两个不同的角速度。其中第一个角速度就是$\boldsymbol{W}$,而第二个角速度$\boldsymbol{W}'$是由角速度$\boldsymbol{W}$旋转一个$(-\boldsymbol{\Phi})$角度而得到的。这时,ISA_1测得的是$\boldsymbol{W}$,而ISA_2测得的是$\boldsymbol{W}'$,在这种情况下的测量矢量如图6.4所示。ISA的输出$[W_X \quad W_Y \quad W_Z]^{\mathrm{T}}$和$[W_x \quad W_y \quad W_z]^{\mathrm{T}}$与图6.3中的真实情况完全一样。

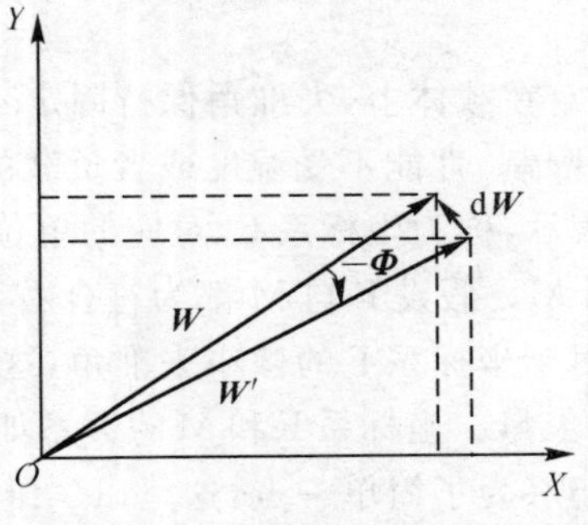

图6.4 另外一种解释:在同一坐标系下测量空间中的两个矢量

从图6.4可以看出,存在以下的矢量叉乘关系(由于矢量$\boldsymbol{\Phi}$是小量,所以它的正弦值与$\boldsymbol{\Phi}$值的大小近似相等):

$$\mathrm{d}\boldsymbol{W} = \boldsymbol{\Phi} \times \boldsymbol{W} \tag{6.2}$$

其中

$$\mathrm{d}\boldsymbol{W} = \boldsymbol{W} - \boldsymbol{W}' \tag{6.3}$$

$\mathrm{d}\boldsymbol{W}$在坐标系F中的3个分量分别用$\mathrm{d}W_X,\mathrm{d}W_Y,\mathrm{d}W_Z$表示,写成$3\times1$的矩阵形式,它与两套ISA输出矩阵的差值相等,即

$$\begin{bmatrix} \mathrm{d}W_X \\ \mathrm{d}W_Y \\ \mathrm{d}W_Z \end{bmatrix} = \begin{bmatrix} W_X \\ W_Y \\ W_Z \end{bmatrix} - \begin{bmatrix} W_x \\ W_y \\ W_z \end{bmatrix} = \begin{bmatrix} W_X - W_x \\ W_Y - W_y \\ W_Z - W_z \end{bmatrix} \tag{6.4}$$

2. 卡尔曼滤波器公式设计

由于测量信息是间断性地获取的(每隔Δt的时间),所以需要采用离散形式的卡尔曼滤波器。表6.1列出了离散形式的卡尔曼滤波器方程的标准形式。其中,矢量$\boldsymbol{x}_k$是滤波器在t_k时刻所对应的$n\times1$维的状态矢量,n代表需要被估计的状态变量的个数。状态矢量从t_k时刻转移到t_{k+1}时刻的过程中,系统的动态特性体现在状态转移矩阵$\boldsymbol{\Phi}_k$中。在一般情况下,$\boldsymbol{w}_k$为随机白噪声序列,认为它是过程噪声,使得状态矢量任意变化。假设t_k时刻的白噪声$\boldsymbol{w}_k$服从正态分布,均值为零,协方差矩阵为$n\times n$维的$\boldsymbol{Q}_k$。假设矩阵$\boldsymbol{\Phi}_k$和矩阵$\boldsymbol{Q}_k$均已知。$m\times1$维的矢量$\boldsymbol{z}_k$是在t_k时刻用滤波器估计状态矢量$\boldsymbol{x}_k$所需的观测矢量。观测矢量$\boldsymbol{z}_k$通过$m\times n$维的观测

矩阵 $\boldsymbol{H}_k$ 与状态矢量 $\boldsymbol{x}_k$ 成线性关系。

表 6.1　一般情况下的离散形式的卡尔曼滤波方程

(1) 状态方程	$\boldsymbol{x}_k = \boldsymbol{\Phi}_{k-1}\boldsymbol{x}_{k-1} + \boldsymbol{w}_{k-1}, \quad \boldsymbol{w}_k \sim N(0, \boldsymbol{Q}_k)$
(2) 观测方程	$\boldsymbol{z}_k = \boldsymbol{H}_k\boldsymbol{x}_k + \boldsymbol{v}_k, \quad \boldsymbol{v}_k \sim N(0, \boldsymbol{R}_k)$
(3) 初始条件	$E[\boldsymbol{x}(0)] = \boldsymbol{x}_0, \quad E[(\boldsymbol{x}(0)-\boldsymbol{x}_0)(\boldsymbol{x}(0)-\boldsymbol{x}_0)^{\mathrm{T}}] = \boldsymbol{P}_0$
(4) 其他假设	$E[\boldsymbol{w}_k\boldsymbol{v}_j^{\mathrm{T}}] = 0$ （对于所有的 j,k）
(5) 状态预测方程	$\hat{\boldsymbol{x}}_k^- = \boldsymbol{\Phi}_{k-1}\hat{\boldsymbol{x}}_{k-1}^+$
(6) 预测均方误差阵	$\boldsymbol{P}_k^- = \boldsymbol{\Phi}_{k-1}\boldsymbol{P}_{k-1}^+\boldsymbol{\Phi}_{k-1}^{\mathrm{T}} + \boldsymbol{Q}_{k-1}$
(7) 状态滤波方程	$\hat{\boldsymbol{x}}_k^+ = \hat{\boldsymbol{x}}_k^- + \boldsymbol{K}_k[\boldsymbol{z}_k - \boldsymbol{H}_k\hat{\boldsymbol{x}}_k^-]$
(8) 滤波均方误差阵	$\boldsymbol{P}_k^+ = [\boldsymbol{I} - \boldsymbol{K}_k\boldsymbol{H}_k]\boldsymbol{P}_{k-1}^-$
(9) 滤波增益方程	$\boldsymbol{K}_k = \boldsymbol{P}_{k-1}^-\boldsymbol{H}_k[\boldsymbol{H}_k\boldsymbol{P}_k^-\boldsymbol{H}_k^{\mathrm{T}} + \boldsymbol{R}_k]^{-1}$

此外，附加的 $m\times 1$ 维的观测白噪声 $\boldsymbol{v}_k$ 影响了测量值的精确度。同样，假设观测白噪声 $\boldsymbol{v}_k$ 服从正态分布，均值为零，协方差矩阵为已知的 $m\times m$ 维的矩阵 $\boldsymbol{R}_k$。状态矢量的估计值用 $\hat{\boldsymbol{x}}_k$ 表示，而 $\hat{\boldsymbol{x}}_k$ 中上标的一、＋号分别表示在没有利用测量信息的情况下 $\boldsymbol{x}_k$ 在 t_k 时刻的估计值和利用了测量信息之后 $\boldsymbol{x}_k$ 在 t_k 时刻的估计值。$n\times n$ 维的矩阵 $\boldsymbol{P}_k$ 为状态矢量估计误差的协方差阵（也就是说卡尔曼滤波器具有误差分析能力），$n\times m$ 维的矩阵 $\boldsymbol{K}_k$ 是卡尔曼滤波器在 t_k 时刻的增益矩阵，$\boldsymbol{P}_k$ 与 $\boldsymbol{K}_k$ 均由卡尔曼滤波器在每个测量时刻 $t_{k-1}, t_k, \cdots$ 计算得出。卡尔曼滤波器的增益矩阵 $\boldsymbol{K}_k$ 决定了用于估计状态矢量 $\boldsymbol{x}_k$ 的 $(\boldsymbol{z}_k - \boldsymbol{H}_k\hat{\boldsymbol{x}}_k^-)$ 中的每个分量的加权值，$(\boldsymbol{z}_k - \boldsymbol{H}_k\hat{\boldsymbol{x}}_k^-)$ 为 t_k 时刻的观测矢量 $\boldsymbol{z}_k$ 与期望的观测值 $(\boldsymbol{H}_k\hat{\boldsymbol{x}}_k^-)$ 之间的差值，其中 $\hat{\boldsymbol{x}}_k^-$ 是 $\boldsymbol{x}_k$ 的一步预估值。

定义卡尔曼滤波器 3×1 维的状态矢量 $\boldsymbol{x}_k$ 为未知的失准角矢量 $\boldsymbol{\Phi}$，即

$$\boldsymbol{x}_k = \begin{bmatrix} x_1 \\ x_2 \\ x_3 \end{bmatrix}_k \equiv \begin{bmatrix} \phi_X \\ \phi_Y \\ \phi_Z \end{bmatrix}_k \tag{6.5}$$

当两套 ISA 安装在同一刚体上时，它们壳体轴之间的失准角矢量 $\boldsymbol{\Phi}$ 是保持不变的。因此，卡尔曼滤波器的状态方程为

$$\boldsymbol{x}_k = \boldsymbol{x}_{k-1} \tag{6.6}$$

其中，状态转移矩阵 $\boldsymbol{\Phi}_{k-1}$ 等于单位矩阵 $\boldsymbol{I}$，而且不存在过程噪声，因此 $\boldsymbol{Q}_k = \boldsymbol{0}$。

定义卡尔曼滤波器 3×1 维的观测矢量 $\boldsymbol{z}_k$ 为两套 ISA 在 t_k 时刻的输出值之差，即

$$\boldsymbol{z}_k \equiv \begin{bmatrix} W_X - W_x \\ W_Y - W_y \\ W_Z - W_z \end{bmatrix}_k \tag{6.7}$$

根据式(6.2)中所表示的矢量之间的关系来定义观测矩阵 $\boldsymbol{H}_k$。首先进行矢量分析，为了表示方便先暂时省略下标 k，则有

$$\boldsymbol{W} = \boldsymbol{i}W_X + \boldsymbol{j}W_Y + \boldsymbol{k}W_Z \tag{6.8}$$

$$\boldsymbol{\Phi} = \boldsymbol{i}\phi_X + \boldsymbol{j}\phi_Y + \boldsymbol{k}\phi_Z \tag{6.9}$$

将式(6.2)中的叉乘关系用行列式表示为

$$\mathrm{d}\boldsymbol{W}=\boldsymbol{\Phi}\times\boldsymbol{W}=\begin{vmatrix}\boldsymbol{i} & \boldsymbol{j} & \boldsymbol{k}\\ \phi_X & \phi_Y & \phi_Z\\ W_X & W_Y & W_Z\end{vmatrix} \tag{6.10}$$

可得

$$\boldsymbol{i}\mathrm{d}W_X+\boldsymbol{j}\mathrm{d}W_Y+\boldsymbol{k}\mathrm{d}W_Z=\boldsymbol{i}(\phi_Y W_Z-\phi_Z W_Y)+\boldsymbol{j}(\phi_Z W_X-\phi_X W_Z)+\boldsymbol{k}(\phi_X W_Y-\phi_Y W_X) \tag{6.11}$$

转换成矩阵的形式为

$$\begin{bmatrix}\mathrm{d}W_X\\ \mathrm{d}W_Y\\ \mathrm{d}W_Z\end{bmatrix}=\begin{bmatrix}\phi_Y W_Z-\phi_Z W_Y\\ \phi_Z W_X-\phi_X W_Z\\ \phi_X W_Y-\phi_Y W_X\end{bmatrix} \tag{6.12}$$

将式(6.4)和式(6.7)代入式(6.12)左边式子,可得

$$\boldsymbol{z}=\begin{bmatrix}\phi_Y W_Z-\phi_Z W_Y\\ \phi_Z W_X-\phi_X W_Z\\ \phi_X W_Y-\phi_Y W_X\end{bmatrix} \tag{6.13}$$

式(6.13)就是观测矢量 $\boldsymbol{z}$ 与状态矢量 $\boldsymbol{x}$ 的 3 个分量之间的关系。在式(6.13)的右边,未知的状态变量与观测量混杂在一起,因此不便于发现它们之间的关系,可将其表示成如下的简单形式:

$$\boldsymbol{z}=\begin{bmatrix}0 & W_Z & -W_Y\\ W_Z & 0 & W_X\\ W_Y & -W_X & 0\end{bmatrix}\begin{bmatrix}\phi_X\\ \phi_Y\\ \phi_Z\end{bmatrix}=\begin{bmatrix}0 & W_Z & -W_Y\\ W_Z & 0 & W_X\\ W_Y & -W_X & 0\end{bmatrix}\boldsymbol{x} \tag{6.14}$$

比较式(6.14)与表 6.1 中的方程(2),定义矢量 $\boldsymbol{x}$ 的 3×3 维的系数矩阵为观测矩阵 $\boldsymbol{H}_k$:

$$\boldsymbol{H}_k\equiv\begin{bmatrix}0 & W_Z & -W_Y\\ W_Z & 0 & W_X\\ W_Y & -W_X & 0\end{bmatrix}_k \tag{6.15}$$

其中,下标 k 表示的是在 t_k 时刻的值。

从式(6.14)可以看出,观测矢量 $\boldsymbol{z}$ 与状态矢量 $\boldsymbol{x}$ 成线性关系,这就使卡尔曼滤波器能够有效地用于解决对准问题。观测矢量与状态矢量之间成线性关系并不是偶然的,如果将 $\boldsymbol{\Phi}$ 定义为状态矢量,将 $\boldsymbol{W}$ 定义为观测矢量而不是 $\mathrm{d}\boldsymbol{W}$,那么要解决的就是一个非线性问题了。因此,设计卡尔曼滤波器的一个关键问题就是如何合理地选择“状态矢量”与“观测矢量”。

要设计卡尔曼滤波器,需要确定观测矢量 $\boldsymbol{z}$,矩阵 $\boldsymbol{\Phi}_k$,$\boldsymbol{H}_k$,$\boldsymbol{Q}_k$,$\boldsymbol{R}_k$,初始状态矢量 $\boldsymbol{x}_0$ 的估计值 $\hat{\boldsymbol{x}}_0$,以及协方差阵 $\boldsymbol{P}_k$ 的初始值 $\boldsymbol{P}_0$(一个好的滤波器,在进行几步观测估计之后,初始的 $\hat{\boldsymbol{x}}_0$ 和 $\boldsymbol{P}_0$ 的大小对估计结果的影响就很小了,因此一般将 $\hat{\boldsymbol{x}}_0$ 取为零,将 $\boldsymbol{P}_0$ 取为一个合适的对角阵)。而矩阵 $\boldsymbol{H}_k$,$\boldsymbol{Q}_k$,$\boldsymbol{R}_k$ 已经被定义过了。矩阵 $\boldsymbol{R}_k$ 对角线上的元素为每个陀螺仪输出的观测值均方误差的两倍,之所以选用两倍的关系是因为观测矢量 $\boldsymbol{z}_k$ 的每个分量都对应着两个陀螺仪的输出。在这种情况下,“观测误差”为陀螺仪的漂移率,它的方差用 σ_w^2 表示。假设不同陀螺仪的观测误差之间是相互独立的,因此矩阵 $\boldsymbol{R}_k$ 中的其他元素均为零。在表 6.1 和表 6.2 中给出了能够解决这个问题的完整卡尔曼滤波器公式。

表 6.2 卡尔曼滤波器所用到的矩阵(ISA 与刚体相连接,以陀螺仪的输出作为观测量)

(1) $\boldsymbol{x} \equiv \begin{bmatrix} \phi_X \\ \phi_Y \\ \phi_Z \end{bmatrix}_k$

(2) $\boldsymbol{H}_k \equiv \begin{bmatrix} 0 & W_Z & -W_Y \\ W_Z & 0 & W_X \\ W_Y & -W_X & 0 \end{bmatrix}_k$

(3) $\boldsymbol{z}_k \equiv \begin{bmatrix} W_X - W_x \\ W_Y - W_y \\ W_Z - W_z \end{bmatrix}_k$

(4) $\boldsymbol{\Phi}_k \equiv \boldsymbol{I}_3$

基于测量值:

(5) $\Delta t_k = t_k - t_{k-1}$

(6) $Q_k = 0$ 或者

(7) $\boldsymbol{Q}_k = \alpha \Delta t_k \boldsymbol{I}_3$ 其中

(8) $\alpha =$ 适当的小量以引入假想的过程噪声

(9) $\boldsymbol{R}_k = 2\sigma_w^2 \boldsymbol{I}_3$ 其中

(10) $\sigma_w^2 =$ 每个陀螺仪的测量均方误差

维数为

$\boldsymbol{x}_k$ 3×1 $\boldsymbol{R}_k$ 3×3 $\boldsymbol{Q}_k$ 3×3

$\boldsymbol{P}_k$ 3×3 $\boldsymbol{K}_k$ 3×3

$\boldsymbol{H}_k$ 3×3 $\boldsymbol{z}_k$ 3×1

初始值为 $\hat{\boldsymbol{x}}_0^+, \boldsymbol{P}_0^+$

通过不停地迭代方程(5) 到方程(9),即在每一步都用得到的观测量 $\boldsymbol{z}_k$ 将方程(5) 到方程(9) 计算一遍

3. 可观测性分析

系统的可观测性(即在没有测量噪声干扰观测矢量以及没有过程噪声干扰状态矢量的情况下,从给定的观测矢量中估计出状态矢量的能力)可通过标准可观测性分析进行确定。当进行可观测性分析时,可以发现:在给定两套 ISA 关于角速度矢量在两段不同时间上的观测值时,状态矢量是可以被观测的。当然,这要求两段不同时间上的角速度矢量不共线。因此,要求载体,比如是一架飞机,存在横滚角速度和俯仰角速度,这样可以使惯性器件产生输出,从而卡尔曼滤波器可以利用这些数据估计出真实的失准角。可观测性的分析结果表明,即使对于存在漂移的实际陀螺仪,卡尔曼滤波器也能在短时间内给出可靠的状态矢量的估计值。

如果使卡尔曼滤波器中的 $\boldsymbol{Q}_k = 0$,在利用几个测量值进行估计以后,滤波器对失准角的估计结果将会收敛到一个很高的精度,而这一精度取决于测量噪声的大小。这时就不用看重后面的观测值了,因为卡尔曼滤波器的增益矩阵 $\boldsymbol{K}_k$ 这时已经是一个很小的值了。为了防止 $\boldsymbol{K}_k$ 递减得太快,可以给 $\boldsymbol{Q}_k$ 的对角线上的元素赋一个很小的正数。这就是所谓的"虚拟过程噪声"。结果是,在经过多次观测后,$\boldsymbol{K}_k$ 将会达到一个不为零的常值,而且保留的是最新的观测信息。

6.2.2 载体为非刚体时的卡尔曼滤波器设计

现在分析当载体存在动态弯曲变形时的情况。“动态弯曲变形”意味着在对准过程中，弯曲变形的角度会随着时间的变化而发生改变。只要将卡尔曼滤波器稍作修正，就可同时估计出固定不变的失准角和随时间动态变化的弯曲变形角。

如前所述，假设载体相对于惯性空间存在转动，例如由波浪或风引起的横滚运动、俯仰运动和偏航运动，以及有目的的机动转弯运动。而弯曲变形使得 ISA_1 相对 ISA_2 又多了一个附加的转角，当弯曲变形随着时间发生变化时，ISA_2 中的陀螺仪便会测量到这一弯曲变形的角速度，而 ISA_1 中的陀螺仪却无法测量到这一弯曲变形角速度。

如图 6.5(a) 所示，当不存在弯曲变形时，ISA_2 的壳体轴与 ISA_1 的壳体轴之间只有一个很小的失准角 $\boldsymbol{\Phi}$。当载体发生小角度 $\boldsymbol{\theta}$ 弯曲时（ISA_2 所处的位置相对于 ISA_1 的位置），则 ISA_2 相对于 ISA_1 的失准角便为 $\boldsymbol{\Phi}+\boldsymbol{\theta}$，如图 6.5(b) 所示。虽然在图中只示出了二维，但 $\boldsymbol{\Phi}$ 和 $\boldsymbol{\theta}$ 均为矢量，因此沿着 $Z(=z)$ 轴均有分量存在。在通常情况下，$\boldsymbol{\Phi}$ 和 $\boldsymbol{\theta}$ 可以沿着 3 个轴 X,Y,Z 任意分布。另外，$\boldsymbol{\theta}$ 是随时间变化的。如果不发生弯曲变形，就可以用之前的方法估计出失准角 $\boldsymbol{\Phi}$。如果不存在失准角 $\boldsymbol{\Phi}$，通过求出 ISA_2 与 ISA_1 中的陀螺仪所测量的角速度之差，就可以很容易地估计出弯曲变形角 $\boldsymbol{\theta}$。由于弯曲变形角速度($\dot{\boldsymbol{\theta}}$) 的存在，所以在空间中 ISA_2 比 ISA_1 转得快，因此 ISA_2 与 ISA_1 中陀螺仪的测量结果是不相同的。从 ISA_2 中的陀螺仪所测得的角速度减去 ISA_1 中的陀螺仪所测得的角速度，所得的结果就是 $\dot{\boldsymbol{\theta}}$。在计算机上，对这个角速度进行积分就可以得到连续的 $\boldsymbol{\theta}(t)$（想求出弯曲变形角 $\boldsymbol{\theta}$，就需要求出 ISA_2 与 ISA_1 中的陀螺仪所测得的角速度之差。但在求差之前，需要将这两个角速度投影到同一个坐标系下，而这一工作可通过一个反馈回路来实现）。

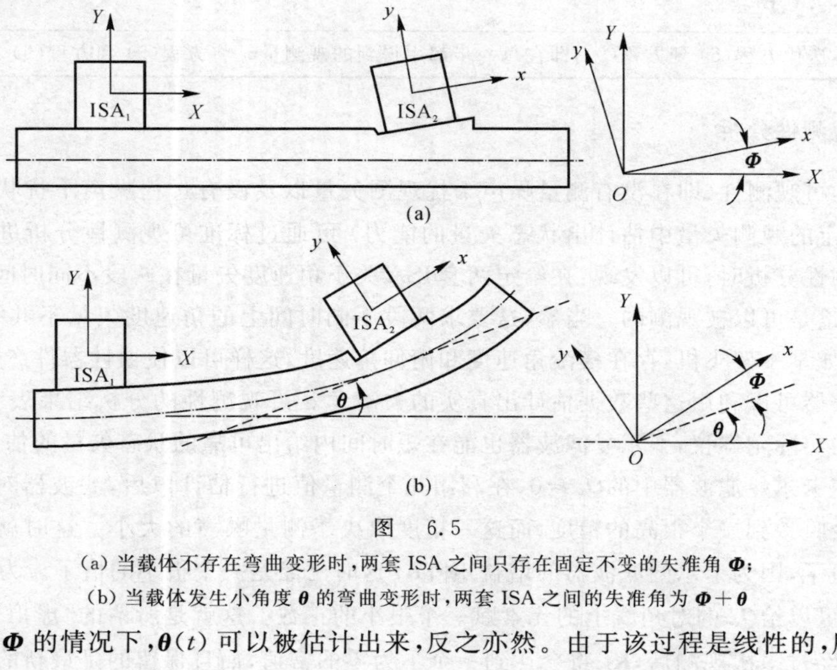

图 6.5

(a) 当载体不存在弯曲变形时，两套 ISA 之间只存在固定不变的失准角 $\boldsymbol{\Phi}$；

(b) 当载体发生小角度 $\boldsymbol{\theta}$ 的弯曲变形时，两套 ISA 之间的失准角为 $\boldsymbol{\Phi}+\boldsymbol{\theta}$

在没有 $\boldsymbol{\Phi}$ 的情况下，$\boldsymbol{\theta}(t)$ 可以被估计出来，反之亦然。由于该过程是线性的，所以当 $\boldsymbol{\Phi}$ 和

$\boldsymbol{\theta}$ 都存在的情况下，可以将它们变换成互不相关的。在这种情况下，卡尔曼滤波器就可用来同时估计出 $\boldsymbol{\Phi}$ 和 $\boldsymbol{\theta}$ 的大小。下面先以连续微分方程的形式列出系统的状态方程，然后再将微分方程离散化成差分方程。

先将矢量 $\boldsymbol{\Phi}$ 和矢量 $\boldsymbol{\theta}$ 分别在坐标系 F 中各坐标轴上的分量作为滤波器要估计的状态变量，即

$$x_1 = \phi_X, \quad x_4 = \theta_X$$
$$x_2 = \phi_Y, \quad x_5 = \theta_Y$$
$$x_3 = \phi_Z, \quad x_6 = \theta_Z$$
$$\boldsymbol{x} = \begin{bmatrix} x_1 \\ \vdots \\ x_6 \end{bmatrix} \tag{6.16}$$

由于假设失准角 $\boldsymbol{\Phi}$ 是固定不变的，所以如前所述，前 3 个状态变量的动态方程为

$$\dot{x}_1 = \dot{x}_2 = \dot{x}_3 = 0 \tag{6.17}$$

由于 $\boldsymbol{\theta}$ 的各分量是由风（或波浪）引起的飞机（或船）的转动，所以它们都是由随机强制函数激励产生的随机变量，而由白噪声激励产生的马尔柯夫过程就属于这种类型。基于这一点，可以用许多不同的模型描述变量 x_4, x_5, x_6 的变化特性。将连接 ISA_1 和 ISA_2 的载体想象成一个质量弹簧系统，即具有惯性，在弯曲变形的情况下又具有恢复力矩，这样至少应该选择一个二阶噪声过程来定义在每个轴向上的运动。因此，需要分别考虑 x_4, x_5 和 x_6，它们都是由白噪声激励一个二阶马尔柯夫过程产生的。假设所选择的这样 3 个过程是相互独立的，即激励俯仰转动的噪声与激励横滚转动的噪声是相互独立的，其他的也是一样。需要强调的是这只是许多可供选用的模型中的一个模型。这个模型在一定的精度范围内已经能够相当准确地逼近真实的情况了，而且还能够很简单地用卡尔曼滤波器实现。在实际的应用中，可能引入更精确的弯曲变形模型和风（波浪）运动模型，而是否需要引入，这主要取决于所要求的精度和收敛速度。在很多应用中，由简单的二阶马尔柯夫过程可能就会得到非常好的结果。

当决定将每个坐标轴向上的运动都用相互独立的二阶马尔柯夫过程代替时，需要再增加 3 个状态变量，它们分别为 x_4, x_5, x_6 的导数，即

$$\begin{aligned} x_7 &= \dot{x}_4 \\ x_8 &= \dot{x}_5 \\ x_9 &= \dot{x}_6 \end{aligned} \tag{6.18}$$

如果采用二阶马尔柯夫过程，则所有的动态方程可以写成标准的卡尔曼滤波器的形式：

$$\begin{aligned} \dot{x}_1 &= 0 \\ \dot{x}_2 &= 0 \\ \dot{x}_3 &= 0 \\ \dot{x}_4 &= x_7 \\ \dot{x}_5 &= x_8 \\ \dot{x}_6 &= x_9 \\ \dot{x}_7 &= -\beta_X^2 x_4 - 2\beta_X x_7 + w_X \\ \dot{x}_8 &= -\beta_Y^2 x_5 - 2\beta_Y x_8 + w_Y \\ \dot{x}_9 &= -\beta_Z^2 x_6 - 2\beta_Z x_9 + w_Z \end{aligned} \qquad \boldsymbol{w} \equiv \begin{bmatrix} w_1 \\ w_2 \\ w_3 \\ w_4 \\ w_5 \\ w_6 \\ w_7 \\ w_8 \\ w_9 \end{bmatrix} \equiv \begin{bmatrix} 0 \\ 0 \\ 0 \\ 0 \\ 0 \\ 0 \\ w_X \\ w_Y \\ w_Z \end{bmatrix} \tag{6.19}$$

其中,矢量 $\boldsymbol{w}$ 是一个 9×1 维的白噪声过程,均值为零,服从正态分布,谱密度为 $\boldsymbol{Q}$,则

$$\boldsymbol{w}\sim N(0,\boldsymbol{Q}) \tag{6.20}$$

$\boldsymbol{Q}$ 是一个 9×9 维的矩阵。在 $\boldsymbol{Q}$ 阵中,只有 Q_{77},Q_{88} 和 Q_{99} 3 个元素不为零,它们分别表示白噪声 w_i 的谱密度。而白噪声 w_i 是用来驱动 i_{th} 轴向上的弯曲变形的($i=X,Y,Z$)。在白噪声的谱密度、系数 β_i 以及输出方差(即弯曲变形角的方差)之间存在着如下简单的关系。例如,Q_{77},β_X 以及 $x_4=\theta_X$ 的方差 σ_X^2 之间的关系为

$$Q_{77}=4\beta_X^3\sigma_X^2 \tag{6.21}$$

类似地,有

$$Q_{88}=4\beta_Y^3\sigma_Y^2 \tag{6.22}$$

$$Q_{99}=4\beta_Z^3\sigma_Z^2 \tag{6.23}$$

每个随机过程的相关时间 τ_i 仅仅与相应的 β 有关,其中

$$\beta_i=\frac{2.146}{\tau_i}\quad(i=X,Y,Z) \tag{6.24}$$

可以对每个轴向上的弯曲变形角的方差 σ_i^2 与相关时间 τ_i 作一个设定(一个好的滤波器对 τ 的大小不敏感,在这种情况下,选择一个比较合理的值就可以满足要求了)。然后,根据式(6.21)~式(6.24),就可以将这些参数转换成 $\boldsymbol{Q}$ 阵中相应的 3 个非零元素的值,以便能够使卡尔曼滤波器运行起来。

式(6.19)可以写成矩阵形式:

$$\dot{\boldsymbol{x}}=\boldsymbol{F}\boldsymbol{x}+\boldsymbol{w} \tag{6.25}$$

式中,$\boldsymbol{F}$ 为 9×9 维的常值矩阵,即

$$\boldsymbol{F}=\begin{bmatrix}\boldsymbol{O}_{3\times3} & \boldsymbol{O}_{3\times3} & \boldsymbol{O}_{3\times3}\\ \boldsymbol{O}_{3\times3} & \boldsymbol{O}_{3\times3} & \boldsymbol{I}_{3\times3}\\ \boldsymbol{O}_{3\times3} & \begin{matrix}-\beta_X^2 & 0 & 0\\ 0 & -\beta_Y^2 & 0\\ 0 & 0 & -\beta_Z^2\end{matrix} & \begin{matrix}-2\beta_X & 0 & 0\\ 0 & -2\beta_Y & 0\\ 0 & 0 & -2\beta_Z\end{matrix}\end{bmatrix} \tag{6.26}$$

根据分析可以发现,在观测过程中关键的问题是如何获得两套 ISA 输出角速度的差值。正如前文所说的那样,将观测量定义为 $\mathrm{d}\boldsymbol{W}$,用矢量的形式可表示为

$$\mathrm{d}\boldsymbol{W}=\boldsymbol{W}-\boldsymbol{W}'=\boldsymbol{i}[W_X-W_x]+\boldsymbol{j}[W_Y-W_y]+\boldsymbol{k}[W_Z-W_z] \tag{6.27}$$

而用矩阵的形式可表示为

$$\boldsymbol{z}\equiv\begin{bmatrix}z_1\\ z_2\\ z_3\end{bmatrix}\equiv\begin{bmatrix}W_X-W_x\\ W_Y-W_y\\ W_Z-W_z\end{bmatrix} \tag{6.28}$$

有必要知道理想的观测量(即没有噪声的情况下)与状态变量之间存在着什么样的关系。如果它们之间能够表示成线性关系,那么就可以用卡尔曼滤波器估计出失准角。当这一关系用公式表示时,可以发现它们确实是成线性关系的,即

$$\boldsymbol{z}=\begin{bmatrix}0 & W_Z & -W_Y\\ -W_Z & 0 & W_X\\ W_Y & -W_X & 0\end{bmatrix}\begin{bmatrix}\phi_X+\theta_X\\ \phi_Y+\theta_Y\\ \phi_Z+\theta_Z\end{bmatrix}-\begin{bmatrix}\dot{\theta}_X\\ \dot{\theta}_Y\\ \dot{\theta}_Z\end{bmatrix} \tag{6.29}$$

用状态变量可表示为

$$\begin{bmatrix} z_1 \\ z_2 \\ z_3 \end{bmatrix} = \begin{bmatrix} 0 & \boldsymbol{W}_Z & -\boldsymbol{W}_Y \\ -\boldsymbol{W}_Z & 0 & \boldsymbol{W}_X \\ \boldsymbol{W}_Y & -\boldsymbol{W}_X & 0 \end{bmatrix} \begin{bmatrix} x_1 + x_4 \\ x_2 + x_5 \\ x_3 + x_6 \end{bmatrix} - \begin{bmatrix} x_7 \\ x_8 \\ x_9 \end{bmatrix} \tag{6.30}$$

另外,还可以表示成 $\boldsymbol{H}$ 阵的形式,如下式已经包含了白噪声,因此这时已经不是理想的观测量了。

$$\begin{bmatrix} z_1 \\ z_2 \\ z_3 \end{bmatrix} = \begin{bmatrix} 0 & \boldsymbol{W}_Z & -\boldsymbol{W}_Y & 0 & \boldsymbol{W}_Z & -\boldsymbol{W}_Y & -1 & 0 & 0 \\ -\boldsymbol{W}_Z & 0 & \boldsymbol{W}_X & -\boldsymbol{W}_Z & 0 & \boldsymbol{W}_X & 0 & -1 & 0 \\ \boldsymbol{W}_Y & -\boldsymbol{W}_X & 0 & \boldsymbol{W}_Y & -\boldsymbol{W}_X & 0 & 0 & 0 & -1 \end{bmatrix} \boldsymbol{x} + \begin{bmatrix} v_1 \\ v_2 \\ v_3 \end{bmatrix} \tag{6.31}$$

矢量 $\boldsymbol{x}$ 的系数为 3×9 维的观测矩阵 $\boldsymbol{H}$ 阵。因为矢量 $\boldsymbol{z}$ 的定义仍然只有 3 个分量,所以矩阵 $\boldsymbol{R}$ 仍为 3×3 维。如前所述,如果所有的陀螺仪都是同一类型的,并假设它们在统计意义上具有相同的输出噪声,那么 $\boldsymbol{R}$ 阵中的 3 个对角线上的元素便是相等的;如果不同陀螺仪之间的误差是相互独立的,那么 $\boldsymbol{R}$ 阵中对角线以外的元素便均为零。

式(6.29) 和式(6.31) 可用矢量形式表示为

$$\mathrm{d}\boldsymbol{W} = (\boldsymbol{\Phi} + \boldsymbol{\theta}) \times \boldsymbol{W} - \dot{\boldsymbol{\theta}} \tag{6.32}$$

其中,右边第一项表示的是两套 ISA 之间总的失准角($\boldsymbol{\Phi}+\boldsymbol{\theta}$) 与 $\boldsymbol{W}$ 之间的叉乘,它与载体为刚体时的方程式(6.10) 相对应(同时,式(6.29) 与式(6.14) 相对应)。第二项是 ISA_2 相对于 ISA_1 的瞬时角速度的修正项。如果 $\dot{\boldsymbol{\theta}}$ 存在,则即使在 $\boldsymbol{\Phi}=\boldsymbol{\theta}=\boldsymbol{0}$ 的情况下,ISA_1 与 ISA_2 的输出也是不同的。因为瞬时失准角($\boldsymbol{\Phi}+\boldsymbol{\theta}$) 与弯曲变形角速度 $\dot{\boldsymbol{\theta}}$ 同时影响着 $\mathrm{d}\boldsymbol{W}$,且它们之间成线性关系,所以它们两者的同时作用效果等于它们单独的作用效果之和,如式(6.32) 所示。

卡尔曼滤波器中所需要的每一部分都已经给出了求解的公式:$\boldsymbol{F}$ 阵由式(6.26) 确定,$\boldsymbol{Q}$ 阵由式(6.21) ~ 式(6.23) 确定,$\boldsymbol{z}$ 的定义见式(6.28),$\boldsymbol{H}$ 阵由式(6.31) 给出。在实际应用中,由于观测量是每隔 Δt 秒采样得到的角速度(或角增量),所以需要将连续形式的卡尔曼滤波器转换为离散形式的卡尔曼滤波器。

将卡尔曼滤波器进行离散化的近似方程为

$$\boldsymbol{\Phi}_k = \boldsymbol{I} + \boldsymbol{F}\Delta t_k \tag{6.33}$$

$$\boldsymbol{Q}_k = \boldsymbol{Q}\Delta t_k \tag{6.34}$$

式(6.33) 是状态转移矩阵 $\boldsymbol{\Phi}_k$ 的一阶近似。当 Δt_k 远小于由 $\dot{\boldsymbol{x}} = \boldsymbol{F}\boldsymbol{x}$ 所描述的系统的最小振荡周期时,那么离散化近似方程的精度应保持在允许的范围之内。滤波器中的 $\boldsymbol{R}_k$ 与载体为刚体时是相同的。

当连接两套 ISA 的载体存在弯曲变形时,即在初始对准过程中弯曲变形角是随着时间而发生变化的,在这种情况下用于估计失准角的卡尔曼滤波器已经设计好了,而且卡尔曼滤波器也完全适用于这一问题。当"状态变量"和"观测量"按上述的方式定义时,动态过程和测量过程便均与状态变量成线性关系。因此,卡尔曼滤波器可以很好地解决这一问题,它能够给出两套 ISA 之间总的失准角(总的失准角为固定不变的失准角与弯曲变形角之和) 的当前估计值。当卡尔曼滤波器中待估计的 $\boldsymbol{\Phi}$ 不随时间发生变化时,理论上 $\boldsymbol{\Phi}$ 的估计值则应收敛到 $\boldsymbol{\Phi}$ 的真实值。然后,卡尔曼滤波器的主要工作就是估计出连续变化的 $\boldsymbol{\theta}(t)$。为了保证估计的准确性,有必要对状态变量($i=1,2,3$) 增加一个很小的虚拟过程噪声,即通过令 $Q_{k,ii}$ 为某一很小的正数。

由于观测量与状态变量之间成线性关系，而且在机动飞行时（如前所述），在不同的方向上均存在角速度输入，所以状态变量的可观测度将非常高。因此，这时卡尔曼滤波器具有如下特点：

1）收敛很快；

2）对模型的噪声参数不敏感（如相关时间 τ_i）；

3）对于动态模型与真实情况之间（例如，弯曲变形的动态特性和陀螺仪噪声特性）的不匹配程度不敏感；

4）意味着陀螺仪的误差特性与弯曲变形动态特性，以及其他特性的模型方程的具体形式对滤波器的性能影响不大。

以上这几点已经通过仿真得到了证实。但是，只采用 9 个状态变量是不是太少了呢？因为要估计矢量 $\boldsymbol{\Phi}$ 和矢量 $\boldsymbol{\theta}$ 各自的 3 个分量，最少需要 6 个状态变量。但是在许多应用中，9 个状态变量的模型已经可以获得足够令人满意的精度。同时，对于现今的计算水平来说，9 个状态变量的卡尔曼滤波器是很容易实现的。

表 6.1 和表 6.3 列出了以两套 ISA 中陀螺仪的输出为观测量，估计固定不变时的失准角与随时间发生变化的弯曲变形角所用到的完整的离散卡尔曼滤波器。表 6.2 和表 6.3 列出了以陀螺仪的输出在 $t=t_k$ 时刻的采样值为观测量的情况下离散的卡尔曼滤波器公式。当陀螺仪的输出为角增量时，只需要稍微改动一下就可以了。

表 6.3 卡尔曼滤波器中所用到的矩阵（ISA 连接在非刚体上时，以陀螺仪的输出作为观测量）

(1) $\boldsymbol{x}_k^{\mathrm{T}} \equiv [\phi_X \quad \phi_Y \quad \phi_Z \quad \theta_X \quad \theta_Y \quad \theta_Z \quad \dot{\theta}_X \quad \dot{\theta}_Y \quad \dot{\theta}_Z]_k$

(2) $$\boldsymbol{z}_k \equiv \begin{bmatrix} W_X - W_x \\ W_Y - W_y \\ W_Z - W_z \end{bmatrix}_k$$

(3) $$\boldsymbol{H}_k = \begin{bmatrix} 0 & W_Z & -W_Y & 0 & W_Z & -W_Y & 0 & 0 & 0 \\ -W_Z & 0 & W_X & -W_Z & 0 & W_X & 0 & 0 & 0 \\ W_Y & -W_X & 0 & W_Y & -W_X & 0 & 0 & 0 & 0 \end{bmatrix}_k$$

(4) $$\boldsymbol{\Phi}_k = \begin{bmatrix} \boldsymbol{I}_{3\times3} & \boldsymbol{O}_{3\times3} & \boldsymbol{O}_{3\times3} \\ \boldsymbol{O}_{3\times3} & \boldsymbol{I}_{3\times3} & \boldsymbol{I}_{3\times3}\Delta t_k \\ \boldsymbol{O}_{3\times3} & \begin{matrix} -\beta_X^2\Delta t_k & 0 & 0 \\ 0 & -\beta_Y^2\Delta t_k & 0 \\ 0 & 0 & -\beta_Z^2\Delta t_k \end{matrix} & \begin{matrix} 1-2\beta_X\Delta t_k & 0 & 0 \\ 0 & 1-2\beta_Y\Delta t_k & 0 \\ 0 & 0 & 1-2\beta_Z\Delta t_k \end{matrix} \end{bmatrix}$$

(5) $$\boldsymbol{Q}_k = \begin{bmatrix} \alpha\Delta t_3\ \boldsymbol{I}_{3\times3} & \boldsymbol{O}_{3\times3} & \boldsymbol{O}_{3\times3} \\ \boldsymbol{O}_{3\times3} & \boldsymbol{I}_{3\times3} & \boldsymbol{O}_{3\times3} \\ \boldsymbol{O}_{3\times3} & \boldsymbol{O}_{3\times3} & \begin{matrix} 4\beta_X^3\sigma_X^2\Delta t_k & 0 & 0 \\ 0 & 4\beta_Y^3\sigma_Y^2\Delta t_k & 0 \\ 0 & 0 & 4\beta_Z^3\sigma_Z^2\Delta t_k \end{matrix} \end{bmatrix}$$

(6) $\sigma_i^2 \equiv$ 第 i 轴的弯曲变形角的方差

(7) $\tau_i \equiv$ 第 i 轴的弯曲变形的相关时间

(8) $\beta_i = 2.146/\tau_i$

(9) $\boldsymbol{R}_k = 2\sigma_{\mathrm{w}}^2 \boldsymbol{I}_3$

前文所描述的滤波器在扩展之后，便可用来估计陀螺仪相对于每套 ISA 中的陀螺仪在 3 个轴向上的漂移率。要做到这一点就需要定义 6 个新的状态量：

$$\left.\begin{aligned} x_{10} &= \dot{\eta}_X \\ x_{11} &= \dot{\eta}_Y \\ x_{12} &= \dot{\eta}_Z \\ x_{13} &= \dot{\eta}_x \\ x_{14} &= \dot{\eta}_y \\ x_{15} &= \dot{\eta}_z \end{aligned}\right\} \tag{6.35}$$

式中，$\dot{\boldsymbol{\eta}}$ 为沿下标所表示的轴向上的陀螺仪漂移率。

在动态模型中必须包含这些状态变量，可以假设陀螺仪的漂移是常数，即

$$\dot{x}_i = 0 \quad (i = 10, \cdots, 15) \tag{6.36}$$

还可以采用另外一种假设，由于白噪声的存在陀螺仪的漂移随着时间发生缓慢的变化，这时的模型为

$$\dot{x}_i = 0 + w_i \quad (i = 10, \cdots, 15),\ w_i \sim N(0, q_i) \tag{6.37}$$

白噪声的存在将导致这些状态变量发生随机游动。

描述陀螺仪漂移率更准确一些的模型是将每个漂移过程都看成是一阶马尔柯夫过程，即

$$\dot{x}_i = -\beta_i + w_i \quad (i = 10, \cdots, 15),\ w_i \sim N(0, q_i) \tag{6.38}$$

式(6.38)的优点：在没有白噪声 w_i 输入的情况下 x_i 将趋于零，而不是像式(6.37)那样随机游动。这一模型可采用一个含有 15 个状态变量的滤波器实现，滤波器所采用的状态变量与前文所定义的相同。尽管关于陀螺仪漂移率可能会有描述得更详细的一些模型，但复杂的模型必然需要更多的状态变量。如果所采用的陀螺仪都是同一种类型的，那么不同的陀螺仪之间将存在相同的统计特性。因此，对于 6 个通道而言可以选择相同的 β_i 与 q_i，q_i 将成为 $\boldsymbol{Q}$ 阵对角线上的元素，相应的离散后的矩阵 $\boldsymbol{Q}_k$ 可根据式(6.34)求出。

在什么条件下才有必要估计出陀螺仪的漂移率呢？一方面，如果陀螺仪的漂移率很低，而且要求的对准时间很短(例如 5 min 或者更短)，如果载体在对准过程中存在很大的转动角速度，所要求的对准精度是适中的，那么就可以不用估计出陀螺仪的漂移率。这时相应地，模型中第10 ～15 维的状态变量就可以省略。另一方面，如果陀螺仪的漂移率很大(特别是 ISA_2 相对于 ISA_1 时)，如果所允许的对准时间很长(例如1 h或更长)，存在的角速度输入很小，并且所要求的最终对准精度很高，那么就应该估计出陀螺仪的漂移率。介于这些极端情况之间时，可以通过数字仿真验证来决定是否需要估计出陀螺仪的漂移，以便提高对准的精度。

6.2.3　分情况讨论

1. 加速度计，刚体

如果沿着 ISA 的 3 个壳体轴向上有加速度计和陀螺仪，这便可以提供更多的观测量，同样会引入更多的误差。3 个加速度计的测量值便为 ISA 沿着 3 个壳体轴方向上的矢量 $\boldsymbol{f}$，$\boldsymbol{f}$ 为每单位质量作用于壳体上的非引力。飞行器近地飞行时(不是自由下落的情况下)，将受到地球引力的作用，这时必须支撑住壳体防止其下落。就算没有机动，ISA 仍然将会量测到这一支撑

力。这一比力 $\boldsymbol{f}$ 是由ISA量测到的，它可以和另一个不共线的矢量一起作为滤波器的观测量。另一个矢量可以是在稍后的时间内量测到的比力 $\boldsymbol{f}$（当飞行器沿不同方向存在加速运动时），或者是与比力 $\boldsymbol{f}$ 前后时间测量到的角速度矢量一起作为滤波器的观测量。

为了处理加速度计的测量值，可以定义一个不同的观测矢量 $\boldsymbol{z}_A$ 和一个不同的观测矩阵 $\boldsymbol{H}_A$，其中下标A表示"加速度计"。对于刚体，观测矢量 $\boldsymbol{z}_A$ 应为两套ISA同时量测到的比力的差值：

$$\boldsymbol{z}_{A,k}=\begin{bmatrix}\mathrm{d}f_X\\ \mathrm{d}f_Y\\ \mathrm{d}f_Z\end{bmatrix}_k=\begin{bmatrix}f_X\\ f_Y\\ f_Z\end{bmatrix}_k-\begin{bmatrix}f_x\\ f_y\\ f_z\end{bmatrix}_k \tag{6.39}$$

正如观测量为陀螺仪输出时的情况，人们有时更倾向于将观测量定义为在 t_k 时刻的比力增量 $f\Delta t_k$，其中 Δt_k 为最后一次测量的时间间隔，而乘积 $f\Delta t_k$ 则为加速度计在 $t=t_k$ 时刻所测量到的比力 $\boldsymbol{f}$ 的积分，这时方程就需要作一些小的改动。当以加速度计的输出为观测量时，假设在每套ISA中加速度计的敏感轴与陀螺仪的敏感轴是一致的，而且假设只有 ISA_2 存在失准角，这时矢量 $\boldsymbol{x}$ 的系数便为观测矩阵 $\boldsymbol{H}_A$：

$$\boldsymbol{z}_{A,k}=\begin{bmatrix}0 & f_Z & -f_Y\\ -f_Z & 0 & f_X\\ f_Y & -f_X & 0\end{bmatrix}_k\boldsymbol{x}_k=\boldsymbol{H}_{A,k}\boldsymbol{x}_k \tag{6.40}$$

将矩阵相乘转化为矢量叉乘的形式：

$$\mathrm{d}\boldsymbol{f}=\boldsymbol{\Phi}\times\boldsymbol{f} \tag{6.41}$$

式(6.41)与式(6.2)是类似的。

这样，就可以采用由表6.2所给出的卡尔曼滤波器了。状态变量保持不变，只需要按照式(6.40)和式(6.41)修正一下观测矩阵 $\boldsymbol{H}_{A,k}$ 和观测矢量 $\boldsymbol{z}_{A,k}$ 就行了。可以在 t_k 时刻用不同的观测矩阵先处理角速度观测矢量 $\boldsymbol{z}_k$，然后再处理加速度计的观测矢量 $\boldsymbol{z}_{A,k}$。

另外，需要在式(6.40)中加入一项修正量，因为 ISA_2 的加速度计相对于 ISA_1 的加速度计敏感到的加速度的大小是不同的。例如，如果一套ISA安装在载体的重心上，而另一套ISA的安装位置离重心有一定的距离，那么当飞行器进行旋转机动时，第二套ISA将敏感到一个向心加速度而第一套ISA却敏感不到。

2. 加速度计，非刚体

在这种情况下，仍然可以采用由式(6.16)和式(6.18)所定义的只用陀螺仪 9×1 维的状态矢量。但是，当采用由式(6.39)所定义的新的观测矢量 $\boldsymbol{z}_{A,k}$ 时，新的观测矩阵 $\boldsymbol{H}_{A,k}$ 则为

$$\boldsymbol{z}_{A,k}=\begin{bmatrix}0 & f_Z & -f_Y & 0 & f_Z & -f_Y & 0 & 0 & 0\\ -f_Z & 0 & f_X & -f_Z & 0 & f_X & 0 & 0 & 0\\ f_Y & -f_X & 0 & f_Y & -f_X & 0 & 0 & 0 & 0\end{bmatrix}\boldsymbol{x}_k\equiv\boldsymbol{H}_{A,k}\boldsymbol{x}_k \tag{6.42}$$

此外，还需要再加入一项修正量，因为载体的弯曲变形角 $\boldsymbol{\theta}$、弯曲变形角速度 $\dot{\boldsymbol{\theta}}$、角速度以及角加速度的存在，将使两个位置上的ISA敏感到不同的加速度。

3. 估计加速度计的偏差

加速度计的引入带来了新的观测量和新的误差源，因此需要增加新的状态变量以便描述

每个加速度计的偏差，然后用滤波器估计出这些偏差的大小。就像陀螺仪的漂移一样，加速度计的偏差特性可以被认为是常值、随机游动或者一阶马尔柯夫过程。如果将加速度计的偏差和陀螺仪的漂移都用一阶马尔柯夫过程表示，还要将陀螺仪的漂移率、加速度计的偏差、固定不变的失准角以及随时间发生变化的弯曲变形角同时估计出来，那么滤波器中就需要含有 21 个状态变量。

可以采用相似的方式在滤波器中加入更多的状态变量以便估计出 ISA 中的其他误差参数。但是随着滤波器中状态变量个数的增加，计算负载将变大，可观测性可能会变差，滤波器可能对模型的准确性就更加敏感。

通常情况下，可以尝试着利用表 6.3 中所给出的只有 9 个状态变量的滤波器解决给定的问题和任务要求，而不估计陀螺仪的漂移率或者加速度计的偏差。如果这 9 个状态变量的滤波器能够满足系统的要求，那就没有必要采用更复杂的滤波器了。

6.3　杆臂效应产生机理及其补偿方法

杆臂效应是指当刚性载体存在相对于惯性空间的角运动时，处于不同位置的两套惯导系统的惯性传感器将敏感到不同的比力，以致解算出的速度、位置等信息也存在差异的现象。传递对准中，由杆臂效应所引起的主、子惯导系统导航参数的差值信息与子惯导系统的误差传播特性无关，如不予以消除就会影响子惯导系统误差参数的估计精度，进而影响传递对准性能。补偿杆臂效应误差的方法有滤波补偿法、计算补偿法和一体化补偿法。滤波补偿法的基本思想是，利用载体自身加速度与杆臂效应引起的干扰加速度具有不同的频率分布这一特性，对子惯导系统测得的比力进行滤波处理，减轻干扰加速度的影响。计算补偿法的思想则是，首先计算出由杆臂效应引起的差值信息，然后对量测数据进行修正，例如在采用速度匹配时从速度误差的观测数据中扣除杆臂速度等。一体化补偿法的基本思想是，当载体存在挠曲变形时，杆臂的长度就不再保持固定不变了，而是随着挠曲变形角发生变化。因此，这种方法是综合考虑杆臂效应和挠曲变形这两种误差因素对系统的影响，通过计算实现对杆臂效应和挠曲变形这两种误差的一体化补偿。

6.3.1　杆臂效应产生的机理

为了详细地阐述捷联式惯导系统中杆臂效应误差的产生原因，引入惯性坐标系 $O_iX_iY_iZ_i$ 和载体坐标系 $O_bX_bY_bZ_b$，ω_{ib}^b 为载体相对惯性空间的转动角速度，如图 6.6 所示。

设定 O_b 为载体的摇摆运动中心，加速度计安装在载体坐标系中的固定点 P 处，$\boldsymbol{R}_O$ 为载体坐标系的原点位置矢量，$\boldsymbol{R}_P$ 为 P 点相对于惯性坐标系原点的位置矢量，$\boldsymbol{r}_P$ 为 P 点相对于载体坐标系原点的位置矢量。显然它们之间的关系为

$$\boldsymbol{R}_P=\boldsymbol{R}_O+\boldsymbol{r}_P \tag{6.43}$$

将式(6.43)两边对时间求微分，可得

$$\left(\frac{\mathrm{d}\boldsymbol{R}_P}{\mathrm{d}t}\right)_i=\left(\frac{\mathrm{d}\boldsymbol{R}_O}{\mathrm{d}t}\right)_i+\left(\frac{\mathrm{d}\boldsymbol{r}_P}{\mathrm{d}t}\right)_i \tag{6.44}$$

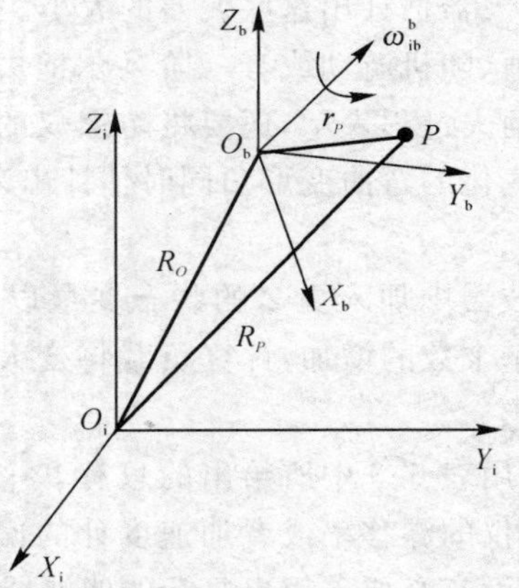

图 6.6 杆臂效应原理图

根据矢量的绝对导数与相对导数的关系可得

$$\left(\frac{\mathrm{d}\,\boldsymbol{r}_P}{\mathrm{d}t}\right)_{\mathrm{i}}=\left(\frac{\mathrm{d}\,\boldsymbol{r}_P}{\mathrm{d}t}\right)_{\mathrm{b}}+\boldsymbol{\omega}_{\mathrm{ib}}^{\mathrm{b}}\times\boldsymbol{r}_P \tag{6.45}$$

将式(6.45)代入式(6.44)中可得

$$\left(\frac{\mathrm{d}\,\boldsymbol{R}_P}{\mathrm{d}t}\right)_{\mathrm{i}}=\left(\frac{\mathrm{d}\,\boldsymbol{R}_O}{\mathrm{d}t}\right)_{\mathrm{i}}+\left(\frac{\mathrm{d}\,\boldsymbol{r}_P}{\mathrm{d}t}\right)_{\mathrm{b}}+\boldsymbol{w}_{\mathrm{ib}}^{\mathrm{b}}\times\boldsymbol{r}_P \tag{6.46}$$

式中,下标 i 表示相对于惯性坐标系求微分;下标 b 表示相对于载体坐标系求微分。因此,$\left(\frac{\mathrm{d}\,\boldsymbol{R}_O}{\mathrm{d}t}\right)_{\mathrm{i}}$ 表示$\boldsymbol{R}_O$ 相对于惯性坐标系的运动线速度,即载体坐标系的原点相对于惯性坐标系的运动线速度;$\left(\frac{\mathrm{d}\,\boldsymbol{R}_P}{\mathrm{d}t}\right)_{\mathrm{i}}$ 表示 P 点相对于惯性坐标系的运动线速度;$\left(\frac{\mathrm{d}\,\boldsymbol{r}_P}{\mathrm{d}t}\right)_{\mathrm{b}}$ 表示 P 点相对于载体坐标系的运动线速度;$\boldsymbol{w}_{\mathrm{ib}}^{\mathrm{b}}$ 为载体坐标系相对于惯性坐标系的运动角速度。

再对式(6.46)关于时间求微分可得

$$\left(\frac{\mathrm{d}^2\,\boldsymbol{R}_P}{\mathrm{d}t^2}\right)_{\mathrm{i}}=\left(\frac{\mathrm{d}^2\,\boldsymbol{R}_O}{\mathrm{d}t^2}\right)_{\mathrm{i}}+\frac{\mathrm{d}}{\mathrm{d}t}\left[\left(\frac{\mathrm{d}\,\boldsymbol{r}_P}{\mathrm{d}t}\right)_{\mathrm{b}}\right]_{\mathrm{i}}+\frac{\mathrm{d}}{\mathrm{d}t}(\boldsymbol{w}_{\mathrm{ib}}^{\mathrm{b}}\times\boldsymbol{r}_P)_{\mathrm{i}} \tag{6.47}$$

根据矢量绝对导数与相对导数的关系,同理可得

$$\frac{\mathrm{d}}{\mathrm{d}t}\left[\left(\frac{\mathrm{d}\,\boldsymbol{r}_P}{\mathrm{d}t}\right)_{\mathrm{b}}\right]_{\mathrm{i}}=\left(\frac{\mathrm{d}^2\,\boldsymbol{r}_P}{\mathrm{d}t^2}\right)_{\mathrm{b}}+\boldsymbol{w}_{\mathrm{ib}}^{\mathrm{b}}\times\left(\frac{\mathrm{d}\,\boldsymbol{r}_P}{\mathrm{d}t}\right)_{\mathrm{b}} \tag{6.48}$$

$$\frac{\mathrm{d}}{\mathrm{d}t}(\boldsymbol{w}_{\mathrm{ib}}^{\mathrm{b}}\times\boldsymbol{r}_P)_{\mathrm{i}}=\dot{\boldsymbol{w}}_{\mathrm{ib}}^{\mathrm{b}}\times\boldsymbol{r}_P+\boldsymbol{w}_{\mathrm{ib}}^{\mathrm{b}}\times\left(\frac{\mathrm{d}\,\boldsymbol{r}_P}{\mathrm{d}t}\right)_{\mathrm{b}}+\boldsymbol{w}_{\mathrm{ib}}^{\mathrm{b}}\times(\boldsymbol{w}_{\mathrm{ib}}^{\mathrm{b}}\times\boldsymbol{r}_P) \tag{6.49}$$

将式(6.48)和式(6.49)代入式(6.47),整理可得 P 点相对于惯性坐标系的运动线加速度为

$$\left(\frac{\mathrm{d}^2\,\boldsymbol{R}_P}{\mathrm{d}t^2}\right)_{\mathrm{i}}=\left(\frac{\mathrm{d}^2\,\boldsymbol{R}_O}{\mathrm{d}t^2}\right)_{\mathrm{i}}+\left(\frac{\mathrm{d}^2\,\boldsymbol{r}_P}{\mathrm{d}t^2}\right)_{\mathrm{b}}+\dot{\boldsymbol{w}}_{\mathrm{ib}}^{\mathrm{b}}\times\boldsymbol{r}_P+2\,\boldsymbol{w}_{\mathrm{ib}}^{\mathrm{b}}\times\left(\frac{\mathrm{d}\,\boldsymbol{r}_P}{\mathrm{d}t}\right)_{\mathrm{b}}+\boldsymbol{w}_{\mathrm{ib}}^{\mathrm{b}}\times(\boldsymbol{w}_{\mathrm{ib}}^{\mathrm{b}}\times\boldsymbol{r}_P) \tag{6.50}$$

在理想情况下,加速度计的安装点 P 应位于载体的中心上,即载体坐标系的原点 O_{b},此时加速度计敏感到的应为 O_{b} 点处的比力$\left(\frac{\mathrm{d}^2\,\boldsymbol{R}_O}{\mathrm{d}t^2}\right)_{\mathrm{i}}$。而当加速度计的安装点 P 偏离载体的中心

时，即$\boldsymbol{r}_P$不为零时，加速度计敏感到的比力为$\left(\frac{\mathrm{d}^2\boldsymbol{R}_P}{\mathrm{d}t^2}\right)_{\mathrm{i}}$，因此由$\boldsymbol{r}_P$引起的杆臂效应误差$\delta\boldsymbol{f}$可以表示为

$$\delta\boldsymbol{f}=\left(\frac{\mathrm{d}^2\boldsymbol{r}_P}{\mathrm{d}t^2}\right)_{\mathrm{b}}+\dot{\boldsymbol{w}}_{\mathrm{ib}}^{\mathrm{b}}\times\boldsymbol{r}_P+2\boldsymbol{w}_{\mathrm{ib}}^{\mathrm{b}}\times\left(\frac{\mathrm{d}\boldsymbol{r}_P}{\mathrm{d}t}\right)_{\mathrm{b}}+\boldsymbol{w}_{\mathrm{ib}}^{\mathrm{b}}\times(\boldsymbol{w}_{\mathrm{ib}}^{\mathrm{b}}\times\boldsymbol{r}_P) \tag{6.51}$$

由式(6.51)可以看出杆臂效应误差的大小与$\boldsymbol{r}_P$即加速度计和载体摇摆中心之间的距离成正比。

由于主惯导系统和子惯导系统之间有一定的距离，当载体有角运动时，造成主、子惯导系统的惯性器件所感受到的比力及由此计算出的导航速度并不相同。如果不能补偿子惯导系统的杆臂效应，将导致子惯导系统对速度和位置等导航参数的错误解算，并降低系统的导航性能。

6.3.2　杆臂效应的补偿方法

1. 动力学补偿方法

从式(6.51)可以看出，当已知杆臂长度$\boldsymbol{r}_P$、角速度$\boldsymbol{\omega}_{\mathrm{ib}}^{\mathrm{b}}$和角加速度$\dot{\boldsymbol{\omega}}_{\mathrm{ib}}^{\mathrm{b}}$时，就可以计算出杆臂效应加速度，然后从加速度计的输出信号中将干扰加速度分量补偿掉，这就是动力学补偿法的基本思想。其中，角速度$\boldsymbol{\omega}_{\mathrm{ib}}^{\mathrm{b}}$和角加速度$\dot{\boldsymbol{\omega}}_{\mathrm{ib}}^{\mathrm{b}}$可由陀螺仪测出；而确定杆臂长度$\boldsymbol{r}_P$则比较困难，因为载体的摇摆中心是由载体外形和有效载荷所决定的，载体摇摆中心会在不同情况下发生变化。因此，计算杆臂效应干扰加速度一个关键的问题是如何精确地检测出杆臂长度。

在确定杆臂长度的短暂时间内，当忽略地球自转的影响时，重力加速度在当地的大小和方向是不变的。由数学平台确定的导航坐标系 n 相对惯性空间保持方向不变，从而可认为重力加速度在数学平台的分量是不变的。于是，在两个不同的时刻t_1和t_2各测一组比力数值，并将其转换到导航坐标系中，其中重力加速度分量$\boldsymbol{g}_1^{\mathrm{n}}$和$\boldsymbol{g}_2^{\mathrm{n}}$应当相同。但由于摇摆运动，在先后两次的测量中，载体相对导航坐标系产生转动，杆臂效应加速度也将发生变化。因此，两次测量可得

$$\boldsymbol{f}_1^{\mathrm{n}}=\boldsymbol{C}_{\mathrm{b1}}^{\mathrm{n}}\boldsymbol{f}_{\mathrm{ib}}^{\mathrm{b1}}=\boldsymbol{C}_{\mathrm{b1}}^{\mathrm{n}}(\boldsymbol{g}^{\mathrm{b1}}+\delta\boldsymbol{f}^{\mathrm{b1}})=\boldsymbol{C}_{\mathrm{b1}}^{\mathrm{n}}\boldsymbol{g}^{\mathrm{b1}}+\boldsymbol{C}_{\mathrm{b1}}^{\mathrm{n}}\delta\boldsymbol{f}^{\mathrm{b1}}=\boldsymbol{g}_1^{\mathrm{n}}+\boldsymbol{C}_{\mathrm{b1}}^{\mathrm{n}}\delta\boldsymbol{f}^{\mathrm{b1}} \tag{6.52}$$

$$\boldsymbol{f}_2^{\mathrm{n}}=\boldsymbol{C}_{\mathrm{b2}}^{\mathrm{n}}\boldsymbol{f}_{\mathrm{ib}}^{\mathrm{b2}}=\boldsymbol{C}_{\mathrm{b2}}^{\mathrm{n}}(\boldsymbol{g}^{\mathrm{b2}}+\delta\boldsymbol{f}^{\mathrm{b2}})=\boldsymbol{C}_{\mathrm{b2}}^{\mathrm{n}}\boldsymbol{g}^{\mathrm{b2}}+\boldsymbol{C}_{\mathrm{b2}}^{\mathrm{n}}\delta\boldsymbol{f}^{\mathrm{b2}}=\boldsymbol{g}_2^{\mathrm{n}}+\boldsymbol{C}_{\mathrm{b2}}^{\mathrm{n}}\delta\boldsymbol{f}^{\mathrm{b2}} \tag{6.53}$$

由于$\boldsymbol{g}_1^{\mathrm{n}}=\boldsymbol{g}_2^{\mathrm{n}}$，式(6.53)与式(6.52)相减得

$$\boldsymbol{f}_2^{\mathrm{n}}-\boldsymbol{f}_1^{\mathrm{n}}=\boldsymbol{C}_{\mathrm{b2}}^{\mathrm{n}}\delta\boldsymbol{f}^{\mathrm{b2}}-\boldsymbol{C}_{\mathrm{b1}}^{\mathrm{n}}\delta\boldsymbol{f}^{\mathrm{b1}} \tag{6.54}$$

当忽略载体挠曲变形的影响时，由式(6.51)可知

$$\delta\boldsymbol{f}^{\mathrm{b1}}=\begin{bmatrix}-(\omega_{y1}^2+\omega_{z1}^2) & \omega_{x1}\omega_{y1}-\dot{\omega}_z & \omega_{x1}\omega_{z1}+\dot{\omega}_{y1}\\ \omega_{x1}\omega_{y1}+\dot{\omega}_{z1} & -(\omega_{x1}^2+\omega_{z1}^2) & \omega_{y1}\omega_{x1}-\dot{\omega}_{x1}\\ \omega_{x1}\omega_{z1}-\dot{\omega}_{y1} & \omega_{y1}\omega_{x1}-\dot{\omega}_{x1} & -(\omega_{x1}^2+\omega_{y1}^2)\end{bmatrix}\begin{bmatrix}r_{Px}\\ r_{Py}\\ r_{Pz}\end{bmatrix}\xlongequal{\text{def}}\boldsymbol{M}_1\begin{bmatrix}r_{Px}\\ r_{Py}\\ r_{Pz}\end{bmatrix}$$

$$\delta\boldsymbol{f}^{\mathrm{b2}}=\begin{bmatrix}-(\omega_{y2}^2+\omega_{z2}^2) & \omega_{x2}\omega_{y2}-\dot{\omega}_{z2} & \omega_{x2}\omega_{z2}+\dot{\omega}_{y2}\\ \omega_{x2}\omega_{y2}+\dot{\omega}_{z2} & -(\omega_{x2}^2+\omega_{z2}^2) & \omega_{y2}\omega_{x2}-\dot{\omega}_{x2}\\ \omega_{x2}\omega_{z2}-\dot{\omega}_{y2} & \omega_{y2}\omega_{x2}-\dot{\omega}_{x2} & -(\omega_{x2}^2+\omega_{y2}^2)\end{bmatrix}\begin{bmatrix}r_{Px}\\ r_{Py}\\ r_{Pz}\end{bmatrix}\xlongequal{\text{def}}\boldsymbol{M}_2\begin{bmatrix}r_{Px}\\ r_{Py}\\ r_{Pz}\end{bmatrix}$$

因此

$$\boldsymbol{f}_2^{\mathrm{n}}-\boldsymbol{f}_1^{\mathrm{n}}=(\boldsymbol{C}_{\mathrm{b2}}^{\mathrm{n}}\boldsymbol{M}_2-\boldsymbol{C}_{\mathrm{b1}}^{\mathrm{n}}\boldsymbol{M}_1)\begin{bmatrix}\boldsymbol{r}_{Px} & \boldsymbol{r}_{Py} & \boldsymbol{r}_{Pz}\end{bmatrix}^{\mathrm{T}} \tag{6.55}$$

$$\begin{bmatrix}r_{Px}\\ r_{Py}\\ r_{Pz}\end{bmatrix}=(\boldsymbol{C}_{\mathrm{b2}}^{\mathrm{n}}\boldsymbol{M}_2-\boldsymbol{C}_{\mathrm{b1}}^{\mathrm{n}}\boldsymbol{M}_1)^{-1}(\boldsymbol{f}_2^{\mathrm{n}}-\boldsymbol{f}_1^{\mathrm{n}}) \tag{6.56}$$

这样，由式(6.56)计算得到杆臂长度，然后可按式(6.51)对杆臂效应干扰加速度进行补偿。

2. 低通滤波器法

根据杆臂效应的产生机理，干扰加速度一般属于高频干扰，而 SINS 的振荡是以舒拉周期和地球自转周期为主的振荡，振荡处在低频区。因此，可以根据摇摆模型设计一个低通滤波器，将低通滤波器放在加速度计输出之后，然后再进行导航解算。通过合理选择截止频率，可以有效抑制杆臂效应干扰加速度。下面介绍一阶低通滤波器的设计方法。

设计一阶低通滤波环节为 $G(s)=\dfrac{1}{Ts+1}$，应用双线性 Z 变换方法得到数字滤波器的传递函数为

$$H(z)=\frac{\omega_{\mathrm{ac}}T/2+(\omega_{\mathrm{ac}}T/2)Z^{-1}}{(\omega_{\mathrm{ac}}T/2+1)+(\omega_{\mathrm{ac}}T/2-1)Z^{-1}} \tag{6.57}$$

式中，ω_{ac} 为截止频率；T 为采样周期。

相应的差分方程为

$$Y(k)=\frac{\omega_{\mathrm{ac}}T/2}{\omega_{\mathrm{ac}}T/2+1}[X(k)+X(k-1)]+\frac{\omega_{\mathrm{ac}}T/2+1}{\omega_{\mathrm{ac}}T/2-1}Y(k-1) \tag{6.58}$$

3. 一体化的补偿方法

当载体存在挠曲变形时，杆臂的长度就不再保持固定不变了，而是随着挠曲变形角发生变化。因此，综合杆臂效应和挠曲变形这两种误差因素对系统对准精度的影响，下面介绍一种杆臂效应和挠曲变形的一体化补偿方法。

一般来说，挠曲变形角为小角度，那么它在 3 个轴向上的分量也是小角度。假设初始杆臂长度在载体坐标系 b 上的投影为 $\boldsymbol{r}_P=[r_x \quad r_y \quad r_z]^{\mathrm{T}}$，挠曲变形角的 3 个分量分别为 $\boldsymbol{\theta}=[\theta_x \quad \theta_y \quad \theta_z]^{\mathrm{T}}$。如图 6.7 所示，线段 Oa 为杆臂长度在 y 轴上的投影，线段 Ob 为挠曲变形角 θ_x 引起的变形后的 Oa，线段 Oc 为杆臂长度在 z 轴上的投影，线段 Od 为挠曲变形角 θ_x 引起的变形后的 Oc。

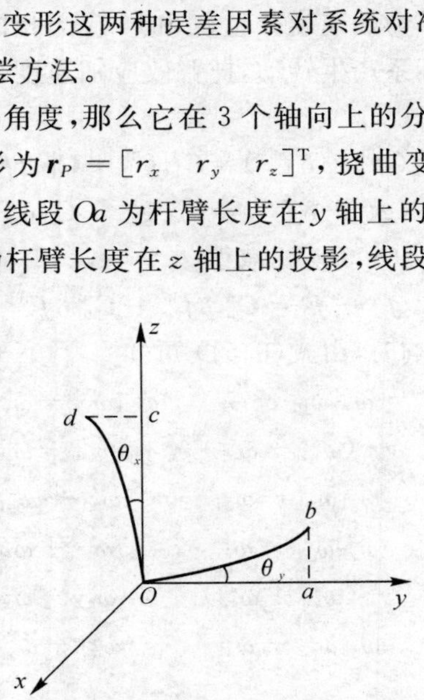

图 6.7 θ_x 引起的杆臂长度变化示意图

根据图 6.7 中的几何关系可得

$$\left.\begin{aligned} ab &= Oa\tan\theta_x = r_y\tan\theta_x \\ cd &= Oc\tan\theta_x = r_z\tan\theta_x \end{aligned}\right\} \tag{6.59}$$

当 θ_x 是小角度时，近似有 $\tan\theta_x \approx \theta_x$，式(6.59) 可以简化为

$$\left.\begin{aligned} ab &= r_y\theta_x \\ cd &= r_z\theta_x \end{aligned}\right\} \tag{6.60}$$

即 θ_x 引起的 y 轴、z 轴的坐标变化量分别为 $\Delta r_y = -r_z\theta_x$ 和 $\Delta r_z = r_y\theta_x$。

同理，θ_y 引起的 x 轴、z 轴的坐标变化量分别为 $\Delta r_x = r_z\theta_y$ 和 $\Delta r_z = -r_x\theta_y$；$\theta_z$ 引起的 x 轴、y 轴的坐标变化量分别为 $\Delta r_x = -r_y\theta_z$ 和 $\Delta r_y = r_x\theta_z$。

因此，可得到新的杆臂长度的表达式为

$$\boldsymbol{r}_P = \begin{bmatrix} r_x \\ r_y \\ r_z \end{bmatrix} + \begin{bmatrix} r_z\theta_y - r_y\theta_z \\ r_x\theta_z - r_z\theta_x \\ r_y\theta_x - r_x\theta_y \end{bmatrix} \tag{6.61}$$

对式(6.61) 分别进行一次、二次微分，可得

$$\dot{\boldsymbol{r}}_P = \begin{bmatrix} r_z\dot{\theta}_y - r_y\dot{\theta}_z \\ r_x\dot{\theta}_z - r_z\dot{\theta}_x \\ r_y\dot{\theta}_x - r_x\dot{\theta}_y \end{bmatrix} = \begin{bmatrix} 0 & r_z & -r_y \\ -r_z & 0 & r_x \\ r_y & -r_x & 0 \end{bmatrix} \begin{bmatrix} \dot{\theta}_x \\ \dot{\theta}_y \\ \dot{\theta}_z \end{bmatrix} \tag{6.62}$$

$$\ddot{\boldsymbol{r}}_P = \begin{bmatrix} 0 & r_z & -r_y \\ -r_z & 0 & r_x \\ r_y & -r_x & 0 \end{bmatrix} \begin{bmatrix} \ddot{\theta}_x \\ \ddot{\theta}_y \\ \ddot{\theta}_z \end{bmatrix} \tag{6.63}$$

根据挠曲变形角速度的运动方程可得

$$\ddot{\theta}_i + 2\beta_i\dot{\theta}_i + \beta_i^2\theta_i = w_i \quad (i = x, y, z) \tag{6.64}$$

将式(6.64) 代入式(6.63)，整理后可得

$$\ddot{\boldsymbol{r}}_P = -\begin{bmatrix} 0 & 2\beta_y r_z & -2\beta_z r_y \\ -2\beta_x r_z & 0 & 2\beta_z r_x \\ 2\beta_x r_y & -2\beta_y r_x & 0 \end{bmatrix} \begin{bmatrix} \dot{\theta}_x \\ \dot{\theta}_y \\ \dot{\theta}_z \end{bmatrix} - \begin{bmatrix} 0 & \beta_y^2 r_z & -\beta_z^2 r_y \\ -\beta_x^2 r_z & 0 & \beta_z^2 r_x \\ \beta_x^2 r_y & -\beta_y^2 r_x & 0 \end{bmatrix} \begin{bmatrix} \theta_x \\ \theta_y \\ \theta_z \end{bmatrix} + \begin{bmatrix} 0 & r_z & -r_y \\ -r_z & 0 & r_x \\ r_y & -r_x & 0 \end{bmatrix} \begin{bmatrix} w_x \\ w_y \\ w_z \end{bmatrix} \tag{6.65}$$

令

$$\left.\begin{aligned} \boldsymbol{L}_0 &= \begin{bmatrix} 0 & r_z & -r_y \\ -r_z & 0 & r_x \\ r_y & -r_x & 0 \end{bmatrix} \\ \boldsymbol{L}_1 &= \begin{bmatrix} 0 & \beta_y^2 r_z & -\beta_z^2 r_y \\ -\beta_x^2 r_z & 0 & \beta_z^2 r_x \\ \beta_x^2 r_y & -\beta_y^2 r_x & 0 \end{bmatrix} \\ \boldsymbol{L}_2 &= \begin{bmatrix} 0 & 2\beta_y r_z & -2\beta_z r_y \\ -2\beta_x r_z & 0 & 2\beta_z r_x \\ 2\beta_x r_y & -2\beta_y r_x & 0 \end{bmatrix} \end{aligned}\right\} \tag{6.66}$$

将式(6.66)的表达式分别代入式(6.61)、式(6.62)以及式(6.65),可得

$$\left.\begin{aligned} \boldsymbol{r} &= \boldsymbol{r}_0 + \boldsymbol{L}_0\boldsymbol{\theta} \\ \dot{\boldsymbol{r}} &= \boldsymbol{L}_0\dot{\boldsymbol{\theta}} \\ \ddot{\boldsymbol{r}} &= -\boldsymbol{L}_2\dot{\boldsymbol{\theta}} - \boldsymbol{L}_1\boldsymbol{\theta} + \boldsymbol{L}_0\boldsymbol{w} \end{aligned}\right\} \tag{6.67}$$

由此便得到了杆臂长度及其一阶导数和二阶导数分别与挠曲变形角和挠曲变形角速度之间的关系,将式(6.67)代入式(6.51),即可得到考虑挠曲变形的情况下杆臂效应引起的加速度:

$$\delta \boldsymbol{f}^{\mathrm{b}} = -\boldsymbol{L}_2\dot{\boldsymbol{\theta}} - \boldsymbol{L}_1\boldsymbol{\theta} + \boldsymbol{L}_0\boldsymbol{w} + \dot{\boldsymbol{w}}_{\mathrm{ib}}^{\mathrm{b}} \times (\boldsymbol{r}_0 + \boldsymbol{L}_0\boldsymbol{\theta}) + 2\,\boldsymbol{w}_{\mathrm{ib}}^{\mathrm{b}} \times (\boldsymbol{L}_0\dot{\boldsymbol{\theta}}) + \boldsymbol{w}_{\mathrm{ib}}^{\mathrm{b}} \times [\boldsymbol{w}_{\mathrm{ib}}^{\mathrm{b}} \times (\boldsymbol{r}_0 + \boldsymbol{L}_0\boldsymbol{\theta})] \tag{6.68}$$

式中,$\boldsymbol{w}$ 为挠曲变形角速度运动方程中的白噪声;$\boldsymbol{w}_{\mathrm{ib}}^{\mathrm{b}}$ 由主惯导系统中的陀螺仪提供。

至于挠曲变形角和挠曲变形角速度的大小,可以建立包含挠曲变形角和挠曲变形角速度的状态方程,然后采用卡尔曼滤波器估计出挠曲变形角和挠曲变形角速度的大小,在求得所有的变量之后,代入式(6.67)中便可计算出由杆臂效应所引起的加速度的大小。

6.4 弹性振动理论及建模

载体在飞行中的弹性振动主要有两种,一种是在机动动作时产生的挠性慢变形,另一种是空气动力与飞机结构弹性的相互作用产生的颤振。

6.4.1 弹性变形

当建立弹性变形的数学模型时,将挠性慢变形看作一个随时间变化的弹性变形角 $\boldsymbol{\theta}$。弹性变形引起一个由主惯导系统到子惯导系统的附加转角,当弹性变形随时间变化时,将有一个由子惯导系统中陀螺仪测量的附加角速度,而主惯导系统却无法测量。假设主、子惯导系统之间有一个安装误差角$\boldsymbol{\Psi}_{\mathrm{a}}$,而此时机体弯曲一个角度 $\boldsymbol{\theta}$,那么主、子惯导系统之间总的失准角为 $\boldsymbol{\delta}$。三者之间的关系为

$$\boldsymbol{\delta} = \boldsymbol{\Psi}_{\mathrm{a}} + \boldsymbol{\theta} \tag{6.69}$$

其中,$\boldsymbol{\delta} = [\delta_{\mathrm{E}} \quad \delta_{\mathrm{N}} \quad \delta_{\mathrm{U}}]^{\mathrm{T}}$,$\boldsymbol{\theta} = [\theta_{\mathrm{E}} \quad \theta_{\mathrm{N}} \quad \theta_{\mathrm{U}}]^{\mathrm{T}}$,$\boldsymbol{\Psi}_{\mathrm{a}} = [\boldsymbol{\Psi}_{\mathrm{aE}} \quad \boldsymbol{\Psi}_{\mathrm{aN}} \quad \boldsymbol{\Psi}_{\mathrm{aU}}]^{\mathrm{T}}$。

主、子惯导系统的位置一经确定,安装误差角 $\boldsymbol{\Psi}_{\mathrm{a}}$ 就可以认为是随机常值,而弹性变形角 $\boldsymbol{\theta}$ 是机翼产生的挠性慢变形。考虑到与主、子惯导系统相连接的机体相当于一个大的弹性系统,在变形的情况下都具有惯性和恢复力矩,因此应选择至少两个过程噪声来描述每个轴上的运动。这里认为弹性变形角是由一个三阶随机过程产生,对于飞机机翼每个轴上的弹性变形,均可以以一个三阶模型来表示,其传递函数为

$$\frac{\theta_i}{\rho_i} = \frac{1}{(s+\beta_i)[s^2 + 2\beta_i s + (\beta_i)^2]} \tag{6.70}$$

式中,$i = \mathrm{E},\mathrm{N},\mathrm{U}$。

将式(6.70)展开得

$$\theta_i s^3 + 3\beta_i s^2 + 3\beta_i^2 s + \beta_i^3 = \rho_i \tag{6.71}$$

对式(6.71)进行拉普拉斯反变换得

$$\dddot{\theta}+3\beta_i\ddot{\theta}+3\beta_i^2\dot{\theta}+\beta_i^3=\rho_i \tag{6.72}$$

写成状态空间的形式为

$$\dot{\boldsymbol{\theta}}_i=\boldsymbol{F}_i\boldsymbol{\theta}_i+\boldsymbol{G}_i\boldsymbol{\rho}_i \tag{6.73}$$

式中，$\boldsymbol{\theta}_i=\begin{bmatrix}\ddot{\theta}_i\\ \dot{\theta}_i\\ \theta_i\end{bmatrix}$，$\boldsymbol{F}_i=\begin{bmatrix}-3\beta_i & -3\beta_i^2 & -3\beta_i^3\\ 1 & 0 & 0\\ 0 & 1 & 0\end{bmatrix}$，$\boldsymbol{G}_i=\begin{bmatrix}1\\ 0\\ 0\end{bmatrix}$。

由此可得 3 个轴的状态空间表达式：

$$\begin{bmatrix}\dot{\theta}_E\\ \dot{\theta}_N\\ \dot{\theta}_U\end{bmatrix}=\begin{bmatrix}F_E & 0 & 0\\ 0 & F_N & 0\\ 0 & 0 & F_U\end{bmatrix}\begin{bmatrix}\theta_E\\ \theta_N\\ \theta_U\end{bmatrix}\begin{bmatrix}G_E & 0 & 0\\ 0 & G_N & 0\\ 0 & 0 & G_U\end{bmatrix}\begin{bmatrix}\rho_E\\ \rho_N\\ \rho_U\end{bmatrix} \tag{6.74}$$

3 个方向上的弹性变形角所满足的方程为

$$\left.\begin{aligned}\dddot{\theta}_E&=-3\beta_E\ddot{\theta}_E-3\beta_E^2\dot{\theta}_E-\beta_E^3\theta_E+\rho_E\\ \dddot{\theta}_N&=-3\beta_N\ddot{\theta}_N-3\beta_N^2\dot{\theta}_N-\beta_N^3\theta_N+\rho_N\\ \dddot{\theta}_U&=-3\beta_U\ddot{\theta}_U-3\beta_U^2\dot{\theta}_U-\beta_U^3\theta_U+\rho_U\end{aligned}\right\} \tag{6.75}$$

式中，$\beta_i=\dfrac{2.146}{\tau_i}(i=E,N,U)$，$\tau_i$ 为 3 个轴上弹性变形的相关时间；$\boldsymbol{\rho}=[\rho_E\quad \rho_N\quad \rho_U]^T$ 为具有一定方差的白噪声，且

$$\rho_i\sim N(0,\boldsymbol{Q}_i)\quad (i=E,N,U) \tag{6.76}$$

其方差满足：

$$Q_i=4\beta_i^3\sigma_i^2\quad (i=E,N,U) \tag{6.77}$$

式中，$\sigma_i^2(i=E,N,U)$ 为 3 个弹性变形角的方差。

6.4.2 机翼颤振

空气动力与飞机结构弹性的相互作用对机翼有非常重要的影响。由于高速流体的可压缩性以及流体的黏性，机翼在空气载荷作用下会产生变形，这种变形将改变气动载荷的分布，气动载荷的变化反过来又使机翼的几何变形发生变化。这种相互作用过程中，在一定条件下会引起颤振，子惯导系统的基座将感受小幅高频振动，从而严重影响传递对准的精度。由于空气动力具有随机性，建立弹性颤振数学模型时将颤振产生的位移、速度和加速度用带有随机相位的正弦函数表示：

$$S_i=A_i\sin(2\pi f_i t+\phi_i) \tag{6.78}$$

$$V_i=2A_i\pi f_i\cos(2\pi f_i t+\phi_i) \tag{6.79}$$

$$a_i=-4\pi^2 f_i^2 A_i\sin(2\pi f_i t+\phi_i) \tag{6.80}$$

式中，$i=E,N,U$；A_i 为振幅；f_i 为颤振频率(由于机翼为机械系统，所以其颤振频率一般不高，为几十赫兹)；ϕ_i 为[0, 2π]上均匀分布的随机相位。

另外，由于滤波周期远大于机翼颤振周期，并且颤振相位为随机相位，故可以将机翼颤振引起的加速度误差看作白噪声。

6.5 传递对准状态误差模型的建立

空射导弹在离开飞机平台前常常需要对其惯导系统进行对准。飞机自身的高精度惯导系统(主惯导系统)可以为需要对准的导弹惯导系统提供简便的参考基准。因此,导弹系统的对准可以通过将飞机导航系统的数据传递给导弹来实现,这种方法叫传递对准。可以简单地将数据从飞机导航系统直接复制到导弹导航系统中,也可以用更精确的惯性测量匹配方法。此外,还可以利用卫星或机载雷达提供位置信息实现导弹惯性系统的飞行中对准。

理论上,飞机上两个惯性导航系统间的传递对准可以通过比较飞机和导弹系统的测量值很快地完成,所比较的这些测量值是解算到一个公共坐标系的基本导航量:比力加速度和角速度。如果不存在测量误差,并且假设两个系统并排安装在一个绝对刚性的平台上,那么两套系统测量值的差异就只来自对准误差。然而在实际应用中,由于以下原因这种方法常常并不实用。

(1) 参考系统可以采用平台技术,此时线性加速度和转动角速度并不是标准输出。

(2) 有一些技术的原因,使得利用线性加速度和角速度匹配法进行机载传递对准的方案不可行。当主惯导系统和子惯导系统相距很远,存在很大的挠曲变形时,情况更是如此。由于挠曲运动的存在,主惯导系统和子惯导系统各自测出的转动角速度和线性加速度不同。这些差异会被系统错误地认为是存储的姿态数据中的误差,从而降低了可能达到的对准精度。加速度匹配和角速度匹配对挠曲效应特别敏感。尽管在理论上有可能建立挠曲运动的模型,从而把挠曲运动引起的测量差异与引起对准误差的分量分离开来,但是实际上目前还没有一种适用的挠曲运动模型。

(3) 即便是在一个绝对刚性的机身上进行对准,由于主导航系统距需要对准的子惯导系统有一段距离,如果飞机转弯或机动,两系统间就有相对运动,即所谓的杆臂效应。由于杆臂效应,在主惯导系统和子惯导系统各自位置上检测到的平移运动也是不同的。飞机机动时杆臂运动引起的两个系统的测量值差异也会被系统错误地认为是对准误差。这些附加的测量值差异是飞机转动速度、角加速度和两个系统间的物理距离的函数。尽管理论上有可能在进行测量值比较之前对其中的一组测量数据进行校正,但是这种校正依赖于能否得到这些量测量足够精确的估值。虽然可以假设距离能够精确地知道,实际转动角速度可以由捷联式惯导系统直接提供,但是角加速度测量值通常不能得到,而且不用角加速度计很难估算出来。

由于上述原因,即使主惯导系统和子惯导系统都具有捷联式的工作方式,加速度和角速度匹配法也通常不适用于机载惯性系统的对准。其中一种替代方法是采用速度匹配法。对准误差和惯性仪表的缺陷会引起速度误差在惯导系统中传播。通过比较主惯导系统和子惯导系统提供的速度估值,有可能得到对准误差的估值,在某种情况下,也可能得到敏感器零偏的估值。因此,对敏感器进行校准可作为对准过程的一部分。在仪表原始数据测量值和惯导系统内部速度估值之间存在积分过程,由于积分过程的平滑效应,对准过程中的挠曲变形和敏感器噪声的影响比加速度匹配法中遇到的要小得多。而且,速度匹配法可以较容易地实现杆臂校正,这种在“速度”上的校正仅是转动角速度和相距距离的函数。

另外,除了速度匹配以外,采用姿态匹配法也可以提高惯导系统姿态误差的可观测性,实现更精确的对准，或者在保证对准精度的前提下缩短对准时间或减小飞机的机动。更重要的是，姿态和速度匹配法使得系统可以在仅存在机翼摇摆机动时进行对准。相比之下，只采用速度匹配法对准通常要求飞机进行一些变航向机动，而这对飞行员构成了战术限制。主惯导系统和子惯导系统间的姿态角之差是子惯导系统的姿态误差与主、子导航系统相对物理指向误差之和。为了将这两项误差分离，卡尔曼滤波器必须估计出相对指向角。姿态匹配法最初是为直升机设计的，在直升机上主惯导系统和子惯导系统之间的杆臂刚性相对更好一些。对于机翼外挂架上挂有武器的飞机，挠曲环境更加严酷。在卡尔曼滤波器中适当地选择低增益可以将杆臂振动的影响平均掉。然而，机翼和武器挂架在飞机机动时的挠曲变形会引起更加严重的问题。这种挠曲变形会严重降低姿态匹配传递对准的性能。一种解决方案是引入一些附加的卡尔曼滤波器状态，用这些状态来模拟机翼受力引起的相对指向的变化，并增大卡尔曼滤波器预先设定的测量噪声，使之成为机翼受力时偏离其稳定状态值的函数。

可见，对准问题主要是利用测量值来识别出许多彼此相关且随时间变化的误差源，但测量值本身又受到了噪声的负面影响。鉴于对准问题的这一性质，它非常适合应用统计建模和卡尔曼滤波技术。下面讨论构造传递对准卡尔曼滤波所要求的系统方程和测量方程，构造出的卡尔曼滤波器用于处理速度数据，从而得到对准误差的估值。

6.5.1　传递对准常用的坐标系

1. 惯导系统常用的坐标系

惯导系统中常用的坐标系有如下定义。

(1) 地心惯性系（$OX_iY_iZ_i$）：坐标系原点为地心，X_i 轴和 Y_i 轴在地球赤道平面内，X_i 轴指向春分点，春分点是天文测量中确定恒星时的起始点，Z_i 轴指向地球极轴。

(2) 地球坐标系（$OX_eY_eZ_e$）：原点为地球中心，Z_e 轴指向地球极轴，X_e 轴在赤道平面与本初子午面的交线上，Y_e 轴也在赤道平面内并与 X_e，Z_e 轴构成右手直角坐标系，地球坐标系与地球固连。

(3) 地理坐标系（$OX_tY_tZ_t$）：原点位于运载体所在的点，X_t 轴沿当地纬度指向东，Y_t 轴沿当地子午线指向北，Z_t 轴沿当地地理垂线指向上，并与 X_t，Y_t 轴构成右手直角坐标系（三轴按东、北、天构成右手直角坐标系）。

已知地球自转角速度在理想导航坐标系上的投影为

$$\boldsymbol{\omega}_{ie}^{n}=\begin{bmatrix}0\\ \omega_{ie}\cos L\\ \omega_{ie}\sin L\end{bmatrix} \tag{6.81}$$

对式(6.81)进行微分可得其测量误差，即

$$\delta\boldsymbol{\omega}_{ie}^{n}=\begin{bmatrix}0\\ -\omega_{ie}\sin L\delta L\\ \omega_{ie}\cos L\delta L\end{bmatrix} \tag{6.82}$$

运载体相对地球运动角速度在理想导航坐标系的投影为

$$\boldsymbol{\omega}_{\mathrm{en}}^{\mathrm{n}}=\begin{bmatrix}-\dfrac{V_{\mathrm{N}}}{R_{\mathrm{M}}+h}\\ \dfrac{V_{\mathrm{E}}}{(R_{\mathrm{N}}+h)\cos L}\cos L\\ \dfrac{V_{\mathrm{E}}}{(R_{\mathrm{N}}+h)\cos L}\sin L\end{bmatrix}=\begin{bmatrix}-\dfrac{V_{\mathrm{N}}}{R_{\mathrm{M}}+h}\\ \dfrac{V_{\mathrm{E}}}{R_{\mathrm{N}}+h}\\ \dfrac{V_{\mathrm{E}}}{R_{\mathrm{N}}+h}\tan L\end{bmatrix} \tag{6.83}$$

对式(6.83)进行微分可得其误差：

$$\delta\boldsymbol{\omega}_{\mathrm{en}}^{\mathrm{n}}=\begin{bmatrix}-\dfrac{\delta V_{\mathrm{N}}}{R_{\mathrm{M}}+h}+\dfrac{V_{\mathrm{N}}\delta h}{(R_{\mathrm{M}}+h)^2}\\ \dfrac{\delta V_{\mathrm{E}}}{R_{\mathrm{N}}+h}-\dfrac{V_{\mathrm{E}}\delta h}{(R_{\mathrm{N}}+h)^2}\\ \dfrac{\delta V_{\mathrm{E}}}{R_{\mathrm{N}}+h}\tan L-\dfrac{V_{\mathrm{E}}\tan L}{(R_{\mathrm{N}}+h)^2}\delta h+\dfrac{V_{\mathrm{E}}\sec^2 L}{R_{\mathrm{N}}+h}\delta L\end{bmatrix} \tag{6.84}$$

(4) 载体坐标系($OX_{\mathrm{b}}Y_{\mathrm{b}}Z_{\mathrm{b}}$)：原点为运载体重心，$Y_{\mathrm{b}}$ 轴指向载体纵轴方向，Z_{b} 轴指向运载体竖轴方向，X_{b} 沿横轴方向(三轴按右、前、上构成右手直角坐标系)。

(5) 导航坐标系($OX_{\mathrm{n}}Y_{\mathrm{n}}Z_{\mathrm{n}}$)：导航坐标系是惯导系统在求解导航参数时所采用的坐标系。通常，它与系统所在的位置有关。本节所采用的导航坐标系为地理坐标系。

2. 传递对准定义的几个坐标系

(1) 理想导航坐标系 n($OX_{\mathrm{n}}Y_{\mathrm{n}}Z_{\mathrm{n}}$)。

(2) 子惯导系统计算导航坐标系 n′($OX_{\mathrm{n'}}Y_{\mathrm{n'}}Z_{\mathrm{n'}}$)，n′ 系与 n 系存在失准角。

(3) 主惯导系统载体坐标系 m($OX_{\mathrm{m}}Y_{\mathrm{m}}Z_{\mathrm{m}}$)。

(4) 子惯导系统载体坐标系 s($OX_{\mathrm{s}}Y_{\mathrm{s}}Z_{\mathrm{s}}$)，机体坐标系与弹体坐标系均沿右、前、上，且理想情况下 m 系与 s 系一致，因安装误差角和主惯导系统载体挠曲变形使二者产生相对角运动。

6.5.2 姿态误差方程

一方面，假设子惯导系统的真实姿态矩阵为$\boldsymbol{C}_{\mathrm{s}}^{\mathrm{n}}$，但实际情况下子惯导系统计算得到的姿态矩阵是存在误差的，记为$\widetilde{\boldsymbol{C}}_{\mathrm{s}}^{\mathrm{n}}$。n′ 表示带有姿态计算误差的子惯导系统计算导航坐标系，存在以下关系：

$$\widetilde{\boldsymbol{C}}_{\mathrm{s}}^{\mathrm{n}}=\boldsymbol{C}_{\mathrm{s}}^{\mathrm{n'}}=\boldsymbol{C}_{\mathrm{n}}^{\mathrm{n'}}\boldsymbol{C}_{\mathrm{s}}^{\mathrm{n}} \tag{6.85}$$

定义 n′ 系相对于 n 系的姿态误差角为 $\boldsymbol{\Phi}$，通常 $\boldsymbol{\Phi}$ 是一个小角度，可采用一阶近似为

$$\boldsymbol{C}_{\mathrm{n}}^{\mathrm{n'}}=\boldsymbol{I}-(\boldsymbol{\Phi}^{\mathrm{n}}\times) \tag{6.86}$$

则子惯导系统姿态阵的误差为

$$\delta\boldsymbol{C}_{\mathrm{s}}^{\mathrm{n}}=\boldsymbol{C}_{\mathrm{s}}^{\mathrm{n'}}-\boldsymbol{C}_{\mathrm{s}}^{\mathrm{n}}=-(\boldsymbol{\Phi}^{\mathrm{n}}\times)\boldsymbol{C}_{\mathrm{s}}^{\mathrm{n}} \tag{6.87}$$

相似地，导航坐标系相对于惯性坐标系角速度 $\boldsymbol{\omega}_{\mathrm{in}}^{\mathrm{n}}$ 的计算值 $\widetilde{\boldsymbol{\omega}}_{\mathrm{in}}^{\mathrm{n}}$ 与真实值存在误差，即

$$\widetilde{\boldsymbol{\omega}}_{\mathrm{in}}^{\mathrm{n}}=\boldsymbol{\omega}_{\mathrm{in}}^{\mathrm{n}}+\delta\boldsymbol{\omega}_{\mathrm{in}}^{\mathrm{n}} \tag{6.88}$$

另一方面，陀螺仪测量存在误差，若仅考虑陀螺仪的漂移误差 $\boldsymbol{\varepsilon}^{\mathrm{s}}$，则子惯导系统陀螺仪测量得到的角速度为

$$\widetilde{\boldsymbol{\omega}}_{\mathrm{is}}^{\mathrm{s}}=\boldsymbol{\omega}_{\mathrm{is}}^{\mathrm{s}}+\boldsymbol{\varepsilon}^{\mathrm{s}} \tag{6.89}$$

$\boldsymbol{\omega}_{ns}^{s}$ 为子惯导系统测得的相对导航坐标系转动角速度在弹体坐标系下的分量，可表示为

$$\boldsymbol{\omega}_{ns}^{s}=\boldsymbol{\omega}_{is}^{s}-\boldsymbol{C}_{n}^{s}\boldsymbol{\omega}_{in}^{n} \tag{6.90}$$

子惯导系统姿态阵 $\boldsymbol{C}_{s}^{n}$ 的微分方程为

$$\dot{\boldsymbol{C}}_{s}^{n}=\boldsymbol{C}_{s}^{n}(\boldsymbol{\omega}_{ns}^{s}\times) \tag{6.91}$$

将式(6.90)代入式(6.91)可得

$$\dot{\boldsymbol{C}}_{s}^{n}=\boldsymbol{C}_{s}^{n}[(\boldsymbol{\omega}_{is}^{s}-\boldsymbol{C}_{n}^{s}\boldsymbol{\omega}_{in}^{n})\times] \tag{6.92}$$

考虑子惯导系统存在误差，则式(6.92)可变为

$$\dot{\boldsymbol{C}}_{s}^{n'}=\boldsymbol{C}_{s}^{n'}[(\tilde{\boldsymbol{\omega}}_{is}^{s}-\boldsymbol{C}_{n'}^{s}\tilde{\boldsymbol{\omega}}_{in}^{n})\times] \tag{6.93}$$

将式(6.85)、式(6.86)、式(6.88)和式(6.89)代入式(6.93)，得

$$\dot{\boldsymbol{C}}_{s}^{n}+\delta\dot{\boldsymbol{C}}_{s}^{n}=[\boldsymbol{I}-(\boldsymbol{\Phi}^{n}\times)]\boldsymbol{C}_{s}^{n}\{[\boldsymbol{\omega}_{is}^{s}+\boldsymbol{\varepsilon}_{s}-\boldsymbol{C}_{n}^{s}(\boldsymbol{I}+(\boldsymbol{\Phi}^{n}\times))(\boldsymbol{\omega}_{in}^{n}+\delta\boldsymbol{\Phi}_{in}^{n})]\times\} \tag{6.94}$$

对式(6.87)求导可得

$$\delta\dot{\boldsymbol{C}}_{s}^{n}=-(\boldsymbol{\Phi}^{n}\times)\boldsymbol{C}_{s}^{n}-(\boldsymbol{\Phi}^{n}\times)\dot{\boldsymbol{C}}_{s}^{n} \tag{6.95}$$

将式(6.95)和式(6.92)代入式(6.94)后，忽略二阶小量，整理得

$$\dot{\boldsymbol{\Phi}}^{n}=\boldsymbol{\omega}_{in}^{n}\times\boldsymbol{\Phi}^{n}+\delta\boldsymbol{\omega}_{in}^{n}-\boldsymbol{C}_{s}^{n}\boldsymbol{\varepsilon}^{s} \tag{6.96}$$

式(6.96)即为传递对准中主、子惯导系统的姿态误差方程。

6.5.3　速度误差方程

惯导系统的加速度计不能直接测量载体的加速度，其测量的是比力。由基本的比力方程可以得在导航坐标系下描述的速度微分方程为

$$\dot{\boldsymbol{V}}^{n}=\boldsymbol{f}^{n}-(2\boldsymbol{\omega}_{ie}^{n}+\boldsymbol{\omega}_{en}^{n})\times\boldsymbol{V}^{n}+\boldsymbol{g}^{n} \tag{6.97}$$

对于子惯导系统来讲，若仅考虑加速度计零偏，实际加速度计输出的比力为

$$\tilde{\boldsymbol{f}}^{n}=\boldsymbol{C}_{s}^{n'}(\boldsymbol{f}^{s}+\boldsymbol{\nabla}^{s})=\boldsymbol{f}^{n}+\boldsymbol{f}^{n}\times\boldsymbol{\Phi}^{n}+\boldsymbol{C}_{s}^{n}\boldsymbol{\nabla}^{s} \tag{6.98}$$

同样地，若角速度存在误差，则可表示为

$$\tilde{\boldsymbol{\omega}}_{ie}^{n}=\boldsymbol{\omega}_{ie}^{n}+\delta\boldsymbol{\omega}_{ie}^{n} \tag{6.99}$$

$$\tilde{\boldsymbol{\omega}}_{en}^{n}=\boldsymbol{\omega}_{en}^{n}+\delta\boldsymbol{\omega}_{en}^{n} \tag{6.100}$$

因此，将式(6.97)写成带有误差的形式，可得

$$\dot{\boldsymbol{V}}^{n}+\delta\dot{\boldsymbol{V}}^{n}=\boldsymbol{f}^{n}+\boldsymbol{f}^{n}\times\boldsymbol{\Phi}^{n}+\boldsymbol{C}_{s}^{n}\boldsymbol{\nabla}^{s}-(2\boldsymbol{\omega}_{ie}^{n}+2\delta\boldsymbol{\omega}_{ie}^{n}+\boldsymbol{\omega}_{en}^{n}+\delta\boldsymbol{\omega}_{en}^{n})\times(\boldsymbol{V}^{n}+\delta\boldsymbol{V}^{n})+\boldsymbol{g}^{n} \tag{6.101}$$

将式(6.97)代入式(6.101)，忽略二阶小量，得

$$\delta\dot{\boldsymbol{V}}^{n}=\boldsymbol{f}^{n}\times\boldsymbol{\Phi}^{n}-(2\boldsymbol{\omega}_{ie}^{n}+\boldsymbol{\omega}_{en}^{n})\times\delta\boldsymbol{V}^{n}-(2\delta\boldsymbol{\omega}_{ie}^{n}+\delta\boldsymbol{\omega}_{en}^{n})\times\boldsymbol{V}^{n}+\boldsymbol{C}_{s}^{n}\boldsymbol{\nabla}^{s} \tag{6.102}$$

式(6.102)为传递对准中主、子惯导系统的速度误差方程。

6.5.4　位置误差微分方程

在指北方位系统中，经度 λ、纬度 L 和高度 h 的求解方程为

$$\left.\begin{aligned}\dot{\lambda}&=\frac{V_{E}}{(R_{N}+h)\cos L}\\ \dot{L}&=\frac{V_{N}}{R_{N}+h}\\ \dot{h}&=V_{U}\end{aligned}\right\} \tag{6.103}$$

对式(6.103) 微分,可得位置误差微分方程:

$$\left.\begin{aligned}\delta\dot{\lambda}&=\frac{\delta V_{\mathrm{E}}}{R_{\mathrm{N}}+h}\sec L+\frac{V_{\mathrm{E}}}{R_{\mathrm{N}}+h}\sec L\tan L\delta L-\frac{V_{\mathrm{E}}}{(R_{\mathrm{N}}+h)^2}\sec L\delta h\\\delta\dot{L}&=\frac{\delta V_{\mathrm{N}}}{R_{\mathrm{N}}+h}-\frac{V_{\mathrm{N}}}{(R_{\mathrm{N}}+h)^2}\delta h\\\delta\dot{h}&=\delta V_{\mathrm{U}}\end{aligned}\right\}\tag{6.104}$$

6.5.5 机翼挠曲变形引起的角速度模型

机载导弹常挂在机翼下,由于空气动力及振动的影响,机翼相对载体会产生相对角运动,而描述这种角运动的模型至少应为二阶马尔柯夫过程。为了尽量减少传递对准滤波器的阶数,此处取二阶模型,设挠曲变形引起的子惯导坐标系相对于主惯导坐标系沿载体轴方向的变形角为 ϑ_i,相应角速度为 $\omega_{\vartheta i}$,则二阶模型为

$$\left.\begin{aligned}\dot{\vartheta}_i&=\omega_{\vartheta i}\\\dot{\omega}_{\vartheta i}&=-\beta_i^2\vartheta_i-2\beta_i\omega_{\vartheta i}+W_{\vartheta i}\quad(i=x,y,z)\end{aligned}\right\}\tag{6.105}$$

式中,$\boldsymbol{W}_{\vartheta i}$ 为白噪声;$\beta_i=\dfrac{2.146}{\tau_i}$,$\tau_i$ 为 3 个轴向变形角的相关时间,且

$$\boldsymbol{\beta}=\begin{bmatrix}\beta_x&0&0\\0&\beta_y&0\\0&0&\beta_z\end{bmatrix},\quad\boldsymbol{\beta}^2=\begin{bmatrix}\beta_x^2&0&0\\0&\beta_y^2&0\\0&0&\beta_z^2\end{bmatrix}$$

6.5.6 速度积分误差方程

速度积分误差是分别对主、子惯导系统的速度输出进行积分后做差得到的。设速度积分误差为 $\delta\boldsymbol{IV}$,则有

$$\delta\boldsymbol{IV}=\int\tilde{\boldsymbol{V}}_{\mathrm{s}}^{\mathrm{n}}\mathrm{d}t-\int\boldsymbol{V}_{\mathrm{m}}^{\mathrm{n}}\mathrm{d}t\tag{6.106}$$

对式(6.106) 求导可得

$$\delta\dot{\boldsymbol{IV}}=\tilde{\boldsymbol{V}}_{\mathrm{s}}^{\mathrm{n}}-\boldsymbol{V}_{\mathrm{m}}^{\mathrm{n}}=\boldsymbol{V}_{\mathrm{s}}^{\mathrm{n}}+\delta\boldsymbol{V}-\boldsymbol{V}_{\mathrm{m}}^{\mathrm{n}}$$

式中,$\tilde{\boldsymbol{V}}_{\mathrm{s}}^{\mathrm{n}}$ 为子惯导系统速度输出在计算导航坐标系下的分量;$\boldsymbol{V}_{\mathrm{m}}^{\mathrm{n}}$ 为主惯导系统输出在导航坐标系下的分量,又因$\boldsymbol{V}_{\mathrm{s}}^{\mathrm{n}}=\boldsymbol{V}_{\mathrm{m}}^{\mathrm{n}}$,所以可得速度积分的误差方程为

$$\delta\dot{\boldsymbol{IV}}=\delta\boldsymbol{V}\tag{6.107}$$

6.5.7 系统状态方程

如图 6.8 所示为一架飞机上主惯导系统和子惯导系统的安装示意图。

图 6.8 中,$OX_{\mathrm{m}}Y_{\mathrm{m}}Z_{\mathrm{m}}$ 为主惯导系统坐标系,$O_1X_{\mathrm{s}}Y_{\mathrm{s}}Z_{\mathrm{s}}$ 为子惯导系统坐标系,R_0 为载体主惯导系统与子惯导系统之间的杆臂长度,ϑ 为挠曲变形角,D 为挠曲变形引起的子惯导系统坐标系的变化距离,R_{sm} 为载体发生挠曲变形时主惯导系统与子惯导系统之间的杆臂长度。

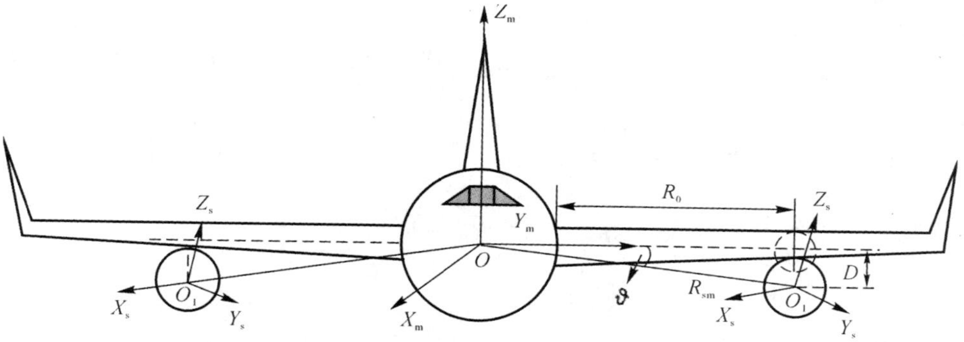

图 6.8　主惯导系统和子惯导系统的安装示意图

为建立适用于速度匹配、速度积分匹配、位置匹配、姿态匹配、角速度匹配、比力匹配的统一状态方程，并考虑到纯惯导的高度通道是发散的，因此选取的状态变量不包括天向速度误差和位置信息中的高度误差。状态方程由主、子惯导系统的差值微分方程、挠曲变形的角运动模型以及各惯性器件的误差方程等组成。

建立系统的状态方程：

$$\dot{\boldsymbol{X}}(t)=\boldsymbol{F}(t)\boldsymbol{X}(t)+\boldsymbol{G}(t)\boldsymbol{W}(t) \tag{6.108}$$

选取 23 阶状态量为

$$\boldsymbol{X}(t)=[\phi_{\mathrm{E}}\quad \phi_{\mathrm{N}}\quad \phi_{\mathrm{U}}\quad \delta V_{\mathrm{E}}\quad \delta V_{\mathrm{N}}\quad \delta\lambda\quad \delta L\quad \psi_{\mathrm{a}x}\quad \psi_{\mathrm{a}y}\quad \psi_{\mathrm{a}z}\quad \vartheta_x\quad \vartheta_y\quad \vartheta_z\quad \dot{\vartheta}_x\quad \dot{\vartheta}_y\quad \dot{\vartheta}_z\quad \delta IV_{\mathrm{E}}\quad \delta IV_{\mathrm{N}}\quad \varepsilon_x\quad \varepsilon_y\quad \varepsilon_z\quad \nabla_x\quad \nabla_y]$$

式中，$\phi_i(i=\mathrm{E,N,U})$ 为主、子惯导系统两导航坐标系的相对失准角；$\delta V_i(i=\mathrm{E,N})$ 为主、子惯导系统导航坐标系下速度分量之差；$\delta\lambda$，δL 为位置误差；$\psi_{\mathrm{a}i}(i=x,y,z)$ 为子惯导系统相对主惯导系统的安装误差角在弹体坐标系下的分量；$\vartheta_i(i=x,y,z)$ 为机体挠曲变形引起的体坐标系下的角变形；$\dot{\vartheta}_i(i=x,y,z)$ 为相应形变的角速度；$\nabla_i(i=x,y)$ 为子惯导系统加速度计的零偏；$\varepsilon_i(i=x,y,z)$ 为子惯导系统陀螺仪的漂移；$\delta IV_i(i=\mathrm{E,N})$ 为主、子惯导系统的速度积分差值。

$\boldsymbol{W}(t)$ 为系统的噪声矢量：

$$\boldsymbol{W}(t)=[W_{\varepsilon_x}\quad W_{\varepsilon_y}\quad W_{\varepsilon_z}\quad W_{\nabla_x}\quad W_{\nabla_z}\quad W_{\vartheta_x}\quad W_{\vartheta_y}\quad W_{\vartheta_z}]$$

式中，W_{ε_x}，W_{ε_y}，W_{ε_z} 为子惯导系统陀螺仪量测噪声；W_{∇_x}，W_{∇_y} 为子惯导系统加速度计量测噪声；W_{ϑ_x}，W_{ϑ_y}，W_{ϑ_z} 为机体挠曲变形驱动噪声。

系统矩阵 $\boldsymbol{F}(t)$ 为

$$\boldsymbol{F}(t)=\begin{bmatrix}
\boldsymbol{F}_1 & \boldsymbol{F}_2 & \boldsymbol{O}_{3\times3} & \boldsymbol{O}_{3\times3} & \boldsymbol{O}_{3\times3} & \boldsymbol{O}_{3\times3} & \boldsymbol{O}_{3\times2} & \boldsymbol{F}_3 & \boldsymbol{O}_{3\times2}\\
\boldsymbol{F}_4 & \boldsymbol{F}_5 & \boldsymbol{O}_{2\times3} & \boldsymbol{O}_{2\times3} & \boldsymbol{O}_{2\times3} & \boldsymbol{O}_{2\times3} & \boldsymbol{O}_{2\times2} & \boldsymbol{O}_{2\times3} & \boldsymbol{F}_6\\
\boldsymbol{O}_{3\times3} & \boldsymbol{F}_7 & \boldsymbol{F}_8 & \boldsymbol{O}_{3\times3} & \boldsymbol{O}_{3\times3} & \boldsymbol{O}_{3\times3} & \boldsymbol{O}_{3\times2} & \boldsymbol{O}_{3\times3} & \boldsymbol{O}_{3\times2}\\
\boldsymbol{O}_{3\times3} & \boldsymbol{O}_{3\times2} & \boldsymbol{O}_{3\times3} & \boldsymbol{O}_{3\times3} & \boldsymbol{O}_{3\times3} & \boldsymbol{O}_{3\times3} & \boldsymbol{O}_{3\times2} & \boldsymbol{O}_{3\times3} & \boldsymbol{O}_{3\times2}\\
\boldsymbol{O}_{3\times3} & \boldsymbol{O}_{3\times2} & \boldsymbol{O}_{3\times3} & \boldsymbol{O}_{3\times3} & \boldsymbol{O}_{3\times3} & \boldsymbol{I}_{3\times3} & \boldsymbol{O}_{3\times2} & \boldsymbol{O}_{3\times3} & \boldsymbol{O}_{3\times2}\\
\boldsymbol{O}_{3\times3} & \boldsymbol{O}_{3\times2} & \boldsymbol{O}_{3\times3} & \boldsymbol{O}_{3\times3} & \boldsymbol{F}_9 & \boldsymbol{F}_{10} & \boldsymbol{O}_{3\times2} & \boldsymbol{O}_{3\times3} & \boldsymbol{O}_{3\times2}\\
\boldsymbol{O}_{2\times3} & \boldsymbol{I}_{2\times2} & \boldsymbol{O}_{2\times3} & \boldsymbol{O}_{2\times3} & \boldsymbol{O}_{2\times3} & \boldsymbol{O}_{2\times3} & \boldsymbol{O}_{2\times2} & \boldsymbol{O}_{2\times3} & \boldsymbol{O}_{2\times2}\\
\boldsymbol{O}_{3\times3} & \boldsymbol{O}_{3\times2} & \boldsymbol{O}_{3\times3} & \boldsymbol{O}_{3\times3} & \boldsymbol{O}_{3\times3} & \boldsymbol{O}_{3\times3} & \boldsymbol{O}_{3\times2} & \boldsymbol{O}_{3\times3} & \boldsymbol{O}_{3\times2}\\
\boldsymbol{O}_{2\times3} & \boldsymbol{O}_{2\times2} & \boldsymbol{O}_{2\times3} & \boldsymbol{O}_{2\times3} & \boldsymbol{O}_{2\times3} & \boldsymbol{O}_{2\times3} & \boldsymbol{O}_{2\times2} & \boldsymbol{O}_{2\times3} & \boldsymbol{O}_{2\times2}
\end{bmatrix}$$

其中

$$F_1=\begin{bmatrix}0 & \omega_{ie}\sin L+\dfrac{V_E\tan L}{R_N+h} & -\omega_{ie}\cos L-\dfrac{V_E}{R_N+h}\\ -\omega_{ie}\sin L-\dfrac{V_E\tan L}{R_N+h} & 0 & -\dfrac{V_N}{R_M+h}\\ \omega_{ie}\cos L+\dfrac{V_E}{R_N+h} & \dfrac{V_N}{R_M+h} & 0\end{bmatrix}$$

$$F_2=\begin{bmatrix}0 & -\dfrac{1}{R_M+h}\\ \dfrac{1}{R_N+h} & 0\\ \dfrac{\tan L}{R_N+h} & 0\end{bmatrix},\quad F_3=-\widetilde{C}_s^n=\begin{bmatrix}C'_{11} & C'_{12} & C'_{13}\\ C'_{21} & C'_{22} & C'_{23}\\ C'_{31} & C'_{32} & C'_{33}\end{bmatrix}$$

$$F_4=\begin{bmatrix}0 & -f_U & f_N\\ f_U & 0 & -f_E\end{bmatrix},\quad F_5=\begin{bmatrix}\dfrac{V_N\tan L}{R_N+h} & 2\omega_{ie}\sin L+\dfrac{V_E\tan L}{R_N+h}\\ -2\left(\omega_{ie}\sin L+\dfrac{V_E\tan L}{R_N+h}\right) & 0\end{bmatrix}$$

$$F_6=\begin{bmatrix}C'_{11} & C'_{12}\\ C'_{21} & C'_{22}\end{bmatrix},\quad F_7=\begin{bmatrix}\dfrac{\sec L}{R_N+h} & 0\\ 0 & \dfrac{1}{R_M+h}\end{bmatrix},\quad F_8=\begin{bmatrix}0 & \dfrac{V_E\sec L\tan L}{R_N+h}\\ 0 & 0\end{bmatrix}$$

$$F_9=\mathrm{diag}[\beta_x\quad \beta_y\quad \beta_z],\quad F_{10}=\mathrm{diag}[\beta_x^2\quad \beta_y^2\quad \beta_z^2]$$

系统噪声阵 $G(t)$：

$$G(t)=\begin{bmatrix}F_3 & O_{3\times2} & O_{3\times3}\\ O_{2\times3} & F_6 & O_{3\times3}\\ O_{8\times3} & O_{8\times2} & O_{8\times3}\\ O_{3\times3} & O_{3\times2} & I_{3\times3}\\ O_{7\times3} & O_{7\times2} & O_{7\times3}\end{bmatrix}$$

6.6 传递对准量测方程的建立

根据各种参数匹配(参数差值)方法的不同,传递对准方法可以分为两类,分别称为计算参数匹配法和测量参数匹配法。计算参数匹配法将失准角当作一个整体,利用主、子惯导系统姿态基准计算出的参数差(位置差、速度差)来对子惯导系统姿态基准进行对准;测量参数匹配法是利用主、子惯导系统姿态基准测得的参数差(角速度差、加速度差)来对失准角进行估计。一般来说,计算参数匹配法的估计精度较高,但对准速度较慢;而测量参数匹配法的对准速度较快,但其精度受到运载体挠曲变形影响较大。

6.6.1 测量参数匹配法

测量参数匹配法是利用惯性器件的测量参数进行传递匹配,加速度和角速度是惯性器件所测量的参数，故加速度匹配法和角速度匹配法属于测量参数匹配法。一般来说，测量参数匹配法由于方法直接，其快速性优于计算参数匹配法，但载体结构挠曲运动比计算参数匹配法要敏感，即在相同条件下，其精度低于计算参数匹配法。

1. 角速度匹配法

设飞机的飞行角速度为 $\boldsymbol{\omega}=[\omega_x \quad \omega_y \quad \omega_z]^{\mathrm{T}}$，子惯导系统的陀螺仪输出为$\boldsymbol{\omega}^{\mathrm{s}}$，主惯导系统的陀螺仪输出为$\boldsymbol{\omega}_{\mathrm{m}}$，认为主惯导系统输出的角速度是比较准确的，可得

$$\boldsymbol{\omega}_{\mathrm{m}}=\boldsymbol{\omega}$$

$$\boldsymbol{\omega}^{\mathrm{s}}=\boldsymbol{C}_{\mathrm{m}}^{\mathrm{s}}\boldsymbol{\omega}=[\boldsymbol{I}-(\boldsymbol{\psi}_{\mathrm{a}}+\boldsymbol{\vartheta})\times]\boldsymbol{\omega}+\boldsymbol{\varepsilon}^{\mathrm{s}}$$

式中，$\boldsymbol{\psi}_{\mathrm{a}}$ 为安装误差角；$\boldsymbol{\vartheta}$ 为机体挠曲变形引起的角变形。

各自在导航坐标系中的角速度分量为

$$\boldsymbol{\omega}_{\mathrm{m}}^{\mathrm{n}}=\boldsymbol{C}_{\mathrm{m}}^{\mathrm{n}}\boldsymbol{\omega}_{\mathrm{m}}$$

$$\boldsymbol{\omega}_{\mathrm{s}}^{\mathrm{n}'}=\boldsymbol{C}_{\mathrm{n}}^{\mathrm{n}'}\boldsymbol{\omega}_{\mathrm{s}}^{\mathrm{n}}=(\boldsymbol{I}-\boldsymbol{\Phi}\times)\boldsymbol{C}_{\mathrm{m}}^{\mathrm{n}}\boldsymbol{\omega}=\boldsymbol{C}_{\mathrm{m}}^{\mathrm{n}}\boldsymbol{\omega}+(\boldsymbol{C}_{\mathrm{m}}^{\mathrm{n}}\boldsymbol{\omega})\times\boldsymbol{\Phi}+\boldsymbol{C}_{\mathrm{s}}^{\mathrm{n}'}\boldsymbol{\varepsilon}^{\mathrm{s}}$$

由此可得子惯导系统与主惯导系统的角速度差值为

$$\boldsymbol{Z}_5=\boldsymbol{\omega}_{\mathrm{s}}^{\mathrm{n}'}-\boldsymbol{\omega}_{\mathrm{m}}^{\mathrm{n}}=(\boldsymbol{C}_{\mathrm{m}}^{\mathrm{n}}\boldsymbol{\omega})\times\boldsymbol{\Phi}+\boldsymbol{C}_{\mathrm{s}}^{\mathrm{n}'}\boldsymbol{\varepsilon}^{\mathrm{s}} \tag{6.109}$$

因此，可得角速度匹配法的观测矩阵为

$$\boldsymbol{H}_5=[\boldsymbol{H}_{51} \quad \boldsymbol{O}_{3\times 20}] \tag{6.110}$$

$$\boldsymbol{H}_{51}=\begin{bmatrix} 0 & -(C_{31}\omega_x+C_{32}\omega_y+C_{33}\omega_z) & C_{21}\omega_x+C_{22}\omega_y+C_{23}\omega_z \\ C_{31}\omega_x+C_{32}\omega_y+C_{33}\omega_z & 0 & -(C_{11}\omega_x+C_{12}\omega_y+C_{13}\omega_z) \\ -(C_{21}\omega_x+C_{22}\omega_y+C_{23}\omega_z) & C_{11}\omega_x+C_{12}\omega_y+C_{13}\omega_z & 0 \end{bmatrix}$$

式中，$\boldsymbol{C}_{\mathrm{m}}^{\mathrm{n}}=\begin{bmatrix} C_{11} & C_{12} & C_{13} \\ C_{21} & C_{22} & C_{23} \\ C_{31} & C_{32} & C_{33} \end{bmatrix}$ 为主惯导系统的姿态矩阵；$\boldsymbol{C}_{\mathrm{s}}^{\mathrm{n}'}$ 为子惯导系统确定的计算姿态阵。

2. 比力匹配法

类似于角速度匹配法量测方程的推导过程，设主、子惯导系统的加速度计输出分别为$\boldsymbol{f}_{\mathrm{m}}$和$\boldsymbol{f}^{\mathrm{s}}$，$\boldsymbol{f}$ 为理想比力输出，则有

$$\boldsymbol{f}_{\mathrm{m}}=\boldsymbol{f}$$

$$\boldsymbol{f}^{\mathrm{s}}=\boldsymbol{C}_{\mathrm{m}}^{\mathrm{n}}\boldsymbol{f}_{\mathrm{m}}+\boldsymbol{\nabla}^{\mathrm{s}}$$

主、子惯导系统加速度计输出在各自导航坐标系中的分量为

$$\boldsymbol{f}_{\mathrm{m}}^{\mathrm{n}}=\boldsymbol{C}_{\mathrm{m}}^{\mathrm{n}}\boldsymbol{f}_{\mathrm{m}}$$

$$\boldsymbol{f}_{\mathrm{s}}^{\mathrm{n}'}=\boldsymbol{C}_{\mathrm{n}}^{\mathrm{n}'}\boldsymbol{f}_{\mathrm{m}}^{\mathrm{n}}=(\boldsymbol{I}-\boldsymbol{\Phi}\times)\boldsymbol{C}_{\mathrm{m}}^{\mathrm{n}}\boldsymbol{f}_{\mathrm{m}}=\boldsymbol{C}_{\mathrm{m}}^{\mathrm{n}}\boldsymbol{f}_{\mathrm{m}}+(\boldsymbol{C}_{\mathrm{m}}^{\mathrm{n}}\boldsymbol{f}_{\mathrm{m}})\times\boldsymbol{\Phi}+\boldsymbol{C}_{\mathrm{s}}^{\mathrm{n}'}\boldsymbol{\nabla}^{\mathrm{s}}$$

由此可得子惯导系统与主惯导系统的比力差值为

$$\boldsymbol{Z}_6=\boldsymbol{f}_{\mathrm{s}}^{\mathrm{n}'}-\boldsymbol{f}_{\mathrm{m}}^{\mathrm{n}}=(\boldsymbol{C}_{\mathrm{b}}^{\mathrm{n}}\boldsymbol{f}_{\mathrm{m}})\times\boldsymbol{\Phi}+\boldsymbol{C}_{\mathrm{s}}^{\mathrm{n}'}\boldsymbol{\nabla}^{\mathrm{s}} \tag{6.111}$$

因此，可得比力匹配法的观测矩阵为

$$\boldsymbol{H}_6=[\boldsymbol{H}_{61} \quad \boldsymbol{O}_{3\times 20}] \tag{6.112}$$

$$\boldsymbol{H}_{61}=\begin{bmatrix} 0 & -(C_{31}f_x+C_{32}f_y+C_{33}f_z) & C_{21}f_x+C_{22}f_y+C_{23}f_z \\ C_{31}f_x+C_{32}f_y+C_{33}f_z & 0 & -(C_{11}f_x+C_{12}f_y+C_{13}f_z) \\ -(C_{21}f_x+C_{22}f_y+C_{23}f_z) & C_{11}f_x+C_{12}f_y+C_{13}f_z & 0 \end{bmatrix}$$

6.6.2 计算参数匹配法

计算参数匹配法是利用惯导计算的导航参数进行传递匹配，速度、位置、速度积分、姿态角均是惯导计算的导航参数，故速度匹配法、位置匹配法、速度积分匹配法、姿态匹配法属于计算参数匹配法。

1. 速度匹配法

速度匹配法是以主惯导系统与子惯导系统的速度输出之差为观测量进行传递对准的，因此有

$$\boldsymbol{Z}=\tilde{\boldsymbol{V}}_{\mathrm{s}}^{\mathrm{n}}-\boldsymbol{V}_{\mathrm{m}}^{\mathrm{n}}=(\boldsymbol{V}_{\mathrm{s}}^{\mathrm{n}}+\delta\boldsymbol{V}^{\mathrm{n}})-\boldsymbol{V}_{\mathrm{m}}^{\mathrm{n}}+\boldsymbol{\upsilon}$$

式中，$\tilde{\boldsymbol{V}}_{\mathrm{s}}^{\mathrm{n}}$ 为子惯导系统计算导航坐标系下的速度分量。

由于$\boldsymbol{V}_{\mathrm{s}}^{\mathrm{n}}=\boldsymbol{V}_{\mathrm{m}}^{\mathrm{n}}$，所以

$$\boldsymbol{Z}_1=\delta\boldsymbol{V}^{\mathrm{n}}+\boldsymbol{\upsilon}=\begin{bmatrix}\delta V_{\mathrm{E}}\\ \delta V_{\mathrm{N}}\end{bmatrix}+\boldsymbol{\upsilon} \tag{6.113}$$

式中，$\tilde{\boldsymbol{V}}_{\mathrm{s}}^{\mathrm{n}}$ 为子惯导系统计算所得速度；$\boldsymbol{V}_{\mathrm{m}}^{\mathrm{n}}$ 为主惯导系统所测得速度，近似等于理想速度$\boldsymbol{V}^{\mathrm{n}}$；$\boldsymbol{\upsilon}$ 为噪声。

结合状态方程式(6.108)，可以得到速度匹配的观测矩阵为

$$\boldsymbol{H}_1=[\boldsymbol{O}_{2\times3}\quad \boldsymbol{I}_{2\times2}\quad \boldsymbol{O}_{2\times18}] \tag{6.114}$$

2. 速度积分匹配法

速度积分匹配法与速度匹配法类似，是以主、子惯导系统速度积分的差值为观测量进行估计的，结合速度积分误差方程式(6.107)可得

$$\boldsymbol{Z}_2=\delta\boldsymbol{IV}=\begin{bmatrix}\delta IV_{\mathrm{E}}\\ \delta IV_{\mathrm{N}}\end{bmatrix} \tag{6.115}$$

速度积分匹配法的观测矩阵为

$$\boldsymbol{H}_2=[\boldsymbol{O}_{2\times16}\quad \boldsymbol{I}_{2\times2}\quad \boldsymbol{O}_{2\times5}] \tag{6.116}$$

3. 位置匹配法

位置匹配法是利用主、子惯导系统输出的位置信息之差进行传递对准的。由于主惯导系统精度高，所以可近似地将主惯导系统的输出看作载体所在位置的理想值，而子惯导系统位置信息由于速度等误差的积累，与理想值产生误差，所以可将此误差看作是主、子惯导系统输出位置信息的误差，并以此为观测量进行估计，完成传递对准。

设载体理想的位置信息为$\begin{bmatrix}\lambda\\ L\end{bmatrix}$，则子惯导系统位置信息输出值$\begin{bmatrix}\lambda\\ L\end{bmatrix}_{\mathrm{s}}=\begin{bmatrix}\lambda\\ L\end{bmatrix}+\begin{bmatrix}\delta\lambda\\ \delta L\end{bmatrix}$，因为主惯导系统位置信息输出值为$\begin{bmatrix}\lambda\\ L\end{bmatrix}_{\mathrm{m}}=\begin{bmatrix}\lambda\\ L\end{bmatrix}$，所以可得位置匹配法的量测量为

$$\boldsymbol{Z}_3=\begin{bmatrix}\lambda\\ L\end{bmatrix}_{\mathrm{s}}-\begin{bmatrix}\lambda\\ L\end{bmatrix}_{\mathrm{m}}=\begin{bmatrix}\delta\lambda\\ \delta L\end{bmatrix}+\boldsymbol{\upsilon} \tag{6.117}$$

因此

$$\boldsymbol{H}_3 = [\boldsymbol{O}_{2\times 5} \quad \boldsymbol{I}_{2\times 2} \quad \boldsymbol{O}_{2\times 16}] \tag{6.118}$$

4. 姿态匹配法

设子惯导系统确定的姿态阵为$\boldsymbol{C}_{\mathrm{s}}^{\mathrm{n}'} = \begin{bmatrix} C'_{11} & C'_{12} & C'_{13} \\ C'_{21} & C'_{22} & C'_{23} \\ C'_{31} & C'_{32} & C'_{33} \end{bmatrix}$，同时，主惯导系统确定的姿态阵为 $\boldsymbol{C}_{\mathrm{m}}^{\mathrm{n}} = \begin{bmatrix} C_{11} & C_{12} & C_{13} \\ C_{21} & C_{22} & C_{23} \\ C_{31} & C_{32} & C_{33} \end{bmatrix}$，由矩阵的传递性可得子惯导系统获得的姿态阵为

$$\boldsymbol{C}_{\mathrm{s}}^{\mathrm{n}'} = \boldsymbol{C}_{\mathrm{n}}^{\mathrm{n}'}\boldsymbol{C}_{\mathrm{m}}^{\mathrm{n}}\boldsymbol{C}_{\mathrm{s}}^{\mathrm{m}} = (\boldsymbol{I} - \boldsymbol{E})\boldsymbol{C}_{\mathrm{m}}^{\mathrm{n}}(\boldsymbol{I} + \boldsymbol{\Lambda}) = \boldsymbol{C}_{\mathrm{m}}^{\mathrm{n}} - \boldsymbol{E}\boldsymbol{C}_{\mathrm{m}}^{\mathrm{n}} + \boldsymbol{C}_{\mathrm{m}}^{\mathrm{n}}\boldsymbol{\Lambda} \tag{6.119}$$

其中，$\boldsymbol{E} = \begin{bmatrix} 0 & -\phi_{\mathrm{U}} & \phi_{\mathrm{N}} \\ \phi_{\mathrm{U}} & 0 & -\phi_{\mathrm{E}} \\ -\phi_{\mathrm{N}} & \phi_{\mathrm{E}} & 0 \end{bmatrix}$，$\boldsymbol{\Lambda} = \begin{bmatrix} 0 & -(\psi_{\mathrm{a}z} + \vartheta_z) & \psi_{\mathrm{a}y} + \vartheta_y \\ \psi_{\mathrm{a}z} + \vartheta_z & 0 & -(\psi_{\mathrm{a}x} + \vartheta_x) \\ -(\psi_{\mathrm{a}y} + \vartheta_y) & \psi_{\mathrm{a}x} + \vartheta_x & 0 \end{bmatrix}$。

将$\boldsymbol{E}$,$\boldsymbol{\Lambda}$代入式(6.119)，可得子惯导系统计算姿态阵与主惯导系统姿态阵 9 个元素之间的关系为

$$\left.\begin{aligned}
C'_{11} &= C_{11} + C_{21}\phi_{\mathrm{U}} - C_{31}\phi_{\mathrm{N}} + C_{12}(\psi_{\mathrm{a}z} + \vartheta_z) - C_{13}(\psi_{\mathrm{a}y} + \vartheta_y) \\
C'_{12} &= C_{12} + C_{22}\phi_{\mathrm{U}} - C_{32}\phi_{\mathrm{N}} - C_{11}(\psi_{\mathrm{a}z} + \vartheta_z) + C_{13}(\psi_{\mathrm{a}x} + \vartheta_x) \\
C'_{13} &= C_{13} + C_{23}\phi_{\mathrm{U}} - C_{33}\phi_{\mathrm{N}} + C_{11}(\psi_{\mathrm{a}y} + \vartheta_y) - C_{12}(\psi_{\mathrm{a}x} + \vartheta_x) \\
C'_{21} &= C_{21} - C_{11}\phi_{\mathrm{U}} + C_{31}\phi_{\mathrm{E}} + C_{22}(\psi_{\mathrm{a}z} + \vartheta_z) - C_{23}(\psi_{\mathrm{a}y} + \vartheta_y) \\
C'_{22} &= C_{22} - C_{12}\phi_{\mathrm{U}} + C_{32}\phi_{\mathrm{E}} - C_{21}(\psi_{\mathrm{a}z} + \vartheta_z) + C_{23}(\psi_{\mathrm{a}x} + \vartheta_x) \\
C'_{23} &= C_{23} - C_{13}\phi_{\mathrm{U}} + C_{33}\phi_{\mathrm{E}} + C_{21}(\psi_{\mathrm{a}y} + \vartheta_y) - C_{22}(\psi_{\mathrm{a}x} + \vartheta_x) \\
C'_{31} &= C_{31} + C_{11}\phi_{\mathrm{N}} - C_{21}\phi_{\mathrm{E}} + C_{32}(\psi_{\mathrm{a}z} + \vartheta_z) - C_{33}(\psi_{\mathrm{a}y} + \vartheta_y) \\
C'_{32} &= C_{32} + C_{12}\phi_{\mathrm{N}} - C_{22}\phi_{\mathrm{E}} - C_{31}(\psi_{\mathrm{a}z} + \vartheta_z) + C_{33}(\psi_{\mathrm{a}x} + \vartheta_x) \\
C'_{33} &= C_{33} + C_{13}\phi_{\mathrm{N}} - C_{23}\phi_{\mathrm{E}} + C_{31}(\psi_{\mathrm{a}y} + \vartheta_y) - C_{32}(\psi_{\mathrm{a}x} + \vartheta_x)
\end{aligned}\right\} \tag{6.120}$$

则，可得姿态阵匹配的量测量为

$$\boldsymbol{Z}_4 = [Z_{41} \quad Z_{42} \quad Z_{43} \quad Z_{44} \quad Z_{45} \quad Z_{46} \quad Z_{47} \quad Z_{48} \quad Z_{49}]^{\mathrm{T}} + \boldsymbol{\upsilon} \tag{6.121}$$

且

$$\left\{\begin{aligned}
Z_{41} &= C'_{11} - C_{11} = C_{21}\phi_{\mathrm{U}} - C_{31}\phi_{\mathrm{N}} + C_{12}(\psi_{\mathrm{a}z} + \vartheta_z) - C_{13}(\psi_{\mathrm{a}y} + \vartheta_y) \\
Z_{42} &= C'_{12} - C_{12} = C_{22}\phi_{\mathrm{U}} - C_{32}\phi_{\mathrm{N}} - C_{11}(\psi_{\mathrm{a}z} + \vartheta_z) + C_{13}(\psi_{\mathrm{a}x} + \vartheta_x) \\
Z_{43} &= C'_{13} - C_{13} = C_{23}\phi_{\mathrm{U}} - C_{33}\phi_{\mathrm{N}} + C_{11}(\psi_{\mathrm{a}y} + \vartheta_y) - C_{12}(\psi_{\mathrm{a}x} + \vartheta_x) \\
Z_{44} &= C'_{21} - C_{21} = -C_{11}\phi_{\mathrm{U}} + C_{31}\phi_{\mathrm{E}} + C_{22}(\psi_{\mathrm{a}z} + \vartheta_z) - C_{23}(\psi_{\mathrm{a}y} + \vartheta_y) \\
Z_{45} &= C'_{22} - C_{22} = -C_{12}\phi_{\mathrm{U}} + C_{32}\phi_{\mathrm{E}} - C_{21}(\psi_{\mathrm{a}z} + \vartheta_z) + C_{23}(\psi_{\mathrm{a}x} + \vartheta_x) \\
Z_{46} &= C'_{23} - C_{23} = -C_{13}\phi_{\mathrm{U}} + C_{33}\phi_{\mathrm{E}} + C_{21}(\psi_{\mathrm{a}y} + \vartheta_y) - C_{22}(\psi_{\mathrm{a}x} + \vartheta_x) \\
Z_{47} &= C'_{31} - C_{31} = C_{11}\phi_{\mathrm{N}} - C_{21}\phi_{\mathrm{E}} + C_{32}(\psi_{\mathrm{a}z} + \vartheta_z) - C_{33}(\psi_{\mathrm{a}y} + \vartheta_y) \\
Z_{48} &= C'_{32} - C_{32} = C_{12}\phi_{\mathrm{N}} - C_{22}\phi_{\mathrm{E}} - C_{31}(\psi_{\mathrm{a}z} + \vartheta_z) + C_{33}(\psi_{\mathrm{a}x} + \vartheta_x) \\
Z_{49} &= C'_{33} - C_{33} = C_{13}\phi_{\mathrm{N}} - C_{23}\phi_{\mathrm{E}} + C_{31}(\psi_{\mathrm{a}y} + \vartheta_y) - C_{32}(\psi_{\mathrm{a}x} + \vartheta_x)
\end{aligned}\right.$$

因此，姿态匹配的观测矩阵为

$$\boldsymbol{H}_4=[\boldsymbol{H}_{41}\quad \boldsymbol{O}_{9\times 4}\quad \boldsymbol{H}_{42}\quad \boldsymbol{H}_{42}\quad \boldsymbol{O}_{9\times 10}] \tag{6.122}$$

$$\boldsymbol{H}_{41}=\begin{bmatrix} 0 & -C_{31} & C_{21} \\ 0 & -C_{32} & C_{22} \\ 0 & -C_{33} & C_{23} \\ C_{31} & 0 & -C_{11} \\ C_{32} & 0 & -C_{12} \\ C_{33} & 0 & -C_{13} \\ -C_{21} & C_{11} & 0 \\ -C_{22} & C_{12} & 0 \\ -C_{23} & C_{13} & 0 \end{bmatrix},\quad \boldsymbol{H}_{42}=\begin{bmatrix} 0 & -C_{13} & C_{12} \\ C_{13} & 0 & -C_{11} \\ -C_{12} & C_{11} & 0 \\ 0 & -C_{23} & C_{22} \\ C_{23} & 0 & -C_{21} \\ -C_{22} & C_{21} & 0 \\ 0 & -C_{33} & C_{32} \\ C_{33} & 0 & -C_{31} \\ -C_{32} & C_{31} & 0 \end{bmatrix}$$

6.6.3 组合参数匹配法

一般计算参数匹配法的估计精度较高，但对准速度较慢，而测量参数匹配的速度较快，但其精度受载体弹性变形的影响较大。为了提高传递对准的速度和精确度，通常采用计算参数匹配法和测量参数匹配相结合的方法，即组合参数匹配法。

1. 速度加角速度匹配法

由于速度匹配法的量测方程和量测矩阵分别为

$$\boldsymbol{Z}_1=\delta\boldsymbol{V}^{\mathrm{n}}+\boldsymbol{v}=\begin{bmatrix}\delta V_{\mathrm{E}}\\ \delta V_{\mathrm{N}}\end{bmatrix}+\boldsymbol{v}$$

$$\boldsymbol{H}_1=[\boldsymbol{O}_{2\times 3}\quad \boldsymbol{I}_{2\times 2}\quad \boldsymbol{O}_{2\times 18}]$$

根据角速度匹配法的量测方程，可得

$$\boldsymbol{Z}_5=\boldsymbol{\omega}_{\mathrm{s}}^{\mathrm{n}'}-\boldsymbol{\omega}_{\mathrm{m}}^{\mathrm{n}}=(\boldsymbol{C}_{\mathrm{m}}^{\mathrm{n}}\boldsymbol{\omega})\times\boldsymbol{\Phi}+\boldsymbol{C}_{\mathrm{s}}^{\mathrm{n}'}\boldsymbol{\varepsilon}^{\mathrm{s}}$$

$$\boldsymbol{H}_5=[\boldsymbol{H}_{51}\quad \boldsymbol{O}_{3\times 20}]$$

式中

$$\boldsymbol{H}_{51}=\begin{bmatrix} 0 & -(C_{31}\omega_x+C_{32}\omega_y+C_{33}\omega_z) & C_{21}\omega_x+C_{22}\omega_y+C_{23}\omega_z \\ C_{31}\omega_x+C_{32}\omega_y+C_{33}\omega_z & 0 & -(C_{11}\omega_x+C_{12}\omega_y+C_{13}\omega_z) \\ -(C_{21}\omega_x+C_{22}\omega_y+C_{23}\omega_z) & C_{11}\omega_x+C_{12}\omega_y+C_{13}\omega_z & 0 \end{bmatrix}$$

由此，可以得到速度加角速度匹配法的量测方程为

$$\boldsymbol{Z}=\begin{bmatrix}\boldsymbol{Z}_1\\ \boldsymbol{Z}_5\end{bmatrix}=\begin{bmatrix}\delta\boldsymbol{V}^{\mathrm{n}}\\ (\boldsymbol{C}_{\mathrm{b}}^{\mathrm{n}}\boldsymbol{\omega}^{\mathrm{b}})\times\boldsymbol{\Phi}\end{bmatrix}+\begin{bmatrix}\boldsymbol{O}_{3\times 3}\\ \boldsymbol{C}_{\mathrm{s}}^{\mathrm{n}'}\boldsymbol{\varepsilon}^{\mathrm{s}}\end{bmatrix} \tag{6.123}$$

由式(6.123)可以得到速度加角速度匹配法的量测矩阵为

$$\boldsymbol{H}=\begin{bmatrix}\boldsymbol{H}_1\\ \boldsymbol{H}_5\end{bmatrix}=\begin{bmatrix}\boldsymbol{O}_{2\times 3} & \boldsymbol{I}_{2\times 2} & \boldsymbol{O}_{2\times 18}\\ \boldsymbol{H}_{51} & \boldsymbol{O}_{3\times 2} & \boldsymbol{O}_{3\times 18}\end{bmatrix} \tag{6.124}$$

2. 速度积分加角速度匹配法

速度积分加角速度匹配法是以主、子惯导系统测得的速度进行积分后的差值和主、子惯导

系统陀螺仪的输出为量测量进行状态估计的。

根据速度积分匹配法的量测方程，可知

$$\boldsymbol{Z}_2 = \delta \boldsymbol{IV}$$

$$\boldsymbol{H}_2 = [\boldsymbol{O}_{2\times16} \quad \boldsymbol{I}_{2\times2} \quad \boldsymbol{O}_{2\times5}]$$

同样地，根据角速度匹配法的量测方程，可得

$$\boldsymbol{Z}_5 = \boldsymbol{\omega}_{\mathrm{s}}^{\mathrm{n}'} - \boldsymbol{\omega}_{\mathrm{m}}^{\mathrm{n}} = (\boldsymbol{C}_{\mathrm{b}}^{\mathrm{n}}\boldsymbol{\omega}^{\mathrm{b}}) \times \boldsymbol{\Phi} + \boldsymbol{C}_{\mathrm{s}}^{\mathrm{n}'}\boldsymbol{\varepsilon}^{\mathrm{s}}$$

$$\boldsymbol{H}_5 = [\boldsymbol{H}_{51} \quad \boldsymbol{O}_{3\times20}]$$

由此，可以得到速度积分加角速度匹配法的量测方程为

$$\boldsymbol{Z} = \begin{bmatrix} \boldsymbol{Z}_2 \\ \boldsymbol{Z}_5 \end{bmatrix} = \begin{bmatrix} \delta \boldsymbol{IV} \\ (\boldsymbol{C}_{\mathrm{b}}^{\mathrm{n}}\boldsymbol{\omega}^{\mathrm{b}}) \times \boldsymbol{\Phi} \end{bmatrix} + \begin{bmatrix} \boldsymbol{O}_{3\times3} \\ \boldsymbol{C}_{\mathrm{s}}^{\mathrm{n}'}\boldsymbol{\varepsilon}_{\mathrm{s}} \end{bmatrix} \tag{6.125}$$

由式(6.125)可得到速度积分加角速度匹配法的量测矩阵为

$$\boldsymbol{H} = \begin{bmatrix} \boldsymbol{H}_2 \\ \boldsymbol{H}_5 \end{bmatrix} = \begin{bmatrix} \boldsymbol{O}_{2\times16} & \boldsymbol{I}_{2\times2} & \boldsymbol{O}_{2\times5} \\ \boldsymbol{H}_{51} & \boldsymbol{O}_{3\times2} & \boldsymbol{O}_{3\times18} \end{bmatrix} \tag{6.126}$$

3. 速度加姿态匹配法

速度加姿态匹配法是以主、子惯导系统在各自导航坐标系下速度的差值和各自姿态阵元素的差值为量测量进行状态估计的，结合速度匹配法的量测方程和姿态匹配法的量测方程，可以得到速度加姿态匹配法的量测方程为

$$\boldsymbol{Z} = \begin{bmatrix} \boldsymbol{Z}_1 \\ \boldsymbol{Z}_4 \end{bmatrix} \tag{6.127}$$

量测矩阵为

$$\boldsymbol{H} = \begin{bmatrix} \boldsymbol{H}_1 \\ \boldsymbol{H}_4 \end{bmatrix} \tag{6.128}$$

6.7　不同匹配方法特性仿真验证

6.7.1　测量参数匹配法仿真验证

1. 仿真条件

为了减少机动难度，降低对飞行员技术操作的要求，实际对准飞行中常采用一些简单的辅助机动，例如采用摇翼匀速直线飞行的机动方式进行对准。假设飞机以 300 m/s 的速度匀速向北航行，并以周期为 3 s、幅值为 3° 的正弦变化规律绕飞机纵轴进行摇翼摆动，其滚转角的变化规律如下：

$$\gamma(t) = \gamma_0 \sin\left(\frac{2\pi}{T}t\right)$$

(1) 初始位置：$L_0 = 45°$ N，$\lambda_0 = 118°$ E，$h_0 = 3\ 000$ m。

(2) 假设陀螺仪的漂移误差为常值漂移加白噪声，常值偏移为0.01 °/h，白噪声均方根为0.005 °/h。假设加速度计的零偏误差为常值偏置加白噪声，常值偏置为 100 μg，白噪声均方根为 50 μg。

(3) 主惯导系统水平速度量测误差：$v_1 = 0.01$ m/s，$v_2 = 0.01$ m/s。

(4) 主惯导系统与子惯导系统轴向安装误差角：$\boldsymbol{\psi}_a = [8' \quad 10' \quad 12']^T$。

(5) 惯性器件采样周期和卡尔曼滤波周期分别为 $T = 0.01$ s，$T_{filter} = 0.25$ s。

(6) 状态滤波初值全取为零。

(7) 估计误差均方差初值取为

$$\boldsymbol{P}(0) = \mathrm{diag}[(10')^2 \quad (10')^2 \quad (10')^2 \quad (0.01\ \mathrm{m/s})^2 \quad (0.01\ \mathrm{m/s})^2 \quad (0.000\,01°)^2 \quad (0.000\,01°)^2 \quad (8')^2 \quad (10')^2 \quad (12')^2 \quad 0 \quad 0 \quad 0 \quad 0 \quad 0 \quad 0 \quad (0.1\ \mathrm{m})^2 \quad (0.1\ \mathrm{m})^2 \quad (0.01\ °/\mathrm{h})^2 \quad (0.01\ °/\mathrm{h})^2 \quad (0.01\ °/\mathrm{h})^2 \quad (10\ \mu g)^2 \quad (10\ \mu g)^2]$$

(8) 角速度匹配法量测噪声方差阵取为

$$\boldsymbol{R} = \mathrm{diag}[(0.01\ °/\mathrm{h})^2 \quad (0.01\ °/\mathrm{h})^2 \quad (0.01\ °/\mathrm{h})^2]$$

(9) 比力匹配法量测噪声方差阵取为

$$\boldsymbol{R} = \mathrm{diag}[(100\ \mu g)^2 \quad (100\ \mu g)^2 \quad (100\ \mu g)^2]$$

2. 仿真结果

(1) 角速度匹配法。通过卡尔曼滤波得到机载武器子惯导系统在飞机摇翼匀速直线飞行状态下，角速度匹配法传递对准的结果，如图 6.9 ～ 图 6.14 所示。

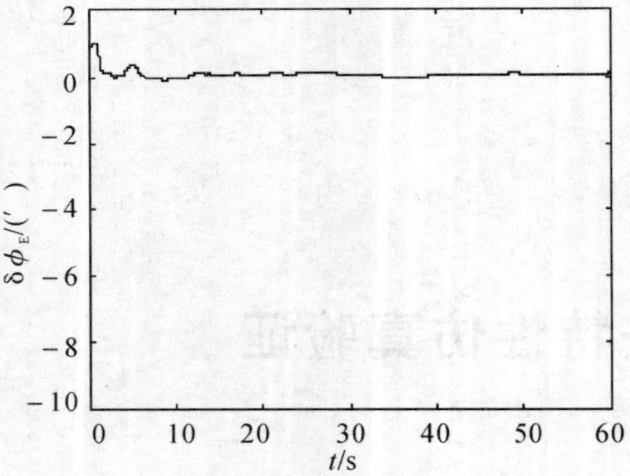

图 6.9　子惯导系统东向失准角估计误差

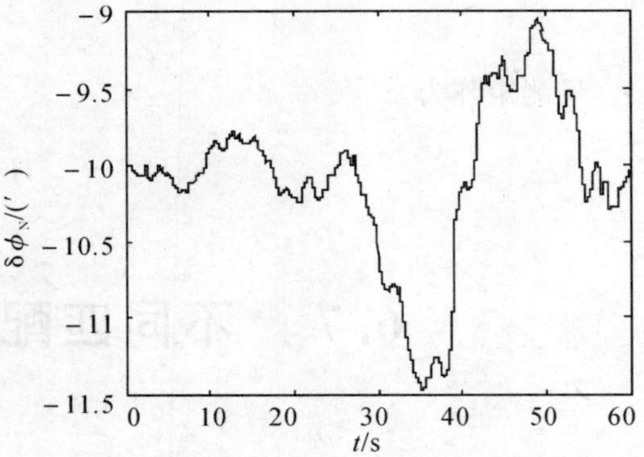

图 6.10　子惯导系统北向失准角估计误差

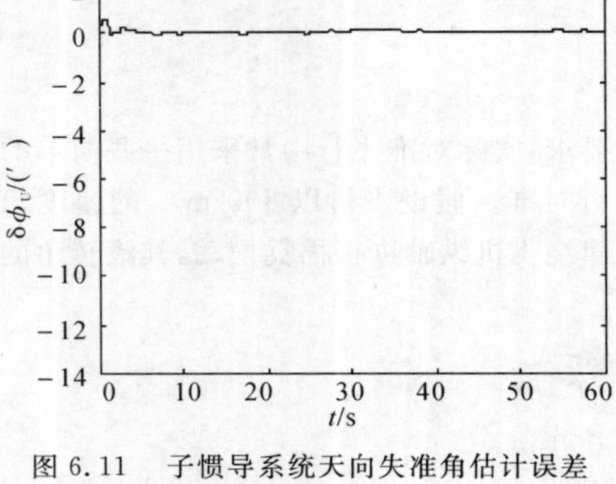

图 6.11　子惯导系统天向失准角估计误差

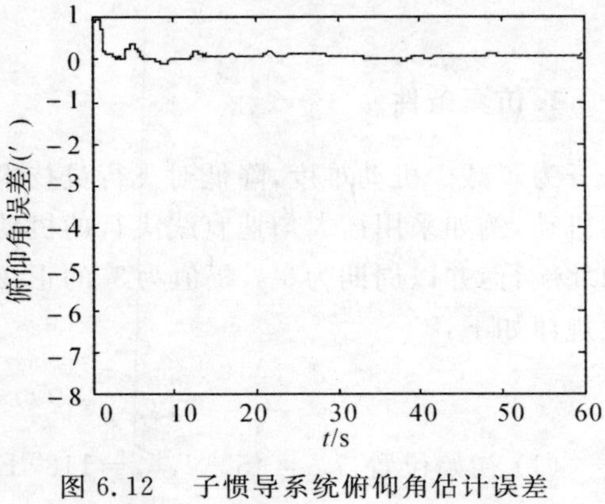

图 6.12　子惯导系统俯仰角估计误差

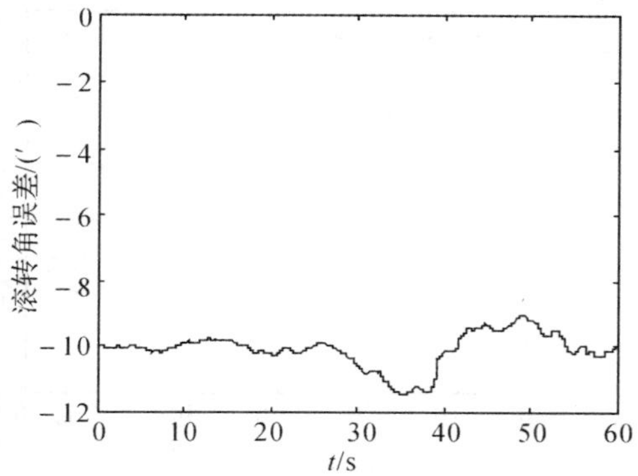

图 6.13　子惯导系统滚转角估计误差

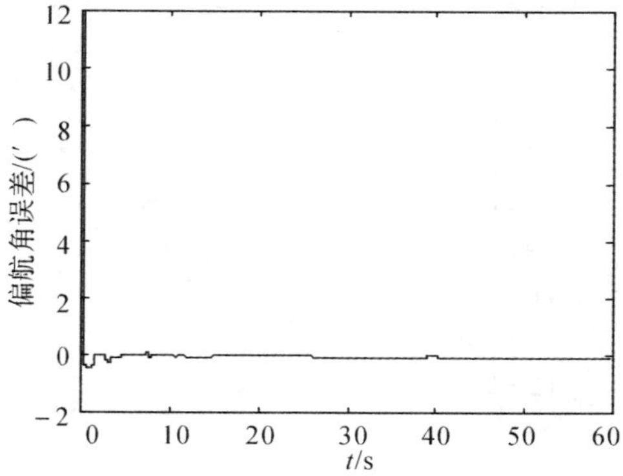

图 6.14　子惯导系统偏航角估计误差

从角速度匹配法的仿真结果来看，东向失准角和天向失准角能得到较好的估计，估计精度达到 0.1′ 以内，而对北向失准角不能进行有效估计。这是因为要估计出东向失准角，需要飞机在 z 轴或者 y 轴方向有角速度，要估计出北向失准角需要飞机 z 轴或者 x 轴方向有角速度，要估计出天向角速度需要飞机在 x 轴或者 y 轴方向有角速度。

由于所采用的机动方式是飞机沿北向匀速直线飞行，飞机只在 y 轴方向有角速度，所以只能估计出东向和天向的失准角，而不能对北向失准角进行有效估计，仿真结果也证明了这一点。从图 3.12 ～ 图 3.14 可以看出，俯仰角和偏航角的估计精度高而且速度快，而滚转角的估计误差较大，不能得到有效的估计。

在飞机摇翼沿北向匀速直线飞行状态下，通过对角速度匹配传递对准的仿真验证，可以看出：角速度匹配可以对东向和天向的失准角进行估计，而不能对北向失准角进行有效估计，而且角速度匹配的观测量直接来自主、子惯导系统陀螺仪的输出，系统噪声和仪表误差对其影响较大，因此角速度匹配并不适合单独使用。

(2) 比力匹配法。通过卡尔曼滤波得到机载武器子惯导系统在飞机摇翼匀速直线飞行状态下，比力匹配法传递对准的结果，如图 6.15 ～ 图 6.20 所示。

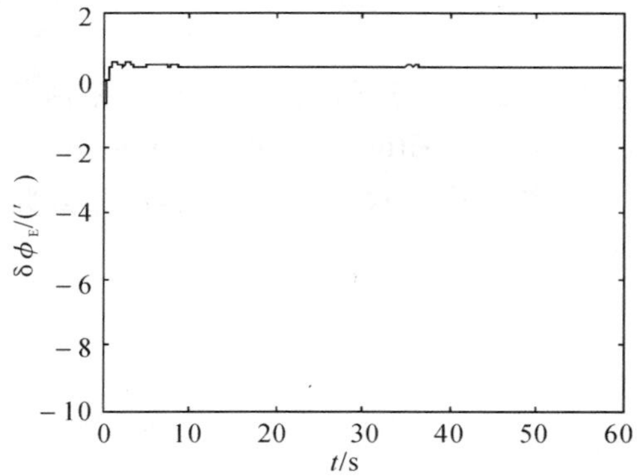

图 6.15　子惯导系统东向失准角估计误差

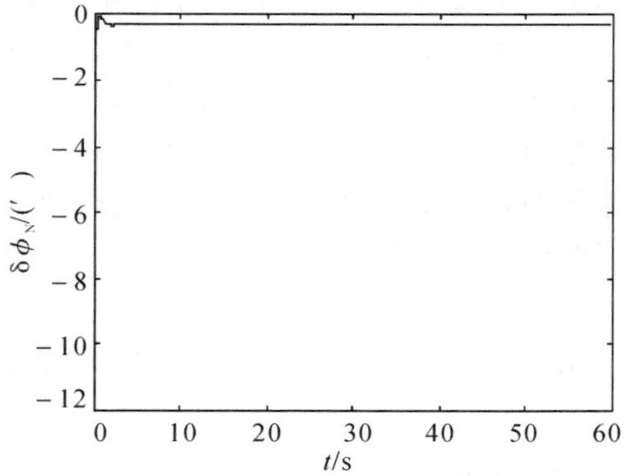

图 6.16　子惯导系统北向失准角估计误差

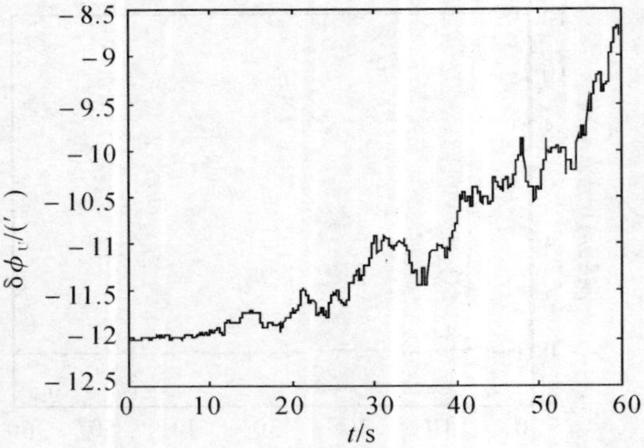

图 6.17　子惯导系统天向失准角估计误差

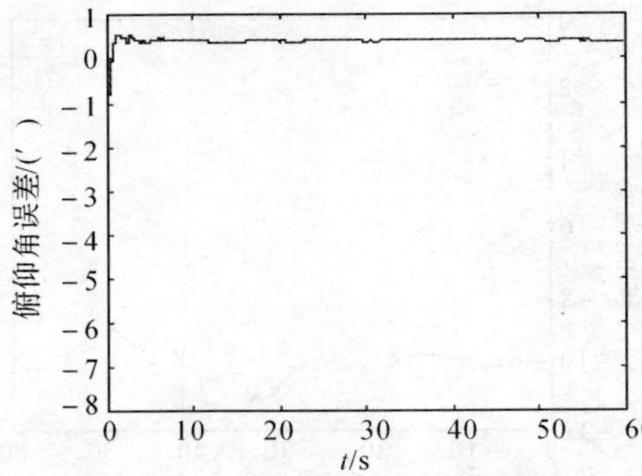

图 6.18　子惯导系统俯仰角估计误差

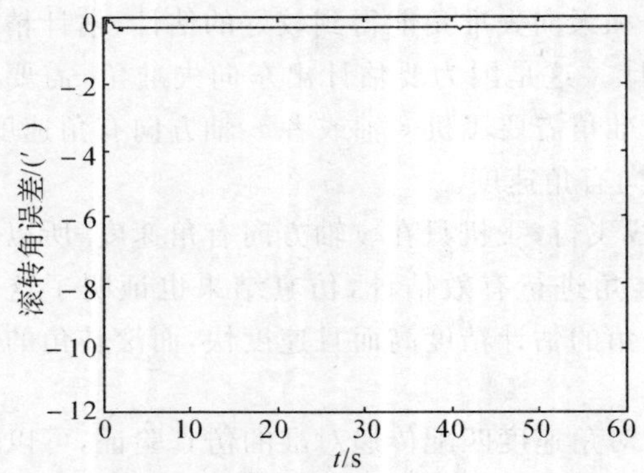

图 6.19　子惯导系统滚转角估计误差

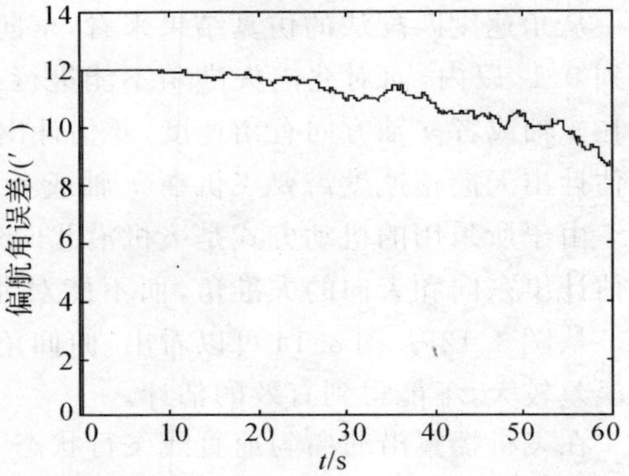

图 6.20　子惯导系统偏航角估计误差

结合图 6.15 ～ 图 6.17 可以看出，在飞机摇翼匀速直线飞行状态下，子惯导系统东向和北向的失准角能得到有效的估计，在 10 s 内达到了 0.5′ 的估计精度，而天向失准角不能得到有效的估计，这是因为水平对准可以通过重力加速度在水平方向的耦合来完成，而方位对准需要在水平对准之后产生一个绕 z 轴的角速度完成指北过程，而简单的摇翼匀速直线飞行并不能产生这个角速度，因而天向失准角不能得到有效的估计。

从图 6.18 ～ 图 6.20 可以看出，在飞机摇翼匀速直线飞行状态下，比力匹配能对俯仰角和滚转角做出有效的估计，对偏航角的估计不够理想，而且比力匹配的观测量直接来自主、子惯导系统的加速度计输出，卡尔曼滤波收敛速度快，但受系统噪声及仪器误差影响较大，因此比力匹配法不适合单独使用。

6.7.2　计算参数匹配法仿真验证

1. 仿真条件

计算参数匹配法仿真的机动方式与 6.7.1 节相同，均为摇翼匀速直线飞行。

(1) 速度匹配法量测噪声方差阵取为

$$\boldsymbol{R}=\mathrm{diag}[(0.01\ \mathrm{m/s})^2\quad (0.01\ \mathrm{m/s})^2]$$

(2) 速度积分匹配法量测噪声方差阵取为

$$\boldsymbol{R}=\mathrm{diag}[(0.1\ \mathrm{m})^2\quad (0.1\ \mathrm{m})^2]$$

(3) 位置匹配法量测噪声方差阵取为

$$\boldsymbol{R}=\mathrm{diag}[(0.000\,01°)^2\quad (0.000\,01°)^2]$$

(4) 姿态匹配法量测噪声方差阵取为

$$\boldsymbol{R}=\mathrm{diag}[(1°)^2\quad (1°)^2\quad (1°)^2\quad (1°)^2\quad (1°)^2\quad (1°)^2\quad (1°)^2\quad (1°)^2\quad (1°)^2]$$

2. 仿真结果及分析

(1) 速度匹配法。通过卡尔曼滤波得到机载武器子惯导系统在飞机摇翼匀速直线飞行状态下,速度匹配传递对准的结果,如图 6.21 ～ 图 6.26 所示。

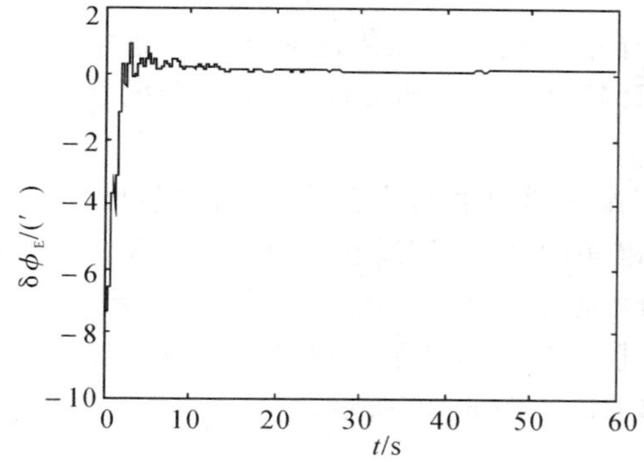

图 6.21　子惯导系统东向失准角估计误差

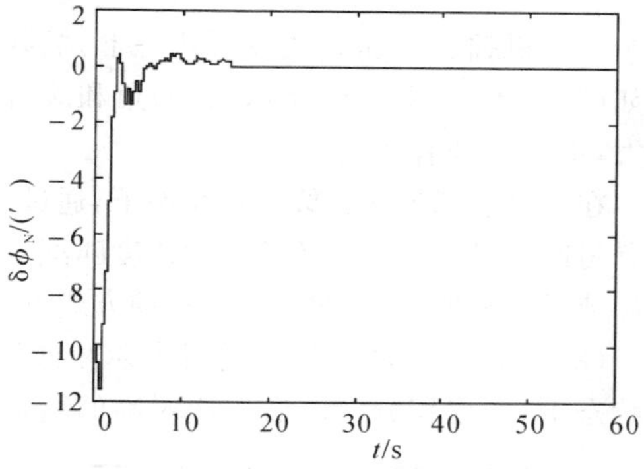

图 6.22　子惯导系统北向失准角估计误差

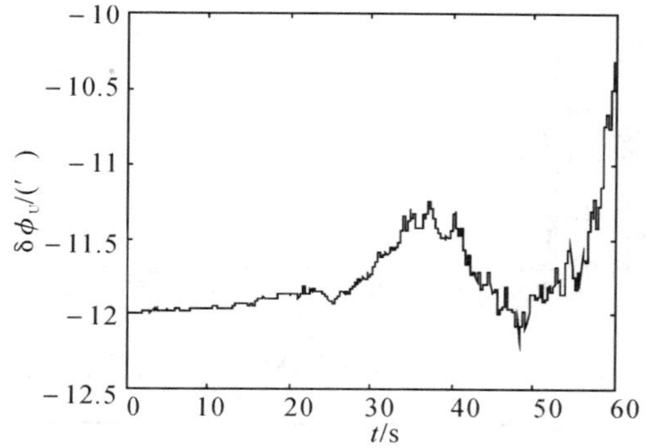

图 6.23　子惯导系统天向失准角估计误差

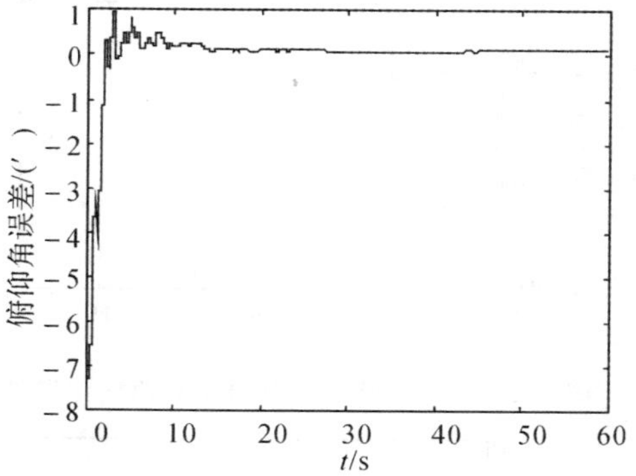

图 6.24　子惯导系统俯仰角估计误差

从图 6.21 ～ 图 6.23 可以看出,在飞机摇翼匀速直线飞行状态下,子惯导系统东向和北向的失准角能够得到有效的估计,在 16 s 内达到了 0.1′ 的估计精度,而天向失准角不能得到有效的估计。这是因为速度匹配法从根本上讲是比力匹配法的一次积分过程。从比力匹配法的仿真结果可知,简单的摇翼匀速直线飞行只能完成水平对准,估计出水平失准角,但并不能产生一个 z 轴方向的角速度,因而不能对天向失准角进行有效的估计,进而导致了速度匹配法得到了类似的估计结果,仿真结果也说明了这一点。

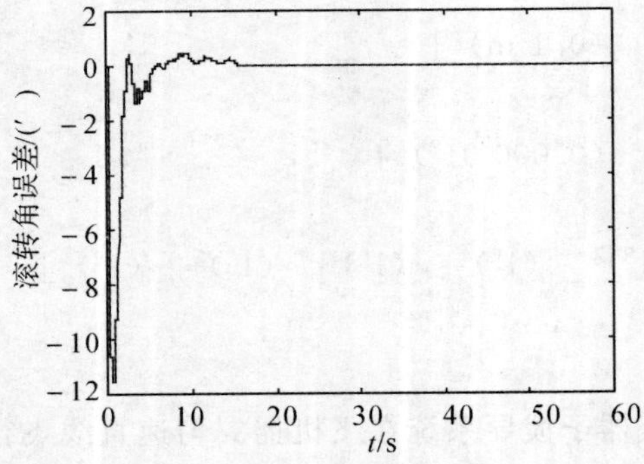

图 6.25 子惯导系统滚转角估计误差

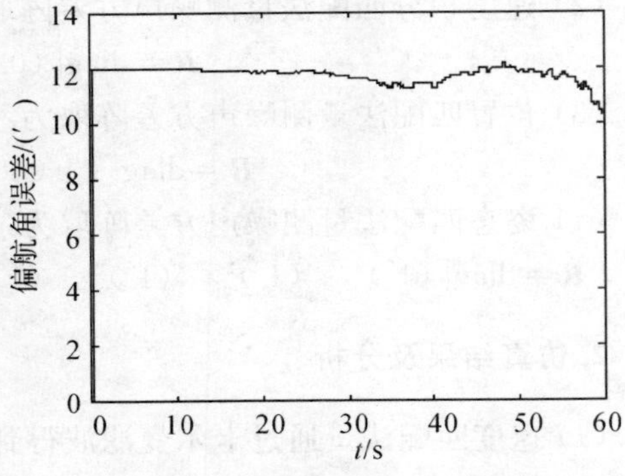

图 6.26 子惯导系统偏航角估计误差

在飞机摇翼匀速直线飞行状态下，机载武器惯导系统速度匹配传递对准的姿态角估计误差如图 6.24 ～ 图 6.26 所示，俯仰角和滚转角的估计精度高而且速度快，而偏航角的估计误差较大，不能得到有效的估计。

在飞机摇翼匀速直线飞行状态下，通过对速度匹配传递对准的仿真验证，可以看出：在飞机摇翼匀速直线飞行机动条件下的速度匹配对水平失准角的估计精度较高，但是对方位失准角的估计结果并不理想，因此在简单机动方式下并不适合单独使用速度匹配法进行传递对准。

(2) 速度积分匹配法。通过卡尔曼滤波得到机载武器子惯导系统在飞机摇翼匀速直线飞行状态下，速度积分匹配法传递对准的结果，如图 6.27 ～ 图 6.32 所示。

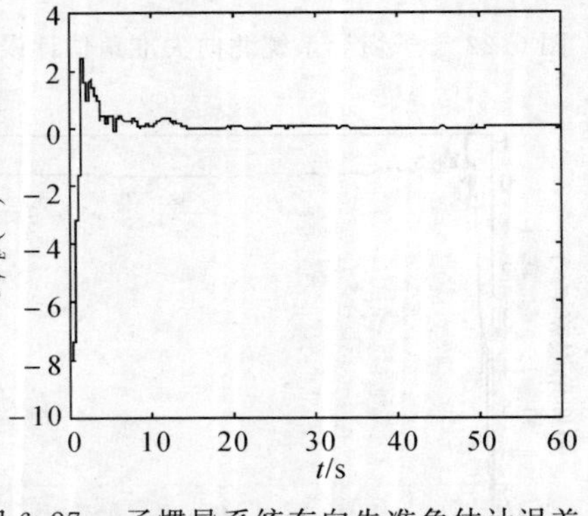

图 6.27 子惯导系统东向失准角估计误差

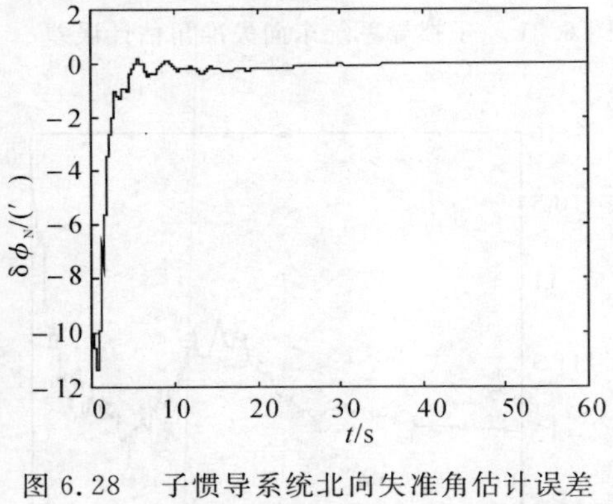

图 6.28 子惯导系统北向失准角估计误差

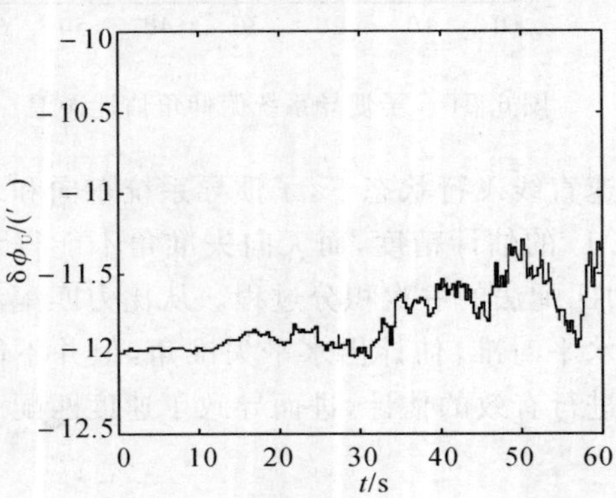

图 6.29 子惯导系统天向失准角估计误差

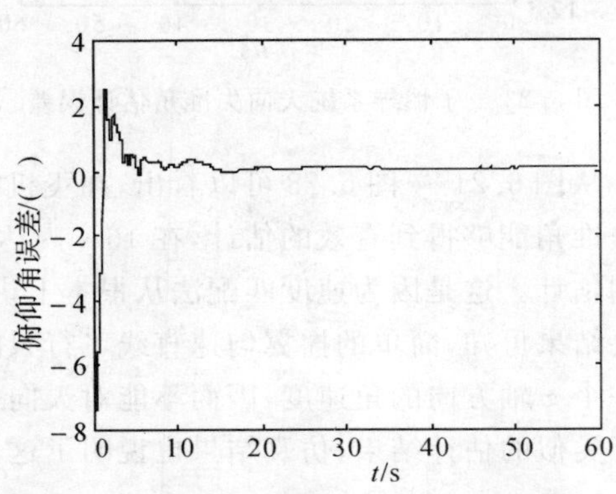

图 6.30 子惯导系统俯仰角估计误差

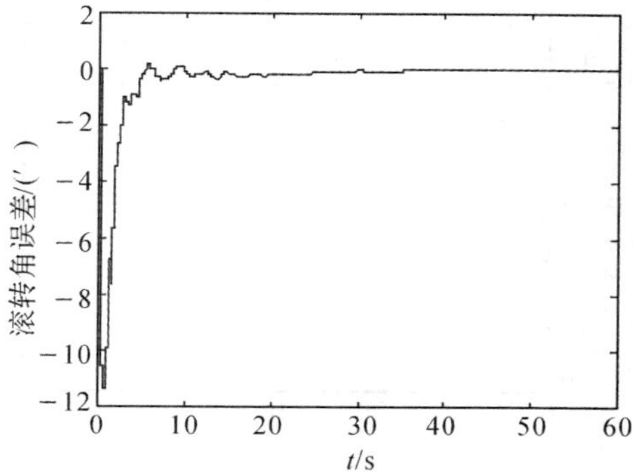

图 6.31　子惯导系统滚转角估计误差

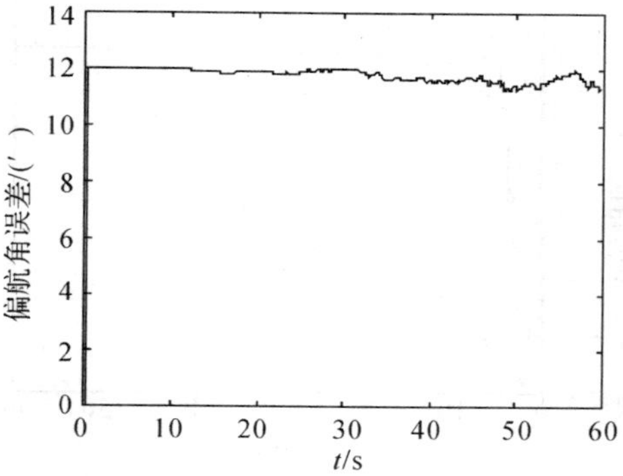

图 6.32　子惯导系统偏航角估计误差

可以看出，速度积分匹配法与速度匹配法类似，只不过速度积分匹配法的观测量是对主、子惯导系统速度输出进行一次积分后所做的差值，因此在飞机摇翼匀速直线飞行状态下，其卡尔曼滤波得到的估计结果与速度匹配法相似，水平失准角由于重力加速度在水平方向上的耦合作用得到较好的估计，所以在 25 s 内达到了 0.08′ 的估计精度，而方位失准角由于机动方式不会产生绕 z 轴的角速度而不能得到有效的估计。

与速度匹配法相比，速度积分匹配法收敛速度较慢，而估计精度与速度匹配法相差不大，在综合考虑对准精度与速度后，可视情况选择不同的匹配法。

(3) 位置匹配法。通过卡尔曼滤波得到机载武器子惯导系统在飞机摇翼匀速直线飞行状态下，位置匹配传递对准的结果，如图 6.33 ～ 图 6.38 所示。

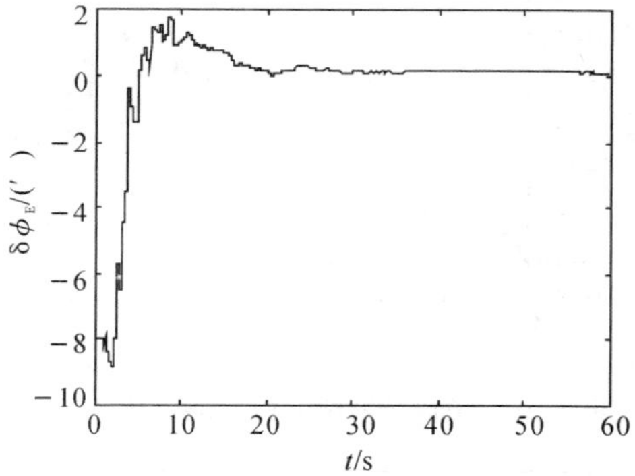

图 6.33　子惯导系统东向失准角估计误差

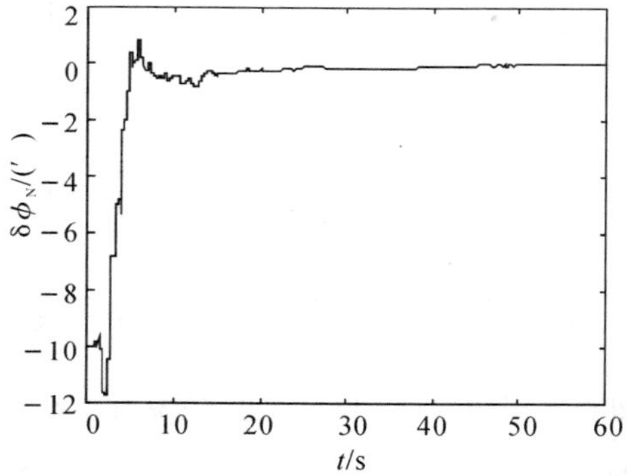

图 6.34　子惯导系统北向失准角估计误差

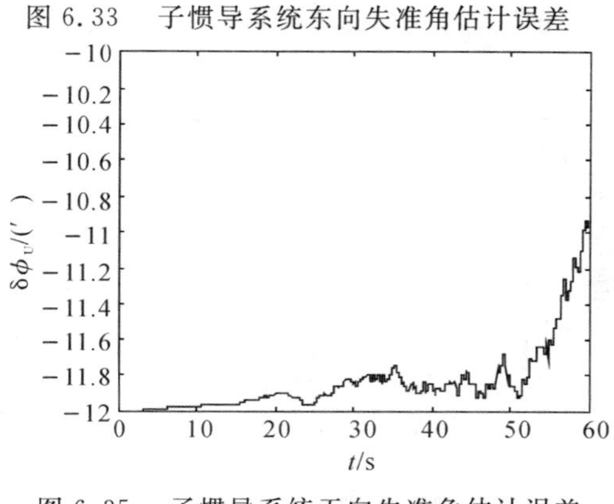

图 6.35　子惯导系统天向失准角估计误差

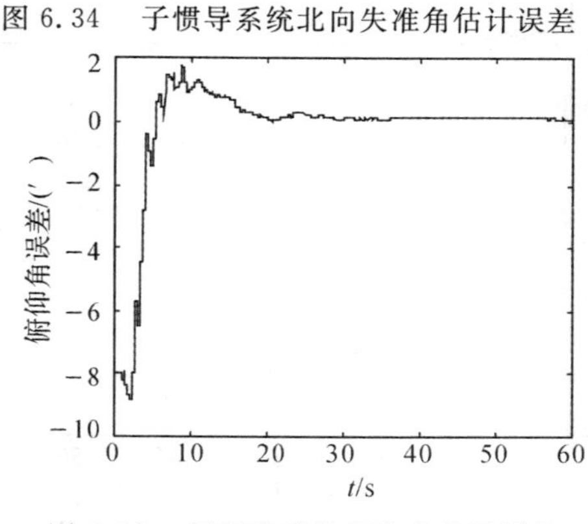

图 6.36　子惯导系统俯仰角估计误差

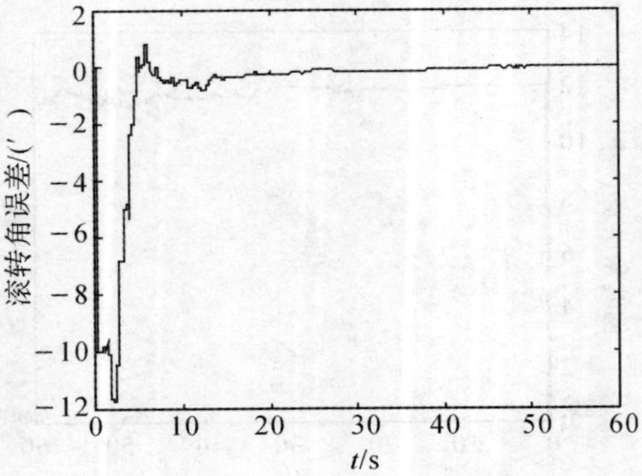

图 6.37 子惯导系统滚转角估计误差

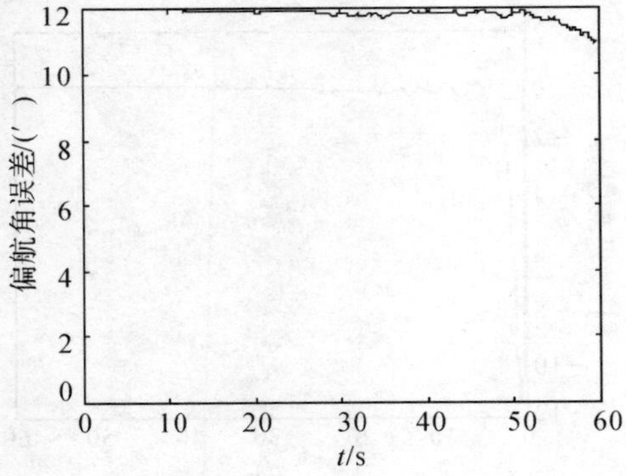

图 6.38 子惯导系统偏航角估计误差

从仿真结果来看，位置匹配法估计出的结果与速度积分匹配法的估计结果十分类似，观测量同样是对速度进行一次积分后作差所得，因为在摇翼匀速直线飞行状态下速度匹配只能对水平失准角进行有效估计，而对方位失准角不能进行有效估计，进而导致位置匹配法产生类似的估计结果，水平失准角在30 s内估计精度达到0.09′，而无法对方位失准角进行有效的估计，仿真结果也证明了这一点。

(4) 姿态匹配法。通过卡尔曼滤波得到机载武器子惯导系统在飞机摇翼匀速直线飞行状态下，姿态匹配法传递对准的结果，如图 6.39～图 6.46 所示。

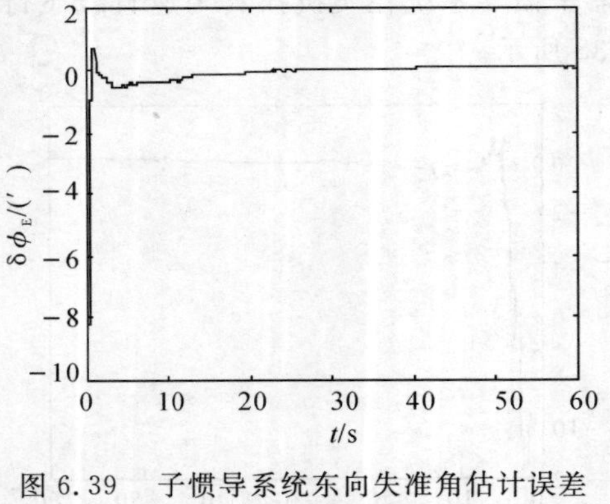

图 6.39 子惯导系统东向失准角估计误差

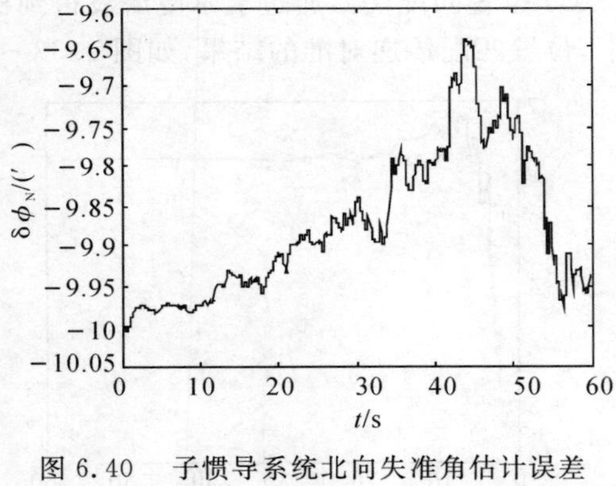

图 6.40 子惯导系统北向失准角估计误差

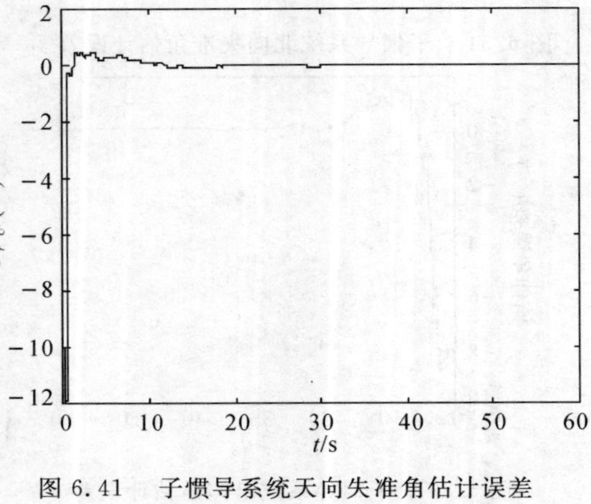

图 6.41 子惯导系统天向失准角估计误差

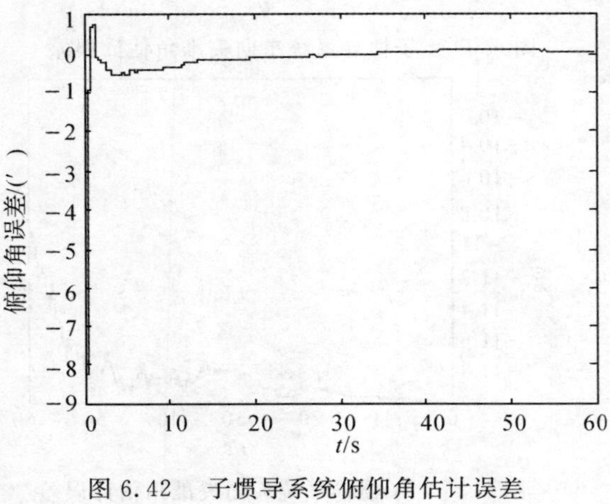

图 6.42 子惯导系统俯仰角估计误差

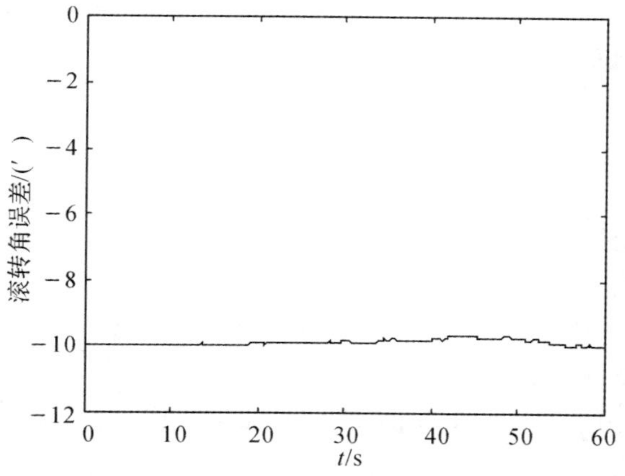

图 6.43　子惯导系统滚转角估计误差

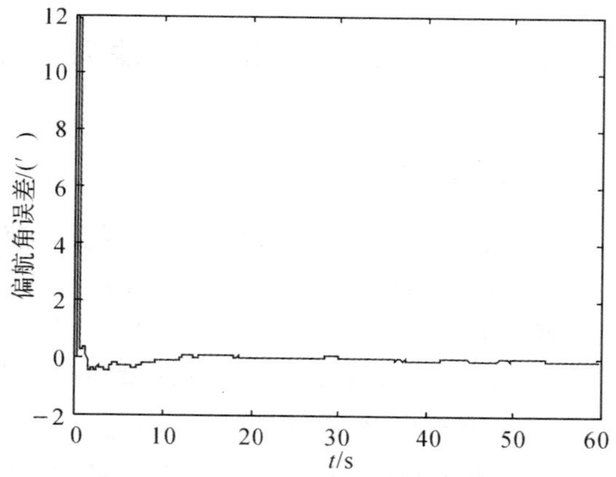

图 6.44　子惯导系统偏航角估计误差

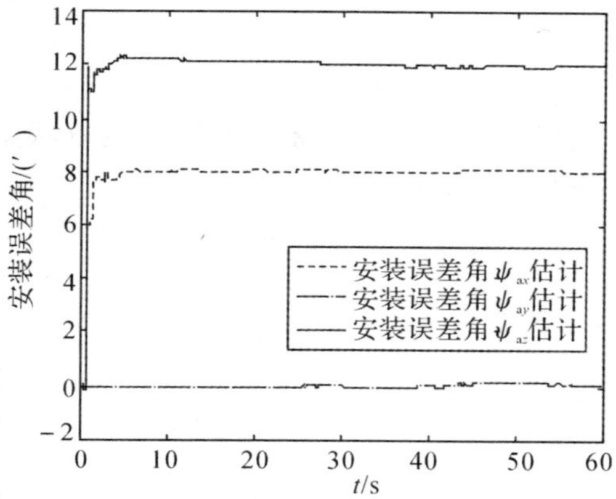

图 6.45　安装误差角估计曲线

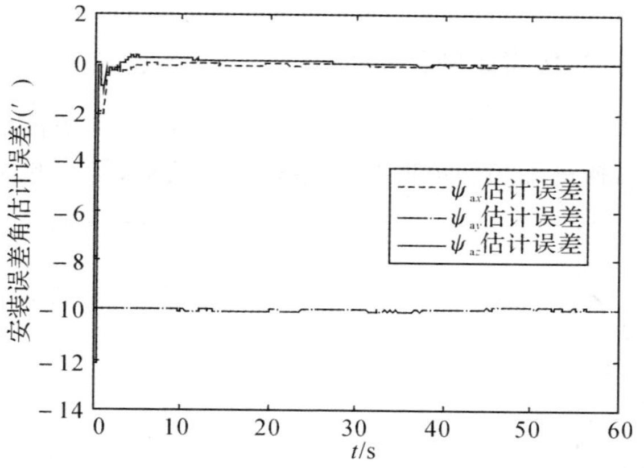

图 6.46　安装误差角估计误差

从姿态匹配法的仿真结果来看，东向失准角和天向失准角能够得到较好的估计，在10 s内达到小于 0.1′ 的精度，而对北向失准角不能进行有效估计。结合角速度匹配的仿真结果可以看出，飞机只在 y 轴方向有角速度，因此只能估计出东向和天向的失准角，而不能对北向失准角进行有效估计。

姿态匹配法从根本上讲是对角速度匹配法的一次积分，因此姿态匹配法同样只能估计出东向和天向的失准角，而不能进行北向失准角的有效估计。从图 6.42 ～ 图 6.44 可以看出，俯仰角和偏航角的估计精度高而且速度快，而滚转角的估计误差较大，不能得到有效的估计。从图 6.45 和图 6.46 可以看出，此机动方式下姿态匹配法能够对 x 向和 z 向的安装误差角进行较好的估计，而同样因飞机只在 y 轴方向有角速度，而导致无法对 y 向的安装误差角进行有效估计。

在飞机摇翼匀速直线飞行状态下，可以对东向和天向的失准角进行估计，而不能对北向失准角进行有效估计，在此机动方式下，姿态匹配法适合单独使用。

6.7.3　组合参数匹配法仿真验证

1. 仿真条件

机动方式与 6.7.1 节相同，均为摇翼匀速直线飞行。

(1) 速度加角速度匹配法量测噪声方差阵取为

$$\boldsymbol{R}=\mathrm{diag}[(0.01\ \mathrm{m/s})^2\quad (0.01\ \mathrm{m/s})^2\quad (0.01\ ^\circ/\mathrm{h})^2\quad (0.01\ ^\circ/\mathrm{h})^2\quad (0.01\ ^\circ/\mathrm{h})^2]$$

(2) 速度积分加角速度匹配法量测噪声方差阵取为

$$\boldsymbol{R}=\mathrm{diag}[(0.1\ \mathrm{m})^2\quad (0.1\ \mathrm{m})^2\quad (100\ \mu g)^2\quad (100\ \mu g)^2\quad (100\ \mu g)^2]$$

(3) 速度加姿态匹配法量测噪声方差阵取为

$$\boldsymbol{R}=\mathrm{diag}[(0.01\ \mathrm{m/s})^2\quad (0.01\ \mathrm{m/s})^2\quad (0.1^\circ)^2\quad (0.1^\circ)^2\quad (0.1^\circ)^2\quad (0.1^\circ)^2\quad (0.1^\circ)^2\quad (0.1^\circ)^2\quad (0.1^\circ)^2\quad (0.1^\circ)^2\quad (0.1^\circ)^2]$$

2. 仿真结果及分析

(1) 速度加角速度匹配法。通过卡尔曼滤波得到机载武器子惯导系统在飞机航行状态下，速度加角速度匹配传递对准的结果，如图 6.47 ～ 图 6.52 所示。

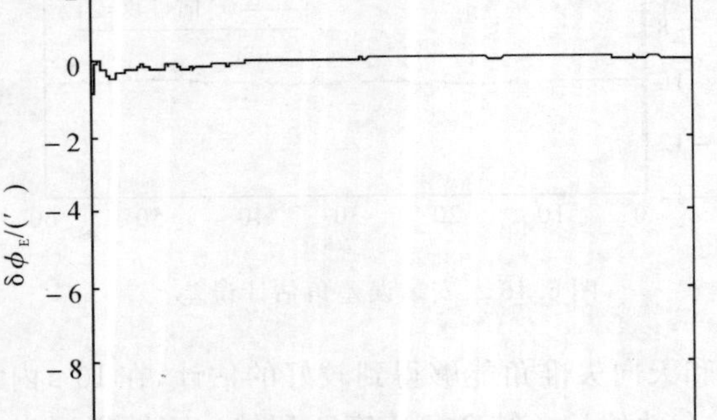

图 6.47　子惯导系统东向失准角估计误差

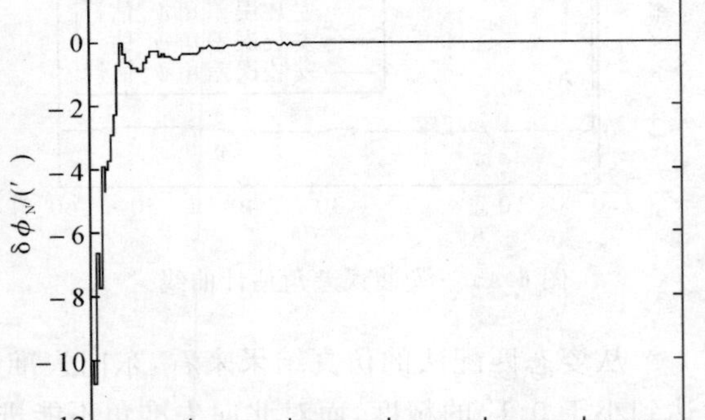

图 6.48　子惯导系统北向失准角估计误差

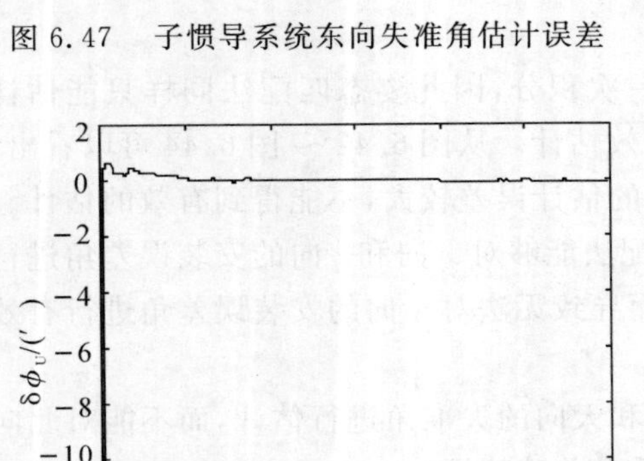

图 6.49　子惯导系统天向失准角估计误差

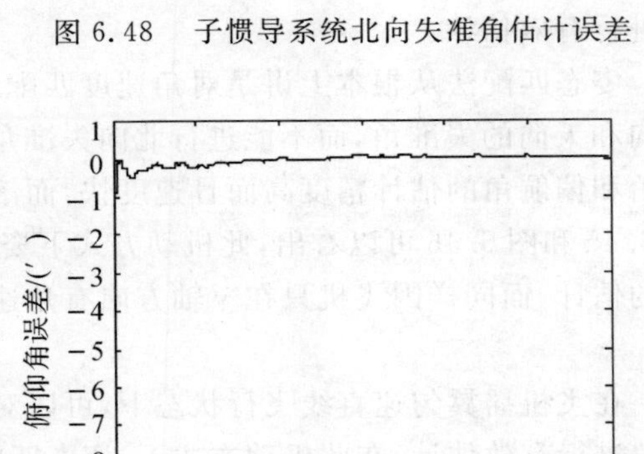

图 6.50　子惯导系统俯仰角估计误差

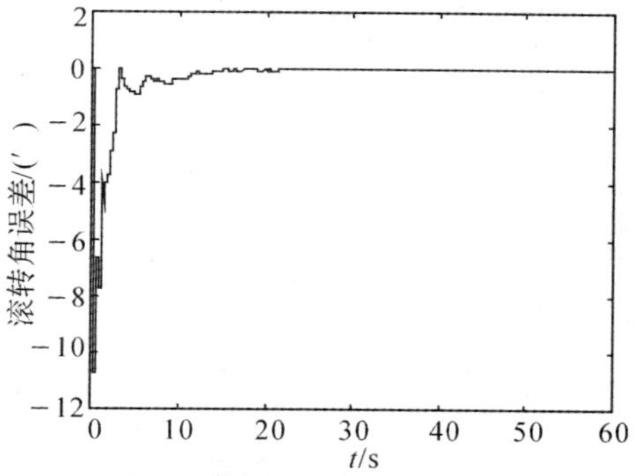

图 6.51　子惯导系统滚转角估计误差

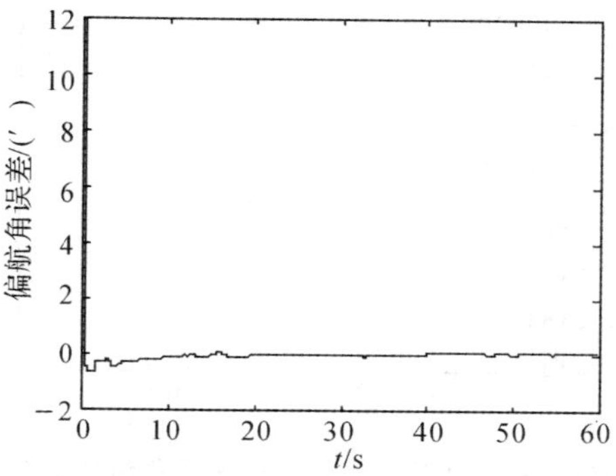

图 6.52　子惯导系统偏航角估计误差

从速度加角速度匹配法的仿真结果来看，飞机在摇翼匀速直线飞行状态下不仅能对水平失准角做出较好的估计，而且对方位失准角的估计效果也比较理想，基本上能在 15 s 达到 0.095′ 的估计精度。可以看出，相对于东向和天向，对北向失准角进行估计时的收敛时间较长，这是因为机体仅沿 y 轴有角速度，对北向失准角的估计主要依赖于速度匹配发挥作用，而速度匹配法为计算参数匹配法，相对测量参数匹配法所需收敛时间要长一些，仿真结果也证明了这一点。

可以看出，速度加角速度匹配法对 3 个姿态角的估计速度和精度与单一匹配比较都比较理想，克服了单一速度匹配法和单一角速度匹配法的缺点，完成了对 3 个姿态角的有效估计。不过由于该匹配法中的角速度观测量直接来自陀螺仪的输出，受系统噪声和仪器误差的影响相对较大。

(2) 速度积分加角速度匹配法。通过卡尔曼滤波得到机载武器子惯导系统在飞机航行状态下，速度积分加角速度匹配法传递对准的结果，如图 6.53 ～ 图 6.58 所示。

从速度积分加角速度匹配法的仿真结果来看，飞机在摇翼匀速直线飞行状态下对主、子惯导系统失准角的估计与速度加角速度匹配法相似，不仅能对水平失准角做出较好的估计，而且对方位失准角的估计效果也比较理想，不过与速度加角速度匹配法相比，速度积分加角速度匹配法的估计时间相对长一些，而且估计精度也要相对高一些，基本上能在 20 s 达到 0.08′ 的估计精度。

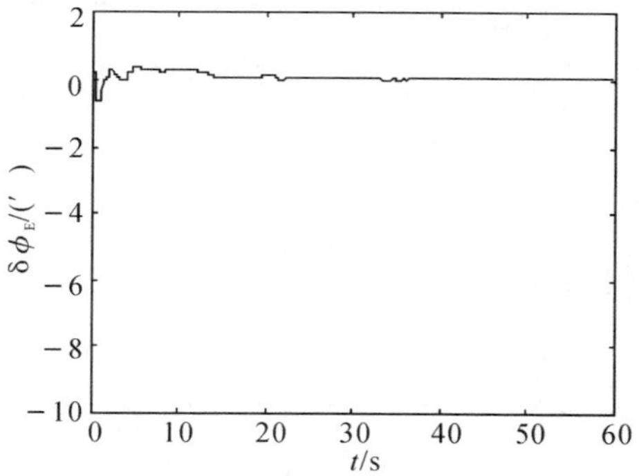

图 6.53　子惯导系统东向失准角估计误差

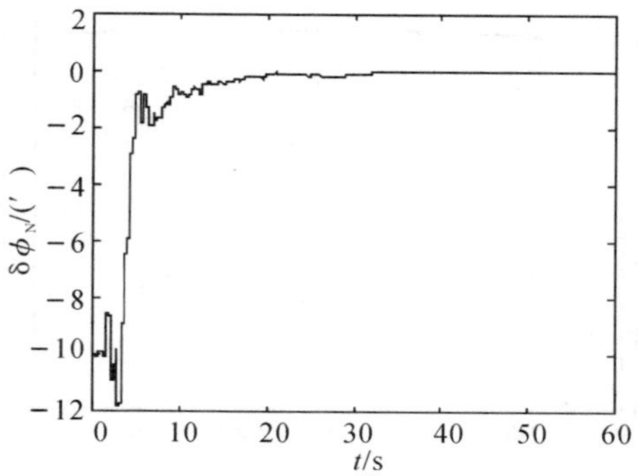

图 6.54　子惯导系统北向失准角估计误差

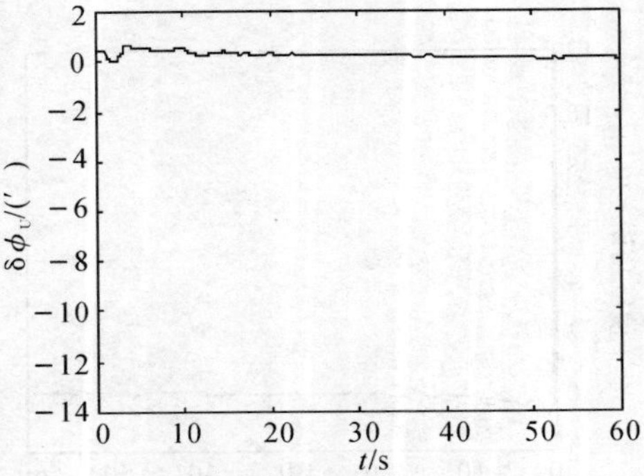

图 6.55　子惯导系统天向失准角估计误差

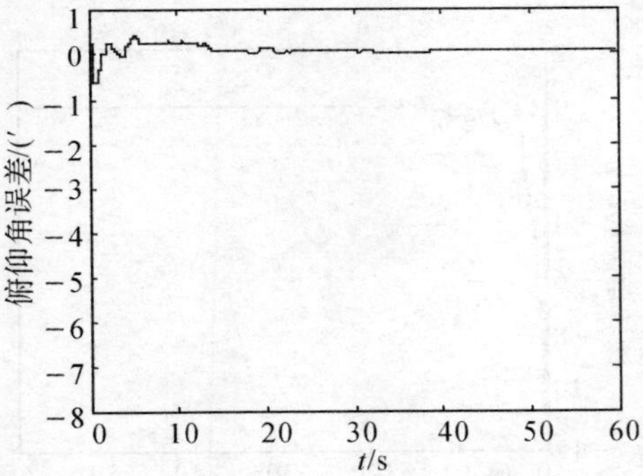

图 6.56　子惯导系统俯仰角估计误差

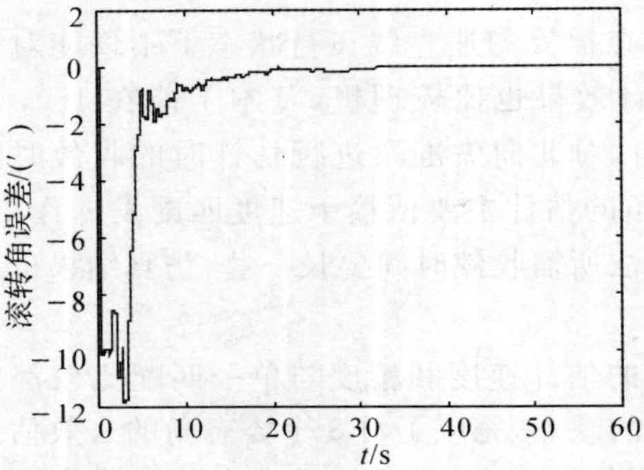

图 6.57　子惯导系统滚转角估计误差

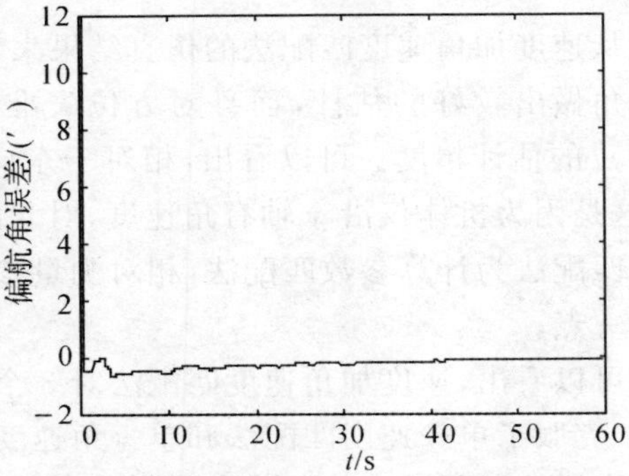

图 6.58　子惯导系统偏航角估计误差

可以看出，速度积分加角速度匹配法对 3 个姿态角的估计速度和精度与单一匹配相比都较理想，克服了单一速度积分匹配法和单一角速度匹配法不能完全估计 3 个姿态角的缺点，完成了对 3 个姿态角的有效估计。不过与速度加角速度匹配法类似，由于该匹配法中的角速度观测量直接来自陀螺仪的输出，受系统噪声和仪器误差的影响相对较大。

(3) 速度加姿态匹配法。通过卡尔曼滤波得到机载武器子惯导系统在飞机摇翼匀速直线飞行状态下，速度加姿态匹配法传递对准的结果，如图 6.59～图 6.64 所示。

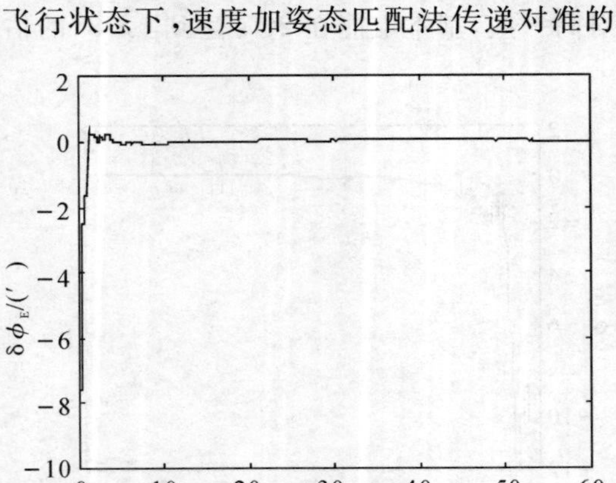

图 6.59　子惯导系统东向失准角估计误差

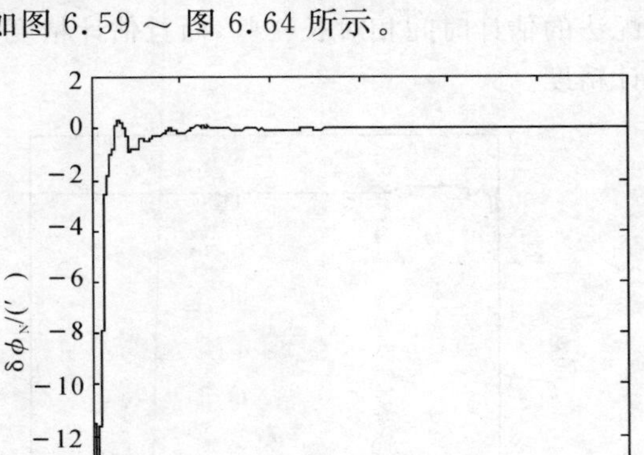

图 6.60　子惯导系统北向失准角估计误差

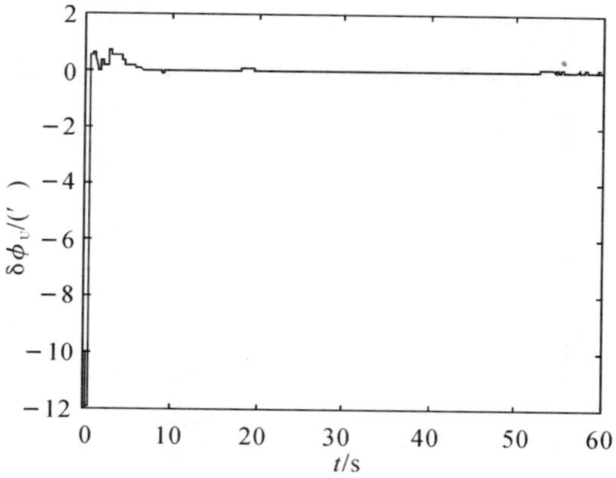

图 6.61　子惯导系统天向失准角估计误差

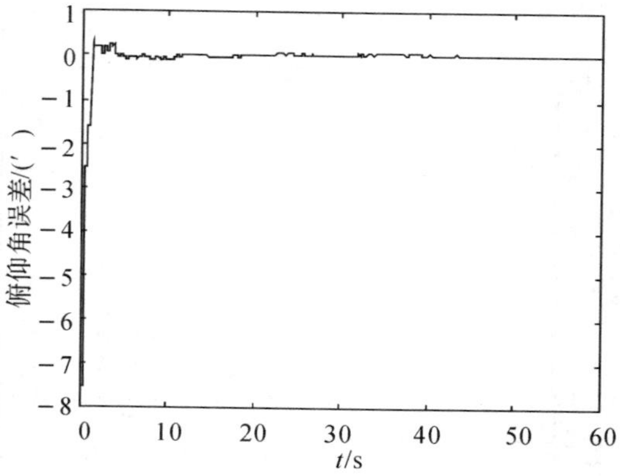

图 6.62　子惯导系统俯仰角估计误差

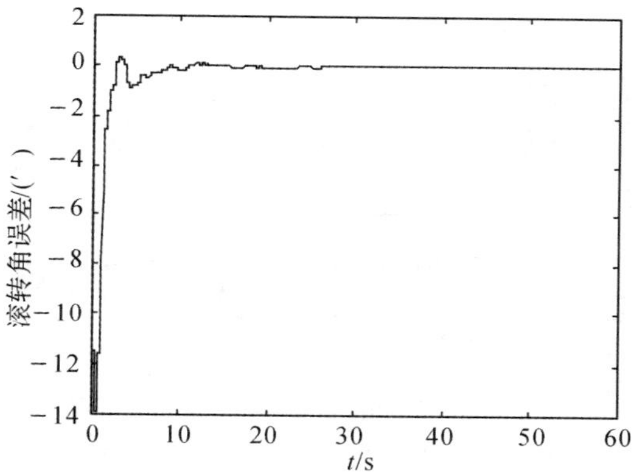

图 6.63　子惯导系统滚转角估计误差

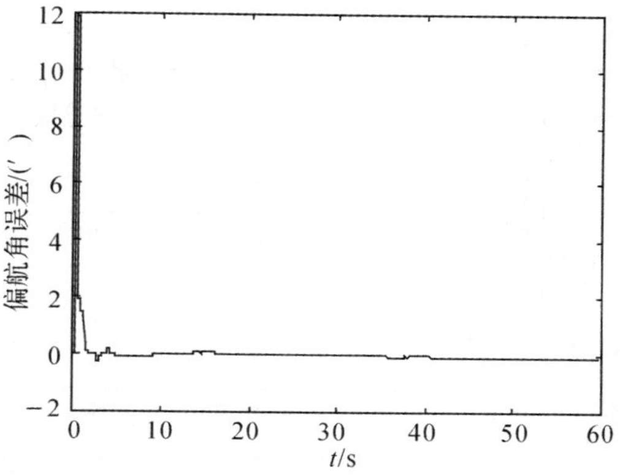

图 6.64　子惯导系统偏航角估计误差

从速度加姿态匹配法的仿真结果来看，飞机在摇翼匀速直线飞行状态下对主、子惯导系统失准角的估计与前面两种组合匹配法相似，不仅能对水平失准角做出较好的估计，而且对方位失准角的估计效果也比较理想，不过与前面两种组合匹配法相比，速度加姿态匹配法的估计时间相对短一些，而且估计精度也要相对高一些，基本上能在 15 s 达到 0.05′ 的估计精度。

可以看出，速度加姿态匹配法对 3 个姿态角的估计速度和精度都比较理想，克服了单一速度匹配和单一姿态匹配的缺点，完成了对 3 个姿态角的有效估计。并且速度加姿态匹配的观测量相当于分别对比力和角速度进行了一次积分，使其受系统噪声及仪器误差的噪声相对较小。

此外，由于速度加姿态匹配还能够对安装误差角和挠曲变形角进行有效的估计（见图 6.65 ～ 图 6.68），而其他的匹配方案因缺少有效状态量与安装误差角、挠曲变形角的耦合而不能对其进行估计。这是速度加姿态匹配相对于其他匹配法又一优势所在。

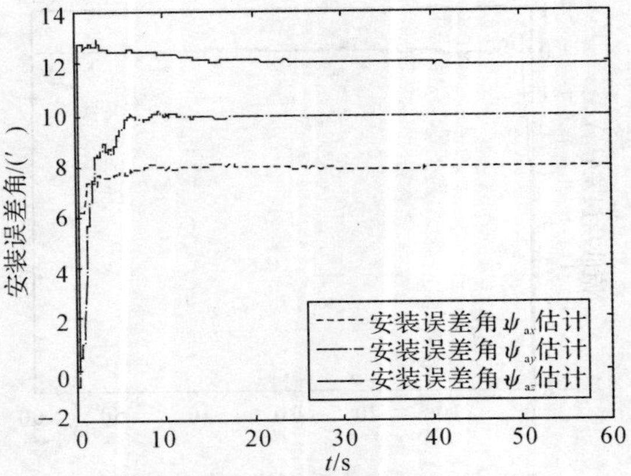

图 6.65 安装误差角估计曲线

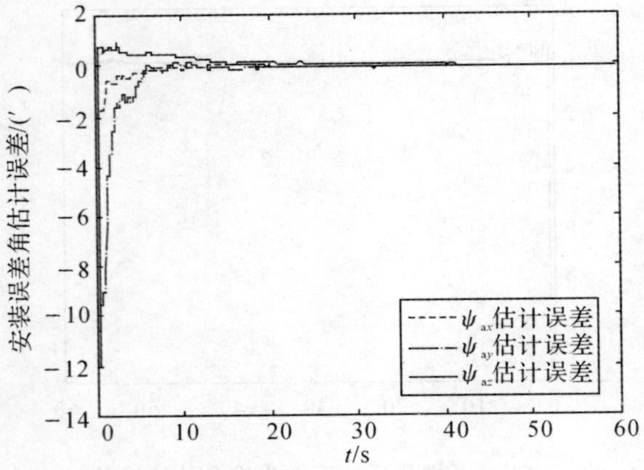

图 6.66 安装误差角估计误差

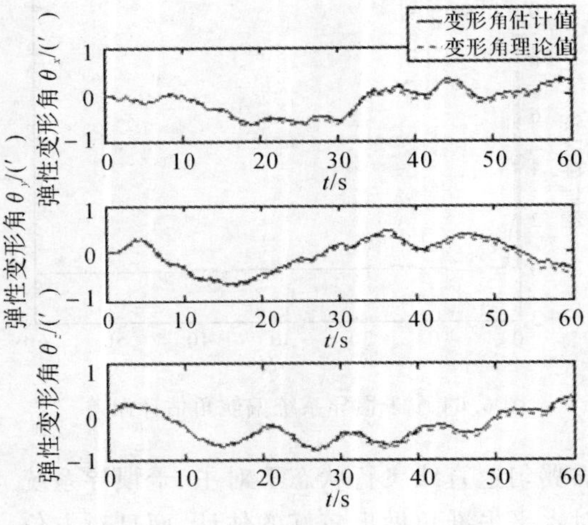

图 6.67 弹性变形角估计曲线

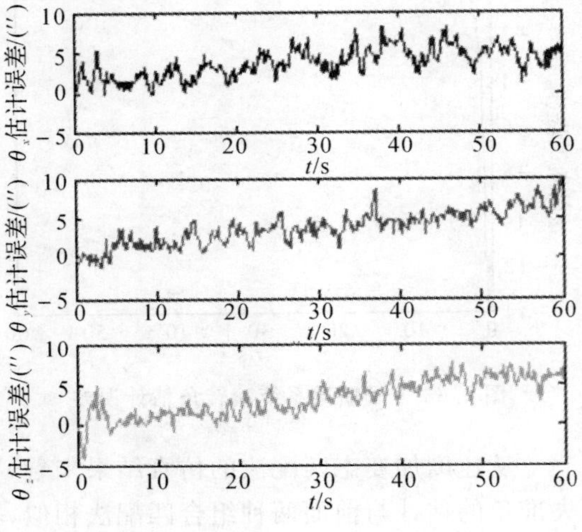

图 6.68 弹性变形角估计误差

根据表 6.4 的统计结果，综合考虑估计的精度与速度，不难发现，速度加姿态匹配法在综合比较下具有一定的优势，其观测量是对比力和角速度进行一次积分之后得到的，受到系统噪声、振动噪声的影响较小。因此，其估计精度较高，同时其收敛速度较快，基本上能够满足机载动基座武器系统对初始对准精度与速度的要求。

表 6.4 3 种组合匹配法的估计精度与时间

精度与时间 \ 组合匹配法		速度加角速度匹配法	速度积分加角速度匹配法	速度加姿态匹配法
主、子惯导系统失准角误差 /(′)	东向	0.072	0.025	0.046
	北向	0.055	0.028	0.033
	天向	0.081	0.036	0.021
估计时间 /s		15	26	15

续 表

精度与时间 \ 组合匹配法		速度加角速度匹配法	速度积分加角速度匹配法	速度加姿态匹配法
主、子惯导系统姿态角误差 /(′)	俯仰角	0.09	0.022	0.045
	滚转角	0.043	0.025	0.026
	偏航角	0.079	0.024	0.013
估计时间 /s		15	26	15

6.8 SINS 动基座传递对准的等价误差模型

6.8.1 SINS 动基座传递对准误差模型

采用东、北、天(E,N,U) 导航坐标系建立 SINS 误差模型：

$$\dot{\boldsymbol{X}} = \boldsymbol{A}(t)\boldsymbol{X} + \boldsymbol{W}(t) \tag{6.129}$$

其中，状态矢量为

$$\boldsymbol{X} = [\delta V_x^{\mathrm{n}} \quad \delta V_y^{\mathrm{n}} \quad \phi_x \quad \phi_y \quad \phi_z, \nabla_x^{\mathrm{b}} \quad \nabla_y^{\mathrm{b}} \quad \varepsilon_x^{\mathrm{b}} \quad \varepsilon_y^{\mathrm{b}} \quad \varepsilon_z^{\mathrm{b}}]^{\mathrm{T}}$$

式中，$\delta\boldsymbol{V}^{\mathrm{n}}$ 为速度误差在导航坐标系中的值；$\boldsymbol{\Phi}$ 为失准角；$\boldsymbol{\nabla}^{\mathrm{b}}$ 和 $\boldsymbol{\varepsilon}^{\mathrm{b}}$ 分别为加速度计偏置和陀螺仪漂移在载体坐标系中的值；$\boldsymbol{W}(t)$ 为系统模型误差；$\boldsymbol{W}(t) \sim N(0,\boldsymbol{Q})$，$\boldsymbol{Q}$ 为系统噪声协方差阵。

系统矩阵为

$$\boldsymbol{A}(t) = \begin{bmatrix} \boldsymbol{B}(t) & \boldsymbol{F}(t) & \widetilde{\boldsymbol{C}}_{\mathrm{b}}^{\mathrm{n}}(t) & \boldsymbol{O}_{2\times 3} \\ \boldsymbol{O}_{3\times 2} & \boldsymbol{D}(t) & \boldsymbol{O}_{3\times 2} & \boldsymbol{C}_{\mathrm{b}}^{\mathrm{n}}(t) \\ \boldsymbol{O}_{2\times 2} & \boldsymbol{O}_{2\times 3} & \boldsymbol{O}_{2\times 2} & \boldsymbol{O}_{2\times 3} \\ \boldsymbol{O}_{3\times 2} & \boldsymbol{O}_{3\times 3} & \boldsymbol{O}_{3\times 2} & \boldsymbol{O}_{3\times 3} \end{bmatrix}$$

式中，$\boldsymbol{O}_{i\times j}$ 为指定维数的零矩阵；$\boldsymbol{C}_{\mathrm{b}}^{\mathrm{n}}(t)$ 为 SINS 系统姿态矩阵；$\widetilde{\boldsymbol{C}}_{\mathrm{b}}^{\mathrm{n}}(t)$ 为$\boldsymbol{C}_{\mathrm{b}}^{\mathrm{n}}(t)$ 的前两行和前两列。

$$\boldsymbol{C}_{\mathrm{b}}^{\mathrm{n}}(t) = \begin{bmatrix} C_{11} & C_{12} & C_{13} \\ C_{21} & C_{22} & C_{23} \\ C_{31} & C_{32} & C_{33} \end{bmatrix}, \quad \boldsymbol{B}(t) = \begin{bmatrix} 0 & (2\omega_{\mathrm{ie}} + \dot{\lambda})\sin L \\ -(2\omega_{\mathrm{ie}} + \dot{\lambda})\sin L & 0 \end{bmatrix}$$

$$\boldsymbol{D}(t) = \begin{bmatrix} 0 & (\omega_{\mathrm{ie}} + \dot{\lambda})\sin L & -(\omega_{\mathrm{ie}} + \dot{\lambda})\cos L \\ -(\omega_{\mathrm{ie}} + \dot{\lambda})\sin L & 0 & -\dot{L} \\ (\omega_{\mathrm{ie}} + \dot{\lambda})\cos L & \dot{L} & 0 \end{bmatrix}, \quad \boldsymbol{F}(t) = \begin{bmatrix} 0 & -f_{\mathrm{U}} & f_{\mathrm{N}} \\ f_{\mathrm{U}} & 0 & -f_{\mathrm{E}} \end{bmatrix}$$

式中，$\boldsymbol{\omega}_{\mathrm{ie}}$ 为地球自转角速度；λ 和 L 分别为 SINS 所处地理位置的经度和纬度；f_x^{n}，f_y^{n}，f_z^{n} 分别为 SINS 加速度计的测量值在导航坐标系 3 个方向上的分量。

系统的量测模型为

$$Z = HX + V(t) \tag{6.130}$$

式中，$H = [I_{2\times2} \vdots O_{2\times8}]$；$V(t)$ 为测量噪声；$V(t) \sim N(0,R)$，R 为测量噪声协方差阵。

由于以上的状态方程中存在姿态矩阵，在进行SINS动基座对准系统的可观测性分析时包含有时变航向、俯仰和横滚角的方向余弦以及各方向的时变加速度信息，因此很难进行可观测性分析。这里对传统的误差模型进行李雅普诺夫变换，得到新的系统状态方程，从而使 SINS 动基座情况下的可观测性分析大为简化。

6.8.2 李雅普诺夫变换后的SINS动基座传递对准误差模型

李雅普诺夫变换矩阵有如下性质：

(1) $M(t)$ 和 $\dot{M}(t)$ 在区间 $[t_0,\infty)$ 连续有界；

(2) 存在常数 m 使 $0 < m \leqslant |M(t)|$。

令

$$M(t) = \begin{bmatrix} I_{5\times5} & O_{5\times5} \\ O_{5\times5} & T(t) \end{bmatrix}, \quad T(t) = \begin{bmatrix} \widetilde{C}_b^n(t) & O_{2\times3} \\ O_{3\times2} & C_b^n(t) \end{bmatrix} \tag{6.131}$$

这里做如下假设：$\omega_{nb}^n(t) = [\omega_{nbx}^b(t) \quad \omega_{nby}^b(t) \quad \omega_{nbz}^b(t)]^T$ 为机体坐标系和导航坐标系之间的角速度矢量在导航坐标系中的投影，在区间 $[t_0,\infty)$ 上是连续的、有界的。

因为

$$\left.\frac{d[C_b^n(t)]}{dt}\right|_b = \left.\frac{d[C_b^n(t)]}{dt}\right|_n + \omega_{nb}^n \times C_b^n(t) = \omega_{nb}^n \times C_b^n(t) = \Omega_{nb}^n(t) \times C_b^n(t)$$

故

$$\left.\begin{aligned} M(t) &= \begin{bmatrix} I_{5\times5} & O_{5\times5} \\ O_{5\times5} & T(t) \end{bmatrix} \\ \dot{T}(t) &= \begin{bmatrix} \widetilde{\Omega}_{nb}^n(t)\,\widetilde{C}_b^n(t) & O_{2\times3} \\ O_{3\times2} & \Omega_{nb}^n(t)\,C_b^n(t) \end{bmatrix} \\ \Omega_{nb}^n(t) &= \begin{bmatrix} 0 & \omega_{nbz}^b(t) & -\omega_{nby}^b(t) \\ -\omega_{nbz}^b(t) & 0 & \omega_{nbx}^b(t) \\ \omega_{nby}^b(t) & -\omega_{nbx}^b(t) & 0 \end{bmatrix} \end{aligned}\right\} \tag{6.132}$$

式中，Ω_{nb}^n 为一个斜对称阵；$\widetilde{\Omega}_{nb}^n(t)$ 为 Ω_{nb}^n 的前两行和前两列。

如果假设 $\omega_{nb}^n(t)$ 在区间 $[t_0,\infty)$ 上是连续有界的，转换矩阵 $M(t)$ 满足性质(1)，很明显转换矩阵 $M(t)$ 也满足条件(2)。因此，$M(t)$ 事实上是一个李雅普诺夫变换矩阵。变换后的误差模型为

$$\dot{X}_I(t) = A_I(t)\,X_I + W(t) \tag{6.133}$$

式中

$$\begin{aligned} X_I = M(t)X = [&\delta V_x^n \quad \delta V_y^n \quad \phi_x \quad \phi_y \quad \phi_z \quad C_{11}\nabla_x^b + C_{12}\nabla_y^b \quad C_{21}\nabla_x + C_{22}\nabla_y \quad C_{11}\varepsilon_x^b + C_{12}\varepsilon_y^b + C_{13}\varepsilon_z^b \\ &C_{21}\varepsilon_x^b + C_{22}\varepsilon_y^b + C_{23}\varepsilon_z^b \quad C_{31}\varepsilon_x^b + C_{32}\varepsilon_y^b + C_{33}\varepsilon_z^b]^T = \\ [&\delta V_E^n \quad \delta V_N^n \quad \phi_E \quad \phi_N \quad \phi_U \quad \nabla_E^n \quad \nabla_N^n \quad \varepsilon_E^n \quad \varepsilon_N^n \quad \varepsilon_U^n]^T \end{aligned}$$

$$A_1(t)=\begin{bmatrix} B(t) & F(t) & I_{2\times2} & O_{2\times3} \\ O_{3\times2} & D(t) & O_{3\times2} & I_{3\times3} \\ O_{2\times2} & O_{2\times3} & \widetilde{\Omega}^{n}_{nb}(t) & O_{2\times3} \\ O_{3\times2} & O_{3\times3} & O_{3\times2} & \Omega^{n}_{nb}(t) \end{bmatrix}$$

系统的量测模型为

$$Z=HX_I+V(t) \tag{6.134}$$

其中，H，$V(t)$ 和 $W(t)$ 与原模型式(6.129) 和式(6.130) 中的定义相同。

6.9　典型机动方式的可观测性分析

利用 Meskin 和 Itzhack 提出的采用提取的可观测矩阵(SOM) 代替总的可观测矩阵(TOM) 来分析系统可观测性，可以使时变系统可观测性问题分析大为简化。另外，由于李雅普诺夫变换不会改变系统的特性，这里对变换后的模型式(6.133) 用提取的可观测矩阵(SOM) 来代替系统总的可观测矩阵(TOM) 进行可观测性分析。

系统在第 j 时间段的可观测性矩阵为

$$Q_j=[H_j^{T}\quad [H_jA_I(j)]^{T}\quad \cdots\quad [H_jA_I^{n-1}(j)]^{T}]^{T}$$

$$Q(r)=\begin{bmatrix} Q_1 \\ Q_2\mathrm{e}^{A_I(1)\Delta_1} \\ \vdots \\ Q_r\mathrm{e}^{A_I(r-1)\Delta_{r-1}}\cdots\mathrm{e}^{A_I(1)\Delta_1} \end{bmatrix} \tag{6.135}$$

$$Q_s(r)=\begin{bmatrix} Q_1 \\ Q_2 \\ \vdots \\ Q_r \end{bmatrix} \tag{6.136}$$

式中，$\Delta_j(j=1,2,\cdots,r)$ 为 t_j 到 t_{j+1} 的时间间隔；$Q(r)$ 和$Q_s(r)$ 分别为系统的总的可观测矩阵(TOM) 和系统提取的可观测矩阵(SOM)。

下面对飞机的 9 种典型机动方式进行可观测性分析。在第 j 时间段，系统经过初等变换的 SOM 为

$$Q_s(j)=\begin{bmatrix} I_{2\times2} & O_{2\times3} & O_{2\times2} & O_{2\times3} \\ O_{2\times2} & F(j) & I_{2\times2} & O_{2\times3} \\ O_{2\times2} & F(j)D_j & \widetilde{\Omega}^{n}_{nb}(t) & F(j) \\ O_{2\times2} & F(j)D_j^2 & [\widetilde{\Omega}^{n}_{nb}(t)]^2 & F(j)[D_j+\Omega^{n}_{nb}(t)] \\ \vdots & \vdots & \vdots & \vdots \end{bmatrix} \tag{6.137}$$

可以看出，讨论系统可观测矩阵的秩只要分析式(6.137) 中除去前两行和前两列得到的子矩阵$Q'_s(j)$ 即可，由于间隔时间较短，故可认为 $\dot{L}=0$，$\dot{\lambda}=0$。当对不同机动方式下动态系统的可观测性进行分析时，其中每种机动方式的第一时间段均为匀速飞行，第二时间段进行相应的机动飞行。

1. 北向匀速机动飞行

在第 1 段时间，$f_x^n=0, f_y^n=0, f_z^n=g$，姿态矩阵为单位阵，经过初等变换并略去小量得第 1 时间段的子矩阵，其中 $\Omega_U=\omega_{ie}\sin L, \Omega_N=\omega_{ie}\cos L$。

$$
\boldsymbol{Q}'_s(1)=\begin{bmatrix}
0 & -g & 0 & 1 & 0 & 0 & 0 & 0\\
g & 0 & 0 & 0 & 1 & 0 & 0 & 0\\
\Omega_U & 0 & 0 & 0 & 0 & 0 & -1 & 0\\
0 & \Omega_U & -\Omega_N & 0 & 0 & 1 & 0 & 0\\
0 & 0 & 0 & 0 & 0 & 0 & 0 & 0\\
\Omega_N & 0 & 0 & 0 & 0 & 0 & 0 & 1\\
0 & 0 & 0 & 0 & 0 & 0 & 0 & 0\\
\vdots & \vdots & \vdots & \vdots & \vdots & \vdots & \vdots & \vdots
\end{bmatrix}
$$

可以看出，由于第 1 段时间系统不是完全可观测的，子矩阵的秩 $\text{rank}[\boldsymbol{Q}'_s(1)]=5$，故 $\text{rank}[\boldsymbol{Q}_s(1)]=7$，以下各种机动方式第一时间段的 SOM 矩阵均与匀速机动相同，不再赘述。

第 2 时间段和以后各时间段的$\boldsymbol{Q}_s$ 与第 1 时间段相同，系统不完全可观测的。

2. 东向匀速机动飞行

东向匀速机动飞行与北向匀速机动飞行时的情况相同，均无角速度和加速度，故系统 SOM 的秩为 7，系统不可观测。

3. 北向加速机动飞行

第 2 时间段飞机产生北向恒定加速度 f_y^n，但其姿态角不变，其第 2 时间段经过初等变换的子矩阵为

$$
\boldsymbol{Q}'_s(2)=\begin{bmatrix}
0 & -g & 0 & 1 & 0 & 0 & 0 & 0\\
g & 0 & 0 & 0 & 1 & 0 & 0 & 0\\
\Omega_U & 0 & 0 & 0 & 0 & 0 & -1 & 0\\
0 & \Omega_U & -\Omega_N & 0 & 0 & 1 & 0 & 0\\
0 & 0 & 0 & 0 & 0 & 0 & 0 & 0\\
\Omega_N & 0 & 0 & 0 & 0 & 0 & 0 & 1\\
0 & 0 & f_y^n & 0 & 0 & 0 & 0 & 0\\
0 & 0 & 0 & 0 & 0 & 0 & 0 & 0\\
\vdots & \vdots & \vdots & \vdots & \vdots & \vdots & \vdots & \vdots
\end{bmatrix}
$$

可以看出，由于第 2 时间段子矩阵的秩 $\text{rank}[\boldsymbol{Q}'_s(2)]=6$，故 $\text{rank}[\boldsymbol{Q}_s(2)]=8$。系统不是完全可观测的。

第 3 时间段的$\boldsymbol{Q}_s(3)$ 与$\boldsymbol{Q}_s(2)$ 相同，系统也不是完全可观测的。以后时间段系统均不是完全可观测的。

4. 东向加速机动飞行

第 2 时间段飞机产生东向恒定加速度 f_x^n，但其姿态角不变，其第 2 时间段经过初等变换的

子矩阵为

$$Q'_s(2)=\begin{bmatrix} 0 & -g & 0 & 1 & 0 & 0 & 0 & 0 \\ g & 0 & 0 & 0 & 1 & 0 & 0 & 0 \\ \Omega_U & 0 & 0 & 0 & 0 & 0 & -1 & 0 \\ 0 & \Omega_U & -\Omega_N & 0 & 0 & 1 & 0 & 0 \\ 0 & 0 & 0 & 0 & 0 & 0 & 0 & 0 \\ \Omega_N & 0 & 0 & 0 & 0 & 0 & 0 & 1 \\ 0 & 0 & f_x^n & 0 & 0 & 0 & 0 & 0 \\ 0 & 0 & 0 & 0 & 0 & 0 & 0 & 0 \\ \vdots & \vdots & \vdots & \vdots & \vdots & \vdots & \vdots & \vdots \end{bmatrix}$$

可以看出，由于第 2 时间段子矩阵的秩 $\mathrm{rank}[Q'_s(2)]=6$，故 $\mathrm{rank}[Q_s(2)]=8$。系统不是完全可观测的。

第 3 时间段的 $Q_s(3)$ 与 $Q_s(2)$ 相同，系统也不是完全可观测的。以后时间段系统可观测性不变。

5. 东北向加速机动飞行

第 2 时间段飞机产生恒定的东向和北向加速度 f_x^n，f_y^n，但其姿态角不变，其第 2 时间段经过初等变换的子矩阵为

$$Q'_s(2)=\begin{bmatrix} 0 & -g & 0 & 1 & 0 & 0 & 0 & 0 \\ g & 0 & 0 & 0 & 1 & 0 & 0 & 0 \\ \Omega_U & 0 & 0 & 0 & 0 & 0 & -1 & 0 \\ 0 & \Omega_U & -\Omega_N & 0 & 0 & 1 & 0 & 0 \\ 0 & 0 & 0 & 0 & 0 & 0 & 0 & 0 \\ \Omega_N & 0 & 0 & 0 & 0 & 0 & 0 & 1 \\ 0 & 0 & f_y^n & 0 & 0 & 0 & 0 & 0 \\ 0 & 0 & f_x^n & 0 & 0 & 0 & 0 & 0 \\ \vdots & \vdots & \vdots & \vdots & \vdots & \vdots & \vdots & \vdots \end{bmatrix}$$

可以看出，由于第 2 时间段子矩阵的秩 $\mathrm{rank}[Q'_s(2)]=6$，故 $\mathrm{rank}[Q_s(2)]=8$。系统不是完全可观测的。

第 3 时间段的 $Q_s(3)$ 与 $Q_s(2)$ 相同，系统也不是完全可观测的。以后时间段系统也都不是完全可观测的。

6. 俯仰角俯冲机动飞行

第 2 时间段飞机产生天向加速度 f_z^n 和恒定的 ω_{ibx}^b，使飞机俯仰角增加并使垂直机体的加速度投影到飞机的飞行方向上，产生北向加速度 f_y^n，其第 2 时间段经过初等变换的子矩阵为

$$
\boldsymbol{Q}_s'(2)=\begin{bmatrix}
0 & -g & 0 & 1 & 0 & 0 & 0 & 0\\
g & 0 & 0 & 0 & 1 & 0 & 0 & 0\\
\Omega_U & 0 & 0 & 0 & 0 & 0 & -1 & 0\\
0 & \Omega_U & -\Omega_N & 0 & 0 & 1 & 0 & 0\\
0 & 0 & 0 & 0 & 0 & 0 & 0 & 0\\
\Omega_N & 0 & 0 & 0 & 0 & 0 & 0 & 1\\
0 & \Delta f_z^n & \Delta f_y^n & 0 & 0 & 0 & 0 & 0\\
\Delta f_z^n & 0 & 0 & 0 & 0 & 0 & 0 & 0\\
0 & 0 & 0 & 0 & 0 & 0 & f_z^n & 0\\
0 & 0 & 0 & 0 & 0 & 0 & 0 & 0\\
0 & 0 & 0 & 0 & 0 & 0 & f_y^n\omega_{ibx}^b & f_z^n\omega_{ibx}^b\\
0 & 0 & 0 & 0 & 0 & 0 & 0 & 0\\
\vdots & \vdots & \vdots & \vdots & \vdots & \vdots & \vdots & \vdots
\end{bmatrix}
$$

式中，Δf_y^n 和 Δf_z^n 为飞机飞行的这一时间段相对于前一时间段北向和天向加速度的变化。

可以看出，由于第 2 时间段子矩阵的秩 $\mathrm{rank}[\boldsymbol{Q}_s'(2)]=8$，故 $\mathrm{rank}[\boldsymbol{Q}_s(2)]=10$。系统变成完全可观测的。

第 3 时间段的 $\boldsymbol{Q}_s(3)$ 与 $\boldsymbol{Q}_s(2)$ 相同，系统也为完全可观测的。以后时间段系统的可观测性与第 3 时间段相同。

7. 航向角转弯机动飞行

第 2 时间段航向角变化，产生恒定的 ω_{ibz}^b，并产生侧向加速度 f_x^n 和 f_y^n，其第 2 时间段经过初等变换的子矩阵为

$$
\boldsymbol{Q}_s'(2)=\begin{bmatrix}
0 & -g & 0 & 1 & 0 & 0 & 0 & 0\\
g & 0 & 0 & 0 & 1 & 0 & 0 & 0\\
\Omega_U & 0 & 0 & 0 & 0 & 0 & -1 & 0\\
0 & \Omega_U & -\Omega_N & 0 & 0 & 1 & 0 & 0\\
0 & 0 & 0 & 0 & 0 & 0 & 0 & 0\\
\Omega_N & 0 & 0 & 0 & 0 & 0 & 0 & 1\\
0 & 0 & \Delta f_y^n & 0 & 0 & 0 & 0 & 0\\
0 & 0 & -\Delta f_x^n & 0 & 0 & 0 & 0 & 0\\
0 & 0 & 0 & 0 & \omega_{ibz}^b & 0 & 0 & 0\\
0 & 0 & 0 & -\omega_{ibz}^b & 0 & 0 & 0 & 0\\
0 & 0 & 0 & 0 & 0 & 0 & 0 & 0\\
0 & 0 & 0 & 0 & 0 & 0 & \omega_{ibz}^b & 0\\
\vdots & \vdots & \vdots & \vdots & \vdots & \vdots & \vdots & \vdots
\end{bmatrix}
$$

式中，Δf_x^n 和 Δf_y^n 为飞机飞行的某一时间段相对于前一时间段东向和北向加速度的变化。

可以看出，由于第 2 时间段子矩阵的秩 $\mathrm{rank}[\boldsymbol{Q}_s'(2)]=8$，故 $\mathrm{rank}[\boldsymbol{Q}_s(2)]=10$。系统变成完全可观测的。

第 3 时间段的 $\boldsymbol{Q}_{\mathrm{s}}(3)$ 与 $\boldsymbol{Q}_{\mathrm{s}}(2)$ 相同，系统也为完全可观测的。以后时间段系统均为完全可观测的。

8. 俯冲转弯机动方式飞行

第 2 时间段飞机俯仰角和航向角同时变化，产生恒定的 $\omega_{\mathrm{ib}x}^{\mathrm{b}}$ 和 $\omega_{\mathrm{ib}z}^{\mathrm{b}}$，天向加速度 f_z^{n} 逐渐增大并产生以余弦规律变化的东向和北向加速度 f_x^{n} 和 f_y^{n}。第 2 时间段经过初等变换的可观测性矩阵为

$$\boldsymbol{Q}'_{\mathrm{s}}(2)=\begin{bmatrix} 0 & -g & 0 & 1 & 0 & 0 & 0 & 0 \\ g & 0 & 0 & 0 & 1 & 0 & 0 & 0 \\ \Omega_{\mathrm{U}} & 0 & 0 & 0 & 0 & 0 & -1 & 0 \\ 0 & \Omega_{\mathrm{U}} & -\Omega_{\mathrm{N}} & 0 & 0 & 1 & 0 & 0 \\ 0 & 0 & 0 & 0 & 0 & 0 & 0 & 0 \\ \Omega_{\mathrm{N}} & 0 & 0 & 0 & 0 & 0 & 0 & 1 \\ 0 & -\Delta f_z^{\mathrm{n}} & \Delta f_y^{\mathrm{n}} & 0 & 0 & 0 & 0 & 0 \\ \Delta f_z^{\mathrm{n}} & 0 & -\Delta f_x^{\mathrm{n}} & 0 & 0 & 0 & 0 & 0 \\ 0 & 0 & 0 & 0 & \omega_{\mathrm{ib}z}^{\mathrm{b}} & 0 & 0 & 0 \\ 0 & 0 & 0 & -\omega_{\mathrm{ib}z}^{\mathrm{b}} & 0 & 0 & 0 & 0 \\ 0 & 0 & 0 & 0 & 0 & 0 & -f_y^{\mathrm{n}}\omega_{\mathrm{ib}x}^{\mathrm{b}} & -f_z^{\mathrm{n}}\omega_{\mathrm{ib}y}^{\mathrm{b}} \\ 0 & 0 & 0 & 0 & 0 & 0 & 0 & -f_z^{\mathrm{n}}\omega_{\mathrm{ib}z}^{\mathrm{b}} \\ \vdots & \vdots & \vdots & \vdots & \vdots & \vdots & \vdots & \vdots \end{bmatrix}$$

式中，Δf_x^{n}，Δf_y^{n} 和 Δf_z^{n} 为飞机飞行的某一时间段相对于前一时间段东向、北向和天向加速度的变化。

从上式可以看出，第 2 时间段 $\mathrm{rank}[\boldsymbol{Q}_{\mathrm{s}}(2)]=10$，系统变成完全可观测的。第 3 时间段的 $\boldsymbol{Q}_{\mathrm{s}}(3)$ 与 $\boldsymbol{Q}_{\mathrm{s}}(2)$ 相同，系统也为完全可观测的。以后时间段系统的可观测性不变。

9. 三姿态角变化机动飞行

第 2 时间段飞机俯仰角、横滚角和航向角同时变化，产生恒定的 $\omega_{\mathrm{ib}x}^{\mathrm{b}}$，$\omega_{\mathrm{ib}y}^{\mathrm{b}}$ 和 $\omega_{\mathrm{ib}z}^{\mathrm{b}}$，天向加速度 f_z^{n} 逐渐增大并产生以余弦规律变化的东向和北向加速度 f_x^{n} 和 f_y^{n}，其第 2 时间段经过初等变换的可观测性矩阵为

$$\boldsymbol{Q}'_{\mathrm{s}}(2)=\begin{bmatrix} 0 & -g & 0 & 1 & 0 & 0 & 0 & 0 \\ g & 0 & 0 & 0 & 1 & 0 & 0 & 0 \\ \Omega_{\mathrm{U}} & 0 & 0 & 0 & 0 & 0 & -1 & 0 \\ 0 & \Omega_{\mathrm{U}} & -\Omega_{\mathrm{N}} & 0 & 0 & 1 & 0 & 0 \\ 0 & 0 & 0 & 0 & 0 & 0 & 0 & 0 \\ \Omega_{\mathrm{N}} & 0 & 0 & 0 & 0 & 0 & 0 & 1 \\ 0 & -\Delta f_z^{\mathrm{n}} & \Delta f_y^{\mathrm{n}} & 0 & 0 & 0 & 0 & 0 \\ \Delta f_z^{\mathrm{n}} & 0 & -\Delta f_x^{\mathrm{n}} & 0 & 0 & 0 & 0 & 0 \\ 0 & 0 & 0 & 0 & \omega_{\mathrm{ib}z}^{\mathrm{b}} & 0 & 0 & 0 \\ 0 & 0 & 0 & -\omega_{\mathrm{ib}z}^{\mathrm{b}} & 0 & 0 & 0 & 0 \\ 0 & 0 & 0 & 0 & 0 & -f_y^{\mathrm{n}}\omega_{\mathrm{ib}y}^{\mathrm{b}} & -f_y^{\mathrm{n}}\omega_{\mathrm{ib}x}^{\mathrm{b}} & 0 \\ 0 & 0 & 0 & 0 & 0 & f_x^{\mathrm{n}}\omega_{\mathrm{ib}y}^{\mathrm{b}} & f_x^{\mathrm{n}}\omega_{\mathrm{ib}x}^{\mathrm{b}} & -f_z^{\mathrm{n}}\omega_{\mathrm{ib}z}^{\mathrm{b}} \\ \vdots & \vdots & \vdots & \vdots & \vdots & \vdots & \vdots & \vdots \end{bmatrix}$$

式中，Δf_x^n，Δf_y^n 和 Δf_z^n 为飞机飞行的某一时间段相对于前一时间段东向、北向和天向加速度的变化。

从上式可以看出，第 2 时间段 $\mathrm{rank}[\boldsymbol{Q}_s(2)]=10$，系统变成完全可观测的。第 3 时间段的 $\boldsymbol{Q}_s(3)$ 与 $\boldsymbol{Q}_s(2)$ 相同，系统也为完全可观测的。以后时间段系统均为完全可观测的。

以上分析通过求 SOM 矩阵的秩，确定载体进行某种机动方式时，系统是否完全可观测，但这种方法当载体进行几种机动方式的 SOM 矩阵的秩相同时，无法确定哪种机动方式可以获得更好的传递对准效果。下面介绍一种可观测度的分析方法，这种方法可以定量地分析载体进行不同机动方式时系统的可观测性。

6.10　典型机动方式的可观测度分析及仿真实例

6.10.1　仿真条件

初始纬度为40°，初始经度为116°，初始速度为 270 m/s，共飞行 25 s，最初 5 s 为匀速飞行，每段时间为 5 s。状态变量 $\boldsymbol{X}$ 的初始值 $\boldsymbol{X}(0)$ 均取零，子惯导系统的陀螺仪和加速度计均取中等精度，具体取值与第 2 章仿真条件相同。速度测量噪声为 0.01 m/s，系统初始误差方差阵 $\boldsymbol{P}(0)$、系统噪声方差阵 $\boldsymbol{Q}$ 和测量噪声方差阵 $\boldsymbol{R}$ 分别为

$$\boldsymbol{P}(0)=\mathrm{diag}[(0.1\ \mathrm{m/s})^2\quad (0.1\ \mathrm{m/s})^2\quad (1°)^2\quad (1°)^2\quad (1°)^2\quad (100\ \mu g)^2\quad (100\ \mu g)^2\quad (0.02\ °/\mathrm{h})\quad (0.02\ °/\mathrm{h})\quad (0.02\ °/\mathrm{h})]$$

$$\boldsymbol{Q}=\mathrm{diag}[(50\ \mu g)^2\quad (50\ \mu g)^2\quad (0.01\ °/\mathrm{h})\quad (0.01\ °/\mathrm{h})\quad (0.01\ °/\mathrm{h})\quad 0\quad 0\quad 0\quad 0\quad 0]$$

$$\boldsymbol{R}=\mathrm{diag}[(0.01\ \mathrm{m/s})^2\quad (0.01\ \mathrm{m/s})^2]$$

东、北及东北向加速飞行加速度均为 2 m/s²，俯仰角变化的角速度为 1.5 °/s，航向角变化的角速度为 4.5 °/s，横滚角变化角速度为 9 °/s。

6.10.2　典型机动方式的可观测度分析

用分段线性定常系统(PWCS) 分析系统的可观测性，只能分析出系统是否完全可观测以及哪些状态变量或状态变量的线性组合可观测、哪些不可观测，而状态变量的可观测度才能真正表征卡尔曼滤波器对状态变量的估计速度和估计精度。下面采用奇异值分解的方法对变换后的 SINS 动基座传递对准系统模型式(6.133) 和式(6.134) 进行可观测度分析。

对式(6.136) 第 j 时间段的 SOM 矩阵 $\boldsymbol{Q}_s(j)$ 进行奇异值分解，可得

$$\boldsymbol{Q}_s(j)=\boldsymbol{U\Sigma V}^{\mathrm{T}}$$

式中，$\boldsymbol{U}=[u_1\quad u_2\quad \cdots\quad u_m]$，$\boldsymbol{V}=[v_1\quad v_2\quad \cdots\quad v_{10}]$ 为正交矩阵，m 为观测值个数；$\boldsymbol{\Sigma}=\begin{bmatrix}\boldsymbol{S}\\ \boldsymbol{O}_{(m-10)\times 10}\end{bmatrix}_{m\times 10}$，$\boldsymbol{S}=\mathrm{diag}[\sigma_1\quad \sigma_2\quad \cdots\quad \sigma_{10}]$ 为对角阵，且有 $\sigma_1\geqslant\sigma_2\geqslant\cdots\geqslant\sigma_{10}\geqslant 0$，称为矩阵 $\boldsymbol{Q}_s(j)$ 的奇异值，并定义某一状态变量的可观测度等于使该变量取得最大值时的奇异值。

根据以上仿真条件计算出飞机以 9 种机动方式飞行，各时间段按照误差模型中各状态变

量顺序的可观测度。表 6.5 列出了 9 种机动方式第 5 时间段的可观测度对比情况。

表 6.5　9 种机动方式第 5 时间段的可观测度对比

机动方式 / 状态变量的序号	东向匀速	北向匀速	东向加速	北向加速	东北向加速	俯仰角俯冲	航向角转弯	俯冲转弯	三姿态角变化
1	2.236 1	2.236 1	2.236 1	2.236 1	2.236 1	2.236 1	2.236 1	2.236 1	2.236 1
2	2.236 1	2.236 1	2.236 1	2.236 1	2.236 1	2.236 1	2.236 1	2.236 1	2.236 1
3	22.082	22.015	22.379	22.017	22.068	34.601	23.541	31.679	32.173
4	22.082	22.015	22.089	22.09	22.359	34.765	22.02	32.82	34.345
5	7.4×10^{-4}	7.4×10^{-4}	1.765 1	1.765 4	1.765 3	2.270 4	5.475	5.600 3	9.212 4
6	8.6×10^{-5}	8.6×10^{-5}	5.8×10^{-4}	1.7×10^{-4}	3.5×10^{-4}	0.364 55	0.050 926	0.394 66	0.417 49
7	8.6×10^{-5}	8.6×10^{-5}	4.2×10^{-4}	2.7×10^{-4}	4.9×10^{-4}	0.392 3	0.069 897	0.330 18	0.367 28
8	21.968	21.901	22.267	21.904	21.955	34.531	23.481	31.702	32.264
9	21.969	21.901	21.976	22.976	22.247	34.695	21.961	32.836	34.413
10	2.3×10^{-3}	1.7×10^{-3}	1.764 9	1.765 2	1.765 1	2.427 3	5.500 1	5.636 3	9.788 7

由表 6.5 中的数据可以看出，整体上三姿态角变化机动方式的可观测度高于其他 8 种机动方式。

6.10.3　仿真验证

根据以上仿真条件，对以上 9 种机动方式的失准角估计性能进行仿真验证。如图 6.69 ～图 6.74 所示为 9 种机动方式传递对准 3 个失准角和估计方差曲线的对比图。表 6.6 列出了 9 种机动方式 25 s 时各状态变量估计误差对比的情况。

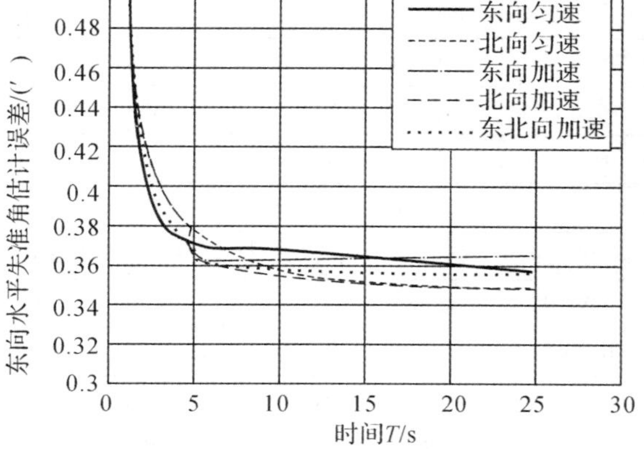

图 6.69　5 种机动方式东向水平失准角估计误差

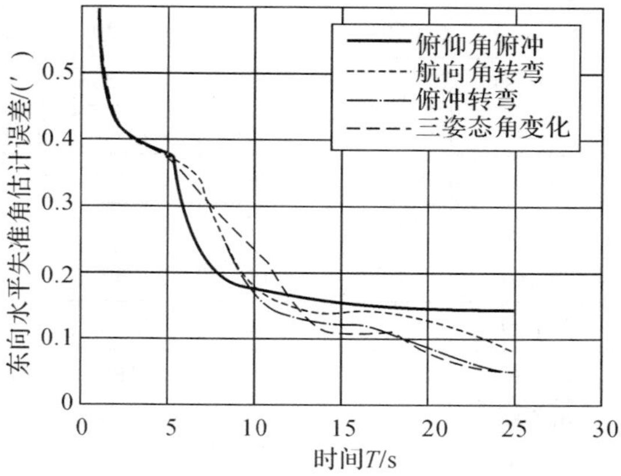

图 6.70　4 种机动方式东向水平失准角估计误差

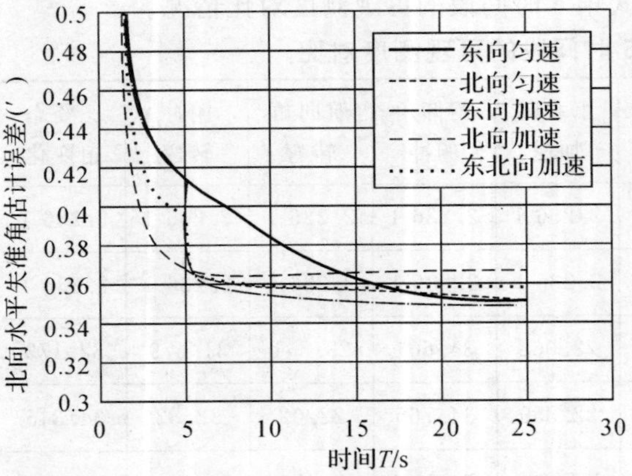

图 6.71 5 种机动方式北向水平失准角估计误差

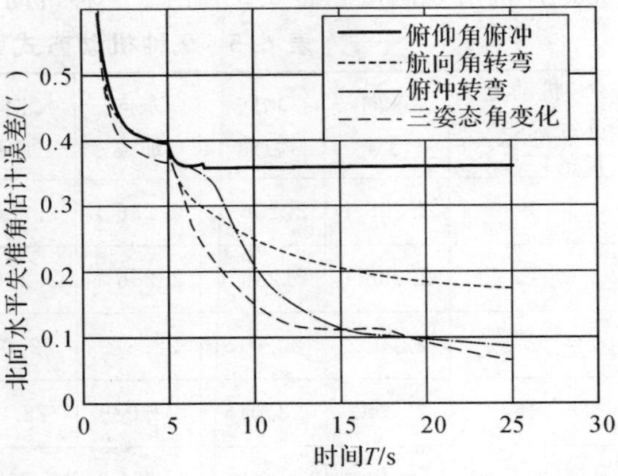

图 6.72 4 种机动方式北向水平失准角估计误差

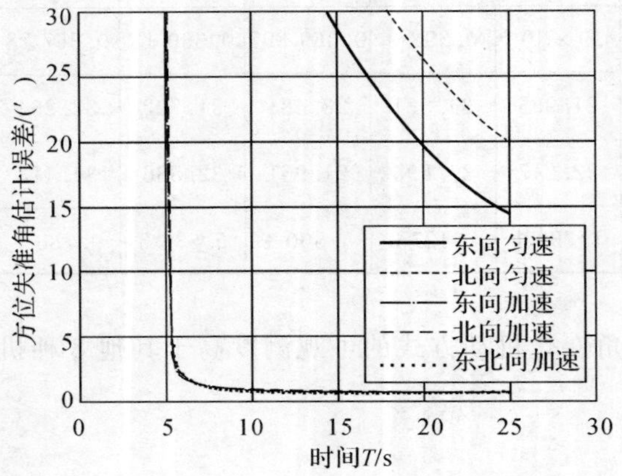

图 6.73 5 种机动方式方位失准角估计误差

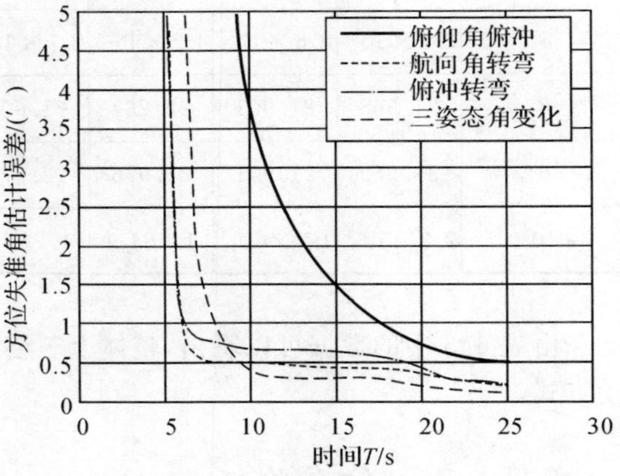

图 6.74 4 种机动方式方位失准角估计误差

表 6.6 9 种机动方式 25 s 时各状态变量估计误差对比

机动方式 / 状态变量序号	东向匀速	北向匀速	东向加速	北向加速	东北向加速	俯仰角俯冲	航向角转弯	俯冲转弯	三姿态角变化
1(m/s)	0.002 206	0.002 222	0.002 206	0.002 209	0.002 21	0.002 27	0.002 26	0.002 25	0.007 96
2(m/s)	0.002 253	0.002 234	0.002 208	0.002 206	0.002 21	0.002 21	0.002 25	0.002 26	0.002 25
3(′)	0.356 6	0.348	0.365 5	0.347 5	0.355 4	0.143 3	0.084 39	0.050 86	0.051 52
4(′)	0.349 4	0.350 9	0.346 4	0.365 3	0.356 5	0.170 3	0.080 9	0.062 09	0.055 31
5(′)	14.31	19.63	0.661 9	0.650 6	0.658 4	0.500 7	0.215 8	0.214 3	0.113 1
6(μg)	100	100	99.99	99.99	99.99	68.16	17.01	16.62	18.15
7(μg)	99.99	99.99	99.98	100	99.99	65.68	15.57	15.44	16.77
8(°/h)	0.019 97	0.019 77	0.019 7	0.019 47	0.019 58	0.019 08	0.019 99	0.019 99	0.019 94
9(°/h)	0.019 46	0.019 64	0.019 46	0.019 71	0.019 6	0.019 89	0.019 99	0.019 97	0.019 94
10(°/h)	0.02	0.02	0.019 99	0.019 99	0.019 99	0.019 98	0.019 95	0.019 93	0.019 98

可以得出，和匀速机动方式相比，北向加速机动方式方位失准角的估计精度明显提高，25 s时达到0.650 6′；东向加速机动方式飞行25 s时，水平失准角估计误差分别为0.365 5′和0.346 4′；以北向加速机动方式飞行25 s时，水平失准角估计误差分别为0.347 5′和0.365 3′；而东北向加速机动方式的相应值为0.355 4′和0.356 5′；俯冲机动方式除水平速度误差外的各状态变量的估计效果相比匀速机动方式都有提高，25 s时水平失准角的估计误差达到0.15′左右，方位失准角估计误差达到0.5′；转弯机动方式和匀速机动方式相比，25 s时，水平失准角估计误差达到0.08′左右，方位失准角估计误差达到0.21′；俯冲转弯机动方式飞行25 s时，水平失准角估计误差达到0.06′左右，方位失准角估计误差达到0.2′；以三姿态角变化机动方式飞行25 s时水平失准角估计误差达到0.05′左右，方位失准角估计误差达到0.1′。综上所述，9种机动方式下各时间段各状态变量的估计效果与可观测度一一对应，说明各状态变量的可观测度可以表征其滤波效果。另外，由以上的可观测性和可观测度分析及仿真验证可知，同时改变俯仰角、横滚角和航向角的俯冲转弯横滚角变化机动方式是一种十分有效的SINS动基座传递对准的机动方式。

下面对不同机动方式影响各状态变量的可观测度和滤波效果的因素进行详细分析：

(1) 由SINS误差模型可以看出，方位失准角通过东向和北向加速度分别与北向和东向水平速度误差耦合，是否存在水平加速度决定着耦合是否存在。因此，北向机动的方位失准角估计效果相对于匀速机动有所提高。

(2) 东向和北向水平失准角通过天向加速度分别与北向和东向水平速度误差耦合，而方位失准角通过东向和北向加速度分别与北向和东向水平速度误差耦合。当飞机北向加速飞行时，东向速度为零，东向速度误差与北向失准角的耦合程度很弱。因此，北向失准角估计误差低于东向失准角，飞机东向加速机动飞行与北向加速机动飞行正好相反，而东北向加速机动飞行介于二者之间。

(3) 俯冲机动时，飞机俯仰角发生变化，能够提高东向陀螺和方位陀螺的可观测度，而方位失准角的估计精度主要取决于等效东向和方位陀螺仪漂移的估计精度，因此方位失准角的可观测度和估计精度提高。又因为加速度计测量方向的变化是提高其可观测度的根本原因，而水平失准角的估计精度取决于水平加速度计的估计精度，故水平失准角的可观测度和估计精度有所提高。

(4) 转弯机动时，加速度计的测量方向发生变化，加速度计的可观测度提高，因此水平失准角的可观测度和估计精度提高。另外，由于航向角的变化可以提高东向、北向和方位陀螺的可观测度，故可以提高方位失准角的可观测度和估计精度。

(5) 俯冲转弯机动和俯冲机动相比，加速度计测量方向变化更大，对方位陀螺和东向陀螺的激励更明显。因此，俯冲转弯机动方式下失准角的估计效果好于俯冲机动方式。

6.11　本章小结

本章首先分析了通过利用卡尔曼滤波器公式估计出两套捷联式惯性传感器组件之间的失准角，使一套捷联式惯性传感器组件对准于另一套捷联式惯性传感器组件；讨论了两种情况下卡尔曼滤波器的公式，一种情况是失准角固定不变时，另一种情况是由于载体发生弯曲变形而引起失准角发生变化时；运用卡尔曼滤波器时可以只将陀螺仪的输出作为观测量，也可以将陀螺仪和加速度计的输出同时作为观测量；讨论了用于估计惯性传感器误差参数的滤波器。

其次，本章推导并建立了传递对准卡尔曼滤波的状态方程和量测方程。

最后，本章定量分析了不同机动方式下系统的可观测性，并得到了以下结论：

(1) 传统的 SINS 误差模型中由大量的姿态角的正、余弦函数运算，利用李雅普诺夫变换可以简化系统误差模型，便于对不同的复杂机动方式进行可观测性的定性分析。

(2) 平动加速度能够提高方位陀螺和方位失准角的可观测性和估计效果。方位轴和俯仰轴的角运动能够提高水平加速度计偏置和陀螺仪漂移的可观测性和可观测度，从而提高水平失准角的估计效果。

第 7 章　无初始姿态信息的捷联式惯导系统空中对准方法

7.1 引　　言

若飞行器在飞行过程中出现了瞬时故障，导致捷联式惯导系统的数据丢失或被毁坏，那么故障排除后系统恢复的首要任务就是重新对其捷联式惯导系统进行对准。这时，在无初始姿态信息的情况下重新进行动基座对准，需要建立大失准角下的捷联式惯导系统误差方程。因此，本章基于游动方位角三角函数误差建立了大角度误差方程，当游动方位角误差较小时，大角度误差模型可以转化为小角度误差模型。首先，利用其他导航系统提供的位置和速度信息初始化导航方程，由于没有初始姿态信息传递给捷联式惯导系统，所以初始姿态可任意定义；其次，对所建立的大航向角误差模型进行卡尔曼滤波，用估计出的导航参数实时修正导航方程，实现粗对准；最后，在姿态误差减小到一定程度后，改用小角度误差模型，同样使用卡尔曼滤波器进行导航误差的估计和修正，完成精对准。

这种无初始姿态信息时空中初始对准的原理可以用图 7.1 来说明。飞行器导航系统提供参考导航参数，并提供初始位置和速度信息。当捷联式惯导系统初始化时，只提供初始位置和速度信息，并无初始姿态信息。卡尔曼滤波器的观测量为参考导航系统提供的位置信息、速度与捷联式惯导系统解算的位置、速度之间的差值 $\delta\theta,\delta V$。如图 7.1 所示的导航方程、卡尔曼滤波器以及导航参数校正模块可以提供修正后的导航位置、速度和姿态信息，卡尔曼滤波时用了两种误差方程形式，大角度误差方程用于完成捷联式惯导系统粗对准，小角度误差方程用于捷联式惯导系统精对准阶段。下面详细介绍 R. M. Rogers 提出的这种无初始姿态信息的捷联式惯导系统大失准角条件下的空中对准方法。

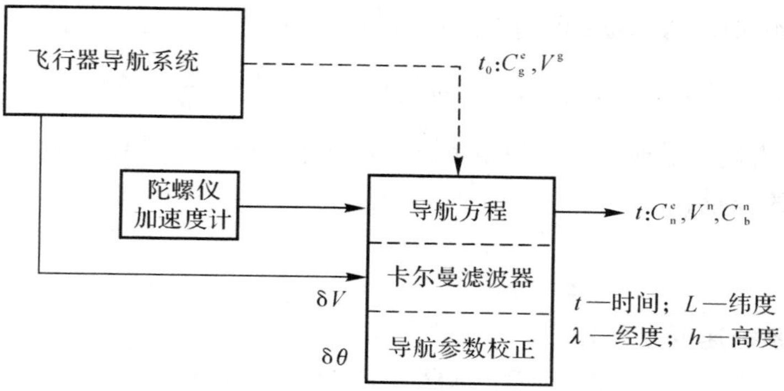

图 7.1　无初始姿态信息时空中对准原理图

7.2 捷联式惯导系统导航方程及其初始化

定义地理坐标系为东北天坐标系，记为 $OX_gY_gZ_g$。导航坐标系为游动方位坐标系，记为 $OX_nY_nZ_n$，它与地理坐标系之间的关系如图 7.2 所示，其中 α 为游动方位角。

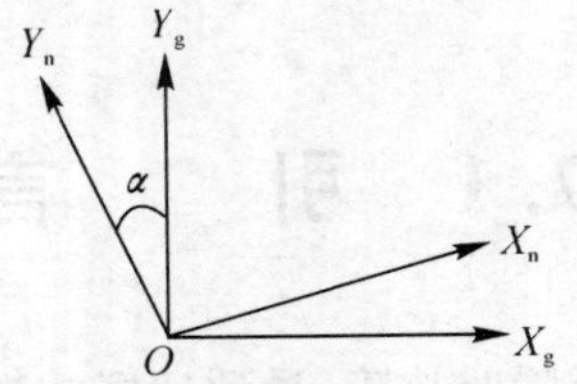

图 7.2 地理坐标系与导航坐标系关系图

载体坐标系记为 $OX_bY_bZ_b$，OX_b 沿载体横轴指向右，OY_b 沿载体纵轴指向前，OZ_b 垂直 OX_bY_b 平面，并沿载体的竖轴向上。

7.2.1 导航方程

1. 位置方程

由图 7.2 可知，地理坐标系与导航坐标系之间的方向余弦矩阵 $\boldsymbol{C}_g^n$ 为

$$\boldsymbol{C}_g^n=\begin{bmatrix}\cos\alpha & \sin\alpha & 0\\ -\sin\alpha & \cos\alpha & 0\\ 0 & 0 & 1\end{bmatrix} \tag{7.1}$$

捷联式惯导系统位置矩阵 $\boldsymbol{C}_e^n$ 的微分方程为

$$\dot{\boldsymbol{C}}_e^n=-\boldsymbol{\Omega}_{en}^n\boldsymbol{C}_e^n \tag{7.2}$$

式中，$\boldsymbol{\Omega}_{en}^n$ 为位置速率 $\boldsymbol{\omega}_{en}^n$ 的反对称阵；$\boldsymbol{\omega}_{en}^n$ 为导航坐标系相对地球坐标系的角速度在导航坐标系中的分量。

若把地球看作球体，那么 $\boldsymbol{\omega}_{en}^n$ 可用下式计算得到，即

$$\boldsymbol{\omega}_{en}^n=[\omega_{enx}^n \quad \omega_{eny}^n \quad \omega_{enz}^n]^T=\left[-\frac{V_y}{R} \quad \frac{V_x}{R} \quad 0\right]^T \tag{7.3}$$

式中，$R=R_e+h$ 为载体到地球地心的距离，R_e 为地球半径；$\boldsymbol{V}^n=[V_x \quad V_y \quad V_z]^T$ 为地速在导航坐标系 3 个轴的分量。

2. 速度方程

捷联式惯导系统速度方程为

$$\dot{\boldsymbol{V}}^n=\boldsymbol{f}^n-(\boldsymbol{\Omega}_{en}^n+2\boldsymbol{\Omega}_{ie}^n)\boldsymbol{V}^n+\boldsymbol{g}^n \tag{7.4}$$

式中，$\boldsymbol{f}^n$ 为导航坐标系内的比力；$\boldsymbol{\Omega}_{ie}^n$ 为 $\boldsymbol{\omega}_{ie}^n$ 的反对称阵，$\boldsymbol{\omega}_{ie}^n=[\boldsymbol{\omega}_{iex}^n \quad \boldsymbol{\omega}_{iey}^n \quad \boldsymbol{\omega}_{iez}^n]^T=\boldsymbol{C}_e^n[0 \quad 0 \quad \omega_{ie}]^T$ 为地球自转角速度在导航坐标系内的分量；$\boldsymbol{g}^n$ 为导航坐标系内的重力加速度。

3. 姿态方程

捷联式惯导系统姿态矩阵$\boldsymbol{C}_b^n$的微分方程为

$$\dot{\boldsymbol{C}}_n^b = -\boldsymbol{\Omega}_{nb}^b \boldsymbol{C}_n^b \tag{7.5}$$

式中，$\boldsymbol{\Omega}_{nb}^b$ 为姿态角速度$\boldsymbol{\omega}_{nb}^b$ 的反对称阵，$\boldsymbol{\omega}_{nb}^b$ 为载体坐标系相对于导航坐标系的角速度在载体坐标系内的投影。

根据角速度叠加原理，有

$$\boldsymbol{\omega}_{nb}^b = -\boldsymbol{C}_n^b(\boldsymbol{\omega}_{en}^n + \boldsymbol{\omega}_{ie}^n) + \boldsymbol{\omega}_{ib}^b \tag{7.6}$$

式中，$\boldsymbol{\omega}_{ib}^b$ 为载体坐标系相对于惯性坐标系的角速度在载体坐标系内的投影。

7.2.2　导航方程初始化

式(7.2)、式(7.4) 和式(7.5) 统称为捷联式惯导系统的导航方程，在对它们进行解算之前必须进行初始化。对于位置方程，虽然纬度和经度可以从外部参考信息得到，但游动方位角 α 是未知的，因此位置方程不能初始化。而初始姿态本身就是初始对准过程的待确定量，因此也不能对姿态方程进行初始化。

虽然可以任意假设初始姿态角和初始游动方位角，然后对以上惯导系统方程进行初始化，但是如果不进行校正，这样初始化后导航方程的解是不真实的，因此在导航计算的同时要用按照大航向角误差模型滤波得到的游动方位角误差和姿态角误差的估计值校正导航方程，此过程即为粗对准。随着滤波的进行，在游动方位角误差的方差减小到一定的程度后，再改用小航向角误差模型代替大航向角误差模型，完成粗对准转而进入精对准阶段。

7.3　无初始姿态信息空中对准的滤波器设计

7.3.1　大航向角误差模型

下面为方便误差模型的推导，函数 sin，cos 分别用 s，c 代替。

1. 位置误差微分方程

将位置方向余弦矩阵$\boldsymbol{C}_e^n$分解为

$$\boldsymbol{C}_e^n = \boldsymbol{C}_g^n \boldsymbol{C}_e^g \tag{7.7}$$

式中，$\boldsymbol{C}_e^g$为地球坐标系到地理坐标系的方向余弦矩阵。

根据每个矩阵的误差，计算矩阵$\hat{\boldsymbol{C}}_e^n$ 可以表示并扩展为

$$\hat{\boldsymbol{C}}_e^n = \hat{\boldsymbol{C}}_g^n \hat{\boldsymbol{C}}_e^g = (\boldsymbol{C}_g^n + \delta\boldsymbol{C}_g^n)[\boldsymbol{I} - (\delta\boldsymbol{\theta}^g \times)]\boldsymbol{C}_e^g \tag{7.8}$$

式中，$\delta\boldsymbol{C}_g^n$ 为矩阵$\hat{\boldsymbol{C}}_g^n$ 的误差；$\delta\boldsymbol{\theta}^g = [\delta\theta_E \quad \delta\theta_N \quad 0]^T$ 为计算地理坐标系与真实地理坐标系之间的欧拉角在地理坐标系内的分量(因为它是由纬度和经度误差引起的，故在地球法线方向上没有投影)；$(\delta\boldsymbol{\theta}^g \times)$ 为 $\delta\boldsymbol{\theta}^g$ 的反对称阵。

将式(7.1)代入式(7.8)得到

$$\hat{\boldsymbol{C}}_{\mathrm{e}}^{\mathrm{n}}=\left\{\begin{bmatrix}\mathrm{c}(\alpha) & \mathrm{s}(\alpha) & 0\\ -\mathrm{s}(\alpha) & \mathrm{c}(\alpha) & 0\\ 0 & 0 & 1\end{bmatrix}+\begin{bmatrix}\delta\mathrm{c}(\alpha) & \delta\mathrm{s}(\alpha) & 0\\ -\delta\mathrm{s}(\alpha) & \delta\mathrm{c}(\alpha) & 0\\ 0 & 0 & 0\end{bmatrix}\right\}\begin{bmatrix}1 & 0 & \delta\theta_{\mathrm{N}}\\ 0 & 1 & \delta\theta_{\mathrm{E}}\\ \delta\theta_{\mathrm{N}} & -\delta\theta_{\mathrm{E}} & 1\end{bmatrix}\boldsymbol{C}_{\mathrm{e}}^{\mathrm{g}} \tag{7.9}$$

式(7.9)用游动方位角三角函数的误差 $\delta\mathrm{s}(\alpha)$ 和 $\delta\mathrm{c}(\alpha)$ 代替了游动方位角误差 $\delta\alpha$。由于 $\delta\mathrm{s}(\alpha)$,$\delta\mathrm{c}(\alpha)$,$\delta\theta_{\mathrm{E}}$ 和 $\delta\theta_{\mathrm{N}}$ 均为小量,所以可忽略它们的乘积项,并定义

$$\left.\begin{aligned}\delta\theta_x&=\mathrm{c}(\alpha)\delta\theta_{\mathrm{E}}+\mathrm{s}(\alpha)\delta\theta_{\mathrm{N}}\\ \delta\theta_y&=-\mathrm{s}(\alpha)\delta\theta_{\mathrm{E}}+\mathrm{c}(\alpha)\delta\theta_{\mathrm{N}}\end{aligned}\right\} \tag{7.10}$$

由式(7.9)和式(7.10)可得

$$\hat{\boldsymbol{C}}_{\mathrm{e}}^{\mathrm{n}}\approx\boldsymbol{C}_{\mathrm{g}}^{\mathrm{n}}\begin{bmatrix}1 & 0 & \delta\theta_{\mathrm{N}}\\ 0 & 1 & \delta\theta_{\mathrm{E}}\\ \delta\theta_{\mathrm{N}} & -\delta\theta_{\mathrm{E}} & 1\end{bmatrix}\boldsymbol{C}_{\mathrm{n}}^{\mathrm{g}}\boldsymbol{C}_{\mathrm{e}}^{\mathrm{n}}+\begin{bmatrix}\delta\mathrm{c}(\alpha) & \delta\mathrm{s}(\alpha) & 0\\ -\delta\mathrm{s}(\alpha) & \delta\mathrm{c}(\alpha) & 0\\ 0 & 0 & 0\end{bmatrix}\boldsymbol{C}_{\mathrm{n}}^{\mathrm{g}}\boldsymbol{C}_{\mathrm{e}}^{\mathrm{n}}=$$

$$\boldsymbol{C}_{\mathrm{e}}^{\mathrm{n}}+\begin{bmatrix}\delta\mathrm{c}(\alpha) & \delta\mathrm{s}(\alpha) & -\delta\theta_y\\ -\delta\mathrm{s}(\alpha) & \delta\mathrm{c}(\alpha) & \delta\theta_x\\ \delta\theta_{\mathrm{N}} & -\delta\theta_{\mathrm{E}} & 0\end{bmatrix}\boldsymbol{C}_{\mathrm{n}}^{\mathrm{g}}\boldsymbol{C}_{\mathrm{e}}^{\mathrm{n}}=(\boldsymbol{I}+\boldsymbol{F}\boldsymbol{C}_{\mathrm{n}}^{\mathrm{g}})\boldsymbol{C}_{\mathrm{e}}^{\mathrm{n}} \tag{7.11}$$

其中

$$\boldsymbol{F}=\begin{bmatrix}\delta\mathrm{c}(\alpha) & \delta\mathrm{s}(\alpha) & -\delta\theta_y\\ -\delta\mathrm{s}(\alpha) & \delta\mathrm{c}(\alpha) & \delta\theta_x\\ \delta\theta_{\mathrm{N}} & -\delta\theta_{\mathrm{E}} & 0\end{bmatrix} \tag{7.12}$$

考虑以下形式的方向余弦误差矩阵:

$$\delta\boldsymbol{C}_{\mathrm{e}}^{\mathrm{n}}=\hat{\boldsymbol{C}}_{\mathrm{e}}^{\mathrm{n}}-\boldsymbol{C}_{\mathrm{e}}^{\mathrm{n}}=\boldsymbol{F}\boldsymbol{C}_{\mathrm{e}}^{\mathrm{g}} \tag{7.13}$$

对式(7.13)两边求导可得

$$\delta\dot{\boldsymbol{C}}_{\mathrm{e}}^{\mathrm{n}}=\dot{\boldsymbol{F}}\boldsymbol{C}_{\mathrm{e}}^{\mathrm{g}}+\boldsymbol{F}\dot{\boldsymbol{C}}_{\mathrm{e}}^{\mathrm{g}}=\dot{\boldsymbol{F}}\boldsymbol{C}_{\mathrm{e}}^{\mathrm{g}}-\boldsymbol{F}\boldsymbol{\Omega}_{\mathrm{eg}}^{\mathrm{g}}\boldsymbol{C}_{\mathrm{e}}^{\mathrm{g}}=(\dot{\boldsymbol{F}}-\boldsymbol{F}\boldsymbol{\Omega}_{\mathrm{eg}}^{\mathrm{g}})\boldsymbol{C}_{\mathrm{e}}^{\mathrm{g}} \tag{7.14}$$

其中

$$\dot{\boldsymbol{C}}_{\mathrm{e}}^{\mathrm{g}}=-\boldsymbol{\Omega}_{\mathrm{eg}}^{\mathrm{g}}\boldsymbol{C}_{\mathrm{e}}^{\mathrm{g}} \tag{7.15}$$

式中,$\boldsymbol{\Omega}_{\mathrm{eg}}^{\mathrm{g}}$ 为角速度$\boldsymbol{\omega}_{\mathrm{eg}}^{\mathrm{g}}$ 组成的反对称矩阵;$\boldsymbol{\omega}_{\mathrm{eg}}^{\mathrm{g}}$ 为地理坐标系相对地球坐标系的角速度在地理坐标系内的投影,可以表示为

$$\boldsymbol{\omega}_{\mathrm{eg}}^{\mathrm{g}}=\begin{bmatrix}\omega_{\mathrm{eg}x}^{\mathrm{g}} & \omega_{\mathrm{eg}y}^{\mathrm{g}} & \omega_{\mathrm{eg}z}^{\mathrm{g}}\end{bmatrix}^{\mathrm{T}}=\begin{bmatrix}-\dfrac{V_{\mathrm{N}}}{R} & \dfrac{V_{\mathrm{E}}}{R} & \dfrac{V_{\mathrm{E}}}{R}\tan L\end{bmatrix}^{\mathrm{T}} \tag{7.16}$$

式中,$\boldsymbol{V}^{\mathrm{g}}=[V_{\mathrm{E}}\quad V_{\mathrm{N}}\quad V_{\mathrm{U}}]^{\mathrm{T}}$ 为地速在地理坐标系中的分量。

又由于

$$\delta\dot{\boldsymbol{C}}_{\mathrm{e}}^{\mathrm{n}}=\dot{\hat{\boldsymbol{C}}}_{\mathrm{e}}^{\mathrm{n}}-\dot{\boldsymbol{C}}_{\mathrm{e}}^{\mathrm{n}}=-\hat{\boldsymbol{\Omega}}_{\mathrm{en}}^{\mathrm{n}}\hat{\boldsymbol{C}}_{\mathrm{e}}^{\mathrm{n}}+\boldsymbol{\Omega}_{\mathrm{en}}^{\mathrm{n}}\boldsymbol{C}_{\mathrm{e}}^{\mathrm{n}}=-\hat{\boldsymbol{\Omega}}_{\mathrm{en}}^{\mathrm{n}}\hat{\boldsymbol{C}}_{\mathrm{g}}^{\mathrm{n}}\hat{\boldsymbol{C}}_{\mathrm{e}}^{\mathrm{g}}+\boldsymbol{\Omega}_{\mathrm{en}}^{\mathrm{n}}\boldsymbol{C}_{\mathrm{g}}^{\mathrm{n}}\boldsymbol{C}_{\mathrm{e}}^{\mathrm{g}}=$$

$$\left[-\hat{\boldsymbol{\Omega}}_{\mathrm{en}}^{\mathrm{n}}\left[\boldsymbol{C}_{\mathrm{g}}^{\mathrm{n}}+\begin{bmatrix}\delta\mathrm{c}(\alpha) & \delta\mathrm{s}(\alpha) & 0\\ -\delta\mathrm{s}(\alpha) & \delta\mathrm{c}(\alpha) & 0\\ 0 & 0 & 0\end{bmatrix}\right]\begin{bmatrix}1 & 0 & -\delta\theta_{\mathrm{N}}\\ 0 & 1 & \delta\theta_{\mathrm{E}}\\ \delta\theta_{\mathrm{N}} & -\delta\theta_{\mathrm{E}} & 1\end{bmatrix}+\boldsymbol{\Omega}_{\mathrm{en}}^{\mathrm{n}}\boldsymbol{C}_{\mathrm{g}}^{\mathrm{n}}\right]\boldsymbol{C}_{\mathrm{e}}^{\mathrm{g}} \tag{7.17}$$

比较式(7.14)和式(7.17)有

$$\dot{\boldsymbol{F}}-\boldsymbol{F}\boldsymbol{\Omega}_{\mathrm{eg}}^{\mathrm{g}}=-\hat{\boldsymbol{\Omega}}_{\mathrm{en}}^{\mathrm{n}}\left[\boldsymbol{C}_{\mathrm{g}}^{\mathrm{n}}+\begin{bmatrix}\delta\mathrm{c}(\alpha) & \delta\mathrm{s}(\alpha) & 0\\ -\delta\mathrm{s}(\alpha) & \delta\mathrm{c}(\alpha) & 0\\ 0 & 0 & 0\end{bmatrix}\right]\begin{bmatrix}1 & 0 & -\delta\theta_{\mathrm{N}}\\ 0 & 1 & \delta\theta_{\mathrm{E}}\\ \delta\theta_{\mathrm{N}} & -\delta\theta_{\mathrm{E}} & 1\end{bmatrix}+\boldsymbol{\Omega}_{\mathrm{en}}^{\mathrm{n}}\boldsymbol{C}_{\mathrm{g}}^{\mathrm{n}}\approx$$

$$(\boldsymbol{\Omega}_{en}^{n}-\hat{\boldsymbol{\Omega}}_{en}^{n})\boldsymbol{C}_{g}^{n}-\boldsymbol{\Omega}_{en}^{n}\left(\begin{bmatrix}\delta c(\alpha) & \delta s(\alpha) & 0\\ -\delta s(\alpha) & \delta c(\alpha) & 0\\ 0 & 0 & 0\end{bmatrix}+\boldsymbol{C}_{g}^{n}\begin{bmatrix}0 & 0 & -\delta\theta_{N}\\ 0 & 0 & \delta\theta_{E}\\ \delta\theta_{N} & -\delta\theta_{E} & 0\end{bmatrix}\right)=$$

$$(\boldsymbol{\Omega}_{en}^{n}-\hat{\boldsymbol{\Omega}}_{en}^{n})\boldsymbol{C}_{g}^{n}-\boldsymbol{\Omega}_{en}^{n}\begin{bmatrix}\delta c(\alpha) & \delta s(\alpha) & -\delta\theta_{y}\\ -\delta s(\alpha) & \delta c(\alpha) & \delta\theta_{x}\\ \delta\theta_{N} & -\delta\theta_{E} & 0\end{bmatrix} \tag{7.18}$$

将式(7.18) 展开，并将 $\omega_{enx}^{n}-\tilde{\omega}_{enx}^{n}$ 按照双变量函数的泰勒公式展开，保留一阶项，可得

$$\omega_{enx}^{n}-\tilde{\omega}_{enx}^{n}=\frac{\delta V_{y}}{R}-\frac{V_{y}}{R^{2}}\delta h \tag{7.19}$$

$$\omega_{eny}^{n}-\tilde{\omega}_{eny}^{n}=-\frac{\delta V_{x}}{R}+\frac{V_{x}}{R^{2}}\delta h \tag{7.20}$$

从而可得

$$\delta\dot{\theta}_{x}=-\delta s(\alpha)\omega_{egy}^{g}-\delta c(\alpha)\omega_{egx}^{g}-\frac{\delta V_{y}}{R}+\frac{V_{y}}{R^{2}}\delta h \tag{7.21}$$

$$\delta\dot{\theta}_{y}=-\delta c(\alpha)\omega_{egy}^{g}+\delta s(\alpha)\omega_{egx}^{g}+\frac{\delta V_{x}}{R}-\frac{V_{x}}{R^{2}}\delta h \tag{7.22}$$

2. 姿态误差微分方程

假设游动坐标系绕垂直轴向的误差角分量 $\phi_{z}=0$，即姿态矩阵 $\boldsymbol{C}_{n}^{b}$ 中网格航向角误差 $\delta\Psi_{g}=0$。

姿态误差微分方程的矢量形式为

$$\dot{\boldsymbol{\Phi}}^{n}=\delta\boldsymbol{\omega}_{en}^{n}+\delta\boldsymbol{\omega}_{ie}^{n}+\boldsymbol{\Phi}^{n}\times\boldsymbol{\omega}_{in}^{n}+\boldsymbol{\varepsilon}^{n} \tag{7.23}$$

式中，$\boldsymbol{\Phi}^{n}=[\phi_{x}\quad\phi_{y}\quad\phi_{z}]^{T}$ 为“数学平台”失准角在导航坐标系内的分量；$\boldsymbol{\omega}_{in}^{n}=[\omega_{inx}^{n}\quad\omega_{iny}^{n}\quad\omega_{inz}^{n}]^{T}$ 为导航坐标系相对惯性坐标系的角速度在导航坐标系内的分量；$\boldsymbol{\varepsilon}^{n}=[\varepsilon_{x}\quad\varepsilon_{y}\quad\varepsilon_{z}]^{T}$ 为导航坐标系内的陀螺仪漂移。

由角速度叠加定理可知 $\boldsymbol{\omega}_{in}^{n}=\boldsymbol{\omega}_{ie}^{n}+\boldsymbol{\omega}_{en}^{n}$。式(7.23) 中，有

$$\delta\boldsymbol{\omega}_{ie}^{n}=\hat{\boldsymbol{\omega}}_{ie}^{n}-\boldsymbol{\omega}_{ie}^{n}=-(\delta\boldsymbol{\theta}^{n}\times)\boldsymbol{\omega}_{ie}^{n}=\boldsymbol{F}\boldsymbol{C}_{n}^{g}\boldsymbol{\omega}_{ie}^{n}=\boldsymbol{F}\boldsymbol{\omega}_{ie}^{g} \tag{7.24}$$

其中，$\boldsymbol{\omega}_{ie}^{g}=[\omega_{iex}^{g}\quad\omega_{iey}^{g}\quad\omega_{iez}^{g}]^{T}=\boldsymbol{C}_{n}^{g}\boldsymbol{\omega}_{ie}^{n}$，因是游动方位，故 $\omega_{iez}^{g}=\omega_{iez}^{n}=\omega_{inz}^{n}$。则式(7.24) 变为

$$\delta\boldsymbol{\omega}_{ie}^{n}=\begin{bmatrix}\delta s(\alpha)\omega_{iex}^{g}-\delta\theta_{y}\omega_{ie}\\ \delta c(\alpha)\omega_{iex}^{g}+\delta\theta_{x}\omega_{ie}\\ \omega_{iex}^{n}\delta\theta_{y}-\omega_{iey}^{n}\delta\theta_{x}\end{bmatrix} \tag{7.25}$$

将式(7.19)、式(7.20) 和式(7.25) 代入式(7.23)，可得

$$\dot{\phi}_{x}=-\frac{\delta V_{y}}{R}+\frac{V_{y}}{R^{2}}\delta h+\delta c(\alpha)\omega_{iex}^{g}-\delta\theta_{y}\omega_{iez}^{n}+\omega_{iez}^{n}\phi_{y}+\varepsilon_{x} \tag{7.26}$$

$$\dot{\phi}_{y}=\frac{\delta V_{x}}{R}-\frac{V_{x}}{R^{2}}\delta h-\delta s(\alpha)\omega_{iex}^{g}+\delta\theta_{x}\omega_{iez}^{n}-\omega_{iez}^{n}\phi_{x}+\varepsilon_{y} \tag{7.27}$$

$$\dot{\phi}_{z}=\delta\omega_{enz}^{n}+\omega_{iex}^{n}\delta\theta_{y}-\omega_{iey}^{n}\delta\theta_{x}+\omega_{iny}^{n}\phi_{x}-\omega_{inx}^{n}\phi_{y}+\varepsilon_{z}=0 \tag{7.28}$$

3. 速度误差微分方程

速度误差微分方程的矢量形式为

$$\delta\dot{\boldsymbol{V}}^{\mathrm{n}}=\boldsymbol{V}^{\mathrm{n}}\times(2\delta\boldsymbol{\omega}_{\mathrm{ie}}^{\mathrm{n}}+\boldsymbol{\omega}_{\mathrm{en}}^{\mathrm{n}})\times\delta\boldsymbol{V}^{\mathrm{n}}+\boldsymbol{f}^{\mathrm{n}}\times\boldsymbol{\Phi}^{\mathrm{n}}+\boldsymbol{\nabla}^{\mathrm{n}} \tag{7.29}$$

式中，$\boldsymbol{f}^{\mathrm{n}}=[f_x \quad f_y \quad f_z]^{\mathrm{T}}$ 为导航坐标系内的加速度计的值；$\boldsymbol{\nabla}^{\mathrm{n}}=[\nabla_x \quad \nabla_y \quad \nabla_z]^{\mathrm{T}}$ 为导航坐标系内的加速度计误差。

将式(7.6)、式(7.19)、式(7.20)和式(7.25)代入式(7.29)，并将它表示为分量形式，即可得到速度误差微分方程：

$$\begin{aligned}\delta V_x=&-(2V_y\omega_{\mathrm{iey}}^{\mathrm{n}}+2V_z\omega_{\mathrm{iez}}^{\mathrm{n}})\delta\theta_x+2V_y\omega_{\mathrm{iex}}^{\mathrm{n}}\delta\theta_y-\frac{V_xV_z}{R^2}\delta h+\frac{V_z}{R}\delta V_x+2\omega_{\mathrm{iez}}^{\mathrm{n}}\delta V_y-\\&(\omega_{\mathrm{eny}}^{\mathrm{n}}+2\omega_{\mathrm{iey}}^{\mathrm{n}})\delta V_z-V_y\omega_{\mathrm{iny}}^{\mathrm{n}}\phi_x+(V_y\omega_{\mathrm{inx}}^{\mathrm{n}}-f_z)\phi_y+2V_z\omega_{\mathrm{iex}}^{\mathrm{g}}\delta s(\alpha)-V_y\varepsilon_z+\nabla_x\end{aligned} \tag{7.30}$$

$$\begin{aligned}\delta V_y=&2V_x\omega_{\mathrm{iey}}^{\mathrm{n}}\delta\theta_x-(2V_x\omega_{\mathrm{iex}}^{\mathrm{n}}+2V_z\omega_{\mathrm{iez}}^{\mathrm{n}})\delta\theta_y-\frac{V_yV_z}{R^2}\delta h-2\omega_{\mathrm{iez}}^{\mathrm{n}}\delta V_x+\frac{V_z}{R}\delta V_y+\\&(\omega_{\mathrm{enx}}^{\mathrm{n}}+2\omega_{\mathrm{iex}}^{\mathrm{n}})\delta V_z+(V_x\omega_{\mathrm{iny}}^{\mathrm{n}}+f_z)\phi_x-V_x\omega_{\mathrm{inx}}^{\mathrm{n}}\phi_y+2V_z\omega_{\mathrm{iex}}^{\mathrm{g}}\delta s(\alpha)+V_x\varepsilon_z+\nabla_y\end{aligned} \tag{7.31}$$

$$\begin{aligned}\delta V_z=&2V_x\omega_{\mathrm{iez}}^{\mathrm{n}}\delta\theta_x+2V_y\omega_{\mathrm{iez}}^{\mathrm{n}}\delta\theta_y+\frac{V_x^2+V_y^2}{R^2}\delta h+(\omega_{\mathrm{eny}}^{\mathrm{n}}+2\omega_{\mathrm{iey}}^{\mathrm{n}})\delta V_x-(\omega_{\mathrm{enx}}^{\mathrm{n}}+2\omega_{\mathrm{iex}}^{\mathrm{n}})\delta V_y-\\&f_y\phi_x-f_x\phi_y-2V_x\omega_{\mathrm{iex}}^{\mathrm{g}}\delta s(\alpha)-2V_y\omega_{\mathrm{iex}}^{\mathrm{g}}\delta c(\alpha)+\nabla_z\end{aligned} \tag{7.32}$$

4. 滤波器模型

粗对准阶段采用大航向角误差模型，由于此阶段方位误差角可能很大，直接选取方位角误差 $\delta\alpha$ 作为状态变量会带来较大误差，所以这里用小量 $\delta s(\alpha)$ 和 $\delta c(\alpha)$ 作为状态变量代替方位角误差，并假设 $\delta s(\alpha)$ 和 $\delta c(\alpha)$ 在粗对准过程中为常值，即

$$\delta\dot{s}(\alpha)=0,\quad \delta\dot{c}(\alpha)=0 \tag{7.33}$$

大航向角的状态方程为

$$\dot{\boldsymbol{X}}_{\mathrm{b}}=\boldsymbol{A}_{\mathrm{b}}\boldsymbol{X}_{\mathrm{b}}+\boldsymbol{W}_{\mathrm{b}} \tag{7.34}$$

其中 $\boldsymbol{X}_{\mathrm{b}}=[\delta\theta_x \quad \delta\theta_y \quad \delta h \quad \delta V_x \quad \delta V_y \quad \delta V_z \quad \phi_x \quad \phi_y \quad \delta s(\alpha) \quad \delta c(\alpha)]^{\mathrm{T}}$

$$\boldsymbol{A}_{\mathrm{b}}=\begin{bmatrix}\boldsymbol{A}_{\mathrm{b11}} & \boldsymbol{A}_{\mathrm{b12}} & \boldsymbol{O}_{3\times2} & \boldsymbol{A}_{\mathrm{b14}}\\ \boldsymbol{A}_{\mathrm{b21}} & \boldsymbol{A}_{\mathrm{b22}} & \boldsymbol{A}_{\mathrm{b23}} & \boldsymbol{A}_{\mathrm{b24}}\\ \boldsymbol{A}_{\mathrm{b31}} & \boldsymbol{A}_{\mathrm{b32}} & \boldsymbol{A}_{\mathrm{b33}} & \boldsymbol{A}_{\mathrm{b34}}\\ \boldsymbol{O}_{2\times3} & \boldsymbol{O}_{2\times3} & \boldsymbol{O}_{2\times2} & \boldsymbol{O}_{2\times2}\end{bmatrix}$$

$$\boldsymbol{A}_{\mathrm{b11}}=\begin{bmatrix}0 & 0 & \dfrac{V_y}{R^2}\\ 0 & 0 & -\dfrac{V_x}{R^2}\\ 0 & 0 & 0\end{bmatrix},\quad \boldsymbol{A}_{\mathrm{b12}}=\begin{bmatrix}0 & -\dfrac{1}{R} & 0\\ \dfrac{1}{R} & 0 & 0\\ 0 & 0 & 1\end{bmatrix},\quad \boldsymbol{A}_{\mathrm{b14}}=\begin{bmatrix}-\omega_{\mathrm{egy}}^{\mathrm{g}} & -\omega_{\mathrm{egx}}^{\mathrm{g}}\\ \omega_{\mathrm{egx}}^{\mathrm{g}} & \omega_{\mathrm{egy}}^{\mathrm{g}}\\ 0 & 0\end{bmatrix}$$

$$\boldsymbol{A}_{b21}=\begin{bmatrix}-(2V_y\omega_{iey}^{n}+2V_z\omega_{iez}^{n}) & 2V_y\omega_{iex}^{n} & -\dfrac{V_xV_z}{R^2}\\ 2V_x\omega_{iey}^{n} & -(2V_x\omega_{iex}^{n}+2\omega_{iez}^{n}) & -\dfrac{V_yV_z}{R^2}\\ 2V_x\omega_{iez}^{n} & 2V_y\omega_{iez}^{n} & -\dfrac{V_x^2+V_y^2}{R^2}\end{bmatrix}$$

$$\boldsymbol{A}_{b22}=\begin{bmatrix}\dfrac{V_z}{R} & 2\omega_{iez}^{n} & -(2\omega_{iey}^{n}+\omega_{eny}^{n})\\ -2\omega_{iez}^{n} & \dfrac{V_z}{R} & 2\omega_{iex}^{n}+\omega_{enx}^{n}\\ 2\omega_{iey}^{n}+\omega_{eny}^{n} & -(2\omega_{iex}^{n}+\omega_{enx}^{n}) & 0\end{bmatrix}$$

$$\boldsymbol{A}_{b23}=\begin{bmatrix}-V_y\omega_{iny}^{n} & V_y\omega_{inx}^{n}-f_z\\ V_x\omega_{iny}^{n}+f_z & -V_x\omega_{inx}^{n}\\ -f_y & f_x\end{bmatrix},\quad \boldsymbol{A}_{b24}=\begin{bmatrix}2V_z\omega_{iex}^{g} & 0\\ 0 & 2V_z\omega_{iex}^{g}\\ -2V_x\omega_{iex}^{g} & -2V_y\omega_{iex}^{g}\end{bmatrix}$$

$$\boldsymbol{A}_{b31}=\begin{bmatrix}0 & -\omega_{iez}^{n} & \dfrac{V_y}{R^2}\\ \omega_{iez}^{n} & 0 & -\dfrac{V_x}{R^2}\end{bmatrix},\quad \boldsymbol{A}_{b32}=\begin{bmatrix}0 & -\dfrac{1}{R} & 0\\ \dfrac{1}{R} & 0 & 0\end{bmatrix}$$

$$\boldsymbol{A}_{b33}=\begin{bmatrix}0 & \omega_{iez}^{n}\\ -\omega_{iez}^{n} & 0\end{bmatrix},\quad \boldsymbol{A}_{b34}=\begin{bmatrix}0 & \omega_{iex}^{g}\\ -\omega_{iex}^{g} & 0\end{bmatrix}$$

而$\boldsymbol{W}_b=[0\quad 0\quad 0\quad -V_y\varepsilon_z+\nabla_x\quad V_x\varepsilon_z+\nabla_y\quad \nabla_z\quad \varepsilon_x\quad \varepsilon_y\quad 0\quad 0]^{\mathrm{T}}$为系统噪声。

卡尔曼滤波器的观测量为地理坐标系与计算地理坐标系之间的欧拉角误差 $\delta\boldsymbol{\theta}^n$、高度误差 δh(统称为位置误差) 以及计算速度与标准速度之间的速度误差 $\delta\boldsymbol{V}^n$。用地理坐标系与计算地理坐标系之间的欧拉角误差来推出位置误差量测方程。当不存在误差时,位置矩阵每一列都是一个正交的单位矢量,第三列单位矢量$\boldsymbol{S}_3$ 由飞行器导航系统的经度和纬度构成,计算位置矩阵$\hat{\boldsymbol{C}}_n^e$ 的第一列与第二列分别为$\hat{\boldsymbol{S}}_1$ 和$\hat{\boldsymbol{S}}_2$。

下面的矢量点积产生的结果正是需要的位置误差量:

$$\delta\theta_x=\hat{\boldsymbol{S}}_2\cdot\boldsymbol{S}_3 \tag{7.35}$$

$$\delta\theta_y=-\hat{\boldsymbol{S}}_1\cdot\boldsymbol{S}_3 \tag{7.36}$$

大航向角误差模型采用速度加位置匹配法时的量测方程为

$$\boldsymbol{Z}_b=\boldsymbol{H}_b\boldsymbol{X}_b+\boldsymbol{V}_b \tag{7.37}$$

式中,$\boldsymbol{H}_b=[\boldsymbol{I}_{6\times6}\quad \boldsymbol{O}_{6\times4}]$;$\boldsymbol{V}_b$ 为测量噪声。

7.3.2　小航向角误差模型

粗对准滤波时在游动方位角误差减小到一定程度后,需要用小航向角误差模型替代大航向角误差模型,从而进入精对准阶段。

精对准时,航向角已经可以看作小角度,有

$$\delta\mathrm{s}(\alpha)=\mathrm{c}(\alpha)\delta\alpha,\quad \delta\mathrm{c}(\alpha)=-\mathrm{s}(\alpha)\delta\alpha \tag{7.38}$$

小航向角误差模型可以通过将大航向角误差模型中的 $\delta\mathrm{s}(\alpha)$ 和 $\delta\mathrm{c}(\alpha)$ 用式(7.38) 替换得

到。精对准阶段直接选用 $\delta\alpha$ 作为状态变量，其微分方程可以从 $\boldsymbol{F}$ 矩阵微分方程式(7.18)中得到，有

$$\delta \mathrm{c}(\alpha)=\delta \mathrm{s}(\alpha)\omega_{egz}^{g}+\delta\theta_y\omega_{egy}^{g}-\delta \mathrm{s}(\alpha)\omega_{enz}^{n}-\delta\theta_N\omega_{eny}^{n}-\delta\omega_{enz}^{n}\mathrm{s}(\alpha)=$$
$$-\dot{\alpha}\delta \mathrm{s}(\alpha)+\delta\theta_y\omega_{egy}^{g}-\delta\theta_N\omega_{eny}^{n}-\delta\omega_{enz}^{n}\mathrm{s}(\alpha) \tag{7.39}$$

将式(7.39)投影到地理坐标系中的值转换到导航坐标系中，并代入式(7.28)，得

$$\delta \mathrm{c}(\dot{\alpha})=-\dot{\alpha}\delta \mathrm{s}(\alpha)+\omega_{egy}^{g}\delta\theta_y-\omega_{eny}^{n}\delta\theta_n+\mathrm{s}(\alpha)\omega_{enz}^{n}=$$
$$-\dot{\alpha}\delta \mathrm{s}(\alpha)-\mathrm{s}(\alpha)[(\omega_{eny}^{n}+\omega_{iey}^{n})\delta\theta_x-(\omega_{enx}^{n}+\omega_{iex}^{n})\delta\theta_y-\omega_{iny}^{n}\phi_x+\omega_{inx}^{n}\phi_y-\varepsilon_z]=$$
$$-\dot{\alpha}\delta \mathrm{s}(\alpha)-\mathrm{s}(\alpha)(\omega_{iny}^{n}\delta\theta_x-\omega_{inx}^{n}\delta\theta_y-\omega_{iny}^{n}\phi_x+\omega_{inx}^{n}\phi_y-\varepsilon_z) \tag{7.40}$$

由式(7.38)，有

$$\delta\dot{\mathrm{c}}(\alpha)=-\dot{\mathrm{s}}(\alpha)\delta\alpha-\mathrm{s}(\alpha)\delta\dot{\alpha}=-\mathrm{c}(\alpha)\dot{\alpha}\delta\alpha-\mathrm{s}(\alpha)\delta\dot{\alpha}=-\dot{\alpha}\delta \mathrm{s}(\alpha)-\mathrm{s}(\alpha)\delta\dot{\alpha} \tag{7.41}$$

综合式(7.40)和式(7.41)，可得

$$\delta\dot{\alpha}=\omega_{iny}^{n}\delta\theta_x-\omega_{inx}^{n}\delta\theta_y-\omega_{iny}^{n}\phi_x+\omega_{inx}^{n}\delta\theta_y-\varepsilon_z \tag{7.42}$$

小航向角误差模型的状态方程为

$$\dot{\boldsymbol{X}}_s=\boldsymbol{A}\boldsymbol{X}_s+\boldsymbol{W}_s \tag{7.43}$$

其中

$$\boldsymbol{X}_s=[\delta\theta_x\quad\delta\theta_y\quad\delta h\quad\delta V_x\quad\delta V_y\quad\delta V_z\quad\phi_x\quad\phi_y\quad\delta\alpha]^{\mathrm{T}}$$

$$\boldsymbol{A}_b=\begin{bmatrix}\boldsymbol{A}_{s11} & \boldsymbol{A}_{s12} & \boldsymbol{O}_{3\times2} & \boldsymbol{A}_{s14}\\ \boldsymbol{A}_{s21} & \boldsymbol{A}_{s22} & \boldsymbol{A}_{s23} & \boldsymbol{A}_{s24}\\ \boldsymbol{A}_{s31} & \boldsymbol{A}_{s32} & \boldsymbol{A}_{s33} & \boldsymbol{A}_{s34}\\ \boldsymbol{A}_{s41} & \boldsymbol{O}_{1\times3} & \boldsymbol{A}_{s43} & 0\end{bmatrix}$$

$$\boldsymbol{A}_{s11}=\begin{bmatrix}0 & 0 & \dfrac{V_y}{R^2}\\ 0 & 0 & -\dfrac{V_x}{R^2}\\ 0 & 0 & 0\end{bmatrix},\quad \boldsymbol{A}_{s12}=\begin{bmatrix}0 & -\dfrac{1}{R} & 0\\ \dfrac{1}{R} & 0 & 0\\ 0 & 0 & 1\end{bmatrix},\quad \boldsymbol{A}_{s14}=\begin{bmatrix}-\omega_{eny}^{n}\\ \omega_{enx}^{n}\\ 0\end{bmatrix}$$

$$\boldsymbol{A}_{s21}=\begin{bmatrix}-(2V_y\omega_{iey}^{n}+2V_z\omega_{iez}^{n}) & 2V_y\omega_{iex}^{n} & -\dfrac{V_xV_z}{R^2}\\ 2V_x\omega_{iey}^{n} & -(2V_x\omega_{iex}^{n}+2\omega_{iez}^{n}) & -\dfrac{V_yV_z}{R^2}\\ 2V_x\omega_{iez}^{n} & 2V_y\omega_{iez}^{n} & -\dfrac{V_x^2+V_y^2}{R^2}\end{bmatrix}$$

$$\boldsymbol{A}_{s22}=\begin{bmatrix}\dfrac{V_z}{R} & 2\omega_{iez}^{n} & -(2\omega_{iey}^{n}+\omega_{eny}^{n})\\ -2\omega_{iez}^{n} & \dfrac{V_z}{R} & 2\omega_{iex}^{n}+\omega_{enx}^{n}\\ 2\omega_{iey}^{n}+\omega_{eny}^{n} & -(2\omega_{iex}^{n}+\omega_{enx}^{n}) & 0\end{bmatrix},\quad \boldsymbol{A}_{s23}=\begin{bmatrix}-V_y\omega_{iny}^{n} & V_y\omega_{inx}^{n}-f_z\\ V_x\omega_{iny}^{n}+f_z & -V_x\omega_{inx}^{n}\\ -f_y & f_x\end{bmatrix}$$

$$\boldsymbol{A}_{s24}=\begin{bmatrix}2V_z\omega_{iex}^{n}\\ 2V_z\omega_{iey}^{n}\\ -2(V_x\omega_{iex}^{n}+V_y\omega_{iey}^{n})\end{bmatrix},\quad \boldsymbol{A}_{s31}=\begin{bmatrix}0 & -\omega_{iez}^{n} & \dfrac{V_y}{R^2}\\ \omega_{iez}^{n} & 0 & -\dfrac{V_x}{R^2}\end{bmatrix}$$

$$\boldsymbol{A}_{s32}=\begin{bmatrix}0 & -\frac{1}{R} & 0\\ \frac{1}{R} & 0 & 0\end{bmatrix},\quad \boldsymbol{A}_{s33}=\begin{bmatrix}0 & \omega_{iez}^{n}\\ -\omega_{iez}^{n} & 0\end{bmatrix},\quad \boldsymbol{A}_{s34}=\begin{bmatrix}\omega_{iey}^{n}\\ -\omega_{iex}^{g}\end{bmatrix}$$

$$\boldsymbol{A}_{s41}=[\omega_{iny}^{n}\quad -\omega_{inx}^{n}\quad 0],\quad \boldsymbol{A}_{s43}=[-\omega_{iny}^{n}\quad \omega_{inx}^{n}]$$

$$\boldsymbol{W}_{b}=[0\quad 0\quad 0\quad -V_{y}\varepsilon_{z}+\nabla_{x}\quad V_{x}\varepsilon_{z}+\nabla_{y}\quad \nabla_{z}\quad \varepsilon_{x}\quad \varepsilon_{y}\quad \varepsilon_{z}]^{T}$$

小航向角误差模型的量测方程与大航向角误差模型的量测方程相同，即

$$\boldsymbol{Z}_{s}=\boldsymbol{H}_{s}\boldsymbol{X}_{s}+\boldsymbol{V}_{s} \tag{7.44}$$

式中，$\boldsymbol{H}_{b}=[\boldsymbol{I}_{6\times 6}\quad \boldsymbol{O}_{6\times 4}]$；$\boldsymbol{V}_{s}$ 为测量噪声。

7.4　游动方位导航方程的参数校正

在卡尔曼滤波器依次按照大、小航向角误差模型进行滤波计算的同时，滤波得到的估计误差量被用来校正导航方程的位置、速度和姿态。

1. 位置修正

位置修正方程为

$$\boldsymbol{C}_{e}^{n}=[\boldsymbol{I}-(\delta\boldsymbol{\theta}^{n}\times)]^{-1}\hat{\boldsymbol{C}}_{e}^{n}=[\boldsymbol{I}+(\delta\boldsymbol{\theta}^{n}\times)]\hat{\boldsymbol{C}}_{e}^{n} \tag{7.45}$$

根据滤波器估计出 $\delta\boldsymbol{\theta}^{n}$，利用式(7.45)对计算位置矩阵$\hat{\boldsymbol{C}}_{e}^{n}$ 进行修正，从而提取出校正后的经度、纬度和游动方位角信息。其中，$\delta\boldsymbol{\theta}^{n}$ 与经、纬度误差 $\delta\lambda$，δL 之间的关系为

$$\delta L=-s(\alpha)\delta\theta_{x}-c(\alpha)\delta\theta_{y} \tag{7.46}$$

$$\delta\lambda=\frac{c(\alpha)\delta\theta_{x}-s(\alpha)\delta\theta_{y}}{c(\phi)} \tag{7.47}$$

精对准过程中，游动方位角误差 $\delta\alpha$ 可以从滤波算法中估计获得，粗对准时误差修正 $\delta\alpha$ 可由下式得到：

$$c(\alpha)\delta s(\alpha)-s(\alpha)\delta c(\alpha)=c(\alpha)[c(\alpha)\delta\alpha]-s(\alpha)[-s(\alpha)\delta\alpha]=[s^{2}(\alpha)+c^{2}(\alpha)]\delta\alpha \tag{7.48}$$

$$\delta\alpha=c(\alpha)\delta s(\alpha)-s(\alpha)\delta c(\alpha) \tag{7.49}$$

2. 速度修正

速度误差校正方程为

$$\boldsymbol{V}^{n}=\hat{\boldsymbol{V}}^{n}+\delta\boldsymbol{V}^{n} \tag{7.50}$$

3. 姿态修正

姿态通过式(7.7)中的矩阵$\boldsymbol{C}_{b}^{n}$更新，计算矩阵$\boldsymbol{C}_{b}^{n}$的误差表示为

$$\hat{\boldsymbol{C}}_{b}^{n}=[\boldsymbol{I}-(\boldsymbol{\Phi}^{n}\times)]\boldsymbol{C}_{b}^{n} \tag{7.51}$$

由式(7.51)得

$$\boldsymbol{C}_{b}^{n}=[\boldsymbol{I}-(\boldsymbol{\Phi}^{n}\times)]^{-1}\hat{\boldsymbol{C}}_{b}^{n}=[\boldsymbol{I}+(\boldsymbol{\Phi}^{n}\times)]\hat{\boldsymbol{C}}_{b}^{n} \tag{7.52}$$

对准时，假设垂直轴的倾斜误差矢量为零，即 $\phi_{z}=0$，然后利用式(7.52)完成姿态修正。

7.5 仿真实例

7.5.1 仿真条件

由轨迹发生器产生一条标准轨迹，载体北向飞行，初始速度为 270 m/s，初始姿态角均为零，游动方位角为零，载体匀速飞行，飞行高度为 3 000 m，初始纬度为40°，初始经度为116°，飞行时间为 180 s。当进行空中大方位失准角对准时，假设初始横滚角和俯仰角均为零，航向角误差为60°，游动方位角误差为45°，卡尔曼滤波器估计3 s后，利用其估计值修正捷联式惯导系统的导航参数。

状态变量 $\boldsymbol{X}$ 的初始值 $\boldsymbol{X}(0)$ 均取零，捷联式惯导系统的陀螺仪和加速度计精度与第 2 章仿真条件相同，速度测量噪声为 0.1 m/s。大航向角误差模型的 $\boldsymbol{P}(0)$，$\boldsymbol{Q}$ 和 $\boldsymbol{R}$ 分别为

$$\boldsymbol{P}(0)=\mathrm{diag}[(0.1°)^2 \quad (0.1°)^2 \quad (10\ \mathrm{m})^2 \quad (0.1°)^2 \quad (0.1\ \mathrm{m/s})^2 \quad (0.1\ \mathrm{m/s})^2 \quad (0.1\ \mathrm{m/s})^2 \quad (1°)^2 \quad (1°)^2 \quad (0.2)^2 \quad (0.2)^2]$$

$$\boldsymbol{Q}=\mathrm{diag}[0 \quad 0 \quad 0 \quad (50\ \mu g)^2 \quad (50\ \mu g)^2 \quad (50\ \mu g)^2 \quad (0.01\ °/\mathrm{h})^2 \quad (0.01\ °/\mathrm{h})^2 \quad 0 \quad 0]$$

$$\boldsymbol{R}=\mathrm{diag}[(0.1°)^2 \quad (0.1°)^2 \quad (10\ \mathrm{m})^2 \quad (0.1\ \mathrm{m/s})^2 \quad (0.1\ \mathrm{m/s})^2 \quad (0.1\ \mathrm{m/s})^2]$$

小航向角误差模型的 $\boldsymbol{P}(0)$，$\boldsymbol{Q}$ 和 $\boldsymbol{R}$ 分别为

$$\boldsymbol{P}(0)=\mathrm{diag}[(0.1°)^2 \quad (0.1°)^2 \quad (10\ \mathrm{m})^2 \quad (0.1°)^2 \quad (0.1\ \mathrm{m/s})^2 \quad (0.1\ \mathrm{m/s})^2 \quad (0.1\ \mathrm{m/s})^2 \quad (1°)^2 \quad (1°)^2 \quad (0.2)^2]$$

$$\boldsymbol{Q}=\mathrm{diag}[0 \quad 0 \quad 0 \quad (50\ \mu g)^2 \quad (50\ \mu g)^2 \quad (50\ \mu g)^2 \quad (0.01\ °/\mathrm{h})^2 \quad (0.01\ °/\mathrm{h})^2 \quad (0.01\ °/\mathrm{h})^2]$$

$$\boldsymbol{R}=\mathrm{diag}[(0.1°)^2 \quad (0.1°)^2 \quad (10\ \mathrm{m})^2 \quad (0.1\ \mathrm{m/s})^2 \quad (0.1\ \mathrm{m/s})^2 \quad (0.1\ \mathrm{m/s})^2]$$

7.5.2 仿真结果

如图 7.3 ~ 图 7.5 所示为仿真过程中位置误差、速度误差和失准角误差的估计值。180 s时的误差估计值见表 7.1。

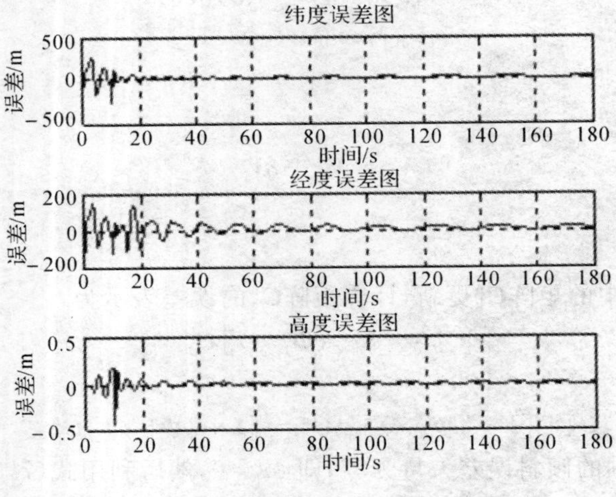

图 7.3 仿真过程中位置误差的估计值

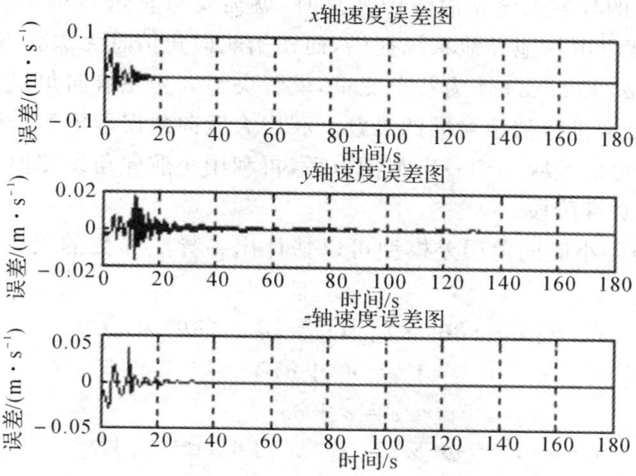

图 7.4　仿真过程中速度误差的估计值

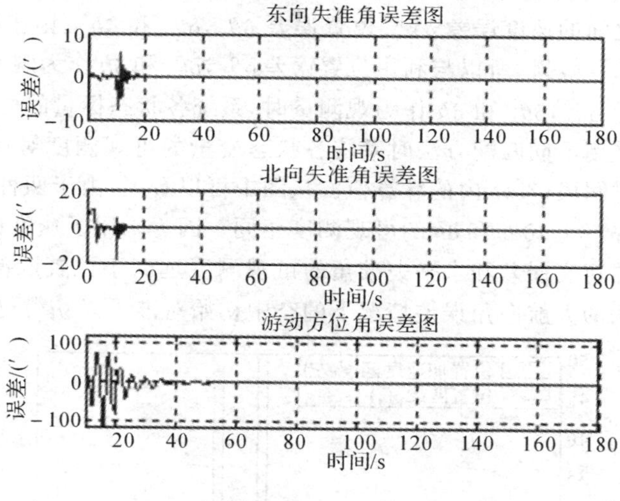

图 7.5　仿真过程中失准角误差的估计值

表 7.1　仿真结束时导航参数的误差估计值

参数	纬度误差 m	经度误差 m	高度误差 m	x 轴速度误差 m/s	y 轴速度误差 m/s	z 轴速度误差 m/s	x 轴失准角 (′)	y 轴失准角 (′)	游动方位角误差 (′)
误差	21.04	8.432	0.002 906	0.002 426	0.002 024	0.000 681 3	0.001 339	0.001 392	0.310 5

从仿真结果中可以看出，当存在较大的初始航向角误差时，采用大航向角误差模型和小航向角误差模型相结合的方法进行空中初始对准，各导航参数的误差估计值最终可以收敛到可接受的误差值。

(1) 当空中飞行器的导航系统从故障中恢复时，就需要重新进行空中初始对准。这种情况下初始的位置和速度可由其他导航系统提供，而初始航向角信息无法获得，此时利用游动方位角三角函数误差 $\delta s(\alpha)$ 和 $\delta c(\alpha)$ 作为状态变量，就解决了大初始航向角误差情况下无法利用传统的小航向角误差模型进行初始对准的难题。利用大航向角误差模型进行对准时相当于粗对准阶段，在游动方位角误差减小到一定范围以后，再利用小航向角误差模型进行空中初始对准，这一过程相当于精对准阶段。

(2) 采用大航向角和小航向角误差模型可以估计出各导航参数的误差值 $\delta\boldsymbol{\theta}^{n}$，$\delta\boldsymbol{V}^{n}$ 和 $\boldsymbol{\Phi}^{n}$，利用下式

$$\boldsymbol{C}_{e}^{n}=[\boldsymbol{I}-(\delta\boldsymbol{\theta}^{n}\times)]^{-1}\hat{\boldsymbol{C}}_{e}^{n}=[\boldsymbol{I}+(\delta\boldsymbol{\theta}^{n}\times)]\hat{\boldsymbol{C}}_{e}^{n}$$

$$\boldsymbol{V}^{n}=\hat{\boldsymbol{V}}^{n}+\delta\boldsymbol{V}^{n}$$

$$\alpha=\hat{\alpha}+\delta\alpha$$

$$\boldsymbol{C}_{b}^{n}=[\boldsymbol{I}-(\boldsymbol{\Phi}^{n}\times)]^{-1}\hat{\boldsymbol{C}}_{b}^{n}=[\boldsymbol{I}+(\boldsymbol{\Phi}^{n}\times)]\hat{\boldsymbol{C}}_{b}^{n}$$

实时对导航参数进行校正，这种校正从信息融合角度来看属于一种反馈校正，校正后导航方程解算的导航误差减小，从而可以使导航参数的误差估计收敛到较小的值。

(3) 所建立的大航向角误差模型和小航向角误差模型的观测量为计算的速度与其他导航系统提供的标准速度之间的速度误差 $\delta\boldsymbol{V}^{n}$、位置误差 $\delta\theta_x$，$\delta\theta_y$ 和 δh。由于系统各状态变量的可观测度可以表征其估计效果，所以与利用位置误差 $\delta\theta_x$，$\delta\theta_y$ 和 δh 作为观测量相比，当利用速度误差 $\delta\boldsymbol{V}^{n}$ 和位置误差 $\delta\theta_x$，$\delta\theta_y$ 和 δh 作为观测量时，系统各状态标量的可观测度明显提高。

如图 7.6 所示为采用不同匹配方法时系统各状态变量的可观测度对比，图中的可观测度是对准过程中某一个时间段(3 s)内的计算值。从图中可以看出，由于两种匹配方法都采用了位置误差作为观测量，故 $\delta\theta_x$，$\delta\theta_y$ 和 δh 的可观测度相同。因为采用了速度误差作为观测量，所以位置加速度匹配法的速度误差和水平失准角的可观测度远高于位置匹配法时的情况，使得采用速度加位置匹配法的大航向角误差情况下的空中初始对准可以获得更好的结果。

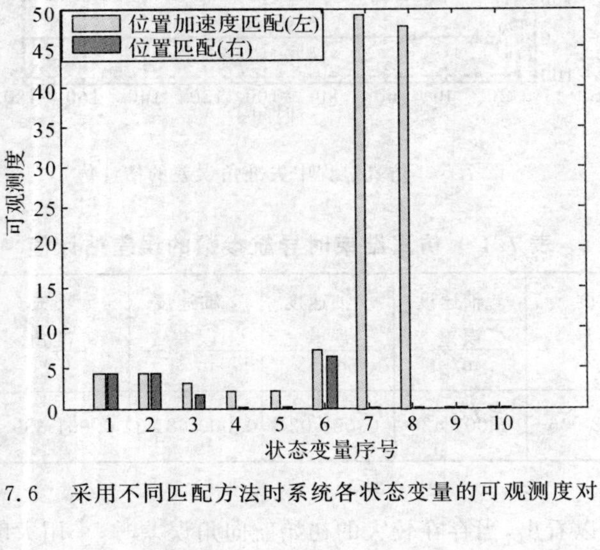

图 7.6 采用不同匹配方法时系统各状态变量的可观测度对比

7.6　本章小结

若飞行器在飞行过程中出现了瞬时故障，导致捷联式惯导系统的数据丢失或被毁坏，那么故障排除后系统恢复的首要任务就是重新对其捷联式惯导系统进行对准。这种在无初始姿态信息的情况下重新进行动基座对准，就需要采用大失准角条件下的捷联式惯导系统初始对准方法。

基于此，本章介绍了无初始姿态信息时的捷联式惯导系统空中对准方法，建立了大航向角和小航向角的误差模型。对所建立的大航向角误差模型进行卡尔曼滤波，用估计出的导航参数实时修正导航方程，实现了粗对准；在姿态误差减小到一定程度后，再改用小角度误差模型，同样使用卡尔曼滤波器进行导航误差的估计和修正，完成精对准过程。

第 8 章　舰载武器快速传递对准方法

8.1 引　　言

在舰载武器的对准过程中，因不可避免的外界干扰（如风浪影响下的舰船、甲板上的飞机、设备移动、阵风或人员走动等），使得舰船时常处于摇摆状态。通常认为主 INS(Master INS，简称主 INS) 安装在载体的摇摆中心，而子 SINS(Slave SINS，简称子 SINS) 的安装位置偏离载体的摇摆中心一定距离，因此摇摆环境对舰载武器 SINS 初始对准带来了特殊困难（其中主 INS 指的是舰上惯导系统，它可以是平台式的，也可以是捷联式的，其精度大大高于舰载武器上的子惯导系统；子 SINS 指的是弹上捷联式惯导系统）。一方面，摇摆引起载体轴的变化，使得姿态矩阵成为时变矩阵，子 SINS 为时变系统；另一方面，根据杆臂效应理论，当舰船处于摇摆状态时，而子 SINS 加速度计不在载体摇摆中心，由于存在离心加速度和切向加速度，会导致舰载武器 SINS 的加速度计与主 INS 的加速度计敏感到不同的加速度，这种现象就是传递对准中子 SINS 产生的杆臂效应加速度，杆臂效应加速度的干扰将影响对准的速度和精度。此外，由于舰体是一个体积庞大的弹性体，所以在对准过程中还要考虑主 INS 与子 SINS 之间的安装误差和弹性变形的影响。

早期的传递对准多采用速度匹配方式，即利用载体上高精度的主 INS 计算或测量的信息作为信息源，采用惯性信息匹配的方法，实时递推估计出子 SINS 坐标系轴相对于主 INS 基准坐标系轴的水平失准角和方位失准角，并估计出子 SINS 惯性元件的误差。速度匹配由于其对准时间较短，所以容易实现杆臂误差修正，对挠曲运动噪声以及惯性传感器的测量噪声具有较好的积分平滑作用，且有不受惯导类型限制等诸多优点，在传递对准中得到了较为广泛的应用。速度匹配的主要缺点在于它对航向失准角和陀螺仪漂移的估计能力较弱，为加快航向失准角的收敛速度，往往需要运载体作一些复杂的机动动作来辅助完成对准，如 S 形机动等。速度匹配过分依赖载体机动这一缺陷导致传递对准的快速性较差。1989 年，美国学者 J. E. Kain 提出了速度加姿态匹配的组合参数匹配方法。姿态匹配的特点是在载体作横滚等简单机动动作的条件下就可以估计出航向失准角，且对陀螺仪漂移有较强的估计能力。因此，在速度匹配的基础上加入姿态匹配可以充分发挥两种匹配方式的优势，从而提高传递对准性能。

目前，国内、外文献资料对主惯导系统与子惯导系统传递对准考虑机载情况较多。由于飞机的机动性能好，所以能够产生较大的水平加速度，使速度误差方程的多个状态能有效激励出来。在舰载情况下，虽然重力加速度可以激励水平姿态角误差，但舰船不能产生较大的水平加速度，方位角不能有效地激励起来，因此方位误差角估计出的精度较差。这是舰载武器初始对准中面临的一个特殊问题。一般来说，计算参数匹配法对准精度高，但时间长，计算量大，方位对准要求载体有一定的机动运动，计算参数匹配法是目前普遍应用的方法。测量参数匹配法时间短，精度低，这主要是因为杆臂效应和舰体的挠性变形，它是目前正在研究推广的方法。

空中对准需要其他设备提供导航信息，该设备可在弹上，也可在舰上。这种方法精度较高，但若要增加设备，会使系统较复杂，因此这种方案的采纳应与总体部门协调后确定。

对舰船来说，由于舰体惯性大且受海水阻力和风浪的影响，所以不可能像空中飞机那样能够做出相当强度的各种机动动作。鉴于线运动加角运动测量匹配能以较少的机动（如摇摆运动）更快地获得可接受的对准精度，舰载武器SINS上的传递对准一般采用线运动加角运动测量匹配的方法。基于此，本章围绕舰载武器SINS传递对准的过程，在介绍了速度匹配传递对准算法以及速度加姿态匹配传递对准算法的基础上，给出了在考虑主、子惯导系统数据传输延迟的情况下，舰载武器SINS借助海浪或减摇鳍助摇实现快速精确传递对准的方法。

8.2　摇摆基座的数学模型

三轴摇摆运动为绕载体航向轴、纵摇轴和横摇轴以正弦规律进行的运动，其数学模型为

$$\left.\begin{aligned}\theta_{\mathrm{h}}&=\theta_{\mathrm{hm}}\sin(\omega_{\mathrm{h}}t+\phi_{\mathrm{h}})\\\theta_{\mathrm{p}}&=\theta_{\mathrm{pm}}\sin(\omega_{\mathrm{p}}t+\phi_{\mathrm{p}})\\\theta_{\mathrm{r}}&=\theta_{\mathrm{rm}}\sin(\omega_{\mathrm{r}}t+\phi_{\mathrm{r}})\end{aligned}\right\}\tag{8.1}$$

式中，θ_{h}，θ_{p}，θ_{r} 分别为载体绕航向轴、纵摇轴和横摇轴的摇摆角度变量；θ_{hm}，θ_{pm}，θ_{rm} 分别为绕航向轴、纵摇轴和横摇轴的摇摆角度幅值；ω_{h}，ω_{p}，ω_{r} 分别为绕航向轴、纵摇轴和横摇轴摇摆的角频率；ϕ_{h}，ϕ_{p}，ϕ_{r} 分别为相应的初始相位；$\omega_i=2\pi/T_i(i=\mathrm{h},\mathrm{p},\mathrm{r})$；$T_{\mathrm{h}}$，$T_{\mathrm{p}}$，$T_{\mathrm{r}}$ 分别为绕航向轴、纵摇轴和横摇轴的摇摆周期。

8.3　舰载武器的杆臂效应

8.3.1　杆臂效应的产生

当舰船相对惯性空间产生角运动时，由于舰船主INS与舰载武器SINS之间存在杆臂长度，即子SINS相对主INS有一段距离，舰船主INS和舰载武器SINS会敏感不同的比力和解算出不同的地速，这种现象称为杆臂效应。当舰船相对惯性空间产生角运动时，由于杆臂的存在会导致舰船主INS和舰载武器SINS输出的比力产生差异，这种差异称为传递对准中的杆臂加速度；而由于杆臂的存在会导致舰船主INS和舰载武器SINS解算出的地速产生差异，这种差异称为传递对准中的杆臂速度。

舰船上的主INS通常安装在甲板下方若干层的导航室，经过校正与补偿，可认为主INS处于舰船的摇摆中心，不存在杆臂效应问题。而子SINS安装在发射装置上，由于舰船的摇摆，使舰载武器也会随之摇摆，所以会不可避免地使子SINS上的加速度计敏感到这部分摇摆运动而带来的离心加速度和切向加速度。

设 O_{i} 为地心，$O_{\mathrm{i}}X_{\mathrm{i}}Y_{\mathrm{i}}Z_{\mathrm{i}}$ 为地心惯性坐标系，O_{b} 为舰体的摇摆中心，$O_{\mathrm{b}}X_{\mathrm{b}}Y_{\mathrm{b}}Z_{\mathrm{b}}$ 为舰体坐标系，加速度计安装在舰体坐标系中的固定点为 p，$\boldsymbol{R}_{\mathrm{b}}$ 为舰体原点相对于惯性坐标系的位置矢量，$\boldsymbol{R}_p$ 为 p 点相对于惯性坐标系的位置矢量，而杆臂 $\boldsymbol{r}_p^{\mathrm{b}}$ 则为 p 点相对于舰体坐标系原点的位置

矢量。舰载武器 SINS 中的加速度计理想位置应在舰船的摇摆中心。但由于实际加速度计偏离理想位置 O_b，所以当舰船处于摇摆状态时，存在离心加速度和切向加速度，从而引起加速度计的测量误差。根据式(6.51)，当杆臂长度矢量为 $\boldsymbol{r}_p^b$，舰体坐标系 b 相对于惯性坐标系 i 的运动角速度为 $\boldsymbol{\omega}_{ib}^b$ 时，产生的杆臂效应加速度为

$$\delta \boldsymbol{f}_{ib}^b = \dot{\boldsymbol{\omega}}_{ib}^b \times \boldsymbol{r}_p^b + \boldsymbol{\omega}_{ib}^b \times (\boldsymbol{\omega}_{ib}^b \times \boldsymbol{r}_p^b) = \begin{bmatrix} -(\omega_y^2+\omega_z^2) & \omega_x\omega_y - \dot{\omega}_z & \omega_x\omega_z + \dot{\omega}_y \\ \omega_x\omega_y + \dot{\omega}_z & -(\omega_x^2+\omega_z^2) & \omega_y\omega_x - \dot{\omega}_x \\ \omega_x\omega_z - \dot{\omega}_y & \omega_y\omega_x - \dot{\omega}_x & -(\omega_x^2+\omega_y^2) \end{bmatrix} \begin{bmatrix} r_{px}^b \\ r_{py}^b \\ r_{px}^b \end{bmatrix} \tag{8.2}$$

式中，$\dot{\boldsymbol{\omega}}_{ib}^b$ 为舰体坐标系 b 相对于惯性系 i 的运动角加速度。

在式(8.2)中，杆臂效应干扰加速度第一项为切向干扰加速度，第二项为向心加速度。从而可以看出，杆臂效应引起的干扰加速度与载体角速度、杆臂长度有关，即杆臂效应加速度包括一个杆臂长度与摇摆角速度二次方的乘积的向心加速度和一个杆臂长度与摇摆角加速度乘积的切向加速度。舰体相对惯性坐标系的运动角速度和角加速度越大，或杆臂长度越长，杆臂效应干扰加速度越大。为提高舰载武器SINS初始对准的精度，需要对产生的杆臂效应误差进行补偿，以消除或减小杆臂效应的影响。

在舰载武器对准过程中，由于外界干扰引起的舰体摇摆是不可消除的，同时保证加速度计处于舰体的摇摆中心也是不可能的，所以杆臂效应的产生是不可避免的。因此，加速度计的输出中必将包含杆臂效应干扰加速度。如果使用加速度计的输出或其积分量速度作为观测量对舰载武器SINS进行对准，这势必会影响对准的精度。因此，需要对子SINS中的杆臂效应干扰加速度进行补偿，以消除或减小杆臂效应对舰载武器初始对准性能的影响。

8.3.2 杆臂效应的补偿

假设舰载主 INS 安装在舰船的摇摆中心，主 INS 坐标系(m 系)相对于惯性坐标系(i 系)的角速度为 $\boldsymbol{\omega}_{im}^m$，则惯性测量组件的杆臂效应可以利用陀螺仪测得的有效运载体运动角速度 $\boldsymbol{\omega}_{im}^m$ 信息进行补偿。装载在舰船上的武器 SINS 距离舰船主 INS 的位置是固定已知的，因而可以计算出杆臂效应引起的干扰加速度，在主 INS，子 SINS 速度匹配、加速度匹配传递对准之前，利用式(8.2)计算的杆臂效应值校正子 SINS 的加速度计输出，随后再进行捷联解算，从而实现了对杆臂效应的补偿。

杆臂干扰加速度补偿是一种直接的误差补偿算法，为了避免引入大的计算误差，对求解角加速度的微分算法要求较高。而常规的微分算法往往不能满足这样的精度要求，因此采用一种高精度微分计算方法，即利用信号跟踪-微分器来计算杆臂效应补偿中角加速度的方法。该方法能够给出较好品质的微分信号，关于信号 $v(t)$ 的跟踪-微分器离散形式为

$$\left.\begin{aligned} & x_1(k+1) = x_1(k) + hx_2(k) \\ & \delta = hr \\ & \delta_1 = h\delta \\ & e(k) = x_1(k) - v(k) \\ & z_1(k) = e(k) + hx_2(k) \\ & x_2(k) = x_2(k) - hr\,\mathrm{sat}[g(k),\delta] \end{aligned}\right\} \tag{8.3}$$

式中

$$g(k)=\begin{cases}x_2(k)-\text{sign}[z_1(k)]\dfrac{r\left(h-\sqrt{\dfrac{8|z_1(k)|}{r}+h^2}\right)}{2} & (|z_1(k)|\geqslant\delta_1)\\ x_2(k)+\dfrac{z_1(k)}{h} & (|z_1(k)|<\delta_1)\end{cases}$$

$$\text{sat}(x,\delta)=\begin{cases}\text{sign}(x) & (|x|\geqslant\delta)\\ \dfrac{x}{\delta} & (|x|<\delta)\end{cases}$$

$$\text{sign}(x)=\begin{cases}1 & (x\geqslant 0)\\ -1 & (x<0)\end{cases}$$

其中，$x_1(k)$ 为跟踪信号；$x_2(k)$ 为近似微分信号；h 为采样步长；r 为快速因子；$v(k)$ 为输入信号。

8.4　舰体挠曲变形模型

载体挠曲运动也会使主、子惯导系统的惯性传感器敏感到不同的运动信息，引起观测数据的误差，进而造成传递对准误差。舰船、飞机等运载体的结构挠曲运动规律异常复杂，其精确建模极其困难。在实际应用中，通常只能对挠曲运动误差进行近似处理。

由于舰船体积庞大，所以舰体受风、浪、人员及设备移动等的影响会造成挠曲变形。而挠曲变形将使主 INS 与子 SINS 基座产生相对角位移，对与基座基准有关的匹配方法（如姿态匹配法和角速度匹配法等）产生较大的影响。因此，对舰体挠曲变形进行建模并进行有效补偿是提高舰载武器对准精度的一个重要措施。

设舰载武器SINS体坐标系（s系）与舰船主INS体坐标系（m系）在理想情况下是一致的，并令对准初始时刻子 SINS 的姿态阵采用主 INS 的姿态阵进行“一次装订”粗对准。因此，主INS 与子 SINS之间的相对失准角（$\Delta\boldsymbol{\Phi}=\boldsymbol{\lambda}+\boldsymbol{\theta}$）除了固定的安装误差角 $\boldsymbol{\lambda}$ 外，还有舰体挠曲变形角 $\boldsymbol{\theta}$。安装误差角 $\boldsymbol{\lambda}$ 是不变的（$\dot{\boldsymbol{\lambda}}=\mathbf{0}$），而船体挠性变形 $\boldsymbol{\theta}$ 受惯性力和弹性力矩等影响，通常用二阶以上随机过程来描述其变化规律。

如果设舰体挠曲变形为二阶高斯-马尔柯夫过程，且 3 个轴向的变形过程彼此独立，则

$$\left.\begin{aligned}\dot{\theta}_i&=\omega_{\theta i}\\ \dot{\omega}_{\theta i}&=-\beta_i^2\theta_i-2\beta_i\omega_{\theta i}+\eta_i\end{aligned}\quad(i=x,y,z)\right\}\tag{8.4}$$

式中，$\boldsymbol{\eta}=[\eta_x\quad\eta_y\quad\eta_z]^{\mathrm{T}}$ 为高斯白噪声，其方差为$\boldsymbol{Q}_\eta=[Q_{\eta_x}\quad Q_{\eta_y}\quad Q_{\eta_z}]^{\mathrm{T}}$；$\omega_{\theta i}$ 为变形角速度在 s 系中的投影；β_i 为舰体结构弹性系数。

另外，设$\boldsymbol{\theta}=[\theta_x\quad\theta_y\quad\theta_z]^{\mathrm{T}}$ 的均方差为$\boldsymbol{\sigma}=[\sigma_x\quad\sigma_y\quad\sigma_z]^{\mathrm{T}}$，则$\boldsymbol{Q}_\eta$，$\boldsymbol{\sigma}$ 和β_i 之间有如下关系：

$$Q_{\eta_i}=4\beta_i^3\sigma_i^2\quad(i=x,y,z)\tag{8.5}$$

且每个过程的相关时间 τ_i 和 β_i 有如下关系：

$$\beta_i=\frac{2.146}{\tau_i}\quad(i=x,y,z)\tag{8.6}$$

其中，τ_i 和 σ_i 根据实际情况来选取。

8.5 舰载武器SINS速度匹配传递对准算法

8.5.1 平台罗径装定粗对准

由舰载平台罗径提供舰姿计算舰体相对导航坐标系的变换矩阵$\boldsymbol{C}_{\mathrm{s}}^{\mathrm{m}}$，再由发射架的安装矩阵$\boldsymbol{C}_{\mathrm{b}}^{\mathrm{s}}$得到捷联初始矩阵$\boldsymbol{C}_{\mathrm{b}}^{\mathrm{m}}$。采用此方案，失准角将由下列误差源产生：

(1) 舰姿的测量误差；

(2) 舰载平台罗径到发射装置的舰体变形误差（尤其当发射装置离平台罗经较远时舰体的弹性变形将产生0.2°左右失准角）；

(3) 发射装置的安装误差；

(4) 发射装置的变形误差；

(5) 舰载武器和武器上子 SINS 的安装误差。

平台罗径装定粗对准方法对准时间快，但对准误差相对较大，常用来进行舰载子 SINS 的粗对准。

8.5.2 速度匹配传递对准模型的建立

传统的传递对准采用速度匹配方式，即利用舰船主INS速度信息，与舰载武器捷联姿态基准系统的相应信息相匹配，通过卡尔曼滤波器，估计主 INS 和子 SINS 之间在地理坐标系下的失准角，用以修正子SINS姿态矩阵。水平姿态对准是通过重力加速度在水平方向的耦合来完成，而航向对准则需要把航向误差转换为速度误差来体现，因此需要载体做一定的机动动作。

这里，主 INS 与子 SINS 的导航坐标系均为东北天地理坐标系，用 n 表示。结构挠曲运动的影响用注入模型中的白噪声加以等效，由于垂直通道与水平通道的耦合非常弱，所以可忽略δV_{U}。又因为初始对准时间较短，故惯性器件模型仅取零位误差项$\dot{\boldsymbol{\nabla}}$和$\dot{\boldsymbol{\varepsilon}}$。根据系统误差方程，建立的系统状态方程为

$$\dot{\boldsymbol{X}}(t)=\boldsymbol{F}(t)\boldsymbol{X}(t)+\boldsymbol{G}(t)\boldsymbol{W}(t) \tag{8.7}$$

状态变量$\boldsymbol{X}(t)$取为

$$\boldsymbol{X}(t)=[\phi_{\mathrm{E}} \quad \phi_{\mathrm{N}} \quad \phi_{\mathrm{U}} \quad \delta V_{\mathrm{E}} \quad \delta V_{\mathrm{N}} \quad \varepsilon_x \quad \varepsilon_y \quad \varepsilon_z \quad \nabla_x \quad \nabla_y]^{\mathrm{T}} \tag{8.8}$$

式中，ϕ_{E}，ϕ_{N}，ϕ_{U}为子 SINS 东向、北向和方位向平台失准角；δV_{E}，δV_{N}分别为子 SINS 东向、北向速度误差；ε_x，ε_y，ε_z为子 SINS的 3 个轴向陀螺仪零位漂移；∇_x，∇_y为子 SINS 两个轴向加速度计零位偏置。

$\boldsymbol{F}(t)$为系统矩阵：

$$\boldsymbol{F}(t)=\begin{bmatrix}\boldsymbol{F}_{\mathrm{M}} & \boldsymbol{F}_{\mathrm{N}}\\ \boldsymbol{O}_{5\times5} & \boldsymbol{O}_{5\times5}\end{bmatrix}_{10\times10} \tag{8.9}$$

$$
\boldsymbol{F}_{\mathrm{M}}=\begin{bmatrix} 0 & (\omega_{\mathrm{ie}}+\dot{\lambda})\sin L & -(\omega_{\mathrm{ie}}+\dot{\lambda})\cos L & 0 & -1/(R_{\mathrm{M}}+h) \\ -(\omega_{\mathrm{ie}}+\dot{\lambda})\sin L & 0 & -\dot{L} & 1/(R_{\mathrm{N}}+h) & 0 \\ (\omega_{\mathrm{ie}}+\dot{\lambda})\cos L & \dot{L} & 0 & \tan L/(R_{\mathrm{N}}+h) & 0 \\ 0 & -f_{\mathrm{U}} & f_{\mathrm{N}} & V_{\mathrm{N}}\tan L/(R_{\mathrm{N}}+h) & (2\omega_{\mathrm{ie}}+\dot{\lambda})\sin L \\ f_{\mathrm{U}} & 0 & -f_{\mathrm{E}} & -(2\omega_{\mathrm{ie}}+\dot{\lambda})\sin L & 0 \end{bmatrix}
$$

$$
\boldsymbol{F}_{\mathrm{N}}=\begin{bmatrix} -\boldsymbol{C}_{\mathrm{b}}^{\mathrm{n}} & \boldsymbol{O}_{3\times2} \\ \boldsymbol{O}_{2\times3} & \widetilde{\boldsymbol{C}}_{\mathrm{b}}^{\mathrm{n}} \end{bmatrix},\quad \boldsymbol{G}(t)=\begin{bmatrix} \boldsymbol{O}_{3\times2} & -\boldsymbol{C}_{\mathrm{b}}^{\mathrm{n}} \\ \widetilde{\boldsymbol{C}}_{\mathrm{b}}^{\mathrm{n}} & \boldsymbol{O}_{2\times3} \\ \boldsymbol{O}_{5\times2} & \boldsymbol{O}_{5\times3} \end{bmatrix}
$$

式中，$\widetilde{\boldsymbol{C}}_{\mathrm{b}}^{\mathrm{n}}$ 为 $\boldsymbol{C}_{\mathrm{b}}^{\mathrm{n}}$ 的前两行和前两列；$\boldsymbol{W}(t)=[\omega_{\mathrm{d}x}\quad \omega_{\mathrm{d}y}\quad \omega_{\mathrm{g}x}\quad \omega_{\mathrm{g}y}\quad \omega_{\mathrm{g}z}]^{\mathrm{T}}$ 为系统噪声矢量；L，λ 分别为地理纬度和经度。

对于速度匹配传递对准，观测量为子 SINS 与主 INS 的速度输出之差。由此得到速度匹配传递对准系统的量测方程为

$$
\boldsymbol{Z}(t)=\boldsymbol{H}(t)\boldsymbol{X}(t)+\boldsymbol{V}(t) \tag{8.10}
$$

式中，$\boldsymbol{Z}(t)=[\delta V_{\mathrm{E}}\quad \delta V_{\mathrm{N}}]^{\mathrm{T}}$；量测噪声 $\boldsymbol{V}(t)\sim N(0,\boldsymbol{R})$；量测矩阵 $\boldsymbol{H}(t)=[\boldsymbol{O}_{2\times3}\quad \boldsymbol{I}_{2\times2}\quad \boldsymbol{O}_{2\times5}]$。

8.5.3　速度匹配传递对准性能仿真验证

假设舰船以 10 m/s 的速度作匀速航行，同时由于受到风浪的干扰而发生纵摇、横摇和艏摇的 3 轴摇摆运动。舰载武器 SINS 速度匹配传递对准的卡尔曼滤波仿真初始条件取：

(1) 初始位置：$L_0=33°$ N，$\lambda_0=10°$ E，$h_0=0$ m；

(2) 主 INS 水平速度量测误差：$v_1=0.01$ m/s，$v_2=0.01$ m/s；

(3) 主 INS 与子 SINS 轴向安装误差角和杆臂效应长度矢量：$\boldsymbol{\lambda}=[8'\quad 10'\quad 12']^{\mathrm{T}}$，$\boldsymbol{r}_p^{\mathrm{b}}=[2\quad 2\quad 2]^{\mathrm{T}}$；

(4) 惯性器件采样周期和卡尔曼滤波周期分别为：$T=0.01$ s，$T_{\mathrm{filter}}=1$ s；

(5) 状态滤波初值全取为零；

(6) 估计误差均方差初值取为

$$
\boldsymbol{P}(0)=\mathrm{diag}[(10')^2\quad (10')^2\quad (10')^2\quad (0.1\ \mathrm{m/s})^2\quad (0.1\ \mathrm{m/s})^2\quad (0.01\ °/\mathrm{h})^2 \quad (0.01\ °/\mathrm{h})^2\quad (0.01\ °/\mathrm{h})^2\quad (10\ \mu g)^2\quad (10\ \mu g)^2]
$$

(7) 量测噪声方差阵取为 $\boldsymbol{R}=\mathrm{diag}[(0.01\ \mathrm{m/s})^2\quad (0.01\ \mathrm{m/s})^2]$。

通过卡尔曼滤波得到舰载武器 SINS 在舰船航行状态下，速度匹配传递对准的结果，如图 8.1 ～ 图 8.2 所示。

由于舰船的直线航行提高了水平速度误差的可观测度，所以速度误差的滤波估计的精度较高，但航向角的估计误差最大，且收敛速度较慢。

可见，速度匹配传递对准的方法简单，容易实现。但此方法对准的时间较长，而且受惯性器件误差的影响，其精度也不高，特别是航向对准误差较大。

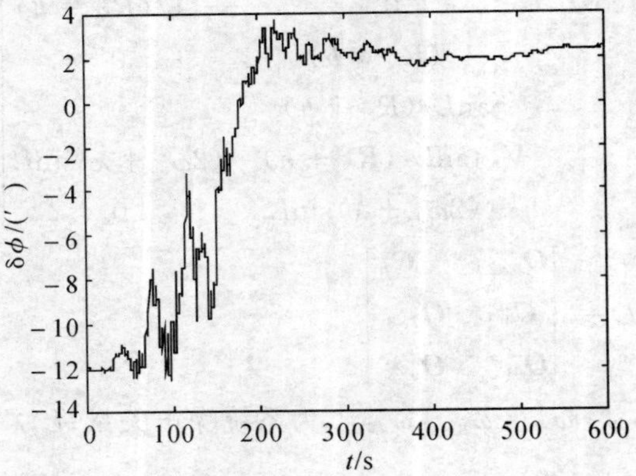

图 8.1　子 SINS 方位失准角估计误差

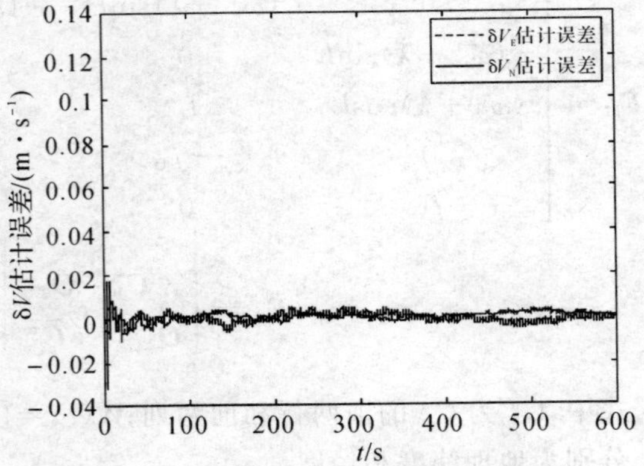

图 8.2　子 SINS 速度误差估计误差

8.6　舰载武器速度加姿态匹配传递对准算法

8.6.1　速度加姿态匹配传递对准的误差模型

因速度匹配传递对准方案存在对准时间长，航向对准误差较大，机动航行动作剧烈不利于舰船实现等不足之处，所以应该充分考虑舰载武器传递对准时的可用信息，引入姿态测量信息，以提高对准精度并缩短对准时间。另外，应该考虑到舰船不需要作比较复杂的机动航行，只须借助海浪或减摇鳍助摇方式即可实现传递对准过程。

建立舰载武器 SINS 速度加姿态匹配传递对准的误差方程：

$$\left.\begin{aligned}
&\dot{\boldsymbol{\Phi}}^{\mathrm{n}}=\delta\boldsymbol{\omega}_{\mathrm{in}}^{\mathrm{n}}-\boldsymbol{\omega}_{\mathrm{in}}^{\mathrm{n}}\times\boldsymbol{\Phi}^{\mathrm{n}}-\boldsymbol{\varepsilon}^{\mathrm{n}}\\
&\delta\dot{\boldsymbol{V}}^{\mathrm{n}}=\boldsymbol{f}_{\mathrm{is}}^{\mathrm{n}}\times\boldsymbol{\Phi}^{\mathrm{n}}-(2\delta\boldsymbol{\omega}_{\mathrm{ie}}^{\mathrm{n}}+\delta\boldsymbol{\omega}_{\mathrm{en}}^{\mathrm{n}})\times\boldsymbol{V}^{\mathrm{n}}-(2\boldsymbol{\omega}_{\mathrm{ie}}^{\mathrm{n}}+\boldsymbol{\omega}_{\mathrm{en}}^{\mathrm{n}})\times\delta\boldsymbol{V}^{\mathrm{n}}+\boldsymbol{\nabla}^{\mathrm{n}}\\
&\dot{\boldsymbol{\lambda}}=\boldsymbol{0}\\
&\dot{\boldsymbol{\theta}}=\boldsymbol{\omega}_{\theta}\\
&\dot{\boldsymbol{\omega}}=-\boldsymbol{E}_{\theta}\boldsymbol{\theta}-2\boldsymbol{F}_{\theta}\boldsymbol{\omega}_{\theta}+\boldsymbol{\eta}\\
&\dot{\boldsymbol{\varepsilon}}=\boldsymbol{0}\\
&\dot{\boldsymbol{\nabla}}=\boldsymbol{0}
\end{aligned}\right\}\tag{8.11}$$

式中，$\boldsymbol{\lambda}$ 为子 SINS 相对主 INS 的安装误差角；$\boldsymbol{\theta}$ 为舰体挠曲变形角；$\boldsymbol{\omega}_{\theta}$ 为舰体挠曲变形角速度；$\boldsymbol{\eta}$ 为舰体挠曲变形驱动白噪声矢量；其他符号意义同 8.5 节。

建立系统的状态方程为

$$\dot{\boldsymbol{X}}(t)=\boldsymbol{F}(t)\boldsymbol{X}(t)+\boldsymbol{W}(t)\tag{8.12}$$

状态变量 $\boldsymbol{X}(t)$ 取为

$$\boldsymbol{X}(t)=[\phi_{\mathrm{E}}\quad\phi_{\mathrm{N}}\quad\phi_{\mathrm{U}}\quad\delta V_{\mathrm{E}}\quad\delta V_{\mathrm{N}}\quad\lambda_x\quad\lambda_y\quad\lambda_z\quad\varepsilon_x\quad\varepsilon_y\quad\varepsilon_z\quad\nabla_x\quad\nabla_y\quad\theta_x\quad\theta_y\quad\theta_z\quad\omega_{\theta x}\quad\omega_{\theta y}\quad\omega_{\theta z}]^{\mathrm{T}}\tag{8.13}$$

$\boldsymbol{W}(t)$ 为系统噪声矢量

$$\boldsymbol{W}(t)=[\omega_{gx}\quad \omega_{gy}\quad \omega_{gz}\quad \omega_{dx}\quad \omega_{dy}\quad \eta_x\quad \eta_y\quad \eta_z]^{\mathrm{T}} \tag{8.14}$$

式中，ω_{gx}，ω_{gy}，ω_{gz} 为子 SINS 陀螺仪量测噪声；ω_{dx}，ω_{dy} 为子 SINS 加速度计量测噪声；η_x，η_y，η_z 为舰体挠曲变形驱动噪声。

系统矩阵 $\boldsymbol{F}(t)$ 为

$$\boldsymbol{F}(t)=\begin{bmatrix}\boldsymbol{F}_{\mathrm{M}} & \boldsymbol{O}_{5\times3} & \boldsymbol{F}_{\mathrm{N}} & \boldsymbol{O}_{5\times3} & \boldsymbol{O}_{5\times3}\\ \boldsymbol{O}_{8\times5} & \boldsymbol{O}_{8\times3} & \boldsymbol{O}_{8\times5} & \boldsymbol{O}_{8\times3} & \boldsymbol{O}_{8\times3}\\ \boldsymbol{O}_{3\times5} & \boldsymbol{O}_{3\times3} & \boldsymbol{O}_{3\times5} & \boldsymbol{O}_{3\times3} & \boldsymbol{I}_{3\times3}\\ \boldsymbol{O}_{3\times5} & \boldsymbol{O}_{3\times3} & \boldsymbol{O}_{3\times5} & -\boldsymbol{E}_{\theta} & -2\boldsymbol{F}_{\theta}\end{bmatrix} \tag{8.15}$$

式中，$\boldsymbol{E}_\theta=\mathrm{diag}[\beta_x\quad \beta_y\quad \beta_z]$；$\boldsymbol{F}_\theta=\mathrm{diag}[\beta_x^2\quad \beta_y^2\quad \beta_z^2]$；$F_{\mathrm{N}}$ 和 F_{M} 的意义同 8.5 节。

系统噪声阵 $\boldsymbol{G}(t)$ 为

$$\boldsymbol{G}(t)=\begin{bmatrix}-\boldsymbol{C}_{\mathrm{s}}^{\mathrm{n}} & \boldsymbol{O}_{3\times2} & \boldsymbol{O}_{3\times3}\\ \boldsymbol{O}_{2\times3} & \tilde{\boldsymbol{C}}_{\mathrm{s}}^{\mathrm{n}} & \boldsymbol{O}_{2\times3}\\ \boldsymbol{O}_{11\times3} & \boldsymbol{O}_{11\times2} & \boldsymbol{O}_{11\times3}\\ \boldsymbol{O}_{3\times3} & \boldsymbol{O}_{3\times2} & \boldsymbol{I}_{3\times3}\end{bmatrix}_{19\times8} \tag{8.16}$$

速度加姿态匹配量测方程以主 INS 与子 SINS 的速度和姿态输出差值作为量测量。设主 INS、子 SINS 的姿态阵分别为$\boldsymbol{C}_{\mathrm{m}}^{\mathrm{n}}$和$\boldsymbol{C}_{\mathrm{s}}^{\hat{\mathrm{n}}}$，记

$$\boldsymbol{C}_{\mathrm{s}}^{\hat{\mathrm{n}}}=\begin{bmatrix}C'_{11} & C'_{12} & C'_{13}\\ C'_{21} & C'_{22} & C'_{23}\\ C'_{31} & C'_{32} & C'_{33}\end{bmatrix} \tag{8.17}$$

由子 SINS 姿态阵确定的首向角、纵摇角及横摇角分别为

$$\left.\begin{aligned}H_{\mathrm{s}}&=H_{\mathrm{m}}+\delta H\\ \psi_{\mathrm{s}}&=\psi_{\mathrm{m}}+\delta\psi\\ \theta_{\mathrm{s}}&=\theta_{\mathrm{m}}+\delta\theta\end{aligned}\right\} \tag{8.18}$$

式中，δH，$\delta\psi$ 和 $\delta\theta$ 分别为主 ISN、子 SINS 的相对姿态误差。

设主 INS 与子 SINS 相对失准角在 s 系中的投影矢量为 $\Delta\boldsymbol{\Phi}=\boldsymbol{\lambda}+\boldsymbol{\theta}$，则

$$\boldsymbol{C}_{\mathrm{n}}^{\hat{\mathrm{n}}}\boldsymbol{C}_{\mathrm{m}}^{\mathrm{n}}\boldsymbol{C}_{\mathrm{s}}^{\mathrm{m}}=[\boldsymbol{I}-(\boldsymbol{\Phi}^{\mathrm{n}}\times)]\boldsymbol{C}_{\mathrm{m}}^{\mathrm{n}}[\boldsymbol{I}+(\Delta\boldsymbol{\Phi}\times)] \tag{8.19}$$

展开式(8.19)，忽略二阶小量，同时考虑到 $\tan H_{\mathrm{s}}=C'_{12}/C'_{22}$，$\tan\theta_{\mathrm{s}}=-C'_{31}/C'_{33}$，$\sin\psi_{\mathrm{s}}=C'_{32}$，可得

$$\tan(H_{\mathrm{m}}+\delta H)=\frac{C_{12}+C_{22}\phi_{\mathrm{U}}-C_{32}\phi_{\mathrm{N}}-C_{11}\Delta\phi_z+C_{13}\Delta\phi_x}{C_{22}-C_{12}\phi_{\mathrm{U}}+C_{32}\phi_{\mathrm{E}}-C_{21}\Delta\phi_z+C_{23}\Delta\phi_x} \tag{8.20}$$

$$\tan(\theta_{\mathrm{m}}+\delta\theta)=-\frac{C_{31}+C_{11}\phi_{\mathrm{N}}-C_{21}\phi_{\mathrm{E}}+C_{32}\Delta\phi_z-C_{33}\Delta\phi_y}{C_{33}+C_{13}\phi_{\mathrm{N}}-C_{23}\phi_{E}+C_{31}\Delta\phi_y-C_{32}\Delta\phi_x} \tag{8.21}$$

$$\sin(\psi_{\mathrm{m}}+\delta\psi)=C_{32}+C_{12}\phi_{\mathrm{N}}-C_{22}\phi_{\mathrm{E}}-C_{31}\Delta\phi_z+C_{33}\Delta\phi_x \tag{8.22}$$

对式(8.20) ~ 式(8.22) 进行线性化处理，右边进行一阶泰勒级数展开，化简后可得

$$\delta H=-\frac{C_{12}C_{32}}{C_{12}^2+C_{22}^2}\phi_{\mathrm{E}}-\frac{C_{32}C_{22}}{C_{12}^2+C_{22}^2}\phi_{\mathrm{N}}+\phi_{\mathrm{U}}+\frac{C_{13}C_{22}-C_{12}C_{23}}{C_{12}^2+C_{22}^2}\Delta\phi_x+\frac{C_{12}C_{21}-C_{11}C_{22}}{C_{12}^2+C_{22}^2}\Delta\phi_z \tag{8.23}$$

$$\delta\psi=\frac{-C_{22}}{\sqrt{1-C_{32}^2}}\phi_{\mathrm{E}}+\frac{C_{12}}{\sqrt{1-C_{32}^2}}\phi_{\mathrm{N}}+\frac{C_{33}}{\sqrt{1-C_{32}^2}}\Delta\phi_x-\frac{C_{31}}{\sqrt{1-C_{32}^2}}\Delta\phi_z \tag{8.24}$$

$$\delta\theta=\frac{C_{21}C_{33}-C_{31}C_{23}}{C_{31}^2+C_{33}^2}\phi_E+\frac{C_{13}C_{31}-C_{11}C_{33}}{C_{31}^2+C_{33}^2}\phi_N-\frac{C_{31}C_{32}}{C_{31}^2+C_{33}^2}\Delta\phi_x+\Delta\phi_y-\frac{C_{32}C_{33}}{C_{31}^2+C_{33}^2}\Delta\phi_z \tag{8.25}$$

将主 INS 的姿态误差归并入量测误差中，得到系统量测量为

$$\boldsymbol{Z}(t)=[\delta V_E\quad \delta V_N\quad \delta H\quad \delta\psi\quad \delta\theta]^T \tag{8.26}$$

系统量测方程为

$$\boldsymbol{Z}(t)=\boldsymbol{H}(t)\boldsymbol{X}(t)+\boldsymbol{V}(t) \tag{8.27}$$

式中，$\boldsymbol{V}(t)$ 为量测噪声，且 $\boldsymbol{V}(t)\sim N(0,\boldsymbol{R})$；$\boldsymbol{H}(t)$ 为量测矩阵，即

$$\boldsymbol{H}(t)=\begin{bmatrix}\boldsymbol{O}_{2\times3} & \boldsymbol{I}_{2\times2} & \boldsymbol{O}_{2\times3} & \boldsymbol{O}_{2\times5} & \boldsymbol{O}_{2\times3} & \boldsymbol{O}_{2\times3}\\ \boldsymbol{H}_{\phi} & \boldsymbol{O}_{3\times2} & \boldsymbol{H}_{\Delta\phi} & \boldsymbol{O}_{3\times5} & \boldsymbol{H}_{\Delta\phi} & \boldsymbol{O}_{3\times3}\end{bmatrix}$$

其中
$$f_H=1/(C_{12}^2+C_{22}^2),\quad f_\psi=1/\sqrt{1-C_{32}^2},\quad f_\theta=1/(C_{31}^2+C_{33}^2)$$

$$\boldsymbol{H}_{\phi}=\begin{bmatrix}-C_{12}C_{32}f_H & -C_{22}C_{32}f_H & 1\\ -C_{22}f_\psi & C_{12}f_\psi & 0\\ (C_{21}C_{33}-C_{31}C_{23})f_\theta & (C_{13}C_{31}-C_{11}C_{33})f_\theta & 0\end{bmatrix}$$

$$\boldsymbol{H}_{\Delta\phi}=\begin{bmatrix}(C_{13}C_{22}-C_{12}C_{23})f_H & 0 & (C_{12}C_{21}-C_{11}C_{22})f_H\\ C_{33}f_\psi & 0 & -C_{31}f_\psi\\ -C_{31}C_{32}f_\theta & 1 & -C_{32}C_{33}f_\theta\end{bmatrix}$$

8.6.2　速度加姿态匹配传递对准性能仿真验证

采用速度加姿态匹配传递对准的方案，借助海浪或减摇鳍助摇即可实现舰载武器在弱机动环境下的传递对准。

传递对准的卡尔曼滤波仿真初始条件：① 主 INS 水平速度量测误差：$v_1=0.01$ m/s，$v_2=0.01$ m/s，主 INS 姿态量测误差 $v_3=3''$，$v_4=3''$，$v_5=3''$；② 惯性器件采样周期和卡尔曼滤波周期 $T=0.01$ s，$T_{filter}=0.25$ s；③ 状态滤波初值全取为零；④ 估计均方误差初值取为

$$\boldsymbol{P}(0)=\mathrm{diag}[(10')^2\quad (10')^2\quad (10')^2\quad (0.1\ \mathrm{m/s})^2\quad (0.1\ \mathrm{m/s})^2\quad (8')^2\quad (10')^2\quad (12')^2\quad (0.01\ ^\circ/\mathrm{h})^2\quad (0.01\ ^\circ/\mathrm{h})^2\quad (0.01\ ^\circ/\mathrm{h})^2\quad (10\ \mu g)^2\quad (10\ \mu g)^2]$$

如图 8.3 和图 8.4 所示分别为杆臂效应误差补偿前、后传递对准过程的安装误差估计曲线。可以看出，杆臂效应影响了主 INS 与子 SINS 传递对准过程中轴向安装误差角的估计速度，其中对 x 向和 y 向安装误差角的影响大于 z 向。而杆臂效应误差补偿后，安装误差在 10 s 内即可快速而稳定地收敛到标准值，且 $\boldsymbol{\lambda}=[\lambda_x\quad \lambda_y\quad \lambda_z]^T$ 的滤波估计误差均方差分别达到了 2.909 8″，2.912 6″ 和 5.058 4″。

如图 8.5 和图 8.6 所示分别为舰体挠曲变形在杆臂效应误差补偿前、后的跟踪误差曲线。可以看出，杆臂效应的存在延长了挠曲变形角的估计时间，而杆臂效应补偿后 3 个方向的动态挠曲变形角均可以达到较好的跟踪效果，且滤波估计误差均限制在 5″ 以内，同时滤波估计值对相关时间参数 τ_i 不敏感，从而消除了杆臂效应和舰体挠曲变形对舰载武器传递对准的影响。

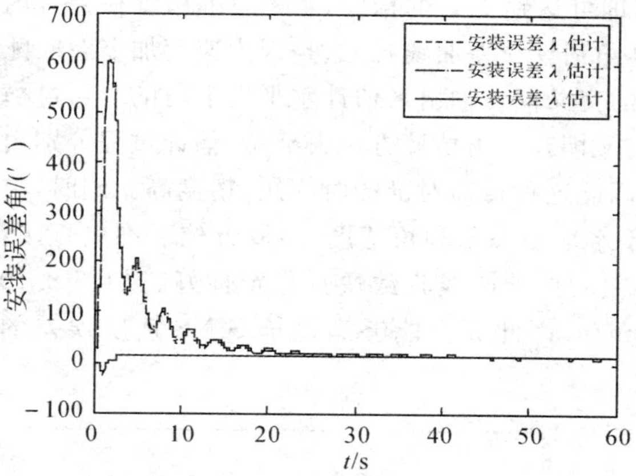

图 8.3　未补偿杆臂效应时安装误差角估计值

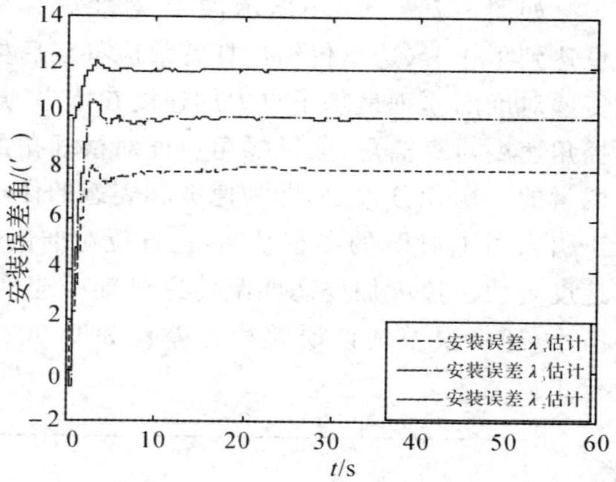

图 8.4　补偿杆臂效应后安装误差角估计值

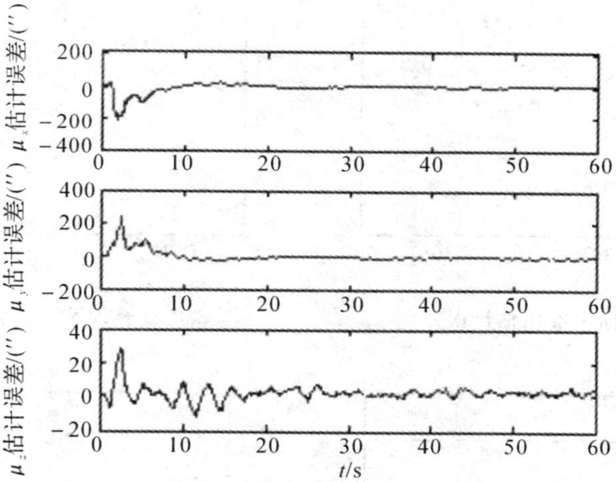

图 8.5　未补偿杆臂效应时变形角估计误差

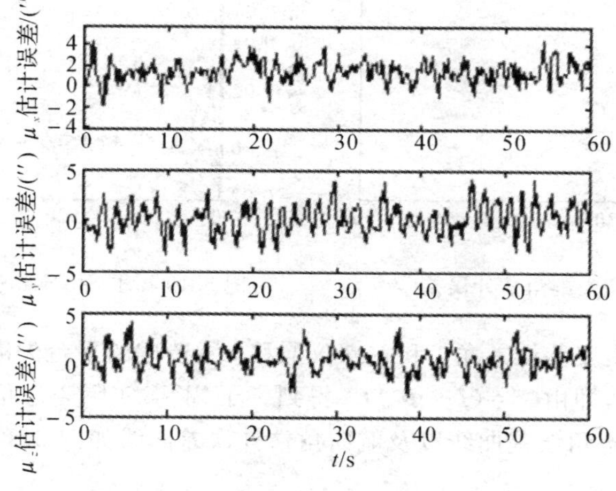

图 8.6　补偿杆臂效应后变形角估计误差

如图 8.7～图 8.9 所示，方位对准在 10 s 内即可达到 0.1′ 的精度，水平对准精度在 15 s 内也达到了 0.1′(这里仅给出杆臂效应补偿后失准角估计误差曲线)。这是因为速度加姿态匹配传递对准的原理是基于重力加速度在水平方向的交叉耦合输出来估计水平失准角的。通过横摇角速度对纵摇角，或纵摇角速度对横摇角的交叉耦合输出估计方位失准角，估计过程分别由两者的一次积分输出，即为速度和姿态的体现，因此这种传递对准的时间短、精度高。同时，由于引入了主 INS 的姿态基准，且方位对准依赖于水平姿态角和角速度，所以方位对准更直接，速度更快。速度加姿态匹配传递对准中速度误差的估计曲线收敛快且稳定性好。如图 8.10 所示，速度误差估计误差均方差仅为 0.002 6 m/s，因此完全能够满足子 SINS 速度误差的校正。

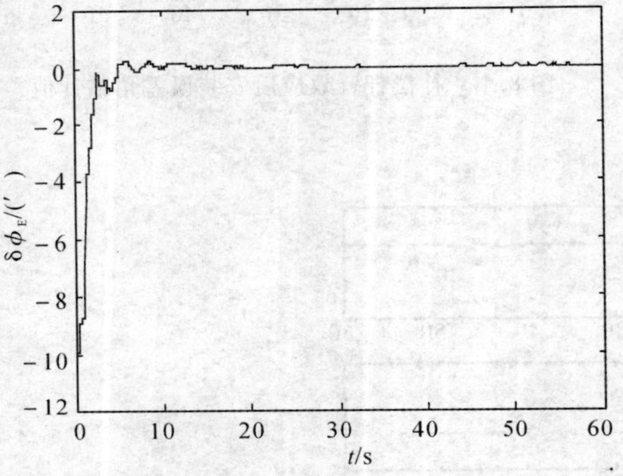

图 8.7　子 SINS 东向失准角估计误差

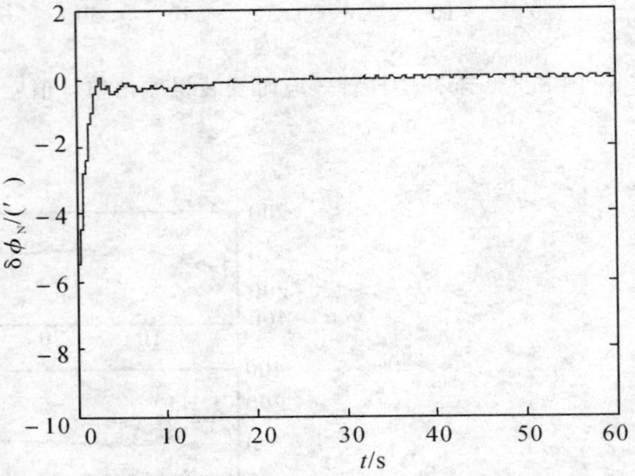

图 8.8　子 SINS 北向失准角估计误差

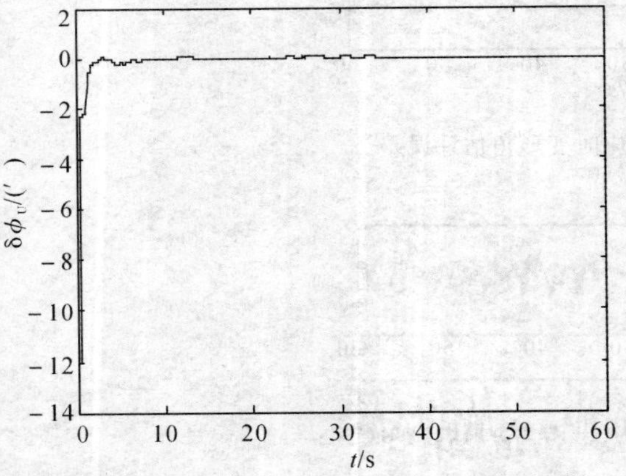

图 8.9　子 SINS 方位失准角估计误差

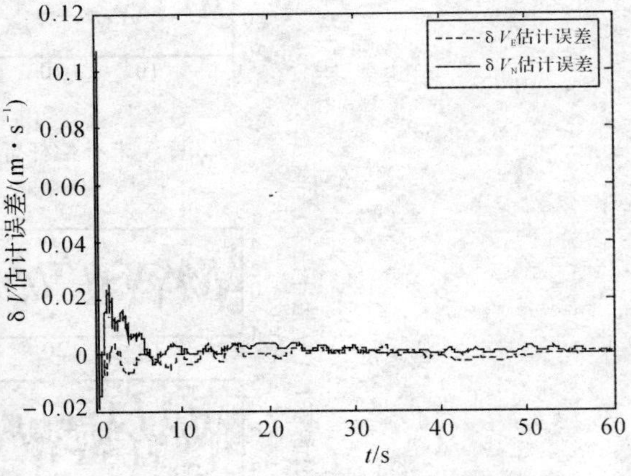

图 8.10　子 SINS 水平速度误差估计误差

子 SINS 通过校正由安装误差角 $\boldsymbol{\lambda}$ 和陀螺仪漂移 $\boldsymbol{\varepsilon}$ 所造成的平台失准角误差 $\boldsymbol{\Phi}^{n}$ 后，即可得到实际姿态角的估计值，即由 $\boldsymbol{C}_{s}^{n}=(\boldsymbol{I}-\boldsymbol{\Phi}^{n})\boldsymbol{C}_{s}^{\hat{n}}$ 得到。子 SINS 实际姿态角的估计值与标准值对比后得到的子 SINS 姿态角误差曲线以及航向角估计误差曲线如图 8.11 和图 8.12 所示。

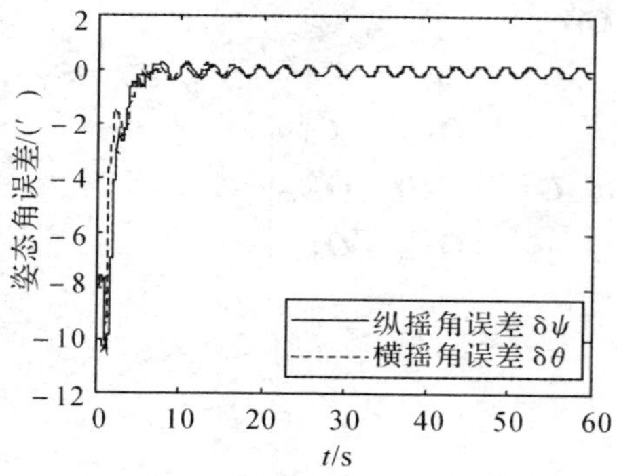

图 8.11　子 SINS 水平姿态角估计误差

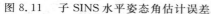

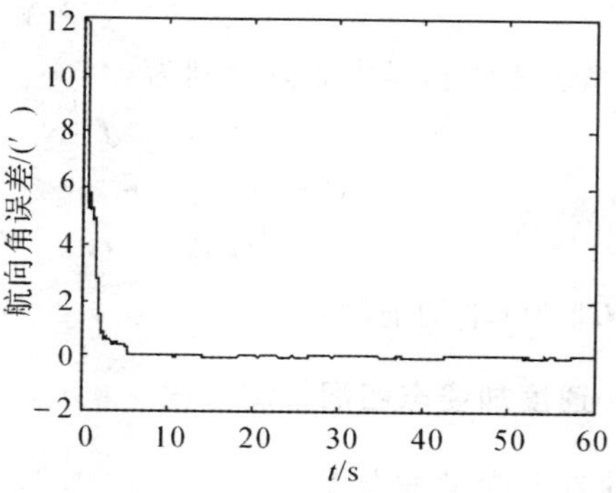

图 8.12　子 SINS 航向角估计误差

可以看出，舰船处于航行状态时，舰载武器SINS采取速度加姿态匹配的传递对准方式，采用舰船容易实现的摇摆机动方式，不需要改变航向，就能够满足快速对准的要求。该方案不仅克服了纯速度匹配中方位对准速度慢的缺点，而且方位对准的精度也达到了与水平对准同样的精度。因此，速度加姿态匹配的传递对准方法是一种适用于舰载武器SINS传递对准的比较理想的匹配方法。

8.7　摇摆基座快速精确传递对准方法

本节利用外部参考导航系统（电磁测速计和陀螺罗经）的速度和姿态信息与子 SINS 的信息进行匹配，解决观测量的时间延迟误差问题，以实现舰载武器摇摆基座子 SINS 的快速精确对准。

8.7.1　速度加姿态匹配传递对准简化模型的建立

1. 状态方程

在传递对准模型中主要考虑水平速度误差、数学平台失准角和安装误差角，即 8 维状态变量为

$$\boldsymbol{X}=[\delta V_x \quad \delta V_y \quad \phi_x \quad \phi_y \quad \phi_z \quad \mu_x \quad \mu_y \quad \mu_z]^{\mathrm{T}}$$

速度误差方程：

$$\delta\dot{\boldsymbol{V}}^{\mathrm{n}}=\boldsymbol{f}^{\mathrm{n}}\times\boldsymbol{\Phi}^{\mathrm{n}}+\boldsymbol{C}_{\mathrm{b}}^{\mathrm{n}}\boldsymbol{\omega}_{\mathrm{a}}$$

数学平台失准角方程：

$$\dot{\boldsymbol{\Phi}}^{\mathrm{n}}=-\boldsymbol{\omega}_{\mathrm{in}}^{\mathrm{n}}\times\boldsymbol{\Phi}^{\mathrm{n}}-\boldsymbol{C}_{\mathrm{b}}^{\mathrm{n}}\boldsymbol{\omega}_{\mathrm{g}}$$

安装误差角方程：

$$\dot{\boldsymbol{\mu}}=\boldsymbol{0}$$

式中，$\boldsymbol{\omega}_{\mathrm{g}}$ 为陀螺仪测量噪声；$\boldsymbol{\omega}_{\mathrm{a}}$ 为加速度计测量噪声。

综上，可以得到传递对准卡尔曼滤波器的状态方程为

$$\dot{\boldsymbol{X}} = \boldsymbol{F}\boldsymbol{X} + \boldsymbol{G}\boldsymbol{W} \tag{8.28}$$

其中，系统矩阵和噪声矩阵分别为

$$\boldsymbol{F} = \begin{bmatrix} \boldsymbol{O}_{2\times2} & \boldsymbol{f}^{\mathrm{n}}\times & \boldsymbol{O}_{2\times3} \\ \boldsymbol{O}_{3\times2} & -\boldsymbol{\omega}_{\mathrm{in}}^{\mathrm{n}}\times & \boldsymbol{O}_{3\times3} \\ \boldsymbol{O}_{3\times2} & \boldsymbol{O}_{3\times3} & \boldsymbol{O}_{3\times3} \end{bmatrix},\quad \boldsymbol{G} = \begin{bmatrix} \boldsymbol{O}_{2\times3} & \widetilde{\boldsymbol{C}}_{\mathrm{b}}^{\mathrm{n}} \\ -\boldsymbol{C}_{\mathrm{b}}^{\mathrm{n}} & \boldsymbol{O}_{3\times3} \\ \boldsymbol{O}_{3\times3} & \boldsymbol{O}_{3\times3} \end{bmatrix}$$

其中，$\widetilde{\boldsymbol{C}}_{\mathrm{b}}^{\mathrm{n}}$ 为 $\boldsymbol{C}_{\mathrm{b}}^{\mathrm{n}}$ 的前两行。

2. 速度加姿态匹配量测方程

速度匹配量测方程：

$$\boldsymbol{Z}_v = \delta\boldsymbol{V}^{\mathrm{n}} + \boldsymbol{V}_v = \boldsymbol{H}_v\boldsymbol{X} + \boldsymbol{V}_v$$

姿态匹配量测方程：

$$\boldsymbol{Z}_{\mathrm{dcm}} = \boldsymbol{\Phi}^{\mathrm{n}} - \boldsymbol{C}_{\mathrm{m}}^{\mathrm{n}}\boldsymbol{\mu} + \boldsymbol{V}_{\mathrm{dcm}} = \boldsymbol{H}_{\mathrm{dcm}}\boldsymbol{X} + \boldsymbol{V}_{\mathrm{dcm}}$$

式中，$\boldsymbol{V}_v$ 为速度测量噪声；$\boldsymbol{V}_{\mathrm{dcm}}$ 为姿态测量噪声。

将速度匹配量测方程与姿态匹配量测方程合并，得到传递对准卡尔曼滤波器的 5 维量测方程为

$$\boldsymbol{Z} = \boldsymbol{H}\boldsymbol{X} + \boldsymbol{V} \tag{8.29}$$

其中，量测矩阵为

$$\boldsymbol{H} = \begin{bmatrix} \boldsymbol{I}_{2\times2} & \boldsymbol{O}_{2\times3} & \boldsymbol{O}_{2\times3} \\ \boldsymbol{O}_{3\times2} & \boldsymbol{I}_{3\times3} & -\boldsymbol{C}_{\mathrm{m}}^{\mathrm{n}} \end{bmatrix}$$

8.7.2　考虑延迟时间状态的改进模型

由于传递对准的卡尔曼滤波算法是在子惯导系统中进行的，需将主惯导系统的量测数据传输到子惯导系统中，由于传输过程中传感器及电子线路需要一定的反应时间，从而导致主惯导系统测量信息的延迟，传输延迟误差将影响传递对准的精度。在传统的单纯速度匹配对准方法中，通常不考虑时间延迟的影响。然而，在摇摆基座上的速度加姿态匹配的传递对准过程中，由于姿态变化较快，传输延迟引起的姿态量测误差较大，所以必须考虑姿态匹配观测量的传递时间延迟问题。摇摆基座子 SINS 速度加姿态匹配传递对准原理如图 8.13 所示。

假设理论的姿态矩阵为

$$\boldsymbol{C}_{\mathrm{n}}^{\mathrm{m}}(\psi,\theta,\gamma) = \begin{bmatrix} \cos\gamma\cos\psi + \sin\gamma\sin\theta\sin\psi & -\cos\gamma\sin\psi + \sin\gamma\sin\theta\cos\psi & -\sin\gamma\cos\theta \\ \cos\theta\sin\psi & \cos\theta\cos\psi & \sin\theta \\ \sin\gamma\cos\psi - \cos\gamma\sin\theta\sin\psi & -\sin\gamma\sin\psi - \cos\gamma\sin\theta\cos\psi & \cos\gamma\cos\theta \end{bmatrix}$$

由于传输时间延迟，实际的姿态矩阵为

$$\boldsymbol{C}_{\mathrm{n}}^{\mathrm{m}}(\tilde{\psi},\tilde{\theta},\tilde{\gamma}) = \begin{bmatrix} \cos\tilde{\gamma}\cos\tilde{\psi} + \sin\tilde{\gamma}\sin\tilde{\theta}\sin\tilde{\psi} & -\cos\tilde{\gamma}\sin\tilde{\psi} + \sin\tilde{\gamma}\sin\tilde{\theta}\cos\tilde{\psi} & -\sin\tilde{\gamma}\cos\tilde{\theta} \\ \cos\tilde{\theta}\sin\tilde{\psi} & \cos\tilde{\theta}\cos\tilde{\psi} & \sin\tilde{\theta} \\ \sin\tilde{\gamma}\cos\tilde{\psi} - \cos\tilde{\gamma}\sin\tilde{\theta}\sin\tilde{\psi} & -\sin\tilde{\gamma}\sin\tilde{\psi} - \cos\tilde{\gamma}\sin\tilde{\theta}\cos\tilde{\psi} & \cos\tilde{\gamma}\cos\tilde{\theta} \end{bmatrix}$$

其中，$\tilde{\psi} = \psi - \Delta\psi$，$\tilde{\theta} = \theta - \Delta\theta$，$\tilde{\gamma} = \gamma - \Delta\gamma$，$\Delta\psi,\Delta\theta,\Delta\gamma$ 是由于传输时间延迟造成的误差。

因 $\Delta\psi,\Delta\theta,\Delta\gamma$ 是小量，所以可以作如下近似：

$$\sin(\tilde{\psi}) = \sin(\psi - \Delta\psi) \approx \sin\psi - \Delta\psi\cos\psi$$

$$\cos(\tilde{\psi}) = \cos(\psi - \Delta\psi) \approx \cos\psi + \Delta\psi\sin\psi$$
$$\sin(\tilde{\theta}) = \sin(\theta - \Delta\theta) \approx \sin\theta - \Delta\theta\cos\theta$$
$$\cos(\tilde{\theta}) = \cos(\theta - \Delta\theta) \approx \cos\theta + \Delta\theta\sin\theta$$
$$\sin(\tilde{\gamma}) = \sin(\gamma - \Delta\gamma) \approx \sin\gamma - \Delta\gamma\cos\gamma$$
$$\cos(\tilde{\gamma}) = \cos(\gamma - \Delta\gamma) \approx \cos\gamma + \Delta\gamma\sin\gamma$$

则$\boldsymbol{C}_{\mathrm{n}}^{\mathrm{m}}(\tilde{\psi},\tilde{\theta},\tilde{\gamma})$ 可以写为

$$\boldsymbol{C}_{\mathrm{n}}^{\mathrm{m}}(\tilde{\psi},\tilde{\theta},\tilde{\gamma}) = \boldsymbol{C}_{\mathrm{n}}^{\mathrm{m}}(\psi,\theta,\gamma) + \Delta\boldsymbol{C}_{\mathrm{n}}^{\mathrm{m}}(\Delta\psi,\Delta\theta,\Delta\gamma) \tag{8.30}$$

其中

$$\Delta\boldsymbol{C}_{\mathrm{n}}^{\mathrm{m}}(\Delta\psi,\Delta\theta,\Delta\gamma) = \begin{bmatrix} \begin{matrix}\Delta\gamma\sin\gamma\cos\psi + \Delta\psi\sin\psi\cos\gamma - \\ \Delta\psi\cos\psi\sin\theta\sin\gamma - \\ \Delta\theta\cos\theta\sin\psi\sin\gamma - \\ \Delta\gamma\cos\gamma\sin\psi\sin\theta\end{matrix} & \begin{matrix}\Delta\psi\cos\psi\cos\gamma - \Delta\gamma\sin\gamma\sin\psi - \\ \Delta\gamma\cos\gamma\sin\theta\cos\psi - \\ \Delta\theta\cos\theta\sin\gamma\cos\psi + \\ \Delta\psi\sin\psi\sin\gamma\sin\theta\end{matrix} & \begin{matrix}\Delta\gamma\cos\gamma\cos\theta - \\ \Delta\theta\sin\theta\sin\gamma\end{matrix} \\ \Delta\theta\sin\theta\sin\psi - \Delta\psi\cos\psi\cos\theta & \Delta\theta\sin\theta\cos\psi + \Delta\psi\sin\psi\cos\theta & -\Delta\theta\cos\theta \\ \begin{matrix}-\Delta\gamma\cos\gamma\cos\psi + \Delta\psi\sin\psi\sin\gamma - \\ \Delta\gamma\sin\gamma\sin\theta\sin\psi + \\ \Delta\theta\cos\theta\cos\gamma\sin\psi + \\ \Delta\psi\cos\psi\cos\gamma\sin\theta\end{matrix} & \begin{matrix}\Delta\gamma\cos\gamma\sin\psi + \Delta\psi\cos\psi\sin\gamma - \\ \Delta\gamma\sin\gamma\sin\theta\cos\psi + \\ \Delta\theta\cos\theta\cos\gamma\cos\psi - \\ \Delta\psi\sin\psi\cos\gamma\sin\theta\end{matrix} & \begin{matrix}\Delta\gamma\sin\gamma\cos\theta + \\ \Delta\theta\sin\theta\cos\gamma\end{matrix} \end{bmatrix}$$

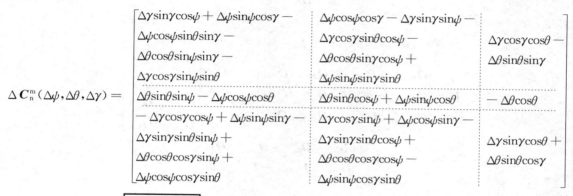

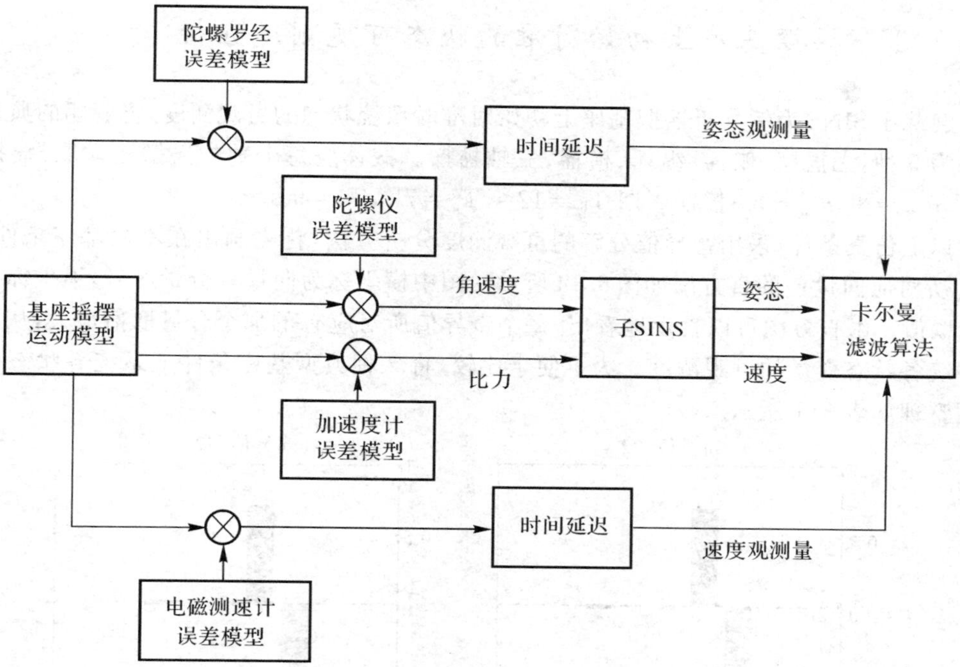

图 8.13　摇摆基座子 SINS 速度加姿态匹配传递对准原理框图

式(8.30)可以写成如下形式：

$$\boldsymbol{C}_{\mathrm{n}}^{\mathrm{m}}(\tilde{\psi},\tilde{\theta},\tilde{\gamma}) = \boldsymbol{C}_{\mathrm{n}}^{\mathrm{m}}(\psi,\theta,\gamma) + \Delta\boldsymbol{C}_{\mathrm{n}}^{\mathrm{m}}(\dot{\psi},\dot{\theta},\dot{\gamma}) \cdot \Delta t$$

式中，Δt 为传输延迟时间；$\Delta\boldsymbol{C}_{\mathrm{n}}^{\mathrm{m}}(\dot{\psi},\dot{\theta},\dot{\gamma})$ 是将 $\Delta\boldsymbol{C}_{\mathrm{n}}^{\mathrm{m}}(\Delta\psi,\Delta\theta,\Delta\gamma)$ 中的 $\Delta\psi,\Delta\theta,\Delta\gamma$ 用 $\dot{\psi},\dot{\theta},\dot{\gamma}$ 代替得到的，并近似为 $\Delta\psi = \dot{\psi}\Delta t, \Delta\theta = \dot{\theta}\Delta t, \Delta\gamma = \dot{\gamma}\Delta t$。

因此,考虑传递时间延迟,姿态匹配量测方程变为

$$\tilde{Z}_{\mathrm{dcm}} = Z_{\mathrm{dcm}} + d \cdot \Delta t$$

其中,$\boldsymbol{D} = \Delta \boldsymbol{C}_{\mathrm{n}}^{\mathrm{m}}(\dot{\psi},\dot{\theta},\dot{\gamma}) \cdot \boldsymbol{C}_{\mathrm{b}}^{\mathrm{m}} \cdot \boldsymbol{C}_{\mathrm{n}}^{\mathrm{b}}$;$\boldsymbol{d} = [-D(2,3) \quad D(1,3) \quad -D(1,2)]^{\mathrm{T}}$。

假定传递延迟时间变量为随机常值,即

$$\Delta \dot{t} = 0$$

将传递延迟时间变量加入状态方程,得到扩充的传递对准卡尔曼滤波模型:

$$\left.\begin{aligned} \dot{\boldsymbol{X}} &= \boldsymbol{F}\boldsymbol{X} + \boldsymbol{G}\boldsymbol{W} \\ \boldsymbol{Z} &= \boldsymbol{H}\boldsymbol{X} + \boldsymbol{V} \end{aligned}\right\} \tag{8.31}$$

其中

$$\boldsymbol{X} = [\delta V_x \quad \delta V_y \quad \phi_x \quad \phi_y \quad \phi_z \quad \mu_x \quad \mu_y \quad \mu_z \quad \Delta t]^{\mathrm{T}}$$

$$\boldsymbol{F} = \begin{bmatrix} \boldsymbol{O}_{2\times2} & \boldsymbol{f}^{\mathrm{n}}\times & \boldsymbol{O}_{2\times3} & \boldsymbol{O}_{2\times1} \\ \boldsymbol{O}_{3\times2} & -\boldsymbol{\omega}_{\mathrm{in}}^{\mathrm{n}}\times & \boldsymbol{O}_{3\times3} & \boldsymbol{O}_{3\times1} \\ \boldsymbol{O}_{4\times2} & \boldsymbol{O}_{4\times3} & \boldsymbol{O}_{4\times3} & \boldsymbol{O}_{4\times1} \end{bmatrix}, \quad \boldsymbol{G} = \begin{bmatrix} \boldsymbol{O}_{2\times3} & \boldsymbol{C}_{\mathrm{b}}^{\mathrm{n}} \\ -\boldsymbol{C}_{\mathrm{b}}^{\mathrm{n}} & \boldsymbol{O}_{3\times3} \\ \boldsymbol{O}_{3\times3} & \boldsymbol{O}_{3\times3} \\ \boldsymbol{O}_{1\times3} & \boldsymbol{O}_{1\times3} \end{bmatrix}$$

$$\boldsymbol{H} = \begin{bmatrix} \boldsymbol{I}_{2\times2} & \boldsymbol{O}_{2\times3} & \boldsymbol{O}_{2\times3} & \boldsymbol{O}_{2\times1} \\ \boldsymbol{O}_{3\times2} & \boldsymbol{I}_{3\times3} & -\boldsymbol{C}_{\mathrm{m}}^{\mathrm{n}} & \boldsymbol{d} \end{bmatrix}$$

8.7.3 摇摆基座上初始对准的状态可观测度分析

以舰载子SINS为例分析摇摆基座上初始对准时系统状态的可观测度,将舰船的典型基座状态分为5种:无摇摆、艏摇、纵摇、横摇、三轴摇摆。载体绕每个轴的摇摆运动取:摇摆幅度 $\theta_{\mathrm{hm}}=3°$,$\theta_{\mathrm{pm}}=3°$,$\theta_{\mathrm{rm}}=3°$;摇摆周期 $T_{\mathrm{h}}=12\ \mathrm{s}$,$T_{\mathrm{p}}=7\ \mathrm{s}$,$T_{\mathrm{r}}=9\ \mathrm{s}$。

由以上仿真条件,采用奇异值分解的可观测度分析方法,首先画出在不同基座条件下,奇异值 σ_i 所对应向量 $\boldsymbol{v}_i$ 的直方图如图8.14所示。图中横坐标为向量 $\boldsymbol{v}_i$ 分量序号,纵坐标为向量 $\boldsymbol{v}_i$ 分量取值。由直方图可以直观地看出,每个奇异值所对应 $\boldsymbol{v}_i$ 的那个分量取值最大,从而可以得出系统各状态变量的可观测度。为了便于比较,将5种典型基座条件下系统各状态变量可观测度整理如表8.1所示。

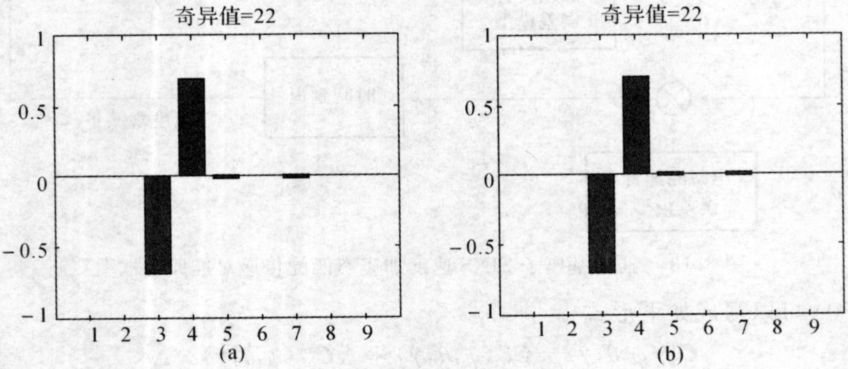

图 8.14 各奇异值所对应奇异值分解右阵向量直方图

(a) 第1个奇异值对应的向量 $\boldsymbol{v}_1$; (b) 第2个奇异值对应的向量 $\boldsymbol{v}_2$

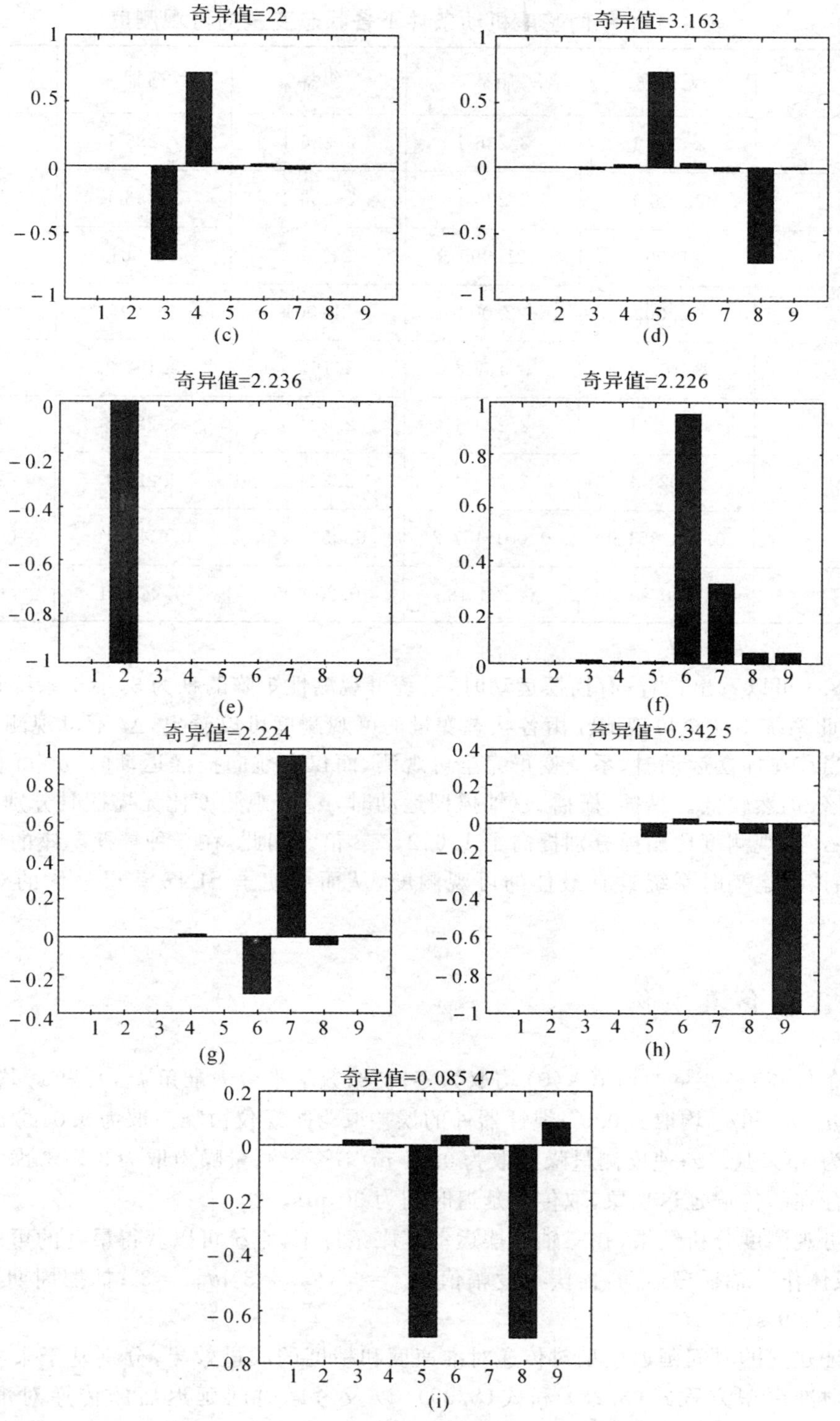

续图 8.14　各奇异值所对应奇异值分解右阵向量直方图

(c) 第 3 个奇异值对应的向量 v_3；(d) 第 4 个奇异值对应的向量 v_4；(e) 第 5 个奇异值对应的向量 v_5
(f) 第 6 个奇异值对应的向量 v_6；(g) 第 7 个奇异值对应的向量 v_7；(h) 第 8 个奇异值对应的向量 v_8
(i) 第 9 个奇异值对应的向量 v_9

表 8.1 不同基座机动条件下各状态变量的可观测度

状态变量 \ 机动方式	无摇摆	艏摇	纵摇	横摇	三轴摇摆
δV_x	2.236 1	2.236 1	2.236 1	2.236 1	2.236 1
δV_y	2.236 1	2.236 1	2.236 1	2.236 1	2.236 1
ϕ_x	21.995	21.995	21.995	22.001	22.001
ϕ_y	22.002	22.002	22.001	21.995	21.995
ϕ_z	3.162 3	3.162 6	3.162 4	3.162 3	3.162 7
μ_x	2.224 4	2.224 4	2.224 4	2.225 6	2.225 7
μ_y	2.224 4	2.224 4	2.224 5	2.224 4	2.224 4
μ_z	0.001 351 9	0.001 451 2	0.051 525	0.072 816	0.085 472
Δt	0	0.124 48	0.201 05	0.245 91	0.342 5

从表8.1可以看出，当没有摇摆运动时，系统可观测性矩阵的秩为8，小于系统状态变量的维数9，因此系统不完全可观测。由各状态变量的可观测度可以看出，Δt 不可观测，μ_z 可观测度较低。当存在摇摆运动时，系统变得完全可观测，而仅有航向摇摆运动时，μ_z 可观测度仅提高了1.1倍，仍然较低。纵摇、横摇、三轴摇摆运动时，μ_z 可观测度比无摇摆时分别提高了40，50，60倍，Δt 可观测度比艏摇分别提高了1.6，2，2.8倍。因此，在5种摇摆基座的典型基座条件下，三轴摇摆运动时系统具有最佳的可观测度，从而可使子SINS获得最优的对准速度和精度。

8.7.4 仿真实例

仿真条件：状态变量的初值 $\boldsymbol{X}(0)$ 均取为零；初始数学平台失准角 ϕ_x，ϕ_y 和 ϕ_z 均取为1°；安装误差角 μ_x，μ_y 和 μ_z 均取为0.5°；惯性器件的误差取为陀螺仪白噪声取为0.01 °/h，加速度计白噪声取为 $50\times10^{-6}g$；速度测量噪声取为0.01 m/s；姿态测量噪声取为3′。考虑实际传递对准过程中存在的传输延迟现象，取传输延迟时间为30 ms。

根据可观测度分析结果，在三轴摇摆运动基座条件下，系统可以获得最佳的可观测度。因此，假设载体作三轴摇摆运动：摇摆角度幅值 $\theta_{hm}=3°$，$\theta_{pm}=3°$，$\theta_{rm}=3°$；摇摆周期 $T_h=12$ s，$T_p=7$ s，$T_r=9$ s。

为验证建立的时间延迟模型对传递对准速度和精度的改进效果，分别基于未考虑时间延迟的传递对准模型方程式(8.28)和式(8.29)，以及考虑时间延迟后的传递对准模型方程式(8.31)进行仿真验证，仿真结果如图8.15～图8.17所示。

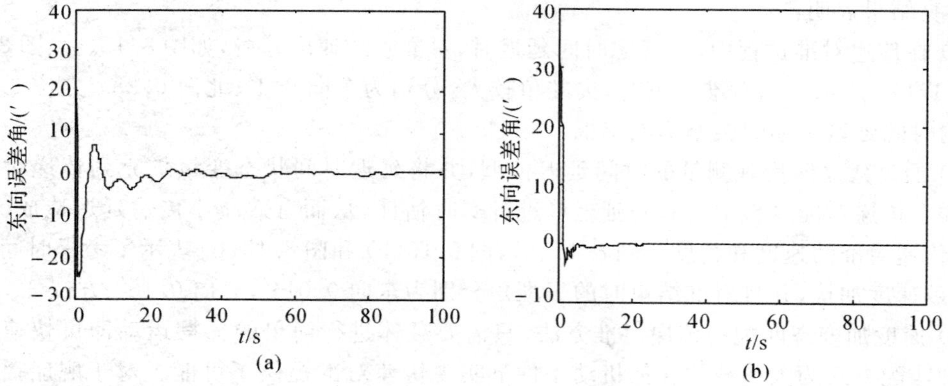

图 8.15　东向失准角的估计

(a) 未考虑延迟；(b) 考虑延迟

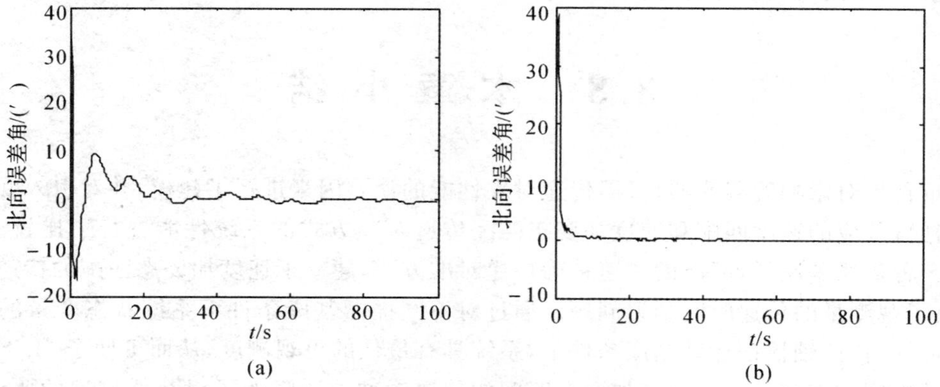

图 8.16　北向失准角的估计

(a) 未考虑延迟；(b) 考虑延迟

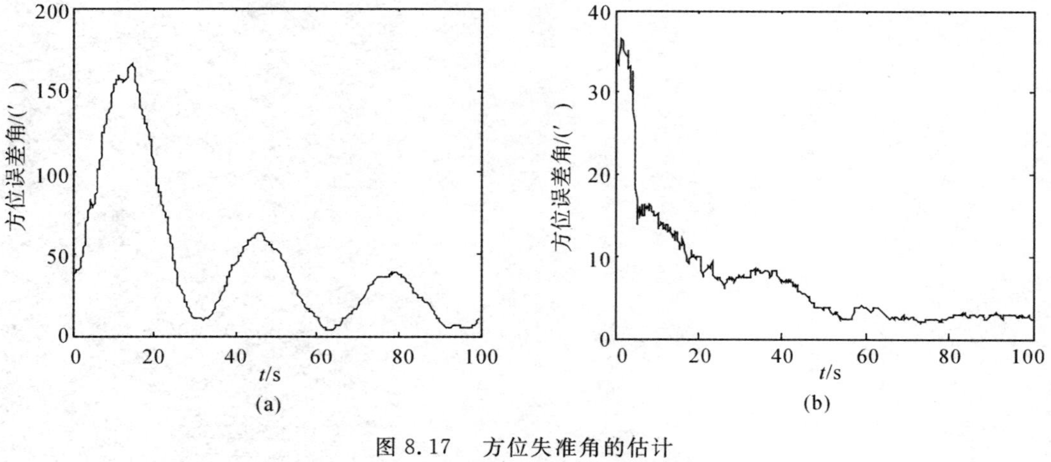

图 8.17　方位失准角的估计

(a) 未考虑延迟；(b) 考虑延迟

仿真结果表明：

(1) 在传递对准过程中，未考虑时间延迟时，对准收敛速度较慢，如图 8.15(a)、图 8.16(a)和图 8.17(a) 所示。当对准结束时，失准角较大，分别为东向 0.4′、北向 0.28′、方位 6.5′。因此，传输时间延迟引起的误差不能忽视。

(2) 通过建立匹配观测量的时间延迟模型，并将延迟时间状态变量扩充到传递对准模型中，这样在传递对准过程中对时间延迟量进行实时估计，从而有效减小传输延迟造成的误差，提高了传递对准的速度和精度。图 8.15(b)，图 8.16(b) 和图 8.17(b) 表示了考虑时间延迟后对准收敛速度加快，并且对准结束时的失准角分别为东向 0.014′、北向 0.16′、方位 2.74′。

(3) 速度加姿态匹配的传递对准方法，只需要载体进行简单的摇摆运动即可快速完成对准，这种匹配方式为大型载体在低机动条件下实现快速对准提供了可能。对于舰船摇摆基座子 SINS，速度加姿态匹配的传递对准方法不失为一种理想的方法，它不需要其他特殊的机动动作，只需利用舰船基座在风浪影响下的自然摇摆运动就可以提高系统的可观测度，提高误差角的可估性，从而实现快速对准。

8.8 本章小结

本章首先对影响舰载武器SINS传递对准性能的误差因素进行了建模，并对引入舰体挠曲变形和杆臂效应的速度匹配和速度加姿态匹配传递对准方式的系统性能进行了比较。然后，给出了一种摇摆基座子SINS的快速精确传递对准方法，建立了速度加姿态匹配的传递对准模型，解决了观测量的传递时间延迟问题。通过对不同摇摆基座条件下系统状态变量的可观测度分析可知，在三轴摇摆运动基座条件下，系统具有最佳的可观测度，从而可使子SINS获得最优的对准速度和精度。由于速度加姿态匹配的传递对准方法降低了对载体机动的要求，为大型载体在低机动条件下实现快速对准提供了可能。

第9章　双惯组精确传递对准方法

9.1　引　　言

地地导弹子母弹作为“不可重复性使用”武器，其SINS通常采用低精度惯性器件，因此由导弹的初始化误差、惯性器件误差以及算法误差等所引起的导航误差和姿态误差会随时间而积累。辅助导航系统GPS在和平时期或拥有制电磁权的条件下，优势得以充分体现。但在对方具有电子对抗能力的情况下，GPS的作用将受到严重影响。同时，SINS中的陀螺仪漂移将导致平台漂移，从而影响载体的姿态信息，而GPS无法对其进行修正。考虑到子母弹中一般母弹拥有中等或高精度的惯性器件，因此如果能够利用母弹的SINS参数对子弹SINS进行修正和标定，不仅不必为导弹增加额外的导航设备，而且保留了导航系统的自主性。本章针对地地导弹子母弹的初始对准问题，提出了子母弹双惯组传递对准的导航方案，该方案避免了子弹中导航系统对辅助导航系统GPS的依赖性，实现了子弹飞行过程中的在线对准及其惯性器件主要误差项的在线标定。

一方面，对于利用精度较高的母弹SINS(简称主SINS)导航信息校准子弹SINS(简称子SINS)的传递对准技术而言，其首要任务就是设法估计出相对失准角并消除其影响，提高初始对准的精度，缩短对准时间。另一方面，弹载惯性器件特性会因发射前后所经历的动态环境不同而发生变化，且对惯性器件误差进行标定有助于传递对准性能和子SINS后续导航精度的提高。根据地地导弹主、子SINS的导航制导要求，本章以如图9.1所示的地地导弹全弹道导航系统方案为例进行分析说明。

地地导弹发射时刻，主、子SINS同时开机进行纯惯性导航，主、子SINS全弹道导航方案由以下几个阶段组成：

(1) 主、子SINS纯惯性导航阶段。弹道导弹飞行前75 s之内，主、子SINS进行纯惯性导航，尤其对于子SINS，由于其惯性器件精度较低，所以速度、位置和姿态误差均快速积累而发散。

(2) GPS第一次修正主SINS阶段。该飞行阶段时，弹载GPS接收机通过捕获GPS信号获得精确的速度和位置信息，并利用最优滤波估计的方法来修正主SINS的位置、速度和姿态。

(3) 双惯组第一次传递对准阶段。主、子SINS第一次传递对准可以实现水平对准和方位对准。同时，延长传递对准的时间还可以对惯性器件误差系数进行精确的标定。

(4) 自由飞行阶段。主、子SINS均处于纯惯性导航阶段，由于长时间的纯惯性飞行，主、子SINS导航误差的积累已无法满足弹道导弹导航精度的要求，所以分别对主、子SINS进行二次校正就显得十分必要。

(5) GPS第二次修正主SINS阶段。当GPS接收机在此开机捕获信号后，利用GPS精确的位置、速度量测信息对主SINS的导航参数进行第二次校正。修正主SINS之前需要积累各种导航误差,尤其是速度和位置偏差。

(6) 规避飞行阶段。主 SINS 经过 GPS 的校正之后,出于规避敌方干扰或静默打击的目的,停止 GPS 导航系统的工作,使主 SINS 处于纯惯性导航状态。此时子 SINS 仍处于纯惯性导航状态。

(7) 双惯组第二次传递对准阶段。导弹再入大气层之后,由于大气对弹体的相对作用,子 SINS 的基座发生了不可恢复性弹性变形。此时子 SINS 的姿态基准误差会较大,为了提高子 SINS 的导航精度,就需要对子 SINS 的姿态基准进行二次传递对准。

(8) 子弹抛离飞行阶段。当弹道导弹飞行高度为 15 km 时,母弹和子弹进行分离,并在落地之前子弹靠子 SINS 纯惯性系统进行导航。

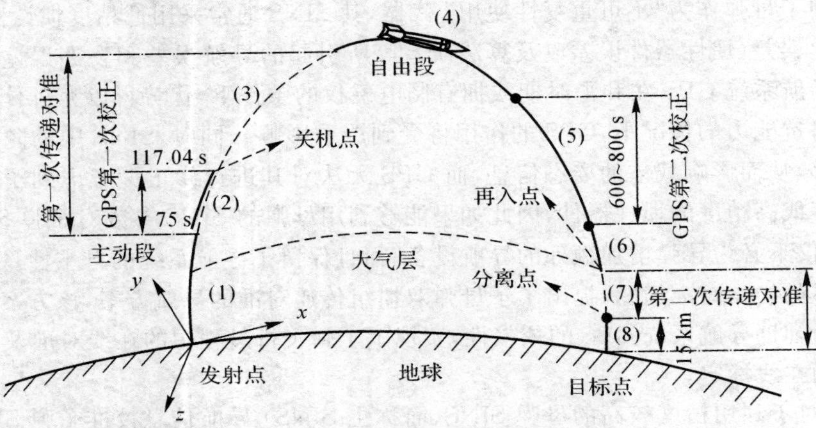

图 9.1 地地导弹全弹道导航方案设计

本章介绍了利用主 SINS 对子 SINS 实施对准和在线标定的自主式高精度导航方法。

9.2 双惯组传递对准的线性误差模型

9.2.1 双惯组传递对准的系统误差模型

1. 加速度误差方程

由于加速度计沿弹体坐标系安装,所以当数学平台坐标系与计算坐标系不重合时,从加速度计得到的信息是视加速度矢量在平台坐标系坐标轴的分量及各加速度计的误差之和。因此,加速度误差方程为

$$\delta \boldsymbol{f}_{is}^{i} = -\boldsymbol{\Phi} \times \boldsymbol{f}_{is}^{i} + \boldsymbol{C}_{s}^{i}(\boldsymbol{\nabla}^{s} + \boldsymbol{W}_{\nabla}) \tag{9.1}$$

式中,$\delta \boldsymbol{f}_{is}^{i} = [\delta f_{isx}^{i} \quad \delta f_{isy}^{i} \quad \delta f_{isz}^{i}]^{T}$ 为加速度计的常值偏置误差;$\boldsymbol{f}_{is}^{i}$ 为由加速度计敏感到的比力在发射点惯性坐标系(i 系)下的投影矢量;$\boldsymbol{\Phi} = [\phi_{x} \quad \phi_{y} \quad \phi_{z}]^{T}$ 为数学平台的失准角;$\boldsymbol{\nabla}^{s}$ 为加速度计的测量误差;$\boldsymbol{W}_{\nabla} = [w_{dx} \quad w_{dy} \quad w_{dz}]^{T}$ 为加速度计测量白噪声;$\boldsymbol{C}_{s}^{i}$ 为由子 SINS 的体坐标

系到发射点惯性坐标系的姿态转换阵。

2. 速度、位置误差方程

在发射点惯性坐标系中，简化引力场模型为球形有心力场，地地导弹速度和位置误差方程为

$$\begin{bmatrix}\delta\dot{V}_x\\ \delta\dot{V}_y\\ \delta\dot{V}_z\\ \delta\dot{x}\\ \delta\dot{y}\\ \delta\dot{z}\end{bmatrix}=\begin{bmatrix}\boldsymbol{O}_{3\times3} & \begin{matrix}f_{14} & f_{15} & f_{16}\\ f_{24} & f_{25} & f_{26}\\ f_{34} & f_{35} & f_{36}\end{matrix}\\ \boldsymbol{I}_3 & \boldsymbol{O}_{3\times3}\end{bmatrix}\begin{bmatrix}\delta V_x\\ \delta V_y\\ \delta V_z\\ \delta x\\ \delta y\\ \delta z\end{bmatrix}+\begin{bmatrix}\delta f_{\mathrm{is}x}^{\mathrm{i}}\\ \delta f_{\mathrm{is}y}^{\mathrm{i}}\\ \delta f_{\mathrm{is}z}^{\mathrm{i}}\\ 0\\ 0\\ 0\end{bmatrix} \tag{9.2}$$

式中，系数 $f_{14}, f_{15}, f_{16}, f_{24}, f_{25}, f_{26}, f_{34}, f_{35}, f_{36}$ 为引力加速度 $\boldsymbol{g}$ 对位置坐标的偏导数。

3. 数学平台失准角误差方程

地地导弹 SINS 与一般 SINS 相比，其特殊性在于陀螺仪漂移率在数值上等于导航坐标系的漂移率。将计算坐标系与导航坐标系之间的偏差用矢量 $\boldsymbol{\Phi}=[\phi_x \quad \phi_y \quad \phi_z]^{\mathrm{T}}$ 表示，用$\boldsymbol{C}_{\mathrm{i}}^{\mathrm{c}}$表示由导航坐标系到计算坐标系之间的坐标变换阵。显然当忽略二阶小量时，有

$$\boldsymbol{C}_{\mathrm{i}}^{\mathrm{c}}=\boldsymbol{I}-(\boldsymbol{\Phi}\times) \tag{9.3}$$

忽略陀螺仪的高次项误差，数学平台失准角误差方程为

$$\dot{\boldsymbol{\Phi}}=\boldsymbol{C}_{\mathrm{s}}^{\mathrm{i}}(\boldsymbol{\varepsilon}^{\mathrm{s}}+\boldsymbol{W}_{\varepsilon}) \tag{9.4}$$

式中，$\boldsymbol{\varepsilon}^{\mathrm{s}}$ 为由陀螺仪漂移；$\boldsymbol{W}_{\varepsilon}=[w_{gx} \quad w_{gy} \quad w_{gz}]^{\mathrm{T}}$ 为陀螺仪量测噪声。

4. 子 SINS 惯性器件误差模型的建立

在地地导弹双惯组传递对准过程中，为了同时实现对惯性器件主要误差项的在线标定，需要对惯性器件量测误差进行建模。用 $\delta\boldsymbol{f}_{\mathrm{is}}^{\mathrm{s}}$，$\delta\boldsymbol{\omega}_{\mathrm{is}}^{\mathrm{s}}$ 分别表示子 SINS 的视加速度、角速度测量误差（测量值与真值之差），$f_{\mathrm{is}x}^{\mathrm{s}}, f_{\mathrm{is}y}^{\mathrm{s}}, f_{\mathrm{is}z}^{\mathrm{s}}$ 和 $\omega_{\mathrm{is}x}^{\mathrm{s}}, \omega_{\mathrm{is}y}^{\mathrm{s}}, \omega_{\mathrm{is}z}^{\mathrm{s}}$ 为真值$\boldsymbol{f}_{\mathrm{is}}^{\mathrm{s}}$ 和$\boldsymbol{\omega}_{\mathrm{is}}^{\mathrm{s}}$ 的相应轴向分量，考虑以下惯性器件误差常用模型。

沿弹体坐标系轴向方向（纵向 x，法向 y，横向 z）分别安装 3 个加速度计，并均考虑其零位误差、一次项误差、二次项误差和量测白噪声模型，则子 SINS 视加速度测量误差 $\delta\boldsymbol{f}_{\mathrm{is}}^{\mathrm{s}}$ 可以表示为

$$\delta\boldsymbol{f}_{\mathrm{is}}^{\mathrm{s}}=\begin{bmatrix}K_{\mathrm{A}0x}+K_{\mathrm{A}1x}f_{\mathrm{is}x}^{\mathrm{s}}+K_{\mathrm{A}2x}(f_{\mathrm{is}x}^{\mathrm{s}})^2+w_{\mathrm{d}x}\\ K_{\mathrm{A}0y}+K_{\mathrm{A}1y}f_{\mathrm{is}y}^{\mathrm{s}}+K_{\mathrm{A}2y}(f_{\mathrm{is}y}^{\mathrm{s}})^2+w_{\mathrm{d}y}\\ K_{\mathrm{A}0z}+K_{\mathrm{A}1z}f_{\mathrm{is}z}^{\mathrm{s}}+K_{\mathrm{A}2z}(f_{\mathrm{is}z}^{\mathrm{s}})^2+w_{\mathrm{d}z}\end{bmatrix} \tag{9.5}$$

式中，$K_{\mathrm{A}0x}, K_{\mathrm{A}0y}, K_{\mathrm{A}0z}$ 分别为纵向、法向和横向加速度计零位误差系数，g_0（g_0 为标准地球引力加速度，$g_0=9.806\ 65\ \mathrm{m/s^2}$）；$K_{\mathrm{A}1x}, K_{\mathrm{A}1y}, K_{\mathrm{A}1z}$ 分别为纵向、法向和横向加速度计一次项误差系数；$K_{\mathrm{A}2x}, K_{\mathrm{A}2y}, K_{\mathrm{A}2z}$ 分别为纵向、法向和横向加速度计二次项误差系数，g_0^{-1}；$w_{\mathrm{d}x}, w_{\mathrm{d}y}, w_{\mathrm{d}z}$ 分别为纵向、法向和横向加速度计的量测白噪声。

沿弹体坐标系 x, y, z 3 个方向安装 3 个陀螺仪分别测量滚转、偏航和俯仰角速度。3 个陀

螺仪都考虑零位误差、刻度系数误差以及量测白噪声误差模型，则子 SINS 陀螺仪的测量误差 $\delta\boldsymbol{\omega}_{is}^{s}$ 可以表示为

$$\delta\boldsymbol{\omega}_{is}^{s}=\begin{bmatrix}K_{G0x}+K_{G1x}\omega_{isx}^{s}+w_{gx}\\K_{G0y}+K_{G1y}\omega_{isy}^{s}+w_{gy}\\K_{G0z}+K_{G1z}\omega_{isz}^{s}+w_{gz}\end{bmatrix}\tag{9.6}$$

式中，K_{G0x}，K_{G0y}，K_{G0z} 分别为滚转、偏航和俯仰陀螺仪的零位漂移误差系数，°/h；K_{G1x}，K_{G1y}，K_{G1z} 分别为滚转、偏航和俯仰陀螺仪的刻度系数误差；w_{gx}，w_{gy}，w_{gz} 分别为滚转、偏航和俯仰陀螺仪的量测白噪声。

5. 弹体挠曲变形建模

地地导弹一般有比较大的长细比、较小的结构刚度，因而在外力作用下，这样的结构会产生变形和弯曲。弹性变形将使主、子 SINS 的基座产生相对角位移，对与基座基准有关的姿态匹配方法产生较大的影响。设子 SINS 的体坐标系（s 系）与主 SINS 的体坐标系（m 系）在理想情况下是一致的，并令对准初始时刻子 SINS 的姿态阵采用主 SINS 的姿态阵进行“一次装订”粗对准。因此，主、子 SINS 之间的相对失准角除了固定的安装误差角 $\boldsymbol{\lambda}$ 外，还有弹体的挠曲变形角 $\boldsymbol{\theta}$，如图 9.2 所示。

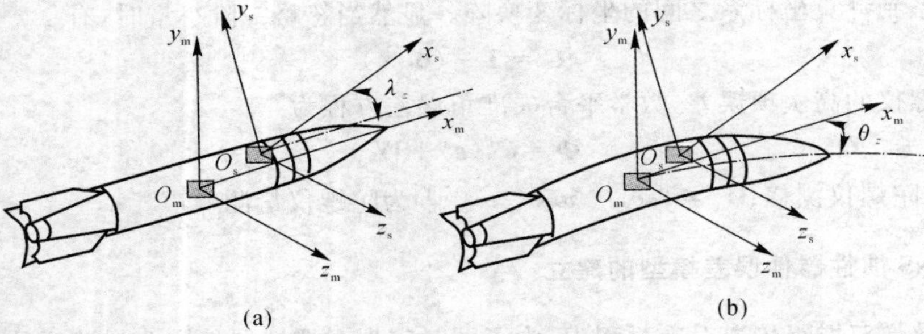

图 9.2　主、子 SINS 间安装误差角和弹性变形角示意图

(a) 安装误差角示意图；(b) 弹性变形角示意图

安装误差角 $\boldsymbol{\lambda}$ 是不变的（$\dot{\boldsymbol{\lambda}}=\mathbf{0}$），而弹体挠性变形 $\boldsymbol{\theta}$ 受惯性力和弹性力矩等影响，可以用二阶以上随机过程来描述其变化规律。由于卡尔曼滤波器的运算时间与系统阶次 n 的三次方成正比，所以为增强系统的实时性，设弹体挠曲变形为二阶高斯-马尔柯夫过程，且 3 个轴向的变形过程彼此独立。

9.2.2　双惯组第一次传递对准模型

1. 系统状态方程

根据地地导弹双惯组传递对准的误差模型，第一次传递对准系统方程的状态变量取为

$$\boldsymbol{X}(t)=[\phi_x\quad\phi_y\quad\phi_z\quad\delta V_x\quad\delta V_y\quad\delta V_z\quad\delta x\quad\delta y\quad\delta z\quad\lambda_x\quad\lambda_y\quad\lambda_z\quad\theta_x$$
$$\theta_y\quad\theta_z\quad\omega_{\theta x}\quad\omega_{\theta y}\quad\omega_{\theta z}\quad K_{G0x}\quad K_{G0y}\quad K_{G0z}\quad K_{A0x}\quad K_{A0y}\quad K_{A0z}\quad K_{G1x}$$

$$K_{G1y} \quad K_{G1z} \quad K_{A1x} \quad K_{A1y} \quad K_{A1z} \quad K_{A2x} \quad K_{A2y} \quad K_{A2z}]^{T} \tag{9.7}$$

在传递对准过程中，采用发射点惯性坐标系作为导航坐标系，建立传递对准的系统状态方程为

$$\dot{\boldsymbol{X}}(t)=\boldsymbol{F}(t)\boldsymbol{X}(t)+\boldsymbol{G}(t)\boldsymbol{W}(t) \tag{9.8}$$

其中，系统状态转移矩阵为

$$\boldsymbol{F}(t)=\begin{bmatrix} \boldsymbol{O}_{3\times3} & \boldsymbol{O}_{3\times3} & \boldsymbol{O}_{3\times3} & \boldsymbol{O}_{3\times3} & \boldsymbol{O}_{3\times3} & \boldsymbol{O}_{3\times3} & -\boldsymbol{C}_{b}^{i} & \boldsymbol{O}_{3\times3} & -\boldsymbol{C}_{b}^{i}\boldsymbol{S}_{G1} & \boldsymbol{O}_{3\times3} & \boldsymbol{O}_{3\times3} \\ \boldsymbol{F}_{b} & \boldsymbol{O}_{3\times3} & \boldsymbol{F}_{a} & \boldsymbol{O}_{3\times3} & \boldsymbol{O}_{3\times3} & \boldsymbol{O}_{3\times3} & \boldsymbol{O}_{3\times3} & \boldsymbol{C}_{b}^{i} & \boldsymbol{O}_{3\times3} & \boldsymbol{C}_{b}^{i}\boldsymbol{S}_{A1} & \boldsymbol{C}_{b}^{i}\boldsymbol{S}_{A2} \\ \boldsymbol{O}_{3\times3} & \boldsymbol{I}_{3\times3} & \boldsymbol{O}_{3\times3} & \boldsymbol{O}_{3\times3} & \boldsymbol{O}_{3\times3} & \boldsymbol{O}_{3\times3} & \boldsymbol{O}_{3\times3} & \boldsymbol{O}_{3\times3} & \boldsymbol{O}_{3\times3} & \boldsymbol{O}_{3\times3} & \boldsymbol{O}_{3\times3} \\ \boldsymbol{O}_{3\times3} & \boldsymbol{O}_{3\times3} & \boldsymbol{O}_{3\times3} & \boldsymbol{O}_{3\times3} & \boldsymbol{O}_{3\times3} & \boldsymbol{O}_{3\times3} & \boldsymbol{O}_{3\times3} & \boldsymbol{O}_{3\times3} & \boldsymbol{O}_{3\times3} & \boldsymbol{O}_{3\times3} & \boldsymbol{O}_{3\times3} \\ \boldsymbol{O}_{3\times3} & \boldsymbol{O}_{3\times3} & \boldsymbol{O}_{3\times3} & \boldsymbol{O}_{3\times3} & \boldsymbol{O}_{3\times3} & \boldsymbol{I}_{3\times3} & \boldsymbol{O}_{3\times3} & \boldsymbol{O}_{3\times3} & \boldsymbol{O}_{3\times3} & \boldsymbol{O}_{3\times3} & \boldsymbol{O}_{3\times3} \\ \boldsymbol{O}_{3\times3} & \boldsymbol{O}_{3\times3} & \boldsymbol{O}_{3\times3} & \boldsymbol{O}_{3\times3} & -\boldsymbol{E}_{\beta} & -\boldsymbol{F}_{\beta} & \boldsymbol{O}_{3\times3} & \boldsymbol{O}_{3\times3} & \boldsymbol{O}_{3\times3} & \boldsymbol{O}_{3\times3} & \boldsymbol{O}_{3\times3} \\ \boldsymbol{O}_{15\times3} & \boldsymbol{O}_{15\times3} & \boldsymbol{O}_{15\times3} & \boldsymbol{O}_{15\times3} & \boldsymbol{O}_{15\times3} & \boldsymbol{O}_{15\times3} & \boldsymbol{O}_{15\times3} & \boldsymbol{O}_{15\times3} & \boldsymbol{O}_{15\times3} & \boldsymbol{O}_{15\times3} & \boldsymbol{O}_{15\times3} \end{bmatrix} \tag{9.9}$$

其中，$\boldsymbol{F}_{a}=\begin{bmatrix} f_{14} & f_{15} & f_{16} \\ f_{24} & f_{25} & f_{26} \\ f_{34} & f_{35} & f_{36} \end{bmatrix}$，$\boldsymbol{F}_{b}=\begin{bmatrix} 0 & -f_{isz}^{i} & f_{isy}^{i} \\ f_{isz}^{i} & 0 & -f_{isx}^{i} \\ -f_{isy}^{i} & f_{isx}^{i} & 0 \end{bmatrix}$，$\boldsymbol{S}_{G1}=[\omega_{isx}^{s} \quad \omega_{isy}^{s} \quad \omega_{isz}^{s}]^{T}$，$\boldsymbol{E}_{\beta}=\begin{bmatrix} \beta_{x}^{2} & 0 & 0 \\ 0 & \beta_{y}^{2} & 0 \\ 0 & 0 & \beta_{z}^{2} \end{bmatrix}$，$\boldsymbol{F}_{\beta}=\begin{bmatrix} 2\beta_{x} & 0 & 0 \\ 0 & 2\beta_{y} & 0 \\ 0 & 0 & 2\beta_{z} \end{bmatrix}$，$\boldsymbol{S}_{A2}=[(f_{isx}^{s})^{2} \quad (f_{isy}^{s})^{2} \quad (f_{isz}^{s})^{2}]^{T}$，$\boldsymbol{S}_{A1}=[f_{isx}^{s} \quad f_{isy}^{s} \quad f_{isz}^{s}]^{T}$。

系统噪声矩阵为

$$\boldsymbol{G}(t)=\begin{bmatrix} -\boldsymbol{C}_{s}^{i} & \boldsymbol{O}_{3\times3} & \boldsymbol{O}_{3\times3} \\ \boldsymbol{O}_{3\times3} & \boldsymbol{C}_{s}^{i} & \boldsymbol{O}_{3\times3} \\ \boldsymbol{O}_{9\times3} & \boldsymbol{O}_{9\times3} & \boldsymbol{O}_{9\times3} \\ \boldsymbol{O}_{3\times3} & \boldsymbol{O}_{3\times3} & \boldsymbol{I}_{3\times3} \\ \boldsymbol{O}_{15\times3} & \boldsymbol{O}_{15\times3} & \boldsymbol{O}_{15\times3} \end{bmatrix} \tag{9.10}$$

系统过程噪声序列为

$$\boldsymbol{W}(t)=[w_{gx} \quad w_{gy} \quad w_{gz} \quad w_{dx} \quad w_{dy} \quad w_{dz} \quad \eta_{x} \quad \eta_{y} \quad \eta_{z}]^{T} \tag{9.11}$$

2. 系统量测方程

SINS 输出的导航信息包括发射点惯性坐标系下的速度信息和姿态信息。设主 SINS 的速度输出为 V_{mx}, V_{my}, V_{mz}，子 SINS 的速度输出为 V_{sx}, V_{sy}, V_{sz}，则传递对准的速度匹配量为

$$\boldsymbol{Z}_{1}=\begin{bmatrix} V_{sx}-V_{mx} \\ V_{sy}-V_{my} \\ V_{sz}-V_{mz} \end{bmatrix}=\begin{bmatrix} \delta V_{x} \\ \delta V_{y} \\ \delta V_{z} \end{bmatrix}+\begin{bmatrix} V_{1} \\ V_{2} \\ V_{3} \end{bmatrix} \tag{9.12}$$

式中，$V_{i}(i=1,2,3)$ 为速度匹配量量测噪声。

主、子 SINS 的姿态阵分别为 $\boldsymbol{C}_{m}^{i}$ 和 $\boldsymbol{C}_{s}^{c}$，记

$$\boldsymbol{C}_{m}^{i}=\begin{bmatrix} T_{11} & T_{12} & T_{13} \\ T_{21} & T_{22} & T_{23} \\ T_{31} & T_{32} & T_{33} \end{bmatrix}, \quad \boldsymbol{C}_{s}^{c}=\begin{bmatrix} T'_{11} & T'_{12} & T'_{13} \\ T'_{21} & T'_{22} & T'_{23} \\ T'_{31} & T'_{32} & T'_{33} \end{bmatrix} \tag{9.13}$$

则子 SINS 确定的航向角、俯仰角及滚转角可表示为

$$\left.\begin{aligned}\theta_s&=\theta_m+\delta\theta\\\psi_s&=\psi_m+\delta\psi\\\gamma_s&=\gamma_m+\delta\gamma\end{aligned}\right\}\tag{9.14}$$

式中，$\delta\theta,\delta\psi$ 和 $\delta\gamma$ 为相应的姿态误差。

主、子 SINS 传递对准过程中的相对失准角可表示为 $\Delta\boldsymbol{\Phi}=\boldsymbol{\lambda}+\boldsymbol{\theta}$（$\boldsymbol{\lambda}$ 为安装误差角，$\boldsymbol{\theta}$ 为弹体挠曲变形角）。根据姿态矩阵之间的相互关系可知

$$\boldsymbol{C}_s^c=\boldsymbol{C}_i^c\boldsymbol{C}_m^i\boldsymbol{C}_s^m=[\boldsymbol{I}-(\boldsymbol{\Phi}\times)]\boldsymbol{C}_m^i[\boldsymbol{I}+(\Delta\boldsymbol{\Phi}\times)]\approx\boldsymbol{C}_m^i-(\boldsymbol{\Phi}\times)\boldsymbol{C}_m^i+\boldsymbol{C}_m^i(\Delta\boldsymbol{\Phi}\times)\tag{9.15}$$

展开式(9.15)可得

$$\left.\begin{aligned}T'_{11}&=T_{11}-T_{31}\phi_y+T_{21}\phi_z-T_{13}\Delta\phi_y+T_{12}\Delta\phi_z\\T'_{21}&=T_{21}+T_{31}\phi_x-T_{11}\phi_z-T_{23}\Delta\phi_y+T_{22}\Delta\phi_z\\T'_{31}&=T_{31}-T_{21}\phi_x+T_{11}\phi_y-T_{33}\Delta\phi_y+T_{32}\Delta\phi_z\\T'_{32}&=T_{32}-T_{22}\phi_x+T_{12}\phi_y+T_{33}\Delta\phi_x-T_{31}\Delta\phi_z\\T'_{33}&=T_{33}-T_{23}\phi_x+T_{13}\phi_y-T_{32}\Delta\phi_x+T_{31}\Delta\phi_y\end{aligned}\right\}\tag{9.16}$$

由 $\tan\theta_m=\dfrac{T_{21}}{T_{11}},\sin\psi_m=-T_{31},\tan\gamma_m=\dfrac{T_{32}}{T_{33}},\tan\theta_s=\dfrac{T'_{21}}{T'_{11}},\sin\psi_s=-T'_{31},\tan\gamma_s=\dfrac{T'_{32}}{T'_{33}}$ 可知：

$$\tan(\theta_m+\delta\theta)=\frac{T'_{21}}{T'_{11}}=\frac{T_{21}+T_{31}\phi_x-T_{11}\phi_z-T_{23}\Delta\phi_y+T_{22}\Delta\phi_z}{T_{11}-T_{31}\phi_y+T_{21}\phi_z-T_{13}\Delta\phi_y+T_{12}\Delta\phi_z}\tag{9.17}$$

$$\tan(\gamma_m+\delta\gamma)=\frac{T'_{32}}{T'_{33}}=\frac{T_{32}+T_{33}\Delta\phi_x+T_{12}\phi_y-T_{12}\Delta\phi_x-T_{31}\Delta\phi_z}{T_{33}-T_{23}\phi_x+T_{13}\phi_y-T_{32}\Delta\phi_x+T_{31}\Delta\phi_y}\tag{9.18}$$

$$\sin(\psi_m+\delta\psi)=-T'_{31}=-(T_{12}-T_{32}\phi_y+T_{22}\phi_z+T_{13}\Delta\phi_x-T_{11}\Delta\phi_z)\tag{9.19}$$

对式(9.17)左边进行线性化，即

$$\tan(\theta_m+\delta\theta)=\tan\theta+(1+\tan^2\theta)\delta\theta=\frac{T_{21}}{T_{11}}+\frac{T_{11}^2+T_{21}^2}{T_{11}^2}\delta\theta\tag{9.20}$$

并对式(9.18)右边进行一阶泰勒级数展开：

$$\begin{aligned}&(T_{21}+T_{31}\phi_x-T_{11}\phi_z-T_{23}\Delta\phi_y+T_{22}\Delta\phi_z)\left(\frac{1}{T_{11}}-\frac{T_{12}\Delta\phi_z}{T_{11}^2}+\frac{T_{13}\Delta\phi_y}{T_{11}^2}-\frac{T_{21}\phi_z}{T_{11}^2}+\frac{T_{31}\phi_y}{T_{11}^2}\right)=\\&\frac{T_{31}\phi_x}{T_{11}}+\frac{T_{21}T_{31}\phi_y}{T_{11}^2}-\frac{T_{11}^2+T_{21}^2}{T_{11}^2}\phi_z+\frac{T_{21}T_{11}-T_{12}T_{21}}{T_{11}^2}\Delta\phi_z+\frac{T_{13}T_{21}-T_{11}T_{23}}{T_{11}^2}\Delta\phi_y+\frac{T_{21}}{T_{11}}\end{aligned}\tag{9.21}$$

从而由式(9.20)和式(9.21)，结合式(9.17)可得

$$\delta\theta=\frac{T_{11}T_{31}\phi_x}{T_{11}^2+T_{21}^2}+\frac{T_{21}T_{31}\phi_y}{T_{11}^2+T_{21}^2}-\phi_z+\frac{T_{13}T_{21}-T_{11}T_{23}}{T_{11}^2+T_{21}^2}\Delta\phi_y+\frac{T_{21}T_{11}-T_{12}T_{21}}{T_{11}^2+T_{21}^2}\Delta\phi_z\tag{9.22}$$

同理，由式(9.18)可得

$$\delta\gamma=\frac{T_{23}T_{32}-T_{22}T_{33}}{T_{33}^2+T_{32}^2}\phi_x+\frac{T_{12}T_{33}-T_{13}T_{32}}{T_{33}^2+T_{32}^2}\phi_y+\Delta\phi_x-\frac{T_{31}T_{32}}{T_{33}^2+T_{32}^2}\Delta\phi_y-\frac{T_{33}T_{31}}{T_{33}^2+T_{32}^2}\Delta\phi_z\tag{9.23}$$

由式(9.19)可得

$$\delta\psi=\frac{T_{21}}{\sqrt{1-T_{31}^2}}\phi_x-\frac{T_{11}}{\sqrt{1-T_{31}^2}}\phi_y+\frac{T_{33}}{\sqrt{1-T_{31}^2}}\Delta\phi_y-\frac{T_{32}}{\sqrt{1-T_{31}^2}}\Delta\phi_z\tag{9.24}$$

将主 SINS 的航向及姿态误差并入量测误差中,则姿态角匹配量为

$$\begin{bmatrix}\theta_s-\theta_m\\ \psi_s-\psi_m\\ \gamma_s-\gamma_m\end{bmatrix}=\begin{bmatrix}\boldsymbol{H}_{\phi}(t) & \boldsymbol{H}_{\Delta\phi}(t)\end{bmatrix}\begin{bmatrix}\phi_x\\ \phi_y\\ \phi_z\\ \Delta\phi_x\\ \Delta\phi_y\\ \Delta\phi_z\end{bmatrix}+\begin{bmatrix}V_4\\ V_5\\ V_6\end{bmatrix} \tag{9.25}$$

其中

$$\boldsymbol{H}_{\phi}(t)=\begin{bmatrix}\dfrac{T_{11}T_{31}}{T_{11}^2+T_{21}^2} & \dfrac{T_{21}T_{31}}{T_{11}^2+T_{21}^2} & -1\\ \dfrac{T_{21}}{\sqrt{1-T_{31}^2}} & -\dfrac{T_{11}}{\sqrt{1-T_{31}^2}} & 0\\ \dfrac{T_{23}T_{32}-T_{22}T_{33}}{T_{33}^2+T_{32}^2} & \dfrac{T_{12}T_{33}-T_{13}T_{32}}{T_{33}^2+T_{32}^2} & 0\end{bmatrix}$$

$$\boldsymbol{H}_{\Delta\phi}(t)=\begin{bmatrix}0 & \dfrac{T_{13}T_{21}-T_{11}T_{23}}{T_{11}^2+T_{21}^2} & \dfrac{T_{21}T_{11}-T_{12}T_{21}}{T_{11}^2+T_{21}^2}\\ 0 & \dfrac{T_{33}}{\sqrt{1-T_{31}^2}} & -\dfrac{T_{32}}{\sqrt{1-T_{31}^2}}\\ 1 & -\dfrac{T_{31}T_{32}}{T_{33}^2+T_{32}^2} & -\dfrac{T_{33}T_{31}}{T_{33}^2+T_{32}^2}\end{bmatrix}$$

建立系统量测方程:

$$\boldsymbol{Z}(t)=\boldsymbol{H}(t)\boldsymbol{X}(t)+\boldsymbol{V}(t) \tag{9.26}$$

量测量为

$$\boldsymbol{Z}(t)=[\delta V_x \quad \delta V_y \quad \delta V_z \quad \delta\theta \quad \delta\psi \quad \delta\gamma]^{\mathrm{T}} \tag{9.27}$$

量测矩阵为

$$\boldsymbol{H}(t)=\begin{bmatrix}\boldsymbol{H}_{\phi}(t) & \boldsymbol{O}_{3\times3} & \boldsymbol{O}_{3\times3} & \boldsymbol{H}_{\Delta\phi}(t) & \boldsymbol{H}_{\Delta\phi}(t) & \boldsymbol{O}_{3\times18}\\ \boldsymbol{O}_{3\times3} & \boldsymbol{I}_{3\times3} & \boldsymbol{O}_{3\times3} & \boldsymbol{O}_{3\times3} & \boldsymbol{O}_{3\times3} & \boldsymbol{O}_{3\times18}\end{bmatrix} \tag{9.28}$$

式中,量测噪声序列为$\boldsymbol{V}(t)=[V_1 \quad V_2 \quad V_3 \quad V_4 \quad V_5 \quad V_6]^{\mathrm{T}}$,$V_i(i=1,2,\cdots,6)$为速度加姿态匹配的量测噪声。

9.2.3　双惯组第二次传递对准模型

同理,建立地地导弹双惯组第二次传递对准的系统误差方程:

$$\dot{\boldsymbol{X}}(t)=\boldsymbol{F}(t)\boldsymbol{X}(t)+\boldsymbol{G}(t)\boldsymbol{W}(t) \tag{9.29}$$

系统状态变量取为

$$\boldsymbol{X}(t)=[\phi_x \quad \phi_y \quad \phi_z \quad \delta V_x \quad \delta V_y \quad \delta V_z \quad \delta x \quad \delta y \quad \delta z \quad \lambda_x \quad \lambda_y \quad \lambda_z \quad \theta_x \quad \theta_y \quad \theta_z \quad \omega_x \quad \omega_y \quad \omega_z]^{\mathrm{T}} \tag{9.30}$$

其中

$$F(t)=\begin{bmatrix} O_{3\times3} & O_{3\times3} & O_{3\times3} & O_{3\times3} & O_{3\times3} & O_{3\times3} \\ F_b & O_{3\times3} & F_a & O_{3\times3} & O_{3\times3} & O_{3\times3} \\ O_{3\times3} & I_{3\times3} & O_{3\times3} & O_{3\times3} & O_{3\times3} & O_{3\times3} \\ O_{3\times3} & O_{3\times3} & O_{3\times3} & O_{3\times3} & O_{3\times3} & O_{3\times3} \\ O_{3\times3} & O_{3\times3} & O_{3\times3} & O_{3\times3} & O_{3\times3} & I_{3\times3} \\ O_{3\times3} & O_{3\times3} & O_{3\times3} & O_{3\times3} & -E_\beta & -F_\beta \end{bmatrix},\quad G(t)=\begin{bmatrix} -C_s^i & O_{3\times3} & O_{3\times3} \\ O_{3\times3} & C_s^i & O_{3\times3} \\ O_{9\times3} & O_{9\times3} & O_{9\times3} \\ O_{3\times3} & O_{3\times3} & I_{3\times3} \end{bmatrix} \tag{9.31}$$

$$W(t)=[\varepsilon_x \quad \varepsilon_y \quad \varepsilon_z \quad \nabla_x \quad \nabla_y \quad \nabla_z \quad \eta_x \quad \eta_y \quad \eta_z]^T$$

建立地地导弹双惯组第二次传递对准的系统量测方程为

$$Z(t)=H(t)X(t)+V(t) \tag{9.32}$$

量测矩阵为

$$H(t)=\begin{bmatrix} H_\phi(t) & O_{3\times3} & O_{3\times3} & H_{\Delta\phi}(t) & H_{\Delta\phi}(t) & O_{3\times3} \\ O_{3\times3} & I_{3\times3} & O_{3\times3} & O_{3\times3} & O_{3\times3} & O_{3\times3} \end{bmatrix} \tag{9.33}$$

其他符号意义同上。

9.3 传递对准线性误差模型的可观测度分析及降阶模型

9.3.1 传递对准线性误差模型的可观测度分析

以地地导弹线性系统为研究对象，采用基于奇异值分解的可观测性分析方法对所建立的线性系统方程的可观测性及各状态变量的可观测度进行分析。考虑到地地导弹不能像其他飞行器那样进行随意的机动，因此在较短的时间内可以认为传递对准系统系数矩阵的变化量是可以忽略不计的。第1时间段设为地地导弹传递对准的起始时刻75 s，取时间间隔为3 s，即第2时刻为78 s，第3，4… 时刻依此类推。

结合奇异值分解法的可观测度原理，对75 s时系统的可观测度进行分析。由图9.3(a)可以得到，对于奇异值σ_1所对应的列向量v_1中，K_{A2x}和K_{A1x}所对应的数值最大，因此其线性组合的可观测度最好；其他奇异值与所对应的V阵中列向量可观测度的大小可采用类似的方法进行判别。

由上述可观测性分析结果可以发现，当采用传统的可观测度衡量方法时，各状态变量的可观测度分析结果并不是唯一的，而且有些变量的分析结果与滤波器仿真结果相差甚远，显然给可观测度衡量带来了一定的困难。因此，需要对可观测度分析方法进行改进。

由于$u_i^T Z v_i/\sigma_i$反映了在奇异值σ_i条件下，各状态变量的可观测度，且系统的可观测度与量测量无关，所以采用列向量v_i进行可观测度判断与采用$u_i^T Z v_i/\sigma_i$时的结果相同，因此可将$\sigma_i v_i$作为对应于奇异值σ_i时各状态变量的可观测度。那么，就可以得到系统状态变量总的可观测度$\eta=[\eta_1 \quad \eta_2 \quad \cdots \quad \eta_n]^T$为

$$\eta=\sum_{i=1}^{n}\sigma_i \cdot v_i \tag{9.34}$$

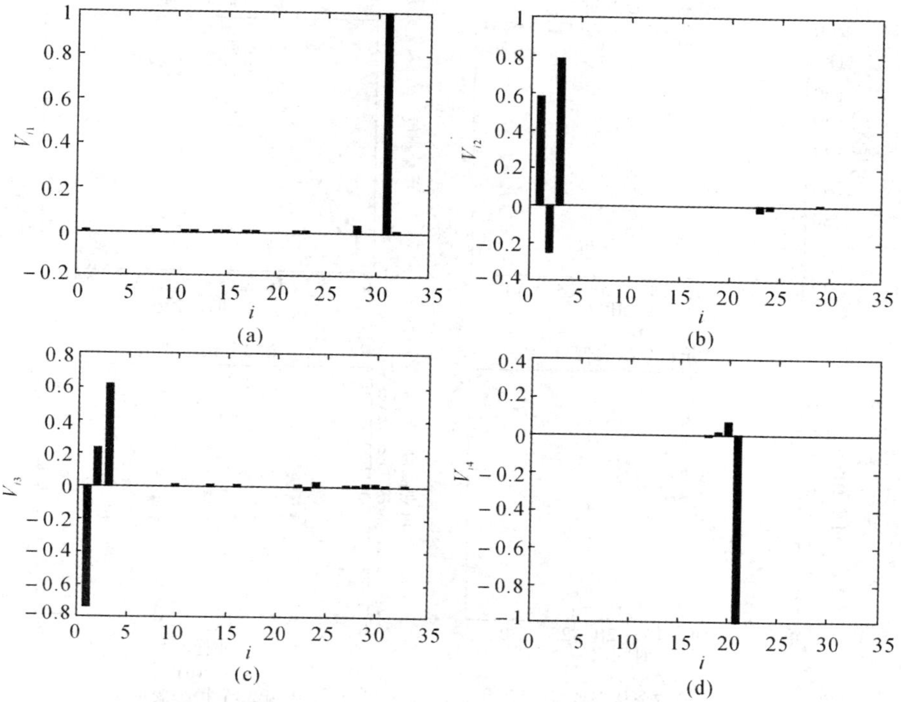

图 9.3　可观测度分析方法的部分分析结果

(a) 奇异值 $\sigma_1 = 882.9457$；(b) 奇异值 $\sigma_2 = 29.745$

(c) 奇异值 $\sigma_3 = 29.7423$；(d) 奇异值 $\sigma_4 = 29.7266$

采用这种可观测度分析的改进方法，得到地地导弹双惯组传递对准系统的可观测度分析结果如图 9.4 所示。

基于奇异值分解的可观测度分析结果表明：具有外部测量信息的速度和姿态误差分量是完全可观测的，经过几个时间段信息的积累，就可获得较高的可观测度，且随着时间的增长，各状态变量的可观测度逐渐增强。其中一些不可观测的状态变量，由于弹体的运动及信息的积累，也开始变为可观测量。当导弹开始传递对准时(75 s)，可观测性矩阵的秩为 18，此时系统有 18 个状态或状态变量的组合是可观测的，包括加速度计一次项误差系数 K_{A1x} 和二次项误差系数 K_{A2x}，失准角 ϕ_y，ϕ_x 和 ϕ_z，速度误差 δV_x，δV_y 和 δV_z，安装误差角 λ_x，λ_y 和 λ_z，弹性变形角 θ_x，θ_y 和 θ_z，弹性变形角速度 $\omega_{\theta x}$，$\omega_{\theta y}$ 和 $\omega_{\theta z}$，陀螺仪零位漂移 K_{G0x}，K_{G0y} 和 K_{G0z}，其他状态变量的可观测度都较弱，可认为不可观测。

综上所述，改进的分析方法与定性分析的结果相符，克服了采用传统可观测度衡量方法时，根据奇异值最大判断各状态变量的可观测度所带来的不唯一问题，而且能够方便地实施连续时间间隔内的可观测度分析，只需根据各个状态变量奇异值的大小来判别可观测度高低，而根据奇异值的增长曲线来判别可观测度的变化情况。若奇异值变化的斜率越大，则可观测度增加越快；相反斜率越小，则可观测度增加越慢；当奇异值没有增加时则认为可观测度不变。

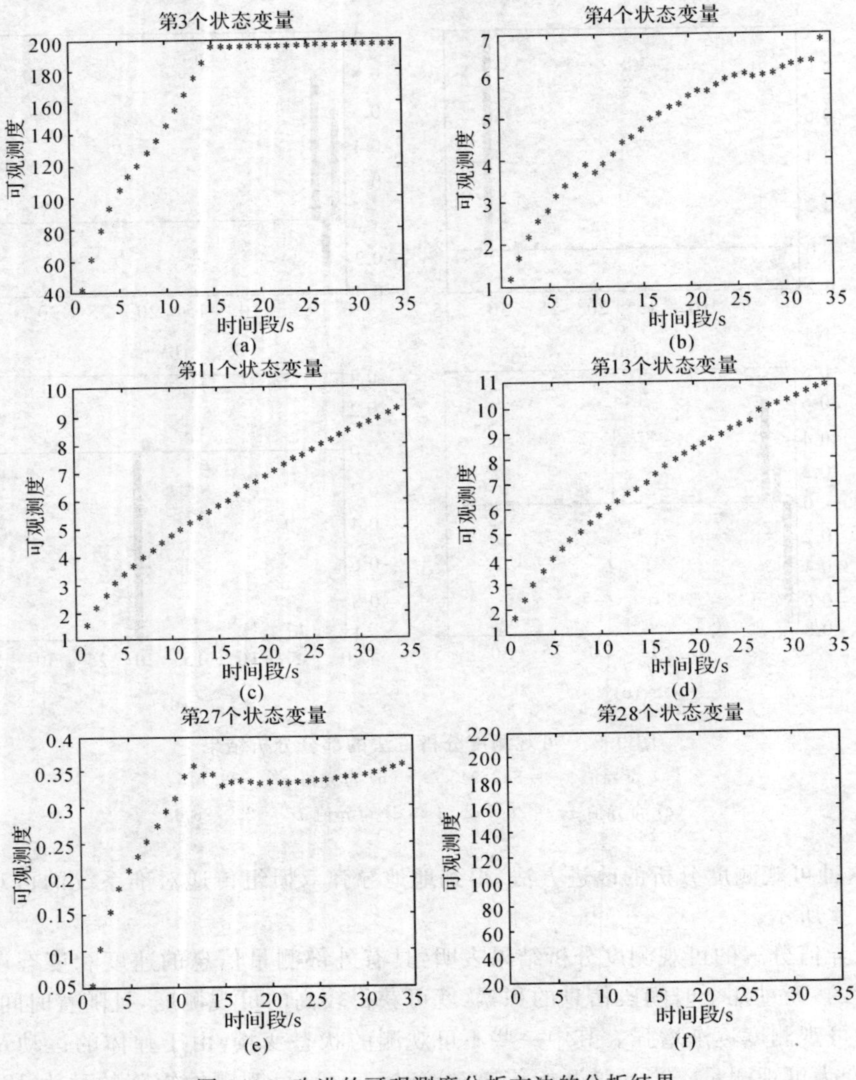

图 9.4 改进的可观测度分析方法的分析结果

(a)ϕ_z 的可观测度分析结果； (b)δV_x 的可观测度分析结果； (c)λ_y 的可观测度分析结果

(d)θ_x 的可观测度分析结果； (e)K_{G1z} 的可观测度分析结果； (f)K_{A1x} 的可观测度分析结果

9.3.2 双惯组线性传递对准的降阶模型

由于导弹全弹道飞行为抛物线型运动，根据可观测度分析的结果，保留陀螺仪刻度系数的 z 项误差，不考虑其他可观测度较差的惯性器件误差，同时考虑到位置误差对速度误差和加速度计误差系数的精确标定影响较大，仍将其列为状态变量，则状态变量取为

$$\boldsymbol{X}(t)=[\phi_x \quad \phi_y \quad \phi_z \quad \delta V_x \quad \delta V_y \quad \delta V_z \quad \delta x \quad \delta y \quad \delta z \quad \lambda_x \quad \lambda_y \quad \lambda_z \quad \theta_x \quad \theta_y \quad \theta_z \quad \omega_x \quad \omega_y \quad \omega_z \quad K_{G0x} \quad K_{G0y} \quad K_{G0z} \quad K_{A0x} \quad K_{A0y} \quad K_{A0z} \quad K_{G1z} \quad K_{A1x} \quad K_{A2x}]^{\mathrm{T}} \tag{9.35}$$

建立传递对准降阶的系统误差方程：

$$\dot{\boldsymbol{X}}(t)=\boldsymbol{F}(t)\boldsymbol{X}(t)+\boldsymbol{G}(t)\boldsymbol{W}(t) \tag{9.36}$$

根据选取的状态变量可以建立状态方程式(9.36)相应的矩阵,式中各符号的定义同上。

9.4　双惯组传递对准的仿真实例

9.4.1　仿真条件设定

地地导弹直接将主SINS姿态矩阵通过“一次装订”的方式,传递给子SINS作为其姿态矩阵的初始值。同时,将主SINS的位置和速度也一并进行传递,对子SINS进行位置和速度的初始化。在粗对准的基础上,采用卡尔曼滤波算法进行精对准,精对准的初始条件如下所述。

1. 发射点的初始位置及方位

(1) 发射方位角:$A=0°$;

(2) 地心纬度:$B=0°$;

(3) 地理纬度与地心纬度之差:$\mu_0=\alpha_e\sin(2B)-0.5\alpha_e(1-4\sin^2 B)$;

(4) 地理纬度:$\varphi=B-\mu_0$;

(5) 发射点时角:$A_t=0°$;

(6) 发射点矢径长度:$R_0=R_e/\sqrt{1+\alpha_e^2\sin^2\varphi}$;

(7) 再入时间:$t_{resume}=858.28\ \mathrm{s}$;

(8) 惯性器件采样间隔:$T=0.01\ \mathrm{s}$;

(9) 发射点惯性坐标系到地心惯性坐标系的转换关系:

$$\boldsymbol{C}_i^c=\begin{bmatrix} -\cos A\sin B\cos(\lambda+A_t)-\sin A\sin(\lambda+A_t) & \cos B\cos(\lambda+A_t) & \sin A\sin B\cos(\lambda+A_t)-\cos A\sin(\lambda+A_t) \\ -\cos A\sin B\sin(\lambda+A_t)+\sin A\cos(\lambda+A_t) & \cos B\sin(\lambda+A_t) & \sin A\sin B\sin(\lambda+A_t)+\cos A\cos(\lambda+A_t) \\ \cos A\cos B & \sin B & -\sin A\cos B \end{bmatrix}$$

2. 主、子 SINS 惯性器件误差

(1) 主SINS惯性器件误差系数见表9.1。

表 9.1　主 SINS 惯性器件误差系数

加表零位项误差系数	$\boldsymbol{K}_{A0}=[100\ \mu g\quad 100\ \mu g\quad 100\ \mu g]^T$
加表一次项误差系数	$\boldsymbol{K}_{A1}=[1\times10^{-4}\quad 1\times10^{-4}\quad 1\times10^{-4}]^T$
加表二次项误差系数	$\boldsymbol{K}_{A2}=[1\times10^{-5}\ g^{-1}\quad 1\times10^{-5}\ g^{-1}\quad 1\times10^{-5}\ g^{-1}]^T$
陀螺仪零位误差系数	$\boldsymbol{K}_{G0}=[0.3\ °/h\quad 0.3\ °/h\quad 0.3\ °/h]^T$

续 表

陀螺仪刻度系数误差	$\boldsymbol{K}_{G1}=[5\times10^{-5}\quad 5\times10^{-5}\quad 5\times10^{-5}]^T$
陀螺仪白噪声	$\boldsymbol{\omega}_g=[0.01\ °/h\quad 0.01\ °/h\quad 0.01\ °/h]^T$
加表白噪声	$\boldsymbol{\omega}_d=[10\ \mu g\quad 10\ \mu g\quad 10\ \mu g]^T$
初始失准角误差	$\boldsymbol{\phi}_{master}=[1'\quad 1'\quad 1']^T$

(2) 子 SINS 惯性器件误差系数见表 9.2。

表 9.2　子 SINS 惯性器件误差系数

加表零位项误差系数	$\boldsymbol{K}_{A0}=[600\ \mu g\quad 600\ \mu g\quad 600\ \mu g]^T$
加表一次项误差系数	$\boldsymbol{K}_{A1}=[3\times10^{-4}\quad 3\times10^{-4}\quad 3\times10^{-4}]^T$
加表二次项误差系数	$\boldsymbol{K}_{A2}=[5\times10^{-5}\ g^{-1}\quad 5\times10^{-5}\ g^{-1}\quad 5\times10^{-5}\ g^{-1}]^T$
陀螺仪零位误差系数	$\boldsymbol{K}_{G0}=[6\ °/h\quad 6\ °/h\quad 6°/h]^T$
陀螺仪刻度系数误差	$\boldsymbol{K}_{G1}=[5\times10^{-4}\quad 5\times10^{-4}\quad 5\times10^{-4}]^T$
陀螺仪白噪声	$\boldsymbol{\omega}_g=[0.1\ °/h\quad 0.1°/h\quad 0.1°/h]^T$
加表白噪声	$\boldsymbol{\omega}_d=[100\ \mu g\quad 100\ \mu g\quad 100\ \mu g]^T$
杆臂矢量长度	$\boldsymbol{r}=[1\ m\quad 0.6\ m\quad 0.6\ m]^T$
初始安装误差角	$\boldsymbol{\lambda}=[20'\quad 2'\quad 2']^T$
弹性变形角	$\boldsymbol{\theta}=[3'\quad 3'\quad 3']^T$

3. 卡尔曼滤波仿真初值

卡尔曼滤波初始条件：

1) 状态变量初值全取为零；

2) 传递对准的滤波周期为 $T_{filter1}=0.5$ s；

3) 主惯导的虚拟量测噪声设为速度 0.05 m/s，姿态角 20″；

4) 估计误差均方差阵初值为

$$\boldsymbol{P}(0)=\text{diag}[(-20')^2\quad (2')^2\quad (2')^2\quad (0\ m/s)^2\quad (0\ m/s)^2\quad (0\ m/s)^2\quad (0\ m)^2\quad (0\ m)^2\quad (0\ m)^2\quad (2')^2\quad (12')^2\quad (2')^2\quad (0\ rad)^2\quad (0\ rad)^2\quad (0\ rad)^2\quad (0\ rad/s)^2\quad (0\ rad/s)^2\quad (0\ rad/s)^2\quad (6\ °/h)^2\quad (6\ °/h)^2\quad (6\ °/h)^2\quad (600\ \mu g)^2\quad (600\ \mu g)^2\quad (600\ \mu g)^2\quad (5\times10^{-4}\ g^{-1})^2\quad (3\times10^{-5}\ g^{-1})^2\quad (5\times10^{-5}\ g^{-1})^2]$$

5) 系统过程噪声方差阵为

$$\boldsymbol{Q}(0)=\text{diag}[(0.1\ °/h)^2\quad (0.1\ °/h)^2\quad (0.1\ °/h)^2\quad (100\ \mu g)^2\quad (100\ \mu g)^2\quad (100\ \mu g)^2\quad 4\times(2.146/5)^3\times(0.05°)^2\quad 4\times(2.146/5)^3\times(0.05°)^2\quad 4\times(2.146/5)^3\times(0.05°)^2]$$

由上述已知条件，对地地导弹双惯组的传递对准过程进行了仿真分析。

9.4.2　双惯组第一次传递对准

1. 传递对准中主 SINS 仿真结果

由于传递对准模型是基于主 SINS 为基准而建立的，所以传递对准过程中子 SINS 的传递对准精度主要取决于主 SINS 的导航精度。这里为保证主 SINS 导航精度的要求，采用 GPS 测速、定位的方式来对主 SINS 进行导航修正。

如图 9.5 和图 9.6 所示分别为主 SINS 的位置误差、速度误差，由于主 SINS 惯性器件存在量测误差或校正后残留的误差，所以主 SINS 的位置、速度和姿态仍存在一定的误差积累。仿真结果表明：在 350 s 之前，主 SINS 的姿态误差积累较小，而位置误差和速度误差则由于初始失准角、陀螺仪漂移以及加速度计偏置等误差因素的影响而积累较快，其中速度误差累积近 0.3 m/s，位置误差累积最大的方向也达到 40 m。

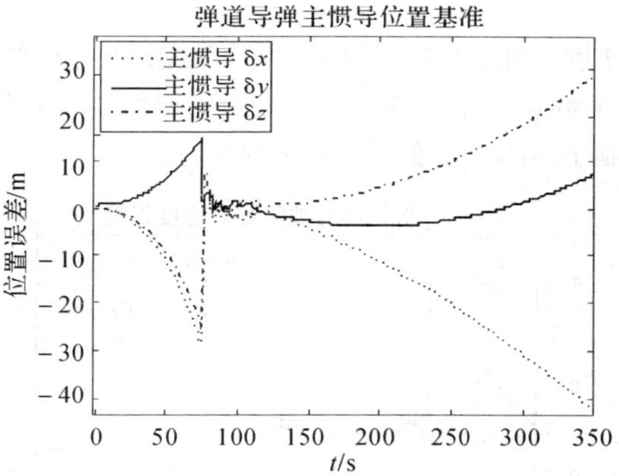

图 9.5　地地导弹主 SINS 的位置误差

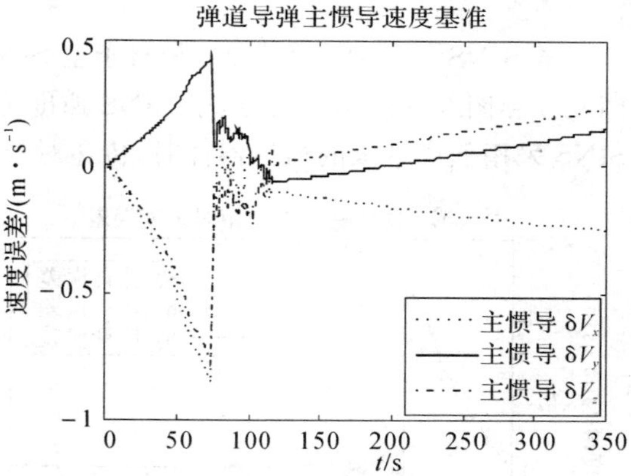

图 9.6　地地导弹主 SINS 的速度误差

如图 9.7 所示为主 SINS 的姿态误差曲线，主 SINS 的姿态误差也可以通过卡尔曼滤波器进行估计。由于主 SINS 的失准角误差不是直接的观测量，而是通过视加速度在发射点惯性坐标系的轴向误差分量体现在速度量测量中，由速度量测量进行估计的，因此，视加速度在发射点惯性坐标系的投影大小就决定了相应轴向失准角的估计效果。

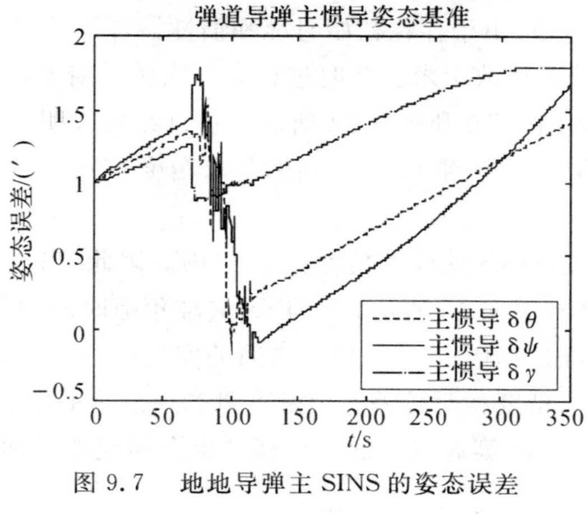

图 9.7　地地导弹主 SINS 的姿态误差

导弹关机之前，弹体 x 轴向视加速度可达 55 m/s^2，y 和 z 轴向视加速度却很小（约为 $10^{-6}\sim10^{-4}$ 量级）。将视加速度投影于发射点惯性坐标系（f^{i}_{imx}，f^{i}_{imy}，f^{i}_{imz}），y 向视加速度分量最大，x 和 z 向分量相对很小。因此，速度量测量能够直接反映 ϕ_x 和 ϕ_z 的信息，且这种信息在速度量测量中占主要成分；而 ϕ_y 则主要靠发射点惯性坐标系下 x 和 z 向的视加速度在速度量测量中体现出来（即 $\phi_y f^{i}_{imx}$ 或 $\phi_y f^{i}_{imz}$），但这种信息在量测量中所占的成分很小。因此，当主 SINS 基于 GPS 进行辅助时，x，z 向失准角的估计速度相对较快，而 y 向失准角的估计速度相对较慢。同时，随着导弹俯仰方向的转动，发射点惯性坐标系下 x 轴向的视加速度分量相应增大（$\phi_y f^{i}_{imx}$），ϕ_y 的可观测性得到增强。由于姿态误差在位置量测量中的信息量很小，所以姿态误差的估计主要取决于速度观测量。

可观测度分析结果表明：x 和 z 向失准角可观测性好，而 y 向失准角的可观测性相对较差。因此，根据失准角与姿态角之间的关系可知滚转角误差较航向角、俯仰角误差相对较大。

2. 第一次传递对准的仿真结果

子 SINS 的相对速度误差（相对于主 SINS 的速度）和绝对速度误差（相对于实际速度）如图 9.8 和图 9.9 所示。可见，子 SINS 速度传递对准的精度取决于主 SINS 的速度精度，当子 SINS 采用低成本级的惯性器件时，传递对准是抑制子 SINS 速度误差积累的可行方法。

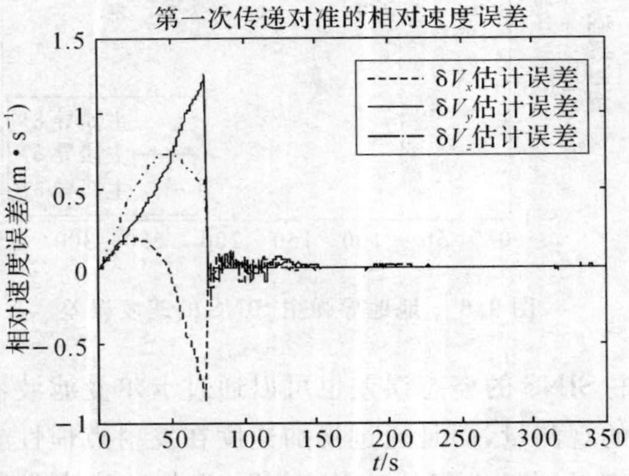

图 9.8　子 SINS 的相对速度误差

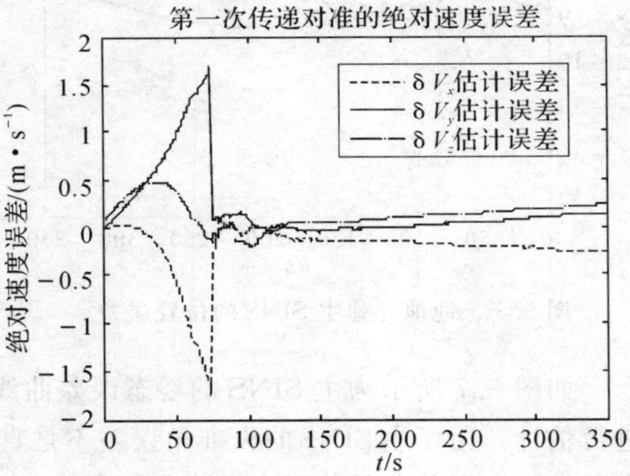

图 9.9　子 SINS 的绝对速度误差

子 SINS 纯惯性导航阶段，由于存在初始对准和惯性器件误差，位置误差随时间而积累，所以当导航 75 s 时位置误差可达数十米。此时进行第一次传递对准，通过速度误差的一次积分可修正子 SINS 的位置，如图 9.10 和图 9.11 所示。仿真结果表明：前 350 s 内子 SINS 的位置积累误差达 100 m 之多，要实现子弹 10 m 之内的落点精度，必须对子 SINS 实施第二次更为精确的位置和姿态对准。

在传递对准过程中，主 SINS 的姿态精度在 2′ 以内。因此，当引入主 SINS 的姿态基准进行传递对准时，如图 9.12 和图 9.13 所示，子 SINS 失准角随时间漂移的趋势能够得到有效的抑制。然而，由于传递对准过程中主、子 SINS 之间的安装误差角通过一定的时间才能够进行分离，所以此时姿态对准的精度相对较差。但随着量测信息量的增加，当安装误差角和弹性变形角逐渐得到分离时，子 SINS 姿态误差的估计精度也会相应地得到提高。

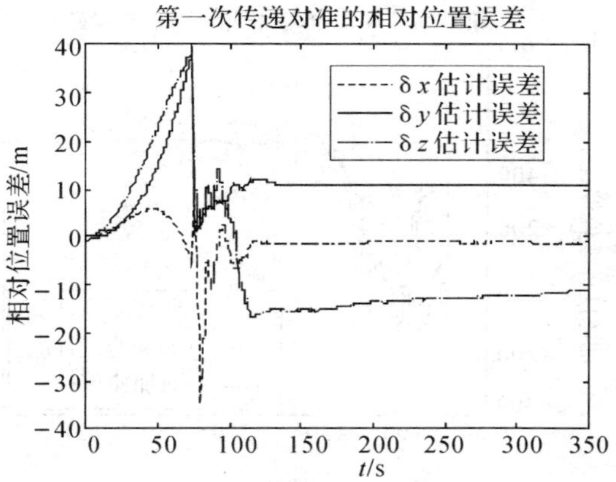

图 9.10　子 SINS 的相对位置误差

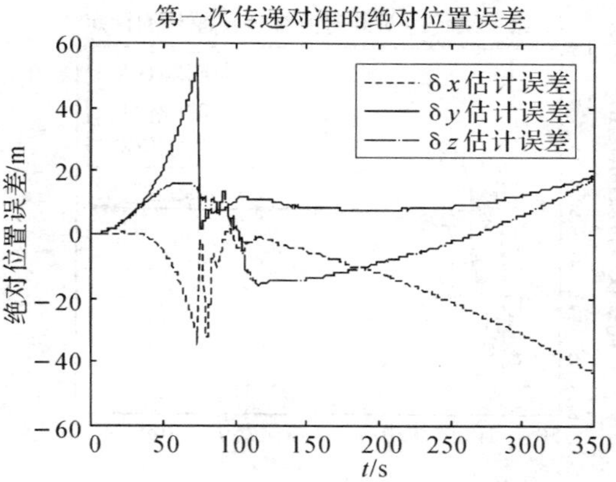

图 9.11　子 SINS 的绝对位置误差

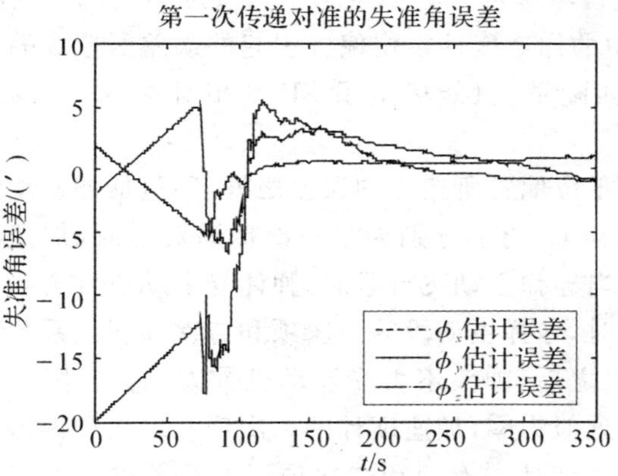

图 9.12　子 SINS 失准角估计误差

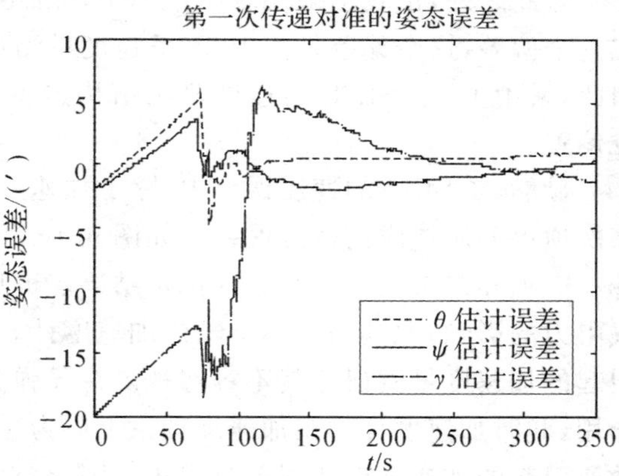

图 9.13　子 SINS 姿态角估计误差

3. 第一次传递对准的惯性器件标定

第一次传递对准对子 SINS 的零位漂移进行了精确标定，如图 9.14 所示。仿真结果表明：导弹以惯性基准作为导航坐标系，平台失准角 $\boldsymbol{\Phi}$ 与陀螺仪零位漂移之间为一次积分关系（即 $\dot{\boldsymbol{\Phi}}=\boldsymbol{C}_b^i\cdot\boldsymbol{\varepsilon}$），即陀螺仪零位漂移直接反映了数学平台失准角的变化率。因此，引入姿态基准的传递对准匹配方式能够增强陀螺仪零位漂移的可观测度，从而加快陀螺仪零位漂移的标定速度和精度。

如图 9.15 所示，在 75 ～ 117.04 s 的传递对准过程中，加速度计 x 轴向零位偏置的估计具有效果明显、波动大的特点，而 y 轴和 z 轴向的零位偏置则几乎没有估计效果。在导弹关机之后，3 个轴向的零位偏置则开始快速收敛。通过分析可知，加速度计零位偏置是造成速度解算误差的一项主要因素，因此速度量测量中能够反映加速度计零位偏置所造成的误差。而由于加速度计零位偏置与数学平台失准角在加速度计输出量中是不可分的，所以当数学平台失准角和加速度计零位偏置所体现的速度误差数值相等、符号相反时，加速度计就没有输出，此时就不能再利用加速度计的输出来进行姿态对准和加速度计零位偏置的标定。

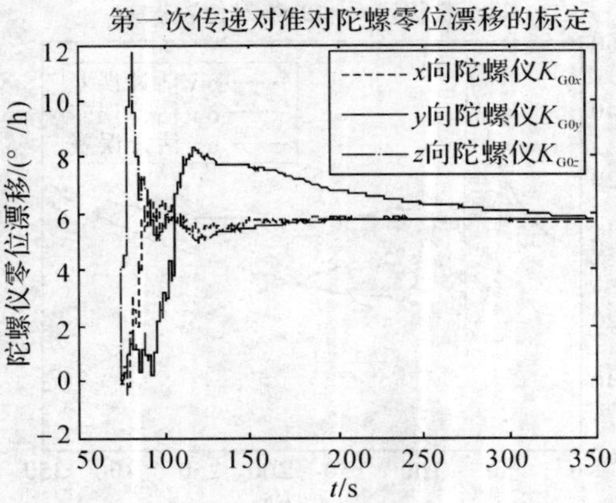

图 9.14 子 SINS 中$\boldsymbol{K}_{G0}$ 的标定

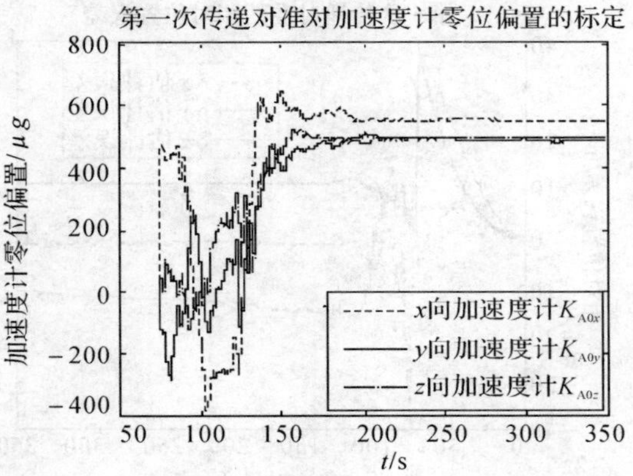

图 9.15 子 SINS 中$\boldsymbol{K}_{A0}$ 的标定

除此之外，仿真结果还表明：子 SINS 加速度计零位偏置的标定结果与实际值之间始终存在一个偏差，这个偏差是由主SINS速度量测中的加速度计零位偏置引起的误差所造成的。因此，采用主、子 SINS 的速度输出值构造量测匹配量，只能标定子 SINS 相对主 SINS 的零位偏置。

显然，子SINS的速度误差中，除了加速度计零位偏置所造成的误差之外，还包括加速度计高次项误差所造成的速度误差。如图 9.16 和图 9.17 所示分别为第一次传递对准时，加速度计一次项和二次项误差系数的标定结果。可见，当导弹主动飞行段时，弹体受发动机推力和大气阻力的影响，尤其是弹体 x 轴向加速度计。此时，导弹主动段的一次项和二次项误差系数所引起的加速度量测误差就不容忽视。在导弹关机之后，弹头不再受发动机推力和大气阻力的作用，此时加速度计的视加速度理论上应为零或近似为零，加速度计的一次项和二次项误差系数所引起的加速度量测误差就很小。因此，对加速度计一次项和二次项误差系数进行标定的最佳时机应该是导弹飞行的主动段。

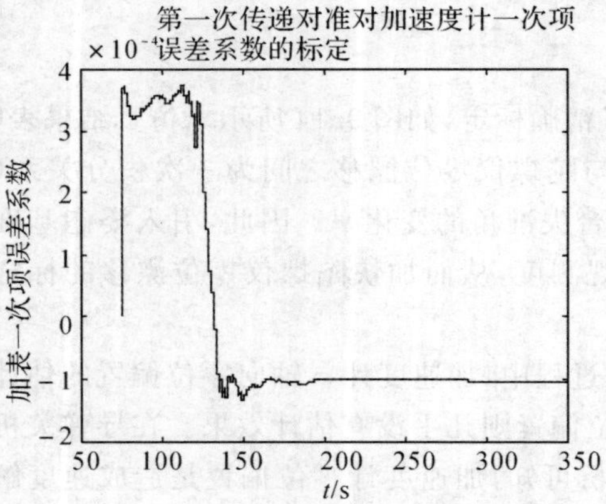

图 9.16 子 SINS 中 K_{A1x} 的标定

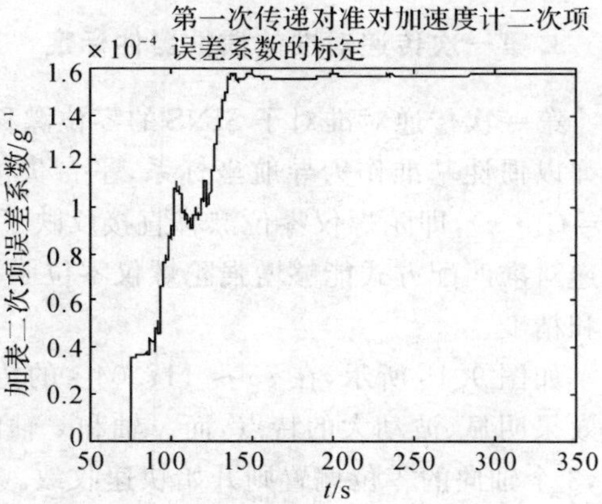

图 9.17 子 SINS 中 K_{A2x} 的标定

如图 9.16 所示为加速度计一次项误差系数的标定结果。结果表明：在关机之前，加速度计一次项误差系数的标定结果可以近似接近实际值。而在导弹关机之后，加速度计一次项误差系数的标定值会有所加大，随后保持不变，这是因为加速度计一次项误差系数的标定依赖于主、子 SINS 之间的速度差值。在导弹关机之前由于子 SINS 加速度计一次项误差系数大于主 SINS 的一次项误差系数，所以其标定值可以近似地接近实际值。而在导弹关机之后，理论上主、子 SINS 的加速度计输出中只包含加速度计零位偏置误差。然而事实上，主 SINS 的速度输出量中不仅包含零位偏置误差，而且包含主 SINS 姿态误差、陀螺仪漂移等所造成的误差。因此，主、子 SINS 的速度差值不能够正确反映一次项误差系数的关系，以至出现上述现象。另外，由于关机之后速度观测量中关于一次项误差的新息很少，所以标定曲线是几乎不变的。同理，如图 9.17 所示为加速度计二次项误差系数的标定结果。

子 SINS 的 z 向陀螺仪用于测量弹体俯仰方向的转动角速度，且导弹飞行轨迹是一个抛物线轨迹。因此，传递对准过程中，z 向陀螺仪的刻度系数误差可观测度相对较强，如图 9.18 所示为 z 向陀螺仪刻度系数误差的标定结果。

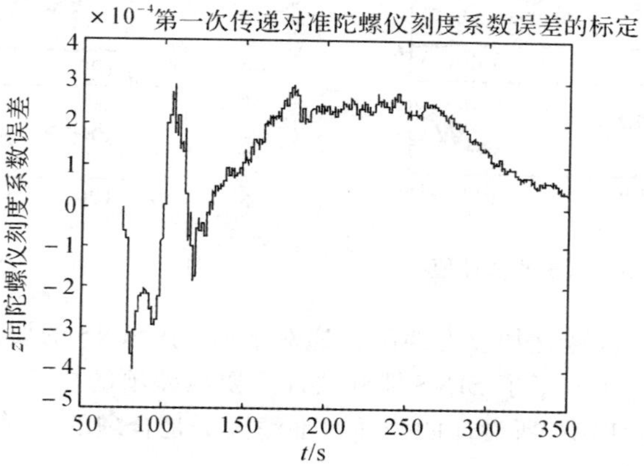

图 9.18　子 SINS 中 K_{G1z} 的标定

4. 第一次传递对准中相对失准角的估计

安装误差角是影响子 SINS 传递对准精度的主要误差项，其估计精度直接影响到姿态基准对准的精度以及陀螺仪相关误差项系数标定的精度。如图 9.19 所示，y，z 向安装误差角收敛速度相对较快，精度可达到 $1'$ 以内。而 x 向安装误差角的估计精度则相对较低，这是因为在传递对准过程中，上升段导弹沿纵轴方向的机动很小，所以 x 向安装误差角的可观测度较低。

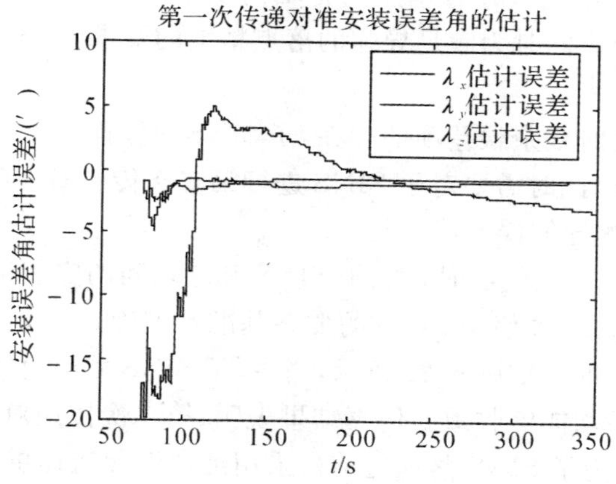

图 9.19　主、子 SINS 间 $\boldsymbol{\lambda}$ 的估计误差

如图 9.20 和图 9.21 所示分别为主、子 SINS 之间弹性变形角的估计值和估计误差曲线。在传递对准模型中引入了弹体的弹性变形模型，一方面能够提高传递对准的精度，另一方面也对惯性器件的在线高精度实时标定提供了可能。仿真结果表明：地地导弹双惯组第一次传递对准过程中，弹体弹性变形能够达到较好的跟踪效果，且变形角跟踪稳定时基本能够保持在 0.2′～0.3′ 的精度范围内。

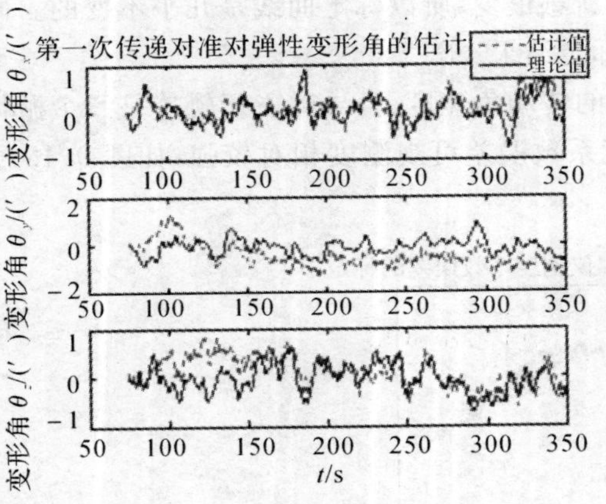

图 9.20 主、子 SINS 间 $\boldsymbol{\theta}$ 的估计值

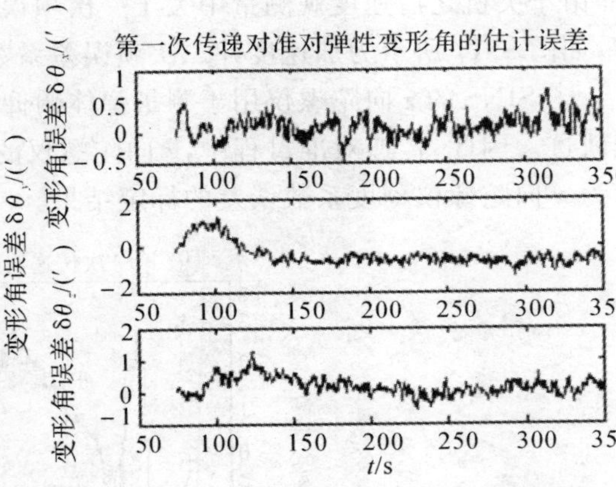

图 9.21 主、子 SINS 间 $\boldsymbol{\theta}$ 的估计误差

综上所述，经过第一次速度加姿态匹配传递对准后，子 SINS 的姿态基准可以得到精确的修正，同时对准过程中还实现了子 SINS 惯性器件主要误差项的标定，且标定结果符合要求。可见，第一次传递对准过程中，所设计的传递对准滤波器是合理的、可行的。

9.4.3 双惯组第二次传递对准

根据所建立的第二次传递对准数学模型，滤波器初始条件取：① 状态变量初值全取零；② 传递对准滤波周期：$T_{\text{filter2}}=0.25$ s；③ 系统过程噪声方差阵同 9.4.1 节；④ 估计误差方差阵初值取为 $\boldsymbol{P}(0)=\text{diag}[(26')^2\quad(-8')^2\quad(8')^2\quad(0\ \text{m/s})^2\quad(0\ \text{m/s})^2\quad(0\ \text{m/s})^2\quad(0\ \text{m})^2\quad(0\ \text{m})^2\quad(0\ \text{m})^2\quad(8')^2\quad(18')^2\quad(8')^2\quad(0\ \text{rad})^2\quad(0\ \text{rad})^2\quad(0\ \text{rad})^2\quad(0\ \text{rad/s})^2\quad(0\ \text{rad/s})^2\quad(0\ \text{rad/s})^2]$。

假设导弹再入大气层时，子 SINS 基座的各轴向发生了 $[6'\quad 6'\quad 6']^{\text{T}}$ 的不可恢复性变形（可将其归为安装误差角）。同时为满足导弹的落点精度的要求，对子 SINS 需要进行第二次传递对准。

由于第一次传递对准时残余误差项的存在，子 SINS 的位置和速度误差积累已经无法满足子弹抛撒之前的精度要求，此时需要对子 SINS 进行第二次传递对准（主 SINS 在 600 ～ 800 s 期间通过 GPS 进行第二次导航误差修正）。

当导弹于 860.15 s 再入大气层时，主、子 SINS 基座之间的安装误差角会由于再入大气的冲击而发生不可恢复性形变，致使子 SINS 的姿态基准不准确。因此，第二次传递对准的主要任务是速度对准和姿态对准。如图 9.22 所示，当主、子 SINS 采用速度加姿态匹配传递对准方式时，子 SINS 的位置误差均能够收敛。仿真结果表明：第二次传递对准顺利实施后，位置误差精度可达 2 m 以内，从而为子 SINS 落地之前仅采用纯惯性导航提供了可能。

第二次传递对准过程中，子 SINS 姿态基准的确定完全取决于安装误差角和弹体挠曲变形的估计，第二次传递对准子 SINS 的姿态基准可以达到 5′ 以内，如图 9.23 所示，而惯性器件经标定值补偿后对后续导航的影响非常小。

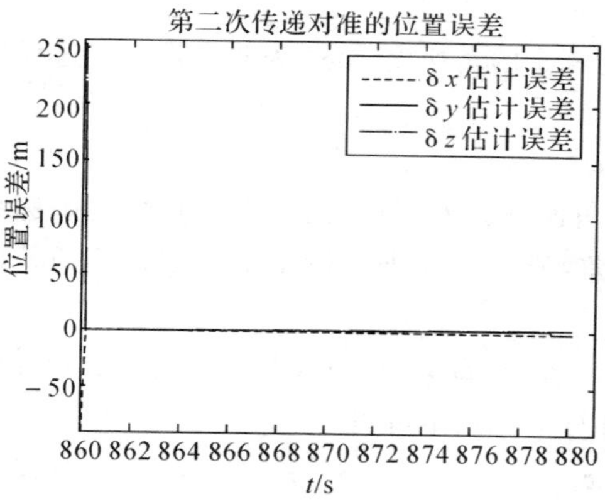

图 9.22　子 SINS 的位置误差

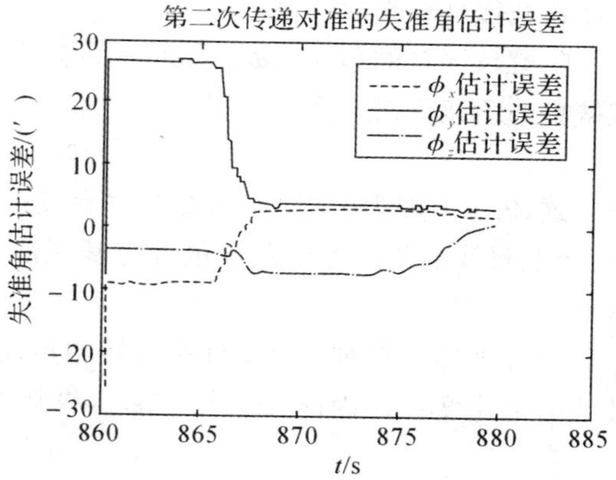

图 9.23　子 SINS 失准角估计误差

9.5　双惯组非线性传递对准模型

SINS 的误差模型是设计初始对准滤波器的基础，滤波器的性能与模型的准确度直接相关。如果模型的准确性较差，会影响滤波器的估计精度，甚至造成滤波器的发散。传统的 SINS 误差模型是基于小姿态角误差假设的线性模型，因此在大姿态角误差情况下，其模型精度较差。基于此，下面结合地地导弹发射点惯性坐标系下的惯性导航原理，对大姿态角误差情况下 SINS 的非线性系统模型进行了详细推导；并提出一种基于扩展卡尔曼滤波系统的非线性可观测度分析方法，对所建立的非线性传递对准模型进行了可观测性及可观测度分析。

9.5.1　速度和姿态误差方程

由于计算误差，捷联式惯导系统的数学平台实际上是计算坐标系（c 系）到弹体坐标系的姿态矩阵$\boldsymbol{C}_c^b$，而计算坐标系与真实导航坐标系之间存在姿态误差。如果用欧拉角 $\boldsymbol{\Phi}=[\phi_x \quad \phi_y \quad \phi_z]^T$ 表示导航坐标系到计算坐标系的方向余弦矩阵$\boldsymbol{C}_i^c$，可以得到下式：

$$\boldsymbol{C}_i^c=\boldsymbol{C}_x(\phi_x)\cdot\boldsymbol{C}_y(\phi_y)\cdot\boldsymbol{C}_z(\phi_z)=$$

$$\begin{bmatrix} \cos\phi_z\cos\phi_y & \sin\phi_z\cos\phi_y & -\sin\phi_y \\ \cos\phi_z\sin\phi_y\sin\phi_x-\sin\phi_z\cos\phi_x & \sin\phi_z\sin\phi_y\sin\phi_x+\cos\phi_z\cos\phi_x & \sin\phi_x\cos\phi_y \\ \cos\phi_z\sin\phi_y\cos\phi_x+\sin\phi_z\sin\phi_x & \sin\phi_z\sin\phi_y\cos\phi_x-\cos\phi_z\sin\phi_x & \cos\phi_x\cos\phi_y \end{bmatrix} \quad (9.37)$$

式中，$\boldsymbol{\Phi}$ 为数学平台失准角；$\boldsymbol{C}_i^c$ 为姿态误差矩阵。

这样真实姿态阵$\boldsymbol{C}_i^b$与计算姿态阵$\boldsymbol{C}_c^b$的关系为

$$\boldsymbol{C}_b^c=\boldsymbol{C}_i^c\cdot\boldsymbol{C}_b^i \quad (9.38)$$

式中，$\boldsymbol{C}_b^i$为姿态矩阵$\boldsymbol{C}_i^b$的转置矩阵。

真实姿态阵$\boldsymbol{C}_{\mathrm{b}}^{\mathrm{i}}$的传播方程为

$$\dot{\boldsymbol{C}}_{\mathrm{b}}^{\mathrm{i}}=\boldsymbol{C}_{\mathrm{b}}^{\mathrm{i}}(\boldsymbol{\omega}_{\mathrm{ib}}^{\mathrm{b}}\times) \tag{9.39}$$

式中,$(\boldsymbol{\omega}_{\mathrm{ib}}^{\mathrm{b}}\times)$ 为角速度矢量$\boldsymbol{\omega}_{\mathrm{ib}}^{\mathrm{b}}$ 的反对称形式;$\boldsymbol{\omega}_{\mathrm{ib}}^{\mathrm{b}}$ 为载体坐标系相对于导航坐标系的转动角速度在载体坐标系内的投影。

陀螺仪测量的角速度$\tilde{\boldsymbol{\omega}}_{\mathrm{ib}}^{\mathrm{b}}=\boldsymbol{\omega}_{\mathrm{ib}}^{\mathrm{b}}+\delta\boldsymbol{\omega}_{\mathrm{ib}}^{\mathrm{b}}$,其中$\boldsymbol{\omega}_{\mathrm{ib}}^{\mathrm{b}}$ 为真实的角速度,$\delta\boldsymbol{\omega}_{\mathrm{ib}}^{\mathrm{b}}$ 为测量误差。这样导航解算的角速度误差为

$$\delta\boldsymbol{\omega}_{\mathrm{ib}}^{\mathrm{b}}=\tilde{\boldsymbol{\omega}}_{\mathrm{ib}}^{\mathrm{b}}-\boldsymbol{\omega}_{\mathrm{ib}}^{\mathrm{b}} \tag{9.40}$$

式(9.40)即为引起SINS数学平台发生漂移的角速度误差。可见,在发射点惯性坐标系下,导航解算的角速度误差仅包含陀螺仪的测量误差,避免了地理坐标系中导航计算的补偿误差。

计算坐标系相对导航坐标系的转动角速度为$\boldsymbol{\omega}_{\mathrm{ic}}^{\mathrm{b}}=\boldsymbol{\omega}_{\mathrm{ib}}^{\mathrm{b}}+\boldsymbol{\omega}_{\mathrm{bc}}^{\mathrm{b}}=\boldsymbol{\omega}_{\mathrm{ib}}^{\mathrm{b}}-\boldsymbol{\omega}_{\mathrm{cb}}^{\mathrm{b}}$,其中$\boldsymbol{\omega}_{\mathrm{cb}}^{\mathrm{b}}$ 就是导航计算的角速度$\tilde{\omega}_{\mathrm{ib}}^{\mathrm{b}}$。因此,$\boldsymbol{\omega}_{\mathrm{ic}}^{\mathrm{b}}=-\delta\boldsymbol{\omega}_{\mathrm{ib}}^{\mathrm{b}}$,将其投影到计算坐标系中可得

$$\boldsymbol{\omega}_{\mathrm{ic}}^{\mathrm{c}}=-\boldsymbol{C}_{\mathrm{b}}^{\mathrm{c}}\delta\boldsymbol{\omega}_{\mathrm{ib}}^{\mathrm{b}} \tag{9.41}$$

这样姿态误差阵$\boldsymbol{C}_{\mathrm{c}}^{\mathrm{i}}$的传播方程可以写成

$$\dot{\boldsymbol{C}}_{\mathrm{c}}^{\mathrm{i}}=\boldsymbol{C}_{\mathrm{c}}^{\mathrm{i}}(\boldsymbol{\omega}_{\mathrm{ic}}^{\mathrm{c}}\times) \tag{9.42}$$

式(9.40)与姿态矩阵的传播方程式(9.39)在形式上完全相同,只是用计算坐标系c代替了载体坐标系b。求解式(9.42)可以采用与导航解算相同的姿态更新算法。这里采用欧拉角算法更新姿态误差阵,平台失准角$\boldsymbol{\Phi}=[\phi_x \quad \phi_y \quad \phi_z]^{\mathrm{T}}$ 为计算坐标系相对于导航坐标系的姿态误差,则计算坐标系相对于导航坐标系的角速度矢量$\boldsymbol{\omega}_{\mathrm{ic}}^{\mathrm{c}}$ 可以表示为

$$\boldsymbol{\omega}_{\mathrm{ic}}^{\mathrm{c}}=\dot{\phi}_x+\dot{\phi}_y+\dot{\phi}_z \tag{9.43}$$

将角速度$\boldsymbol{\omega}_{\mathrm{ic}}^{\mathrm{c}}$ 变为沿c系的投影形式:

$$\boldsymbol{\omega}_{\mathrm{ic}}^{\mathrm{c}}=\begin{bmatrix}-\sin\phi_y & 0 & 1\\ \sin\phi_x\cos\phi_y & \cos\phi_x & 0\\ \cos\phi_x\sin\phi_y & -\sin\phi_x & 0\end{bmatrix}\begin{bmatrix}\dot{\phi}_z\\ \dot{\phi}_y\\ \dot{\phi}_x\end{bmatrix} \tag{9.44}$$

对式(9.44)中的矩阵求逆,可得

$$\begin{bmatrix}\dot{\phi}_x\\ \dot{\phi}_y\\ \dot{\phi}_z\end{bmatrix}=\begin{bmatrix}1 & \tan\phi_y\sin\phi_x & \tan\phi_y\cos\phi_x\\ 0 & \cos\phi_x & -\sin\phi_x\\ 0 & \sin\phi_x\sec\phi_y & \cos\phi_x\sec\phi_y\end{bmatrix}\begin{bmatrix}\omega_{\mathrm{ic}x}^{\mathrm{c}}\\ \omega_{\mathrm{ic}y}^{\mathrm{c}}\\ \omega_{\mathrm{ic}z}^{\mathrm{c}}\end{bmatrix} \tag{9.45}$$

从而可得平台失准角的微分方程:

$$\dot{\boldsymbol{\Phi}}=f_1(\boldsymbol{\Phi})\cdot\boldsymbol{\omega}_{\mathrm{ic}}^{\mathrm{c}}=-f_1(\boldsymbol{\Phi})\cdot\boldsymbol{C}_{\mathrm{b}}^{\mathrm{c}}\delta\boldsymbol{\omega}_{\mathrm{ib}}^{\mathrm{b}} \tag{9.46}$$

真实的速度微分方程为

$$\dot{\boldsymbol{V}}^{\mathrm{i}}=\boldsymbol{C}_{\mathrm{b}}^{\mathrm{i}}\boldsymbol{f}_{\mathrm{ib}}^{\mathrm{b}}+\boldsymbol{G}^{\mathrm{i}} \tag{9.47}$$

式中,$\dot{\boldsymbol{V}}^{\mathrm{i}}$ 为载体相对发射点惯性坐标系的速度;$\boldsymbol{f}_{\mathrm{ib}}^{\mathrm{i}}$ 为加速度计敏感到的比力在发射点惯性坐标系的投影;$\boldsymbol{G}^{\mathrm{i}}$ 为万有引力加速度。

导航计算的速度微分方程为

$$\dot{\boldsymbol{V}}^{\mathrm{c}}=\boldsymbol{C}_{\mathrm{b}}^{\mathrm{c}}\tilde{\boldsymbol{f}}_{\mathrm{ib}}^{\mathrm{b}}+\boldsymbol{G}^{\mathrm{c}} \tag{9.48}$$

其中,令$\delta\boldsymbol{V}=\boldsymbol{V}^{\mathrm{c}}-\boldsymbol{V}^{\mathrm{i}}$,且$\delta\boldsymbol{G}=\boldsymbol{G}^{\mathrm{c}}-\boldsymbol{G}^{\mathrm{i}}$ 为引力加速度计算误差,$\delta\boldsymbol{f}_{\mathrm{ib}}^{\mathrm{b}}=\tilde{\boldsymbol{f}}_{\mathrm{ib}}^{\mathrm{b}}-\boldsymbol{f}_{\mathrm{ib}}^{\mathrm{b}}$ 为加速度计的测量误差。

由式(9.48)减去式(9.47)，忽略二阶小量，得到速度误差微分方程：

$$\delta\dot{\boldsymbol{V}}=(\boldsymbol{I}-\boldsymbol{C}_{c}^{i})\,\boldsymbol{f}_{ib}^{c}+\delta\boldsymbol{G} \tag{9.49}$$

9.5.2　第一次传递对准的状态方程

在地地导弹双惯组的非线性传递对准过程中，取常见的系统误差模型作为非线性系统的状态变量，即

$$\boldsymbol{X}_1(t)=[\phi_x\ \ \phi_y\ \ \phi_z\ \ \delta V_x\ \ \delta V_y\ \ \delta V_z\ \ \delta x\ \ \delta y\ \ \delta z\ \ \lambda_x\ \ \lambda_y\ \ \lambda_z\ \ \theta_x\ \ \theta_y\ \ \theta_z\ \ \omega_{\theta x}\ \ \omega_{\theta y}\ \ \omega_{\theta z}\\ K_{G0x}\ \ K_{G0y}\ \ K_{G0z}\ \ K_{A0x}\ \ K_{A0y}\ \ K_{A0z}\ \ K_{G1x}\ \ K_{G1y}\ \ K_{G1z}\ \ K_{A1x}\ \ K_{A1y}\ \ K_{A1z}\\ K_{A2x}\ \ K_{A2y}\ \ K_{A2z}]^{\mathrm{T}}$$

由非线性系统模型及惯性器件误差模型，可以建立地地导弹非线性传递对准系统的状态方程为

$$\dot{\boldsymbol{X}}_1(t)=f[\boldsymbol{X}_1(t)]+G[\boldsymbol{X}_1(t),\boldsymbol{W}_1(t)]=\begin{bmatrix}-\boldsymbol{F}_1\,\boldsymbol{C}_s^c(\boldsymbol{K}_{G0}+\boldsymbol{K}_{G1}\,\boldsymbol{\omega}_{is}^s)\\(\boldsymbol{I}_{3\times3}-\boldsymbol{C}_i^c)\,\boldsymbol{f}_{is}^c+\boldsymbol{F}_a\delta\boldsymbol{S}+\boldsymbol{C}_s^c[\boldsymbol{K}_{A0}+\boldsymbol{K}_{A1}\,\boldsymbol{f}_{is}^s+\boldsymbol{K}_{A2}(\boldsymbol{f}_{is}^s)^2]\\\delta\boldsymbol{V}\\\boldsymbol{O}_{3\times1}\\\boldsymbol{\omega}_\theta\\-\boldsymbol{E}_\beta\boldsymbol{\theta}-\boldsymbol{F}_\beta\,\boldsymbol{\omega}_\theta\\\boldsymbol{O}_{15\times1}\end{bmatrix}+\begin{bmatrix}-f_1\,\boldsymbol{C}_s^c\boldsymbol{w}_g\\\boldsymbol{C}_s^c\boldsymbol{w}_d\\\boldsymbol{O}_{3\times1}\\\boldsymbol{O}_{3\times1}\\\boldsymbol{O}_{3\times1}\\\boldsymbol{\eta}\\\boldsymbol{O}_{15\times1}\end{bmatrix} \tag{9.50}$$

其中，$\boldsymbol{F}_1=\begin{bmatrix}1 & \tan\phi_y\sin\phi_x & \tan\phi_y\cos\phi_x\\0 & \cos\phi_x & -\sin\phi_x\\0 & \sin\phi_x\sec\phi_y & \cos\phi_x\sec\phi_y\end{bmatrix}$，$\boldsymbol{E}_\beta=\begin{bmatrix}\beta_x^2 & 0 & 0\\0 & \beta_y^2 & 0\\0 & 0 & \beta_z^2\end{bmatrix}$，$\boldsymbol{F}_a=\begin{bmatrix}f_{14} & f_{15} & f_{16}\\f_{24} & f_{25} & f_{26}\\f_{34} & f_{35} & f_{36}\end{bmatrix}$，$\boldsymbol{f}_{is}^c=\boldsymbol{C}_s^c\boldsymbol{f}_{is}^s$，$\boldsymbol{F}_\beta=\begin{bmatrix}2\beta_x & 0 & 0\\0 & 2\beta_y & 0\\0 & 0 & 2\beta_z\end{bmatrix}$，$\delta\boldsymbol{S}=[\delta x\ \ \delta y\ \ \delta z]^{\mathrm{T}}$。

9.5.3　第二次传递对准的状态方程

第二次传递对准过程中不考虑惯性器件的误差模型，系统状态变量选取为

$$\boldsymbol{X}_2(t)=[\phi_x\ \ \phi_y\ \ \phi_z\ \ \delta V_x\ \ \delta V_y\ \ \delta V_z\ \ \delta x\ \ \delta y\ \ \delta z\ \ \lambda_x\ \ \lambda_y\ \ \lambda_z\\ \theta_x\ \ \theta_y\ \ \theta_z\ \ \omega_{\theta x}\ \ \omega_{\theta y}\ \ \omega_{\theta z}]^{\mathrm{T}}$$

建立第二次非线性传递对准系统的误差方程为

$$\dot{\boldsymbol{X}}_2(t)=f[\boldsymbol{X}_2(t)]+G[\boldsymbol{X}_2(t),\boldsymbol{W}(t)]=$$

$$\begin{bmatrix} -\boldsymbol{F}_1\,\boldsymbol{C}_{\mathrm{s}}^{\mathrm{c}}(\boldsymbol{K}_{\mathrm{G0}}+\boldsymbol{K}_{\mathrm{G1}}\,\boldsymbol{\omega}_{\mathrm{is}}^{\mathrm{s}}) \\ (\boldsymbol{I}_{3\times 3}-\boldsymbol{C}_{\mathrm{i}}^{\mathrm{c}})\,\boldsymbol{f}_{\mathrm{is}}^{\mathrm{c}}+\boldsymbol{F}_{\mathrm{a}}\delta\boldsymbol{S}+\boldsymbol{C}_{\mathrm{s}}^{\mathrm{c}}[\boldsymbol{K}_{\mathrm{A0}}+\boldsymbol{K}_{\mathrm{A1}}\,\boldsymbol{f}_{\mathrm{is}}^{\mathrm{s}}+\boldsymbol{K}_{\mathrm{A2}}(\boldsymbol{f}_{\mathrm{is}}^{\mathrm{s}})^2] \\ \delta\boldsymbol{V} \\ \boldsymbol{O}_{3\times 1} \\ \boldsymbol{\omega}_{\theta} \\ -\boldsymbol{E}_{\beta}\theta-2\,\boldsymbol{F}_{\beta}\,\boldsymbol{\omega}_{\theta} \end{bmatrix} + \begin{bmatrix} -f_1\,\boldsymbol{C}_{\mathrm{s}}^{\mathrm{c}}\boldsymbol{w}_{\mathrm{g}} \\ \boldsymbol{C}_{\mathrm{s}}^{\mathrm{c}}\boldsymbol{w}_{\mathrm{d}} \\ \boldsymbol{O}_{3\times 1} \\ \boldsymbol{O}_{3\times 1} \\ \boldsymbol{O}_{3\times 1} \\ \boldsymbol{\eta} \end{bmatrix} \tag{9.51}$$

其中,各状态变量及矢量的定义同 9.2 节。

9.5.4 速度加姿态阵匹配的量测方程

速度加姿态匹配方式是一种快速传递对准方法,然而姿态的高度非线性给滤波器量测方程的建立造成了困难。因此,这里提出一种基于发射点惯性坐标系下的姿态阵匹配方案,该方法不但包含了姿态匹配所具有的所有信息,而且能够大幅度降低非线性姿态量测方程的非线性度。下面将对速度加姿态阵传递对准的匹配方式进行说明。

主、子 SINS 在发射点惯性坐标系下输出导航信息,设主 SINS 的速度输出为 $V_{\mathrm{m}x}$,$V_{\mathrm{m}y}$,$V_{\mathrm{m}z}$,子 SINS 的速度输出为 $V_{\mathrm{s}x}$,$V_{\mathrm{s}y}$,$V_{\mathrm{s}z}$,则主、子 SINS 的速度匹配量为

$$\boldsymbol{Z}_1=\begin{bmatrix} V_{\mathrm{s}x}-V_{\mathrm{m}x} \\ V_{\mathrm{s}y}-V_{\mathrm{m}y} \\ V_{\mathrm{s}z}-V_{\mathrm{m}z} \end{bmatrix}=\begin{bmatrix} \delta V_x \\ \delta V_y \\ \delta V_z \end{bmatrix}+\begin{bmatrix} V_1 \\ V_2 \\ V_3 \end{bmatrix} \tag{9.52}$$

式中,$V_i(i=1,2,3)$ 为速度匹配量测噪声。

设主、子 SINS 的姿态矩阵分别为$\boldsymbol{C}_{\mathrm{m}}^{\mathrm{i}}$和$\boldsymbol{C}_{\mathrm{s}}^{\mathrm{c}}$,记

$$\boldsymbol{C}_{\mathrm{m}}^{\mathrm{i}}=\begin{bmatrix} T_{11} & T_{12} & T_{13} \\ T_{21} & T_{22} & T_{23} \\ T_{31} & T_{32} & T_{33} \end{bmatrix},\quad \boldsymbol{C}_{\mathrm{s}}^{\mathrm{c}}=\begin{bmatrix} T'_{11} & T'_{12} & T'_{13} \\ T'_{21} & T'_{22} & T'_{23} \\ T'_{31} & T'_{32} & T'_{33} \end{bmatrix} \tag{9.53}$$

由于子 SINS 平台失准角与安装误差角、弹性变形角之间的关系为

$$\boldsymbol{C}_{\mathrm{s}}^{\mathrm{c}}=\boldsymbol{C}_{\mathrm{i}}^{\mathrm{c}}\boldsymbol{C}_{\mathrm{m}}^{\mathrm{i}}\boldsymbol{C}_{\mathrm{s}}^{\mathrm{m}} \tag{9.54}$$

式中,$\boldsymbol{C}_{\mathrm{s}}^{\mathrm{m}}$为主、子 SINS 的相对姿态误差矩阵。

令 $\Delta\boldsymbol{\Phi}=\boldsymbol{\lambda}+\boldsymbol{\theta}$,则

$$\boldsymbol{C}_{\mathrm{i}}^{\mathrm{c}}=\begin{bmatrix} \cos\Delta\phi_z\cos\Delta\phi_y & \cos\Delta\phi_z\sin\Delta\phi_y\sin\Delta\phi_x-\sin\Delta\phi_z\cos\Delta\phi_x & \cos\Delta\phi_z\sin\Delta\phi_y\cos\Delta\phi_x+\sin\Delta\phi_z\sin\Delta\phi_x \\ \sin\Delta\phi_z\cos\Delta\phi_y & \sin\Delta\phi_z\sin\Delta\phi_y\sin\Delta\phi_x+\cos\Delta\phi_z\cos\Delta\phi_x & \sin\Delta\phi_z\sin\Delta\phi_y\cos\Delta\phi_x-\cos\Delta\phi_z\sin\Delta\phi_x \\ -\sin\Delta\phi_y & \sin\Delta\phi_x\cos\Delta\phi_y & \cos\Delta\phi_x\cos\Delta\phi_y \end{bmatrix}$$

当采用式(9.54)求解姿态,并利用姿态匹配方式时,需要进行大量的乘、除、开方等复杂数值运算,而且由于姿态解算的高度非线性,所以不利于具体工程应用。因此,这里通过引入与姿态量测具有相同特点的姿态矩阵量测方案,建立了一种具有工程使用价值的传递对准量

测模型。如果姿态矩阵中的 9 个元素全部用作量测量，则系统方程为 9 阶，相应的计算量较大，而实际用其中的 3 个元素进行匹配即可。

取式(9.54) 中 3 个元素构成量测矢量，则

$$\boldsymbol{Z}_2=\begin{bmatrix}T'_{21}-T_{21}\\T'_{31}-T_{31}\\T'_{32}-T_{32}\end{bmatrix}=\begin{bmatrix}\delta T_{21}\\\delta T_{31}\\\delta T_{32}\end{bmatrix}+\begin{bmatrix}V_4\\V_5\\V_6\end{bmatrix}\tag{9.55}$$

其中

$$\begin{aligned}T'_{21}=&[(\cos\phi_z\sin\phi_y\sin\phi_x-\sin\phi_z\cos\phi_x)T_{11}+(\sin\phi_z\sin\phi_y\sin\phi_x+\cos\phi_z\cos\phi_x)T_{21}+\\&\sin\phi_x\cos\phi_yT_{31}]\cos\Delta\phi_z\cos\Delta\phi_y+[(\cos\phi_z\sin\phi_y\sin\phi_x-\sin\phi_z\cos\phi_x)T_{12}+\\&(\sin\phi_z\sin\phi_y\sin\phi_x+\cos\phi_z\cos\phi_x)T_{22}+\sin\phi_x\cos\phi_yT_{32}]\sin\Delta\phi_z\cos\Delta\phi_y-\\&[(\cos\phi_z\sin\phi_y\sin\phi_x-\sin\phi_z\cos\phi_x)T_{13}+(\sin\phi_z\sin\phi_y\sin\phi_x+\cos\phi_z\cos\phi_x)T_{23}+\\&\sin\phi_x\cos\phi_yT_{33}]\sin\Delta\phi_y\end{aligned}$$

$$\begin{aligned}T'_{31}=&[(\cos\phi_z\sin\phi_y\cos\phi_x+\sin\phi_z\cos\phi_x)T_{11}+(\sin\phi_z\sin\phi_y\cos\phi_x-\cos\phi_z\sin\phi_x)T_{21}+\\&\cos\phi_x\cos\phi_yT_{31}]\cos\Delta\phi_z\cos\Delta\phi_y+[(\cos\phi_z\sin\phi_y\cos\phi_x+\sin\phi_z\sin\phi_x)T_{12}+\\&(\sin\phi_z\sin\phi_y\cos\phi_x-\cos\phi_z\sin\phi_x)T_{22}+\cos\phi_x\cos\phi_yT_{32}]\sin\Delta\phi_z\cos\Delta\phi_y-\\&[(\cos\phi_z\sin\phi_y\sin\phi_x+\sin\phi_z\cos\phi_x)T_{13}+(\sin\phi_z\sin\phi_y\cos\phi_x-\cos\phi_z\sin\phi_x)T_{23}+\\&\cos\phi_x\cos\phi_yT_{33}]\sin\Delta\phi_y\end{aligned}$$

$$\begin{aligned}T'_{32}=&[(\cos\phi_z\sin\phi_y\cos\phi_x+\sin\phi_z\sin\phi_x)T_{11}+(\sin\phi_z\sin\phi_y\cos\phi_x-\cos\phi_z\sin\phi_x)T_{21}+\\&\cos\phi_x\cos\phi_yT_{31}](\cos\Delta\phi_z\sin\Delta\phi_y\sin\Delta\phi_x-\sin\Delta\phi_z\cos\Delta\phi_x)+[(\cos\phi_z\sin\phi_y\cos\phi_x+\\&\sin\phi_z\sin\phi_x)T_{12}+(\sin\phi_z\sin\phi_y\cos\phi_x-\cos\phi_z\sin\phi_x)T_{22}+\cos\phi_x\cos\phi_yT_{32}]\times\\&(\sin\Delta\phi_z\sin\Delta\phi_y\sin\Delta\phi_x+\cos\Delta\phi_z\cos\Delta\phi_x)+[(\cos\phi_z\sin\phi_y\cos\phi_x+\sin\phi_z\sin\phi_x)T_{13}+\\&(\sin\phi_z\sin\phi_y\cos\phi_x-\cos\phi_z\sin\phi_x)T_{23}+\cos\phi_x\cos\phi_yT_{33}]\sin\Delta\phi_x\cos\Delta\phi_y\end{aligned}$$

相应的量测噪声方差为

$$\left.\begin{aligned}\sigma^2(V_4)&=[\sin(\theta_m+V_{A1})\cos(\psi_m+V_{A2})-\sin\theta_m\cos\psi_m]^2\\\sigma^2(V_5)&=[-\sin(\psi_m+V_{A2})+\sin\psi_m]^2\\\sigma^2(V_6)&=[\sin(\gamma_m+V_{A3})\cos(\psi_m+V_{A2})-\sin\gamma_m\cos\psi_m]^2\end{aligned}\right\}\tag{9.56}$$

式中，V_{A1}，V_{A2}，V_{A3} 分别为主 SINS 俯仰角、偏航角和滚转角的量测噪声。

结合式(9.54) 和式(9.55)，可以得到地地导弹第一次传递对准的量测方程：

$$\boldsymbol{Z}(t)=\begin{bmatrix}\boldsymbol{Z}_1\\\boldsymbol{Z}_2\end{bmatrix}=\boldsymbol{H}[\boldsymbol{X}(t)]+\boldsymbol{V}(t)\tag{9.57}$$

9.6　非线性传递对准系统的可观测度分析方法

对于非线性时变系统的可观测度，现在还没有统一的定义，由于非线性系统的可观测性分析方法很难应用在实际的系统中，因此这里采用将非线性系统线性化为线性系统，将时变系统看作分段线性定常系统的做法，结合扩展卡尔曼滤波系统的特点对地地导弹非线性传递对准系统的可观测性和可观测度进行分析。

设连续非线性时变系统为

$$\left.\begin{aligned}\dot{\boldsymbol{X}}(t)&=f[\boldsymbol{X}(t)]+G[\boldsymbol{X}(t),\boldsymbol{W}(t)]\\ \boldsymbol{Z}(t)&=h[\boldsymbol{X}(t)]+\boldsymbol{V}(t)\end{aligned}\right\} \tag{9.58}$$

结合扩展卡尔曼滤波系统的特点，取

$$\boldsymbol{F}_k=\left.\frac{\partial f[\boldsymbol{X}(t)]}{\boldsymbol{X}(t)}\right|_{\boldsymbol{X}(t)=\boldsymbol{X}_{k-1}},\quad \boldsymbol{H}_k=\left.\frac{\partial h[\boldsymbol{X}(t)]}{\boldsymbol{X}(t)}\right|_{\boldsymbol{X}(t)=\boldsymbol{X}_k} \tag{9.59}$$

式中，$\boldsymbol{X}_{k-1}$ 和 $\boldsymbol{X}_k$ 分别为 $k-1$ 时刻和 k 时刻系统状态变量的实际值，可以通过导航解算值和实际标称值的比较而得到。

从而非线性系统的可观测性矩阵定义为

$$\boldsymbol{Q}=\begin{bmatrix}\boldsymbol{H}_k\\ \boldsymbol{H}_{k+1}\ \boldsymbol{F}_k\\ \boldsymbol{H}_{k+2}\ \boldsymbol{F}_{k+1}\ \boldsymbol{F}_k\\ \vdots\\ \boldsymbol{H}_{k+n-1}\ \boldsymbol{F}_{k+n-2}\cdots\boldsymbol{F}_k\end{bmatrix} \tag{9.60}$$

通过上述分析可知，非线性系统的可观测性分析可采用与线性系统可观测性分析相类似的方法进行。如图 9.24 所示为各个时间段非线性系统各个状态变量的可观测度。

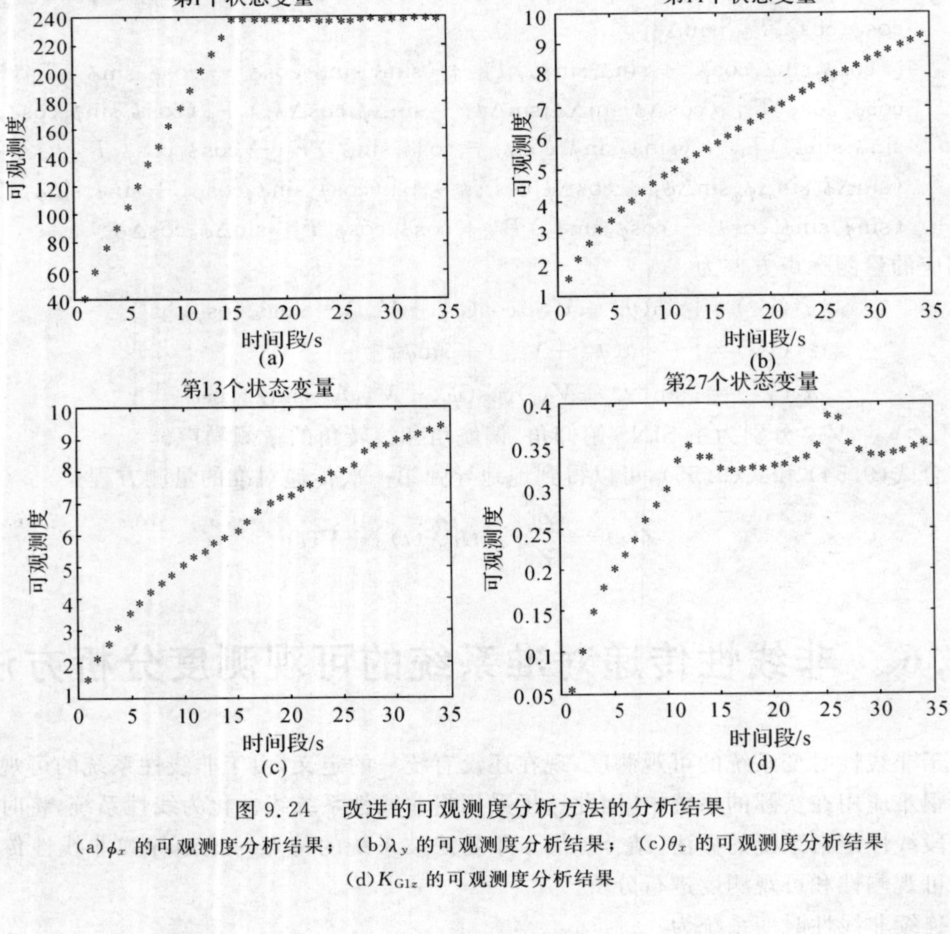

图 9.24 改进的可观测度分析方法的分析结果

(a)ϕ_x 的可观测度分析结果； (b)λ_y 的可观测度分析结果； (c)θ_x 的可观测度分析结果

(d)K_{G1z} 的可观测度分析结果

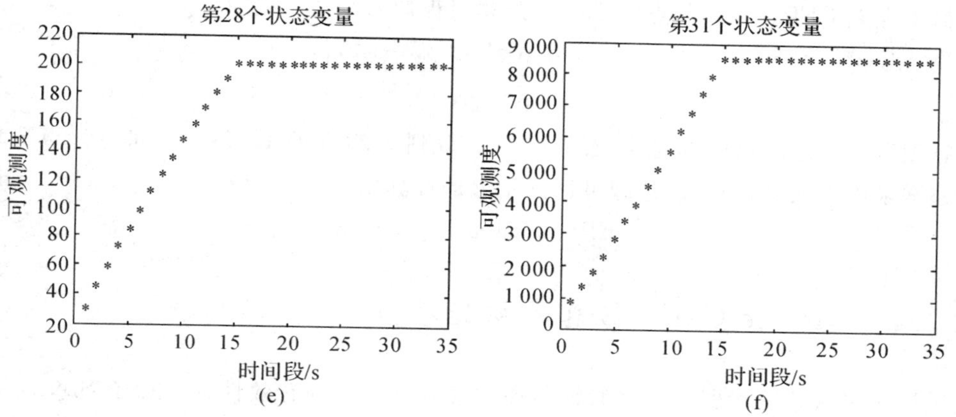

续图 9.24　改进的可观测度分析方法的分析结果

(e) K_{A1x} 的可观测度分析结果；（f) K_{A2x} 的可观测度分析结果

研究结果表明：非线性系统状态变量的可观测度分析结果与线性系统基本相同，这说明非线性系统与线性系统的状态变量的可估计性是相同的。另外，由非线性系统在小姿态角情况下可近似为线性系统这个特点也可间接解释两种模型可观测度相类似的原因。据此，与线性双惯组传递对准类似，可建立非线性传递对准系统的降阶模型。

9.7　双惯组传递对准的 Monte-Carlo 仿真

9.7.1　双惯组传递对准 Monte-Carlo 仿真的评价指标

如果卡尔曼滤波器所用的动力学模型能完整地描述导弹实际飞行状态，那么滤波误差协方差就能准确表示估计结果的统计特性。然而，任何数学模型都不是对系统完全准确的描述。因此，采用 Monte-Carlo 的仿真验证传递对准算法对子 SINS 姿态基准以及惯性器件主要误差项标定的能力。仿真程序中，给定一个“真实”的弹道模型，由此产生观测信息，提供给传递对准滤波算法。通过比较滤波结果和真实状态之间的差值，来检验算法的有效性。对于任何一次仿真，“真实”模型的状态初值加上随机误差源，形成实际状态模拟，进行模拟仿真 N 次，评价的指标为状态变量的均方根误差(RMSE)。

RMSE 定义为

$$\tilde{\boldsymbol{x}}(k)=\sqrt{\frac{1}{N-1}\sum_{i=1}^{N}\left[\boldsymbol{x}(k)-\hat{\boldsymbol{x}}^{i}(k)\right]^{2}} \tag{9.61}$$

式中，$\boldsymbol{x}(k)$ 和 $\hat{\boldsymbol{x}}^{i}(k)$ 分别为 k 时刻真实的状态分量和在第 i 次 Monte-Carlo 仿真中的估计值；N 为 Monte-Carlo 仿真的总次数；$\tilde{\boldsymbol{x}}(k)$ 为 k 时刻状态变量某一分量的均方根误差。

为了对子 SINS 两次传递对准的有效性进行检验，需要对子 SINS 的导航精度进行衡量，利用导弹落点散布度衡量是一种有效的方法。最常用的表示导弹落点散布度的是圆概率误差或圆公算偏差(CEP)。定义：有 50% 的导弹落在以目标中心点为圆心，半径为 R 的圆内，此 R 值

称为圆概率误差 CEP。导弹落点的横向偏差和射程偏差为

$$\left.\begin{aligned}\Delta H &= R\sin\Phi\sin(\psi_\Phi - \tilde{\psi}_\Phi) \\ \Delta L &= R(\Phi - \tilde{\Phi})\end{aligned}\right\} \tag{9.62}$$

根据射程偏差 ΔL 和横向偏差 ΔH 计算的得到的均方差 σ_L 和 σ_H，即可计算导弹落点 CEP。通常采用下式来计算 CEP 即可达到足够的计算精度：

$$\mathrm{CEP} = 0.615\sigma_L + 0.562\sigma_H \tag{9.63}$$

9.7.2 Monte-Carlo 仿真的初始参数

这里通过多次蒙特卡罗实验来验证传递对准滤波算法的有效性，对主、子 SINS 各参数取随机分布，见表 9.3 和表 9.4。

(1) 主 SINS 惯性器件误差系数见表 9.3。

表 9.3 主 SINS 惯性器件误差系数

加表零位项误差系数(3σ)	$\boldsymbol{K}_{A0} = [100\ \mu g \quad 100\ \mu g \quad 100\ \mu g]^T$
加表一次项误差系数(3σ)	$\boldsymbol{K}_{A1} = [1\times10^{-4} \quad 1\times10^{-4} \quad 1\times10^{-4}]^T$
加表二次项误差系数(3σ)	$\boldsymbol{K}_{A2} = [1\times10^{-5}\ g^{-1} \quad 1\times10^{-5}\ g^{-1} \quad 1\times10^{-5}\ g^{-1}]^T$
陀螺仪零位误差系数(3σ)	$\boldsymbol{K}_{G0} = [0.3\ °/h \quad 0.3\ °/h \quad 0.3\ °/h]^T$
陀螺仪刻度系数误差(3σ)	$\boldsymbol{K}_{G1} = [5\times10^{-5} \quad 5\times10^{-5} \quad 5\times10^{-5}]^T$
陀螺仪白噪声(3σ)	$\boldsymbol{\omega}_g = [0.01\ °/h \quad 0.01\ °/h \quad 0.01\ °/h]^T$
加表白噪声(3σ)	$\boldsymbol{\omega}_d = [10\ \mu g \quad 10\ \mu g \quad 10\ \mu g]^T$
初始失准角误差(3σ)	$\boldsymbol{\Phi}_{master} = [1' \quad 1' \quad 1']^T$

(2) 子 SINS 惯性器件误差系数见表 9.4。

表 9.4 子 SINS 惯性器件误差系数

加表零位项误差系数(3σ)	$\boldsymbol{K}_{A0} = [600\ \mu g \quad 600\ \mu g \quad 600\ \mu g]^T$
加表一次项误差系数(3σ)	$\boldsymbol{K}_{A1} = [3\times10^{-4} \quad 3\times10^{-4} \quad 3\times10^{-4}]^T$
加表二次项误差系数(3σ)	$\boldsymbol{K}_{A2} = [5\times10^{-5}\ g^{-1} \quad 5\times10^{-5}\ g^{-1} \quad 5\times10^{-5}\ g^{-1}]^T$
陀螺仪零位误差系数(3σ)	$\boldsymbol{K}_{G0} = [6\ °/h \quad 6\ °/h \quad 6°/h]^T$
陀螺仪刻度系数误差(3σ)	$\boldsymbol{K}_{G1} = [5\times10^{-4} \quad 5\times10^{-4} \quad 5\times10^{-4}]^T$
陀螺仪白噪声(3σ)	$\boldsymbol{\omega}_g = [0.1\ °/h \quad 0.1\ °/h \quad 0.1\ °/h]^T$
加表白噪声(3σ)	$\boldsymbol{\omega}_d = [100\ \mu g \quad 100\ \mu g \quad 100\ \mu g]^T$
杆臂矢量长度(3σ)	$\boldsymbol{r} = [1\ \mathrm{m} \quad 0.6\ \mathrm{m} \quad 0.6\ \mathrm{m}]^T$
初始安装误差角(3σ)	$\boldsymbol{\lambda} = [20' \quad 2' \quad 2']^T$
弹性变形角(3σ)	$\boldsymbol{\theta} = [3' \quad 3' \quad 3']^T$

在上述初始条件下，进行多次 Monte-Cartlo 仿真就可以验证所建立的线性及非线性模型在各种误差条件下的传递对准性能。

9.7.3　小失准角下的 Monte-Carlo 仿真

1. 小失准角下线性卡尔曼滤波器的 Monte-Carlo 仿真

为了验证传递对准滤波算法的有效性，首先采用卡尔曼滤波器(Kalman Filter, KF)，在小失准角情况下，对地地导弹双惯组传递对准系统进行了 Monte-Carlo 模拟仿真，仿真次数为 10 次。如图 9.25 ～ 图 9.28 所示分别为地地导弹双惯组卡尔曼滤波器仿真的 Monte-Carlo 仿真结果。

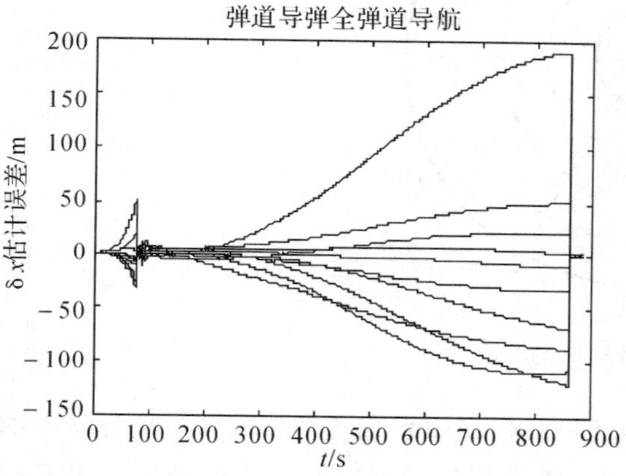

图 9.25　SINS 全弹道位置估计误差 δx

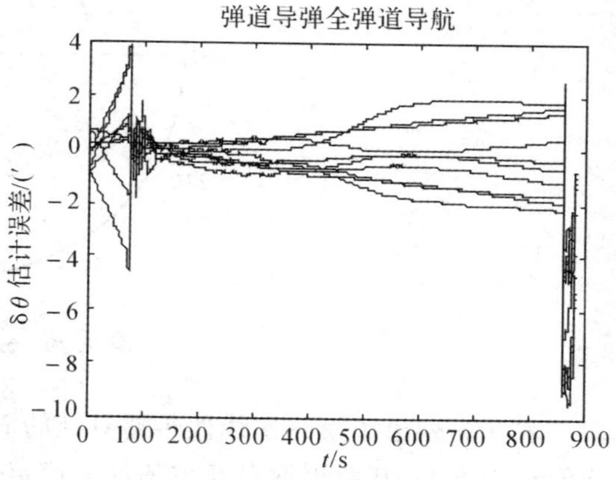

图 9.26　SINS 全弹道姿态估计误差 $\delta\theta$

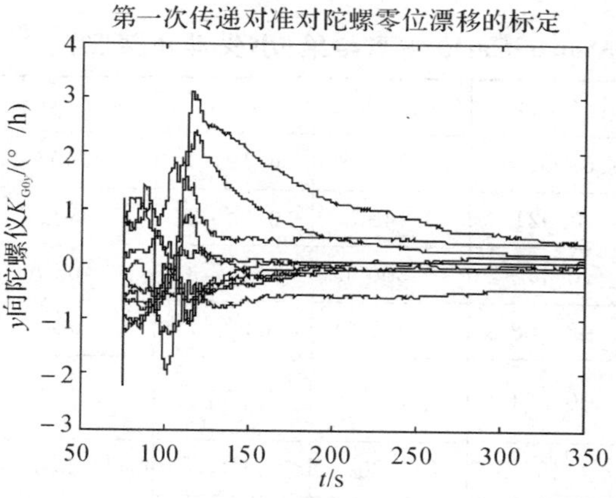

图 9.27　SINS 陀螺仪标定误差 δK_{G0y}

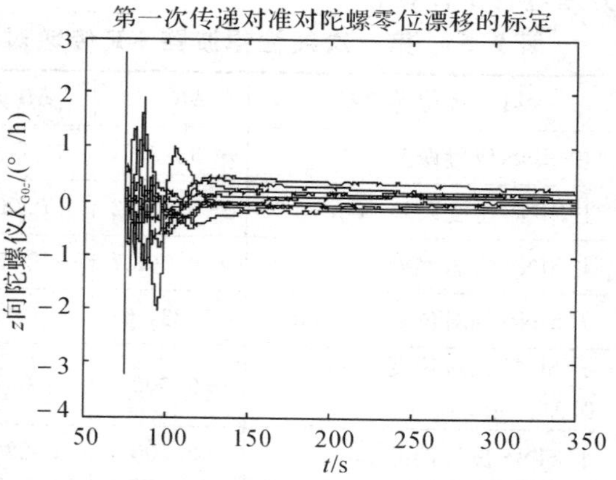

图 9.28　子 SINS 陀螺仪标定误差 δK_{G0z}

从图 9.25 ～ 图 9.28 中可以看出，基于线性卡尔曼滤波器的第一次传递对准实现了对子 SINS 惯性器件主要误差项的在线标定，为子 SINS 后续的精确导航提供了可能。在第二次传递对准之后，有关子 SINS 基座基准所发生的弹性形变得到了有效的估计。这样的姿态基准精度完全能够满足子 SINS 短时间内的纯惯性导航飞行，而位置误差在经过主 SINS 速度传递对准之后，可以达到 2 m 以内的导航精度。

图 9.29 表明，子弹落点 CEP 在 2 m 范围之内，满足地地导弹子 SINS 的导航精度要求。仿真结果表明，上述传递对准方法不但增强了地地导弹子母弹的打击能力，而且提高了导弹的生存能力和隐蔽性，尤其是当子 SINS 采用低精度武器级惯性器件条件下仍能够使导弹实现高精度的定姿、定位。

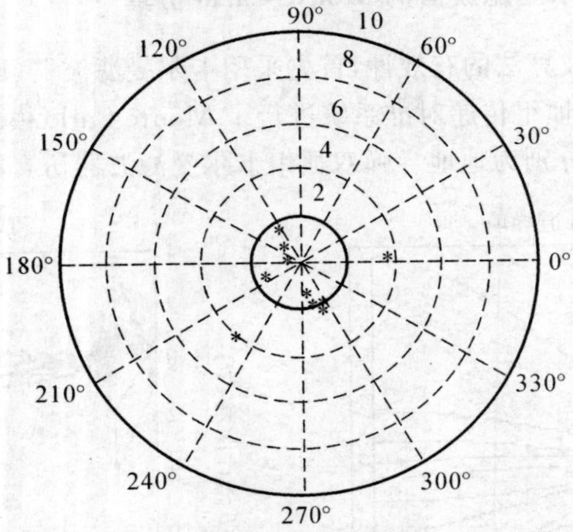

图 9.29　SINS 落点概率误差

表 9.5 列出了第一次线性传递对准的 Monte-Carlo 仿真中系统各个状态变量估计误差的均值和均方差，其数据取自滤波估计的稳定值(349 s 的数据)。同样地，表 9.6 列出了第二次传递对准的 Monte-Carlo 仿真结果，并对各状态变量估计误差(880.10 s 的数据)的均值和均方差进行了计算。

表 9.5　第一次线性滤波器 KF 传递对准的 Monte-Carlo 仿真结果(小失准角情况)

第一次传递对准	$M(x)$	$M(y)$	$M(z)$	$\sigma(x)$	$\sigma(y)$	$\sigma(z)$
主 SINS 位置误差 /m	−3.732 4	0.330 0	6.966 5	19.63 68	6.191 3	14.496
主 SINS 速度误差 /($m \cdot s^{-1}$)	−0.022 2	−0.004 6	0.021	0.149 5	0.046 2	0.080 7
主 SINS 姿态误差 /(′)	−0.068 7	−0.139 9	−0.175 2	0.500 4	0.417 3	0.452 8
子 SINS 相对位置误差 /m	1.231 6	−0.041 4	−2.508 8	2.757 5	3.035 7	5.629
子 SINS 相对速度误差 /($m \cdot s^{-1}$)	−0.000 4	0.001 5	−0.001 1	0.004 5	0.005 8	0.007
子 SINS 位置误差 /m	−2.500 7	0.288 6	4.457 7	19.076 7	6.984 1	11.504
子 SINS 速度误差 /($m \cdot s^{-1}$)	−0.022 6	−0.003 1	0.019 9	0.148	0.045 6	0.084 3
子 SINS 姿态(θ,ψ,γ)误差 /(′)	−0.181 9	−0.351 1	−0.104	0.519 8	0.918	1.175 8
子 SINS 失准角误差 /(′)	0.213 7	−0.297 6	−0.172 2	1.227 5	0.847 5	0.513 5
子 SINS 陀螺仪零位漂移标定误差 /(°/h)	0.059 6	0.059 4	0.055 3	0.087 5	0.248 9	0.132 5

续 表

第一次传递对准	$M(x)$	$M(y)$	$M(z)$	$\sigma(x)$	$\sigma(y)$	$\sigma(z)$
子 SINS 加速度计零位偏置标定误差 /μg	4.486 3	−5.676 4	6.429 2	26.731 8	58.005	24.894
子 SINS 加速度计一次项标定误差	1.36×10^{-5}			5.25×10^{-5}		
子 SINS 加速度计二次项标定误差 /g^{-1}	-2.30×10^{-6}			1.05×10^{-5}		
子 SINS 陀螺仪刻度系数误差标定误差			4.50×10^{-5}			1.59×10^{-4}
子 SINS 安装误差角估计误差 /(′)	0.125 9	−0.069 3	0.013 9	1.117 8	0.351 2	0.154 4
子 SINS 弹性变形角估计误差 /(′)	−0.002 1	−0.094 9	−0.010 8	0.157 9	0.249 7	0.294 7

表 9.6　第二次线性滤波器 KF 传递对准的 Monte-Carlo 仿真结果(小失准角情况)

第二次传递对准	$M(x)$	$M(y)$	$M(z)$	$\sigma(x)$	$\sigma(y)$	$\sigma(z)$
子 SINS 位置误差 /m	0.165 8	1.463 7	−0.346 5	0.687 4	1.309 6	1.175 7
子 SINS 速度误差 /(m·s^{-1})	0.040 4	0.065 4	−0.025 8	0.187 1	0.284 4	0.134 3
子 SINS 姿态误差 /(′)	−3.176 2	−1.117 9	−0.338 5	2.055 9	1.562 2	1.221 3
子 SINS 失准角误差 /(′)	−1.091 1	0.417	−3.156 8	1.498 1	1.297 1	2.088 1
子 SINS 安装误差角估计误差 /(′)	0.125 9	−0.069 3	−0.013 9	1.117 8	0.351 2	0.154 4
子 SINS 弹性变形角估计误差 /(′)	0.161 9	0.046 6	−0.050 1	0.343 8	0.167 8	0.287 1

由 Monte-Carlo 仿真结果可以看出：子 SINS 经过主 SINS 两次传递对准，达到了与主 SINS 相当的导航精度。这表明，在小失准角情况下，当子 SINS 采用低精度惯性器件时，扩展卡尔曼所设计的传递对准方案能够实现与主 SINS 相当的导航精度。

2. 小失准角下非线性扩展卡尔曼滤波器的 Monte-Carlo 仿真

在小失准角情况下，采用与卡尔曼滤波器相同的初始条件，利用所设计的非线性扩展卡尔曼滤波器(Extended Kalman Filter, EKF)，对地地导弹双惯组传递对准系统进行了 Monte-Carlo 模拟仿真，仿真次数为 10 次。如图 9.30～图 9.35 所示为小失准角情况下，采用滤波器 EKF 进行传递对准的 Monte-Carlo 仿真结果。

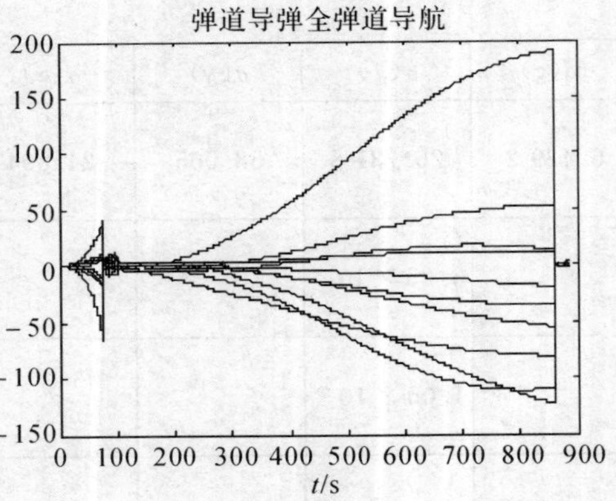

图 9.30 子 SINS 全弹道位置估计误差 δx

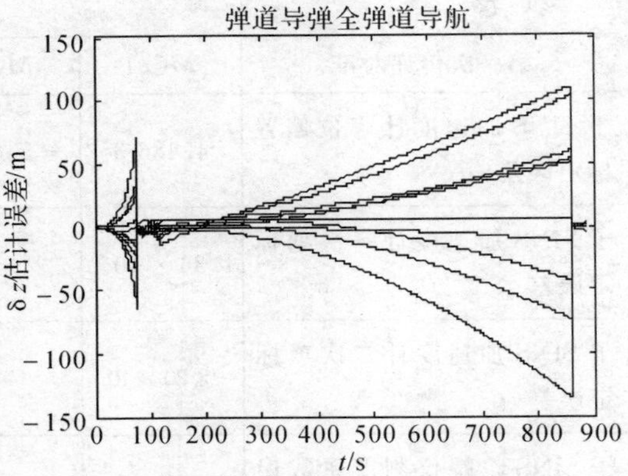

图 9.31 子 SINS 全弹道位置估计误差 δz

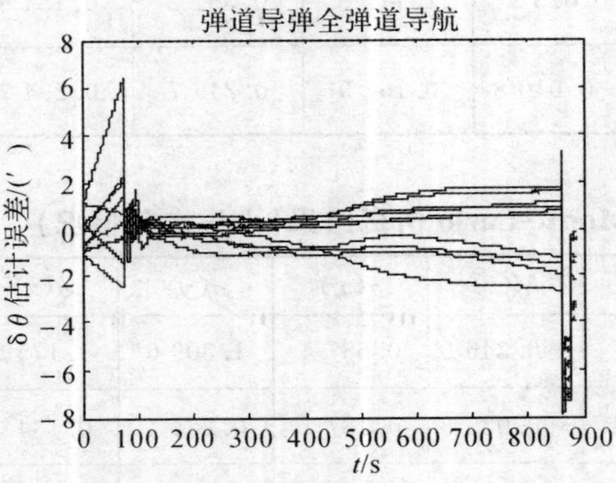

图 9.32 子 SINS 全弹道姿态估计误差 $\delta\theta$

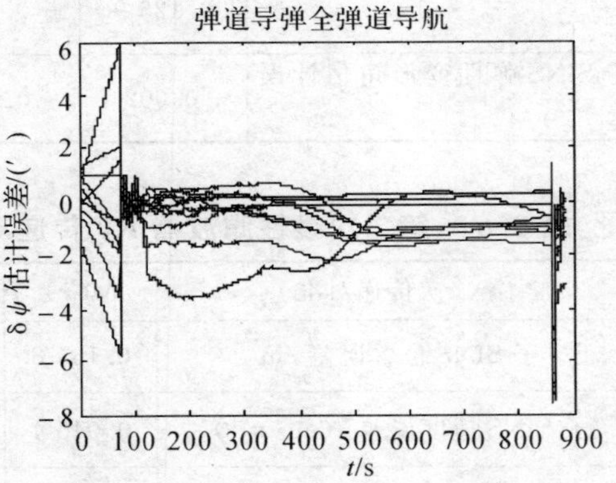

图 9.33 子 SINS 全弹道姿态估计误差 $\delta\psi$

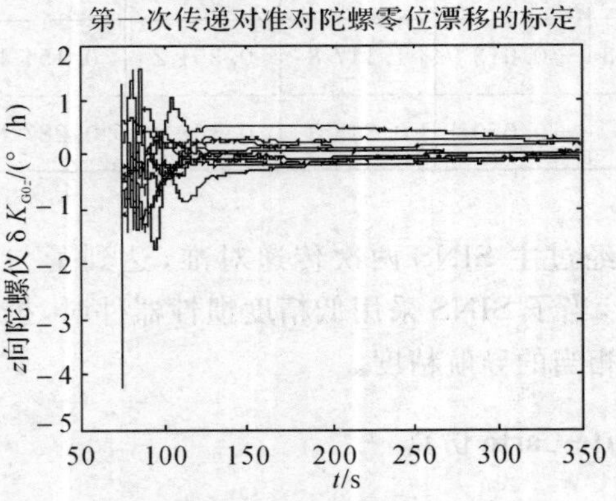

图 9.34 子 SINS 陀螺仪标定误差 δK_{G0z}

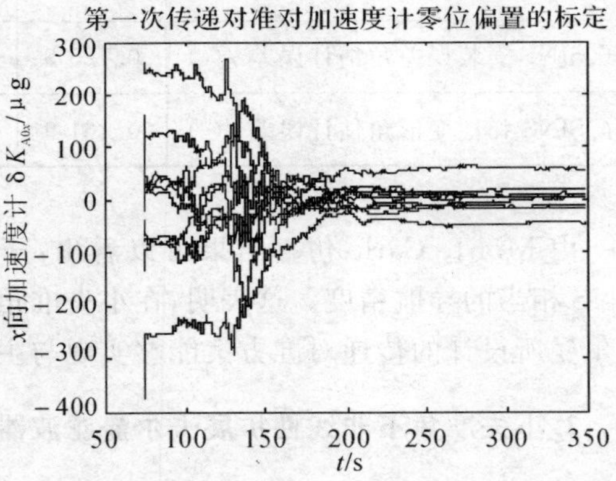

图 9.35 子 SINS 加速度计标定误差 δK_{A0x}

仿真结果表明：滤波器 EKF 在所给定的惯性器件误差及初始姿态误差条件下，能够对子 SINS 的惯性器件误差及子 SINS 的失准角进行准确的标定和估计。表 9.7 和表 9.8 分别列出了第一次、第二次传递对准 Monte-Carlo 仿真中各状态变量估计误差稳态时的均值和均方差。

表 9.7　第一次非线性滤波器 EKF 传递对准的 Monte-Carlo 仿真结果(小失准角情况)

第一次传递对准	$M(x)$	$M(y)$	$M(z)$	$\sigma(x)$	$\sigma(y)$	$\sigma(z)$
子 SINS 位置误差 /m	−3.905 6	1.005 2	6.082 0	19.524	6.066 5	11.034 2
子 SINS 速度误差 /$(m \cdot s^{-1})$	−0.020 4	−0.004 5	0.024 2	0.147 5	0.044 7	0.083 7
子 SINS 姿态(θ,ψ,γ)误差 /(′)	−0.181 6	−0.433 4	−0.574 3	0.563 4	0.909 6	0.789 0
子 SINS 失准角误差 /(′)	−0.012 3	−0.717 6	−0.180 4	1.068 1	0.558 2	0.560 0
子 SINS 陀螺仪零位漂移标定误差 /(°/h)	0.078 9	0.037 7	0.062 3	0.094 3	0.218 5	0.138 8
子 SINS 加速度计零位偏置标定误差 /μg	3.671 2	−2.950 4	4.071	26.004	59.382 4	25.771
子 SINS 加速度计一次项标定误差	2.084×10^{-5}			3.397×10^{-5}		
子 SINS 加速度计二次项标定误差 /g^{-1}	-3.455×10^{-6}			5.855×10^{-6}		
子 SINS 陀螺仪刻度系数误差标定误差			7.881×10^{-5}			1.36×10^{-4}
子 SINS 安装误差角估计误差 /(′)	−0.308 2	−0.141 9	−0.053 1	0.765 5	0.444 1	0.161 0
子 SINS 弹性变形角估计误差 /(′)	−0.025 6	−0.069 8	−0.010 3	0.342 4	0.295 9	0.339 6

表 9.8　第二次非线性滤波器 EKF 传递对准的 Monte-Carlo 仿真结果(小失准角情况)

第二次传递对准	$M(x)$	$M(y)$	$M(z)$	$\sigma(x)$	$\sigma(y)$	$\sigma(z)$
子 SINS 位置误差 /m	0.154 9	1.446 9	−0.246 6	0.761 2	1.278 8	1.199 5
子 SINS 速度误差 /$(m \cdot s^{-1})$	0.032 7	0.053 2	−0.028 8	0.185 7	0.279 4	0.142 1
子 SINS 姿态误差 /(′)	−1.922 3	−0.925 4	−0.570 9	1.407 9	0.931 8	0.653 1
子 SINS 失准角误差 /(′)	−0.882 4	0.634 3	−1.892 1	0.920 9	0.667 5	1.425 6
子 SINS 安装误差角估计误差 /(′)	−0.308 2	−0.141 9	−0.053 1	0.765 5	0.444 1	0.161 0
子 SINS 弹性变形角估计误差 /(′)	0.149 6	0.011 4	0.061 4	0.236 4	0.373 1	0.330 2

对比表 9.5 和表 9.7 可知，地地导弹双惯组在小失准角情况下，基于非线性系统线性化的 EKF 算法与线性卡尔曼滤波算法的滤波精度相当，且估计误差的标准差也在同等数量级。同样地，通过对比第二次传递对准的 Monte-Carlo 仿真结果(见表 9.6 和表 9.8)，也可以得到相同的结论。可见，在小失准角情况下，线性传递对准模型的精度与非线性传递对准模型的精度

相当，此时可用线性模型来代替高精度的非线性模型。

3. 小失准角下非线性无迹卡尔曼滤波器的 Monte-Carlo 仿真

为了验证无迹卡尔曼滤波器（Unscented Kalman Filter，UKF）设计的有效性，采用滤波器 UKF，在小失准角条件下，对地地导弹双惯组传递对准系统进行了 Monte-Carlo 模拟仿真，仿真次数为 10 次。如图 9.36 ～ 图 9.40 所示为地地导弹双惯组非线性滤波器 UKF 的 Monte-Carlo 模拟仿真结果。

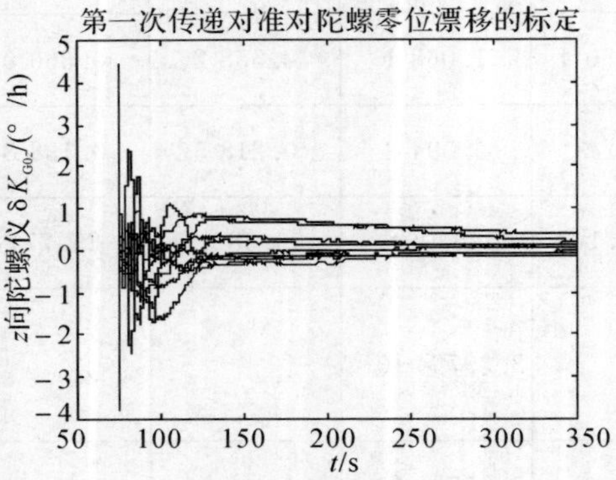

图 9.36 子 SINS 陀螺仪标定误差 δK_{G0z}

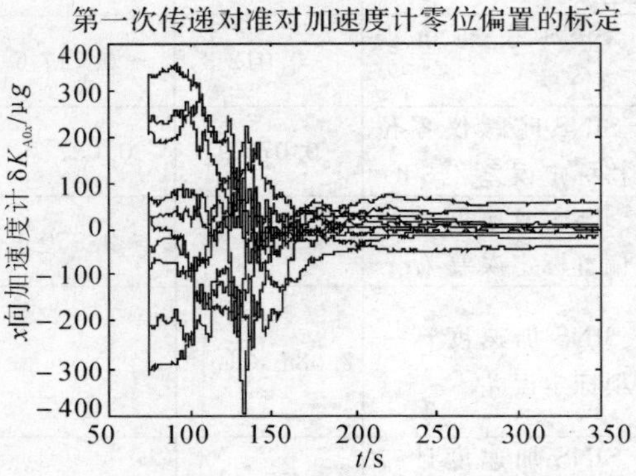

图 9.37 子 SINS 加速度计标定误差 δK_{A0x}

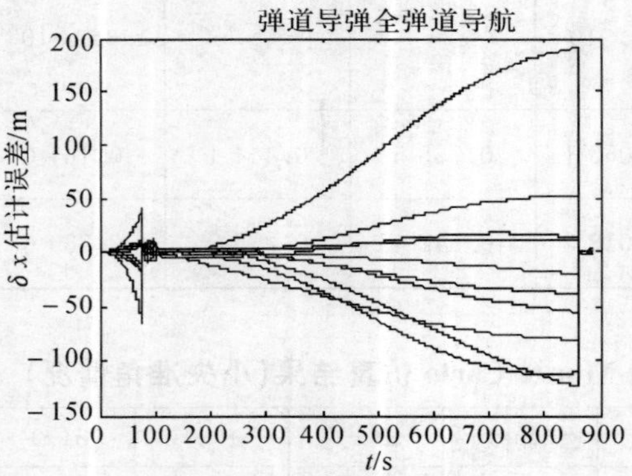

图 9.38 子 SINS 全弹道位置估计误差 δx

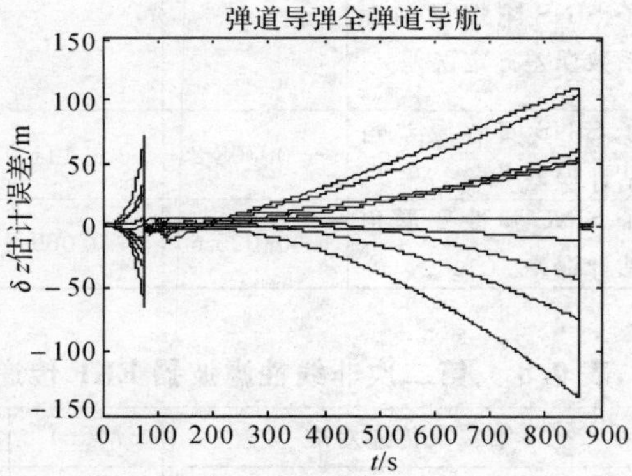

图 9.39 子 SINS 全弹道位置估计误差 δz

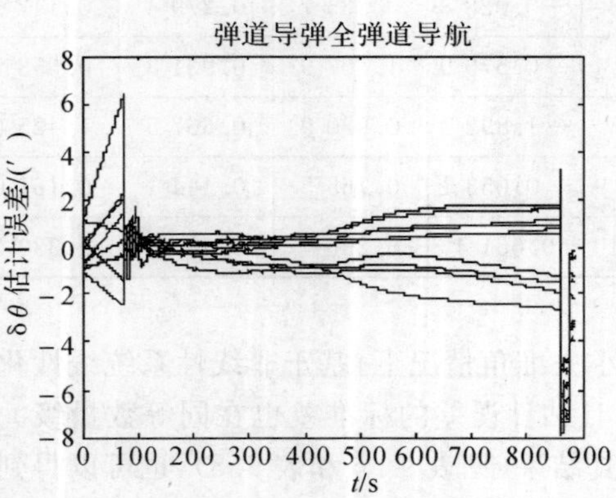

图 9.40 子 SINS 全弹道姿态估计误差 $\delta\theta$

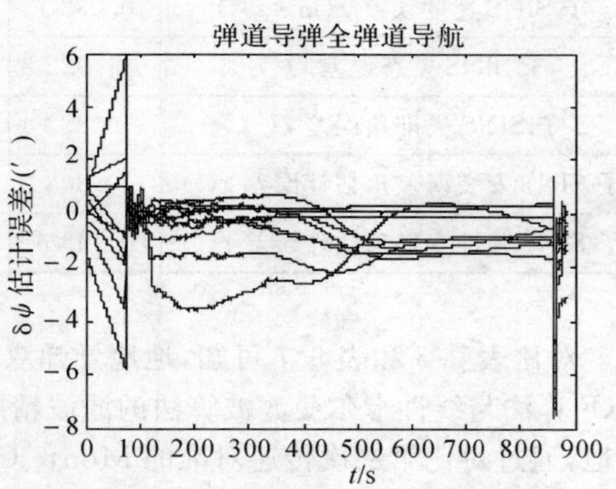

图 9.41 子 SINS 全弹道姿态估计误差 $\delta\psi$

同线性卡尔曼滤波器和非线性滤波器 EKF 一样，相应地也给出了第一次和第二次非线性滤波器 UKF 传递对准的 Monte-Carlo 滤波仿真的估计误差统计特性，见表 9.9 和表 9.10。

表 9.9　第一次非线性滤波器 UKF 传递对准的 Monte-Carlo 仿真结果(小失准角情况)

第一次传递对准	$M(x)$	$M(y)$	$M(z)$	$\sigma(x)$	$\sigma(y)$	$\sigma(z)$
子 SINS 位置误差 /m	−2.521 7	0.206 3	6.496 4	19.131 0	7.187 6	11.073
子 SINS 速度误差 /$(m \cdot s^{-1})$	−0.021 4	−0.003 6	0.023 2	0.150 0	0.046 3	0.079 8
子 SINS 姿态(θ,ψ,γ)误差 /(′)	−0.167 3	−0.486 1	−0.268 4	0.622 7	1.064 8	0.966 7
子 SINS 失准角误差 /(′)	0.216 4	−0.511 9	−0.172 0	1.266 8	0.679 9	0.612 2
子 SINS 陀螺仪零位漂移标定误差 /(°/h)	0.045 1	0.071 8	0.052 1	0.077 2	0.261 5	0.165 6
子 SINS 加速度计零位偏置标定误差 /μg	3.727 4	−3.545 4	3.901 5	27.007 7	61.636	22.654
子 SINS 加速度计一次项标定误差	$1.016\,9\times10^{-5}$			7.916×10^{-5}		
子 SINS 加速度计二次项标定误差 /g^{-1}	-1.843×10^{-6}			1.530×10^{-5}		
子 SINS 陀螺仪刻度系数误差标定误差			3.151×10^{-5}			1.686×10^{-4}
子 SINS 安装误差角估计误差 /(′)	−0.099 2	−0.107 8	−0.049 4	0.790 2	0.449 9	0.271 6
子 SINS 弹性变形角估计误差 /(′)	−0.039 1	−0.143 4	−0.062 6	0.209 6	0.471 9	0.186 8

表 9.10　第二次非线性滤波器 UKF 传递对准的 Monte-Carlo 仿真结果(小失准角情况)

第二次传递对准	$M(x)$	$M(y)$	$M(z)$	$\sigma(x)$	$\sigma(y)$	$\sigma(z)$
子 SINS 位置误差 /m	0.149 6	1.431 3	−0.251 3	0.720 7	1.301 3	1.157 4
子 SINS 速度误差 /$(m \cdot s^{-1})$	0.022 9	0.039 8	−0.035 8	0.196 2	0.284 8	0.145 7
子 SINS 姿态误差 /(′)	−1.703 9	−0.758 9	−0.597 5	1.641 0	0.913 3	0.964 8
子 SINS 失准角误差 /(′)	−0.714 3	0.649 2	−1.664 2	0.928 0	0.949 4	1.630 3
子 SINS 安装误差角估计误差 /(′)	−0.099 2	−0.107 8	−0.049 4	0.790 2	0.449 9	0.271 6
子 SINS 弹性变形角估计误差 /(′)	0.000 8	0.017 8	0.006 8	0.142 2	0.360 8	0.256 7

如表 9.5～表 9.10 所示，通过对比地地导弹双惯组第一次和第二次传递对准的仿真结果可知：在小失准角情况下，独立于非线性模型的 UKF 算法也与基于非线性系统线性化的 EKF 算法和线性卡尔曼滤波算法的滤波精度相当，且估计误差的标准差也在同等数量级。

本小节对基于KF,EKF和UKF的传递对准进行了Monte-Carlo仿真,并对第一次传递对准和第二次传递对准的滤波估计值作了统计分析。仿真结果表明:在小失准角情况下,3种滤波器均能够达到子SINS传递对准的性能要求,且线性模型和非线性系统模型均适用于小失准角情况下的传递对准。

9.7.4 大失准角下的Monte-Carlo仿真

1. 大失准角下线性滤波器KF的Monte-Carlo仿真

为验证大失准角情况下非线性模型的准确性和有效性,首先对大失准角情况下基于滤波器KF的双惯组传递对准过程进行了Monte-Carlo模拟仿真。通过仿真对比非线性模型与线性模型的精度,仿真次数为10次。如图9.42～图9.46所示为大失准角情况下,采用滤波器KF时的Monte-Carlo仿真结果。

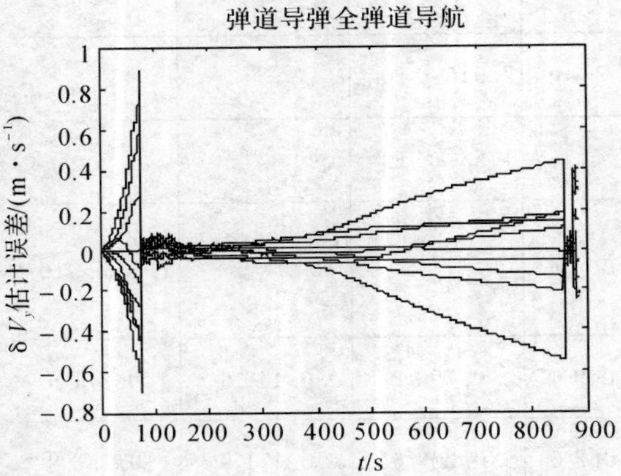

图 9.42 子SINS全弹道速度估计误差 δV_y

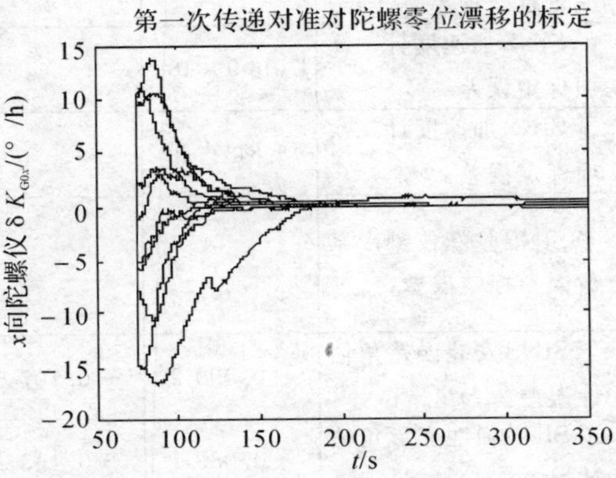

图 9.43 子SINS陀螺仪标定误差 δK_{G0x}

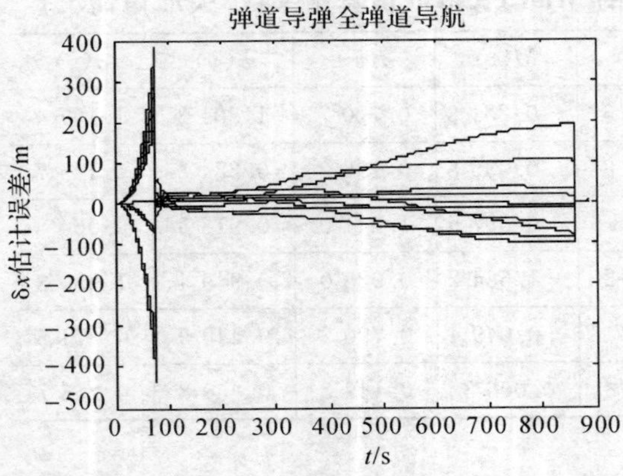

图 9.44 子SINS全弹道位置估计误差 δx

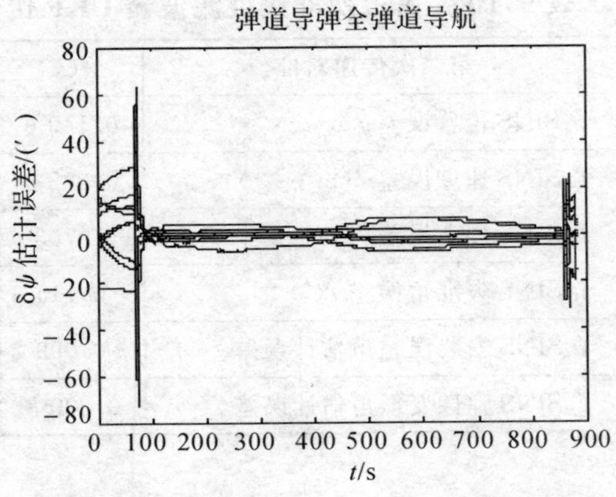

图 9.45 子SINS全弹道姿态估计误差 $\delta\psi$

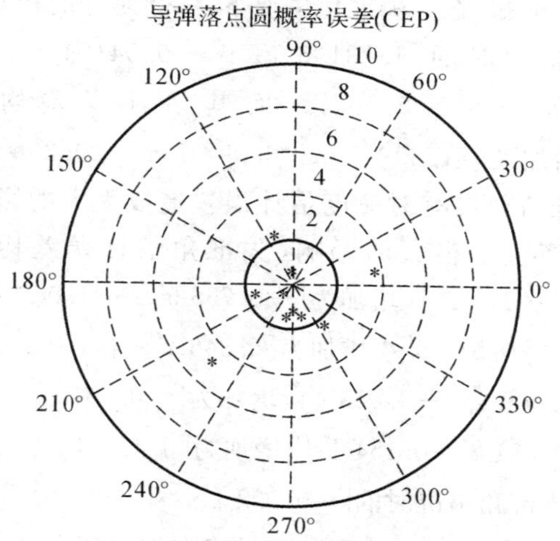

图 9.46　子 SINS 落点概率误差

仿真结果表明，在所给定的惯性器件误差及大失准角条件下，当采用线性卡尔曼滤波器进行传递对准时，由于系统模型误差的不准确，子 SINS 误差项的估计会产生较大的误差，且滤波估计的时间会有所延长。表 9.11 和表 9.12 分别列出了第一次和第二次线性滤波器 KF 传递对准 Monte-Carlo 仿真结束时刻的均值和均方差。

表 9.11　第一次线性滤波器 KF 传递对准的 Monte-Carlo 仿真结果(大失准角情况)

第一次传递对准	$M(x)$	$M(y)$	$M(z)$	$\sigma(x)$	$\sigma(y)$	$\sigma(z)$
子 SINS 相对位置误差 /m	17.477 0	4.530 5	6.911 5	21.397 7	6.097 7	29.396
子 SINS 相对速度误差 /($m \cdot s^{-1}$)	0.001 2	0.000 2	0.001 4	0.004 6	0.004 4	0.004 4
子 SINS 位置误差 /m	13.744 6	4.860 6	13.878 0	30.002 4	6.848 9	24.859
子 SINS 速度误差 /($m \cdot s^{-1}$)	−0.021 0	−0.004 3	0.022 4	0.147 6	0.046 7	0.081 4
子 SINS 姿态(θ,ψ,γ) 误差 /(′)	−0.211 0	−0.066 3	−1.303 3	1.260 6	2.185 6	6.545 3
子 SINS 失准角误差 /(′)	−0.755 5	−1.068 1	2.303 2	5.346 1	4.440 3	2.192 0
子 SINS 陀螺仪零位漂移标定误差 /(°/h)	0.075 6	−0.046 7	−0.065 8	0.194 7	0.928 3	0.304 7
子 SINS 加速度计零位偏置标定误差 /μg	2.600 0	−0.059 9	3.264 5	25.085 6	59.277	17.585
子 SINS 加速度计一次项标定误差	4.460×10^{-5}			3.686×10^{-5}		
子 SINS 加速度计二次项标定误差 /g^{-1}	1.528×10^{-5}			2.171×10^{-5}		
子 SINS 陀螺仪刻度系数误差标定误差			7.568×10^{-4}			8.34×10^{-4}
子 SINS 安装误差角估计误差 /(′)	−0.967 5	0.210 6	0.948 5	6.410 3	1.984 5	2.777 3
子 SINS 弹性变形角估计误差 /(′)	−0.090 2	−0.210 4	0.823 8	0.408 5	0.483 4	1.422 6

对比表 9.5 和表 9.11 可知，在大失准角情况下，传递对准的相对位置误差明显增大，其估计误差均值从小失准角情况时的[1.231 6 m −0.041 4 m −2.508 8m]^T 增加为[17.477 0 m 4.530 5 m 6.911 5 m]^T，而其估计误差均方差从[2.757 5 m 3.035 7 m 5.629 m]^T 增加到[21.399 7 m 6.097 7 m 29.396 m]^T。由于采用速度观测量作为匹配量测量，大失准角并没有对速度估计误差造成太大的影响，而大失准角情况对子 SINS 姿态误差的估计却产生了很大的影响，失准角估计误差均值从小失准角情况时的[0.213 7′ −0.297 6′ −0.172 2′]^T 增加为[−0.755 5′ −1.068 1′ 2.303 2′]^T，估计误差均方差从[1.227 5′ 0.847 5′ 0.513 5′]^T 增加为[5.346 1′ 4.440 3′ 2.192 0′]^T；安装误差角的估计均值从[0.125 9 −0.069 3 −0.013 9]^T 增加为[−0.967 5′ 0.210 6′ 0.948 5′]^T，估计误差均方差从[1.117 8′ 0.351 2′ 0.154 4′]^T 增加为[6.410 3′ 1.984 5′ 2.777 3′]^T；而弹性变形角估计误差均值从小失准角情况时的[−0.002 1′ −0.094 9′ −0.010 8′]^T 增加为大失准角时的[−0.090 2′ −0.210 4′ 0.823 8′]^T，变形角估计误差均方差从[0.157 9′ 0.249 7′ 0.294 7′]^T 增加为[0.408 5′ 0.483 4′ 1.422 6′]^T。相应地，陀螺仪主要误差项的标定的误差也有所增加，而对加速度计误差项标定误差的影响却相对较小。

表 9.12 第二次线性滤波器 KF 传递对准的 Monte-Carlo 仿真结果（大失准角情况）

第二次传递对准	$M(x)$	$M(y)$	$M(z)$	$\sigma(x)$	$\sigma(y)$	$\sigma(z)$
子 SINS 位置误差 /m	0.163 3	1.344 7	−0.254 7	0.755 3	1.313 0	1.231 2
子 SINS 速度误差 /(m·s^{-1})	−0.001 9	0.071 8	−0.037 8	0.201 9	0.252 0	0.152 0
子 SINS 姿态误差 /(′)	−4.768 3	−0.259 6	1.135 6	5.011 7	6.714 6	16.938 8
子 SINS 失准角误差 /(′)	−0.333 7	−1.107 7	−3.650 8	5.745 6	17.386 3	4.953 3
子 SINS 安装误差角估计误差 /(′)	−0.967 5	0.210 6	0.948 5	6.410 3	1.984 5	2.777 3
子 SINS 弹性变形角估计误差 /(′)	0.225 2	0.259 1	−0.075 7	0.742 0	1.733 4	0.626 4

对比表 9.6 和表 9.12 可知，经过第二次传递对准过程，子 SINS 的位置误差和速度误差的估计误差与小失准角情况下相当，而姿态误差则有所增加，尤其是对方位姿态误差的影响较大。其中，估计误差均值从小失准角情况下的[−1.091 1′ 0.417 0′ −3.156 8′]^T 变为大失准角情况时的[−0.333 7′ −1.107 7′ −3.650 8′]^T，估计误差均方差从小失准角时的[1.498 1′ 1.297 1′ 2.088 1′]^T 变为大失准角时的[5.745 6′ 17.386 3′ 4.953 3′]^T。另外，其相应的安装误差角和弹性变形角的估计误差也有所增加。

可见，在大失准角情况下，由于系统模型的不准确，当采用线性卡尔曼滤波器进行传递对准时，子 SINS 误差项的估计会产生较大的误差，且滤波估计的时间会有所延长。

2. 大失准角下非线性滤波器 EKF 的 Monte-Carlo 仿真

在大失准角情况下，基于所设计的滤波器 EKF，对地地导弹双惯组传递对准过程进行了 Monte-Carlo 模拟仿真，仿真次数为 10 次。如图 9.47 ～ 图 9.51 所示为大失准角情况下，采用滤波器 EKF 时的 Monte-Carlo 仿真结果。

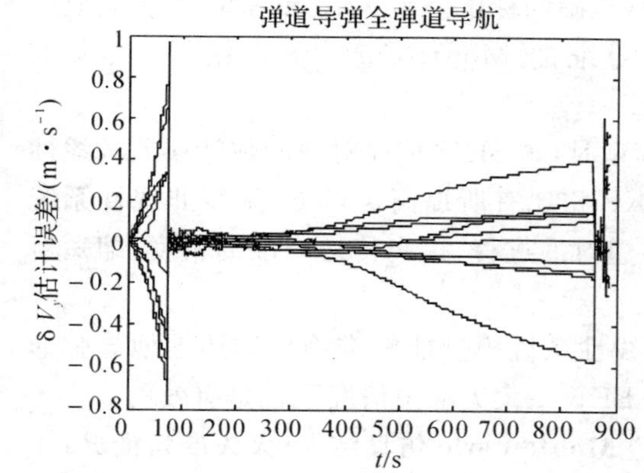

图 9.47　子 SINS 全弹道速度估计误差 δV_y

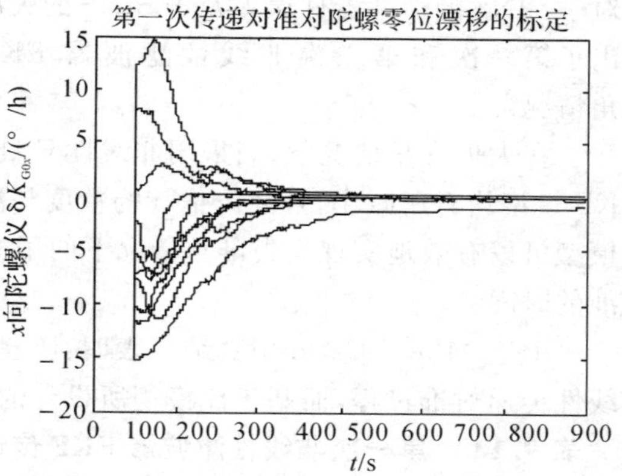

图 9.48　子 SINS 陀螺仪标定误差 δK_{G0x}

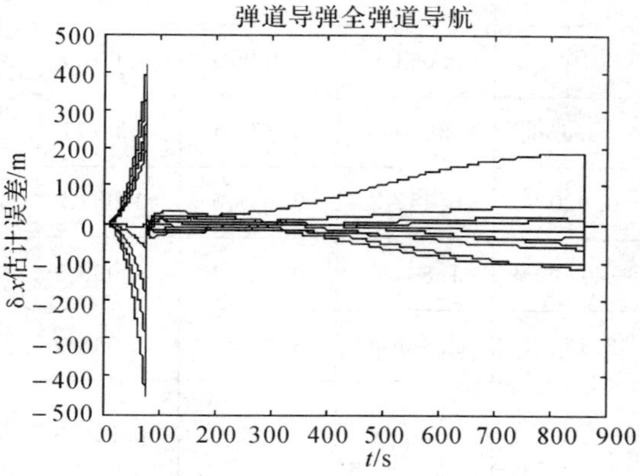

图 9.49　子 SINS 全弹道位置估计误差 δx

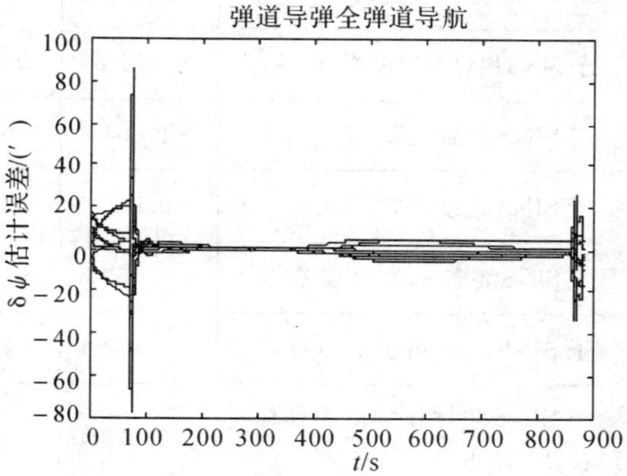

图 9.50　子 SINS 全弹道姿态估计误差 $\delta\psi$

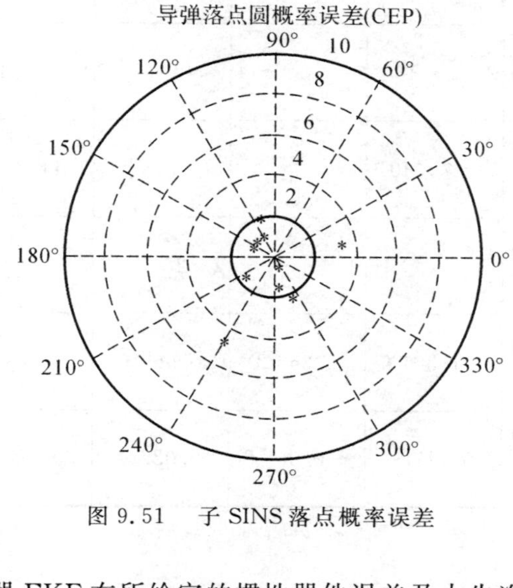

图 9.51　子 SINS 落点概率误差

仿真结果表明，滤波器 EKF 在所给定的惯性器件误差及大失准角误差条件下，同样能够对子SINS的惯性器件误差及子SINS的失准角进行准确的标定。表9.13和表9.14相应地列出了第一次和第二次非线性滤波器EKF传递对准的Monte-Carlo仿真结果（大失准角情况）。

在大失准角情况下，当采用非线性EKF滤波模型时，子SINS传递对准的估计误差较线性KF模型均有所减小，且滤波估计的精度与滤波器KF相比有所提高。可见，采用非线性系统模型可以有效地实现大失准角情况下的子SINS传递对准过程，提高传递对准的精度，缩短对准的时间。

上述Monte-Carlo仿真结果表明：所建立的非线性系统模型能够准确地描述地地导弹非线性传递对准过程，而基于此模型所设计的滤波器EKF在大失准角情况下也是有效的。

表9.13 第一次非线性滤波器EKF传递对准的Monte-Carlo仿真结果（大失准角情况）

第一次传递对准	$M(x)$	$M(y)$	$M(z)$	$\sigma(x)$	$\sigma(y)$	$\sigma(z)$
子SINS相对位置误差/m	2.667 6	−1.105 4	8.499 1	12.281	1.987 6	14.459
子SINS相对速度误差/$(m\cdot s^{-1})$	0.001 8	0.000 4	−0.000 1	0.004 8	0.006 0	0.007 8
子SINS位置误差/m	−1.064 8	−0.775 3	15.466	20.466	5.772 3	21.711
子SINS速度误差/$(m\cdot s^{-1})$	−0.020 4	−0.004 2	0.020 9	0.147 2	0.047 0	0.084 9
子SINS姿态(θ,ψ,γ)误差/(′)	−1.157 6	0.092 2	−1.399 4	1.844 8	0.721 2	3.993 5
子SINS失准角误差/(′)	−0.934 1	−1.046 4	2.125 5	2.466 8	3.296 2	1.643 9
子SINS陀螺仪零位漂移标定误差/(°/h)	−0.078 1	−0.109 6	−0.340 1	0.305 6	0.413 8	0.310 8
子SINS加速度计零位偏置标定误差/μg	1.191 4	−2.495 5	−0.640 7	20.745	61.071	29.810
子SINS加速度计一次项标定误差	2.65×10^{-5}			5.90×10^{-5}		
子SINS加速度计二次项标定误差/g^{-1}	-2.7×10^{-6}			1.11×10^{-5}		
子SINS陀螺仪刻度系数误差标定误差			2.52×10^{-4}			5.3×10^{-4}
子SINS安装误差角估计误差/(′)	−1.304 6	0.268 2	0.669 6	3.742 2	0.984 6	0.973 5
子SINS弹性变形角估计误差/(′)	0.117 9	−0.069 8	0.027 9	0.738 0	0.649 5	0.190 4

表 9.14　第二次非线性滤波器 EKF 传递对准的 Monte-Carlo 仿真结果(大失准角情况)

第二次传递对准	$M(x)$	$M(y)$	$M(z)$	$\sigma(x)$	$\sigma(y)$	$\sigma(z)$
子 SINS 位置误差 /m	0.155 6	1.463 3	−0.354 6	0.700 1	1.264 0	1.126 0
子 SINS 速度误差 /(m · s⁻¹)	0.003 8	0.046 6	0.019 3	0.157 4	0.280 5	0.175 8
子 SINS 姿态误差 /(′)	−3.406 8	−3.715 7	−7.028 2	4.377 1	6.978 0	15.354 9
子 SINS 失准角误差 /(′)	−3.192 0	7.281 9	−1.615 4	6.058 3	15.842 5	4.037 7
子 SINS 安装误差角估计误差 /(′)	−1.304 6	0.268 2	0.669 6	3.742 2	0.984 6	0.973 5
子 SINS 弹性变形角估计误差 /(′)	0.450 7	−1.106 3	0.096 4	0.919 4	1.434 2	0.467 0

3. 大失准角下非线性滤波器 UKF 的 Monte-Carlo 仿真

为了验证大失准角情况下滤波器 UKF 的有效性，对地地导弹大失准角情况下的双惯组传递对准系统进行了 Monte-Carlo 模拟仿真，仿真次数为 10 次。如图 9.52 ~ 图 9.56 所示为滤波器 UKF Monte-Carlo 模拟仿真结果，相应地列出了第一次和第二次传递对准 Monte-Carlo 仿真滤波估计值的统计特性，见表 9.15 和表 9.16。

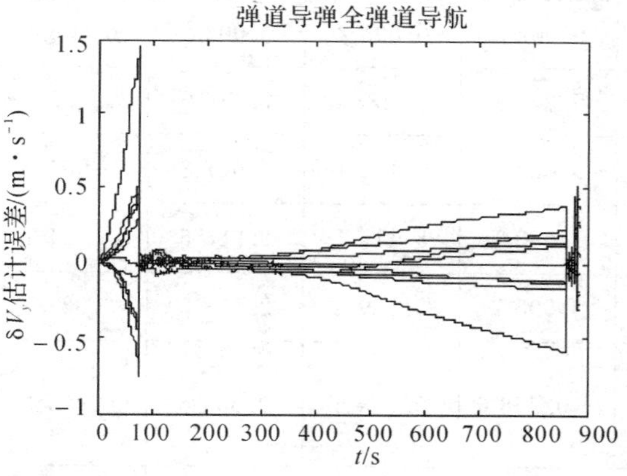

图 9.52　子 SINS 全弹道速度估计误差 δV_y

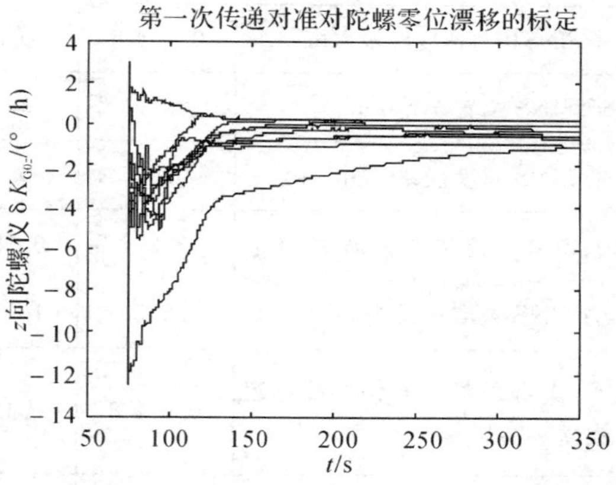

图 9.53　子 SINS 陀螺仪标定误差 δK_{G0z}

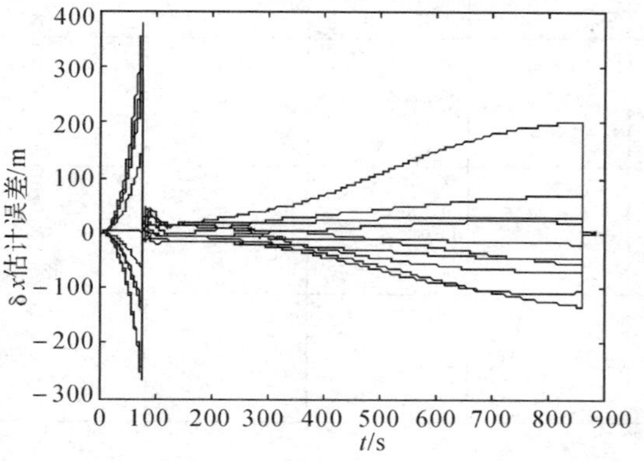

图 9.54　子 SINS 全弹道位置估计误差 δx

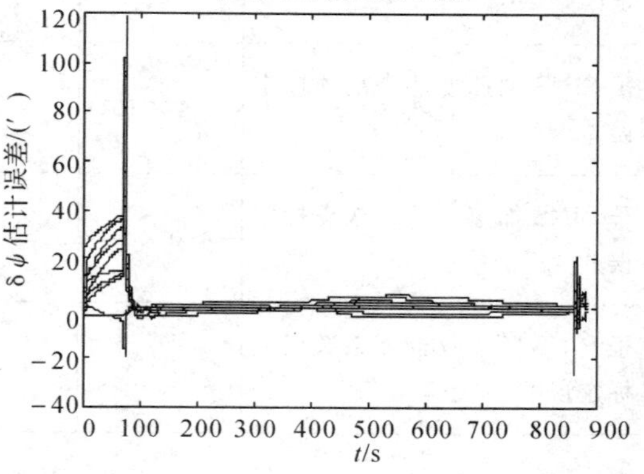

图 9.55　子 SINS 全弹道姿态估计误差 $\delta\psi$

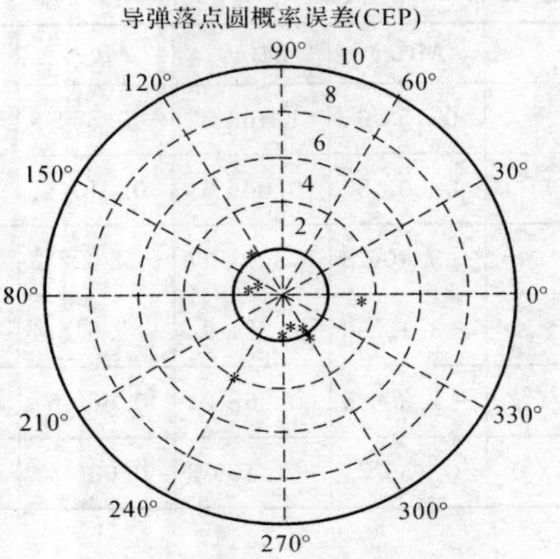

图 9.56 子 SINS 落点概率误差

表 9.15 第一次非线性滤波器 UKF 传递对准的 Monte-Carlo 仿真结果(大失准角情况)

第一次传递对准	$M(x)$	$M(y)$	$M(z)$	$\sigma(x)$	$\sigma(y)$	$\sigma(z)$
子 SINS 相对位置误差 /m	3.269 2	−2.965 4	−0.968 1	13.065 6	4.203 0	15.109 1
子SINS相对速度误差 /$(m\cdot s^{-1})$	0.004 8	−0.002 8	0.002 6	0.005 2	0.003 2	0.006 1
子 SINS 位置误差 /m	−0.463 2	−2.635 3	5.998 4	27.483 8	7.446 9	9.098 4
子 SINS 速度误差 /$(m\cdot s)^{-1}$	−0.017 4	−0.007 4	0.023 6	0.148 1	0.047 3	0.084 0
子 SINS 姿态(θ,ψ,γ) 误差 /(′)	−3.277 5	0.155 4	1.053 1	3.111 1	0.988 6	3.061 1
子 SINS 失准角误差 /(′)	0.535 0	1.126 8	3.505 7	2.189 8	2.578 5	3.987 1
子 SINS 陀螺仪零位漂移标定误差 /(°/h)	0.012 8	0.129 7	−0.358 6	0.083 5	0.361 8	0.494 6
子 SINS 加速度计零位偏置标定误差 /μg	2.181 0	−3.346 3	1.143 5	26.482 7	60.247 2	23.153 2
子 SINS 加速度计一次项标定误差	1.24×10^{-5}			8.60×10^{-5}		
子 SINS 加速度计二次项标定误差 /g^{-1}	-4.0×10^{-7}			1.64×10^{-5}		
子 SINS 陀螺仪刻度系数误差标定误差			6.265×10^{-4}			7.698×10^{-4}

续表

第一次传递对准	$M(x)$	$M(y)$	$M(z)$	$\sigma(x)$	$\sigma(y)$	$\sigma(z)$
子 SINS 安装误差角估计误差 /(′)	1.310 8	0.030 2	0.769 3	3.001 9	0.825 2	1.125 7
子 SINS 弹性变形角估计误差 /(′)	0.016 6	0.012 2	−0.099 8	0.217 6	0.263 3	0.403 6

表 9.16　第二次非线性滤波器 UKF 传递对准的 Monte-Carlo 仿真结果(大失准角情况)

第二次传递对准	$M(x)$	$M(y)$	$M(z)$	$\sigma(x)$	$\sigma(y)$	$\sigma(z)$
子 SINS 位置误差 /m	0.157 8	1.394 1	−0.244 0	0.766 5	1.341 0	1.059 4
子 SINS 速度误差 /($m \cdot s^{-1}$)	0.015 1	0.041 4	−0.050 2	0.175 5	0.285 7	0.116 4
子 SINS 姿态误差 /(′)	−5.891 6	1.000 1	5.657 5	3.880 2	1.114 6	5.749 9

Monte-Carlo 仿真结果表明:所建立的滤波器 UKF 模型准确地描述了地地导弹非线性传递对准过程,能够实现对子 SINS 惯性器件的准确标定及姿态基准的对准。且由于 UKF 滤波算法独立于非线性模型,其滤波精度与小失准角情况下相当。

另外,通过比较 EKF 和 UKF 的仿真结果可知,EKF 设计的约束条件姿态角偏差、滤波采样时间都是小量,当偏差、滤波采样时间取值在一定范围内时,EKF 仍然可以使用。但考虑到滤波的长期稳定性,EKF 容易在大失准角情况下出现振荡甚至发散,而 UKF 却不受约束条件的影响,且滤波稳定性较 EKF 优越。和 UKF 相比,EKF 对仿真步长和初始姿态估计偏差比较敏感,仿真步长过大或初始姿态估计偏差过大都会影响滤波器性能。

9.8　本章小结

为提高地地导弹子母弹中低精度子 SINS 的导航精度,本章基于传递对准的思想,提出了一种利用母弹主 SINS 对子 SINS 实施对准和在线标定的自主式高精度导航方法。该方法能够使子 SINS 在采用低精度惯性器件的情况下获得与主 SINS 相当的导航精度,不需要增加额外的辅助导航设备,避免了子母弹中子 SINS 对辅助导航系统的依赖性,并降低了导弹成本。基于所设计的双惯组传递对准方案,在对杆臂效应、安装误差、弹性变形角误差分析的基础上,将主 SINS 的速度加姿态量测量引入子 SINS,建立了发射点惯性坐标系下传递对准误差模型,并针对传统的可观测度奇异值分解法所存在的不足进行了改进。仿真结果表明:改进算法的理论分析与仿真结果完全相符,且能够连续对不同时间段中各状态变量的可观测度进行分析。地地导弹双惯组通过第一次传递对准,子 SINS 惯性器件主要的误差项得到了准确标定,其姿态基准误差保持在 5′ 以内；在实施第二次对准之后，子 SINS 的位置误差可得到有效修正，且导弹再入大气层所造成的姿态基准的突变也得到有效估计。

针对地地子母弹双惯组大失准角情况下的快速传递对准，首先在发射点惯性坐标系下基于大失准角误差对双惯组传递对准的非线性误差模型进行了推导。其次，建立了地地导弹双惯组第一次和第二次传递对准的系统误差模型，提出一种速度加姿态阵匹配传递对准方式，解决了姿态匹配传递对准时所存在的非线性强的问题，并结合工程应用实际和扩展卡尔曼滤波的特点，研究了一种适用于非线性传递对准系统的可观测性分析的奇异值分解方法。再次，为了解决扩展卡尔曼滤波器截断误差对对准与标定精度的影响，对非线性 UKF 滤波算法在非线性传递对准中的应用情况进行了分析。仿真结果表明：EKF 设计的约束条件姿态角偏差、滤波采样时间都是小量，当偏差、滤波采样时间取值在一定范围内时，EKF 仍然可以使用。但考虑到滤波的长期稳定性，EKF 容易在大失准角情况下出现振荡甚至发散，而 UKF 却不受约束条件的影响，且滤波稳定性较 EKF 优越。

第10章　神经网络技术在静基座初始对准中的应用

10.1　引　　言

近几年，神经网络的理论和应用飞速发展，人们开始利用人工神经网络的理论和思想解决传统控制理论一直难以解决的问题。

由于神经网络具有很好的函数逼近性能，实时性与鲁棒性又非常好，所以可采用神经网络的方法代替卡尔曼滤波方法，用观测值作为输入样本，通过神经网络的学习能力，使网络输出逼近系统所需的状态估计值。这种神经网络是一种静态映射，无动态过程，因此，大大提高了实时性。将神经网络技术用于导航系统的初始对准中是一种有效的方法，如基于 BP(Back Propagation，BP) 神经网络模型理论，以多个观测值作为输入样本，通过神经网络获得系统的全部状态估计，然后利用“分离定律理论” 对系统实施反馈控制，以补偿系统初始对准的误差。使用神经网络估计技术，不仅在精度上与卡尔曼滤波精度相当，而且实时性大大优于卡尔曼滤波。应用时可以先用卡尔曼滤波所输出的数据对神经网络进行离线训练，然后再将训练好的神经网络用于在线状态估计。这种基于神经网络的初始对准方法不仅可应用于惯导系统的线性对准模型，而且也适用于惯导系统的非线性对准模型。

本章在对BP神经网络算法分析的基础上，为了克服传统BP算法收敛速度慢、对学习参数敏感、局部有极小点等缺点，将最优估计理论应用于神经网络对权值的训练过程中，给出了3种基于最优估计理论的学习算法，并给出了 EKF 神经网络学习算法在捷联式惯导静基座对准中的应用实例。

10.2　神经网络技术基础

10.2.1　神经网络技术的特点及应用

神经网络系统是指利用工程技术手段模拟人脑神经网络结构和功能的技术系统，它是一种大规模并行的非线性动力学系统。由于神经网络具有信息的分布存储、并行处理以及自学习能力等优点，在许多方面更接近人对信息的处理方法，具有模拟人的形象思维的能力，反映了人脑功能的若干基本特征，是对人脑的某种抽象、简化和模拟。因此，神经网络在信息处理、模式识别、智能控制等领域有着广泛的应用前景。

将神经网络用于控制领域，已取得了如下几方面进展。

1. 基于神经网络的系统模型辨识

(1) 可在已知常规模型结构的情况下，估计模型的参数。

(2) 利用神经网络的非线性特性，可建立非线性系统的静态、动态及逆动态模型。

2. 神经网络控制器

将神经网络作为实时控制系统的控制器，可使系统达到所要求的动、静态特性。

3. 神经网络与其他算法相结合

神经网络与专家系统、模糊逻辑、遗传算法等相结合用于控制系统中，可为系统提供非参数模型、控制器模型。

4. 优化计算

在常规控制系统中，常遇到求解约束优化问题，神经网络为这类问题的解决提供了一条有效的途径。

5. 控制系统的故障诊断

随着对控制系统安全性、可靠性、可维护性要求的提高，系统故障检测与诊断问题的重要性更加突出。近年来，神经网络在这方面的研究与应用取得了很大进展。

10.2.2 神经元基本模型

神经网络是由大量神经元组成的，图 10.1 表示了作为人工神经网络(Artificial Neural Networks，NN)基本单元的神经元模型，它有 3 个基本要素：

(1)一组连接(对应于生物神经元的突触)。连接强度由各连接上的权值表示，权值为正表示激活，为负表示抑制。

(2)一个求和单元。求和单元用于求取各输入信号的加权和(线性组合)。

(3)一个非线性激活函数。非线性激活函数起非线性映射作用，并将神经元输出幅度限制在一定范围内(一般限制在(0，1)或(－1，＋1)之间)。

(4) 一个阈值 θ_k(或偏置 $b_k=-\theta_k$)。

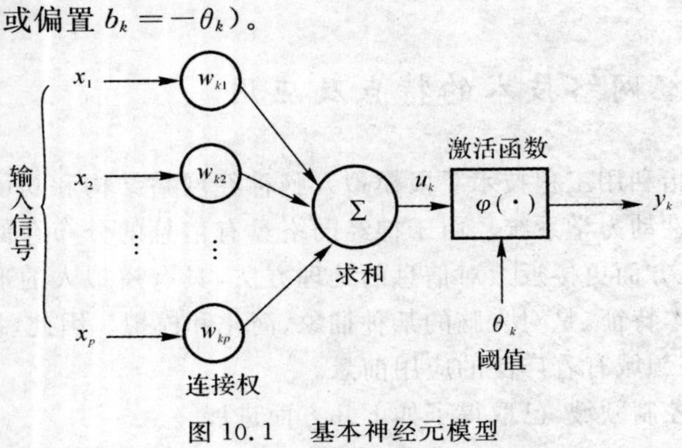

图 10.1 基本神经元模型

以上作用可分别以数学式表达出来：

$$u_k = \sum_{j=1}^{p} w_{kj} x_j, \quad v_k = u_k - \theta_k, \quad y_k = \varphi(v_k)$$

式中，$x_1, x_2, \cdots, x_n$ 为输入信号；$w_{k1}, w_{k2}, \cdots, w_{kp}$ 为神经元 k 的权值；u_k 为线性组合结果；θ_k 为阈值；$\varphi(\cdot)$ 为激活函数；y_k 为神经元 k 的输出。

若把输入的维数增加一维，则可将阈值 θ_k 包括进去。例如：

$$u_k = \sum_{j=0}^{p} w_{kj} x_j, \quad y_k = \varphi(v_k)$$

$x_i(i=1,2,\cdots,n)$ 为神经元的输入，它们通过权值 w_{ij} 同神经元相连。那么，神经元的输出为

$$y_i = \varphi\left[\sum_{i=1}^{p} w_{ij} x_i - \theta_i\right]$$

激活函数 $\varphi(\cdot)$ 可以由以下几种形式表示。

（1）阈值函数：

$$\varphi(v) = \begin{cases} 1 & (v \geqslant 0) \\ 0 & (v < 0) \end{cases}$$

即阶梯函数。这时相应的输出 y_k 为

$$y_k = \begin{cases} 1 & (v_k \geqslant 0) \\ 0 & (v_k < 0) \end{cases}$$

其中，$v_k = \sum_{j=1}^{p} w_{kj} x_j - \theta_k$，常称此种神经元为 MP(Multilayer Propagation, MP) 模型。

（2）分段线性函数：

$$\varphi(v) = \begin{cases} 1 & (v \geqslant 1) \\ \dfrac{1}{2}(1+v) & (-1 < v < 1) \\ 0 & (v \leqslant -1) \end{cases}$$

它类似一个放大系数为 1 的非线性放大器，当工作于线性区时它是一个线性组合器，放大系数趋于无穷大时变成一个阈值单元。

（3）Sigmoid 函数。最常用的函数形式为

$$\varphi(v) = \frac{1}{1+\exp(-av)}$$

其中，参数 $a > 0$ 可控制其斜率。另一种常用的是双曲正切函数：

$$\varphi(v) = \tanh\left(\frac{v}{2}\right) = \frac{1-\exp(-av)}{1+\exp(-av)}$$

这类双曲正切函数具有平滑和渐近线，并保持单调性。

以上介绍的一个或几个神经元就可以组成一层神经网络，多层神经网络是由多个单层神经网络叠加组成的。其中，多层神经网络的第一层称为输入层，最后一层称为输出层，输入与输出层之间称为隐层。神经网络是利用输入与输出样本进行训练的。所谓训练，就是在将训练样本输入到神经网络过程中，按照一定的方式去调整神经元之间的权值，从而使得神经网络在实际应用中接受输入时，可以给出适当的输出。

10.2.3 神经网络的结构、学习规则与学习算法

通常所说的神经网络结构,主要指它的连接方式。神经网络按照拓扑结构属于以神经元为节点,以及节点间有向连接为边的一种图,其结构大体上可分为层状和网状两大类。按其信息的流向分类,神经网络可以分成前向网络、反馈网络、相互结合型网络和混合型网络 4 种类型。

1. 前向网络

前向网络通常包含许多层,如图 10.2 所示为三层前向网络。这种网络特点是只有前后相邻两层之间神经元相互连接,各神经元之间没有反馈。每个神经元可以从前一层接收多个输入,并只有一个输出送给下一层的各神经元。三层前向网络分为输入层、隐层和输出层。在前向网络中有计算功能的节点称为计算单元,而输入节点无计算功能。

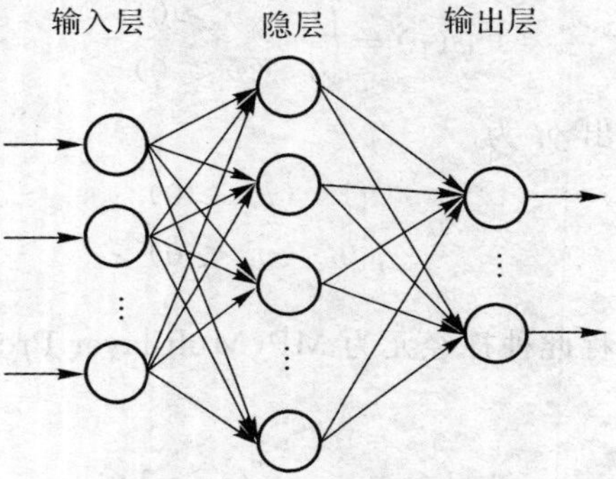

图 10.2 三层前向网络

2. 反馈网络

反馈网络从输出层到输入层有反馈,即每个节点同时接收外来输入和来自其他节点的反馈输入,其中也包括神经元输出信号引回到本身输入构成的自环反馈,如图 10.3 所示。这种反馈网络每个节点都是一个计算单元。

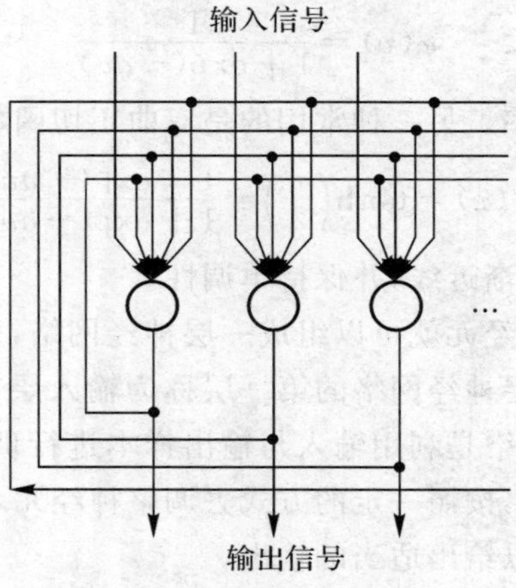

图 10.3 反馈网络

3. 相互结合型网络

相互结合型网络中，构成网络的各个神经元都可能相互双向连接，所有的神经元既作输入，同时也用于输出。这种网络对信息的处理方法与前向网络不同。在前向网络中，信息处理是从输入层依次通过中间层(隐层)到输出层，处理结束。而在相互结合型网络中，如果在某一时刻从神经网络外部施加一个输入，各个神经元一边相互作用，一边进行信息处理，直到使网络所有神经元的活性度或输出值收敛于某个平均值为止，作为信息处理的结束。

4. 混合型网络

前文所述的前向网络和相互结合型网络分别是典型的层状结构网络和网状结构网络，混合型网络是介于这两种网络之间的一种连接方式。在前向网络的同一层间神经元有互联的结构，称为混合型网络。这种在同一层内的互联，目的是为了限制同层内神经元同时兴奋或抑制的神经元数目，以完成特定的功能。

通过向环境学习获取知识并改进自身性能是 NN 的一个重要特点。在一般情况下，性能的改善是按某种预定的度量调节自身参数(如权值)随时间逐步达到的，主要包括以下 3 种学习方式(按环境所供信息的多少分)。

1. 监督学习(有教师学习)

监督学习需要外界存在一个“教师”，它可对一组给定输入提供应有的输出结果。这组已知的输入、输出数据称为训练样本集。学习系统可根据已知输出与实际输出之间的差值(误差信号)来调节系统参数(见图 10.4)。

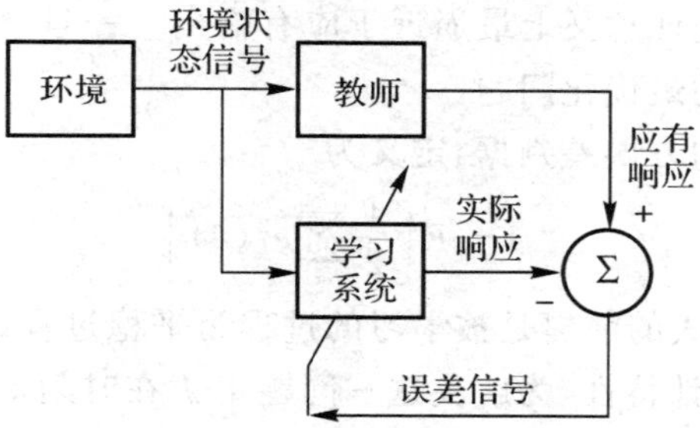

图 10.4　监督学习框图

2. 非监督学习(无教师学习)

非监督学习时不存在外部教师，学习系统完全按照环境所提供数据的某些统计规律来调节自身参数或结构(这是一种自组织过程)，以表示外部输入的某种固有特性(如聚类，或某种统计上的分布特征)(见图 10.5)。

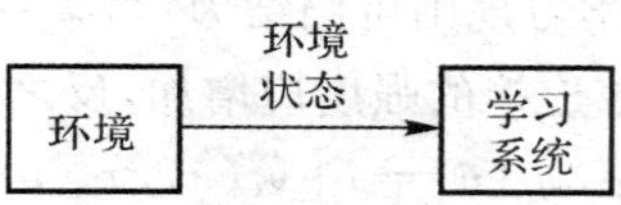

图 10.5　非监督学习框图

3. 再励学习(或强化学习)

再励学习介于监督学习与非监督学习之间,外部环境对系统输出结果只给出评价而不是给出正确答案,学习系统通过强化那些受奖励的动作来改善自身性能(见图 10.6)。

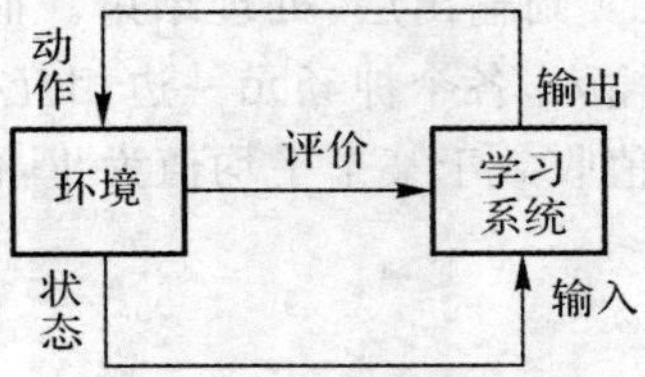

图 10.6 再励学习框图

人的大脑神经系统是从事学习和记忆任务的最重要的智能器官。要模拟人脑神经系统的学习功能,必须使得人工神经网络具有学习功能。神经网络学习的本质特征在于神经细胞特殊的突触结构所具有的可塑性连接,而如何调整连接权重就构成了不同的学习算法。神经网络常用的学习算法有以下 3 种。

1. 误差纠正学习

令 $y_k(n)$ 为输入 $x(n)$ 时神经元 k 在 n 时刻的实际输出,$d_k(n)$ 表示相应的应有输出(可由训练样本给出),则误差信号可写为

$$e_k(n)=d_k(n)-y_k(n)$$

误差纠正学习的最终目的是使某一基于 $e_k(n)$ 的目标函数达到最小,以使网络中每一输出单元的实际输出在某种统计意义上最逼近于应有输出。一旦选定了目标函数形式,误差纠正学习就成为了一个典型的最优化问题。

最常用的目标函数是均方误差判据,定义为

$$J=E\left[\frac{1}{2}\sum_k e_k^2(n)\right]$$

其中,E 是求期望算子。上式的前提是被学习的过程为平稳过程。当直接用 J 作为目标函数时,需要知道整个过程的统计特性,为解决这一问题用 J 在时刻 n 的瞬时值 $\varepsilon(n)$ 代替 J,即

$$\varepsilon(n)=\frac{1}{2}\sum_k e_k^2(n)$$

这样,问题就变为求 $\varepsilon(n)$ 对权值 w 的极小值,根据最陡梯度下降法可得

$$\Delta w_{kj}(n)=\eta e_k(n)x_j(n)$$

式中,η 为学习步长。这就是通常说的误差纠正学习规则(delta 规则)。

2. Hebb 学习

神经心理学家 Hebb 提出的学习规则可归结为“当某一突触(连接)两端的神经元的激活同步(同为激活或同为抑制)时,该连接的强度应增加,反之则应减弱”,用数学方式可描述为

$$\Delta w_{kj}(n)=F[y_k(n),x_j(n)]$$

式中,$y_k(n)$,$x_j(n)$ 分别为 w_{kj} 两端神经元的状态。

其中最常用的一种情况为

$$\Delta w_{kj}(n) = \eta y_k(n) x_j(n)$$

由于 $\Delta w_{kj}(n)$ 与 $y_k(n)$ 和 $x_j(n)$ 的相关成比例，所以有时称之为相关学习规则。

3. 竞争(Competitive)学习

顾名思义，在竞争学习时网络各输出单元互相竞争，最后达到只有一个最强者激活。最常见的一种情况是输出神经元之间有侧向抑制性连接。这样众多输出单元中如有某一单元较强，则它将获胜并抑制其他单元，最后只有比较强者处于激活状态。

最常用的竞争学习规则可写为

$$\Delta w_{kj}(n) = \begin{cases} \eta(x_j - w_{ji}) & (\text{若神经元 } j \text{ 竞争获胜}) \\ 0 & (\text{若神经元 } j \text{ 竞争失败}) \end{cases}$$

从上述介绍的几种学习规则不难看出，要使人工神经网络具有学习能力，就是使神经网络的知识结构变化，即使神经元间的结合模式变化，这与把连接权重用什么方法变化是等价的。因此，所谓神经网络学习，主要是指通过一定的学习算法实现对突触结合强度的调整，使其达到具有记忆、识别、分类、信息处理和问题优化求解等功能。

10.3　BP 神经网络及其算法

10.3.1　BP 网络

20 世纪 80 年代中期，以 Rumelhart 和 Mc Clelland 为首提出了多层前向网络(Multilayer Feedforward Neural Networks, MFNN)的反向传播(Back Propagation, BP)学习算法，简称 BP 算法。它是一种有“教师”的学习算法，是在最早的神经网络——感知器——的基础上发展起来的。感知器(Perceptron)是美国学者 Rosen blatt 在 1957 年提出的一种用于模式分类的神经网络模型。它是由阈值元件组成的且具有单层计算单元的神经网络，与 MP 模型不同之处在于它的连接权值可变。因此，它具有学习功能。

感知器的学习规则如下：

$$\boldsymbol{W}_i(t+1) = \boldsymbol{W}_i(t) + \eta[\boldsymbol{d} - \boldsymbol{y}(t)]x_i$$

式中，η 为学习率($0 < \eta < 1$)；$\boldsymbol{d}$ 为期望输出(又称“教师”信号)；$\boldsymbol{y}(t)$ 为实际输出。

通过不断调整权重，使得 $\boldsymbol{W}$ 对一切样本均保持稳定不变，则学习过程结束。

Rosen blatt 提出的感知器模型奠定了由信息处理规则、学习规则和作用函数三要素构成的基本模式。这种模型成为后来出现的几十种模型的重要基础。

前向网络是目前研究与应用最多的网络形式之一。前向网络的结构如图 10.7 所示，$\boldsymbol{u}$，$\boldsymbol{y}$ 是网络的输入、输出矢量，每一神经元用一个节点表示，网络由输入层、隐层和输出层节点组成，隐层可以是一层，也可以是多层(图中是单隐层)，前层至后层节点通过权连接。由于用 BP 学习算法，所以常称 BP 神经网络。

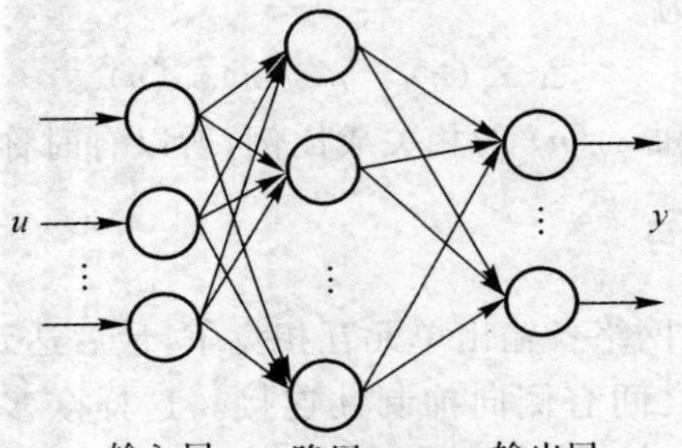

图 10.7 BP 神经网络

输入单元的状态代表输入此网络中的原始信息。每个隐单元的状态取决于输入单元的状态及该输入单元与隐单元之间的连接权值。同样，输出单元的行为取决于隐单元的状态及隐单元和输出单元之间的权值。

上述网络的信息传播是由输入单元传到隐单元，最后传到输出单元的。这种含有隐层的前向网络有一个重要特征，即隐单元可以任意构成它们自身的输入表示。输入单元和隐单元间的权值决定每个隐单元何时是活性的，因此，借修改这些权值，一个隐单元可以选择它代表什么。

10.3.2 BP 学习算法

已知网络的输入／输出样本，即"教师"信号。BP学习算法由正向传播和反向传播组成。正向传播是输入信号从输入层经隐层传向输出层，若输出层得到了期望的输出，则学习算法结束；否则，转至反向传播。

反向传播就是将误差信号（样本输出与网络输出之差）按原连接通路反向计算，由梯度下降法调整各层神经元的权值和阈值，使误差信号减小。算法步骤如下：

(1) 设置初始权系 $\boldsymbol{W}(0)$ 为较小的随机非零值。

(2) 给定输入、输出样本对，计算网络的输出。设第 p 组样本输入、输出分别为

$$\boldsymbol{u}_p=[u_{1p}\quad u_{2p}\quad \cdots\quad u_{np}]$$

$$\boldsymbol{d}_p=[d_{1p}\quad d_{2p}\quad \cdots\quad d_{kp}]\quad (p=1,2,\cdots,L)$$

节点 i 在第 p 组样本输入时，输出为

$$y_{ip}(t)=f[x_{ip}(t)]=f[\sum_j w_{ij}(t)I_{jp}] \tag{10.1}$$

式中，I_{jp} 为在第 p 组样本输入时，节点 i 的第 j 个输入。

$f(\cdot)$ 取可微分的 S 型作用函数式。例如：

$$f(x)=\frac{1}{1+\mathrm{e}^{-x}} \tag{10.2}$$

可由输入层经隐层至输出层，求得网络输出层节点的输出。

(3) 计算网络的目标函数 J。设 E_p 为在第 p 组样本输入时网络的目标函数，取 L_2 范数，则

$$E_p(t)=\frac{1}{2}\parallel \boldsymbol{d}_p-\boldsymbol{y}_p(t)\parallel^2=\frac{1}{2}\sum_k[d_{kp}-y_{kp}(t)]^2=\frac{1}{2}\sum_k e_{kp}(t) \tag{10.3}$$

式中，$y_{kp}(t)$ 为在第 p 组样本输入时，经 t 次权值调整，网络的输出；k 为输出层第 k 个节点。

网络的总目标函数为

$$J(t)=\sum_{p}E_{p}(t) \tag{10.4}$$

可作为对网络学习状况的评价。

(4) 判别。若

$$J(t)\leqslant\varepsilon \tag{10.5}$$

式中，ε 为预先确定的值，$\varepsilon>0$。

如达到目标结果，则算法结束；否则，至步骤(5)。

(5) 反向传播计算。由输出层依据 J 按“梯度下降法”反向计算，逐层调整权值。取步长为常值，可得到神经元 j 到神经元 i 的连接权 $t+1$ 次的调整算式：

$$w_{ij}(t+1)=w_{ij}(t)-\eta\frac{\partial J(t)}{\partial w_{ij}(t)}=w_{ij}(t)-\eta\sum_{p}\frac{\partial E_{p}(t)}{\partial w_{ij}(t)}=w_{ij}(t)+\Delta w_{ij}(t) \tag{10.6}$$

式中，η 为步长，在此称为学习算子。

具体算法如下：

$$\frac{\partial E_{p}}{\partial w_{ij}(t)}=\frac{\partial E_{p}}{\partial x_{ip}}\frac{\partial x_{ip}}{\partial w_{ij}} \tag{10.7}$$

设

$$\delta_{ip}=\frac{\partial E_{p}}{\partial x_{ip}} \tag{10.8}$$

由式(10.7)和式(10.8)可得

$$\frac{\partial E_{p}}{\partial w_{ij}}=\delta_{ip}I_{jp} \tag{10.9}$$

另外，可分为以下两种情况计算 δ_{ip}。

1) 若 i 为输出节点，即 $i=k$。由式(10.3)和式(10.8)，可得

$$\delta_{ip}=\delta_{kp}=\frac{\partial E_{p}}{\partial x_{kp}}=\frac{\partial E_{p}}{\partial y_{kp}}\frac{\partial y_{kp}}{\partial x_{kp}}=-e_{kp}f'(x_{kp}) \tag{10.10}$$

将式(10.10)代入式(10.7)，则

$$\frac{\partial E_{p}}{\partial w_{ij}}=-e_{kp}f'(x_{kp})I_{jp} \tag{10.11}$$

2) 若 i 不是输出节点，即 $i\neq k$。此时式(10.8)为

$$\delta_{ip}=\frac{\partial E_{p}}{\partial x_{ip}}=\frac{\partial E_{p}}{\partial y_{ip}}\frac{\partial y_{ip}}{\partial x_{ip}}=\frac{\partial E_{p}}{\partial y_{ip}}f'(x_{ip}) \tag{10.12}$$

其中

$$\frac{\partial E_{p}}{\partial y_{ip}}=\sum_{m}\frac{\partial E_{p}}{\partial x_{mp}}\frac{\partial x_{mp}}{\partial y_{ip}}=\sum_{m}\frac{\partial E_{p}}{\partial x_{mp}}\frac{\partial}{\partial y_{ip}}\sum_{j}w_{mj}I_{jp}^{*}=\sum_{m}\frac{\partial E_{p}}{\partial x_{mp}}w_{mi}=\sum_{m}\delta_{mp}w_{mi} \tag{10.13}$$

式中，m 为节点 i 后边一层的第 m 个节点；I_{jp}^{*} 为节点 m 的第 j 个输入(第 p 组样本输入时)，当 $i=j$ 时，$y_{ip}=I_{jp}^{*}$。

将式(10.12)和式(10.13)代入式(10.7)，有

$$\frac{\partial E_{p}}{\partial w_{ij}}=f'(x_{ip})I_{jp}\sum_{m}\frac{\partial E_{p}}{\partial x_{mp}}w_{mi}=f'(x_{ip})I_{jp}\sum_{m}\delta_{mp}w_{mi} \tag{10.14}$$

总之，由式(10.11)和式(10.14)，即可进行式(10.6)的权值调整计算。

10.3.3 BP神经网络的特点

(1) 实现I/O非线性映射。BP网络可实现从输入空间到输出空间的非线性映射。若输入节点为 n 个，输出节点为 m 个，则实现的是 n 维至 m 维欧式空间的映射，即

$$T: \boldsymbol{R}^n \rightarrow \boldsymbol{R}^m$$

由BP网络理论上可实现任意I/O非线性映射，即由式(10.3)～式(10.5)可知网络的输出是样本输出在 L_2 范数意义下的最佳逼近。

可见，BP网络通过若干简单非线性处理单元的复合映射，可获得复杂的非线性处理能力。

(2)BP学习算法的数学分析：BP算法用优化算法中的梯度下降法，从数学角度看，它把一组样本的I/O问题变为非线性优化问题。经迭代运算，求解权值，使误差信号达到要求的程度。隐层的作用是使优化问题的可调参数增加，使解更精确。

(3) 全局逼近网络。由所取的作用函数可知，BP网络是全局逼近网络，即 $f(x)$ 在 x 的相当大的域为非零值。

(4) 学习算子 η。η 称为梯度搜索算法的步长，也称收敛因子、学习算子，$0<\eta\leqslant 1$。η 越大，权值调整得越快，一般在不导致振荡的情况下，η 可大一些。

(5) 众多改进的BP算法。由于梯度下降法的不足，传统的BP算法收敛速度慢，为了克服其不足，发展了众多改进的BP算法。

10.3.4 BP算法的不足

BP算法实质上是把一组输入、输出问题转化为一个非线性优化问题，并通过梯度算法利用迭代运算求解权值的一种学习方法。已经证明，具有Sigmoid非线性作用函数的三层神经网络可以以任意精度逼近任何连续函数。但是，BP算法存在以下缺点：

(1) 由于采用非线性梯度优化算法，容易形成局部极小值而得不到整体最优；

(2) 迭代算法次数很多使得学习效率低，收敛速度慢；

(3) BP网络是前向网络，无反馈连接，影响信息的交换速度和效率；

(4) 网络的输入节点、输出节点由问题而定，但隐节点的选取是根据经验的，缺乏理论指导；

(5) 在训练中学习新样本有遗忘旧样本的趋势，且要求表征每个样本的特征数目要相同。

针对BP算法的缺陷，国内、外进行了不少的改进，如针对BP算法收敛慢，学习过程中的"非主导模式"致使网络的推广特性差而影响BP算法的学习效率的缺陷，提出了MFBP(Modified Fast Backpropogation, MFBP)算法。MFBP算法比BP算法具有更快的收敛速度，它通过改变作用函数 $\varphi(x)$ 的值域以及加入一个增益因子 C 改变作用函数的陡度。在训练过程中，增益因子 C 随权值 W 和阈值 $\boldsymbol{\theta}$ 一起发生变化，以达到改善BP算法的收敛特性，加快收敛速度的目的。英国Billings等人针对BP算法的不足，提出了一种传统的参数估计方法，即预报误差法用于多层前向

网络的学习训练，以取代 BP 算法，形成 RPE(Recursive Prediction Error, RPE) 算法。下面介绍最优估计理论在神经网络权值训练中的应用。

10.4　最优估计理论在神经网络权值训练中的应用

为了训练前向网络以完成某项任务，必须调整每个单元的权值，以减小期望输出与实际输出的误差。为此必须计算每个权值变化时系统误差的变化，即误差的导数(也即误差的微分信息)。标准 BP 算法是基于梯度下降方法，只利用误差的一阶微分信息，从而使 BP 算法具有迭代次数多、学习效率低、收敛速度慢、易陷入局部极小值点，而无法得到全局最优等缺点。因此，人们不断探索新的神经网络算法，以提高网络在训练速度、映射精度、范化能力等方面的性能。

卡尔曼滤波器(KF) 为线性最优滤波问题提供了递推形式解。由于解的递推性，每一步的状态更新估计只需用前一步的估计值和新的输入数据，所以只有前一步的估计值需要存储。扩展卡尔曼滤波器(EKF) 奠定了基于二阶微分信息神经网络训练方法的基础。递推 EKF 算法用于神经网络训练的本质是，在训练过程中，除了以一个有序的方式更新网络的权值外，对携带二阶微分信息的逼近误差方差阵同样要进行维持和更新。将卡尔曼滤波原理应用到神经网络对权值的训练过程中，不仅可以增强神经网络的自主学习能力，而且使神经网络具有卡尔曼滤波的最优估计性能，克服传统算法收敛速度慢、对学习参数敏感、局部有极小值等缺点。以卡尔曼滤波理论作为发展新的神经网络训练算法的基础，这将使传统 BP 前向和反馈神经网络在初始对准问题中得以进一步推广与应用。

10.4.1　前向神经网络的结构内核分析

下面以一个三层前向网络的结构(见图 10.8) 为例对多层前向网络的内核进行分析说明。

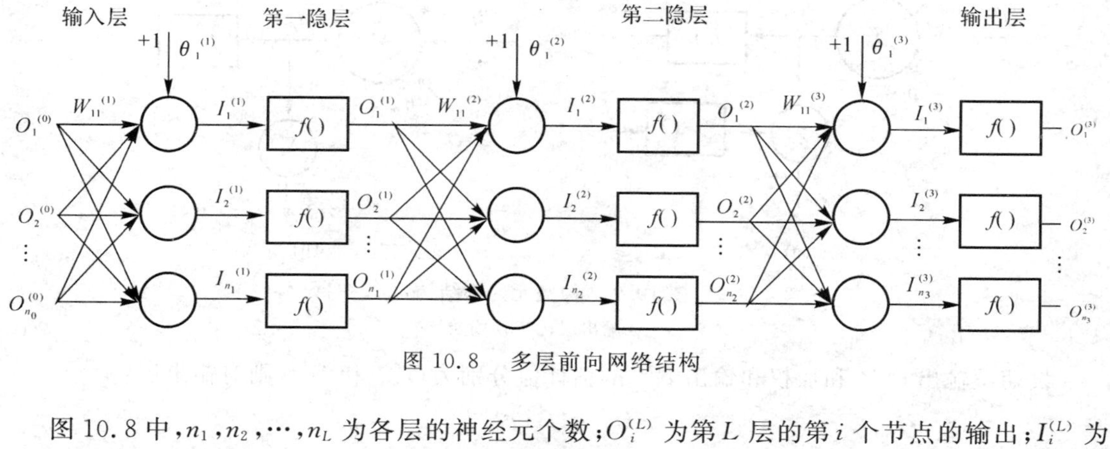

图 10.8　多层前向网络结构

图 10.8 中，$n_1, n_2, \cdots, n_L$ 为各层的神经元个数；$O_i^{(L)}$ 为第 L 层的第 i 个节点的输出；$I_i^{(L)}$ 为第 L 层第 i 个节点的输入；$\theta_i^{(L)}$ 为第 L 层第 i 个节点的阈值；$W_{ij}^{(L)}$ 为从第 $L-1$ 层的第 j 个节点到第 L 层的第 i 个节点的权值，则前向网络输出可表示为

$$O_i^{(L)} = f[I_i^{(L)}] = f\left[\sum_{j=1}^{n_{L-1}} W_{ij}^{(L)} O_j^{(L-1)} + \theta_i^{(L)}\right] \tag{10.15}$$

式中，$f(\ )$ 为满足：

$$f[I_i^{(L)}] = [1 - \exp(-I_i^{(L)})][1 + \exp(-I_i^{(L)})]^{-1} \tag{10.16}$$

的 Sigmoid 函数。

输出层误差：

$$e_k^{(L)} = f'[I_k^{(L)}][O_{dk}^{(L)} - O_k^{(L)}] \tag{10.17}$$

隐层误差：

$$e_k^{(L)} = f'[I_k^{(L)}]\sum_i [e_i^{(L+1)} W_{i,k}^{(L+1)}] \tag{10.18}$$

权值的第 t 步更新：

$$W_{ki}^{(L)}(t) = W_{ki}^{(L)}(t-1) + \mu e_k^{(L)} O_i^{(L-1)} + m[W_{ki}^{(L)}(t-1) - W_{ki}^{(L)}(t-2)] \tag{10.19}$$

式中，下标 i,k 分别为节点所在层数和节点序号数；$O_{dk}^{(L)}$ 为网络的期望输出；$I_k^{(L)}$ 和 $O_k^{(L)}$ 分别为加权和的输出及函数输出；μ,m 分别为步长因子和动量因子。

从式(10.17)～式(10.19)可以看出，BP 算法的输出误差在反向传播过程中，连接权之间为非线性函数 $f()$ 关系，调节权重，经过训练后在最小均方意义下使误差极小。由于误差和连接权之间非线性函数关系的存在，使得 BP 算法与最小均方滤波算法相比收敛速度很慢。如果非线性的神经网络问题能够分为线性和非线性部分，使输入(加权和输出)的非线性变化误差最小，那么这个问题则可迎刃而解。因此，这样就把每一个神经元的非线性问题化作线性问题求解。

神经元由加权和输出与 Sigmoid 函数两部分组成，前一部分是权重的线性函数，后一部分为权重的非线性函数。从图 10.9 可以看出，如果所有节点的函数输出 $O_k^{(L)}$ 及加权和输出 $I_k^{(L)}$ 确定，这个非线性问题将转化为线性问题，亦即一个系统的线性方程可以用 $W_{kj}^{(L)}$ 与目标输出 $O_k^{(L)}$ 及节点的加权和输出 $I_k^{(L)}$ 表示。

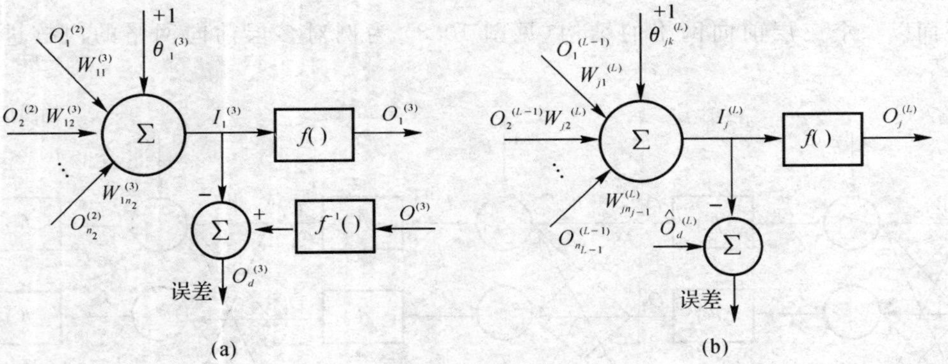

图 10.9　神经元内部结构

(a) 输出层；(b) 隐层

设期望输出 $O_{dk}^{(L)}$ 和加权和输出 $I_k^{(L)}$ 的估计值分别为 $\hat{O}_{dk}^{(L)}$ 和 $\hat{I}_k^{(L)}$，则对输出层：

$$I_k^{(L)} = f[\hat{O}_{dk}^{(L)}]$$

对隐层：

$$\hat{O}_k^{(L)} = \hat{I}_k^{(L)} + \mu e_k^{(L)}$$

经过上述变化，连接权、每个神经元输入输出之间的关系是线性的，反向传播误差由加权和输出计算得到。因此，权的调整计算实际上是在神经元输入输出关系已知的前提下，求线性方程的解。将网络的连接权$\boldsymbol{W}^{(L)}$作为状态变量，每层神经元加权和输出$\boldsymbol{I}^{(L)}$作为量测矢量，设

$$\left.\begin{aligned}\boldsymbol{W}^{(L)}&=[W_0^{(L)}\quad W_1^{(L)}\quad\cdots\quad W_{n_L}^{(L)}]\\\boldsymbol{I}^{(L)}&=[I_1^{(L)}\quad I_2^{(L)}\quad\cdots\quad I_{n_L}^{(L)}]\\\boldsymbol{O}^{(L)}&=[O_1^{(L)}\quad O_2^{(L)}\quad\cdots\quad O_{n_L}^{(L)}]\end{aligned}\right\}\tag{10.20}$$

式中，$W_0^{(L)},W_1^{(L)},\cdots,W_{n_L}^{(L)}$分别为连向一层各个节点权值的矢量集合，$W_0^{(L)}=\theta^{(L)}$代表神经元的阈值；$I_1^{(L)},I_2^{(L)},\cdots,I_{n_L}^{(L)}$及$O_1^{(L)},O_2^{(L)},\cdots,O_{n_L}^{(L)}$分别为一层中各个神经元的加权和输出及函数输出。

这样有下列离散化方程成立：

$$\left.\begin{aligned}W_k^{(L)}&=W_{k-1}^{(L)}\\I_k^{(L)}&=W_k^{(L)}O_k^{(L-1)}+V_k^{(L)}\end{aligned}\right\}\tag{10.21}$$

式中，$V_k^{(L)}$为网络的量测噪声；$I_k^{(L)}$和$O_k^{(L-1)}$由式(10.15)和式(10.16)求出。

10.4.2　KF 学习算法

对于n维动态系统，设离散化后的系统状态方程和量测方程分别为

$$\begin{cases}\boldsymbol{X}_k=\boldsymbol{\Phi}_{k,k-1}\boldsymbol{X}_{k-1}+\boldsymbol{\Gamma}_{k-1}\boldsymbol{W}_{k-1}\\\boldsymbol{Z}_k=\boldsymbol{H}_k\boldsymbol{X}_k+\boldsymbol{V}_k\end{cases}$$

根据卡尔曼滤波原理，离散卡尔曼滤波递推方程由下列方程组成：

(1) 状态一步预测方程：$\hat{\boldsymbol{X}}_k=\boldsymbol{\Phi}_{k,k-1}\hat{\boldsymbol{X}}_{k-1}$；

(2) 状态估值计算方程：$\hat{\boldsymbol{X}}_k=\hat{\boldsymbol{X}}_{k|k-1}+\boldsymbol{K}_k(\boldsymbol{Z}_k-\boldsymbol{H}_k\hat{\boldsymbol{X}}_{k|k-1})$；

(3) 滤波增益方程：$\boldsymbol{K}_k=\boldsymbol{P}_{k|k-1}\boldsymbol{H}_k^{\mathrm{T}}(\boldsymbol{H}_k\boldsymbol{P}_{k|k-1}\boldsymbol{H}_k^{\mathrm{T}}+\boldsymbol{R}_k)^{-1}$；

(4) 一步预测均方误差方程：$\boldsymbol{P}_{k|k-1}=\boldsymbol{\Phi}_{k,k-1}\boldsymbol{P}_{k-1}\boldsymbol{\Phi}_{k,k-1}^{\mathrm{T}}+\boldsymbol{\Gamma}_{k-1}\boldsymbol{Q}_{k-1}\boldsymbol{\Gamma}_{k-1}^{\mathrm{T}}$；

(5) 估计均方误差方程：$\boldsymbol{P}_k=(\boldsymbol{I}-\boldsymbol{K}_k\boldsymbol{H}_k)\boldsymbol{P}_{k|k-1}(\boldsymbol{I}-\boldsymbol{K}_k\boldsymbol{H}_k)^{\mathrm{T}}+\boldsymbol{K}_k\boldsymbol{R}_k\boldsymbol{K}_k^{\mathrm{T}}$。

由上述卡尔曼滤波递推表达式与式(10.21)，可得到基于卡尔曼滤波估计原理的连接权$\boldsymbol{W}_k$的卡尔曼滤波估计表达式，各层权值的估计过程也就是前向多层网络的学习过程。这种基于 KF 的权值训练前向网络的步骤为以下几步：

(1) 初始化。赋以每个神经元的阈值偏置$\theta_k^{(L)}$为任意非零常值；赋以所有连接权$W_{ij}^{(L)}$为小的随机数；赋以初始方差阵$\boldsymbol{P}(0\mid 0)$为对角矩阵。

(2) 选择训练样本。选择网络输入和输出样本对，输入样本及目标输出样本分别为$\boldsymbol{O}^{(0)}$和$\boldsymbol{O}_d^{(L)}$。

(3) 用训练样本对网络进行训练。

网络的加权和输出：

$$I_k^{(L)}=\sum_{j=0}^{n_L}[W_{kj}^{(L)}O_j^{(L-1)}]$$

函数输出：

$$O_k^{(L)}=f(I_k^{(L)})=[1-\exp(-aI_k^{(L)})]/[1+\exp(-aI_k^{(L)})]$$

式中，n_L 为 L 层节点 k 输入的个数；a 为 Sigmoid 函数的斜率。

(4) 调用卡尔曼滤波递推方程。

计算卡尔曼滤波增益：

$$\boldsymbol{K}^{(L)}=([\boldsymbol{P}^{(L)}]^{-1}\boldsymbol{O}^{(L-1)})/(b^{(L)}+[\boldsymbol{O}^{(L-1)}]^{\mathrm{T}}[\boldsymbol{P}^{(L)}]^{-1}[\boldsymbol{O}^{(L-1)}])$$

计算更新的误差协方差阵：

$$[\boldsymbol{P}^{(L)}]^{-1}=([\boldsymbol{P}^{(L)}]^{-1}-\boldsymbol{K}^{(L)}[\boldsymbol{O}^{(L-1)}]^{\mathrm{T}}[\boldsymbol{P}^{(L)}]^{-1})b^{(L)}$$

(5) 反向传播误差的计算。

$$f'(I_k^{(L)})=\frac{\mathrm{d}f}{\mathrm{d}y}=2a\exp(-aI_k^{(L)})/[1+\exp(-aI_k^{(L)})]^2$$

对输出层：

$$e_k^{(L)}=f'(I_k^{(L)})(O_d^{(L)}-O_k^{(L)})$$

对于隐层：

$$e_k^{(L)}=f'(I_k^{(L)})(\sum_i e_i^{(L+1)}W_{i,k}^{(L+1)})$$

(6) 求解网络的目标加权和输出。

$$O_{dk}^{(L)}=\frac{1}{a}\ln\frac{1+O_k^{(L)}}{1-O_k^{(L)}}$$

(7) 权值的更新。

对输出层：

$$\boldsymbol{W}_k^{(L)}=\hat{\boldsymbol{W}}_k^{(L)}+\boldsymbol{K}^{(L)}[O_{dk}^{(L)}-O_k^{(L)}]$$

对于隐层：

$$\boldsymbol{W}_k^{(L+1)}=\boldsymbol{W}_k^{(L)}+\boldsymbol{K}^{(L)}e_k^{(L)}\mu^{(L)}$$

(8) 重复步骤(2) ~ (7)，直至均方误差或训练次数满足要求，训练结束。

10.4.3　EKF 学习算法

通常，非线性离散时间系统方程为

$$\boldsymbol{x}(t+1)=f_t[\boldsymbol{x}(t)]+\boldsymbol{w}(t) \tag{10.22}$$

$$\boldsymbol{y}(t)=h_t[x(t)]+\boldsymbol{v}(t) \tag{10.23}$$

式中，$\boldsymbol{x}(t)$ 为 $(n\times1)$ 状态矢量；$\boldsymbol{y}(t)$ 为 $(m\times1)$ 观测矢量；f_t 和 h_t 是时变非线性函数。$\boldsymbol{w}(t)$ 和 $\boldsymbol{v}(t)$ 是不相关、零均值、方差分别为 $\boldsymbol{Q}(t)$，$\boldsymbol{R}(t)$ 的高斯白噪声。

初始状态 $\boldsymbol{x}(0)$ 假定为均值为 $\boldsymbol{x}_0$ 及方差为 $\boldsymbol{P}_0$。假定现时刻的状态矢量估计值 $\hat{\boldsymbol{x}}(t\mid t-1)$ 是基于 $t-1$ 时刻观测值的时间更新，作为每次更新 $\hat{\boldsymbol{x}}(t\mid t-1)$ 是可得到的。

对非线性离散系统方程式(10.22) 和式(10.23)，建立的标准离散扩展卡尔曼滤波递推方程为

$$\hat{\boldsymbol{x}}(t+1\mid t)=f_t[\hat{\boldsymbol{x}}(t\mid t)] \tag{10.24}$$

$$\hat{\boldsymbol{x}}(t\mid t)=\hat{\boldsymbol{x}}(t\mid t-1)+\boldsymbol{K}(t)[\boldsymbol{y}(t)-h_t(\hat{\boldsymbol{x}}(t\mid t-1))] \tag{10.25}$$

$$\boldsymbol{K}(t)=\boldsymbol{P}(t\mid t-1)\boldsymbol{H}(t)^{\mathrm{T}}[\boldsymbol{H}(t)\boldsymbol{P}(t\mid t-1)\boldsymbol{H}(t)^{\mathrm{T}}+\boldsymbol{R}(t)]^{-1} \tag{10.26}$$

$$\boldsymbol{P}(t+1\mid t)=\boldsymbol{F}(t)\boldsymbol{P}(t\mid t)\boldsymbol{F}(t)^{\mathrm{T}}+\boldsymbol{Q}(t) \tag{10.27}$$

$$\boldsymbol{P}(t\mid t)=\boldsymbol{P}(t\mid t-1)-\boldsymbol{K}(t)\boldsymbol{H}(t)\boldsymbol{P}(t\mid t-1) \tag{10.28}$$

其中，初始值 $\hat{\boldsymbol{x}}(0\mid-1)=x_0$，$\boldsymbol{P}(0\mid-1)=\boldsymbol{P}_0$，$\boldsymbol{K}(k)$ 为卡尔曼增益，$\boldsymbol{F}(k)$ 和 $\boldsymbol{H}(k)$ 分别定义如下：

$$\boldsymbol{F}(t)=\left(\frac{\partial f_t}{\partial x}\right)_{x=\hat{x}(t\mid t)} \tag{10.29}$$

$$\boldsymbol{H}(t)=\left(\frac{\partial h_t}{\partial x}\right)_{x=\hat{x}(t\mid t-1)} \tag{10.30}$$

由于扩展卡尔曼滤波算法是一种最优状态估计方法，将未知的连接权值 $\boldsymbol{W}$ 作为状态矢量：

$$\boldsymbol{W}=[(\boldsymbol{W}^1)^{\mathrm{T}}\quad(\boldsymbol{W}^2)^{\mathrm{T}}\quad\cdots\quad(\boldsymbol{W}^{M-1})^{\mathrm{T}}]^{\mathrm{T}} \tag{10.31}$$

式(10.31) 中，有

$$\boldsymbol{W}^n=[(\boldsymbol{W}_1^n)^{\mathrm{T}}\quad(\boldsymbol{W}_2^n)^{\mathrm{T}}\quad\cdots\quad(\boldsymbol{W}_{N_{n+1}-1}^n)^{\mathrm{T}}]^{\mathrm{T}}$$

$$\boldsymbol{W}_i^n=[W_{i,1}^n\quad W_{i,2}^n\quad\cdots\quad W_{i,N_n}^n]^{\mathrm{T}}$$

定义 i 层节点的输出矢量及多层网络目标输出矢量分别为

$$\boldsymbol{x}^n(t)=[x_1^n(t)\quad x_2^n(t)\quad\cdots\quad x_{N_n}^n(t)]^{\mathrm{T}}$$

和

$$\boldsymbol{d}(t)=[d_1(t)\quad d_2(t)\quad\cdots\quad d_{N_M}(t)]^{\mathrm{T}}$$

那么，该多层神经网络表示为如下的非线性系统方程：

$$\boldsymbol{W}(k+1)=\boldsymbol{W}(k) \tag{10.32}$$

$$\boldsymbol{d}(k)=\boldsymbol{C}_t(\boldsymbol{W}(k))+\boldsymbol{\upsilon}(k)=\boldsymbol{x}^M(k)+\boldsymbol{\upsilon}(k) \tag{10.33}$$

其中，$\boldsymbol{x}^M(k)$ 为 k 时刻输出层节点的输出矢量，t 时刻的输入与神经网络的结合表示为一个非线性时变函数 C_t 过程。观测矢量用目标输出矢量 $\boldsymbol{d}(k)$ 表示，模型误差 $\boldsymbol{\upsilon}(k)$ 认为是零均值、方差为 $\boldsymbol{R}_v(k)$ 的白噪声矢量。

对式(10.32) 和式(10.33) 应用扩展卡尔曼滤波原理，则可得到如下的权值实时学习算法：

$$\hat{\boldsymbol{W}}(k)=\hat{\boldsymbol{W}}(k-1)+\boldsymbol{K}(k)[\boldsymbol{d}(k)-\hat{\boldsymbol{x}}^M(k)] \tag{10.34}$$

$$\boldsymbol{K}(k)=\boldsymbol{P}(k-1)\boldsymbol{C}(k)^{\mathrm{T}}[\boldsymbol{C}(k)\boldsymbol{P}(k-1)\boldsymbol{C}(k)^{\mathrm{T}}+\boldsymbol{R}_v(k)]^{-1} \tag{10.35}$$

$$\boldsymbol{P}(k)=\boldsymbol{P}(k-1)-\boldsymbol{K}(k)\boldsymbol{C}(k)\boldsymbol{P}(k-1) \tag{10.36}$$

由于 $\boldsymbol{P}(k\mid k)=\boldsymbol{P}(k+1\mid k)$，$\hat{\boldsymbol{W}}(k\mid k)=\hat{\boldsymbol{W}}(k+1,k)$，则 $\boldsymbol{P}(k)=\boldsymbol{P}(k\mid k)$，$\hat{\boldsymbol{W}}(k)=\hat{\boldsymbol{W}}(k\mid k)$。而且 $\hat{\boldsymbol{x}}^M(k)$ 表示基于 $k-1$ 时刻观测更新值的 $\boldsymbol{x}^M(k)$ 的估计，则

$$\hat{\boldsymbol{x}}^M(k)=C_t(\hat{\boldsymbol{W}}(k-1)) \tag{10.37}$$

又根据式(10.31)，可得

$$\boldsymbol{C}(k)=\left(\frac{\partial\,\boldsymbol{x}^M(k)}{\partial\boldsymbol{W}}\right)_{\boldsymbol{W}=\hat{\boldsymbol{W}}(k-1)}=$$

$$[C_1^1(k)\quad\cdots\quad C_{N_2-1}^1(k)\quad C_1^2(k)\quad\cdots\quad C_{N_3-1}^2(k)\quad\cdots\quad C_1^{M-1}(k)\quad\cdots\quad C_{N_M-1}^{M-1}(k)] \tag{10.38}$$

其中

$$C_i^n(k)=\left(\frac{\partial\,\boldsymbol{x}^M(k)}{\partial W_i^n}\right)_{\boldsymbol{W}=\hat{\boldsymbol{W}}(k-1)} \tag{10.39}$$

以上基于扩展卡尔曼滤波原理的权值学习递推算法表达式式(10.34) ～ 式(10.36) 的缺

点是，每次更新时间随着网络结构的增大而变得很复杂，因此用以下方法进行处理。

由于权值$\boldsymbol{W}_i^n$之间的更新是彼此独立进行的，而不是每次所有的权值在同一时间一起更新。确切地说，同一层从上节点到下节点计算$\hat{\boldsymbol{W}}_i^n$，然后再从输出层到输入层，即

$$a_1^{M-1},\cdots,a_{N_{M-1}-1}^{M-1},a_1^{M-2},\cdots,a_{N_{M-2}-1}^{M-2},\cdots,a_1^1,\cdots,a_{N_1-1}^1$$

假定除$\boldsymbol{W}_i^n$外其他所有的连接权值都已知，在式(10.32)和式(10.33)中用$\boldsymbol{W}_i^n$代替$\boldsymbol{W}$，那么应用扩展卡尔曼滤波器估计$\hat{\boldsymbol{W}}_i^n(k)$得到如下迭代方程：

$$\hat{\boldsymbol{W}}_i^n(k)=\hat{\boldsymbol{W}}_i^n(k-1)+\boldsymbol{K}_i^n(k)[\boldsymbol{d}(k)-\hat{\boldsymbol{x}}^M(k)] \tag{10.40}$$

$$\boldsymbol{K}_i^n(k)=\boldsymbol{P}_i^n(k-1)\,\boldsymbol{H}_i^n(k)^{\mathrm{T}}\,[\boldsymbol{C}_i^n(t)\,\boldsymbol{P}_i^n(k-1)\,\boldsymbol{C}_i^n(k)^{\mathrm{T}}+\boldsymbol{R}(k)]^{-1} \tag{10.41}$$

$$\boldsymbol{P}_i^n(k)=\boldsymbol{P}_i^n(k-1)-\boldsymbol{K}_i^n(k)\,\boldsymbol{C}^n(k)\,\boldsymbol{P}_i^n(k-1) \tag{10.42}$$

然而，由于以上假定为已知的连接权值而实际上是未知的，所以可用如下的权值最新估计值来代替：

$$\hat{\boldsymbol{W}}^{M-1}(k),\cdots,\hat{\boldsymbol{W}}^{n+1}(k),\hat{\boldsymbol{W}}_1^n(k),\cdots,\hat{\boldsymbol{W}}_{i-1}^n(k)$$
$$\hat{\boldsymbol{W}}_{i+1}^n(k-1),\cdots,\hat{\boldsymbol{W}}_{N_{n+1}-1}^n(k-1)$$
$$\hat{\boldsymbol{W}}^{n-1}(k-1),\cdots,\hat{\boldsymbol{W}}^1(k-1)$$

这样，每次对权值$\hat{\boldsymbol{W}}_i^n(t)$进行更新时，先按$i$的增序，然后按$n$的降序进行。

10.4.4 Quasi-Newton Method 学习算法

BP 算法实质上是把一组样本输入、输出问题转化为一个最优化问题，目标函数为总的二次方误差，其通过梯度下降法利用迭代运算求解网络权值的最优解。由于其采用梯度下降法求解权值，所以从最优化理论知识中可知，梯度下降法只具有一阶收敛速率，且算法不具有二次终止性，故 BP 算法有以下缺点：

(1) 迭代次数多，使学习效率低，收敛速度慢；

(2) 易陷入局部极小值点，而无法得到全局最优。

因此，需要探索有效的神经网络训练方法，以达到网络在训练速度、映射精度等性能方面的超凡能力。基于二阶微分信息（误差的二阶导数）的网络权值更新算法，由于所携带的信息量丰富，所以受到人们的重视。其中，牛顿(Newton)算法即利用目标函数的二阶导数信息，求取最优解。这种算法可以达到二阶的收敛速率，具有二次终止性。但它也存在着自身的缺点，即需要计算 Hessian 矩阵，计算量大，且当 Hessian 矩阵奇异时，无法继续计算。

改进的牛顿算法 —— 拟牛顿法(Quasi-Newton Method)—— 是求解无约束最优化问题最有效的算法之一，它不需要计算二阶的 Hessian 矩阵，而只利用一阶导数来构造二阶信息的近似矩阵，该算法具有较好的收敛性质。

网络训练的目标函数为

$$E=\sum_{n=1}^{N}E(n)=\frac{1}{2}\sum_{n=1}^{N}\sum_{i=1}^{n_L}[O_{di}^{(L)}(n)-O_i^{(L)}(n)]^2 \tag{10.43}$$

定义

$$E=\sum_{i=1}^{n_L}E_i(N) \tag{10.44}$$

式中，$E_i(N)=\frac{1}{2}\sum_{n=1}^{N}e_i^2(n)=\frac{1}{2}\sum_{n=1}^{N}[O_{di}^{(L)}(n)-O_i^{(L)}(n)]^2(i=1,2,\cdots n_L)$，$N$ 为训练样本数。

网络训练过程中，第 n 次迭代使目标函数 E 最小可以转化为使 $E_i(n)$ 最小，$E_i(n)$ 可表示为

$$E_i(n)=E_i(n-1)+\frac{1}{2}[O_{di}^{(L)}(n)-O_i^{(L)}(n)]^2 \tag{10.45}$$

假设某层网络中与第 i 个神经元相连的所有权值的列矢量为$\boldsymbol{W}_i$，已经由训练样本$(X_k,Y_k)(k=1,2,\cdots,n)$ 更新，记为$\boldsymbol{W}_i=\boldsymbol{W}_i(n)$，并设 $W_{i0}=\xi_i$，则由训练样本(X_{n+1},Y_{n+1}) 采用牛顿法获得的权值的更新如下：

$$\boldsymbol{W}_i(n+1)=\boldsymbol{W}_i(n)-\mu\boldsymbol{H}_i^{-1}(n)\big|_{\boldsymbol{W}_i=\boldsymbol{W}_i(n)}\left.\frac{\partial E_i(n)}{\partial\boldsymbol{W}_i}\right|_{\boldsymbol{W}_i=\boldsymbol{W}_i(n)} \tag{10.46}$$

式中，$\frac{\partial E_i(n)}{\partial\boldsymbol{W}_i}$ 为 $E_i(n)$ 对 $\boldsymbol{W}_i$ 的梯度；$\left.\frac{\partial E_i(n)}{\partial\boldsymbol{W}_i}\right|_{\boldsymbol{W}_i=\boldsymbol{W}_i(n)}=e_i(n)\boldsymbol{b}_i(n)$，其中 $\boldsymbol{b}_i(n)=\begin{bmatrix}\frac{\partial e_i(n)}{\partial W_{i0}} & \frac{\partial e_i(n)}{\partial W_{i1}} & \cdots & \frac{\partial e_i(n)}{\partial W_{in_l}}\end{bmatrix}^{\mathrm{T}}$；$\boldsymbol{H}_i(n)$ 为目标函数对权值的二阶导数，称为 Hessian 矩阵，其形式为

$$\boldsymbol{H}_i(n)=\frac{\partial^2 E_i(n)}{\partial\boldsymbol{W}_i(n)^2} \tag{10.47}$$

式(10.46) 可写为

$$\boldsymbol{W}_i(n+1)=\boldsymbol{W}_i(n)-\tau\boldsymbol{H}_i^{-1}(n)\big|_{\boldsymbol{W}_i=\boldsymbol{W}_i(n)}b_i(n)\boldsymbol{e}_i(n) \tag{10.48}$$

式中，τ 为学习率。

由前面分析可知，用牛顿法训练神经网络时，需要计算 Hessian 矩阵$\boldsymbol{H}_i(n)$ 及其逆矩阵，这一过程需要大量的计算。要克服上述缺点，最直观的想法是不计算 Hessian 矩阵$\boldsymbol{H}_i(n)$，而用一个“近似”矩阵 $\boldsymbol{Hj}(n)$ 来代替$\boldsymbol{H}_i(n)$，其中 $\boldsymbol{Hj}(n)$ 是根据迭代过程中的某些信息得到的。因此，可以用方程：

$$\boldsymbol{Hj}(n)d=-\frac{\partial E_i(n)}{\partial\boldsymbol{W}_i(n)} \tag{10.49}$$

的解 $d(n)$ 来作为搜索方向，即用式(10.49) 来代替牛顿方程$\boldsymbol{H}_i(n)d=-\frac{\partial E_i(n)}{\partial\boldsymbol{W}_i(n)}$。

这就得到一类新的算法，称此类算法为拟牛顿法，或变度量法。近似矩阵 $\boldsymbol{Hj}(n+1)$ 可由 $\boldsymbol{Hj}(n)$ 经过修正得到，即

$$\boldsymbol{Hj}(n+1)=\boldsymbol{Hj}(n)+\Delta\boldsymbol{Hj}(n) \tag{10.50}$$

而且修正项 $\Delta\boldsymbol{Hj}(n)$ 具有“简单”的形式，这里“简单”是指矩阵的秩较少。

首先给出输出层的权值修正，构造近似矩阵：

$$\boldsymbol{H}_i(n)\approx\boldsymbol{Hj}(n)=\sum_{k=1}^{n}\boldsymbol{O}^{(L-1)}(k)\times[\boldsymbol{O}^{(L-1)}(k)]^{\mathrm{T}} \tag{10.51}$$

且

$$\boldsymbol{Hj}(n)=\boldsymbol{Hj}(n-1)+\boldsymbol{O}^{(L-1)}(n)\times[\boldsymbol{O}^{(L-1)}(n)]^{\mathrm{T}} \tag{10.52}$$

对式(10.52) 求逆，得

$$\boldsymbol{Hj}^{-1}(n)=[\boldsymbol{Hj}(n-1)+\boldsymbol{O}^{(L-1)}(n)\times[\boldsymbol{O}^{(L-1)}(n)]^{\mathrm{T}}]^{-1} \tag{10.53}$$

假设$\boldsymbol{P}_i(n-1)=\boldsymbol{Hj}^{-1}(n-1)$，$\boldsymbol{P}_i(n)=\boldsymbol{Hj}^{-1}(n)$可以由下式计算得到：

$$\begin{aligned}\boldsymbol{P}_i(n)=&\boldsymbol{P}_i(n-1)-[1+(\boldsymbol{O}^{(L-1)}(n))^{\mathrm{T}}\boldsymbol{P}_i(n-1)\boldsymbol{O}^{(L-1)}(n)]^{-1}\boldsymbol{P}_i(n-1)[\boldsymbol{O}^{(L-1)}(n)][\boldsymbol{O}^{(L-1)}(n)]^{\mathrm{T}}\boldsymbol{P}_i(n-1)=\\&\boldsymbol{P}_i(n-1)-\delta_i(n)\boldsymbol{P}_i(n-1)\boldsymbol{O}^{(L-1)}(n)[\boldsymbol{O}^{(L-1)}(n)]^{\mathrm{T}}\boldsymbol{P}_i(n-1)\end{aligned}\tag{10.54}$$

式中，$\boldsymbol{P}_i(1)=(1/\eta)\boldsymbol{I}$；$\delta_i(n)=c_i(n)[1+c_i(n)[\boldsymbol{O}^{(L-1)}(n)]^{\mathrm{T}}\boldsymbol{P}_i(n-1)\boldsymbol{O}^{(L-1)}(n)]^{-1}$，$c_i(n)=1$。

因此，式(10.46)输出层权值的更新变为

$$\boldsymbol{W}_i(n+1)=\boldsymbol{W}_i(n)+\mu\delta_i^{(L)}(n)\boldsymbol{P}_i(n)\boldsymbol{O}^{(L-1)}(n)\tag{10.55}$$

隐层的权值修正采用梯度下降法求目标函数最小值，即

$$\boldsymbol{W}_i^{(L)}(n+1)=\boldsymbol{W}_i^{(L)}(n)+\mu\delta_i^{(L)}(n)\boldsymbol{O}^{(L-1)}(n)\tag{10.56}$$

综上所述，基于拟牛顿算法的神经网络学习算法的步骤归纳如下：

(1) 初始化。赋以每个神经元的阈值$\xi_i^{(L)}$为任意非零常数；赋以所有连接权$W_{ij}^{(L)}$为小的随机数，$\boldsymbol{P}_i(1)$为对角矩阵。

(2) 选择训练样本。选择网络输入和输出样本对，输入样本及目标输出样本分别为$\boldsymbol{O}^{(0)}$和$\boldsymbol{O}_d^{(L)}$。

(3) 用训练样本对网络进行训练。

函数输入为

$$I_i^{(L)}(n)=\sum_{j=1}^{n_{L-1}}W_{ij}^{(L)}(n)O_j^{(L-1)}(n)+\xi_i^{(L)}(n)$$

函数输出为

$$O_i^{(L)}(n)=f(I_i^{(L)}(n))$$

(4) 计算近似 Hessian 矩阵：

$$\boldsymbol{Hj}(n)=\sum_{k=1}^{n}\boldsymbol{O}^{(L-1)}(k)[\boldsymbol{O}^{(L-1)}(k)]^{\mathrm{T}}$$

计算近似 Hessian 的逆矩阵：

$$\begin{aligned}\boldsymbol{P}_i(n)=\boldsymbol{Hj}^{-1}(n)=&\boldsymbol{P}_i(n-1)-[1+[\boldsymbol{O}^{(L-1)}(n)]^{\mathrm{T}}\boldsymbol{P}_i(n-1)\boldsymbol{O}^{(L-1)}(n)]^{-1}\boldsymbol{P}_i(n-1)\cdot\\&\boldsymbol{O}^{(L-1)}(n)[\boldsymbol{O}^{(L-1)}(n)]^{\mathrm{T}}\boldsymbol{P}_i(n-1)\end{aligned}$$

(5) 计算局部梯度。输出层第j个神经元的局部梯度为$\delta_j^{(L)}(n)=e_j(n)$，隐层第j个神经元的局部梯度为$\delta_j^{(L)}(n)=f'(I_j^{(L)}(n))\sum_i[\delta_i^{(L+1)}(n)W_{ij}^{(L+1)}(n)]$，其中，$f'(I_j^{(L)}(n))=I_j^{(L)}(n)(1-I_j^{(L)}(n))$。

(6) 权值和阈值的更新。

对输出层：

$$\boldsymbol{W}_i(n+1)=\boldsymbol{W}_i(n)+\mu\delta_i^{(L)}(n)\boldsymbol{P}_i(n)\boldsymbol{O}^{(L-1)}(n)$$

对于隐层：

$$\boldsymbol{W}_i^{(L)}(n+1)=\boldsymbol{W}_i^{(L)}(n)+\mu\delta_i^{(L)}(n)\boldsymbol{O}^{(L-1)}(n)$$

(7) 重复步骤(2)～(7)，直至均方误差或训练次数满足要求，训练结束。

10.5 EKF 神经网络学习算法在捷联式惯导静基座对准中的应用

在惯导系统初始对准中，通常用卡尔曼滤波器解决初始对准问题。卡尔曼滤波可以从被

噪声污染的观测值中实时地估计出系统的状态。由于卡尔曼滤波的计算量与系统阶次 n 的三次方成正比，所以当系统阶次较高时，滤波器会失去实时性。神经网络具有函数逼近性能，实时性又好，因此可用神经网络代替卡尔曼滤波，这种方法不仅不损失滤波的精度，而且大大提高了实时性。利用扩展卡尔曼滤波(EKF)解决非线性最优估计问题的原理，将基于EKF的多层神经网络实时学习算法应用到神经网络权值的训练过程中，使该网络不仅具有普通神经网络的自主学习能力、实时性好，而且具有扩展卡尔曼滤波的最优估计性能，同时克服了传统学习算法收敛速度慢、对学习参数敏感、局部有极小值等缺点。

10.5.1　初始对准的神经网络结构

多层网络自学习的样本对值就是系统卡尔曼滤波器的输入和输出数据对，它由扩展卡尔曼滤波方程组求得。用基于 EKF 原理的神经网络进行初始对准的原理如图 10.10 所示。所给样本对比较精确，且具有代表性，这样才有可能使所训练网络的输出反映系统的实际工作状态。为此采取如下措施：采集大量的系统工作环境下的数据(包括极其恶劣的条件下)，使训练样本极具代表性，此时训练好的输入 $\boldsymbol{Z}_{k+1}$ 和输出 $\hat{\boldsymbol{X}}_{k+1}$ 就构成了网络训练时的样本对值。当系统工作环境改变时，重新采集样本进行训练。

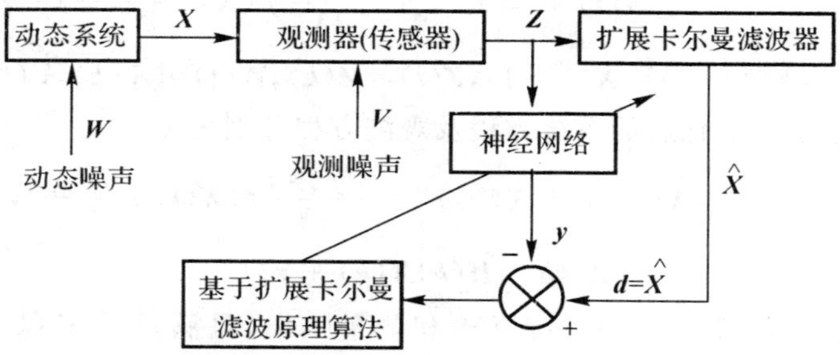

图 10.10　基于扩展卡尔曼滤波原理的神经网络进行对准的原理图

10.5.2　捷联式惯导系统的非线性误差模型

考虑方位对准初始误差 ϕ_z 不是小量，捷联式惯导系统地面自对准的非线性状态方程为

$$\dot{\boldsymbol{X}} = f(\boldsymbol{X},t) + \boldsymbol{W}(t) \tag{10.57}$$

其中

$$f(\boldsymbol{X},t)=\begin{bmatrix} -(\cos\phi_D-1)\bar{a}_N+\sin\phi_D\bar{a}_E-g(\phi_E\cos\phi_D+\phi_N\sin\phi_D)+2\omega_{ie}\sin L\delta V_E+\nabla_N \\ -\sin\phi_D\bar{a}_N-(\cos\phi_D-1)\bar{a}_E+g(-\phi_E\sin\phi_D+\phi_N\cos\phi_D)-2\omega_{ie}\sin L\delta V_N+\nabla_E \\ -\sin\phi_D\omega_{ie}\cos L+\phi_E\omega_{ie}\sin L-\delta V_E/R+\varepsilon_N \\ (1-\cos\phi_D)\omega_{ie}\cos L-\phi_N\omega_{ie}\sin L+\delta V_N/R+\varepsilon_E \\ (-\phi_E\sin\phi_D+\phi_N\cos\phi_D)\omega_{ie}\cos L+\delta V_N\tan L/R+\varepsilon_D \\ \boldsymbol{O}_{5\times1} \end{bmatrix}$$

式中，$\boldsymbol{X}=[\delta V_N \quad \delta V_E \quad \phi_N \quad \phi_E \quad \phi_D \quad \nabla_N \quad \nabla_E \quad \varepsilon_N \quad \varepsilon_E \quad \varepsilon_D]^T$，$\delta V_N$，$\delta V_E$ 为水平速度误差，

ϕ_N,ϕ_E,ϕ_D 为3个轴上的失准角误差角，$\bar{a}_N,\bar{a}_E$ 为加速度计的等效实际输出，∇_N,∇_E 为水平加速度计的等效常值偏置，$\varepsilon_E,\varepsilon_N,\varepsilon_D$ 为陀螺仪漂移在3个轴上的等效常值漂移；$W(t)=[\omega_{\delta V_N}\quad \omega_{\delta V_E}\quad \omega_{\phi_N}\quad \omega_{\phi_E}\quad \omega_{\phi_D}\quad 0\quad 0\quad 0\quad 0\quad 0]^T$，$\omega_{\delta V_N},\omega_{\delta V_E}$ 为加速度计误差中的随机白噪声，$\omega_{\phi_N},\omega_{\phi_E},\omega_{\phi_D}$ 为陀螺仪漂移中的白噪声；ω_{ie} 为地球自转角速度；L 为当地地理纬度；g 为重力加速度；R 为地球半径。

采用水平速度误差 $\delta V_N,\delta V_E$ 作为测量信号，这时系统的测量方程为

$$\boldsymbol{Z}=h(\boldsymbol{X},t)+\boldsymbol{V}(t) \tag{10.58}$$

式中，$\boldsymbol{Z}=[Z_1\quad Z_2]^T$；$\boldsymbol{V}=[V_1\quad V_2]^T$；$h(\boldsymbol{X},t)=\begin{bmatrix}1&0&0&0&0&0&0&0&0&0\\0&1&0&0&0&0&0&0&0&0\end{bmatrix}$。

考虑到建立的状态方程为非线性连续方程，为了便于卡尔曼滤波，必须进行线性化和离散化处理。

将状态方程式(10.57)以采样周期 T 进行离散化，即是把 $f(\boldsymbol{X},t)$ 在 $\boldsymbol{X}(t)$ 处通过泰勒(Taylor)公式展开成幂级数：

$$\boldsymbol{X}(t+T)=\boldsymbol{X}(t)+\dot{\boldsymbol{X}}(t)T+\ddot{\boldsymbol{X}}(t)\frac{(T)^2}{2!}+\cdots+\boldsymbol{W}(t)=$$

$$\boldsymbol{X}(t)+f(\boldsymbol{X})T+\frac{\partial f(\boldsymbol{X})}{\partial \boldsymbol{X}}f(\boldsymbol{X})\frac{(T)^2}{2}+\cdots+\boldsymbol{W}(t) \tag{10.59}$$

令 $\boldsymbol{X}(t)=\boldsymbol{X}(k)$，$\boldsymbol{X}(t+T)=\boldsymbol{X}(k+1)$，$\boldsymbol{Z}(t)=\boldsymbol{Z}(k)$，$\boldsymbol{W}(t)=\boldsymbol{W}(k)$，$\boldsymbol{V}(t)=\boldsymbol{V}(k)$，并略去二阶以上小量，得到系统离散化后的系统方程及观测方程分别为

$$\boldsymbol{X}(k+1)=\boldsymbol{X}(k)+f(\boldsymbol{X}(k))T+\frac{\partial f(\boldsymbol{X})}{\partial \boldsymbol{X}}f(\boldsymbol{X}(k))\frac{T^2}{2}+\boldsymbol{W}(t) \tag{10.60}$$

$$\boldsymbol{Z}(k)=\boldsymbol{H}(k)\boldsymbol{X}(k)+\boldsymbol{V}(k) \tag{10.61}$$

式中，$\boldsymbol{W}_k$ 和 $\boldsymbol{V}_k$ 分别为离散化后的系统噪声和测量噪声，且满足 $E[\boldsymbol{W}(k)]=E[\boldsymbol{V}(k)]=\boldsymbol{O}$，$E(\boldsymbol{W}_k\boldsymbol{W}_j^T)=\boldsymbol{Q}_k\delta_{kj}$，$E(\boldsymbol{V}_k\boldsymbol{V}_j^T)=\boldsymbol{R}_k\delta_{kj}$，$E(\boldsymbol{W}_k\boldsymbol{V}_j^T)=\boldsymbol{O}$。

在 $\boldsymbol{Q}_k$ 和 $\boldsymbol{R}_k$ 已知的情况下，采用如下的滤波算法对状态 $\boldsymbol{X}$ 进行估计，估计过程分为预测和更新两部分。

(1) 预测。

状态预测：

$$\hat{\boldsymbol{X}}_{k+1/k}=\hat{\boldsymbol{X}}_{k/k}+f(\hat{\boldsymbol{X}}_{k/k},t_k)T+1/2F(\hat{\boldsymbol{X}}_{k/k},t_k)f(\hat{\boldsymbol{X}}_{k/k},t_k)T^2$$

估计协方差预测：

$$\boldsymbol{P}_{k+1/k}=\boldsymbol{\Phi}_{k+1/k}\boldsymbol{P}_{k/k}\boldsymbol{\Phi}_{k+1/k}^T+\boldsymbol{Q}_k$$

(2) 更新。

滤波最优增益：

$$\boldsymbol{K}_{k+1}=\boldsymbol{P}_{k+1/k}\boldsymbol{H}_{k+1}^T[\boldsymbol{H}_{k+1}\boldsymbol{P}_{k+1/k}\boldsymbol{H}_{k+1}^T+\boldsymbol{R}_{k+1}]^T$$

状态估计更新：

$$\hat{\boldsymbol{X}}_{k+1/k+1}=\hat{\boldsymbol{X}}_{k+1/k}+\boldsymbol{K}_{k+1}[\boldsymbol{Z}_{k+1}-h(\hat{\boldsymbol{X}}_{k+1/k},t_{k+1})]$$

估计协方差更新：

$$\boldsymbol{P}_{k+1/k+1}=(\boldsymbol{I}-\boldsymbol{K}_{k+1}\boldsymbol{H}_{k+1})\boldsymbol{P}_{k+1/k}[\boldsymbol{I}-\boldsymbol{K}_{k+1}\boldsymbol{H}_{k+1}]^T+\boldsymbol{K}_{k+1}\boldsymbol{R}_{k+1}\boldsymbol{K}_{k+1}^T$$

式中
$$F[\boldsymbol{X}(k)]=\left.\frac{\partial f(\boldsymbol{X})}{\partial \boldsymbol{X}}\right|_{\boldsymbol{X}=\hat{\boldsymbol{X}}(k/k)}=\left.\begin{bmatrix}\frac{\partial f_1}{\partial x_1} & \frac{\partial f_1}{\partial x_2} & \cdots & \frac{\partial f_1}{\partial x_n}\\ \frac{\partial f_2}{\partial x_1} & \frac{\partial f_2}{\partial x_2} & \cdots & \frac{\partial f_2}{\partial x_n}\\ \vdots & \vdots & & \vdots\\ \frac{\partial f_n}{\partial x_1} & \frac{\partial f_n}{\partial x_2} & \cdots & \frac{\partial f_n}{\partial x_n}\end{bmatrix}\right|_{\boldsymbol{X}=\hat{\boldsymbol{X}}(k/k)}$$

$$\boldsymbol{H}=\left.\frac{\partial h(\boldsymbol{X})}{\partial \boldsymbol{X}}\right|_{\boldsymbol{X}=\hat{\boldsymbol{X}}(k/k-1)}=\left.\begin{bmatrix}\frac{\partial h_1}{\partial x_1} & \frac{\partial h_1}{\partial x_2} & \cdots & \frac{\partial h_1}{\partial x_n}\\ \frac{\partial h_2}{\partial x_1} & \frac{\partial h_2}{\partial x_2} & \cdots & \frac{\partial h_2}{\partial x_n}\\ \vdots & \vdots & & \vdots\\ \frac{\partial h_n}{\partial x_1} & \frac{\partial h_n}{\partial x_2} & \cdots & \frac{\partial h_n}{\partial x_n}\end{bmatrix}\right|_{\boldsymbol{X}=\hat{\boldsymbol{X}}(k/k-1)}$$

分别称作状态方程和量测方程的雅克比矩阵，求取雅克比矩阵的过程也就是非线性方程的线性化过程；$\boldsymbol{R}_k$，$\boldsymbol{Q}_k$ 分别为系统噪声和过程噪声的统计特性；$\boldsymbol{\Phi}_{k+1/k}$ 为状态转移矩阵，可用如下近似方法得到：

$$\boldsymbol{\Phi}_{k+1/k}=\boldsymbol{I}+F(\hat{\boldsymbol{X}}_{k/k},t_k)T+1/2[F(\hat{\boldsymbol{X}}_{k/k},t_k)+F^2(\hat{\boldsymbol{X}}_{k/k},t_k)]T^2 \tag{10.62}$$

10.5.3　仿真实例

对应以上系统所选的神经网络结构如图 10.11 所示。其中，网络输入 δV_E，δV_N 为水平速度误差的测量值，输出 Φ_E，Φ_N，Φ_D，∇_E，∇_N，ε_E，ε_N，ε_D 即为初始对准的待估值。图 10.11 中网络的输入节点数等于传感器输入信号个数，故 $N_1=2$；输出节点数为系统的全部状态个数，故选 $N_3=8$；隐层节点数分别为 $N_2=10$；系统采样周期 $T=1$ s。

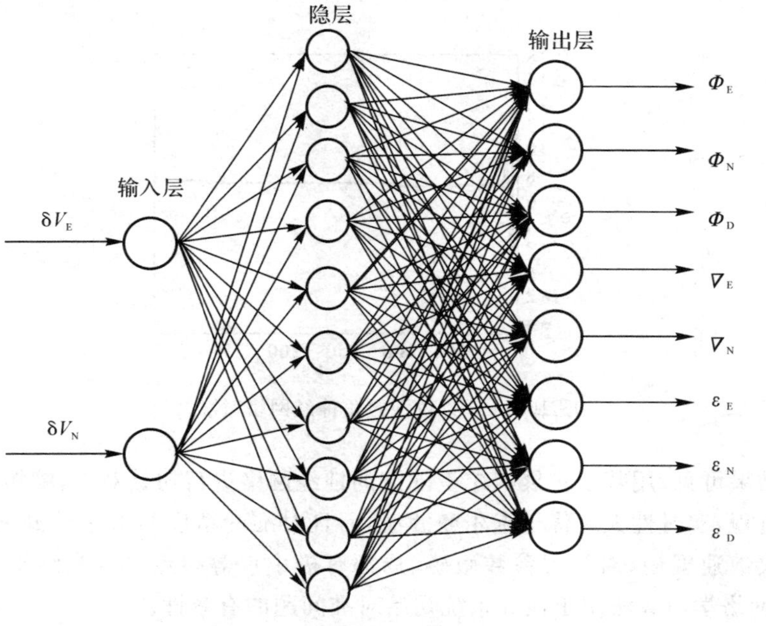

图 10.11　初始对准的多层神经网络图

仿真的初始条件为中等精度陀螺和加速度计组成的系统：

$$\boldsymbol{P}(0)=\mathrm{diag}[(0.1\ \mathrm{m/s})^2\quad (0.1\ \mathrm{m/s})^2\quad (0.05°)^2\quad (0.05°)^2\quad (0.05°)^2\quad (100\ \mu g)^2\quad (100\ \mu g)^2\quad (0.02\ °/\mathrm{h})^2\quad (0.02\ °/\mathrm{h})^2\quad (0.02\ °/\mathrm{h})^2]$$

$$\boldsymbol{Q}=\mathrm{diag}[(50\ \mu g)^2\quad (50\ \mu g)^2\quad (0.01\ °/\mathrm{h})^2\quad (0.01\ °/\mathrm{h})^2\quad (0.01\ °/\mathrm{h})^2\quad 0\quad 0\quad 0\quad 0\quad 0]$$

$$\boldsymbol{R}(0)=\mathrm{diag}[(0.01\ \mathrm{m/s})^2\quad (0.01\ \mathrm{m/s})^2]$$

$$L=45°$$

神经网络用预先取得的扩展卡尔曼滤波器估计值及相应的观测值进行训练。当神经网络输出与样本值间的误差在允许范围之内时，就可用此神经网络独立对系统进行精确估计并补偿，从而完成惯导系统的初始对准过程。

对离散的惯导系统非线性对准模型式(10.60)和式(10.61)进行扩展卡尔曼滤波。用多层神经网络进行初始对准，用得到的估计值及测量值作为训练样本对网络进行训练。当网络误差达到要求时，网络的训练结束。惯导系统 3 个方向失准角的神经网络估计结果如图 10.12 ～ 图 10.14 所示。

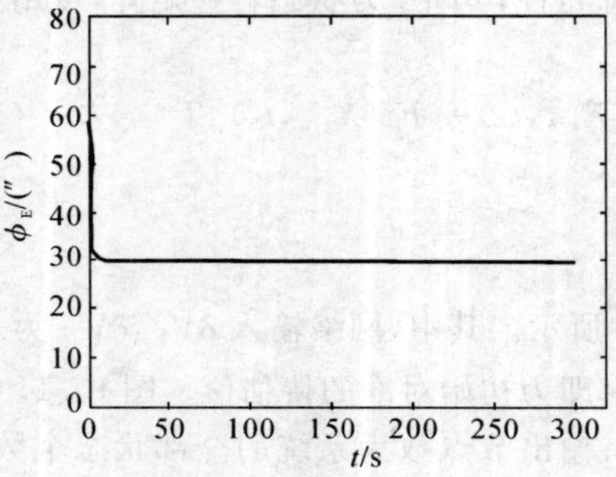

图 10.12　东向误差角神经网络对准结果

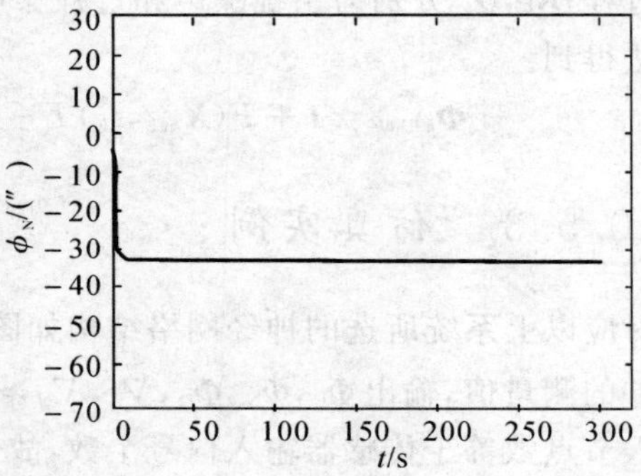

图 10.13　北向误差角神经网络对准结果

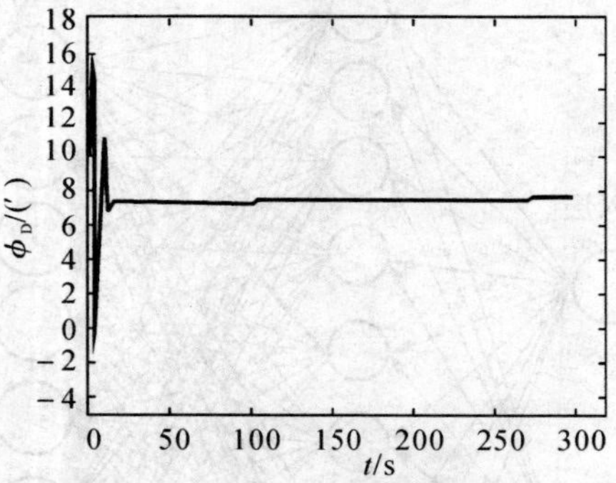

图 10.14　方位误差角神经网络对准结果

从仿真结果可见，用基于扩展卡尔曼滤波的神经网络进行初始对准，缩短了传统的卡尔曼滤波的过渡过程，实时性大大优于卡尔曼滤波，而且对准的精度与卡尔曼滤波相同，同时克服了传统算法收敛速度慢、对学习参数敏感、局部有极小点等缺点。仿真结果验证了这种基于 EKF 的神经网络学习算法用于惯导系统初始对准问题的有效性。

10.6　本 章 小 结

本章在对BP神经网络算法详细分析的基础上，将最优估计理论应用于神经网络对权值的训练过程中，使神经网络不仅具有普通神经网络的自主学习能力、实时性好，而且具有最优估计性能，克服了传统算法收敛速度慢、对学习参数敏感、局部有极小点等缺点，并给出了3种基于最优估计理论的学习算法，包括KF学习算法、EKF学习算法和Quasi-Newton Method学习算法。最后，通过仿真实例介绍了EKF神经网络学习算法在捷联式惯导静基座对准中的应用方法。

第 11 章　神经网络在舰载武器动基座传递对准中的应用

11.1　引　言

传递对准是解决捷联式惯导系统(SINS)动基座对准问题的主要方法。在传递对准过程中,以运载体上高精度的主惯导系统(主 INS)信息为基准,并配合一定的机动方式,通过卡尔曼滤波器来估计运载体上子捷联式惯导系统(子 SINS)与主 INS 之间的误差,以达到与子 SINS 对准的目的。然而,由于卡尔曼滤波器的运算时间与系统阶次的三次方成正比,所以当系统阶次较高时,滤波器的实时性难以保证。考虑到神经网络具有自学习功能和可以逼近任何非线性函数的能力,以及处理数据的快速性和并行性特点,人们希望利用神经网络代替卡尔曼滤波器,以提高对准过程的快速性,从而达到提高导航系统精度的目的。

近年来,神经网络已成功地用于解决捷联式惯导系统的静基座对准问题。由于在静基座条件下,SINS可看作为定常系统,而BP,RBF及Elman等神经网络实际上是静态网络,它所能完成的功能只是从一个空间到另一个空间的静态映射。因此,在静基座条件下,神经网络用预先取得的卡尔曼滤波估值及相应的观测值进行训练,当网络输出与样本值间的误差达到允许范围之内时,就可以用训练好的神经网络独立对系统参数进行估计,从而达到静基座条件下对 SINS 快速对准的目的。但在动基座条件下,由于位置、速度及姿态等导航参数都将随时间变化,SINS 模型是时变的。这时如果直接利用卡尔曼滤波器的测量值和滤波结果作为输入、输出样本来训练神经网络,由于载体的运动,训练神经网络时所用样本的映射关系与武器发射 SINS 进行对准时的样本映射关系已发生变化,因此静基座对准时所构造及训练神经网络的方法将无法直接应用于动基座的情况。

对于舰载武器SINS传递对准而言,不仅与主INS和子SINS之间的安装误差角有关,而且与舰船的运动状态、主INS和子SINS之间的弹性变形、杆臂效应及因风浪影响而产生的摇摆、俯仰和偏航运动有关。可见,舰船主 INS 与舰载武器 SINS之间的误差是非线性的、时变的。因此,常规静态神经网络的训练及应用方法无法实现舰载武器 SINS 输入、输出之间的动态映射关系。基于此,本章提出了利用神经网络实现舰载武器 SINS 动基座快速传递对准的方法,将基于卡尔曼滤波的多层神经网络实时学习算法应用于动基座对准的神经网络训练中,通过引入水平轨迹坐标系来解决传递对准误差随舰船航向而变化的问题。

11.2　舰载武器传递对准误差源建模

11.2.1　舰体挠曲运动建模

首先对本章中所涉及的坐标系作如下定义：

(1) 导航坐标系 n：原点 O_n 为载体质心，O_nX_n 指向东，O_nY_n 指向北，O_nZ_n 指向天。

(2) 舰体坐标系 m：原点 O_m 为载体质心，O_mX_m 沿舰体横轴指向右，O_mY_m 沿舰体纵轴指向前，O_mZ_m 由右手定则确定。

(3) 武器坐标系 s：原点 O_s 为武器质心，各轴定义同舰体坐标系。

(4) 轨迹水平坐标系 h：原点 O_h 为载体质心，该坐标系是由 n 系逆时针旋转一个 ψ_m 角而得到的，ψ_m 为舰体航向角。

由于舰船体积庞大，所以舰体受风、浪、人员及设备移动等的影响而造成挠曲变形。挠曲变形将使主 INS 与子 SINS 基座产生相对角位移，对与基座基准有关的匹配方法(如姿态匹配和角速度匹配等)将产生较大的影响。

设子 SINS 体坐标系(s 系)与主 INS 体坐标系(m 系)在理想情况下是一致的，并令对准初始时刻子 SINS 的姿态角采用主 INS 的姿态角进行“一次装订”粗对准。因此，主 INS 与子 SINS 之间的相对失准角($\Delta\boldsymbol{\Phi}=\boldsymbol{\lambda}+\boldsymbol{\theta}$)除了固定的安装误差角 $\boldsymbol{\lambda}$ 外，还有舰体挠曲变形角 $\boldsymbol{\theta}$，如图 11.1 所示。

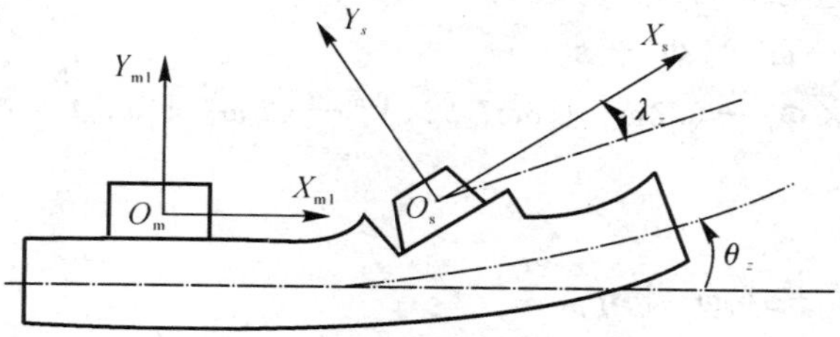

图 11.1　主 INS 和子 SINS 相对失准角关系

安装误差角 $\boldsymbol{\lambda}$ 是不变的($\dot{\boldsymbol{\lambda}}=\mathbf{0}$)，而舰体挠性变形 $\boldsymbol{\theta}$ 通常用二阶以上随机过程来描述其变化规律。为简单起见，设舰体挠曲变形为二阶高斯-马尔柯夫过程，且 3 个轴向的变形过程彼此独立，则

$$\left.\begin{aligned}\dot{\theta}_i&=\omega_{\theta i}\\ \dot{\omega}_{\theta i}&=-\beta_i^2\theta_i-2\beta_i\omega_{\theta i}+\eta_i\end{aligned}\quad (i=x,y,z)\right\}\tag{11.1}$$

式中，$\boldsymbol{\eta}=[\eta_x\quad \eta_y\quad \eta_z]^{\mathrm{T}}$ 为高斯白噪声，其方差为$\boldsymbol{Q}_\eta=[Q_{\eta x}\quad Q_{\eta y}\quad Q_{\eta z}]^{\mathrm{T}}$；$\omega_{\theta i}$ 为变形角速度在 s 系中的投影；β_i 为舰体结构弹性系数。

另外，设 $\boldsymbol{\theta}=[\theta_x\quad \theta_y\quad \theta_z]^{\mathrm{T}}$ 的均方差为 $\boldsymbol{\sigma}=[\sigma_x\quad \sigma_y\quad \sigma_z]^{\mathrm{T}}$，则$\boldsymbol{Q}_\eta$，$\boldsymbol{\sigma}$ 和β_i 之间有如下关系：

$$Q_{\eta i}=4\beta_i^3\sigma_i^2\quad (i=x,y,z)\tag{11.2}$$

且每个过程的相关时间 τ_i 和 β_i 有如下关系：

$$\beta_i = \frac{2.146}{\tau_i} \quad (i = x, y, z) \tag{11.3}$$

其中，τ_i 和 σ_i 根据实际情况来选取。

11.2.2 杆臂效应建模

杆臂效应是由于舰载武器SINS的安装位置与位于舰船摇摆中心的主INS不重合，而引起的子SINS加速度计输出中与杆臂长度和舰体摇摆角速度的二次方成比例的附加干扰加速度，它相当于加速度计的测量误差。

设子SINS加速度计偏离位于摇摆中心的主INS的距离即杆臂长度矢量为$\boldsymbol{r}_{\mathrm{p}}^{\mathrm{m}}$，则由杆臂效应引起的干扰加速度为

$$\delta \boldsymbol{f}_{\mathrm{is}}^{\mathrm{s}} = \dot{\boldsymbol{\omega}}_{\mathrm{im}}^{\mathrm{m}} \times \boldsymbol{r}_{\mathrm{p}}^{\mathrm{m}} + \boldsymbol{\omega}_{\mathrm{im}}^{\mathrm{m}} \times (\boldsymbol{\omega}_{\mathrm{im}}^{\mathrm{m}} \times \boldsymbol{r}_{\mathrm{p}}^{\mathrm{m}}) \tag{11.4}$$

其中，$\boldsymbol{\omega}_{\mathrm{im}}^{\mathrm{m}}$ 和 $\dot{\boldsymbol{\omega}}_{\mathrm{im}}^{\mathrm{m}}$ 可由主INS的陀螺仪输出而获得，且主INS与子SINS之间的距离$\boldsymbol{r}_{\mathrm{p}}^{\mathrm{m}}$ 是已知的。

11.3 传递对准滤波器模型的建立

11.3.1 系统状态方程的建立

假设主INS与子SINS相比精度很高，不考虑其误差的影响。导航坐标系选用东北天地理坐标系，则舰载武器传递对准的误差方程为

$$\left.\begin{aligned}
&\dot{\boldsymbol{\Phi}}^{\mathrm{n}} = \delta\boldsymbol{\omega}_{\mathrm{in}}^{\mathrm{n}} - \boldsymbol{\omega}_{\mathrm{in}}^{\mathrm{n}} \times \boldsymbol{\Phi}^{\mathrm{n}} - \boldsymbol{\varepsilon}^{\mathrm{n}} \\
&\delta\dot{\boldsymbol{V}}^{\mathrm{n}} = \boldsymbol{f}_{\mathrm{is}}^{\mathrm{n}} \times \boldsymbol{\Phi}^{\mathrm{n}} - (2\delta\boldsymbol{\omega}_{\mathrm{ie}}^{\mathrm{n}} + \delta\boldsymbol{\omega}_{\mathrm{en}}^{\mathrm{n}}) \times \boldsymbol{V}^{\mathrm{n}} - (2\,\boldsymbol{\omega}_{\mathrm{ie}}^{\mathrm{n}} + \boldsymbol{\omega}_{\mathrm{en}}^{\mathrm{n}}) \times \delta\boldsymbol{V}^{\mathrm{n}} + \boldsymbol{\nabla}^{\mathrm{n}} \\
&\dot{\boldsymbol{\lambda}} = \boldsymbol{0} \\
&\dot{\boldsymbol{\theta}} = \boldsymbol{\omega}_{\theta} \\
&\dot{\boldsymbol{\omega}} = -\boldsymbol{E}_{\theta}\boldsymbol{\theta} - 2\boldsymbol{F}_{\theta}\boldsymbol{\omega}_{\theta} + \boldsymbol{\eta} \\
&\dot{\boldsymbol{\varepsilon}} = \boldsymbol{0} \\
&\dot{\boldsymbol{\nabla}} = \boldsymbol{0}
\end{aligned}\right\} \tag{11.5}$$

式中，$\delta\boldsymbol{V}^{\mathrm{n}}$ 为主INS与子SINS相对速度误差；$\boldsymbol{\Phi}^{\mathrm{n}}$ 为子SINS平台失准角；$\boldsymbol{\lambda}$ 为安装误差角；$\boldsymbol{\theta}$ 为舰体挠曲变形角；$\boldsymbol{E}_{\theta} = \mathrm{diag}[\beta_x \quad \beta_y \quad \beta_z]$；$\boldsymbol{\omega}_{\theta}$ 为变形角速度；$\boldsymbol{F}_{\theta} = \mathrm{diag}[\beta_x^2 \quad \beta_y^2 \quad \beta_z^2]$；$\boldsymbol{\eta}$ 为白噪声矢量；$\boldsymbol{\nabla}$为加速度计零位偏置；$\boldsymbol{\varepsilon}$ 为陀螺仪零位漂移。则系统的状态方程为

$$\dot{\boldsymbol{X}}(t) = \boldsymbol{F}(t)\boldsymbol{X}(t) + \boldsymbol{W}(t) \tag{11.6}$$

式中，状态变量为

$$\begin{aligned}\boldsymbol{X}(t) = [&\phi_{\mathrm{E}} \quad \phi_{\mathrm{N}} \quad \phi_{\mathrm{U}} \quad \delta V_{\mathrm{E}} \quad \delta V_{\mathrm{N}} \quad \lambda_x \quad \lambda_y \quad \lambda_z \quad \varepsilon_x \quad \varepsilon_y \quad \varepsilon_z \\ &\nabla_x \quad \nabla_y \quad \theta_x \quad \theta_y \quad \theta_z \quad \omega_{\theta x} \quad \omega_{\theta y} \quad \omega_{\theta z}]^{\mathrm{T}}\end{aligned} \tag{11.7}$$

系统噪声为

$$\boldsymbol{W}(t) = [\omega_{\mathrm{g}x} \quad \omega_{\mathrm{g}y} \quad \omega_{\mathrm{g}z} \quad \omega_{\mathrm{d}x} \quad \omega_{\mathrm{d}y} \quad \eta_x \quad \eta_y \quad \eta_z]^{\mathrm{T}} \tag{11.8}$$

式中，$\omega_{\mathrm{g}x}, \omega_{\mathrm{g}y}, \omega_{\mathrm{g}z}$ 为子SINS陀螺仪量测噪声；$\omega_{\mathrm{d}x}, \omega_{\mathrm{d}y}$ 为加速度计量测噪声；η_x, η_y, η_z 为挠曲

变形驱动噪声。

系统矩阵为

$$F(t)=\begin{bmatrix} F_M & O_{5\times3} & F_N & O_{5\times3} & O_{5\times3} \\ O_{8\times5} & O_{8\times3} & O_{8\times5} & O_{8\times3} & O_{8\times3} \\ O_{3\times5} & O_{3\times3} & O_{3\times5} & O_{3\times3} & I_{3\times3} \\ O_{3\times5} & O_{3\times3} & O_{3\times5} & -E_\theta & -2F_\theta \end{bmatrix} \tag{11.9}$$

其中

$$F_N=\begin{bmatrix} -C_s^n & O_{3\times2} \\ O_{2\times3} & \widetilde{C}_s^n \end{bmatrix},\quad \widetilde{C}_s^n=\begin{bmatrix} C_{11} & C_{12} \\ C_{21} & C_{22} \end{bmatrix}$$

$$F_M=\begin{bmatrix} 0 & (\omega_{ie}+\dot{\lambda})\sin L & -(\omega_{ie}+\dot{\lambda})\cos L & 0 & -1/(R_M+h) \\ -(\omega_{ie}+\dot{\lambda})\sin L & 0 & -\dot{L} & 1/(R_N+h) & 0 \\ (\omega_{ie}+\dot{\lambda})\cos L & \dot{L} & 0 & \tan L/(R_N+h) & 0 \\ 0 & -f_U & f_N & V_N\tan L/(R_N+h) & (2\omega_{ie}+\dot{\lambda})\sin L \\ f_U & 0 & -f_E & -(2\omega_{ie}+\dot{\lambda})\sin L & 0 \end{bmatrix}$$

系统噪声阵为

$$G(t)=\begin{bmatrix} -C_s^n & O_{3\times2} & O_{3\times3} \\ O_{2\times3} & \widetilde{C}_s^n & O_{3\times3} \\ O_{11\times3} & O_{11\times2} & O_{11\times3} \\ O_{3\times3} & O_{3\times2} & I_{3\times3} \end{bmatrix}_{19\times8} \tag{11.10}$$

式中，$C_{ij}(i,j=1,2,3)$ 为子 SINS 计算姿态阵C_s^n 的元素；$\dot{L}$，$\dot{\lambda}$ 分别为地理纬度和地理经度的变化率。

11.3.2　系统量测方程的建立

速度加姿态匹配的量测方程以主 INS 与子 SINS 的速度和姿态输出差值作为量测量。设主 INS 与子 SINS 的姿态阵分别为C_m^n和$C_s^{\hat{n}}$，记

$$C_s^{\hat{n}}=\begin{bmatrix} C'_{11} & C'_{12} & C'_{13} \\ C'_{21} & C'_{22} & C'_{23} \\ C'_{31} & C'_{32} & C'_{33} \end{bmatrix} \tag{11.11}$$

则主 INS 与子 SINS 的姿态角具有如下关系：

$$\left.\begin{aligned} H_s &= H_m+\delta H \\ \psi_s &= \psi_m+\delta\psi \\ \theta_s &= \theta_m+\delta\theta \end{aligned}\right\} \tag{11.12}$$

式中，δH，$\delta\psi$ 和 $\delta\theta$ 分别为主 INS 与子 SINS 相对姿态角误差。

设主 INS 与子 SINS 相对失准角在 s 系中的投影矢量为 $\Delta\boldsymbol{\Phi}=\boldsymbol{\lambda}+\boldsymbol{\theta}$，则

$$C_n^{\hat{n}}C_m^nC_s^m=[I-(\Phi^n\times)]C_m^n[I+(\Delta\Phi\times)] \tag{11.13}$$

展开式(11.13)，忽略二阶小量，同时考虑到

$$\begin{cases}\tan H_s = C'_{12}/C'_{22} \\ \tan\theta_s = -C'_{31}/C'_{33} \\ \sin\psi_s = C'_{32}\end{cases}$$

则可得

$$\tan(H_m + \delta H) = \frac{C_{12} + C_{22}\phi_U - C_{32}\phi_N - C_{11}\Delta\phi_z + C_{13}\Delta\phi_x}{C_{22} - C_{12}\phi_U + C_{32}\phi_E - C_{21}\Delta\phi_z + C_{23}\Delta\phi_x} \tag{11.14}$$

$$\tan(\theta_m + \delta\theta) = -\frac{C_{31} + C_{11}\phi_N - C_{21}\phi_E + C_{32}\Delta\phi_z - C_{33}\Delta\phi_y}{C_{33} + C_{13}\phi_N - C_{23}\phi_E + C_{31}\Delta\phi_y - C_{32}\Delta\phi_x} \tag{11.15}$$

$$\sin(\psi_m + \delta\psi) = C_{32} + C_{12}\phi_N - C_{22}\phi_E - C_{31}\Delta\phi_z + C_{33}\Delta\phi_x \tag{11.16}$$

对式(11.14) ~ 式(11.16) 左边进行线性化处理，右边按一阶泰勒级数展开，化简后可得

$$\delta H = -\frac{C_{12}C_{32}}{C_{12}^2 + C_{22}^2}\phi_E - \frac{C_{32}C_{22}}{C_{12}^2 + C_{22}^2}\phi_N + \phi_U + \frac{C_{13}C_{22} - C_{12}C_{23}}{C_{12}^2 + C_{22}^2}\Delta\phi_x + \frac{C_{12}C_{21} - C_{11}C_{22}}{C_{12}^2 + C_{22}^2}\Delta\phi_z \tag{11.17}$$

$$\delta\psi = \frac{-C_{22}}{\sqrt{1 - C_{32}^2}}\phi_E + \frac{C_{12}}{\sqrt{1 - C_{32}^2}}\phi_N + \frac{C_{33}}{\sqrt{1 - C_{32}^2}}\Delta\phi_x - \frac{C_{31}}{\sqrt{1 - C_{32}^2}}\Delta\phi_z \tag{11.18}$$

$$\delta\theta = \frac{C_{21}C_{33} - C_{31}C_{23}}{C_{31}^2 + C_{33}^2}\phi_E + \frac{C_{13}C_{31} - C_{11}C_{33}}{C_{31}^2 + C_{33}^2}\phi_N + \frac{C_{31}C_{32}}{C_{31}^2 + C_{33}^2}\Delta\phi_x + \Delta\phi_y - \frac{C_{32}C_{33}}{C_{31}^2 + C_{33}^2}\Delta\phi_z \tag{11.19}$$

将主 INS 的姿态误差归并入量测误差中，得到系统量测量为

$$\boldsymbol{Z}(t) = [\delta V_E \quad \delta V_N \quad \delta H \quad \delta\psi \quad \delta\theta]^T \tag{11.20}$$

系统量测方程即为

$$\boldsymbol{Z}(t) = \boldsymbol{H}(t)\boldsymbol{X}(t) + \boldsymbol{V}(t) \tag{11.21}$$

式中，$\boldsymbol{V}(t)$ 为量测噪声，且 $\boldsymbol{V}(t) \sim N(0, \boldsymbol{R})$；$\boldsymbol{H}(t)$ 为量测矩阵，即

$$\boldsymbol{H}(t) = \begin{bmatrix} \boldsymbol{O}_{2\times 3} & \boldsymbol{I}_{2\times 2} & \boldsymbol{O}_{2\times 3} & \boldsymbol{O}_{2\times 5} & \boldsymbol{O}_{2\times 3} & \boldsymbol{O}_{2\times 3} \\ \boldsymbol{H}_\phi & \boldsymbol{O}_{3\times 2} & \boldsymbol{H}_{\Delta\phi} & \boldsymbol{O}_{3\times 5} & \boldsymbol{H}_{\Delta\phi} & \boldsymbol{O}_{3\times 3} \end{bmatrix}$$

其中
$$\boldsymbol{H}_\phi = \begin{bmatrix} -C_{12}C_{32}f_H & -C_{22}C_{32}f_H & 1 \\ -C_{22}f_\psi & C_{12}f_\psi & 0 \\ (C_{21}C_{33} - C_{31}C_{23})f_\theta & (C_{13}C_{31} - C_{11}C_{33})f_\theta & 0 \end{bmatrix}$$

$$\boldsymbol{H}_{\Delta\phi} = \begin{bmatrix} (C_{13}C_{22} - C_{12}C_{23})f_H & 0 & (C_{12}C_{21} - C_{11}C_{22})f_H \\ C_{33}f_\psi & 0 & -C_{31}f_\psi \\ -C_{31}C_{32}f_\theta & 1 & -C_{32}C_{33}f_\theta \end{bmatrix}$$

$$f_H = 1/(C_{12}^2 + C_{22}^2), \quad f_\psi = 1/\sqrt{1 - C_{32}^2}, \quad f_\theta = 1/(C_{31}^2 + C_{33}^2)$$

11.4 舰载武器 SINS 的神经网络传递对准原理

11.4.1 神经网络传递对准方法存在的问题及解决方案

在动基座环境下，传递对准滤波估计的根本问题是，根据已知的系统信息和量测信息，如

何求得状态变量在某种准则下的最优估计值。如图 11.2 为多层神经网络代替卡尔曼滤波器的原理图。

考虑状态变量估计值$\hat{\boldsymbol{X}}_k$ 与量测信息为直接的映射关系，则

$$\hat{\boldsymbol{X}}_k = \widetilde{\boldsymbol{K}}_k \boldsymbol{Z}_k \tag{11.22}$$

其中，$\widetilde{\boldsymbol{K}}_k$ 反映了量测信息$\boldsymbol{Z}_k$ 与状态估计值$\hat{\boldsymbol{X}}_k$ 的非线性动态映射关系。

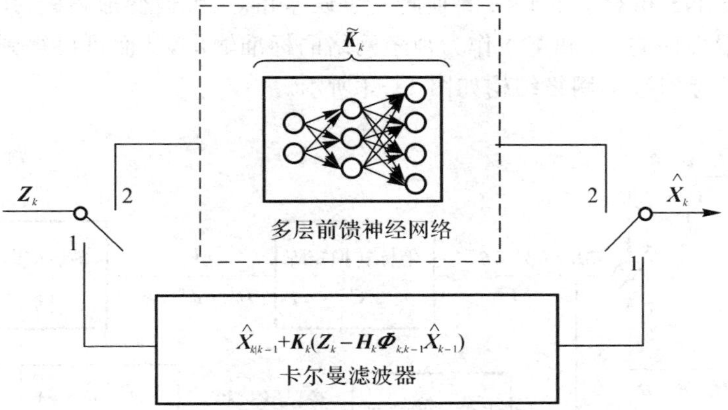

图 11.2　多层前馈神经网络代替卡尔曼滤波器的原理图

不同于静基座初始对准，在舰船摇摆环境下，如何对非线性、时变和具有不确定参数的动基座 SINS 实现传递对准存在以下两方面问题亟待解决：

(1) 舰载武器 SINS 传递对准系统是非线性的时变系统，常用的神经网络学习算法无法得到网络输入、输出之间的映射关系；

(2) 对于舰载武器 SINS 而言，由于 IMU(陀螺仪和加速度计) 沿武器轴向安装，当舰船航向发生改变时，相对失准角(包括安装误差角和弹性变形角) 在导航坐标系(n 系) 下的投影会发生改变，即主 INS 与子 SINS 的传递对准误差在 n 系的投影分量发生改变，从而使得训练后的神经网络失效。

针对神经网络应用于传递对准所存在的问题，提出以下解决方案：

(1) 采用基于卡尔曼滤波的神经网络学习算法，将神经网络的权值和阈值作为状态变量，每层神经元加权和输出作为量测矢量，利用状态方程和观测方程来表示前馈网络的时变特性。使网络的权值按照某种规律动态变化，从而达到对时变系统估计的目的。

(2) 为解决传递对准误差随舰船航向变化的问题，提出将神经网络的输入、输出投影到与舰船航向无关的坐标系中。通过分析可以得到 h 系满足这样的要求，n 系和 h 系之间的转换关系见下式：

$$\boldsymbol{C}_{\mathrm{n}}^{\mathrm{h}} = \begin{bmatrix} \cos\psi_{\mathrm{m}} & -\sin\psi_{\mathrm{m}} & 0 \\ \sin\psi_{\mathrm{m}} & \cos\psi_{\mathrm{m}} & 0 \\ 0 & 0 & 1 \end{bmatrix} \tag{11.23}$$

可以看出，h 系与 n 系之间仅需要一次欧拉角转换，而且当采用姿态角作为量测量时还不会增加主 INS 与子 SINS 之间信息传递的数据量(ψ_{m} 由主 INS 进行传递)。

11.4.2　舰载武器 SINS 传递对准的神经网络设计

一个待建模系统的输入、输出就是神经网络的输入、输出变量。根据 SINS 传递对准的要求，将子 SINS 数学平台失准角$\boldsymbol{\Phi}^n$、速度误差 $\delta\boldsymbol{V}^n$ 在轨迹水平坐标系（h 系）中的投影分量（$\boldsymbol{\Phi}^h$ 和 $\delta\boldsymbol{V}^h$），以及子 SINS 相对于主 INS 的轴向安装误差角$\boldsymbol{\lambda}^s$、弹性变形角$\boldsymbol{\theta}^s$、弹性变形角速度$\boldsymbol{\omega}^s$ 和子 SINS 惯性器件误差（$\boldsymbol{\varepsilon}^s$ 和 $\boldsymbol{\nabla}^s$）作为神经网络的标准输出，从而可以得到神经网络应用于舰载武器 SINS 传递对准的网络结构如图 11.3 所示。

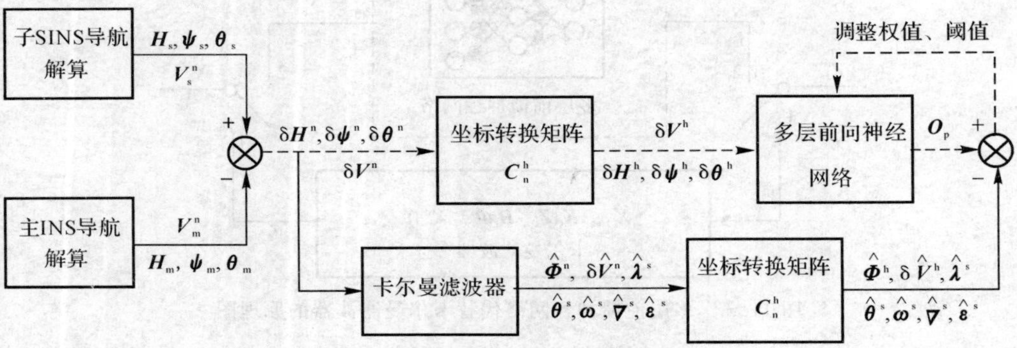

图 11.3　神经网络的输入、输出节点设计

(1) 神经网络训练样本的获取。将主 INS 与子 SINS 导航解算的 n 系下速度和姿态的差值（$\delta\boldsymbol{V}^n$，$\delta\boldsymbol{H}^n$，$\delta\boldsymbol{\psi}^n$ 和 $\delta\boldsymbol{\theta}^n$）作为卡尔曼滤波器量测量进行滤波估计，得到神经网络的期望输出样本。

(2) 神经网络的训练。将卡尔曼滤波器状态估计值经转换矩阵$\boldsymbol{C}_n^h$转换至轨迹水平坐标系（h 系），将得到的$\hat{\boldsymbol{\Phi}}^h$，$\delta\hat{\boldsymbol{V}}^h$，$\hat{\boldsymbol{\lambda}}^s$，$\hat{\boldsymbol{\theta}}^s$，$\hat{\boldsymbol{\omega}}^s$，$\hat{\boldsymbol{\varepsilon}}^s$ 和 $\hat{\boldsymbol{\nabla}}^s$作为神经网络的标准输出对网络进行训练，并在线调整网络的权值和阈值，直至神经网络的输出与期望输出之间的误差达到所允许的范围。

(3) 神经网络的估计。待网络训练结束后，将重新采集到的量测量 $\delta\boldsymbol{V}^n$，$\delta\boldsymbol{H}^n$，$\delta\boldsymbol{\psi}^n$ 和 $\delta\boldsymbol{\theta}^n$ 经坐标转换至轨迹水平坐标系（h 系）后，输入神经网络即可得到相应的映射输出$\hat{\boldsymbol{\Phi}}^h$，$\delta\hat{\boldsymbol{V}}^h$，$\hat{\boldsymbol{\lambda}}^s$，$\hat{\boldsymbol{\theta}}^s$，$\hat{\boldsymbol{\omega}}^s$，$\hat{\boldsymbol{\varepsilon}}^s$ 和 $\hat{\boldsymbol{\nabla}}^s$。

(4) 状态估计值的校正。将网络输出$\hat{\boldsymbol{\Phi}}^h$，$\delta\hat{\boldsymbol{V}}^h$ 经坐标反变换至导航坐标系（n 系），得到$\hat{\boldsymbol{\Phi}}^n$，$\delta\hat{\boldsymbol{V}}^n$，并对子 SINS 实施校正，即完成了子 SINS 的初始化。

在确定隐层节点之前，首先必须确定多层神经网络的隐层数。由 Hecht-Nielsen 定理可知，只要有一个隐层，且隐层节点个数足够，就可以对非线性函数无限逼近。而目前隐层节点的设计还没有一个确定的方法，一般常用的方法是试凑法。隐层节点的作用是从样本中提取并存储其内在规律的，每个隐层节点有若干个权值，而每个权值都是增强网络映射能力的一个参数。

在传递对准神经网络设计过程中，可先设置较少的隐层节点来训练网络，然后逐渐增加隐层节点数，用同一样本集进行训练，从中确定神经网络误差最小时对应的隐层节点数。在实际应用中，可用一些确定隐层节点数的经验公式。这些公式计算出来的隐层节点数只是一种粗略的估计值，可作为试凑法的初始值，即

$$\left.\begin{aligned} m &= \sqrt{n+l}+\alpha \\ m &= \lg 2^n \\ m &= \sqrt{nl} \end{aligned}\right\} \tag{11.24}$$

式中，m 为隐层节点数；n 为输入层节点数；l 为输出节点数；α 为 1 ～ 10 之间的常数。

11.4.3　舰载武器 SINS 神经网络传递对准工作原理

神经网络要获得某种映射能力，首先需要对其进行训练，即神经网络自身的学习过程。针对舰载武器 SINS 传递对准的情况，可以通过其他传感器如电磁计程仪、多普勒计程仪、GPS 定姿系统等获得，也可以通过卡尔曼滤波、小波滤波等方法获得。而这里将以卡尔曼滤波器的状态估计值作为神经网络的期望输出，如图 11.4 所示为神经网络应用于传递对准的工作原理框图。

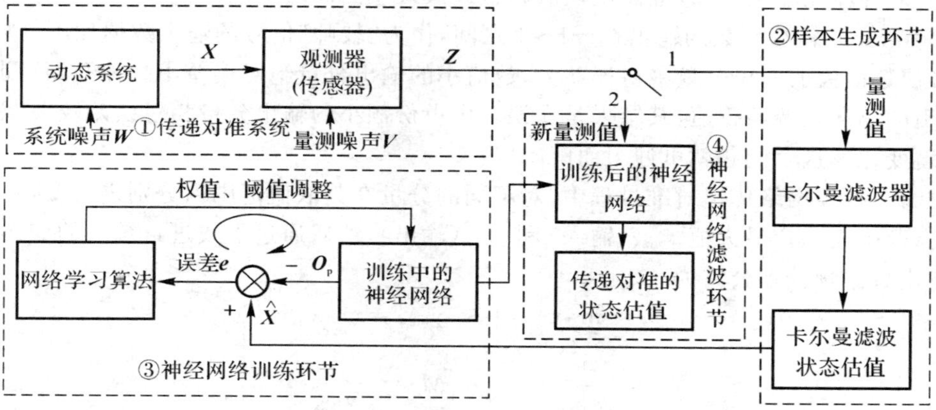

图 11.4　神经网络应用于传递对准的工作原理

在舰载武器 SINS 的传递对准过程中，神经网络的工作过程可以分为两个阶段，即神经网络的训练阶段和独立工作阶段。

(1) 神经网络训练阶段：建立速度加姿态匹配传递对准的卡尔曼滤波器模型。通过滤波方法得到 P 组样本对网络进行训练。如图 11.4 所示，当系统处于状态 ① 时，网络处于训练阶段，$\boldsymbol{e}$ 为网络的输出 $\boldsymbol{O}_{\mathrm{p}}$ 与样本期望输出 $\hat{\boldsymbol{X}}$ 之间的误差。经过反复训练，对权值和阈值进行修正，直至 $\boldsymbol{e}$ 趋向于允许最大值，神经网络训练宣告结束，网络的权值和阈值被最终确定。

(2) 神经网络工作阶段：神经网络训练结束后即可处于状态 ②。此时便可以将卡尔曼滤波器撤除，由神经网络独立地完成舰载武器 SINS 的传递对准。

综上所述，建立正确的神经网络，其关键是需要精确的输入、输出训练样本值，而不要求给出输入、输出量的数学模型，这里采用卡尔曼滤波器提供神经网络的训练样本。另外，由于传递对准过程中，网络的各个输入、输出数据常常具有不同的量纲，且 Sigmoid 转移函数的输入、输出限制在 −1 ～ 1 之间，所以对样本数据进行一定的预处理也是必需的。

11.4.4 神经网络样本数据的预处理

训练神经网络时，利用卡尔曼滤波器获得网络训练样本。将卡尔曼滤波量测值经坐标变换之后作为神经网络的输入，即 $\boldsymbol{I}=\boldsymbol{Z}_{\text{sample}}$；将卡尔曼滤波器输出经坐标变换作为神经网络的期望输出，即 $\boldsymbol{O}=\boldsymbol{X}_{\text{sample}}$。接下来的尺度变换，是指通过变换处理将网络的输入、输出数据限制在 $[-1,1]$ 区间内。进行尺度变换的主要原因有以下几点：

(1) 由于传递对准过程中，神经网络的各个输入数据常常具有不同的物理意义和不同的量纲，如速度误差分量在 $-30\sim30$ m/s 范围内变化，而失准角误差分量在 $1\times10^{-3}\sim1\times10^{-1}$ 范围内变化；尺度变换使所有分量都在 $-1\sim1$ 之间变化，从而使神经网络训练从一开始就给各输入分量以同等重要的地位。

(2)多层前馈神经网络的神经元均采用 Sigmoid 转移函数，变化后可防止因净输入的绝对值过大而使神经元输出饱和，继而使权值调整进入误差曲面的平坦区。

(3)Sigmoid 转移函数的输出在 $-1\sim1$ 之间，作为“教师”信号的输出数据如不进行变化处理，势必使数值大的输出分量绝对误差大，数值小的输出分量绝对误差小。神经网络训练时只针对输出的总误差调整权值，其结果是在误差中占份额小的输出分量相对误差较大，对输出量进行尺度变化后这个问题就可迎刃而解。

因此，在神经网络传递对准过程中，对不同的分量在其取值范围内分别进行变化。首先在整个数据范围内确定最大值 $x_{\max}$（输入）和 $y_{\max}$（输出），然后通过下式进行统一的变换处理，即输入、输出数据预处理公式为

$$\left.\begin{aligned} &x_{\max}=\max_{x\in I}|x_i|, && y_{\max}=\max_{y\in O}|y_i| \\ &M_1=\frac{1}{\beta x_{\max}}, && M_2=\frac{1}{\beta y_{\max}} \\ &\tilde{x}_i=x_iM_1, && \tilde{y}_i=y_iM_2 \end{aligned}\right\} \tag{11.25}$$

11.5 舰载武器 SINS 神经网络传递对准的仿真实例

下面对提出的舰船在航行状态下舰载武器 SINS 神经网络的传递对准方法进行仿真验证。采用三层神经网络模型，基于卡尔曼滤波的神经网络学习算法仿真参数取：

(1) 输入层节点数：$N_0=5$；隐层节点数：$N_1=18$；输出层节点数：$N_2=19$。

(2) 隐层学习率：$\mu_1=0.01$；隐层遗忘因子：$b_1=0.98$；输出层遗忘因子：$b_2=0.98$。

(3)Sigmoid 函数斜率：$a=2/3$。

(4) 神经网络初始权值：$\boldsymbol{W}_1=0.1\ \text{rand}(18,6)$，$\boldsymbol{W}_2=0.1\ \text{rand}(19,19)$。

(5) 估计误差方差阵初值：隐层误差方差阵初值 $\boldsymbol{P}_1^{-1}=1\times10^{-4}\boldsymbol{I}_{19\times19}$，输出层误差方差阵初值 $\boldsymbol{P}_2^{-1}=1\times10^{-4}\boldsymbol{I}_{20\times20}$。

(6) 输入、输出数据预处理系数：$\beta=500$。

对所设计的传递对准方案进行卡尔曼滤波仿真获得神经网络的训练样本集，舰载武器 SINS 的陀螺仪零位漂移为 0.1 °/h，加速度计零位偏置为 100 μg。舰船利用充裕的时间获取

卡尔曼滤波估计值,并将其作为期望值对神经网络进行训练。随后,当舰载武器需要发射时,采用训练好的神经网络进行舰载武器 SINS 的传递对准即可。

为了更加逼近真实的环境,认为舰船在神经网络训练阶段和武器发射阶段所处的航行状态不同,当神经网络处于学习状态时,由卡尔曼滤波器获得期望样本对神经网络进行训练;而在神经网络的对准阶段,将此时所获得的观测量输入神经网络进行状态估计,以检验神经网络应用于传递对准的有效性(见表 11.1)。

表 11.1　舰船不同航行状态下的参数

网络状态 / 舰船参数	网络学习阶段	网络对准阶段
航向 /(°)	20	25
纬度(N)/(°)	33	33
经度(E)/(°)	10	15
速度 /($m \cdot s^{-1}$)	10	11

11.5.1　基于速度加姿态匹配的神经网络学习过程

通过卡尔曼滤波器所得到的滤波估计值作为样本对神经网络进行训练,可以得到网络学习过程中各状态变量在不同迭代次数时的训练误差(见表 11.2),得到神经网络训练的均方误差曲线如图 11.5 ～ 图 11.8 所示。

表 11.2　神经网络的训练误差

迭代次数 / 迭代精度	1 步	10 步	25 步	40 步	50 步
ϕ_x^h/(′)	43.464 6	0.171 4	0.158 9	0.153 9	0.167 4
ϕ_y^h/(′)	393.722 2	0.081 1	0.023 2	0.060 8	0.017 6
ϕ_z^h/(′)	89.176 7	0.011 7	0.008 3	0.036 7	0.002 7
δV_x^h/($m \cdot s^{-1}$)	69.814 7	0.009 3	0.003 5	0.003 7	0.003 2
δV_y^h/($m \cdot s^{-1}$)	73.168 4	0.008 6	0.005 2	0.005 8	0.004 8
λ_x/(′)	138.536 9	0.010 6	0.000 3	0.009 4	0.005 1
λ_y/(′)	397.508 0	0.059 4	0.014 0	0.025 8	0.020 8
λ_z/(′)	183.241 0	0.006 4	0.009 1	0.038 4	0.002 3
ε_x/(°/h)	0.949 8	0.009 8	0.010 1	0.009 5	0.010 5
ε_y/(°/h)	0.324 3	0.003 1	0.000 2	0.000 4	0.000 8
ε_z/(°/h)	0.019 4	0.001 6	0.001 4	0.001 4	0.001 5
∇_x/μg	115.891 9	1.239 8	0.006 0	0.683 3	0.235 6

续 表

迭代精度 \ 迭代次数	1 步	10 步	25 步	40 步	50 步
$\nabla_z/\mu g$	1.622 4	3.621 0	2.890 7	2.284 2	2.627 8
$\theta_x/(')$	29.952 2	0.119 6	0.028 8	0.051 8	0.030 6
$\theta_y/(')$	1.658 5	0.006 8	0.007 3	0.010 3	0.001 5
$\theta_z/(')$	19.245 5	0.091 7	0.061 3	0.087 1	0.050 5
$\omega_x/('/\mathrm{s})$	2.042 7	0.022 4	0.021 4	0.011 5	0.017 5
$\omega_y/('/\mathrm{s})$	0.066 5	0.000 7	0.000 8	0.000 1	0.000 5
$\omega_z/('/\mathrm{s})$	0.533 9	0.008 0	0.001 8	0.000 0	0.002 8

可见，随着时间的推移，网络训练误差逐渐减小，当网络输出与期望输出之间的误差达到系统所要求的精度时，网络训练即可结束，从而网络的权值和阈值也最终确定。网络训练结束时，迭代次数为 50 步，总用时为 13.103 265 s，训练总误差为 $2.470\ 9\times10^{-6}$。

图 11.5 表示了神经网络对 ϕ_x^{h} 的学习误差。可以得到基于卡尔曼滤波学习算法的神经网络，经过 5 次迭代后，3 个方向的失准角（轨迹水平坐标系 h 上的投影分量）即可达到 1′ 的学习精度。在网络进行 10 次迭代后，ϕ_x^{h} 的学习误差便能够保持在 0.5′ 的范围之内（相对于卡尔曼滤波器样本值而言）。表 11.2 列出了神经网络学习过程中，网络 19 个状态变量在不同迭代次数时的学习误差。同样地，如图 11.6 所示，对于 h 系下 x 轴向的速度误差分量 δV_x^{h} 来说，神经网络经过 10 次迭代，通过学习即可达到 0.01 m/s 的精度（相对于卡尔曼滤波器样本值而言）。

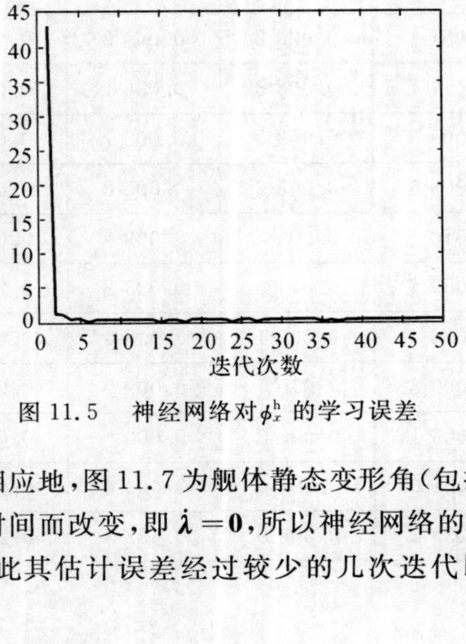

图 11.5　神经网络对 ϕ_x^{h} 的学习误差

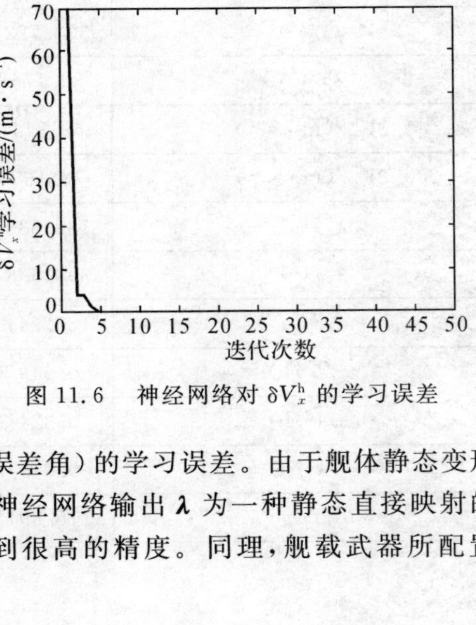

图 11.6　神经网络对 δV_x^{h} 的学习误差

相应地，图 11.7 为舰体静态变形角（包括安装误差角）的学习误差。由于舰体静态变形角不随时间而改变，即 $\dot{\boldsymbol{\lambda}}=\mathbf{0}$，所以神经网络的输入与神经网络输出 $\boldsymbol{\lambda}$ 为一种静态直接映射的关系，因此其估计误差经过较少的几次迭代即可达到很高的精度。同理，舰载武器所配置的

IMU 在开机稳定工作的前提下，惯性器件的零位误差为随机常值，经过卡尔曼滤波估计值迭代学习后，神经网络也可以获得这种静态映射的关系。然而实际上由于惯性器件零位误差可观测性较差，卡尔曼滤波估计值是一种时变量而并非常值，尤其对于可观测较差的加速度计零位偏置，所以，神经网络对惯性器件误差的估计是一种动态映射过程，其学习误差曲线如图 11.8 所示，加速度计零位偏置能够达到 3 μg 的学习精度(相对于期望样本而言)。

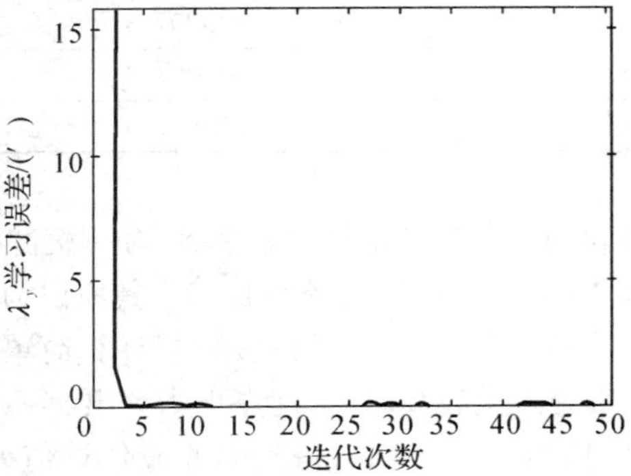

图 11.7　神经网络对λ_y 的学习误差

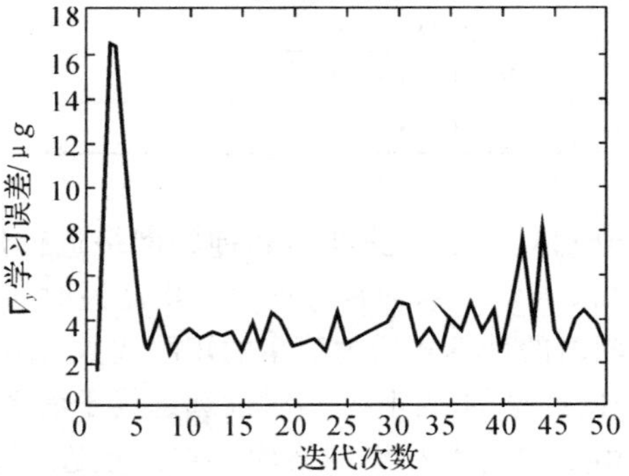

图 11.8　神经网络对 ∇_y学习误差

以上基于卡尔曼滤波学习算法对神经网络进行了训练，得到了网络各个状态变量的学习误差，并对其误差精度进行了分析。通过以上分析可以得出如下结论：

(1) 基于卡尔曼滤波学习算法的神经网络，其学习误差曲线较为平滑，且各状态变量的学习误差在很少的迭代次数内即可收敛，并趋于稳定，达到系统所要求的精度，克服了BP等传统算法收敛速度慢、易陷入极小点、对噪声特性敏感等缺点。

(2) 基于卡尔曼滤波学习算法的神经网络以轨迹水平坐标系(h 系)下的主 INS 与子 SINS 的速度误差和姿态误差作为神经网络的输入，以主 INS 与子 SINS 相对速度误差和平台失准角在 h 系下的分量作为期望输出，避免了由于舰船航向的不同而需要获取大量的"冗余信息"。另外，神经网络的输出与舰船的航向无关，只与造成传递对准误差的相对误差角(舰船静态变形角和动态变形角)、惯性器件误差等有关。

(3) 基于卡尔曼滤波学习算法的神经网络以速度误差和姿态误差作为网络的输入，样本数据的有效信息丰富，有利于网络形成正确的输入、输出映射，同时还有利于网络稳定性和泛化能力的提高。

11.5.2　基于速度加姿态匹配的神经网络传递对准仿真

在神经网络训练达到所要求的精度后，断开卡尔曼滤波器，将神经网络独立地应用于传递对准过程。为进一步检验网络对有效信息的学习效果及其对未学习样本的泛化能力，采用在舰载武器发射时所获取的观测量来对神经网络进行传递对准的检验。表 11.3 列出了神经网络和卡尔曼滤波器分别应用于传递对准时的误差估计精度。

表 11.3 舰载武器 SINS 传递对准的精度

估计精度 \ 滤波器	卡尔曼滤波	神经网络滤波
$\phi_E/(')$	−0.225 7	−0.113 8
$\phi_N/(')$	−0.095 1	−0.207 7
$\phi_U/(')$	0.395 5	0.297 3
$\delta V_E/(\mathrm{m\cdot s^{-1}})$	0.002 4	0.001 3
$\delta V_N/(\mathrm{m\cdot s^{-1}})$	−0.000 8	0.002 0

分别对卡尔曼滤波器和神经网络进行传递对准仿真，其中卡尔曼滤波器平均一次滤波时间为0.025 399 s，而神经网络一次滤波时间为$2.884\ 2\times10^{-4}$ s，仅为前者的1/88。其原因为多层神经网络的计算式均为简单的矩阵代数式，没有求逆计算过程，比卡尔曼滤波方程计算简单。因此，一次递推的时间少，实时性远远优于前者，特别是系统阶次较高时，其优点更为突出。

由于之前对神经网络输入观测量进行了预处理，所以由神经网络得到的滤波估计值$\boldsymbol{\Phi}^h$和$\delta\boldsymbol{V}^h$需要经过转换矩阵$\boldsymbol{C}_h^n$（由舰载主INS实时传递$\boldsymbol{H}_m$得到）转换得到子SINS的数学平台失准角估计值$\hat{\boldsymbol{\Phi}}^n=[\phi_E\quad\phi_N\quad\phi_U]^T$和速度误差估计值$\delta\hat{\boldsymbol{V}}^n=[\delta V_E\quad\delta V_N]^T$。图11.9～图11.12所示为子 SINS 传递对准的姿态误差。

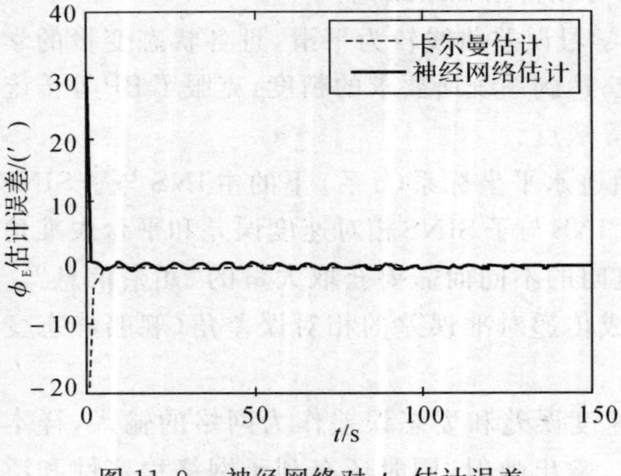

图 11.9 神经网络对 ϕ_E 估计误差

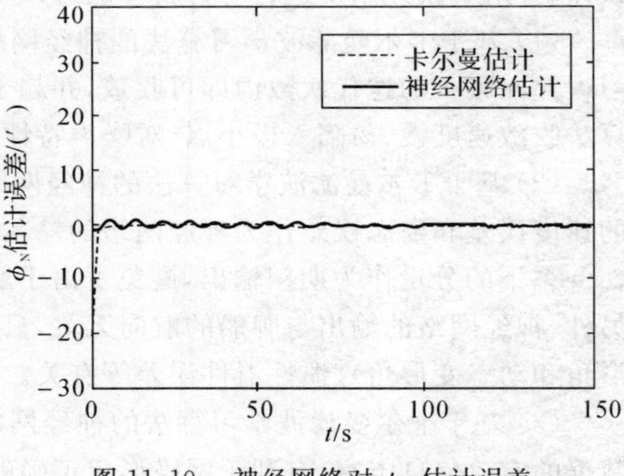

图 11.10 神经网络对 ϕ_N 估计误差

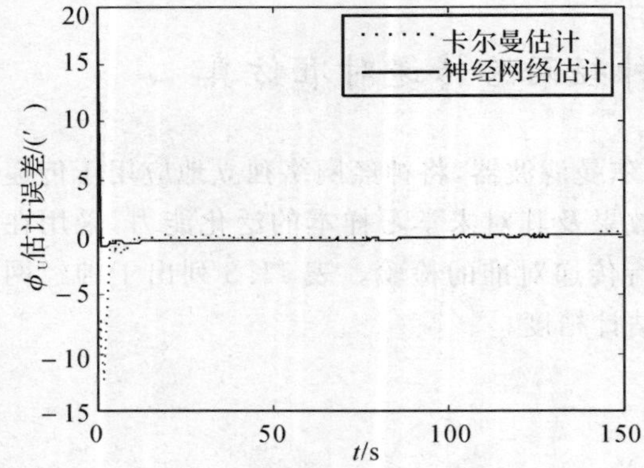

图 11.11 神经网络对 ϕ_U 估计误差

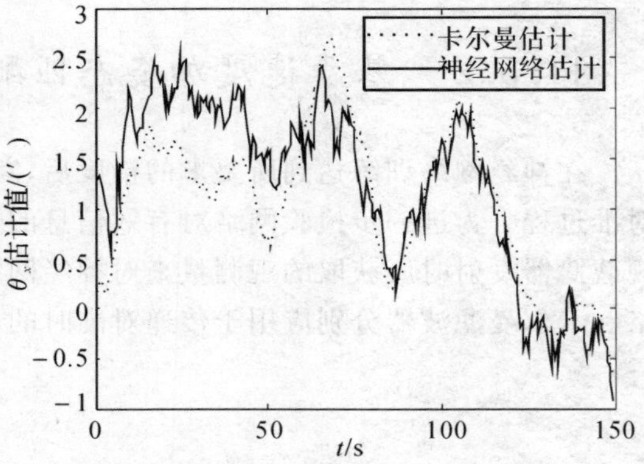

图 11.12 神经网络对 θ_x 估计值

将神经网络应用于传递对准，在初始时间段内的水平对准精度稍低，但精度仍然能够达到 1′ 以内，这是由于舰船自身存在摇摆角运动。因此，作为神经网络输入的主 INS 与子 SINS 速度、姿态的差值也必然类似正弦波动，从而神经网络在对该输入进行映射的过程中也必然存在着类似的不稳定。而由于网络本身具有鲁棒性和泛化能力，所以随着时间的增长，水平失准角将会逐渐收敛至 0.5′ 以内。在神经网络滤波中，方位对准精度较高，对舰船摇摆运动不敏感，对准精度始终能够保持在 0.5′ 的范围之内。因此，基于速度加姿态匹配的神经网络不但具有泛化能力，而且与卡尔曼滤波器的精度相当，见表 11.3。同时，训练后的网络简化了系统运算的代数结构，提高了系统状态估值运算的实时性。

图 11.12 表示了神经网络对舰船弹性变形角 θ_x 的估计值。从图中可以看出，神经网络对于弹性变形角的估计可以达到与卡尔曼滤波器相当的精度，而且神经网络不需要建立较为复杂的弹性变形模型（如卡尔曼滤波器中的试验建模方法），即可达到与卡尔曼滤波器相当的精度。

11.5.3　神经网络用于传递对准的特性分析

为了分析初始方差阵对神经网络学习过程的影响，将基于卡尔曼滤波的学习算法应用于神经网络的学习过程，以所得到的卡尔曼滤波估计值作为神经网络训练样本。取神经网络学习时的估计误差方差阵初值$\boldsymbol{P}^{-1}(0)$ 分别为$10^4\boldsymbol{I}$，$10^1\boldsymbol{I}$，$\boldsymbol{I}$，$10^{-1}\boldsymbol{I}$ 和$10^{-4}\boldsymbol{I}$。分别进行神经网络的训练，得到如图 11.13 和图 11.14 所示的状态变量均方误差曲线。

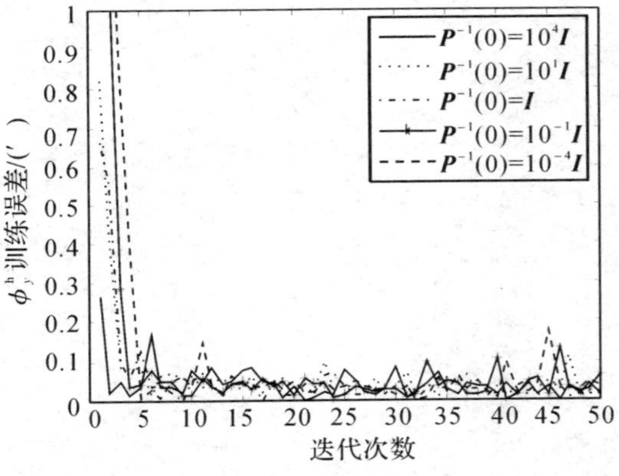

图 11.13　初始方差阵对 ϕ_y^h 的影响

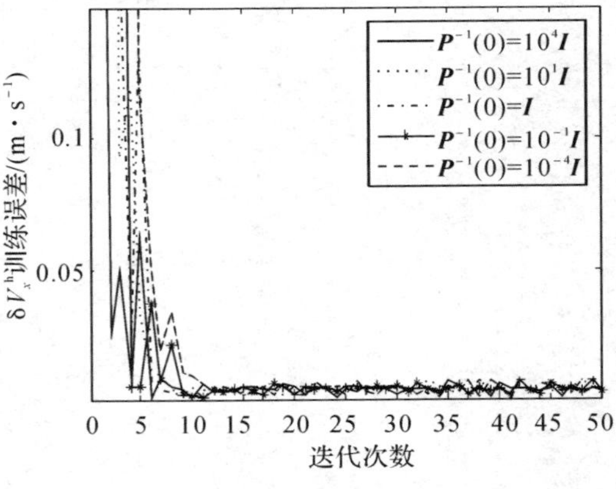

图 11.14　初始方差阵对 δV_x^h 的影响

从图 11.13 和图 11.14 可以看出：基于卡尔曼滤波学习算法的神经网络在学习过程中，初始方差阵$\boldsymbol{P}^{-1}(0)$ 对其具有一定的影响。$\boldsymbol{P}^{-1}(0)$ 越大，均方误差收敛越快，但是$\boldsymbol{P}^{-1}(0)$ 太大时卡尔曼滤波学习算法会加剧振荡；$\boldsymbol{P}^{-1}(0)$ 越小，均方根误差收敛则较平缓，但是$\boldsymbol{P}^{-1}(0)$ 太小时均方误差收敛也较慢。而通过以上分析可知，这里所采用的基于卡尔曼滤波的神经网络学习算法对初始方差阵$\boldsymbol{P}^{-1}(0)$ 没有严格的要求，只要$\boldsymbol{P}^{-1}(0) \in (10^{-4}, 10^4)$ 范围之内，那么神经网络的迭代估计误差通过十几步甚至几十步的迭代即可达到所要求的精度，克服了以往传统学习算法对初值设置较为敏感而需要进行反复试验的缺点。

11.6 本章小结

本章针对卡尔曼滤波器应用于传递对准时，由于滤波器运算时间与系统阶次 n 的三次方成正比而失去实时性的问题，给出了一种适用于舰载武器SINS动基座传递对准的多层神经网络滤波方案。该滤波方案具有以下特点：① 神经网络运用线性卡尔曼滤波学习算法在线调整网络权值，各状态变量的估计误差在很少的迭代次数内即可收敛，并趋于稳定；② 不要求建立实际系统的辨识格式，而是通过在神经网络外部拟合系统的输入、输出，神经网络内部归纳隐含在系统输入、输出数据中的系统特性来完成传递对准；③ 通过引入轨迹水平坐标系解决了传递对准误差的投影矢量随舰船航向而发生变化的问题，使得神经网络输出只与造成传递对准误差的相对误差角和惯性器件误差有关；④ 不仅简化了系统运算的代数结构，提高了舰载武器 SINS 状态估计的实时性，而且对准精度与采用卡尔曼滤波器时的精度相当。

第12章 神经网络在机载武器传递对准中的应用

12.1 引 言

为了提高机载武器系统的智能化水平与快速反应能力，希望利用神经网络代替卡尔曼滤波器的功能，以实现空中传递对准及标定过程的智能化和快速性，进一步实现提高系统导航精度的目的。本章提出了一种基于神经网络的机载导弹捷联式惯导系统动基座传递对准方法。考虑到在载机和武器飞行过程中，陀螺仪和加速度计的特性是不变的，将弹载子惯导陀螺仪和加速度计的输出值作为输入样本，机载主惯导陀螺仪和加速度计的输出值与输入样本之间的差值作为输出样本，训练神经网络。但构造输入样本时，由于在训练神经网络过程中，导弹悬挂在载机机翼处，因此输入样本中包含由安装误差、杆臂效应误差和弹性变形误差引起的测量误差，这与导弹自由飞行时子惯导陀螺仪和加速度计的输出值中包含的误差并不相符。

为解决这一问题，首先建立了主、子惯导之间的安装误差角、弹性变形角和弹性变形角速度的误差模型，采用主、子惯导陀螺仪输出值之间的差值作为观测量。由卡尔曼滤波器估计出弹载子惯导的安装误差角及弹性变形角速度，并根据杆臂长度和主惯导陀螺仪的输出值计算出杆臂效应误差，然后根据主、子惯导陀螺仪和加速度计输出值之间的转换关系，补偿弹载子惯导陀螺仪和加速度计测量值中的相应误差，这时得到的训练输入样本能够真实地模拟导弹实际自由飞行时的情况。在导弹发射后的自由飞行段，将弹载子惯导陀螺仪和加速度计的测量值实时输入神经网络滤波器，通过神经网络滤波器进行对准和标定后能够消除陀螺仪和加速度计测量值中由确定性误差（刻度因数、零偏等）和不对准角误差引起的测量误差。最后，将校正后的陀螺仪和加速度计的测量值送入导航计算机，解算经过校正后的精确导航参数。

另外，远程巡航导弹由于飞行距离远、航行时间长，对导航定位的自主性和精确性提出了很高的要求。惯导系统以其短时、精度高、自主性强、信息连续性好等优点而被广泛采用，但它也存在自身不可克服的缺点，即误差随时间不断积累。为了克服其缺点，目前普遍采用基于惯性导航的组合导航系统。根据对巡航导弹自主性及隐蔽性的要求，需要完全自主的导航系统，并且由于远程巡航导弹的飞行高度大多在20 000 m以上，观测星体比较容易，所以天文导航系统（Celestial Navigation System，CNS）与捷联式惯导系统（SINS）进行组合是最佳选择。近年来，SINS技术得到飞速发展，为了弥补SINS的误差随时间不断积累的缺陷，在弹上安装天文导航系统，组成SINS/CNS导航系统，这样既提高了导航的自主性及精度，同时又为SINS采用新的对准与标定补偿方法提供了有利的硬件条件。

陀螺仪和加速度计作为SINS的重要元器件，由于其误差难以控制，通常这项误差约占系统误差的80%左右，而惯性器件误差又可分成确定性误差和随机误差。确定性误差是由系统性干扰引起的。由于具有一定的规律性，所以确定性误差可以通过测试与标定试验，建立数学模型,在使用时加以消除。补偿确定性误差后剩下的残差是随机误差,它是由随机干扰引起的,是无规律性且随时间变化的,由于无法预先补偿,所以随机误差成为惯导的主要误差源。目前,对惯导系统随机误差进行数据处理的常用方法是卡尔曼滤波。但卡尔曼滤波器的运算时间与系统阶次的三次方成正比。当系统模型的阶次较高时,滤波器会失去实时性,而且卡尔曼滤波要求系统噪声和测量噪声必须为已知量级的白噪声序列,而实际上由于陀螺仪漂移的随机时变性以及噪声和偏差并存的特性,往往使建立的系统模型在工程应用时不能完全满足卡尔曼滤波器的设计要求。

针对以上问题,本章以空射远程巡航导弹的弹载 SINS 为对象,介绍了一种基于天文观测信息和神经网络相结合的SINS动基座在线快速、高精度对准与标定方法。利用导弹悬挂在机翼处训练的神经网络构造导弹自由飞行时的状态,在导弹发射后的自由飞行段通过神经网络滤波器实时对SINS进行在线对准与标定,以消除陀螺仪和加速度计测量值中由确定性误差引起的测量误差。对于长时间飞行的远程巡航导弹,为了进一步修正弹载SINS陀螺仪和加速度计随机噪声积累所造成的导航误差,再利用星敏感器提供的精确姿态信息对弹载SINS的姿态矩阵进行对准与标定,进一步达到减小由于随机噪声积累造成的弹载SINS导航误差的目的。

12.2 主、子惯导之间测量误差建模

由于主惯导系统位于飞机质心处,而弹载子捷联式惯导系统(本章简称子惯导)位于机翼处,所以子惯导与主惯导位置不重合。另外,考虑到与机载主惯导和弹载子惯导相连接的机体相当于一个大的弹性体,当飞机的机翼发生弯曲变形时,将会对弹载子惯导的3个姿态角产生影响,从而使弹载子惯导与机载主惯导之间产生由于安装误差角、杆臂效应误差和弹性变形误差等引起的测量误差。

12.2.1 安装误差角

安装误差角,即子惯导系统安装时,其3个坐标轴与主惯导的3个坐标轴之间的夹角见图12.1。由于主、子惯导安装后位置不再变化,所以可认为安装误差角 $\boldsymbol{\Psi}$ 是随机常值,满足:

$$\dot{\boldsymbol{\Psi}}=\mathbf{0} \tag{12.1}$$

式中,$\boldsymbol{\Psi}=[\Psi_x \quad \Psi_y \quad \Psi_z]^{\mathrm{T}}$,$\Psi_x$,$\Psi_y$ 和 Ψ_z 分别表示沿子惯导系统各个坐标轴方向上的安装误差角。

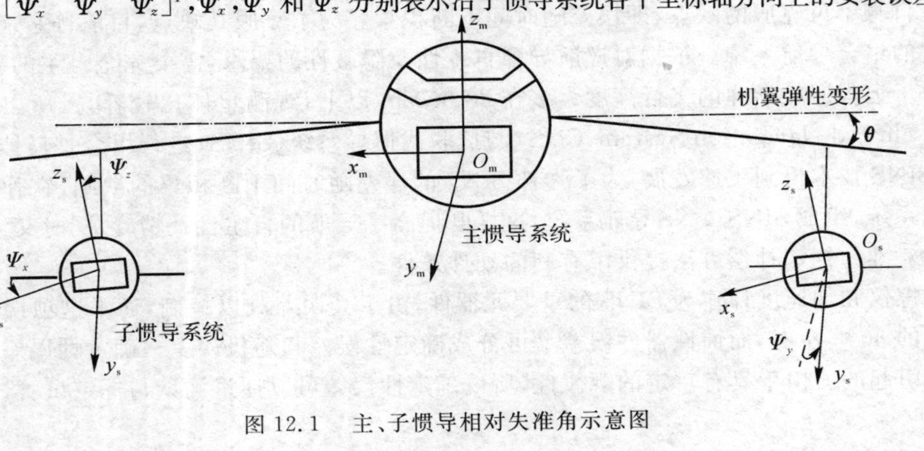

图 12.1 主、子惯导相对失准角示意图

12.2.2　杆臂效应误差

悬挂于机翼处的导弹与载机质心之间有一定的距离，因此飞机自身的刚体旋转和主、子惯导之间的物理分离会引起子惯导的加速度计测量误差。图 12.2 表示了杆臂效应误差的作用原理。

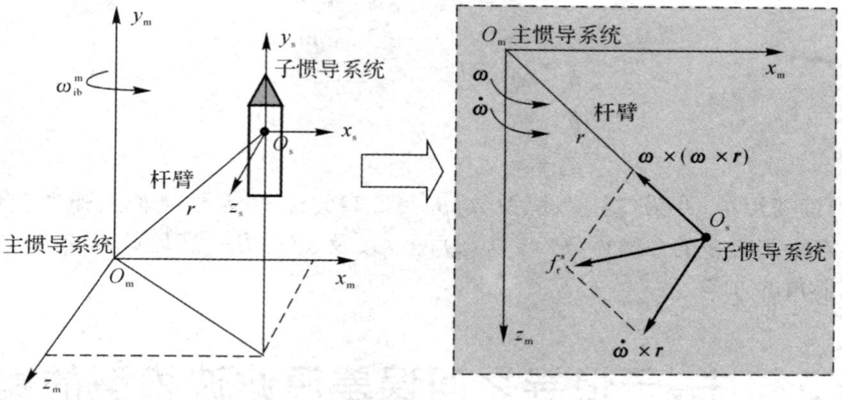

图 12.2　杆臂效应误差的作用原理

设 $\boldsymbol{r}$ 为主、子惯导的安装距离即杆臂长度；$\boldsymbol{f}_b^s$ 为子惯导加速度计所测量的比力，$\boldsymbol{f}_b^m$ 为主惯导加速度计所测量的比力，$\boldsymbol{\omega}_{ib}^m$ 为主惯导测量的角速度，则杆臂效应误差的表达式为

$$\boldsymbol{f}_r^s = \dot{\boldsymbol{\omega}}_{ib}^m \times \boldsymbol{r} + \boldsymbol{\omega}_{ib}^m \times (\boldsymbol{\omega}_{ib}^m \times \boldsymbol{r}) \tag{12.2}$$

12.2.3　弹性变形误差

考虑到机体相当于一个大的弹性体，当飞行时机翼将产生弹性变形。载机在飞行中的弹性变形主要有两种：一种是有机动动作时产生的挠性慢变形；另一种是载体内部振源或阵风等使机体产生的颤振变形。由于空气动力具有随机性，所以可将颤振变形用带有随机相位的正弦函数表示为

$$S_i = A_i \sin(2\pi f_i t + \phi_i) \tag{12.3}$$

式中，A_i 为振幅；f_i 为颤振频率（$i = x, y, z$）。

由于机翼为机械系统，其颤振频率一般不高，为几十赫，ϕ_i 为$[0, 2\pi]$上均匀分布的随机相位。由于滤波周期通常远大于机翼颤振周期，并且颤振相位为随机相位，所以可将机翼颤振引起的变形误差看作挠性慢变形的白噪声误差来处理。

因此，机体的挠性慢变形和颤振变形可以统一为一个随时间变化的弹性变形角 $\boldsymbol{\theta}$（见图 12.1）。当弹性变形随时间变化时，子惯导陀螺仪将测量到一个附加的角速度 $\dot{\boldsymbol{\theta}}$。在同时存在安装误差角的情况下，子惯导相对于主惯导的总失准角 $\boldsymbol{\delta}$ 为

$$\boldsymbol{\delta} = \boldsymbol{\Psi} + \boldsymbol{\theta} \tag{12.4}$$

式中，$\boldsymbol{\delta} = [\delta_x \quad \delta_y \quad \delta_z]^T$；$\boldsymbol{\theta} = [\theta_x \quad \theta_y \quad \theta_z]^T$。

与主惯导和子惯导相连接的弹性机体，在变形的情况下具有惯性和恢复力矩，应选择至少

两个过程噪声来定义每个轴上的运动。选择 3 个这样的独立过程，即航向、俯仰及滚转方向，对于每个轴上的弹性变形，均用一个二阶模型来表示，其传递函数为

$$\frac{\theta_i}{\rho_i}=\frac{1}{s^2+2\beta_i s+(\beta_i)^2} \tag{12.5}$$

从而 3 个方向上的弹性变形角所满足的方程为

$$\left.\begin{aligned}\ddot{\theta}_x&=-2\beta_x\dot{\theta}_x-\beta_x^2\theta_x+\rho_x\\ \ddot{\theta}_y&=-2\beta_y\dot{\theta}_y-\beta_y^2\theta_y+\rho_y\\ \ddot{\theta}_z&=-2\beta_z\dot{\theta}_z-\beta_z^2\theta_z+\rho_z\\ \dot{\theta}_x&=\dot{\theta}_x\\ \dot{\theta}_y&=\dot{\theta}_y\\ \dot{\theta}_z&=\dot{\theta}_z\end{aligned}\right\} \tag{12.6}$$

式中，θ_i 为弹性变形角；β_i 为二阶系统系数（$\beta_i=2.146/\tau_i$，τ_i 为相应轴上弹性变形的相关时间）；ρ_i 为具有一定方差的白噪声（$i=x,y,z$）；ρ_x，ρ_y 及 ρ_z 的方差满足 $Q_i=4\beta_i^3\sigma_i^2$，σ_i^2 为 3 个方向上弹性变形角的方差。

12.3 主、子惯导之间误差源滤波模型的建立

12.3.1 状态方程的建立

由式(12.1)和式(12.6)建立主、子惯导之间由安装误差角、弹性变形角和弹性变形角速度组成的系统误差状态方程为

$$\dot{\boldsymbol{X}}=\boldsymbol{A}\boldsymbol{X}+\boldsymbol{W} \tag{12.7}$$

式中，$\boldsymbol{X}=[\Psi_x\quad \Psi_y\quad \Psi_z\quad \theta_x\quad \theta_y\quad \theta_z\quad \dot{\theta}_x\quad \dot{\theta}_y\quad \dot{\theta}_z]^{\mathrm{T}}$；$\boldsymbol{W}=[0\quad 0\quad 0\quad 0\quad 0\quad 0\quad \rho_x\quad \rho_y\quad \rho_z]^{\mathrm{T}}$；$\boldsymbol{A}$ 可表示为

$$\boldsymbol{A}=\begin{bmatrix}0&0&0&0&0&0&0&0&0\\0&0&0&0&0&0&0&0&0\\0&0&0&0&0&0&0&0&0\\0&0&0&0&0&0&1&0&0\\0&0&0&0&0&0&0&1&0\\0&0&0&0&0&0&0&0&1\\0&0&0&-\beta_x^2&0&0&-2\beta_x&0&0\\0&0&0&0&-\beta_y^2&0&0&-2\beta_y&0\\0&0&0&0&0&-\beta_z^2&0&0&-2\beta_z\end{bmatrix}$$

12.3.2 测量方程的建立

根据主、子惯导陀螺仪输出值之差构造的量测方程为

$$Z=\begin{bmatrix}\Delta\omega_x\\ \Delta\omega_y\\ \Delta\omega_z\end{bmatrix}=\begin{bmatrix}\omega_{ibx}^m-\omega_{ibx}^s\\ \omega_{iby}^m-\omega_{iby}^s\\ \omega_{ibz}^m-\omega_{ibz}^s\end{bmatrix} \tag{12.8}$$

式中，$[\omega_{ibx}^m \quad \omega_{iby}^m \quad \omega_{ibz}^m]^T$，$[\omega_{ibx}^s \quad \omega_{iby}^s \quad \omega_{ibz}^s]^T$ 分别为主、子惯导陀螺仪测量的角速度。

因为 $\boldsymbol{\Psi}+\boldsymbol{\theta}$ 为小角度，所以$\boldsymbol{\omega}_{ib}^s$ 可认为是由$\boldsymbol{\omega}_{ib}^m$ 旋转一个 $\boldsymbol{\Psi}+\boldsymbol{\theta}$ 角得到的。另外，子惯导陀螺仪也会测量到附加的机翼弹性变形角速度 $\dot{\boldsymbol{\theta}}$，因此有

$$\left.\begin{aligned}&\boldsymbol{\omega}_{ib}^s=\boldsymbol{C}_m^s\boldsymbol{\omega}_{ib}^m+\dot{\boldsymbol{\theta}}\\ &\Delta\boldsymbol{\omega}=\boldsymbol{\omega}_{ib}^m-\boldsymbol{\omega}_{ib}^s=\boldsymbol{\omega}_{ib}^m-[\boldsymbol{I}+(\boldsymbol{\Psi}+\boldsymbol{\theta})]\times\boldsymbol{\omega}_{ib}^m-\dot{\boldsymbol{\theta}}=-(\boldsymbol{\Psi}+\boldsymbol{\theta})\times\boldsymbol{\omega}_{ib}^m-\dot{\boldsymbol{\theta}}\end{aligned}\right\} \tag{12.9}$$

故量测方程为

$$\boldsymbol{Z}=\boldsymbol{HX}+\boldsymbol{V} \tag{12.10}$$

式中，量测矩阵为

$$\boldsymbol{H}=\begin{bmatrix}0 & \omega_{ibz}^m & -\omega_{iby}^m & 0 & \omega_{ibz}^m & -\omega_{iby}^m & -1 & 0 & 0\\ -\omega_{ibz}^m & 0 & \omega_{ibx}^m & -\omega_{ibz}^m & 0 & \omega_{ibx}^m & 0 & -1 & 0\\ \omega_{iby}^m & -\omega_{ibx}^m & 0 & \omega_{iby}^m & -\omega_{ibx}^m & 0 & 0 & 0 & -1\end{bmatrix}$$

$\boldsymbol{V}=[v_1 \quad v_2 \quad v_3]^T$ 为零均值的量测白噪声。

12.4　基于神经网络的动基座对准和标定滤波器设计

12.4.1　神经网络输入、输出样本的构造

不同于静基座，由于在动基座条件下，机载导弹子惯导的位置、速度及姿态等参数都将随时间变化，系统模型是时变的。因此，在构造适用于动基座对准与标定的神经网络样本时，需要一种不同于第 10 章中静基座的构造办法。

通过分析发现，无论导弹随载机飞行还是导弹发射后的自由飞行阶段，虽然位置、速度、姿态等导航参数随时间不断变化，但子惯导陀螺仪和加速度计的自身特性是不变的。因此，当构造神经网络输入、输出样本时，选择将弹载子惯导陀螺仪和加速度计的输出值作为输入样本，机载主惯导陀螺仪和加速度计的输出值与输入样本之间的差值作为输出样本。而当具体构造输入样本时，考虑到导弹悬挂在载机机翼处，输入样本中包含着由安装误差、杆臂效应和弹性变形误差引起的测量误差，这与导弹自由飞行时子惯导陀螺仪和加速度计的量测信息源不一致。为解决这一问题，可根据主、子惯导之间的安装误差角、弹性变形角和弹性变形角速度误差模型，采用主、子惯导陀螺仪输出值之差作为观测量，由卡尔曼滤波器首先估计出弹载子惯导的安装误差角及弹性变形角速度，并根据杆臂长度及主惯导陀螺仪的输出值计算杆臂效应误差。然后，根据主、子惯导陀螺仪和加速度计输出值之间的转换关系，补偿弹载子惯导陀螺仪和加速度计测量值中的相应误差，这时得到的训练输入样本能够真实地模拟导弹自由飞行时的情况。

在导弹发射后自由飞行时，将弹载子惯导陀螺仪和加速度计的测量值实时输入神经网络

滤波器，通过神经网络滤波器的自动对准与标定，并对惯性器件误差进行校正后，能够消除陀螺仪和加速度计测量值中由确定性误差（刻度因数、零偏等）和失准角引起的测量误差。最后，将校正后的陀螺仪和加速度计的测量值送入导航计算机，完成导航参数的解算。这样建立的适用于机载导弹惯导系统动基座对准与标定的神经网络输入、输出样本对构造原理如图 12.3 所示。

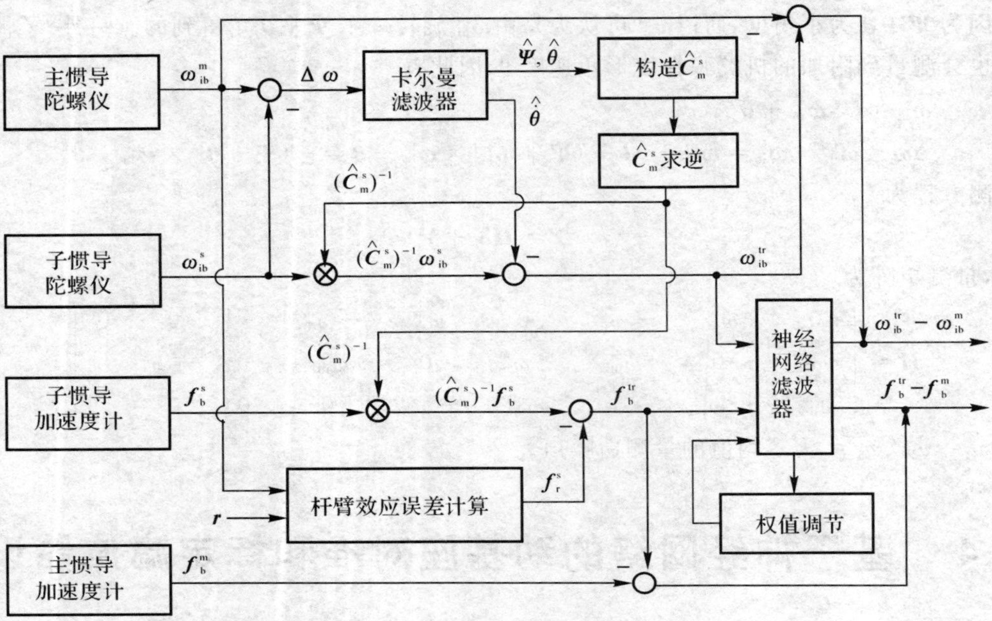

图 12.3　神经网络输入、输出样本对构造示意图

神经网络输入、输出样本对的具体构造步骤有如下几步：

(1) 根据建立的主、子惯导之间误差状态模型及其陀螺仪测量值$\boldsymbol{\omega}_{ib}^m$，$\boldsymbol{\omega}_{ib}^s$ 的差值 $\Delta\boldsymbol{\omega}$ 作为观测量的测量模型，首先利用卡尔曼滤波器估计出安装误差角 $\hat{\boldsymbol{\Psi}}$、弹性变形角 $\hat{\boldsymbol{\theta}}$ 和弹性变形角速度 $\hat{\dot{\boldsymbol{\theta}}}$。

(2) 由估计的安装误差角 $\hat{\boldsymbol{\Psi}}$ 和弹性变形角 $\hat{\boldsymbol{\theta}}$ 构造主、子惯导之间的转换矩阵$\hat{\boldsymbol{C}}_m^s$，具体形式为

$$\hat{\boldsymbol{C}}_m^s=\begin{bmatrix}1 & \hat{\Psi}_z+\hat{\theta}_z & -(\hat{\Psi}_y+\hat{\theta}_y)\\ -(\hat{\Psi}_z+\hat{\theta}_z) & 1 & \hat{\Psi}_x+\hat{\theta}_x\\ \hat{\Psi}_y+\hat{\theta}_y & -(\hat{\Psi}_x+\hat{\theta}_x) & 1\end{bmatrix} \tag{12.11}$$

式中，$\hat{\Psi}_x,\hat{\Psi}_y,\hat{\Psi}_z$ 和 $\hat{\theta}_x,\hat{\theta}_y,\hat{\theta}_z$ 分别为安装误差角和弹性变形角在 3 个方向上的估计值。

(3) 将估计的弹性变形角速度 $\hat{\dot{\boldsymbol{\theta}}}$ 从陀螺仪的测量值$\boldsymbol{\omega}_{ib}^s$ 中去掉，得到补偿后子惯导陀螺仪的测量值为

$$\boldsymbol{\omega}_{ib}^{tr}=(\hat{\boldsymbol{C}}_m^s)^{-1}\boldsymbol{\omega}_{ib}^s-\hat{\dot{\boldsymbol{\theta}}} \tag{12.12}$$

(4) 因主、子惯导安装距离 $\boldsymbol{r}$ 已知，利用主惯导陀螺仪的输出值$\boldsymbol{\omega}_{ib}^m$，可求出杆臂效应误差$\boldsymbol{f}_r^s$，即

$$\boldsymbol{f}_r^s=\boldsymbol{\omega}_{ib}^m\times\boldsymbol{r}+\boldsymbol{\omega}_{ib}^m\times(\boldsymbol{\omega}_{ib}^m\times\boldsymbol{r}) \tag{12.13}$$

然后，进一步对子惯导加速度计的测量值$\boldsymbol{f}_b^s$ 进行杆臂效应误差补偿，得到补偿后子惯导加速

度计的测量值$\boldsymbol{f}_{\mathrm{b}}^{\mathrm{tr}}$为

$$\boldsymbol{f}_{\mathrm{b}}^{\mathrm{tr}}=(\hat{\boldsymbol{C}}_{\mathrm{m}}^{\mathrm{s}})^{-1}\ \boldsymbol{f}_{\mathrm{b}}^{\mathrm{s}}-\boldsymbol{f}_{\mathrm{r}}^{\mathrm{s}} \tag{12.14}$$

(5) 利用误差补偿后的子惯导陀螺仪和加速度计输出值$\boldsymbol{\omega}_{\mathrm{ib}}^{\mathrm{tr}}$,$\boldsymbol{f}_{\mathrm{b}}^{\mathrm{tr}}$作为输入样本,主惯导陀螺仪和加速度计的输出值$\boldsymbol{\omega}_{\mathrm{ib}}^{\mathrm{m}}$,$\boldsymbol{f}_{\mathrm{b}}^{\mathrm{m}}$与神经网络输入样本$\boldsymbol{\omega}_{\mathrm{ib}}^{\mathrm{tr}}$,$\boldsymbol{f}_{\mathrm{b}}^{\mathrm{tr}}$之间的差值$\delta\boldsymbol{\omega}$,$\delta\boldsymbol{f}$作为输出样本,对神经网络滤波器进行训练。

这样设计,完全是从分离定理出发,一方面,神经网络由输入的观测值精确地估计系统的状态量;另一方面,神经网络输出量又形成控制反馈给系统,对系统进行控制。因此,采用这样的结构,神经网络就可以代替闭环卡尔曼滤波器工作,不仅可以对系统状态进行精确估计,而且状态的估计量又通过一定的控制律对系统进行控制。此时的神经网络,其输入与输出不再是简单映射关系,加给系统的反馈控制信号相当于一个串联反馈影响着神经网络,使得神经网络具有一定的动态特性,这就实现了用神经网络代替卡尔曼滤波器。

12.4.2　神经网络滤波器的应用方法

神经网络的训练过程就是其内部权值调整的过程,网络训练结束后,将训练样本信息以权值矩阵的形式存储起来,应用时,权值矩阵直接决定神经网络的输出。

导弹随载机飞行阶段,利用构造的输入、输出样本对神经网络进行训练,导弹发射后自由飞行时即可使用训练好的神经网络完成对弹载子惯导系统的实时在线对准与标定,其工作原理如图 12.4 所示。

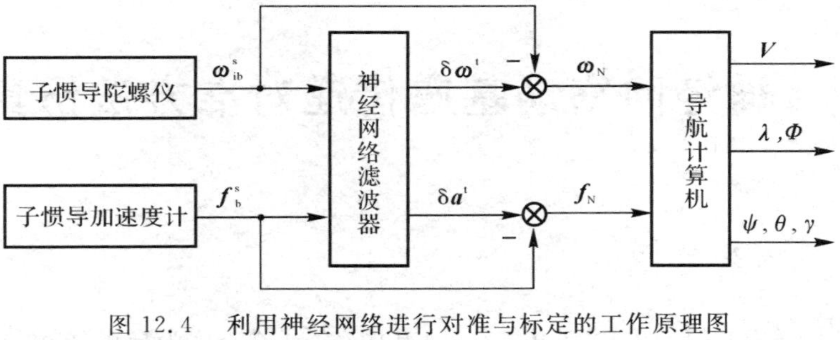

图 12.4　利用神经网络进行对准与标定的工作原理图

导弹自由飞行时,将子惯导陀螺仪、加速度计的输出值$\boldsymbol{\omega}_{\mathrm{ib}}^{\mathrm{s}}$,$\boldsymbol{f}_{\mathrm{b}}^{\mathrm{s}}$送入训练好的神经网络,这时神经网络的输出为子惯导陀螺仪和加速度计的测量误差$\delta\boldsymbol{\omega}'$,$\delta\boldsymbol{f}'$,再利用$\delta\boldsymbol{\omega}'$和$\delta\boldsymbol{f}'$对子惯导的测量值$\boldsymbol{\omega}_{\mathrm{ib}}^{\mathrm{s}}$,$\boldsymbol{f}_{\mathrm{b}}^{\mathrm{s}}$进行修正,即

$$\boldsymbol{\omega}_{\mathrm{N}}=\boldsymbol{\omega}_{\mathrm{ib}}^{\mathrm{s}}-\delta\boldsymbol{\omega}' \tag{12.15}$$

$$\boldsymbol{f}_{\mathrm{N}}=\boldsymbol{f}_{\mathrm{b}}^{\mathrm{s}}-\delta\boldsymbol{f}' \tag{12.16}$$

然后,将校正后的$\boldsymbol{\omega}_{\mathrm{N}}$,$\boldsymbol{f}_{\mathrm{N}}$送入导航计算机,即可得到误差补偿后导弹精确的位置、速度和姿态等导航信息。

12.5　弹载子惯导初始条件的确定

在导弹发射瞬间,如何确定弹载子惯导的初始条件,将直接影响导弹的导航精度。

导弹悬挂在载机机翼处，飞行过程中由于主、子惯导之间安装距离、安装误差、弹性变形和弹性颤振的影响，使导弹发射时弹载子惯导与机载主惯导的速度、位置与姿态等导航参数并不完全相同。其中，安装距离主要影响子惯导的初始位置，安装误差角主要影响子惯导的初始姿态角，弹性变形和弹性颤振对初始姿态角、位置和速度都有影响。根据前面分析可知，机翼弹性变形为挠性慢变形。因此，这里只考虑弹性变形对初始姿态角的影响，忽略其对初始速度和位置的影响。而弹性颤振的振幅小、频率高，可以等效为白噪声处理。下面利用前面构造神经网络输入、输出样本时估计的主、子惯导之间的安装误差角和弹性变形角以及已知的杆臂长度，确定导弹发射时的初始条件。

设导弹发射时，主惯导的姿态角分别为 $\theta_m(0)$，$\gamma_m(0)$，$\psi_m(0)$，姿态矩阵为$\boldsymbol{T}_m$，则导弹发射时子惯导的初始姿态角 $\theta_s(0)$，$\gamma_s(0)$，$\psi_s(0)$ 分别为

$$\begin{bmatrix}\theta_s(0)\\\gamma_s(0)\\\psi_s(0)\end{bmatrix}=\begin{bmatrix}\theta_m(0)\\\gamma_m(0)\\\psi_m(0)\end{bmatrix}+\boldsymbol{T}_m\begin{bmatrix}\hat{\Psi}_x+\hat{\theta}_x\\\hat{\Psi}_y+\hat{\theta}_y\\\hat{\Psi}_z+\hat{\theta}_z\end{bmatrix}\tag{12.17}$$

设主惯导初始位置在导航坐标系 3 个方向的分量为 $P_x^m(0)$，$P_y^m(0)$，$P_z^m(0)$，则子惯导初始位置在导航坐标系中的坐标 $P_x^s(0)$，$P_y^s(0)$，$P_z^s(0)$ 分别为

$$\begin{bmatrix}P_x^s(0)\\P_y^s(0)\\P_x^s(0)\end{bmatrix}=\begin{bmatrix}P_x^m(0)\\P_y^m(0)\\P_x^m(0)\end{bmatrix}+\boldsymbol{T}_m\begin{bmatrix}r_x\\r_y\\r_z\end{bmatrix}\tag{12.18}$$

式中，r_x，r_y，r_z 为安装距离 $\boldsymbol{r}$ 的 3 个分量。

12.6 神经网络动基座传递对准方法仿真实例

12.6.1 仿真条件

仿真时，模拟导弹的飞行轨迹见表 12.1。其中，第一条轨迹为导弹随载机飞行时的轨迹，第二条轨迹为导弹发射后自由飞行时的轨迹。初始位置为北纬40°，东经116°，高度为 8 000 m；初始东向速度为零，北向速度为 320 m/s，初始姿态角均为零。安装误差角的 3 个分量均为 0.1°，杆臂长度为 5 m，弹性变形时间系数为 5，惯导解算周期为 0.02 s，飞行时间为 250 s。

这里主要进行 3 种模式下的仿真对比，分别为无对准与标定、利用卡尔曼滤波器和利用神经网络滤波器进行对准与标定 3 种情况。其中，无对准与标定即导弹发射后不对子惯导再进行对准与标定，导弹发射后按照第二条轨迹自由飞行。利用神经网络进行对准与标定的仿真可分为 3 步进行：第一步按照第一条轨迹飞行，构造神经网络训练样本；第二步进行神经网络的训练；第三步导弹发射，按照第二条轨迹自由飞行。子惯导陀螺仪和加速度计的输出值实时送入神经网络滤波器，将经过标定及校正后陀螺仪和加速度计的输出值送入导航计算机，进行导航解算。弹载子惯导的初始条件可由式(12.17) 和式(12.18) 求出。

表 12.1　导弹飞行时各时间段飞行情况

转　迹	状　态	持续时间 /s	线加速度 /(m・s^{-2})	角速度 /(°/s)
第一条轨迹	减速	50	−1	0
	匀速	50	0	0
	S 形	120	4.17	0.25
	加速	30	5	0
第二条轨迹	加速	50	1	0
	匀速	150	0	0
	减速	50	−1	0

估计主、子惯导之间安装误差角和弹性变形角速度时，状态矢量 $\boldsymbol{X}$ 的初始值 $\boldsymbol{X}(0)$ 取为零，$\boldsymbol{P}(0)$，$\boldsymbol{Q}$ 和 $\boldsymbol{R}$ 均取中等精度陀螺仪和加速度计的对应值，陀螺仪常值漂移为0.02 °/h，随机漂移为0.01 °/h，漂移相关时间为 50 s；加速度计零偏为 $1\times10^{-4}\ g$，随机偏置为 $5\times10^{-5}\ g$，偏置相关时间为 1 500 s。

12.6.2　仿真结果

(1) 如图 12.5 和图 12.6 所示分别为利用神经网络对准与标定前、后，子惯导陀螺仪和加速度计输出值误差的对比。可见，将子惯导陀螺仪和加速度计的输出值送入训练好的神经网络，经过神经网络的自动对准与标定并进行校正后，可以消除子惯导陀螺仪和加速度计测量值中的确定性误差成分，从而使输出误差明显减小，具体数据见表 12.2。

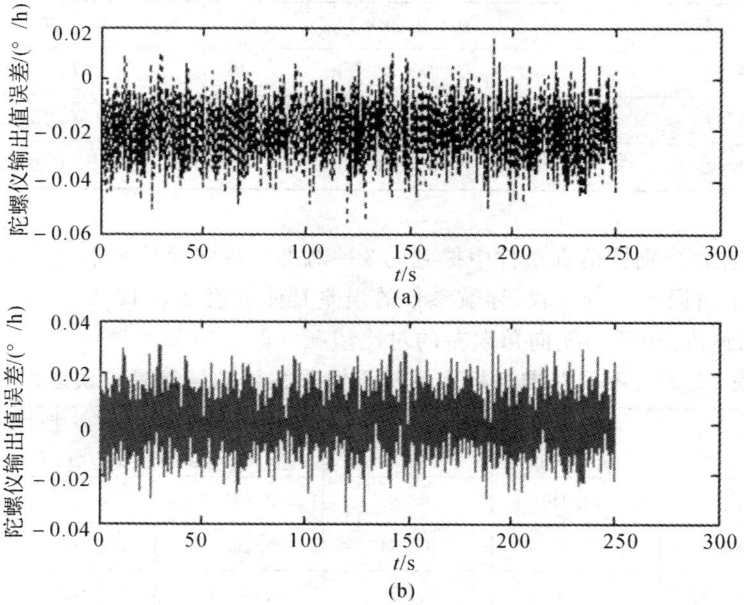

图 12.5　基于神经网络滤波算法标定及校正前、后，子惯导陀螺仪输出值误差

(a) 神经网络修正前 x 轴陀螺仪输出值误差；(b) 神经网络修正后 x 轴陀螺仪输出值误差

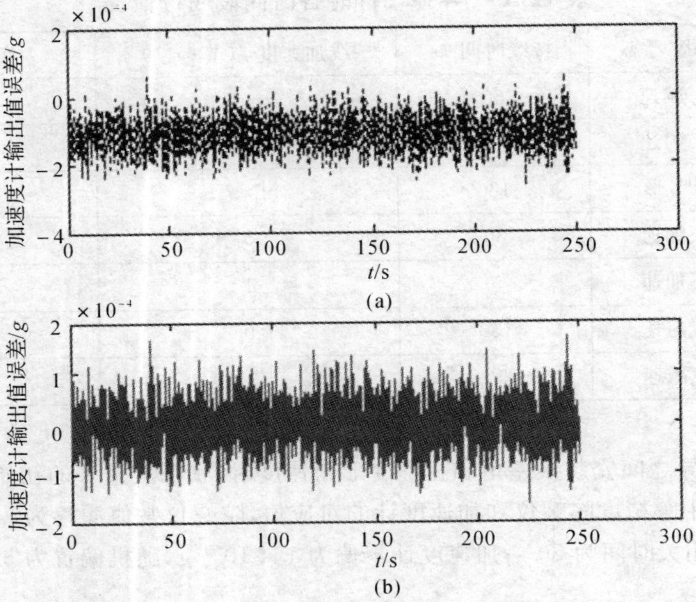

图 12.6　基于神经网络滤波算法标定及校正前后，子惯导加速度计输出值误差

(a) 神经网络修正前 x 轴加速度计输出值误差；(b) 神经网络修正后 x 轴加速度计输出值误差

表 12.2　神经网络标定及校正前后惯性器件误差

元器件	标定前子惯导最大误差	标定后子惯导最大误差
x 轴加速度计	0.000 270 1 g	0.000 168 6 g
y 轴加速度计	0.000 281 3 g	0.000 181 0 g
z 轴加速度计	0.000 268 7 g	0.000 177 3 g
x 轴陀螺仪	0.055 69 °/h	0.035 06 °/h
y 轴陀螺仪	0.054 81 °/h	0.037 23 °/h
z 轴陀螺仪	0.056 36 °/h	0.034 9 °/h

(2) 导弹发射后分别按仿真条件中提到的 3 种对准与标定模式自由飞行，对子惯导解算的位置、速度及姿态角误差进行比较，导航参数的误差具体数值见表 12.3。如图 12.7～图 12.9 所示分别为北向速度、位置与航向角误差的对比情况。

表 12.3　不同对准与标定模式子惯导解算的导航参数误差对比

子惯导方式	东向位移误差 /m	北向位移误差 /m	东向速度误差 /(m·s^{-1})	北向速度误差 /(m·s^{-1})	位置总误差 /m
无对准与标定	42.16	35.82	0.248 4	0.297 9	55.32
卡尔曼对准与标定	27.57	9.981	0.162 5	0.083 13	29.32
神经网络对准与标定	2.771	2.759	0.012 71	0.027 6	3.91

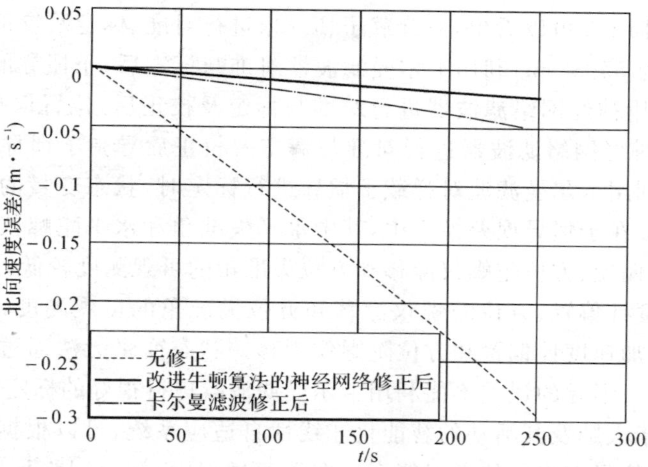

图 12.7 弹载子惯导北向速度误差

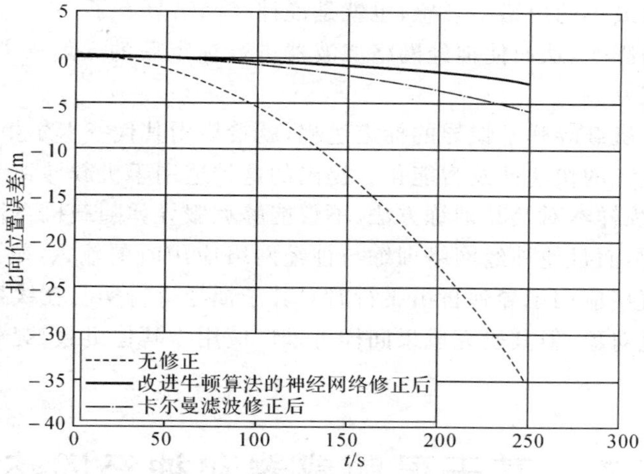

图 12.8 弹载子惯导北向位置误差

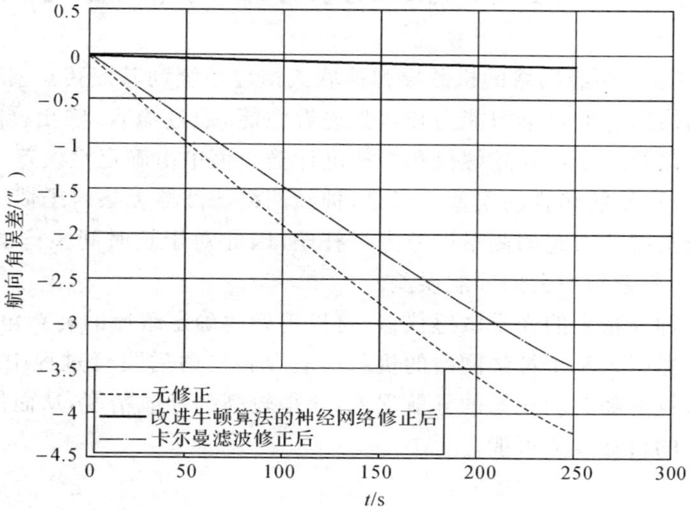

图 12.9 弹载子惯导航向角误差

由图12.7～图12.9可以看出，对弹载子惯导未进行对准、标定及校正时，250 s弹载子惯导积累的位置误差为55.32 m；利用卡尔曼滤波器对准与标定后，子惯导的位置误差为29.32 m；而同样情况下利用神经网络滤波器进行对准与标定及校正后，位置误差仅为3.91 m。可见，3种情况下利用神经网络滤波器进行对准与标定及校正后导弹子惯导的输出误差最小。这是由于：第一，在利用卡尔曼滤波对弹载子惯导进行标定时，状态变量的可估计性能与其可观测度有直接关系。在子惯导误差模型中，其中水平失准角和水平陀螺仪漂移的可观测度较高，而水平加速度计偏置、方位陀螺仪漂移和方位失准角的可观测度较低。虽然采用机动方式可以提高水平加速度计偏置、方位陀螺仪漂移和方位失准角的可观测度，但这种提高是有限的，这就造成了水平加速度计偏置和方位陀螺仪漂移等状态变量无法通过卡尔曼滤波器很好地估计出来，从而使子惯导的误差不能利用卡尔曼滤波器进行很好的标定及校正。第二，由于神经网络是一种基于人脑及其活动的智能化非线性自适应系统，可以根据所在的环境去改变它的行为，即神经网络具有出色的学习能力。在学习过程中，神经网络从输入、输出样本中提取所蕴涵的基本信息，并将其以神经元之间连接权值的形式存放于系统中。其高度连接使得网络对一些小的噪声或小的出错不敏感，也就是说神经网络具有了一定的鲁棒性，使网络特性不易受不确定因素的影响，从而使神经网络滤波器进行标定后的导航误差小于利用卡尔曼滤波器标定后的导航误差。

将神经网络用于机载导弹子惯导的标定过程，就希望用其代替卡尔曼滤波器的功能，实现子惯导动基座标定过程的快速性及智能化。提出的这种适用于机载导弹动基座实时标定的神经网络输入、输出训练样本对及其训练方法，不仅能够克服导弹随载机飞行与自由飞行时子惯导模型的时变性问题，而且使神经网络训练与神经网络应用时的输入、输出样本相一致，使训练好的神经网络可直接应用于导弹自由飞行时对其子惯导进行实时在线标定。这里虽然以机载导弹子惯导为研究对象，但其研究成果同样可推广应用于其他机载、舰载等机动载体子惯导的标定过程。

12.7 基于星敏感器和神经网络的子惯导二次对准与标定方法

由前面给出的基于神经网络的机载导弹捷联式惯导系统动基座传递对准方法可知，这种方法利用了神经网络出色的自学习能力和函数逼近性能，通过输入、输出样本的训练，神经网络在实际应用中可以消除子惯导陀螺仪和加速度计输出值中由确定性误差和失准角误差引起的测量误差，从而减小导航解算的误差。但是，神经网络滤波器无法对子惯导陀螺仪和加速度计的输出值中由随机误差引起的测量误差进行补偿，因此对于长时间飞行的机载空射远程巡航导弹来说，这将会积累相当大的导航误差。

星敏感器是一种高精度的光学敏感仪器，可以精确地确定载体的姿态角，并且误差不随时间积累。将星敏感器引入基于神经网络的机载巡航导弹发射后飞行过程中的二次对准，可以修正弹载子惯导解算的随时间积累的导航误差，获得较高的导航精度，从而使机载武器实现精确快速对准与标定的目标成为可能。

12.7.1　子惯导动基座星敏感器对准与标定方案的设计

目前,通过完成星图识别、星图匹配和姿态计算,星敏感器可直接输出高精度的姿态数据。基于星敏感器测量的定姿的方法主要分为两种:参考矢量法(包括双矢量定姿和多矢量定姿)和统计估计法。其中,多矢量定姿方法利用星敏感器同一时刻观测得到的 3 个或 3 个以上的星光矢量信息,通过最小二乘法直接求取星敏感器坐标系相对惯性空间的姿态矩阵,再结合星敏感器在载体上的安装矩阵,实现运载体相对于惯性空间的姿态确定。由于多矢量姿态确定方法充分利用了多维观测信息,所以姿态解算精度较高。目前,由于大视场星敏感器及组合大视场星敏感器的出现,使得同时观测多颗导航星成为可能。当同时观测并成功识别 3 颗或 3 颗以上的导航星后,就可以根据多矢量定姿法获得高精度的弹体姿态信息,从而对惯导系统提供的姿态阵进行修正。

12.7.2　基于星敏感器的多矢量定姿方法

星敏感器成像测量的基本原理如图 12.10 所示。

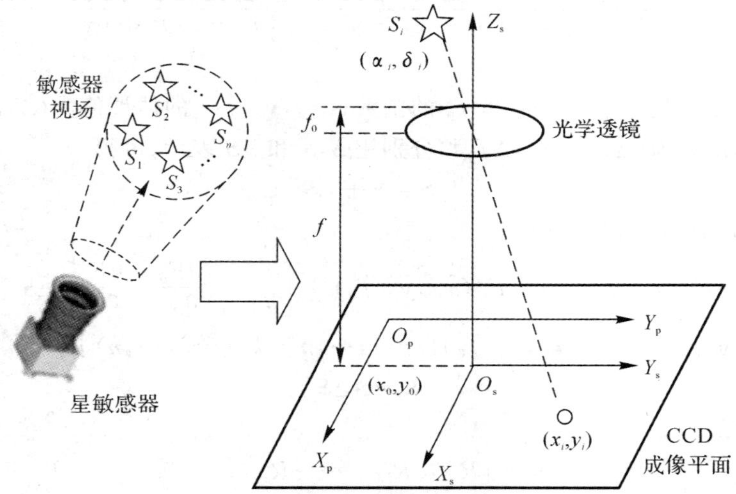

图 12.10　星敏感器测量的基本原理图

图 12.10 中,$O_sX_sY_sZ_s$ 表示星敏感器坐标系,$O_pX_pY_p$ 为 CCD 像平面坐标系。在理想条件下,O_sZ_s 与 CCD 平面垂直,透镜中心到 O_s 的距离 f 为焦距。但由于地面标定环境并不能完全真实模拟飞行器在轨运行的各种空间环境,而且随着飞行时间的增加,光学系统像差和结构变形加大,星敏感器会存在焦距误差和星象中心点偏移。f_0 为焦距误差,(x_0, y_0) 为焦平面中心点坐标的偏移量。

星敏感器拍摄星空时,第 i 颗恒星 S_i 所发出的星光通过光学系统成像在 CCD 面阵上,经匹配识别后可得到其对应的赤经、赤纬值(α_i, δ_i),则导航星 S_i 的星光矢量在惯性坐标系中可表示为

$$\boldsymbol{V}_i = \begin{bmatrix} X_{Li} \\ Y_{Li} \\ Z_{Li} \end{bmatrix} = \begin{bmatrix} \cos\alpha_i \cos\delta_i \\ \sin\alpha_i \cos\delta_i \\ \sin\delta_i \end{bmatrix} \tag{12.19}$$

假设(x_i, y_i)为恒星 S_i 在CCD像平面坐标系中投影的中心坐标，根据CCD像平面坐标系与星敏感器坐标系的转换关系(见图12.10)，可得恒星 S_i 的星光矢量在星敏感器坐标系中的表示形式为

$$\boldsymbol{U}_i = \begin{bmatrix} x_{si} \\ y_{si} \\ z_{si} \end{bmatrix} = \frac{1}{\sqrt{(x_i - x_0)^2 + (y_i - y_0)^2 + (f - f_0)^2}} \begin{bmatrix} -(x_i - x_0) \\ -(y_i - y_0) \\ f - f_0 \end{bmatrix} \tag{12.20}$$

可以看出，星光矢量的值会受到 f_0，x_0 和 y_0 的影响，因此在使用星敏感器进行姿态确定前，需要对星敏感器的误差参数进行在轨标定。另外，由于 f_0，x_0 和 y_0 均为定值，所以只需要进行一次标定即可。星光矢量的测量值与参考值有如下关系：

$$\boldsymbol{U}_i^{\mathrm{T}} \boldsymbol{U}_j = \boldsymbol{V}_i^{\mathrm{T}} \boldsymbol{V}_j \tag{12.21}$$

将$\boldsymbol{U}_i$ 代入式(12.21)，可得

$$\boldsymbol{V}_i^{\mathrm{T}} \boldsymbol{V}_j = F_{ij}(x_0, y_0, f_0) = \frac{(x_i - x_0)(x_j - x_0) + (y_i - y_0)(y_j - y_0) + (f - f_0)^2}{\sqrt{(x_i - x_0)^2 + (y_i - y_0)^2 + (f - f_0)^2}\sqrt{(x_j - x_0)^2 + (y_j - y_0)^2 + (f - f_0)^2}} \tag{12.22}$$

式中，$F_{ij}(x_0, y_0, f_0)$ 是关于 x_0，y_0 和 f_0 的函数；(x_0, y_0, f_0) 的估计值为$(\hat{x}_0, \hat{y}_0, \hat{f}_0)$，估计值与标称值之间的误差为$(\Delta x_0, \Delta y_0, \Delta f_0)$，分别用 $\boldsymbol{S}$,$\hat{\boldsymbol{S}}$ 和 $\Delta\boldsymbol{S}$ 表示，可得

$$\hat{\boldsymbol{S}} = \boldsymbol{S} + \Delta\boldsymbol{S} \tag{12.23}$$

将式(12.23)代入式(12.22)有

$$F_{ij}(x_0, y_0, f_0) = F_{ij}(\hat{x}_0, \hat{y}_0, \hat{f}_0) + \begin{bmatrix} \dfrac{\partial F_{ij}}{\partial x_0} & \dfrac{\partial F_{ij}}{\partial y_0} & \dfrac{\partial F_{ij}}{\partial z_0} \end{bmatrix} \Delta\boldsymbol{S} \tag{12.24}$$

令 $R_{ij} = F_{ij}(x_0, y_0, f_0) - F_{ij}(\hat{x}_0, \hat{y}_0, \hat{f}_0)(i = 1, \cdots, n-1, j = 2, \cdots, n)$ 则

$$\boldsymbol{R} = \boldsymbol{A}\Delta\boldsymbol{S} \tag{12.25}$$

式中

$$\boldsymbol{R} = [R_{12} \quad R_{13} \quad \cdots \quad R_{n-1,n}]^{\mathrm{T}}$$

$$\boldsymbol{A} = \begin{bmatrix} \dfrac{\partial F_{12}}{\partial x_0} & \dfrac{\partial F_{12}}{\partial y_0} & \dfrac{\partial F_{12}}{\partial f_0} \\ \dfrac{\partial F_{13}}{\partial x_0} & \dfrac{\partial F_{13}}{\partial y_0} & \dfrac{\partial F_{13}}{\partial f_0} \\ \vdots & \vdots & \vdots \\ \dfrac{\partial F_{n-1,n}}{\partial x_0} & \dfrac{\partial F_{n-1,n}}{\partial y_0} & \dfrac{\partial F_{n-1,n}}{\partial f_0} \end{bmatrix}$$

根据最小二乘最优估计理论，上式可转换为

$$\Delta \boldsymbol{S}_K = [\boldsymbol{A}_K^{\mathrm{T}} \quad \boldsymbol{A}_K]^{-1} \boldsymbol{A}_K^{\mathrm{T}} \boldsymbol{R}_K \tag{12.26}$$

式中，K 表示迭代次数，经过 K 次迭代之后 $\boldsymbol{S}$ 的估计值为

$$\hat{\boldsymbol{S}}_{K+1} = \hat{\boldsymbol{S}}_K + \Delta \boldsymbol{S}_K \tag{12.27}$$

最后，迭代结果给出了中心点偏移量以及焦距的误差，当使用星敏感器进行姿态确定时，如果考虑了这些偏移量的影响，就会提高星敏感器的测量精度。

在考虑星敏感器测量误差的情况下，假设惯性坐标系到星敏感器坐标系的姿态转换阵为 $\boldsymbol{C}_{\mathrm{I}}^{\mathrm{s}}$，星敏感器实际的测量几何关系如下：

$$\boldsymbol{U}_{\mathrm{i}} = \boldsymbol{C}_{\mathrm{I}}^{\mathrm{s}} \boldsymbol{V}_{\mathrm{i}} + \boldsymbol{v}_{\mathrm{si}} \tag{12.28}$$

式中，$\boldsymbol{V}_{\mathrm{i}}$ 为被观测恒星 S_i 在惯性坐标系中的单位矢量，称为参考矢量；$\boldsymbol{U}_{\mathrm{i}}$ 为星敏感器坐标系中观测恒星 S_i 所获得的单位矢量，称为测量矢量；参考矢量 $\boldsymbol{V}_{\mathrm{i}}$ 与测量矢量 $\boldsymbol{U}_{\mathrm{i}}$ 构成一个矢量观测对；$\boldsymbol{v}_{\mathrm{si}}$ 对应星敏感器测量误差，可近似为均值为零的高斯白噪声。

设 $S_1, S_2, \cdots, S_n$ 是 $n(n \geqslant 3)$ 颗已经被正确识别的恒星，根据式(12.19)和式(12.20)可得到这 n 颗恒星的星光矢量在惯性坐标系和星敏感器坐标系下的矢量表示形式，分别为 $\boldsymbol{V}_1, \boldsymbol{V}_2, \cdots, \boldsymbol{V}_n$（参考矢量）和 $\boldsymbol{U}_1, \boldsymbol{U}_2, \cdots, \boldsymbol{U}_n$（测量矢量）。利用得到的参考矢量和测量矢量信息，分别构成两个 $3 \times n$ 的矩阵 $\boldsymbol{V}$ 和 $\boldsymbol{U}$，即可直接确定运载体的姿态，其中

$$\boldsymbol{V} = [\boldsymbol{V}_1 \quad \boldsymbol{V}_2 \quad \cdots \quad \boldsymbol{V}_n] = \begin{bmatrix} X_{L1} & X_{L2} & \cdots & X_{Ln} \\ Y_{L1} & Y_{L2} & \cdots & Y_{Ln} \\ Z_{L1} & Z_{L2} & \cdots & Z_{Ln} \end{bmatrix}$$

$$\boldsymbol{U} = [\boldsymbol{U}_1 \quad \boldsymbol{U}_2 \quad \cdots \quad \boldsymbol{U}_n] = \begin{bmatrix} x_{s1} & x_{s2} & \cdots & x_{sn} \\ y_{s1} & y_{s2} & \cdots & y_{sn} \\ z_{s1} & z_{s2} & \cdots & z_{sn} \end{bmatrix}$$

矩阵 $\boldsymbol{C}_{\mathrm{I}}^{\mathrm{s}}$ 为惯性坐标系到星敏感器坐标系的姿态转换阵，根据式(12.28)，显然有

$$\boldsymbol{U} = \boldsymbol{C}_{\mathrm{I}}^{\mathrm{s}} \boldsymbol{V} + \boldsymbol{v}_{\mathrm{s}} \tag{12.29}$$

式中，$\boldsymbol{v}_{\mathrm{s}} = [v_{\mathrm{s1}} \quad v_{\mathrm{s2}} \quad \cdots \quad v_{\mathrm{sn}}]$ 对应星敏感器观测 n 颗恒星时的测量误差。

利用星敏感器观测到的星光矢量进行多矢量定姿的实质：在最小二乘的意义下，求解正交姿态矩阵 $\boldsymbol{C}_{\mathrm{I}}^{\mathrm{s}}$ 的最优解，即得到的姿态矩阵满足：

$$\boldsymbol{J}_{\min} = \sum_{i=1}^{n} \boldsymbol{v}_{\mathrm{si}}^2 = \sum_{i=1}^{n} [\boldsymbol{U}_i - (\boldsymbol{C}_{\mathrm{I}}^{\mathrm{s}} \boldsymbol{V}_i)]^2 \tag{12.30}$$

当 $n=3$ 时，$\boldsymbol{C}_{\mathrm{I}}^{\mathrm{s}} = \boldsymbol{U} \boldsymbol{V}^{-1}$；当 $n>3$ 时，$\boldsymbol{C}_{\mathrm{I}}^{\mathrm{s}} = \boldsymbol{U} \boldsymbol{V}^{\mathrm{T}} (\boldsymbol{V} \boldsymbol{V}^{\mathrm{T}})^{-1}$。

这样，求得的姿态矩阵 $\boldsymbol{C}_{\mathrm{I}}^{\mathrm{s}}$ 即可作为星敏感器输出的高精度姿态信息，用于对子惯导的姿态误差进行标定。

12.7.3　基于星敏感器的弹载子惯导对准与标定方法

由于利用多矢量定姿方法，星敏感器可以直接获得高精度的惯性坐标系到星敏感器坐标系的姿态矩阵 $\boldsymbol{C}_{\mathrm{I}}^{\mathrm{s}}$；另外，因星敏感器安装矩阵 $\boldsymbol{C}_{\mathrm{b}}^{\mathrm{s}}$ 也为已知的，从而可得到精确的弹体坐标系到惯性坐标系的姿态转换矩阵为

$$\boldsymbol{C}_{\mathrm{b}}^{\mathrm{I}} = \boldsymbol{C}_{\mathrm{s}}^{\mathrm{I}} \boldsymbol{C}_{\mathrm{b}}^{\mathrm{s}} = (\boldsymbol{C}_{\mathrm{I}}^{\mathrm{s}})^{\mathrm{T}} \boldsymbol{C}_{\mathrm{b}}^{\mathrm{s}} \tag{12.31}$$

设 GAST 为导航时间 t 时的格林尼治恒星时，由捷联式惯导系统输出的位置信息 $(\hat{L}, \hat{\lambda})$，可以得到从惯性坐标系到导航坐标系（地理坐标系）的姿态转换阵为

$$\hat{\boldsymbol{C}}_{\mathrm{I}}^{\mathrm{t}} = \hat{\boldsymbol{C}}_{\mathrm{e}}^{\mathrm{t}} \hat{\boldsymbol{C}}_{\mathrm{I}}^{\mathrm{e}} \tag{12.32}$$

其中

$$\hat{\boldsymbol{C}}_{\mathrm{e}}^{\mathrm{t}}=\begin{bmatrix}-\sin\hat{\lambda} & \cos\hat{\lambda} & 0\\ -\sin\hat{L}\cos\hat{\lambda} & -\sin\hat{L}\sin\hat{\lambda} & \cos\hat{L}\\ \cos\hat{L}\cos\hat{\lambda} & \cos\hat{L}\sin\hat{\lambda} & \sin\hat{L}\end{bmatrix}$$

$$\hat{\boldsymbol{C}}_{\mathrm{I}}^{\mathrm{e}}=\begin{bmatrix}\cos(\mathrm{GAST}) & \sin(\mathrm{GAST}) & 0\\ -\sin(\mathrm{GAST}) & \cos(\mathrm{GAST}) & 0\\ 0 & 0 & 1\end{bmatrix}$$

利用捷联式惯导系统确定的惯性坐标系到地理坐标系的转换矩阵$\hat{\boldsymbol{C}}_{\mathrm{I}}^{\mathrm{t}}$，结合星敏感器输出的精确的弹体坐标系到惯性坐标系的姿态矩阵$\boldsymbol{C}_{\mathrm{b}}^{\mathrm{I}}$，可得到利用星敏感器确定的弹体姿态矩阵为

$$\boldsymbol{T}_x=\boldsymbol{C}_{\mathrm{bCNS}}^{\mathrm{t}}=\hat{\boldsymbol{C}}_{\mathrm{I}}^{\mathrm{t}}\boldsymbol{C}_{\mathrm{b}}^{\mathrm{I}} \tag{12.33}$$

而子惯导确定的弹体姿态阵为

$$\boldsymbol{T}_{\mathrm{s}}=\hat{\boldsymbol{C}}_{\mathrm{b}}^{\mathrm{t}}=\hat{\boldsymbol{C}}_{\mathrm{I}}^{\mathrm{t}}\hat{\boldsymbol{C}}_{\mathrm{b}}^{\mathrm{I}} \tag{12.34}$$

式中，$\hat{\boldsymbol{C}}_{\mathrm{b}}^{\mathrm{I}}$ 为弹载子惯导确定的从弹体坐标系到惯性坐标系的姿态阵。

由于陀螺仪漂移误差的存在，必然导致随时间积累的姿态输出偏差，所以由弹载子惯导确定的惯性姿态$\hat{\boldsymbol{C}}_{\mathrm{b}}^{\mathrm{I}}$ 存在较大误差。而星敏感器的测姿精度可达(角)秒级，能够输出高精度的弹体坐标系到惯性坐标系的姿态阵$\boldsymbol{C}_{\mathrm{b}}^{\mathrm{I}}$。

根据姿态角和姿态矩阵的对应关系可知，通过星敏感器确定的高精度弹体姿态阵$\boldsymbol{T}_x$，能够得到精度较高的弹体航向角 ψ_{s}、俯仰角 θ_{s} 和滚转角 γ_s。令 $T_{ij}=\boldsymbol{T}_x(i,j)$，有

$$\left.\begin{aligned}\psi_{主}&=\arctan(T_{12}/T_{22})\\ \theta_{\mathrm{s}}&=\arcsin(T_{32})\\ \gamma_{主}&=\arctan(-T_{31}/T_{33})\end{aligned}\right\} \tag{12.35}$$

航向角 ψ_{s} 和滚转角 γ_{s} 的真值由下式确定

$$\left.\begin{aligned}\psi_{\mathrm{s}}&=\begin{cases}\psi_{主} & (T_{22}>0)\\ \psi_{主}+\mathrm{sign}(T_{12})\pi & (T_{22}<0)\end{cases}\\ \gamma_{\mathrm{s}}&=\begin{cases}\gamma_{主} & (T_{33}>0)\\ \gamma_{主}-\mathrm{sign}(\gamma_{主})\pi & (T_{33}<0)\end{cases}\end{aligned}\right\} \tag{12.36}$$

在得到星敏感器确定的高精度弹体姿态角 $\psi_{\mathrm{s}},\theta_{\mathrm{s}},\gamma_{\mathrm{s}}$ 后，结合弹载子惯导解算的姿态角 $\hat{\psi}$，$\hat{\theta},\hat{\gamma}$，可获取星敏感器确定的弹体姿态角误差：

$$\left.\begin{aligned}\delta\psi&=\hat{\psi}-\psi_{\mathrm{s}}\\ \delta\theta&=\hat{\theta}-\theta_{\mathrm{s}}\\ \delta\gamma&=\hat{\gamma}-\gamma_{\mathrm{s}}\end{aligned}\right\} \tag{12.37}$$

然后，利用星敏感器确定的弹体姿态角误差 $\delta\psi,\delta\theta,\delta\gamma$，标定子惯导解算过程中随时间积累到一定程度的姿态角误差 $\delta\hat{\psi},\delta\hat{\theta},\delta\hat{\gamma}$，可以实现对弹载子惯导解算的姿态角 $\hat{\psi},\hat{\theta},\hat{\gamma}$ 的定期修正，使弹体姿态阵$\hat{\boldsymbol{C}}_{\mathrm{b}}^{\mathrm{t}}(\boldsymbol{T}_{\mathrm{s}})$ 的误差始终保持在较小范围内。

利用星敏感器对子惯导在动基座条件下进行二次对准与标定的原理如图 12.11 所示。

由于惯导系统中姿态误差和速度误差相互影响，如果惯导的姿态误差比较小，惯导的速度误差也不会发散得很快，反之亦然。因此，在定期修正弹载子惯导的姿态矩阵$\boldsymbol{T}_{\mathrm{s}}$ 的同时，能够有效抑制弹载子惯导速度、位置误差的发散，进而达到修正子惯导导航参数的目的。

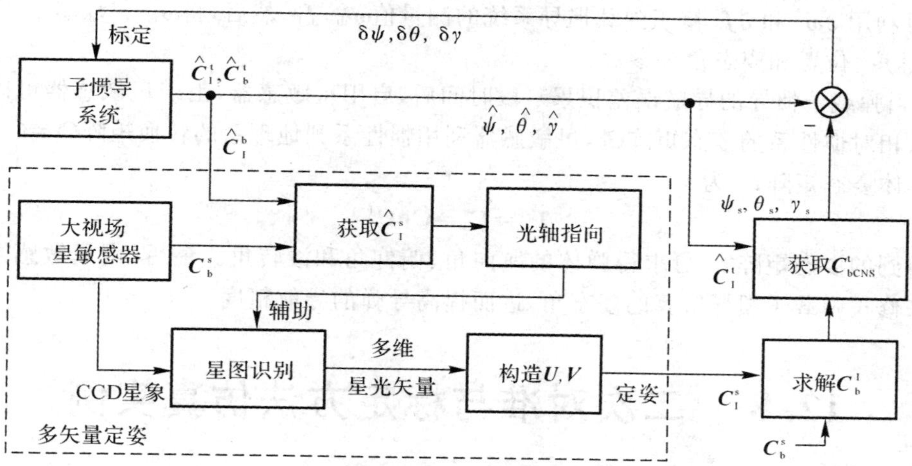

图 12.11　基于星敏感器的 SINS 动基座二次对准与标定原理框图

12.7.4　二次对准与标定方法实施步骤

利用神经网络的自学习能力和函数逼近性能，通过输入、输出样本的训练，可以消除子惯导陀螺仪和加速度计输出值中由确定性误差引起的测量误差，但是神经网络无法对由子惯导的随机噪声引起的测量误差进行补偿。由于星敏感器是一种高精度的天文敏感器，可以精确确定载体的姿态角，并且误差不随时间积累，在神经网络对导弹自动对准与标定的基础上，再利用星敏感器确定的高精度的姿态信息修正弹载子惯导解算的姿态矩阵，可以达到进一步减小导航误差的目的。

基于神经网络和星敏感器的远程巡航导弹二次对准与标定具体实施过程如下：

(1) 载机携带导弹飞行。

(2) 神经网络训练样本的构造。首先，根据主、子惯导系统之间的误差模型，利用卡尔曼滤波器估计出安装误差角 $\hat{\boldsymbol{\Psi}}$、弹性变形角 $\hat{\boldsymbol{\theta}}$ 和弹性变形角速度 $\dot{\hat{\boldsymbol{\theta}}}$，并构造转换矩阵 $\hat{\boldsymbol{C}}_{\mathrm{m}}^{\mathrm{s}}$；其次，利用已知的安装距离和主惯导陀螺仪的输出值 $\boldsymbol{\omega}_{\mathrm{ib}}^{\mathrm{m}}$，采用式(12.2)计算杆臂效应误差 $\boldsymbol{f}_{\mathrm{r}}^{\mathrm{s}}$；然后，利用构造的转换矩阵 $\hat{\boldsymbol{C}}_{\mathrm{m}}^{\mathrm{s}}$、估计得到的弹性变形角速度 $\dot{\hat{\boldsymbol{\theta}}}$ 和杆臂效应误差 $\boldsymbol{f}_{\mathrm{r}}^{\mathrm{s}}$ 来补偿子惯导陀螺仪和加速度计的输出值；最后，用得到的陀螺仪和加速度计输出值 $\boldsymbol{\omega}_{\mathrm{ib}}^{\mathrm{tr}}$ 和 $\boldsymbol{f}_{\mathrm{b}}^{\mathrm{tr}}$ 作为输入样本，主惯导陀螺仪和加速度计的输出值 $\boldsymbol{\omega}_{\mathrm{ib}}^{\mathrm{m}}$，$\boldsymbol{f}_{\mathrm{b}}^{\mathrm{m}}$ 和 $\boldsymbol{\omega}_{\mathrm{ib}}^{\mathrm{tr}}$，$\boldsymbol{f}_{\mathrm{b}}^{\mathrm{tr}}$ 之间的差值 $\delta\boldsymbol{\omega}$，$\delta\boldsymbol{f}$，作为神经网络的输出样本。

(3) 导弹随载机飞行阶段进行神经网络训练。

(4) 导弹发射前的传递对准。采用速度加姿态角匹配方式进行发射前的快速传递对准。在这一过程中，子惯导陀螺仪和加速度计利用步骤(2)的方法，补偿由安装误差、弹性变形和杆臂效应引起的测量误差值，然后计算出速度和姿态角，作为卡尔曼滤波器的观测量。

(5) 巡航导弹发射。

(6) 应用神经网络滤波器进行一次对准与标定。导弹发射后，子惯导陀螺仪和加速度计的输出值实时送入训练好的神经网络滤波器，输出子惯导陀螺仪和加速度计的测量误差 $\delta\boldsymbol{\omega}'$

和 $\delta \boldsymbol{f}'$，再利用 $\delta \boldsymbol{\omega}'$ 和 $\delta \boldsymbol{f}'$ 修正弹载惯导系统的测量值$\boldsymbol{\omega}_{\mathrm{ib}}^{\mathrm{s}}$，$\boldsymbol{f}_{\mathrm{b}}^{\mathrm{s}}$；然后，将$\boldsymbol{\omega}_{\mathrm{N}}$ 和$\boldsymbol{f}_{\mathrm{N}}$ 送入导航计算机，求出速度、位置和姿态角等参数。

(7) 当弹载子惯导的导航误差积累一段时间后，启用星敏感器，由于星敏感器可以精确确定弹体系相对惯性系的姿态矩阵$\boldsymbol{C}_{\mathrm{b}}^{\mathrm{I}}$，星敏感器利用惯性系到地理系的转换矩阵$\hat{\boldsymbol{C}}_{\mathrm{I}}^{\mathrm{t}}=\hat{\boldsymbol{C}}_{\mathrm{e}}^{\mathrm{t}}\hat{\boldsymbol{C}}_{\mathrm{I}}^{\mathrm{e}}$，可以确定的弹体姿态矩阵$\boldsymbol{T}_x$ 为

$$\boldsymbol{T}_x=\boldsymbol{C}_{\mathrm{b}}^{\mathrm{t}}=\hat{\boldsymbol{C}}_{\mathrm{I}}^{\mathrm{t}}\boldsymbol{C}_{\mathrm{b}}^{\mathrm{I}} \tag{12.38}$$

由得到的姿态矩阵$\boldsymbol{T}_x$ 可求得弹体的航向角、俯仰角和滚转角。最后，由星敏感器确定的姿态角来修正弹载子惯导解算的姿态角，进而提高导弹的导航精度。

12.8 二次对准与标定方法仿真实例

12.8.1 仿真条件

巡航导弹初始点位置为北纬40°，东经116°，高度为25 km，飞行轨迹见表12.4。初始东向速度为零，北向速度为600 m/s。子惯导陀螺仪常值漂移为0.02 °/h，随机漂移为0.01 °/h，漂移相关时间为50 s；加速度计零偏为$10^{-4}\ g$，随机偏置为$5\times10^{-5}\ g$，偏置相关时间为1 500 s，数据输出周期为0.2 s。星敏感器的常值误差为1″，一阶马尔柯夫过程的相关时间为10 s，随机误差为0.1″。姿态角数据输出周期为1 s，每隔300 s对弹载子惯导的姿态角进行修正，仿真时间为1 500 s。

表 12.4 仿真轨迹各时间段飞行情况

运动方式	持续时间 /s	加速度 /(m · s^{-2})	角速度 /(rad · s^{-1})
加速	500	0.5	0
匀速	500	0	0
减速	500	−0.5	0

在导弹发射后，将弹载子惯导陀螺仪和加速度计的测量值输入训练好的神经网络，经神经网络滤波器校正得到补偿确定性误差后的陀螺仪和加速度计的输出，并进行导航解算。当飞行时间为300 s时，启用星敏感器，利用星敏感器得到的姿态矩阵解算弹体的姿态角，并每隔300 s对弹载子惯导解算的姿态角进行修正。

12.8.2 仿真结果

如图12.12～图12.16所示分别为采用传统卡尔曼滤波对准与标定方法与基于神经网络加星敏感器二次对准与标定方法时，巡航导弹导航信息的误差曲线。

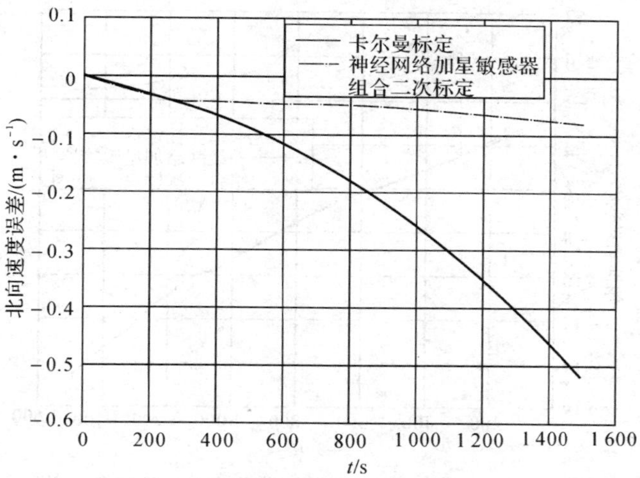

图 12.12　采用不同对准与标定方法时的北向速度误差

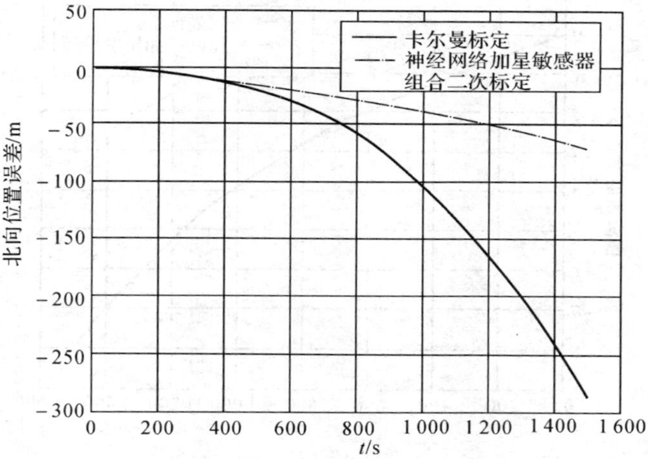

图 12.13　采用不同对准与标定方法时的北向位置误差

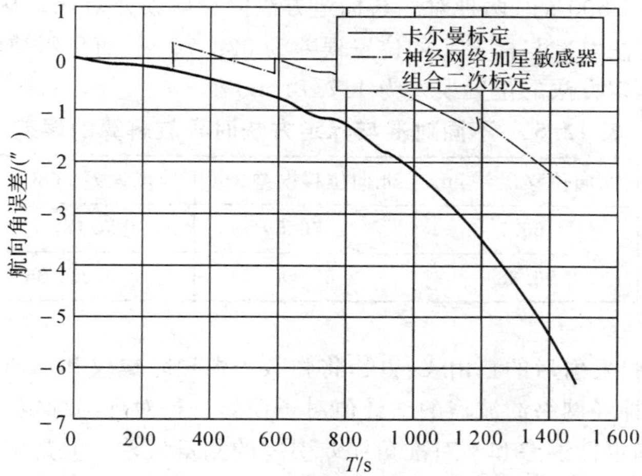

图 12.14　采用不同对准与标定方法时的航向角误差

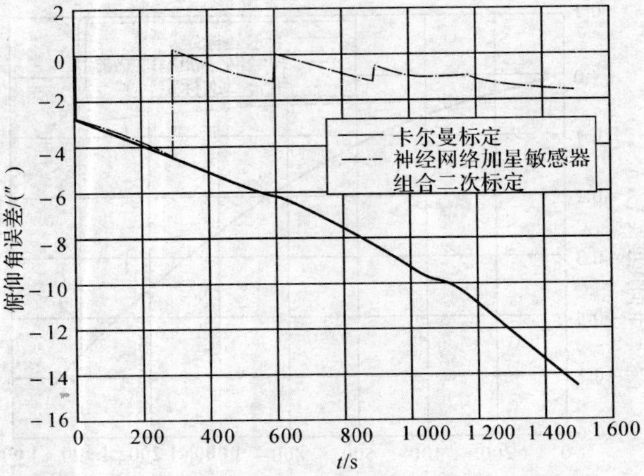

图 12.15 采用不同对准与标定方法时的俯仰角误差

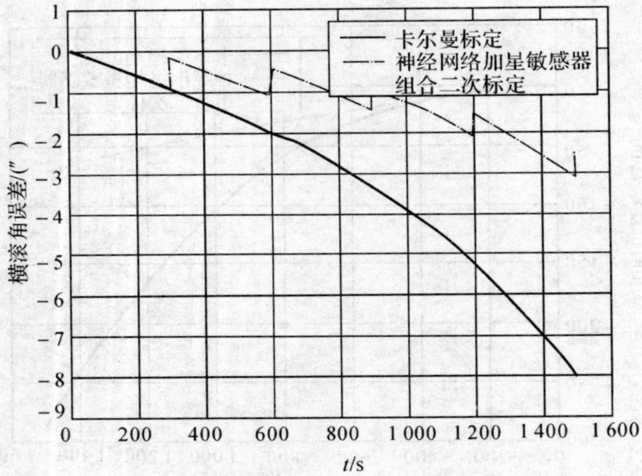

图 12.16 采用不同对准与标定方法时的横滚角误差

表 12.5 列出了 1 500 s 时两种对准与标定方法的导航误差对比。从表中可以看出，利用传统的卡尔曼滤波方法对准与标定后的位置误差为 322.76 m，而采用神经网络与星敏感器相结合的二次对准与标定方法的位置误差为 117.74 m。

表 12.5 不同对准与标定方法时导航解算的误差

对准与标定方法	东向位移误差 /m	北向位移误差 /m	速度误差 /(m·s^{-1})	位置误差 /m
卡尔曼	166.5	276.5	0.177 1	322.76
二次组合方式	96.38	67.64	0.012 36	117.74

可见，在巡航导弹发射后的自由飞行段，将弹载子惯导陀螺仪和加速度计的量测值输入神经网络滤波器，利用神经网络滤波器的估计值对子惯导进行对准与标定，能够消除陀螺仪和加速度计测量值中由确定性误差和不对准角误差引起的测量误差。但是由于神经网络滤波器无法修正由系统随机噪声而引起的测量误差，对于长时间飞行的巡航导弹，这也将积累相当大的

导航误差。

由于恒星的方位在惯性空间中基本保持不变，所以星敏感器相当于没有漂移的陀螺。如果在神经网络实时对准与标定方法的基础上，再利用星敏感器获取的天文观测信息计算载体精确的姿态角信息，在导弹发射后每隔一段时间对弹载子惯导解算的姿态信息进行修正，可进一步减小子惯导的导航误差。

12.9 本章小结

本章首先介绍了基于神经网络的机载武器捷联式惯导系统动基座传递对准和标定的方法。由于捷联式惯导系统在动基座条件下的状态矩阵是时变的，故神经网络应用于捷联式惯导静基座初始对准的方法不再适用于动基座情况。考虑到载机和武器在飞行过程中，陀螺仪和加速度计的特性不变，并考虑了主、子惯导之间的安装误差角、弹性变形角和杆臂效应的影响，构造了神经网络的输入、输出训练样本，以训练神经网络滤波器。导弹随载机飞行阶段，利用构造的输入、输出样本对神经网络进行训练，导弹发射后自由飞行时即可使用训练好的神经网络完成对弹载子惯导的实时在线对准与标定。

其次，介绍了一种基于神经网络和星敏感器组合二次对准和标定方法。利用星敏感器可以提供精确的姿态角信息的特点，在基于神经网络传递对准和标定的基础上，采用星敏感器来修正弹载子惯导长时间积累的误差，从而达到了进一步减小导航参数误差的目的。

第13章　旋转调制技术在初始对准中的应用

13.1 引　言

初始对准是惯性导航系统工作的前提，初始对准的精度将直接影响系统的导航精度。由第2章的可观测性分析可知，东向、北向加速度计偏置和东向陀螺常值漂移为不可观测状态，这些不可观测状态的误差限制了系统初始对准的精度。可见，捷联式惯导系统的精度主要受惯性器件精度的影响。并且，由器件误差造成的系统误差随时间积累，因此在长时间高精度的应用场合，必须降低惯性器件误差对导航精度的影响。

采用惯性测量单元(Inertial Measurement Unit，IMU)绕一轴或多轴有规律地旋转，可以将惯性器件误差调制成周期变化的信号，在导航解算的过程中利用积分运算自动将误差平均抵消，从而提高惯导系统长时间导航精度。该技术被称为旋转调制技术，即通过机械转动的方式调制和补偿陀螺常值漂移和加速度计零偏，从而消除其对系统定位精度的影响。它在不提高惯性器件本身精度的基础上提高系统精度，不需要外部信息，从而充分保证了惯导系统的自主性。此外，还可提高系统的初始对准和标校精度，因此在国外多个型号中得到了应用，其中最典型的有MK39mod3C，MK49和AN/WSN－7系列。

如图13.1所示为旋转捷联式惯导系统的结构框图。

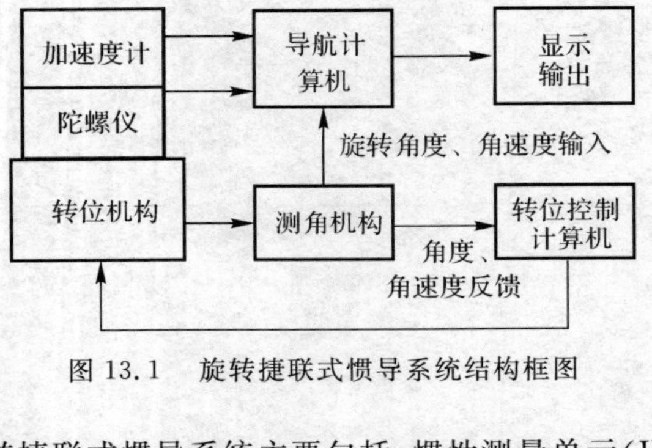

图13.1　旋转捷联式惯导系统结构框图

如图13.1所示，旋转捷联式惯导系统主要包括：惯性测量单元(IMU)、转位机构、测角机构、转位控制以及导航计算机等。其中，IMU与转位机构固连，而转位机构则通过减振器等与载体固连。通过转位控制单元可以实现既定方案旋转或者使IMU处于锁定状态，测角机构将IMU相对于载体的姿态角信息、角速度信息提供给导航计算机进行相应的导航解算。

本章讨论一种旋转对准的方法，利用IMU的连续旋转而调制掉惯性器件的常值误差，其中旋转调制示意图如图13.2所示。

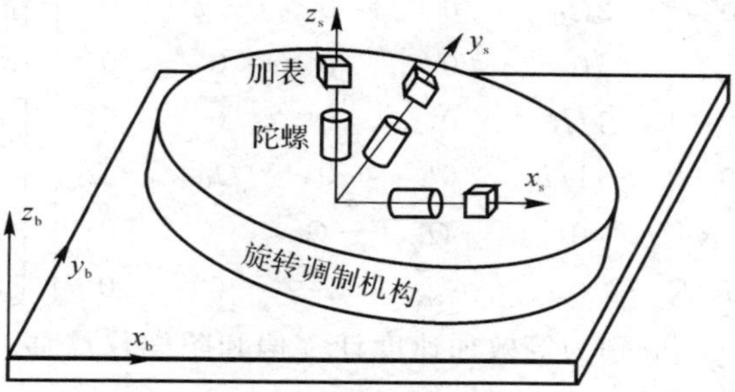

图 13.2　旋转调制示意图

13.2　旋转调制对系统误差的影响机理

下面以绕 z_s 轴旋转调制系统为例，来分析旋转调制对系统误差的影响机理。

由式(2.36) 和式(2.37) 可知静基座下系统误差方程为

$$\left.\begin{aligned}
\delta\dot{V}_E &= 2\Omega_U\delta V_N - \phi_N g + \nabla_E \\
\delta\dot{V}_N &= -2\Omega_U\delta V_E + \phi_E g + \nabla_N \\
\dot{\phi}_E &= -\delta V_N/R + \phi_N\Omega_U - \phi_U\Omega_N + \varepsilon_E \\
\dot{\phi}_N &= \delta V_E/R - \delta L\Omega_U - \phi_E\Omega_U + \varepsilon_N \\
\dot{\phi}_U &= \tan L\delta V_E/R + \delta L\Omega_N + \phi_E\Omega_N + \varepsilon_U \\
\delta\dot{L} &= \delta V_N/R \\
\delta\dot{\lambda} &= \sec L\delta V_E/R
\end{aligned}\right\} \tag{13.1}$$

其中

$$\left.\begin{aligned}
\varepsilon_E &= \varepsilon_x\cos\alpha - \varepsilon_y\sin\alpha + \frac{\delta K_{Gy}-\delta K_{Gx}}{2}\Omega_N\sin 2\alpha + \delta G_{xz}\Omega_N\cos^2\alpha - \\
&\quad \delta G_{yz}\Omega_N\sin^2\alpha + \delta G_{xy}\Omega_U\cos\alpha + \delta G_{yx}\Omega_U\sin\alpha \\
\varepsilon_N &= \varepsilon_y\cos\alpha + \varepsilon_x\sin\alpha + \frac{\delta K_{Gy}+\delta K_{Gx}}{2}\Omega_N + \frac{\delta K_{Gy}-\delta K_{Gx}}{2}\Omega_N\cos 2\alpha - \\
&\quad (\delta G_{yz}+\delta G_{xz})/2\cdot\Omega_N\sin 2\alpha + \delta G_{xy}\Omega_U\sin\alpha + \delta G_{yx}\Omega_U\cos\alpha \\
\varepsilon_U &= \varepsilon_z + \delta K_{Gz}(\Omega_U+\omega_c) + \delta G_{zx}\Omega_N\cos\alpha - \delta G_{zy}\Omega_N\sin\alpha \\
\nabla_E &= (\nabla_x - \delta A_{xy}g)\sin\alpha + (\nabla_y - \delta A_{yx}g)\cos\alpha\cdot g \\
\nabla_N &= (\nabla_x - \delta A_{xy}g)\cos\alpha - (\nabla_y - \delta A_{yx}g)\sin\alpha\cdot g
\end{aligned}\right\} \tag{13.2}$$

式中，L 为当地地理纬度；$\Omega_N=\omega_{ie}\cos L$，$\Omega_U=\omega_{ie}\sin L$；$\delta V_E$，$\delta V_N$ 为系统东、北向速度误差；ϕ_E，ϕ_N，ϕ_U 为系统姿态误差角；$\delta\lambda$，δL 为系统经纬度误差，$\boldsymbol{\nabla}$，$\boldsymbol{\varepsilon}$ 分别为加速度计零位和陀螺仪漂移；δA_{ij} $(i,j=x,y;\ i\neq j)$ 为加速度计安装误差角；δG_{ij} $(i,j=x,y,z;\ i\neq j)$ 为陀螺仪安装误差角；δK_{Gi} 为陀螺仪标度因数；ω_c 为绕方位轴的旋转角速度。

将式(13.1) 写成矩阵形式为

$$\begin{bmatrix} \delta\dot{V}_E \\ \delta\dot{V}_N \\ \delta\dot{L} \\ \dot{\phi}_E \\ \dot{\phi}_N \\ \dot{\phi}_U \end{bmatrix} = \begin{bmatrix} 0 & 2\Omega_U & 0 & 0 & -g & 0 \\ -2\Omega_U & 0 & 0 & g & 0 & 0 \\ 0 & 1/R & 0 & 0 & 0 & 0 \\ 0 & -1/R & 0 & 0 & \Omega_U & -\Omega_N \\ 1/R & 0 & -\Omega_U & -\Omega_U & 0 & 0 \\ \tan L/R & 0 & \Omega_N & \Omega_N & 0 & 0 \end{bmatrix} \begin{bmatrix} \delta V_E \\ \delta V_N \\ \delta L \\ \phi_E \\ \phi_N \\ \phi_U \end{bmatrix} + \begin{bmatrix} \delta f_E \\ \delta f_N \\ 0 \\ \delta\omega_E \\ \delta\omega_N \\ \delta\omega_U \end{bmatrix} \quad (13.3)$$

式中，δf_i，$\delta\omega_i(i=\mathrm{E,N,U})$ 分别为等效加速度计零偏和陀螺仪漂移，当没有旋转调制时分别为 ∇_E，∇_N，ε_E，ε_N，ε_U。

记 $\boldsymbol{X}=[\delta V_E \quad \delta V_N \quad \delta L \quad \phi_E \quad \phi_N \quad \phi_U]^T$，$\boldsymbol{u}=[\delta f_E \quad \delta f_N \quad 0 \quad \delta\omega_E \quad \delta\omega_N \quad \delta\omega_U]^T$，对式(13.3)进行拉普拉斯变换，得到静基座条件下的误差传播方程为

$$\boldsymbol{X}(s)=(s\boldsymbol{I}-\boldsymbol{F})^{-1}[\boldsymbol{X}(0)+\boldsymbol{u}(s)]=\frac{\boldsymbol{N}(s)}{\Delta(s)}[\boldsymbol{X}(0)+\boldsymbol{u}(s)] \quad (13.4)$$

式中，$\boldsymbol{N}(s)$ 为系统特征矩阵$(s\boldsymbol{I}-\boldsymbol{F})$ 的伴随矩阵；$\Delta(s)$ 为系统特征方程，即

$$\Delta(s)=|s\boldsymbol{I}-\boldsymbol{F}|=(s^2+\omega_{ie}^2)[(s^2+\omega_s^2)^2+4s^2\omega_{ie}^2\sin^2 L] \quad (13.5)$$

式中，$\omega_s=\sqrt{g/R}\approx 1.24\times10^{-3}$ rad/sec；$\omega_{ie}\approx 7.29\times10^{-5}$ rad/sec；$\omega_s^2 \gg \omega_{ie}^2$。从而可将式(13.5)近似地写成

$$\Delta(s)=(s^2+\omega_{ie}^2)[s^2+(\omega_s+\omega_{ie}\sin L)^2][s^2+(\omega_s-\omega_{ie}\sin L)^2]$$

由此可知，当系统主要误差源 ∇_E，∇_N，ε_E，ε_N，ε_U 为常值激励时，系统误差呈现 3 种周期振荡，即地球周期、舒勒周期和傅科周期，如图 13.3 所示。

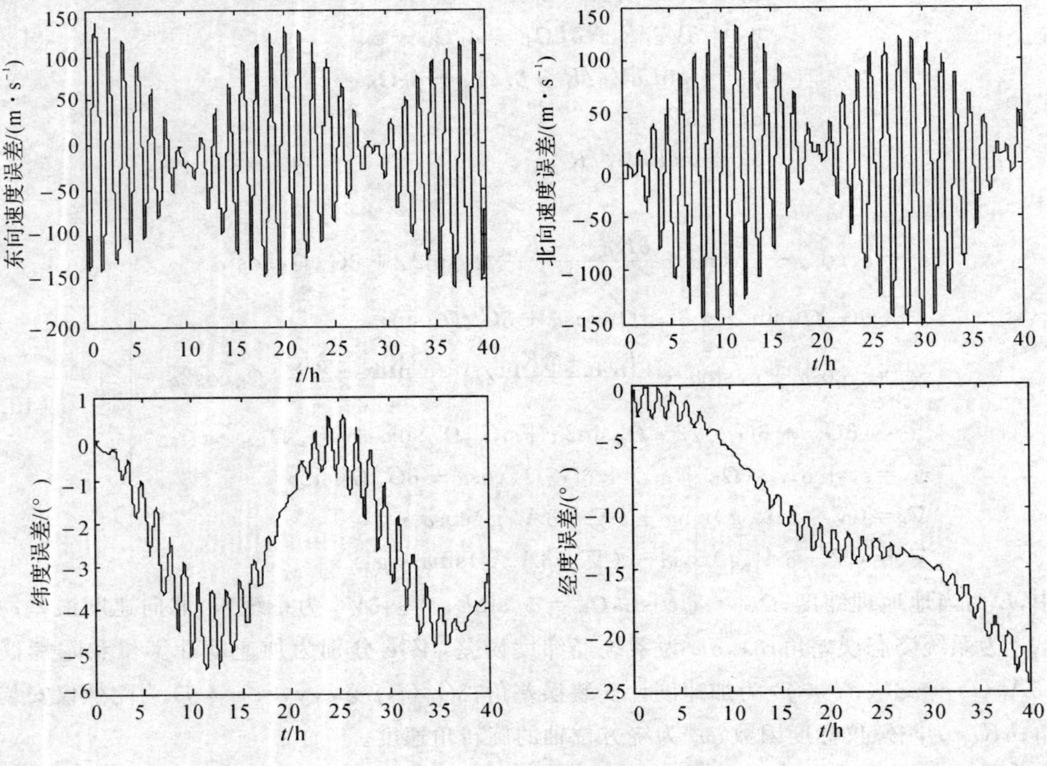

图 13.3 $\omega_c=0$ 时的系统误差曲线

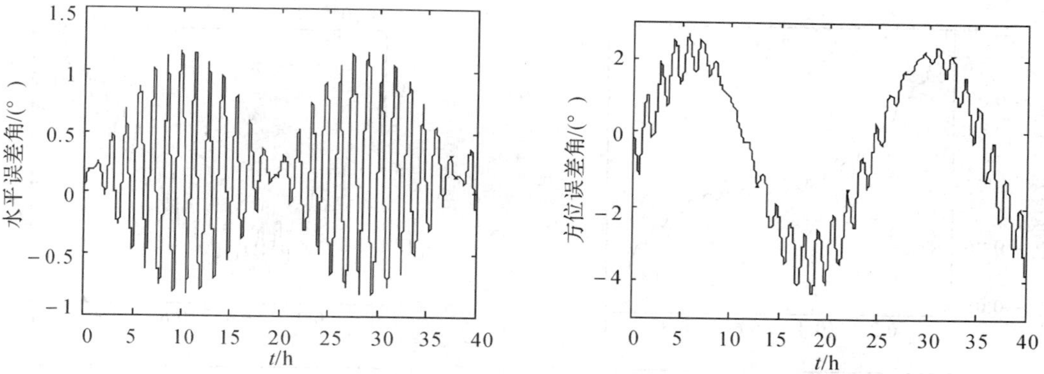

续图 13.3　$\omega_c = 0$ 时的系统误差曲线

3 种振荡周期：

(1) 地球周期振荡——ω_{ie}，周期为 $T_e = 2\pi/\omega_{ie} \approx 24$ h；

(2) 舒勒周期振荡——ω_s，周期为 $T_s = 2\pi\sqrt{R/g} \approx 84.4$ min；

(3) 傅科周期振荡——$\omega_f = \omega_{ie}\sin L$，周期为 $T_f = 2\pi/\omega_{ie}\sin L = T_e/\sin L$。

当采用旋转调制技术时，主要误差源 ∇_E，∇_N，ε_E，ε_N，ε_U 被调制成式(13.2)所示的 π/ω_c 和 $2\pi/\omega_c$ 的两种周期振荡激励，系统误差则呈现舒勒周期振荡、傅科周期振荡、地球周期振荡、π/ω_c 周期振荡和 $2\pi/\omega_c$ 周期振荡 5 种周期振荡。若旋转调制周期远小于舒勒周期，则系统误差的舒勒周期振荡幅度被调制，有明显减小。傅科周期振荡和地球周期振荡幅度也稍有减小，由调制旋转引起的波动幅度小，且周期短，如图 13.4 所示。若调制旋转周期等于舒勒周期，由于共振效应，系统误差大幅度振荡。因此，当选择调制旋转周期时，一定要避开舒勒周期。若调制旋转周期大于舒勒周期，系统误差的舒勒周期振荡、傅科周期振荡和地球周期振荡幅度也不同程度地被调制，由调制旋转引起的波动幅度较大，而且周期较长，如图 13.5 所示。

综上所述，为了减小系统各状态量中的舒勒周期振荡、傅科周期和地球周期振荡的幅值，并且避免调制旋转周期引入新的振荡误差，实际应用中选取的调制速率应该满足 $\omega_c \gg \omega_s$，这样才能达到比较理想的误差抑制效果。

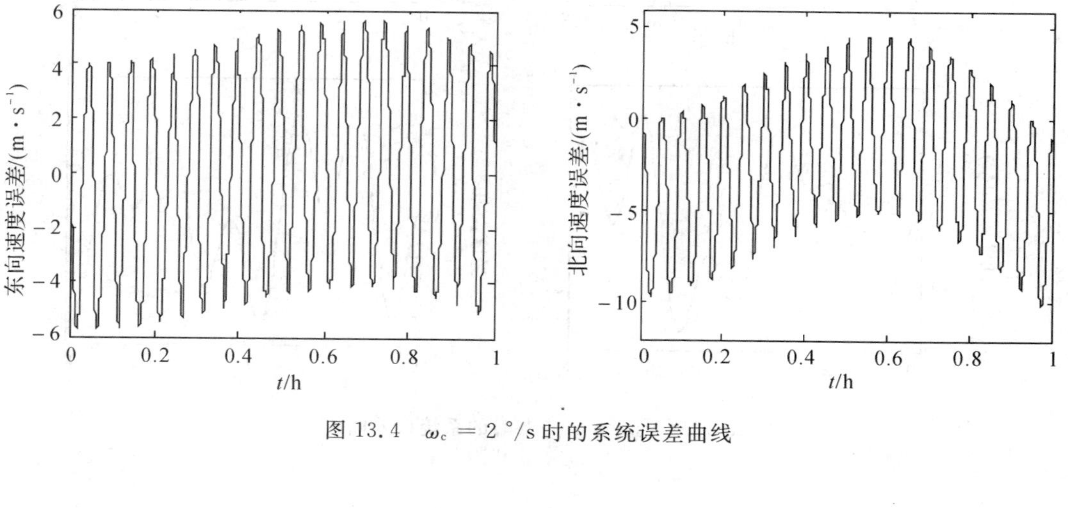

图 13.4　$\omega_c = 2\ ^\circ/\mathrm{s}$ 时的系统误差曲线

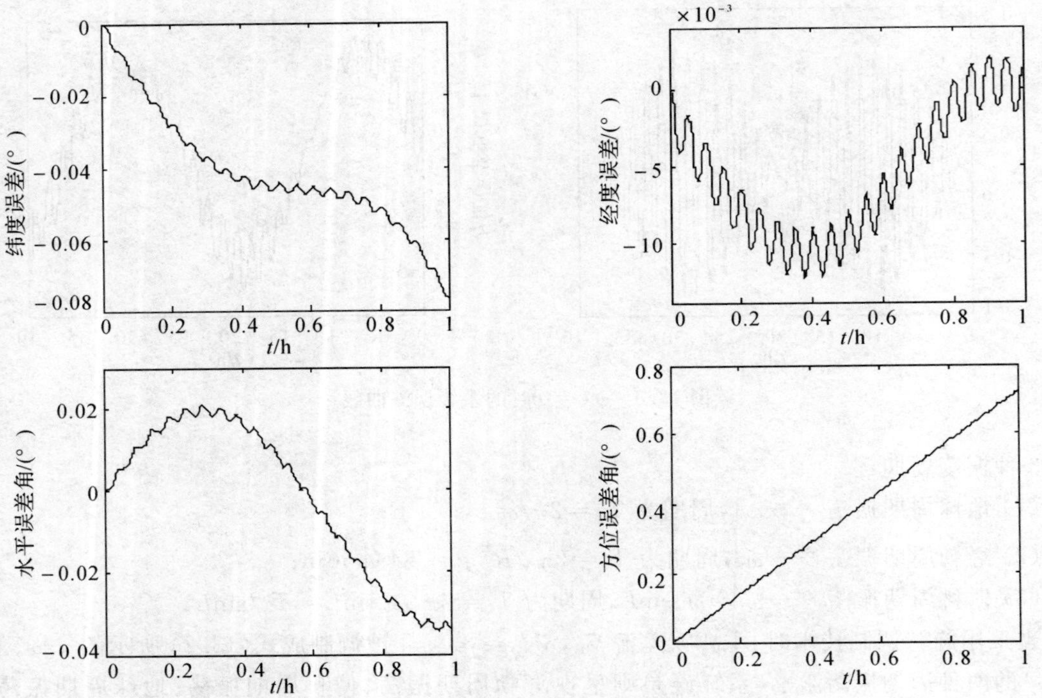

续图 13.4 $\omega_c = 2\ ^\circ/s$ 时的系统误差曲线

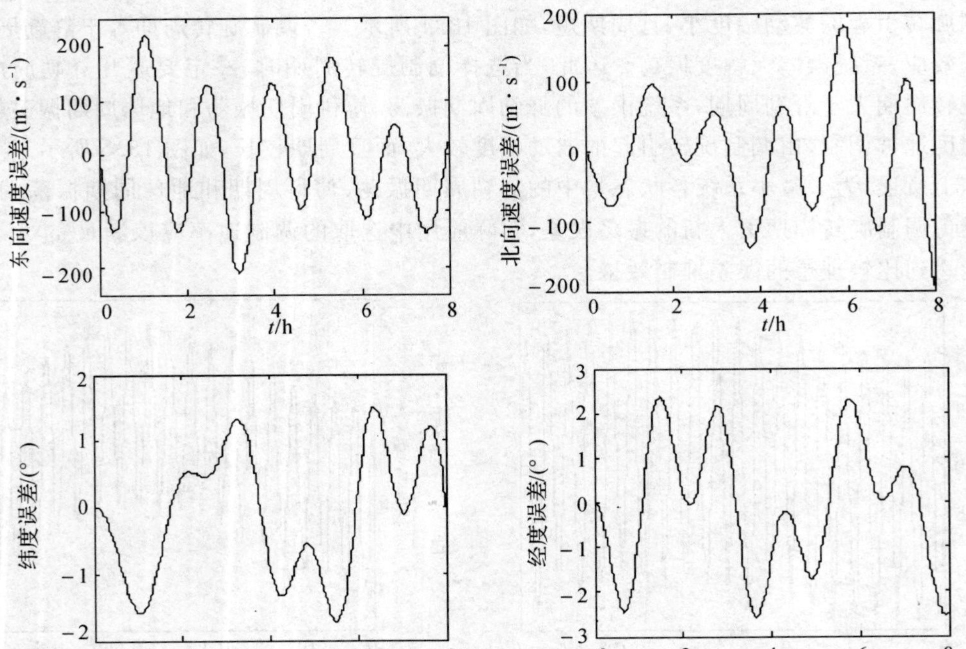

图 13.5 $\omega_c = 90\ ^\circ/h$ 时的系统误差曲线

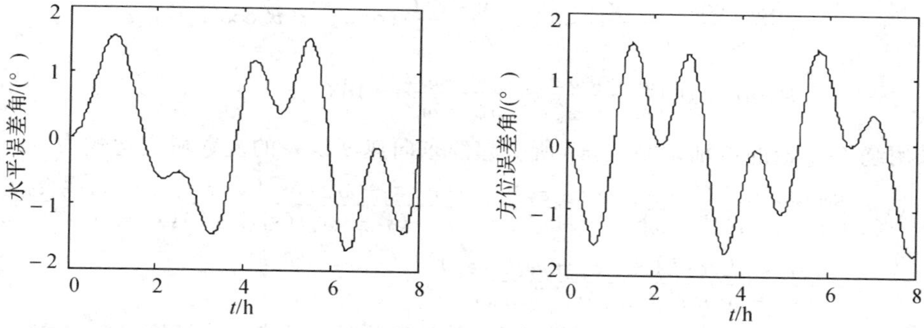

续图 13.5　$\omega_c = 90\ °/\text{h}$ 时的系统误差曲线

13.3　旋转调制系统误差波动特性

13.3.1　调制作用下陀螺仪常值漂移误差传播特性

现以绕 Oz_s 轴的单轴连续旋转调制为例，从全局角度分析旋转调制作用下陀螺仪常值漂移的误差传播特性及抑制机理。系统初始姿态矩阵为$\boldsymbol{C}_b^n = C_{ij}\ (i, j = 1, 2, 3)$，则 IMU 本体坐标系 s 相对于载体坐标系 b 的姿态变换矩阵为

$$\boldsymbol{C}_s^b = \begin{bmatrix} \cos\omega_c t & -\sin\omega_c t & 0 \\ \sin\omega_c t & \cos\omega_c t & 0 \\ 0 & 0 & 1 \end{bmatrix} \tag{13.6}$$

忽略式(13.2)中的陀螺仪标度因数和安装误差，可得在式(13.4)的 $\boldsymbol{u}(s)$ 中，陀螺仪等效输出误差为

$$\begin{bmatrix} \delta\omega_E \\ \delta\omega_N \\ \delta\omega_U \end{bmatrix} = \begin{bmatrix} C_{11}(\varepsilon_x\cos\omega_c t - \varepsilon_y\sin\omega_c t) + C_{12}(\varepsilon_x\sin\omega_c t + \varepsilon_y\cos\omega_c t) + C_{13}\varepsilon_z \\ C_{21}(\varepsilon_x\cos\omega_c t - \varepsilon_y\sin\omega_c t) + C_{22}(\varepsilon_x\sin\omega_c t + \varepsilon_y\cos\omega_c t) + C_{23}\varepsilon_z \\ C_{31}(\varepsilon_x\cos\omega_c t - \varepsilon_y\sin\omega_c t) + C_{32}(\varepsilon_x\sin\omega_c t + \varepsilon_y\cos\omega_c t) + C_{33}\varepsilon_z \end{bmatrix} \tag{13.7}$$

当不采用旋转调制时，等效陀螺仪漂移为

$$\begin{bmatrix} \delta\omega_E \\ \delta\omega_N \\ \delta\omega_U \end{bmatrix} = \begin{bmatrix} C_{11}\varepsilon_x + C_{12}\varepsilon_y + C_{13}\varepsilon_z \\ C_{21}\varepsilon_x + C_{22}\varepsilon_y + C_{23}\varepsilon_z \\ C_{31}\varepsilon_x + C_{32}\varepsilon_y + C_{33}\varepsilon_z \end{bmatrix} \tag{13.8}$$

由式(13.7)可知，绕 Oz_s 轴的单轴调制对 z 向陀螺仪漂移没有抑制作用，而 ε_x 和 ε_y 所引起的等效陀螺仪漂移被调制成周期变化的量。以东向速度误差为例，只考虑 x 轴陀螺仪漂移 ε_x 对系统误差的影响，忽略傅科周期，可以得到东向速度误差的复数域表达式为

$$\delta V_E(s) = \frac{g\omega_{ie}\sin L \cdot C_{11}\varepsilon_x}{(s^2+\omega_s^2)(s^2+\omega_{ie}^2)} + \frac{-g(s^2+\omega_{ie}^2\cos^2 L)}{s(s^2+\omega_s^2)(s^2+\omega_{ie}^2)}C_{21}\varepsilon_x + \frac{-g\omega_{ie}^2\sin L\cos L}{s(s^2+\omega_s^2)(s^2+\omega_{ie}^2)}C_{31}\varepsilon_x \tag{13.9}$$

对其进行拉普拉斯反变换，得到不采用旋转调制时 ε_x 引起的东向速度误差为

$$\delta V_E(t) = \frac{g\sin L}{\omega_{ie}^2 - \omega_s^2}(\omega_{ie}/\omega_s\sin\omega_s t - \sin\omega_{ie} t)C_{11}\varepsilon_x +$$

$$\left(\frac{R\omega_{ie}^2\cos^2 L-g}{\omega_{ie}^2-\omega_s^2}\cos\omega_s t+\frac{g\sin^2 L}{\omega_{ie}^2-\omega_s^2}\cos\omega_{ie}t-R\cos^2 L\right)C_{21}\varepsilon_x+$$

$$R\sin L\cos L\left(\frac{\omega_{ie}^2\cos\omega_s t}{\omega_{ie}^2-\omega_s^2}-\frac{\omega_s^2\cos\omega_{ie}t}{\omega_{ie}^2-\omega_s^2}-1\right)C_{31}\varepsilon_x \tag{13.10}$$

而采用绕 Oz_s 轴的单轴调制时，ε_x 所引起的东向速度误差的复数域表达式为

$$\delta V_E(s)=\frac{gs\omega_{ie}\sin L(sC_{11}\varepsilon_x+\omega_c C_{12}\varepsilon_x)}{(s^2+\omega_s^2)(s^2+\omega_{ie}^2)(s^2+\omega_c^2)}+\frac{-g(s^2+\omega_{ie}^2\cos^2 L)(sC_{21}\varepsilon_x+\omega_c C_{22}\varepsilon_x)}{(s^2+\omega_s^2)(s^2+\omega_{ie}^2)(s^2+\omega_c^2)}+$$

$$\frac{-g\omega_{ie}^2\sin L\cos L(sC_{31}\varepsilon_x+\omega_c C_{32}\varepsilon_x)}{(s^2+\omega_s^2)(s^2+\omega_{ie}^2)(s^2+\omega_c^2)} \tag{13.11}$$

对式(13.11)进行拉普拉斯反变换，得到单轴旋转调制时 ε_x 引起东向速度误差的解析表达式为

$$\delta V_E(t)=g\omega_{ie}\sin L\left[\frac{C_{11}\omega_{ie}\sin\omega_{ie}t-C_{12}\omega_c\cos\omega_{ie}t}{(\omega_{ie}^2-\omega_s^2)(\omega_c^2-\omega_{ie}^2)}+\frac{C_{11}\omega_s\sin\omega_s t-C_{12}\omega_c\cos\omega_s t}{(\omega_s^2-\omega_{ie}^2)(\omega_c^2-\omega_s^2)}-\right.$$

$$\left.\frac{C_{11}\omega_c\sin\omega_c t-C_{12}\omega_c\cos\omega_c t}{(\omega_c^2-\omega_{ie}^2)(\omega_c^2-\omega_s^2)}\right]\varepsilon_x+g\left[\frac{(\omega_{ie}\cos^2 L-\omega_{ie})(C_{21}\omega_{ie}\cos\omega_{ie}t+C_{22}\omega_c\sin\omega_{ie}t)}{(\omega_{ie}^2-\omega_s^2)(\omega_c^2-\omega_{ie}^2)}-\right.$$

$$\frac{(\omega_s^2-\omega_{ie}^2\cos^2 L)(C_{21}\cos\omega_s t+C_{22}\omega_c/\omega_s\sin\omega_s t)}{(\omega_s^2-\omega_{ie}^2)(\omega_c^2-\omega_s^2)}+$$

$$\left.\frac{(\omega_c^2-\omega_{ie}^2\cos^2 L)(C_{21}\cos\omega_c t+C_{22}\sin\omega_c t)}{(\omega_c^2-\omega_{ie}^2)(\omega_c^2-\omega_s^2)}\right]\varepsilon_x+\frac{g\omega_{ie}^2\sin 2L}{2}\cdot$$

$$\left[\frac{C_{31}\cos\omega_{ie}t+C_{32}\omega_c/\omega_{ie}\sin\omega_{ie}t}{(\omega_{ie}^2-\omega_s^2)(\omega_c^2-\omega_{ie}^2)}+\frac{C_{31}\cos\omega_s t+C_{32}\omega_c/\omega_s\sin\omega_s t}{(\omega_s^2-\omega_{ie}^2)(\omega_c^2-\omega_s^2)}-\frac{C_{31}\cos\omega_c t+C_{32}\sin\omega_c t}{(\omega_c^2-\omega_{ie}^2)(\omega_c^2-\omega_s^2)}\right]\varepsilon_x \tag{13.12}$$

同理可得，不采用旋转调制时 ε_x 引起的北向速度误差、姿态误差和经纬度误差的解析表达式分别为

$$\delta V_N(t)=\frac{g}{\omega_{ie}^2-\omega_s^2}[(\cos\omega_s t-\cos\omega_{ie}t)C_{11}\varepsilon_x+(\omega_{ie}/\omega_s\sin L\sin\omega_s t-\sin L\sin\omega_{ie}t)C_{21}\varepsilon_x+$$

$$(\cos L\sin\omega_{ie}t-\omega_{ie}/\omega_s\cos L\sin\omega_s t)C_{31}\varepsilon_x] \tag{13.13a}$$

$$\delta\phi_E(t)=\frac{1}{\omega_{ie}^2-\omega_s^2}[(\omega_{ie}\sin\omega_{ie}t-\omega_s\sin\omega_s t)C_{11}\varepsilon_x+\omega_{ie}\sin L(\cos\omega_s t-\cos\omega_{ie}t)C_{21}\varepsilon_x+$$

$$\omega_{ie}\cos L(\cos\omega_{ie}t-\cos\omega_s t)C_{31}\varepsilon_x] \tag{13.13b}$$

$$\delta\phi_N(t)=\frac{1}{\omega_{ie}^2-\omega_s^2}\{\omega_{ie}\sin L(\cos\omega_{ie}t-\cos\omega_s t)C_{11}\varepsilon_x+[(\omega_{ie}^2\cos^2 L-\omega_s^2)/\omega_s\sin\omega_s t+$$

$$\omega_{ie}\sin^2 L\sin\omega_{ie}t]C_{21}\varepsilon_x+\omega_{ie}\sin L\cos L(\omega_{ie}/\omega_s\sin\omega_s t-\sin\omega_{ie}t)C_{31}\varepsilon_x\} \tag{13.13c}$$

$$\delta\phi_U(t)=\frac{1}{\omega_{ie}^2-\omega_s^2}\{\omega_{ie}\cos L[(\sec^2 L\omega_s^2/\omega_{ie}^2-1)\cos\omega_{ie}t-\tan^2 L\cos\omega_s t+\sec^2 L(1-\omega_s^2/\omega_{ie}^2)]C_{11}\varepsilon_x+$$

$$[(\omega_{ie}^2\sin 2L/2\omega_s-\omega_s\tan L)\sin\omega_s t+(\omega_s^2\tan L/\omega_{ie}-\omega_{ie}\sin 2L/2)\sin\omega_{ie}t]C_{21}\varepsilon_x+$$

$$[(\omega_{ie}\cos^2 L-\omega_s^2/\omega_{ie})\sin\omega_{ie}t+\omega_{ie}^2\sin^2 L/\omega_s\sin\omega_s t]C_{31}\varepsilon_x\} \tag{13.13d}$$

$$\delta L(t)=\frac{1}{\omega_{ie}^2-\omega_s^2}\{(\omega_s\sin\omega_s t-\omega_s^2\sin\omega_{ie}t/\omega_{ie})C_{11}\varepsilon_x+[\omega_s^2\sin L/\omega_{ie}\cos\omega_{ie}t+\sin L(\omega_{ie}^2-\omega_s^2)/\omega_{ie}-$$

$$\omega_{ie}\sin L\cos\omega_s t]C_{21}\varepsilon_x+[\omega_{ie}\cos L\cos\omega_s t-\omega_s^2\cos L/\omega_{ie}\cos\omega_{ie}t-\cos L(\omega_{ie}^2-\omega_s^2)/\omega_{ie}]C_{31}\varepsilon_x\} \tag{13.13e}$$

$$\delta\lambda(t)=\frac{1}{\omega_{ie}^2-\omega_s^2}\{[\omega_s^2\tan L/\omega_{ie}\cos\omega_{ie}t-\omega_{ie}\tan L\cos\omega_s t+\tan L(\omega_{ie}^2-\omega_s^2)/\omega_{ie}]C_{11}\varepsilon_x+[(\omega_{ie}^2\cos L/\omega_s-$$

$$
\begin{aligned}
&\omega_s \sec L)\sin\omega_s t+\omega_s^2(\sec L-\cos L)/\omega_{ie}\cdot\sin\omega_{ie}t-\cos L(\omega_{ie}^2-\omega_s^2)\cdot t]C_{21}\varepsilon_x+\\
&[\omega_{ie}^2\sin L/\omega_s\sin\omega_s t-\omega_s^2\sin L/\omega_{ie}\sin\omega_{ie}t-\sin L(\omega_{ie}^2-\omega_s^2)\cdot t]C_{31}\varepsilon_x\}
\end{aligned}
\tag{13.13f}
$$

而采用绕 Oz_s 轴的单轴调制时，ε_x 所引起的系统各状态量误差的解析表达式为

$$
\begin{aligned}
\delta V_N(t)=&g\left[\frac{C_{11}\omega_c^2\cos\omega_c t+C_{12}\omega_c^2\sin\omega_c t}{(\omega_{ie}^2-\omega_c^2)(\omega_c^2-\omega_s^2)}+\frac{C_{11}\omega_s^2\cos\omega_s t+C_{12}\omega_c\omega_s\sin\omega_s t}{(\omega_s^2-\omega_{ie}^2)(\omega_c^2-\omega_s^2)}+\right.\\
&\left.\frac{C_{11}\omega_{ie}^2\cos\omega_{ie}t+C_{12}\omega_c\omega_{ie}\sin\omega_{ie}t}{(\omega_c^2-\omega_{ie}^2)(\omega_{ie}^2-\omega_s^2)}\right]\varepsilon_x+g\omega_{ie}\sin L\cdot\left[\frac{C_{21}\omega_c\sin\omega_c t-C_{22}\omega_c\cos\omega_c t}{(\omega_{ie}^2-\omega_c^2)(\omega_c^2-\omega_s^2)}+\right.\\
&\left.\frac{C_{21}\omega_s\sin\omega_s t-C_{22}\omega_c\cos\omega_s t}{(\omega_s^2-\omega_{ie}^2)(\omega_c^2-\omega_s^2)}+\frac{C_{21}\omega_{ie}\sin\omega_{ie}t-C_{22}\omega_c\cos\omega_{ie}t}{(\omega_c^2-\omega_{ie}^2)(\omega_{ie}^2-\omega_s^2)}\right]\varepsilon_x+g\omega_{ie}\cos L\cdot\\
&\left[\frac{C_{31}\omega_c\sin\omega_c t-C_{32}\omega_c\cos\omega_c t}{(\omega_c^2-\omega_{ie}^2)(\omega_c^2-\omega_s^2)}+\frac{C_{31}\omega_s\sin\omega_s t-C_{32}\omega_c\cos\omega_s t}{(\omega_{ie}^2-\omega_s^2)(\omega_c^2-\omega_s^2)}-\frac{C_{31}\omega_{ie}\sin\omega_{ie}t-C_{32}\omega_c\cos\omega_{ie}t}{(\omega_c^2-\omega_{ie}^2)(\omega_{ie}^2-\omega_s^2)}\right]\varepsilon_x
\end{aligned}
\tag{13.14a}
$$

$$
\begin{aligned}
\delta\phi_E(t)=&\left[\frac{C_{11}\omega_c^3\sin\omega_c t-C_{12}\omega_c^3\cos\omega_c t}{(\omega_s^2-\omega_c^2)(\omega_{ie}^2-\omega_c^2)}+\frac{C_{11}\omega_s^3\sin\omega_s t-C_{12}\omega_c\omega_s^2\cos\omega_s t}{(\omega_c^2-\omega_s^2)(\omega_s^2-\omega_{ie}^2)}+\right.\\
&\left.\frac{C_{11}\omega_{ie}^3\sin\omega_{ie}t-C_{12}\omega_c\omega_{ie}^2\cos\omega_{ie}t}{(\omega_{ie}^2-\omega_c^2)(\omega_{ie}^2-\omega_s^2)}\right]\varepsilon_x+\omega_{ie}\sin L\cdot\left[\frac{C_{21}\omega_c^2\cos\omega_c t+C_{22}\omega_c^2\sin\omega_c t}{(\omega_{ie}^2-\omega_c^2)(\omega_c^2-\omega_s^2)}+\right.\\
&\left.\frac{C_{21}\omega_s^2\cos\omega_s t+C_{22}\omega_c\omega_s\sin\omega_s t}{(\omega_c^2-\omega_s^2)(\omega_{ie}^2-\omega_s^2)}+\frac{C_{21}\omega_{ie}^2\cos\omega_{ie}t+C_{22}\omega_c\omega_{ie}\sin\omega_{ie}t}{(\omega_c^2-\omega_{ie}^2)(\omega_{ie}^2-\omega_s^2)}\right]\varepsilon_x+\omega_{ie}\cos L\cdot\\
&\left[\frac{C_{31}\omega_c^2\cos\omega_c t+C_{32}\omega_c^2\sin\omega_c t}{(\omega_s^2-\omega_c^2)(\omega_{ie}^2-\omega_c^2)}-\frac{C_{31}\omega_s^2\cos\omega_s t+C_{32}\omega_c\omega_s\sin\omega_s t}{(\omega_{ie}^2-\omega_s^2)(\omega_c^2-\omega_s^2)}+\frac{C_{31}\omega_{ie}^2\cos\omega_{ie}t+C_{32}\omega_c\omega_{ie}\sin\omega_{ie}t}{(\omega_{ie}^2-\omega_c^2)(\omega_{ie}^2-\omega_s^2)}\right]\varepsilon_x
\end{aligned}
\tag{13.14b}
$$

$$
\begin{aligned}
\delta\phi_N(t)=&\omega_{ie}\sin L\cdot\left[\frac{C_{11}\omega_c^2\cos\omega_c t+C_{12}\omega_c^2\sin\omega_c t}{(\omega_s^2-\omega_c^2)(\omega_{ie}^2-\omega_c^2)}+\frac{C_{11}\omega_s^2\cos\omega_s t+C_{12}\omega_c\omega_s\sin\omega_s t}{(\omega_c^2-\omega_s^2)(\omega_{ie}^2-\omega_s^2)}+\right.\\
&\left.\frac{C_{11}\omega_{ie}^2\cos\omega_{ie}t+C_{12}\omega_c\omega_{ie}\sin\omega_{ie}t}{(\omega_{ie}^2-\omega_c^2)(\omega_{ie}^2-\omega_s^2)}\right]\varepsilon_x+\left[\frac{\omega_c(\omega_c^2-\omega_{ie}^2\cos^2L)(C_{21}\sin\omega_c t-C_{22}\cos\omega_c t)}{(\omega_{ie}^2-\omega_c^2)(\omega_s^2-\omega_c^2)}+\right.\\
&\frac{(\omega_s^2-\omega_{ie}^2\cos^2L)}{(\omega_c^2-\omega_s^2)(\omega_{ie}^2-\omega_s^2)}(C_{21}\omega_s\sin\omega_s t-C_{22}\omega_c\cos\omega_s t)+\\
&\left.\frac{\omega_{ie}^2\sin^2L(C_{21}\omega_{ie}\sin\omega_{ie}t-C_{22}\omega_c\cos\omega_{ie}t)}{(\omega_{ie}^2-\omega_c^2)(\omega_{ie}^2-\omega_s^2)}\right]\varepsilon_x+\omega_{ie}^2(\sin 2L)/2\cdot\left[\frac{C_{31}\omega_c\sin\omega_c t-C_{32}\omega_c\cos\omega_c t}{(\omega_c^2-\omega_s^2)(\omega_{ie}^2-\omega_c^2)}-\right.\\
&\left.\frac{C_{31}\omega_s\sin\omega_s t-C_{32}\omega_c\cos\omega_s t}{(\omega_{ie}^2-\omega_s^2)(\omega_c^2-\omega_s^2)}-\frac{C_{31}\omega_{ie}\sin\omega_{ie}t-C_{32}\omega_c\cos\omega_{ie}t}{(\omega_{ie}^2-\omega_c^2)(\omega_{ie}^2-\omega_s^2)}\right]\varepsilon_x
\end{aligned}
\tag{13.14c}
$$

$$
\begin{aligned}
\delta\phi_U(t)=&\omega_{ie}\cos L\cdot\left[\frac{(\sec^2L\omega_s^2-\omega_c^2)(C_{11}\cos\omega_c t+C_{12}\sin\omega_c t)}{(\omega_s^2-\omega_c^2)(\omega_{ie}^2-\omega_c^2)}+\frac{\tan^2L(C_{11}\omega_s^2\cos\omega_s t+C_{12}\omega_c\sin\omega_s t)}{(\omega_c^2-\omega_s^2)(\omega_{ie}^2-\omega_s^2)}-\right.\\
&\left.\frac{(\omega_{ie}^2-\sec^2L\omega_s^2)(C_{11}\cos\omega_{ie}t+C_{12}\omega_c/\omega_{ie}\cdot\sin\omega_{ie}t)}{(\omega_{ie}^2-\omega_c^2)(\omega_{ie}^2-\omega_s^2)}\right]\varepsilon_x+[\omega_s^2\tan L-\omega_{ie}^2(\sin 2L)/2]\cdot\\
&\left[\frac{(C_{21}\omega_c\sin\omega_c t-C_{22}\omega_c\cos\omega_c t)}{(\omega_{ie}^2-\omega_c^2)(\omega_s^2-\omega_c^2)}-\frac{(C_{21}\omega_s\sin\omega_s t-C_{22}\omega_c\cos\omega_s t)}{(\omega_{ie}^2-\omega_s^2)(\omega_s^2-\omega_c^2)}-\right.\\
&\left.\frac{(C_{21}\omega_{ie}\sin\omega_{ie}t-C_{22}\omega_c\cos\omega_{ie}t)}{(\omega_{ie}^2-\omega_c^2)(\omega_s^2-\omega_{ie}^2)}\right]\varepsilon_x+\left[\frac{\omega_c(\omega_c^2-\omega_s^2-\omega_{ie}^2\sin^2L)(C_{31}\sin\omega_c t+C_{32}\cos\omega_c t)}{(\omega_s^2-\omega_c^2)(\omega_{ie}^2-\omega_c^2)}-\right.\\
&\left.\frac{\omega_{ie}^2\sin^2L(C_{31}\omega_s\sin\omega_s t-C_{32}\omega_c\cos\omega_s t)}{(\omega_{ie}^2-\omega_s^2)(\omega_c^2-\omega_s^2)}-\frac{(\omega_s^2-\omega_{ie}^2\cos^2L)(C_{31}\omega_{ie}\sin\omega_{ie}t+C_{32}\omega_c\cos\omega_{ie}t)}{(\omega_{ie}^2-\omega_c^2)(\omega_{ie}^2-\omega_s^2)}\right]\varepsilon_x
\end{aligned}
\tag{13.14d}
$$

$$\delta L(t)=\omega_s\left[\frac{\omega_c\omega_s(C_{11}\sin\omega_c t-C_{12}\cos\omega_c t)}{(\omega_s^2-\omega_c^2)(\omega_c^2-\omega_{ie}^2)}+\frac{\omega_s(C_{11}\omega_s\sin\omega_s t-C_{12}\omega_c\cos\omega_s t)}{(\omega_s^2-\omega_c^2)(\omega_{ie}^2-\omega_s^2)}-\right.$$
$$\left.\frac{\omega_s(C_{11}\omega_{ie}\sin\omega_{ie}t-C_{12}\omega_c\cos\omega_{ie}t)}{(\omega_{ie}^2-\omega_c^2)(\omega_{ie}^2-\omega_s^2)}\right]\varepsilon_x+\omega_s(\sin L)\left[\frac{\omega_s\omega_{ie}(C_{21}\cos\omega_c t+C_{22}\sin\omega_c t)}{(\omega_{ie}^2-\omega_c^2)(\omega_s^2-\omega_c^2)}-\right.$$
$$\left.\frac{\omega_{ie}(C_{21}\omega_s\cos\omega_s t+C_{22}\omega_c\sin\omega_s t)}{(\omega_{ie}^2-\omega_s^2)(\omega_s^2-\omega_c^2)}-\frac{\omega_s(C_{21}\omega_{ie}\cos\omega_{ie}t+C_{22}\omega_c\sin\omega_{ie}t)}{(\omega_{ie}^2-\omega_c^2)(\omega_s^2-\omega_{ie}^2)}\right]\varepsilon_x+$$
$$\omega_s(\cos L)\left[\frac{\omega_s\omega_{ie}(C_{31}\cos\omega_c t+C_{32}\sin\omega_c t)}{(\omega_s^2-\omega_c^2)(\omega_c^2-\omega_{ie}^2)}-\frac{\omega_{ie}(C_{31}\omega_s\cos\omega_s t+C_{32}\omega_c\sin\omega_s t)}{(\omega_{ie}^2-\omega_s^2)(\omega_c^2-\omega_s^2)}+\right.$$
$$\left.\frac{\omega_s(C_{31}\omega_{ie}\cos\omega_{ie}t+C_{32}\omega_c\sin\omega_{ie}t)}{(\omega_{ie}^2-\omega_c^2)(\omega_s^2-\omega_{ie}^2)}\right]\varepsilon_x \tag{13.14e}$$

$$\delta\lambda(t)=\omega_s\tan L\cdot\left[\frac{\omega_s\omega_{ie}(C_{11}\cos\omega_c t+C_{12}\sin\omega_c t)}{(\omega_c^2-\omega_s^2)(\omega_c^2-\omega_{ie}^2)}-\frac{\omega_{ie}(C_{11}\omega_s\cos\omega_s t+C_{12}\omega_c\sin\omega_s t)}{(\omega_s^2-\omega_c^2)(\omega_{ie}^2-\omega_s^2)}+\right.$$
$$\left.\frac{\omega_s(C_{11}\omega_{ie}\cos\omega_{ie}t+C_{12}\omega_c\sin\omega_{ie}t)}{(\omega_{ie}^2-\omega_c^2)(\omega_{ie}^2-\omega_s^2)}\right]\varepsilon_x+\left[\frac{\omega_s^2(\omega_c^2\sec L-\omega_{ie}^2\cos L)(C_{21}\sin\omega_c t-C_{22}\cos\omega_c t)}{\omega_c(\omega_{ie}^2-\omega_c^2)(\omega_s^2-\omega_c^2)}-\right.$$
$$\frac{(\omega_s^2\sec L-\omega_{ie}^2\cos L)(C_{21}\omega_s\sin\omega_s t-C_{22}\omega_c\cos\omega_s t)}{(\omega_{ie}^2-\omega_s^2)(\omega_s^2-\omega_c^2)}-$$
$$\left.\frac{\omega_s^2(\sec L-\cos L)(C_{21}\omega_{ie}\sin\omega_{ie}t-C_{22}\omega_c\cos\omega_{ie}t)}{(\omega_{ie}^2-\omega_c^2)(\omega_s^2-\omega_{ie}^2)}\right]\varepsilon_x+(\sin L)\left[\frac{\omega_s^2\omega_{ie}^2(C_{31}\sin\omega_c t-C_{32}\cos\omega_c t)}{\omega_c(\omega_s^2-\omega_c^2)(\omega_c^2-\omega_{ie}^2)}-\right.$$
$$\left.\frac{\omega_{ie}^2(C_{31}\omega_s\sin\omega_s t-C_{32}\omega_c\cos\omega_s t)}{(\omega_{ie}^2-\omega_s^2)(\omega_c^2-\omega_s^2)}+\frac{\omega_s^2(C_{31}\omega_{ie}\sin\omega_{ie}t-C_{32}\omega_c\cos\omega_{ie}t)}{(\omega_{ie}^2-\omega_c^2)(\omega_s^2-\omega_{ie}^2)}\right]\varepsilon_x \tag{13.14f}$$

对比式(13.10)、式(13.12)与式(13.13)、式(13.14)可以看出,不采用旋转调制时,各系统状态量的误差以地球周期及舒勒周期振荡。而采用旋转调制后,一方面对原有的常值误差增加了以 $2\pi/\omega_c$ 为周期的调制,另一方面则通过调制原振荡分量的幅值减小了各误差量的振荡大小。

13.3.2 调制作用下加速度计零偏误差传播特性

当不采用旋转调制时,根据式(13.4),可以得到加速度计零偏所引起的系统各状态量误差的解析表达式为

$$\left.\begin{aligned}
\delta V_E(t)&=\frac{\sin\omega_s t}{\omega_s}(C_{11}\nabla_x+C_{12}\nabla_y+C_{13}\nabla_z)\\
\delta V_N(t)&=\frac{\sin\omega_s t}{\omega_s}(C_{21}\nabla_x+C_{22}\nabla_y+C_{23}\nabla_z)\\
\delta\phi_E(t)&=\frac{\cos\omega_s t-1}{g}(C_{21}\nabla_x+C_{22}\nabla_y+C_{23}\nabla_z)\\
\delta\phi_N(t)&=\frac{1-\cos\omega_s t}{g}(C_{11}\nabla_x+C_{12}\nabla_y+C_{13}\nabla_z)\\
\delta\phi_U(t)&=\frac{\tan L(1-\cos\omega_s t)}{g}(C_{11}\nabla_x+C_{12}\nabla_y+C_{13}\nabla_z)\\
\delta L(t)&=\frac{1-\cos\omega_s t}{g}(C_{21}\nabla_x+C_{22}\nabla_y+C_{23}\nabla_z)\\
\delta\lambda(t)&=\frac{\sec L(1-\cos\omega_s t)}{g}(C_{11}\nabla_x+C_{12}\nabla_y+C_{13}\nabla_z)
\end{aligned}\right\} \tag{13.15}$$

而采用绕 Oz_s 轴的单轴旋转调制时，得到加速度计零偏所引起的系统各状态量误差的解析表达式为

$$\delta V_E(t)=C_{11}\left[\frac{\nabla_x}{\omega_s^2-\omega_c^2}(\omega_s\sin\omega_s t-\omega_c\sin\omega_c t)-\frac{\nabla_y}{\omega_c^2-\omega_s^2}(\omega_c\cos\omega_s t-\omega_c\cos\omega_c t)\right]+C_{12}\left[\frac{\nabla_x}{\omega_c^2-\omega_s^2}(\omega_c\cos\omega_s t-\omega_c\cos\omega_c t)+\frac{\nabla_y}{\omega_s^2-\omega_c^2}(\omega_s\sin\omega_s t-\omega_c\sin\omega_c t)\right]+C_{13}\frac{\sin\omega_s t}{\omega_s}\nabla_z \tag{13.16a}$$

$$\delta V_N(t)=C_{21}\left[\frac{\nabla_x}{\omega_s^2-\omega_c^2}(\omega_s\sin\omega_s t-\omega_c\sin\omega_c t)-\frac{\nabla_y}{\omega_c^2-\omega_s^2}(\omega_c\cos\omega_s t-\omega_c\cos\omega_c t)\right]+C_{22}\left[\frac{\nabla_x}{\omega_c^2-\omega_s^2}(\omega_c\cos\omega_s t-\omega_c\cos\omega_c t)+\frac{\nabla_y}{\omega_s^2-\omega_c^2}(\omega_s\sin\omega_s t-\omega_c\sin\omega_c t)\right]+C_{23}\frac{\sin\omega_s t}{\omega_s}\nabla_z \tag{13.16b}$$

$$\delta\phi_E(t)=C_{21}\left[\frac{\nabla_x}{R(\omega_c^2-\omega_s^2)}(\cos\omega_c t-\cos\omega_s t)+\frac{\nabla_y}{R(\omega_c^2-\omega_s^2)}(\omega_c\sin\omega_s t/\omega_s-\sin\omega_c t)\right]+C_{22}\left[\frac{\nabla_x}{R(\omega_c^2-\omega_s^2)}(\sin\omega_c t-\omega_c\sin\omega_s t/\omega_s)+\frac{\nabla_y}{R(\omega_c^2-\omega_s^2)}(\cos\omega_c t-\cos\omega_s t)\right]+C_{23}\frac{\cos\omega_s t-1}{g}\nabla_z \tag{13.16c}$$

$$\delta\phi_N(t)=C_{11}\left[\frac{\nabla_x}{R(\omega_s^2-\omega_c^2)}(\cos\omega_c t-\cos\omega_s t)+\frac{\nabla_y}{R(\omega_s^2-\omega_c^2)}(\omega_c\sin\omega_s t/\omega_s-\sin\omega_c t)\right]+C_{12}\left[\frac{\nabla_x}{R(\omega_s^2-\omega_c^2)}(\sin\omega_c t-\omega_c\sin\omega_s t/\omega_s)+\frac{\nabla_y}{R(\omega_s^2-\omega_c^2)}(\cos\omega_c t-\cos\omega_s t)\right]+C_{13}\frac{1-\cos\omega_s t}{g}\nabla_z \tag{13.16d}$$

$$\delta\phi_U(t)=\frac{C_{11}\tan L}{R}\left[\frac{\nabla_x}{\omega_s^2-\omega_c^2}(\cos\omega_c t-\cos\omega_s t)+\frac{\nabla_y}{\omega_s^2-\omega_c^2}(\omega_c\sin\omega_s t/\omega_s-\sin\omega_c t)\right]+\frac{C_{12}\tan L}{R}\left[\frac{\nabla_x}{\omega_s^2-\omega_c^2}(\sin\omega_c t-\omega_c\sin\omega_s t/\omega_s)+\frac{\nabla_y}{\omega_s^2-\omega_c^2}(\cos\omega_c t-\cos\omega_s t)\right]+\frac{C_{13}\tan L}{g}(1-\cos\omega_s t)\nabla_z \tag{13.16e}$$

$$\delta L(t)=\frac{C_{21}}{R}\left[\frac{\nabla_x}{\omega_s^2-\omega_c^2}(\cos\omega_c t-\cos\omega_s t)+\frac{\nabla_y}{\omega_s^2-\omega_c^2}(\omega_c\sin\omega_s t/\omega_s-\sin\omega_c t)\right]+\frac{C_{22}}{R}\left[\frac{\nabla_x}{\omega_s^2-\omega_c^2}(\sin\omega_c t-\omega_c\sin\omega_s t/\omega_s)+\frac{\nabla_y}{\omega_s^2-\omega_c^2}(\cos\omega_c t-\cos\omega_s t)\right]+C_{23}\frac{1-\cos\omega_s t}{g}\nabla_z \tag{13.16f}$$

$$\delta\lambda(t)=\frac{C_{11}\sec L}{R}\left[\frac{\nabla_x}{\omega_s^2-\omega_c^2}(\cos\omega_c t-\cos\omega_s t)+\frac{\nabla_y}{\omega_s^2-\omega_c^2}(\omega_c\sin\omega_s t/\omega_s-\sin\omega_c t)\right]+\frac{C_{12}\sec L}{R}\left[\frac{\nabla_x}{\omega_s^2-\omega_c^2}(\sin\omega_c t-\omega_c\sin\omega_s t/\omega_s)+\frac{\nabla_y}{\omega_s^2-\omega_c^2}(\cos\omega_c t-\cos\omega_s t)\right]+\frac{C_{13}\sec L}{g}(1-\cos\omega_s t)\nabla_z \tag{13.16g}$$

对比式(13.15)和式(13.16)可知，不采用旋转调制技术时，各轴向的加速度计零偏所引起的速度误差以 ω_s 周期性振荡，振荡幅值与 $1/\omega_s$ 成正比，姿态误差和经纬度误差的振荡幅值与 $1/g$ 成正比。当引入绕 Oz_s 轴旋转调制时，加速度计零偏以 ω_s，ω_c 周期性振荡，振荡幅值与 $\omega_s/(\omega_s^2-\omega_c^2)$，$\omega_c/(\omega_s^2-\omega_c^2)$ 和 $1/(\omega_s^2-\omega_c^2)$ 成正比。由于 $\omega_c \gg \omega_s$，所以加速度计积累的速度误差受调制频率 ω_c 作用而大幅度减小。而沿转轴方向的加速度计零偏不受调制速率的影响，误差仍按原传播特性传播。

13.3.3 仿真分析

为了直观地给出误差抑制作用，进行系统误差仿真，仿真条件：$\varepsilon_x=0.01\ °/\mathrm{h}$，惯性器件其他误差均为零，初始位置误差、初始速度误差、初始对准误差均为零，纬度 $L=40°$，初始时刻姿态阵为 $\boldsymbol{I}$，仿真时间为 24 h，调制速率为 $\omega_c=2\ °/\mathrm{s}$，仿真结果如图 13.6 和图 13.7 所示。

图 13.6 和图 13.7 分别表示了采用旋转调制技术和不采用旋转调制时 ε_x 所引起的系统误差传播特性。不难看出，绕 Oz_s 轴的单轴旋转对 x 向陀螺仪常值漂移的误差抑制作用比较显著。

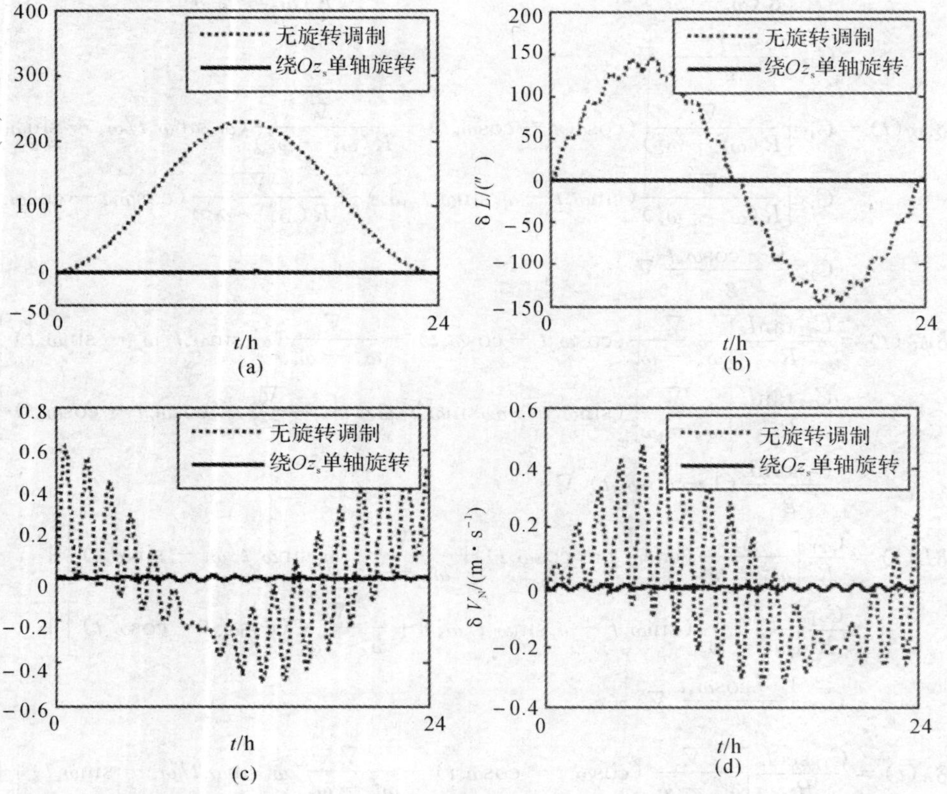

图 13.6 x 向陀螺仪常值漂移引起的位置及速度误差传播特性

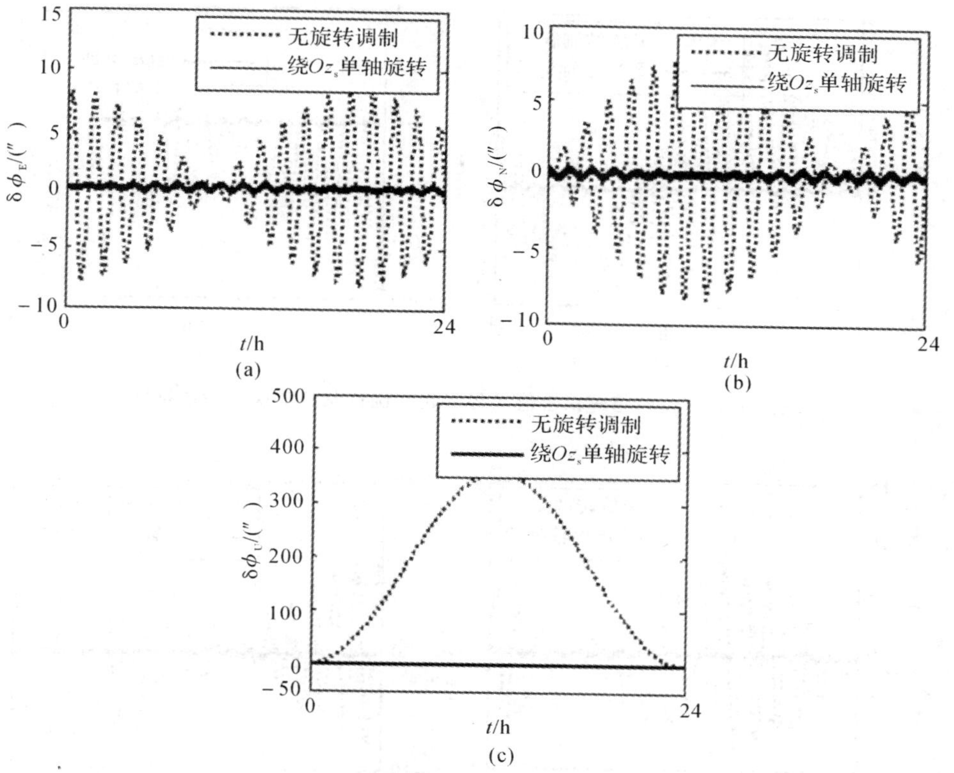

图 13.7　x 向陀螺仪常值漂移引起的姿态误差传播特性

同理，对采用旋转调制技术以及不采用旋转调制时 ε_y 所引起的系统误差进行仿真。仿真条件：$\varepsilon_y = 0.01\ ^\circ/\text{h}$，惯性器件其他误差项为零，其余参数设置同上，系统输出误差如图 13.8 和图 13.9 所示。

由图 13.8、图 13.9 可以看出，当不采用旋转调制时，等效北向陀螺仪常值漂移(此处假定初始姿态阵为 $\boldsymbol{I}$，因此 y 向陀螺仪误差等价于不采用旋转调制时的等效北向陀螺仪常值漂移)引起的经度误差含有随时间递增的分量，而东向速度误差以及纬度误差中含有常值分量，旋转调制有效抑制了上述常值误差项的传播。总的来说，绕 Oz_s 轴的单轴旋转调制很好地抑制了 ε_y 所引起的各项系统误差。

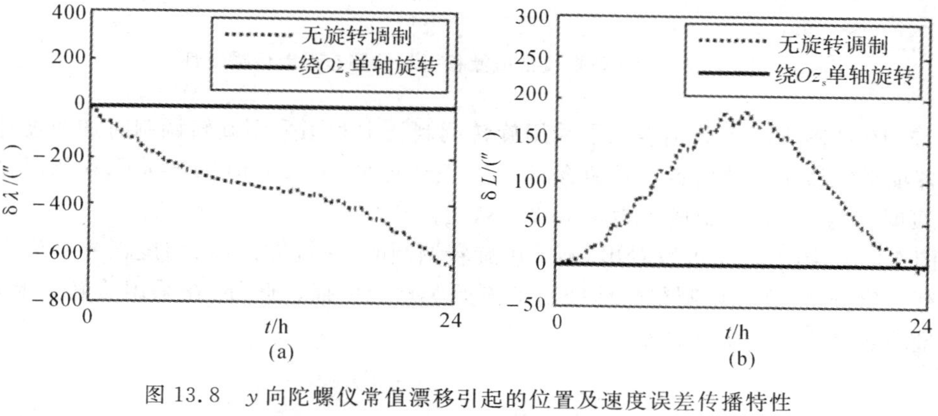

图 13.8　y 向陀螺仪常值漂移引起的位置及速度误差传播特性

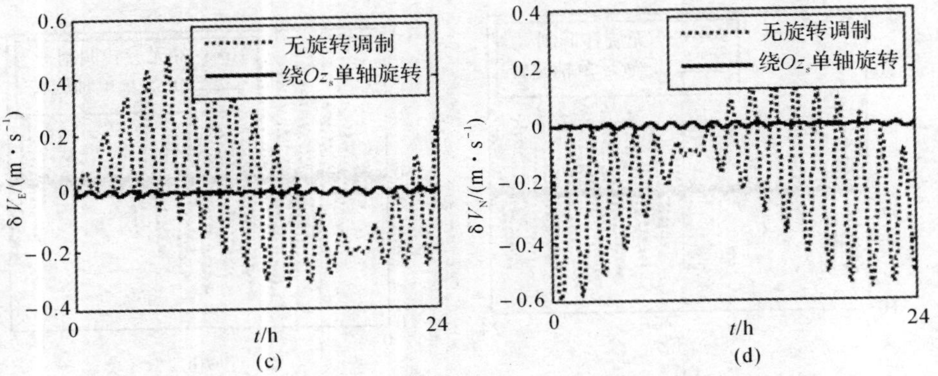

续图 13.8　y 向陀螺仪常值漂移引起的位置及速度误差传播特性

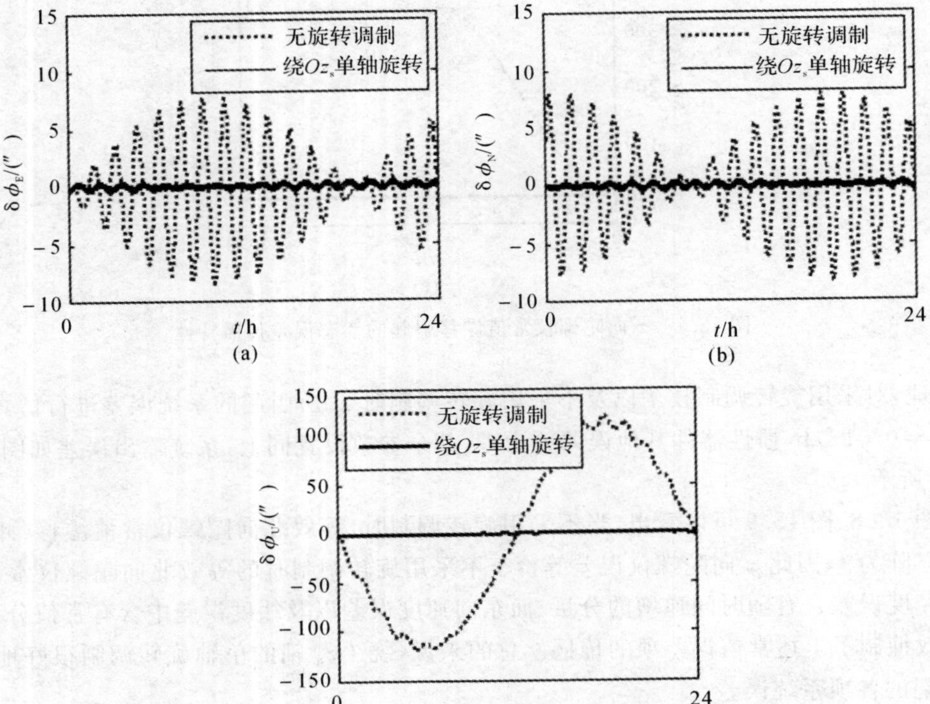

图 13.9　y 向陀螺仪常值漂移引起的姿态误差传播特性

图 13.10 和图 13.11 分别表示了采用旋转调制技术和不采用旋转调制时加速度计零偏所引起的各项系统误差传播特性。仿真条件：$\nabla_x=\nabla_y=50\times10^{-6}\ g$，纬度 $L=40°$，初始时刻姿态阵为 $\boldsymbol{I}$，仿真时间为 24 h，调制速率为 $\omega_c=2\ °/s$。

由图 13.10、图 13.11 可以看出，不采用旋转调制时，系统输出经、纬度误差及姿态角误差中均含有常值分量，旋转调制很好地抑制了该类误差的传播。此外，在采用旋转调制后，原有振荡分量的振荡幅值大幅度减小。

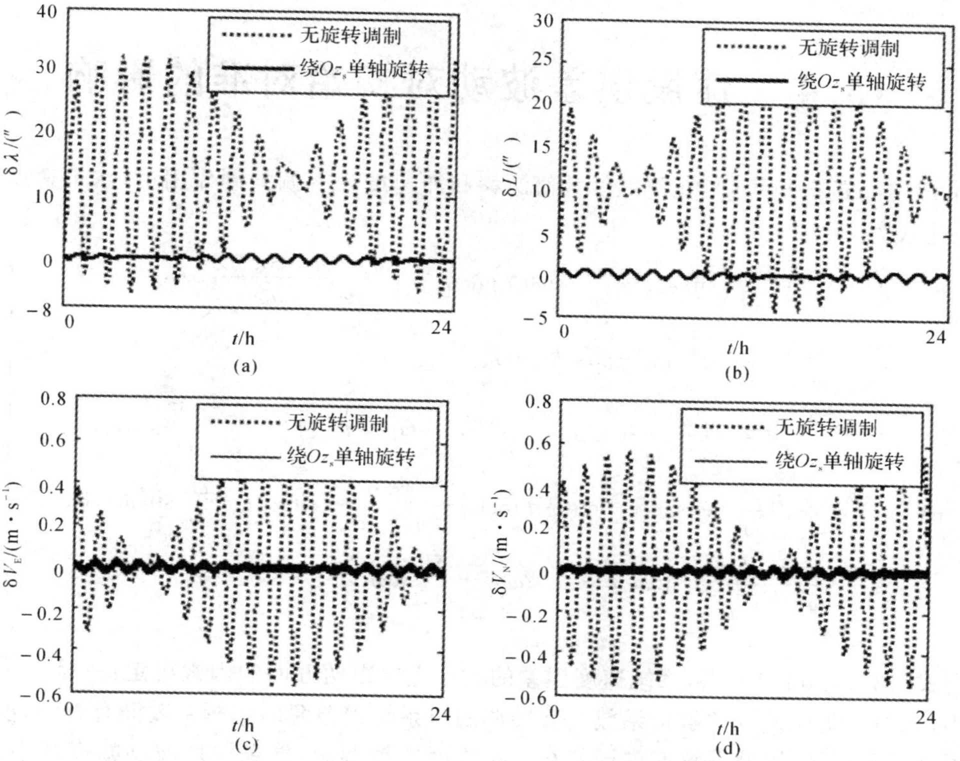

图 13.10　加速度计零偏引起的位置及速度误差传播特性

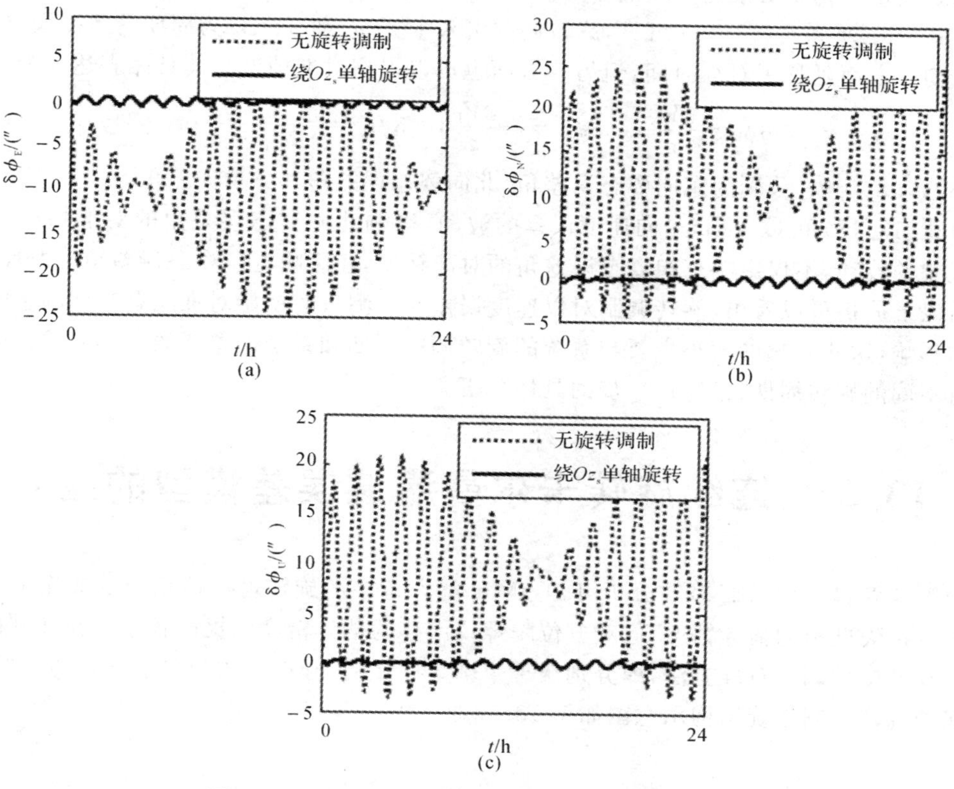

图 13.11　加速度计零偏引起的姿态误差传播特性

13.4 速度误差波动对初始对准的影响

由13.3节的分析可知，在陀螺仪常值漂移和加速度计零偏共同作用下，水平速度误差的解析表达式为

$$\left.\begin{aligned}\delta V_{\mathrm{E}}(t)=&\frac{g\sin L}{\omega_{\mathrm{s}}^{2}-\omega_{\mathrm{ie}}^{2}}\left(\sin\omega_{\mathrm{ie}}t-\frac{\omega_{\mathrm{ie}}}{\omega_{\mathrm{s}}}\sin\omega_{\mathrm{s}}t\right)\delta\omega_{\mathrm{E}}+\left(\frac{\omega_{\mathrm{s}}^{2}-\omega_{\mathrm{ie}}^{2}\cos^{2}L}{\omega_{\mathrm{s}}^{2}-\omega_{\mathrm{ie}}^{2}}\cos\omega_{\mathrm{s}}t-\right.\\&\left.\frac{\omega_{\mathrm{s}}^{2}\sin^{2}L}{\omega_{\mathrm{s}}^{2}-\omega_{\mathrm{ie}}^{2}}\cos\omega_{\mathrm{ie}}t-\cos^{2}L\right)\delta\omega_{\mathrm{N}}+\\&\frac{R\sin2L}{2}\left(\frac{\omega_{\mathrm{s}}^{2}}{\omega_{\mathrm{s}}^{2}-\omega_{\mathrm{ie}}^{2}}\cos\omega_{\mathrm{ie}}t-\frac{\omega_{\mathrm{ie}}^{2}}{\omega_{\mathrm{s}}^{2}-\omega_{\mathrm{ie}}^{2}}\cos\omega_{\mathrm{s}}t-1\right)\delta\omega_{\mathrm{U}}+\frac{\nabla_{x}}{\omega_{\mathrm{s}}}\sin\omega_{\mathrm{s}}t\\\delta V_{\mathrm{N}}(t)=&\frac{g}{\omega_{\mathrm{s}}^{2}-\omega_{\mathrm{ie}}^{2}}(\cos\omega_{\mathrm{ie}}t-\cos\omega_{\mathrm{s}}t)\delta\omega_{\mathrm{E}}+\frac{g\sin L}{\omega_{\mathrm{s}}^{2}-\omega_{\mathrm{ie}}^{2}}\left(\sin\omega_{\mathrm{ie}}t-\frac{\omega_{\mathrm{ie}}}{\omega_{\mathrm{s}}}\sin\omega_{\mathrm{s}}t\right)\delta\omega_{\mathrm{N}}+\\&\frac{\omega_{\mathrm{s}}\cos L}{\omega_{\mathrm{s}}^{2}-\omega_{\mathrm{ie}}^{2}}(\omega_{\mathrm{s}}\sin\omega_{\mathrm{ie}}t-\omega_{\mathrm{s}})\delta\omega_{\mathrm{U}}+\frac{\nabla_{y}}{\omega_{\mathrm{s}}}\sin\omega_{\mathrm{s}}t\end{aligned}\right\}\tag{13.17}$$

由式(13.17)可以看出，系统速度误差的大小主要由两方面的因素决定：一是系统误差源的大小，二是系统误差源的解析系数。旋转调制对系统误差源的解析系数没有影响，但对系统误差源进行了调制，因此系统速度误差在一定程度上被调制，舒勒周期波动幅度减小，这对以速度为观测量的初始对准是有利的。

由式(13.2)和式(13.17)可见，旋转调制引入了π/ω_{c}和$2\pi/\omega_{\mathrm{c}}$为周期的速度误差波动。这种波动一方面延长了对准时间，但另一方面也可以提高对准精度。其具体表达式为

$$\delta\phi_{\mathrm{E}}=\frac{\delta\dot{V}_{\mathrm{N}}}{g},\quad\delta\phi_{\mathrm{N}}=-\frac{\delta\dot{V}_{\mathrm{E}}}{g},\quad\delta\phi_{\mathrm{U}}=\int\frac{\delta\dot{V}_{\mathrm{N}}}{R\omega_{\mathrm{ie}}\cos L}\mathrm{d}t\tag{13.18}$$

式中，$\delta\phi_{\mathrm{E}}$，$\delta\phi_{\mathrm{N}}$，$\delta\phi_{\mathrm{U}}$分别为东向姿态误差角、北向姿态误差角和方位误差角。

由式(13.18)可以看出，东向速度误差的波动，影响北向姿态误差角的对准精度，而北向速度误差的波动，不仅影响东向姿态误差角的对准精度，还影响方位姿态误差角的对准精度。

由以上分析可以看出，旋转调制对以速度误差为观测量的初始对准既有有利的影响，也有不利的影响，这些影响的大小主要与系统的旋转调制周期和系统误差源的大小有关。因此，需要针对不同的旋转周期，进行进一步的具体分析。

13.5 连续旋转卡尔曼滤波误差模型的建立

由第4章最优两位置对准分析可知，IMU绕方位轴的旋转可以使系统变成完全可观测，提高了方位失准角的估计精度，但对方位陀螺仪漂移的估计精度的提高较小。在此基础上，这里采用双轴旋转调制对准方法，即分别绕单个轴定序转动，分析方法与单轴旋转的分析方法相同。双轴旋转调制系统结构示意图如图13.12所示。

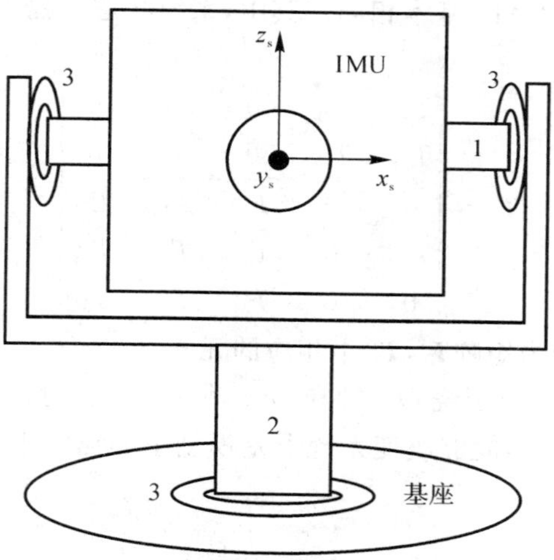

图 13.12　双轴旋转调制系统结构示意图

1—IMU 的俯仰轴；　2—IMU 的方位轴；　3—电机及测角传感器

假设初始时刻载体坐标系 $Ox_by_bz_b$ 与 IMU 坐标系 $Ox_sy_sz_s$ 相重合，IMU 以恒定的角速度 ω_c 先绕 Oz_s 轴连续旋转，然后再以恒定的角速度 ω_c 绕 Ox_s 轴连续旋转，且分别绕两个轴的旋转时间相同。

由图 13.12 可知，IMU 以角速度 ω_c 绕 Oz_s 轴旋转时，IMU 坐标系到载体坐标系的转换矩阵为

$$\boldsymbol{T}_1=\boldsymbol{C}_s^{b_1}=\begin{bmatrix}\cos\omega_c t & -\sin\omega_c t & 0\\ \sin\omega_c t & \cos\omega_c t & 0\\ 0 & 0 & 1\end{bmatrix}\tag{13.19}$$

由于 IMU 的旋转，陀螺常值漂移 $\boldsymbol{\varepsilon}$ 和加速度计的零位误差 $\boldsymbol{\nabla}$ 在载体坐标系的投影为

$$\left.\begin{aligned}\boldsymbol{\varepsilon}^b&=\boldsymbol{C}_s^b\boldsymbol{\varepsilon}^s\\ \boldsymbol{\nabla}^b&=\boldsymbol{C}_s^b\boldsymbol{\nabla}^s\end{aligned}\right\}\tag{13.20}$$

由式(13.20) 可知，绕 Oz_s 轴的单轴连续旋转不能调制惯性器件的常值偏差在该轴方向上的分量，为此采用双轴旋转自对准方案。在绕 Oz_s 轴旋转的基础上再绕 Ox_s 轴转动，则 IMU 坐标系到载体坐标系的转换矩阵为

$$\boldsymbol{T}_2=\begin{bmatrix}\cos\omega_c t & -\sin\omega_c t & 0\\ \sin\omega_c t & \cos\omega_c t & 0\\ 0 & 0 & 1\end{bmatrix}\cdot\begin{bmatrix}1 & 0 & 0\\ 0 & \cos\omega_c t & -\sin\omega_c t\\ 0 & \sin\omega_c t & \cos\omega_c t\end{bmatrix}^{\mathrm{T}}\tag{13.21}$$

由式(13.21) 可以看出，陀螺仪常值漂移和加速度计零位误差在载体坐标系各轴上的分量呈周期性变化，可以通过两次连续旋转对其分量进行抵消。

假设初始时刻载体坐标系 $Ox_by_bz_b$ 与导航坐标系 $Ox_ny_nz_n$ 重合，则惯性器件常值偏差在导航坐标系的投影为

$$\left.\begin{aligned}\boldsymbol{\varepsilon}^n&=\boldsymbol{C}_b^n\boldsymbol{C}_s^b\boldsymbol{\varepsilon}^s=\boldsymbol{C}_s^n\boldsymbol{\varepsilon}^s\\ \boldsymbol{\nabla}^n&=\boldsymbol{C}_b^n\boldsymbol{C}_s^b\boldsymbol{\nabla}^s=\boldsymbol{C}_s^n\boldsymbol{\nabla}^s\end{aligned}\right\}\tag{13.22}$$

因此，连续旋转初始对准时，选取卡尔曼滤波系统误差模型与第 2 章所建立的系统状态方

程式(2.39)和量测方程式(2.41)基本相同。其中,系统状态方程中的$\boldsymbol{T}_{\mathrm{i}}$阵与式(2.39)不同,连续旋转时其值为

$$\boldsymbol{T}_{\mathrm{i}}=\left[\begin{array}{cc:ccc} T_{11} & T_{12} & 0 & 0 & 0 \\ T_{21} & T_{22} & 0 & 0 & 0 \\ \hdashline 0 & 0 & T_{11} & T_{12} & T_{13} \\ 0 & 0 & T_{21} & T_{22} & T_{23} \\ 0 & 0 & T_{31} & T_{32} & T_{33} \end{array}\right] \tag{13.23}$$

式中,$\boldsymbol{T}_{ij}(i,j=1,2,3)$分别为矩阵$\boldsymbol{T}_1$,$\boldsymbol{T}_2$中相应的元素。

由式(13.23)可知,IMU分别绕Oz_{s}轴和Ox_{s}轴连续旋转时,姿态变换矩阵$\boldsymbol{T}_{\mathrm{i}}$中的元素为时变的,因此通过IMU的转动能够改变系统误差模型中的捷联矩阵,从而改善惯导系统的可观测性。

13.6 连续旋转初始对准仿真实例

13.6.1 仿真条件

(1) 状态变量$\boldsymbol{X}$的初始值$\boldsymbol{X}(0)$取零,陀螺仪常值漂移为0.01 °/h,随机漂移为0.001 °/h;加速度计常值零偏为100 μg,随机偏置为10 μg。

(2) 针对旋转角速度$\omega_{\mathrm{c}}=0$,$\omega_{\mathrm{c}}=2$ °/s,$\omega_{\mathrm{c}}=90$ °/h 3种情况进行仿真。

13.6.2 仿真结果

针对上述3种不同旋转角速度,图13.13和图13.14分别表示了对应的水平姿态误差角和方位姿态误差角,由此可得出旋转调制角速度对初始对准性能的影响,见表13.1。

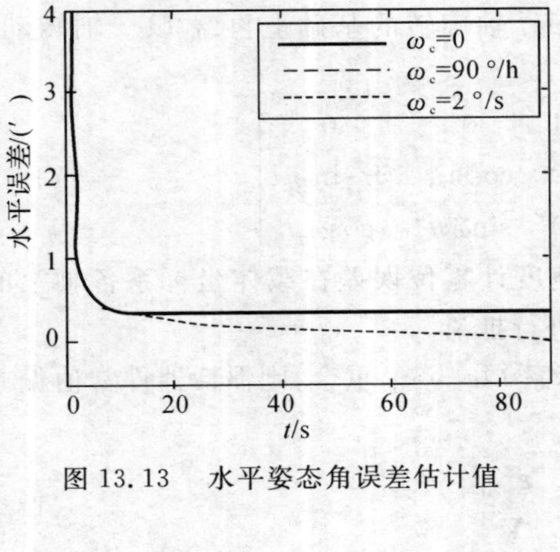

图13.13 水平姿态角误差估计值

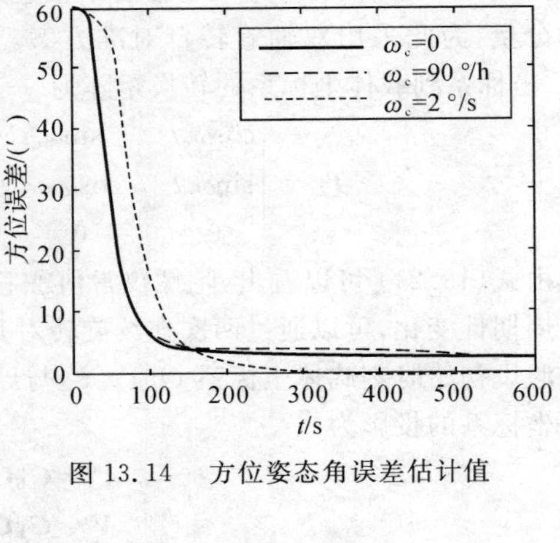

图13.14 方位姿态角误差估计值

表 13.1　不同旋转角速度下初始对准精度的对比

旋转角速度	水平对准时间 /min	水平对准精度 /(′)	方位对准时间 /min	方位对准精度 /(′)
$\omega_c=0$	1	0.35	5	3.02
$\omega_c=90\ °/h$	1	0.34	5	3.81
$\omega_c=2\ °/s$	3	0.01	8	0.14

由表 13.1 可以看出，当 $\omega_c=0$ 和 $\omega_c=90\ °/h$ 时，水平姿态角的对准时间约为 1 min，方位角对准时间约为 5 min，这与惯导自对准的性能相当；当 $\omega_c=2\ °/s$ 时，系统的对准时间略长，但对准精度大幅度提高。造成该现象的原因：当 $\omega_c=90\ °/h$ 时，系统的旋转周期为 4 h，远大于初始对准所需要的时间。因此，在对准过程中，由旋转引起的速度误差波动变化较小，对初始对准时间和对准精度的影响也非常小。当 $\omega_c=2\ °/s$ 时，系统的旋转周期为 3 min，在初始对准过程中，由旋转引起的速度误差波动变化较快，延长了系统的对准时间，但由于旋转减小了水平速度误差中的舒勒周期振荡幅度，从而提高了系统的对准精度。

选取旋转角速度为 $\omega_c=2\ °/s$，来分析双轴旋转调制自对准的性能。设置仿真时间为 600 s，仿真步长为 0.1 s，IMU 分别绕 Oz_s 轴和 Ox_s 轴的连续旋转时间为 300 s。首先，分析系统的可观测度，其结果如图 13.15 所示，并与固定位置对准、最优两位置对准和最优三位置对准系统的可观测度进行比较，见表 13.2。

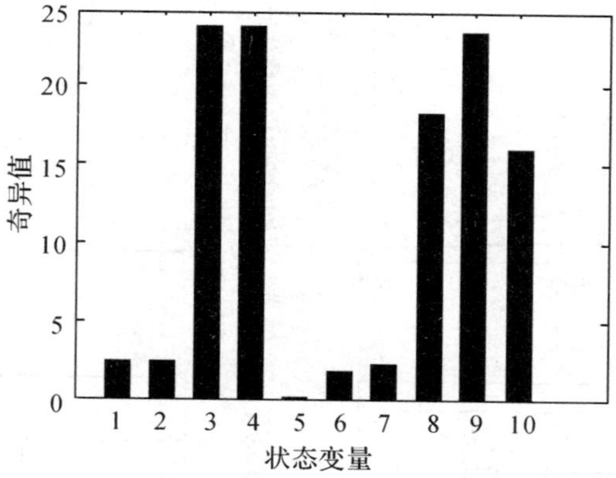

图 13.15　双轴旋转调制系统可观测度

表 13.2　不同对准方案系统可观测度的对比

姿态变量	固定位置	最优两位置	最优三位置	连续旋转
δV_E	1	1.41	1.73	2.45
δV_N	1	1.41	1.73	2.45
ϕ_E	9.85	13.86	16.98	24.02
ϕ_N	9.85	13.86	16.99	24.01
ϕ_U	2.98×10^{-27}	7.74×10^{-4}	8.94×10^{-4}	1.3×10^{-3}

续 表

姿态变量	固定位置	最优两位置	最优三位置	连续旋转
∇_E	2.19×10^{-18}	1.41	1.63	1.8
∇_N	3.61×10^{-16}	1.41	1.41	2.4
ε_E	9.8	13.86	16.98	18.38
ε_N	9.8	13.86	13.86	23.64
ε_U	5.48×10^{-4}	7.74×10^{-4}	9.8	16.02

由表 13.2 可以看出，IMU 连续旋转状态相对于固定位置和最优三位置状态，可以明显提高东向陀螺仪漂移和方位陀螺仪漂移的可观测度，同时系统中的方位失准角的可观测度也有了一定提高。图 13.16 表示了采用最优三位置对准和连续旋转对准方法下，方位失准角、加速度计偏置和陀螺仪漂移的估计误差曲线。

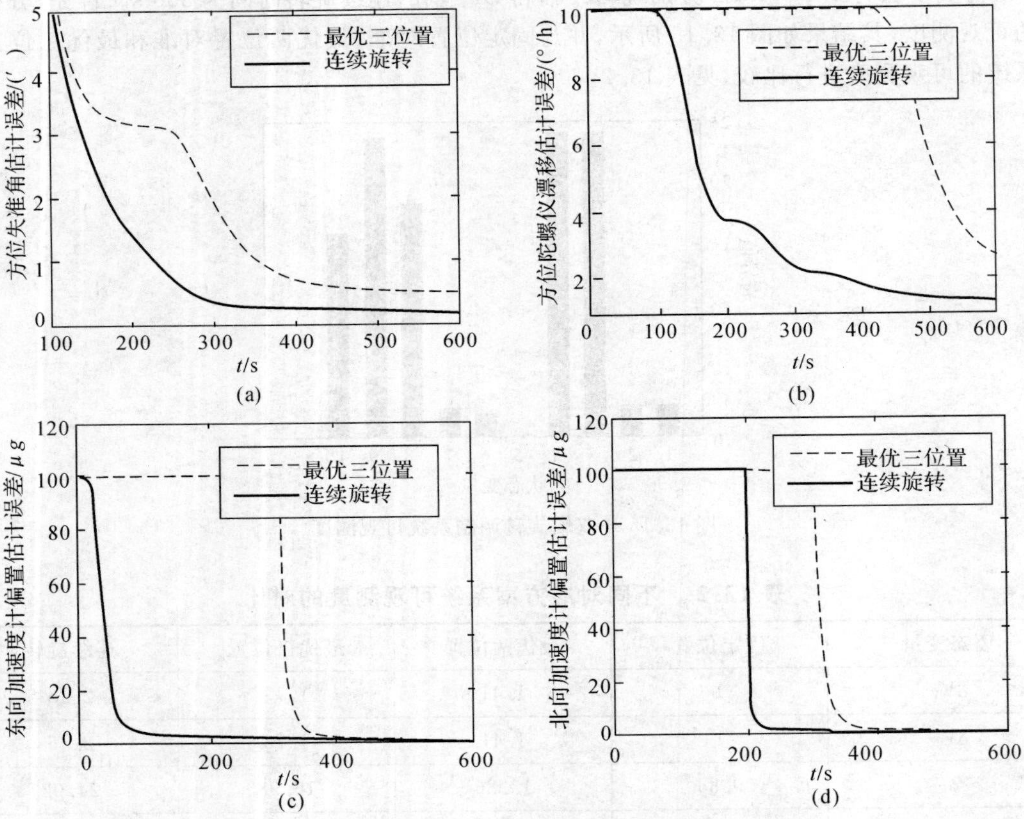

图 13.16　方位失准角、加速度计偏置和陀螺仪漂移的估计误差

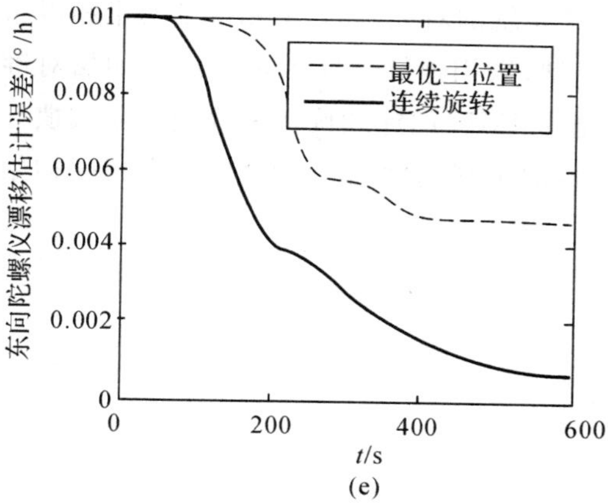

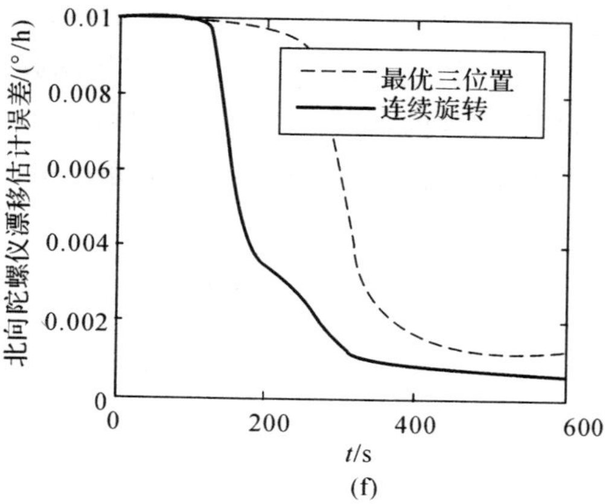

续图 13.16 方位失准角、加速度计偏置和陀螺仪漂移的估计误差

由图 13.16 可以看出，两种对准方法的仿真结果与可观测度分析结果相符合。其中，连续初始对准方法在提高初始对准精度上更具有优越性。由于当 IMU 分别绕单轴连续旋转时，东向陀螺仪漂移呈现出周期变化的特性，因此与方位失准角误差相分离，从而提高了方位失准角的可观测性，进而提高了其估计精度，使得方位失准角的估计误差在 300 s 时趋于收敛，估计精度达到了 $0.1'$；两个水平加速度计偏置的估计速度加快，但与三位置对准精度相比变化不大，其估计精度为 $0.7\ \mu g$；方位陀螺仪漂移估计误差的收敛速度加快，精度较最优三位置对准有了进一步提高，两个水平陀螺仪漂移也有相似的估计效果，估计精度均达到了 $7\times10^{-4}\ °/\mathrm{h}$。因此，采用 IMU 分别绕两个单轴的连续旋转初始对准方法，通过将惯性器件的常值误差调制成周期变化的量，使误差在一定程度上相互抵消，而且通过 IMU 的连续旋转来改变捷式联惯导系统误差模型中的系统矩阵，从而提高系统中状态变量的可观测度，使得系统能够满足快速、高精度初始对准的要求。

13.7 本章小结

本章首先介绍了旋转调制对系统误差的影响机理。然后从全局角度对陀螺仪常值漂移、加速度计零偏激励下的系统误差传播特性进行了分析。通过推导不同误差源激励下系统误差受调制作用的解析表达式，直观地揭示了旋转调制对系统误差抑制的本质机理，并通过解析分析及仿真验证，得到了各误差项对惯导系统导航精度的影响。其次，研究了旋转调制对惯导系统初始对准性能的影响，研究发现旋转调制技术通过 IMU 的旋转来调制惯性器件低频误差，一方面减小了速度误差舒勒周期波动幅度，这对采用以速度误差为观测量的初始对准是有利的；另一方面也引入了由系统强制旋转而造成的速度误差以旋转周期和旋转周期的两倍频波动，这种周期波动对采用以速度误差为观测量的初始对准是不利的。再次，针对不同的旋转周期，分别分析了惯导系统旋转调制对以速度误差为观测量的初始对准的不利和有利影响。当旋转周期远大于舒勒周期时，旋转调制引起的不利和有利影响都很小，可忽略不计；当旋转周期远小于舒勒周期时，旋转调制引起的不利是延长了系统的对准时间，但系统的对准精度得到了提高。最后，建立了连续旋转卡尔曼滤波误差模型，采用连续旋转卡尔曼滤波初始对准方法，将惯性器件的常值误差调制成周期变化的量，通过 IMU 的连续旋转来改变捷联式惯导系统误差模型中的系统矩阵，从而提高系统中状态变量的可观测度，达到了快速、高精度初始对准的要求。

附　　录

附录 1　平台误差角与姿态误差角之间的关系

1. 导航坐标系为地理坐标系

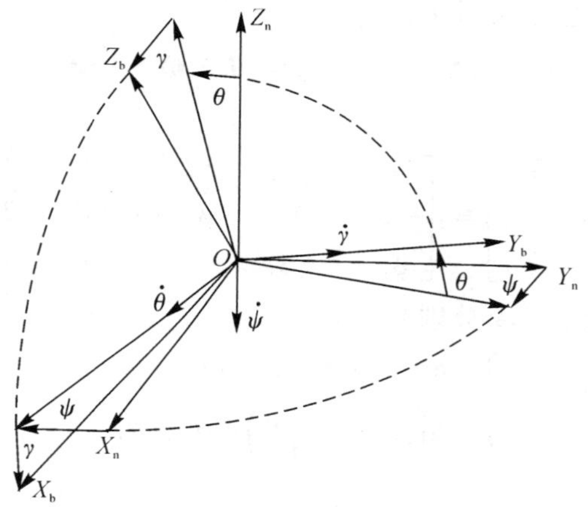

附图 1.1　导航坐标系与载体坐标系之间的转换关系

将导航坐标系定义为东北天地理坐标系 $OX_nY_nZ_n$、载体坐标系 $OX_bY_bZ_b$。假定 $OX_nY_nZ_n$ 按照附图 1.1 所示的三次旋转可与 $OX_bY_bZ_b$ 重合，则导航坐标系到载体坐标系的转换矩阵可以表示为

$$\boldsymbol{C}_n^b=\boldsymbol{R}_y(\gamma)\cdot\boldsymbol{R}_x(\theta)\cdot\boldsymbol{R}_{-z}(\psi)=$$

$$\begin{bmatrix}\cos\gamma & 0 & -\sin\gamma\\ 0 & 1 & 0\\ \sin\gamma & 0 & \cos\gamma\end{bmatrix}\cdot\begin{bmatrix}1 & 0 & 0\\ 0 & \cos\theta & \sin\theta\\ 0 & -\sin\theta & \cos\theta\end{bmatrix}\cdot\begin{bmatrix}\cos\psi & -\sin\psi & 0\\ \sin\psi & \cos\psi & 0\\ 0 & 0 & 1\end{bmatrix}=$$

$$\begin{bmatrix}\cos\gamma\cos\psi+\sin\gamma\sin\theta\sin\psi & -\cos\gamma\sin\psi+\sin\gamma\sin\theta\cos\psi & -\sin\gamma\cos\theta\\ \cos\theta\sin\psi & \cos\theta\cos\psi & \sin\theta\\ \sin\gamma\cos\psi-\cos\gamma\sin\theta\sin\psi & -\sin\gamma\sin\psi-\cos\gamma\sin\theta\cos\psi & \cos\gamma\cos\theta\end{bmatrix}\quad(附 1.1)$$

式中，ψ，θ，γ 分别表示偏航角、俯仰角和滚转角。

根据式(附 1.1)，将载体坐标系到导航坐标系的转换矩阵 $\boldsymbol{C}_b^n$ 记为

$$\boldsymbol{C}_b^n=(\boldsymbol{C}_n^b)^T=\begin{bmatrix}T_{11} & T_{12} & T_{13}\\ T_{21} & T_{22} & T_{23}\\ T_{31} & T_{32} & T_{33}\end{bmatrix}\quad(附 1.2)$$

由式(附 1.1) 和式(附 1.2) 可得到,各姿态角的计算公式为

$$\left.\begin{aligned}\theta&=\arcsin(T_{32})\\\gamma&=\arctan\left(-\frac{T_{31}}{T_{33}}\right)\\\psi&=\arctan\left(\frac{T_{12}}{T_{22}}\right)\end{aligned}\right\}\tag{附 1.3}$$

设惯导系统的平台误差角为 $\boldsymbol{\Phi}=[\phi_x \quad \phi_y \quad \phi_z]^{\mathrm{T}}$,则在平台误差角的影响下导航坐标系 n′ 与理想的导航坐标系 n 之间的转换矩阵可表示为

$$\boldsymbol{C}_{\mathrm{n}}^{\mathrm{n}'}=\begin{bmatrix}1 & \phi_z & -\phi_y\\-\phi_z & 1 & \phi_x\\\phi_y & -\phi_x & 1\end{bmatrix}=\boldsymbol{I}-[\boldsymbol{\Phi}\times]\tag{附 1.4}$$

则导航系统确定的姿态矩阵 $\hat{\boldsymbol{C}}_{\mathrm{b}}^{\mathrm{n}}$ 可以表示为

$$\hat{\boldsymbol{C}}_{\mathrm{b}}^{\mathrm{n}}=\boldsymbol{C}_{\mathrm{b}}^{\mathrm{n}'}=\boldsymbol{C}_{\mathrm{n}}^{\mathrm{n}'}\cdot\boldsymbol{C}_{\mathrm{b}}^{\mathrm{n}}=[\boldsymbol{I}-\boldsymbol{\Phi}\times]\cdot\boldsymbol{C}_{\mathrm{b}}^{\mathrm{n}}\tag{附 1.5}$$

即

$$\begin{bmatrix}\hat{T}_{11} & \hat{T}_{12} & \hat{T}_{13}\\\hat{T}_{21} & \hat{T}_{22} & \hat{T}_{23}\\\hat{T}_{31} & \hat{T}_{32} & \hat{T}_{33}\end{bmatrix}=\begin{bmatrix}1 & \phi_z & -\phi_y\\-\phi_z & 1 & \phi_x\\\phi_y & -\phi_x & 1\end{bmatrix}\cdot\begin{bmatrix}T_{11} & T_{12} & T_{13}\\T_{21} & T_{22} & T_{23}\\T_{31} & T_{32} & T_{33}\end{bmatrix}\tag{附 1.6}$$

根据 $\hat{\boldsymbol{C}}_{\mathrm{b}}^{\mathrm{n}}$ 得到的姿态角 $\hat{\psi},\hat{\theta},\hat{\gamma}$ 分别为

$$\left.\begin{aligned}\hat{\theta}&=\arcsin\hat{T}_{32}=\theta+\delta\theta\\\hat{\gamma}&=\arctan\left(-\frac{\hat{T}_{31}}{\hat{T}_{33}}\right)=\gamma+\delta\gamma\\\hat{\psi}&=\arctan\frac{\hat{T}_{12}}{\hat{T}_{22}}=\psi+\delta\psi\end{aligned}\right\}\tag{附 1.7}$$

式中,$\delta\theta,\delta\gamma,\delta\psi$ 分别为俯仰角、滚转角和偏航角误差。

(1)$\delta\theta$ 与平台误差角的关系式。根据式(附 1.6) 可知

$$\hat{T}_{32}=-\phi_x T_{22}+\phi_y T_{12}+T_{32}\tag{附 1.8}$$

根据姿态角的求解公式有

$$\sin\hat{\theta}=\sin(\theta+\delta\theta)=\hat{T}_{32}=-\phi_x T_{22}+\phi_y T_{12}+T_{32}\tag{附 1.9}$$

将 $\sin(\theta+\delta\theta)$ 进行泰勒展开并取一阶项,可得

$$\sin\theta+\cos\theta\cdot\delta\theta=-\phi_x T_{22}+\phi_y T_{12}+T_{32}\tag{附 1.10}$$

将 T_{12},T_{22},T_{32} 表示成姿态角的函数,可得

$$\delta\theta=-\cos\psi\cdot\phi_x+\sin\psi\cdot\phi_y\tag{附 1.11}$$

(2)$\delta\gamma$ 与平台误差角的关系式。根据式(附 1.6) 以及姿态角的计算公式,有

$$\tan(\gamma+\delta\gamma)=-\frac{T_{31}-\phi_x T_{21}+\phi_y T_{11}}{\phi_y T_{13}-\phi_x T_{23}+T_{33}}\tag{附 1.12}$$

将式(附 1.12) 进行泰勒展开并取一阶项,可得

$$\tan\gamma+\frac{1}{\cos^2\gamma}\delta\gamma=-(T_{31}-\phi_x T_{21}+\phi_y T_{11})\left[\frac{1}{T_{33}}-\frac{1}{T_{33}^2}(\phi_y T_{13}-\phi_x T_{23})\right]\tag{附 1.13}$$

进一步展开式(附 1.13),并忽略二阶小量可以得到

$$\tan\gamma + \frac{1}{\cos^2\gamma}\delta\gamma = \left(\frac{T_{21}}{T_{33}} - \frac{T_{31}T_{23}}{T_{33}^2}\right)\phi_x + \left(\frac{T_{31}T_{13}}{T_{33}^2} - \frac{T_{11}}{T_{33}}\right)\phi_y \tag{附 1.14}$$

最终，得到 $\delta\gamma$ 与平台误差角的关系式为

$$\delta\gamma = -(\sec\theta\sin\psi)\phi_x - (\sec\theta\cos\psi)\phi_y \tag{附 1.15}$$

(3)$\delta\psi$ 与平台误差角的关系式。根据式(附 1.6) 以及姿态角的计算公式，有

$$\tan(\psi + \delta\psi) = \frac{T_{12} + \phi_z T_{22} - \phi_y T_{32}}{-\phi_z T_{12} + T_{22} + \phi_x T_{32}} \tag{附 1.16}$$

将式(附 1.16) 进行泰勒展开并取一阶项，可得

$$\tan\psi + \frac{1}{\cos^2\psi}\delta\psi = (T_{12} + \phi_z T_{22} - \phi_y T_{32})\left[\frac{1}{T_{22}} - \frac{1}{T_{22}^2}(-\phi_z T_{12} + \phi_x T_{32})\right] \tag{附 1.17}$$

进一步展开式(附 1.17)，并忽略二阶小量可以得到

$$\tan\psi + \frac{1}{\cos^2\psi}\delta\psi = \frac{T_{12}}{T_{22}} - \frac{T_{12}T_{32}}{T_{22}^2}\phi_x - \frac{T_{32}}{T_{22}}\phi_y + \left(1 + \frac{T_{21}^2}{T_{22}^2}\right)\phi_z \tag{附 1.18}$$

最终，得到 $\delta\gamma$ 与平台误差角的关系式为

$$\delta\psi = -(\tan\theta\sin\psi)\phi_x - (\tan\theta\cos\psi)\phi_y + \phi_z \tag{附 1.19}$$

令 $\Phi = [\delta\psi \quad \delta\theta \quad \delta\gamma]^T$，根据式(附 1.11)、式(附 1.15) 和式(附 1.19)，可以求出平台误差角与姿态角误差之间的关系式为

$$\begin{bmatrix}\phi_x \\ \phi_y \\ \phi_z\end{bmatrix} = \begin{bmatrix}0 & -\cos\psi & -\sin\psi\cos\theta \\ 0 & \sin\psi & -\cos\psi\cos\theta \\ 1 & 0 & -\sin\theta\end{bmatrix} \cdot \begin{bmatrix}\delta\psi \\ \delta\theta \\ \delta\gamma\end{bmatrix} \tag{附 1.20}$$

2. 导航坐标系为发射点惯性坐标系

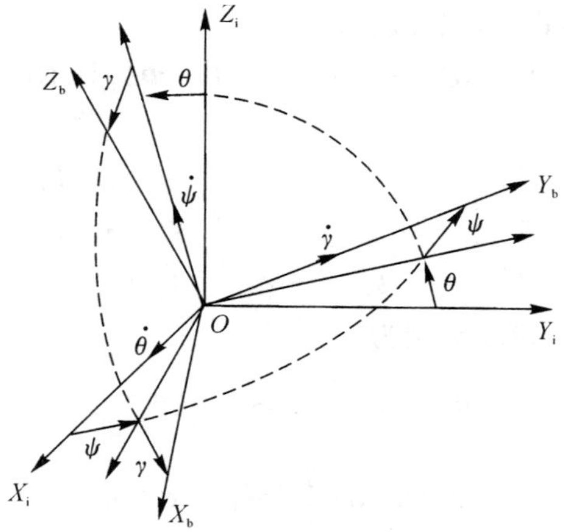

附图 1.2　导航坐标系与载体坐标系之间的转换关系

将导航坐标系定义为发射点惯性坐标系 $OX_iY_iZ_i$、载体坐标系 $OX_bY_bZ_b$。假定 $OX_iY_iZ_i$ 按照附图 1.2 所示的 3 次旋转可与 $OX_bY_bZ_b$ 重合，则导航坐标系到载体坐标系的转换矩阵可以表示为

$$\boldsymbol{C}_i^b = \boldsymbol{R}_x(\gamma) \cdot \boldsymbol{R}_y(\psi) \cdot \boldsymbol{R}_z(\theta) =$$

$$\begin{bmatrix}1 & 0 & 0\\0 & \cos\gamma & \sin\gamma\\0 & -\sin\gamma & \cos\gamma\end{bmatrix}\cdot\begin{bmatrix}\cos\psi & 0 & -\sin\psi\\0 & 1 & 0\\\sin\psi & 0 & \cos\psi\end{bmatrix}\cdot\begin{bmatrix}\cos\theta & \sin\theta & 0\\-\sin\theta & \cos\theta & 0\\0 & 0 & 1\end{bmatrix}=$$

$$\begin{bmatrix}\cos\psi\cos\theta & \cos\psi\sin\theta & -\sin\psi\\\sin\gamma\sin\psi\cos\theta-\cos\gamma\sin\theta & \sin\gamma\sin\psi\sin\theta+\cos\gamma\cos\theta & \sin\gamma\cos\psi\\\cos\gamma\sin\psi\cos\theta+\sin\gamma\sin\theta & \cos\gamma\sin\psi\sin\theta-\sin\gamma\cos\theta & \cos\gamma\cos\psi\end{bmatrix} \quad \text{(附 1.21)}$$

式中，ψ,θ,γ 分别为偏航角、俯仰角和滚转角。

根据式(附 1.21)，将载体坐标系到导航坐标系的转换矩阵 $\boldsymbol{C}_{\mathrm{b}}^{\mathrm{i}}$ 记为

$$\boldsymbol{C}_{\mathrm{b}}^{\mathrm{i}}=(\boldsymbol{C}_{\mathrm{i}}^{\mathrm{b}})^{\mathrm{T}}=\begin{bmatrix}T_{11} & T_{12} & T_{13}\\T_{21} & T_{22} & T_{23}\\T_{31} & T_{32} & T_{33}\end{bmatrix} \quad \text{(附 1.22)}$$

由式(附 1.21) 和式(附 1.22) 可得到，各姿态角的计算公式为

$$\left.\begin{aligned}\theta&=\arctan\frac{T_{21}}{T_{11}}\\\gamma&=\arctan\frac{T_{32}}{T_{33}}\\\psi&=-\arcsin T_{31}\end{aligned}\right\} \quad \text{(附 1.23)}$$

设惯导系统的平台误差角为 $\boldsymbol{\Phi}=[\phi_x \quad \phi_y \quad \phi_z]^{\mathrm{T}}$，则在平台误差角的影响下的导航坐标系 i' 与理想的导航坐标系 i 之间的转换矩阵可表示为

$$\boldsymbol{C}_{\mathrm{i}}^{\mathrm{i}'}=\begin{bmatrix}1 & \phi_z & -\phi_y\\-\phi_z & 1 & \phi_x\\\phi_y & -\phi_x & 1\end{bmatrix}=\boldsymbol{I}-[\boldsymbol{\Phi}\times] \quad \text{(附 1.24)}$$

则导航系统确定的姿态矩阵 $\hat{\boldsymbol{C}}_{\mathrm{b}}^{\mathrm{i}}$ 可以表示为

$$\hat{\boldsymbol{C}}_{\mathrm{b}}^{\mathrm{i}}=\boldsymbol{C}_{\mathrm{b}}^{\mathrm{i}'}=\boldsymbol{C}_{\mathrm{i}}^{\mathrm{i}'}\cdot\boldsymbol{C}_{\mathrm{b}}^{\mathrm{i}}=[\boldsymbol{I}-\boldsymbol{\Phi}\times]\cdot\boldsymbol{C}_{\mathrm{b}}^{\mathrm{i}} \quad \text{(附 1.25)}$$

即

$$\begin{bmatrix}\hat{T}_{11} & \hat{T}_{12} & \hat{T}_{13}\\\hat{T}_{21} & \hat{T}_{22} & \hat{T}_{23}\\\hat{T}_{31} & \hat{T}_{32} & \hat{T}_{33}\end{bmatrix}=\begin{bmatrix}1 & \phi_z & -\phi_y\\-\phi_z & 1 & \phi_x\\\phi_y & -\phi_x & 1\end{bmatrix}\cdot\begin{bmatrix}T_{11} & T_{12} & T_{13}\\T_{21} & T_{22} & T_{23}\\T_{31} & T_{32} & T_{33}\end{bmatrix} \quad \text{(附 1.26)}$$

根据 $\hat{\boldsymbol{C}}_{\mathrm{b}}^{\mathrm{i}}$ 得到的姿态角 $\hat{\psi},\hat{\theta},\hat{\gamma}$ 分别为

$$\left.\begin{aligned}\hat{\theta}&=\arctan\frac{\hat{T}_{21}}{\hat{T}_{11}}=\theta+\delta\theta\\\hat{\gamma}&=\arctan\frac{\hat{T}_{32}}{\hat{T}_{33}}=\gamma+\delta\gamma\\\hat{\psi}&=-\arcsin\hat{T}_{31}=\psi+\delta\psi\end{aligned}\right\} \quad \text{(附 1.27)}$$

式中，$\delta\theta,\delta\gamma,\delta\psi$ 分别为俯仰角、滚转角和偏航角误差。

(1)$\delta\theta$ 与平台误差角的关系式。根据式(附 1.26) 以及姿态角的计算公式，有

$$\tan(\theta+\delta\theta)=\frac{-\phi_z T_{11}+T_{21}+\phi_x T_{31}}{T_{11}+\phi_z T_{21}-\phi_y T_{31}} \quad \text{(附 1.28)}$$

将式(附 1.28) 进行泰勒展开并取一阶项，可得

$$\tan\theta+\frac{1}{\cos^2\theta}\delta\theta=(-\phi_z T_{11}+T_{21}+\phi_x T_{31})\left[\frac{1}{T_{11}}-\frac{1}{T_{11}^2}(\phi_z T_{21}-\phi_y T_{31})\right] \quad (附 1.29)$$

进一步展开式(附 1.29)，并忽略二阶小量可以得到

$$\tan\theta+\frac{1}{\cos^2\theta}\delta\theta=\frac{T_{21}}{T_{11}}+\frac{T_{31}}{T_{11}}\phi_x+\frac{T_{21}T_{31}}{T_{11}^2}\phi_y-\left(1+\frac{T_{21}^2}{T_{11}^2}\right)\phi_z \quad (附 1.30)$$

最终，得到 $\delta\theta$ 与平台误差角的关系式为

$$\delta\theta=-(\tan\psi\cos\theta)\phi_x-(\tan\psi\sin\theta)\phi_y-\phi_z \quad (附 1.31)$$

(2)$\delta\gamma$ 与平台误差角的关系式。根据式(附 1.26) 以及姿态角的计算公式，有

$$\tan(\gamma+\delta\gamma)=\frac{\phi_y T_{12}-\phi_x T_{22}+T_{32}}{\phi_y T_{13}-\phi_x T_{23}+T_{33}} \quad (附 1.32)$$

将式(附 1.32) 进行泰勒展开并取一阶项，可得

$$\tan\gamma+\frac{1}{\cos^2\gamma}\delta\gamma=(\phi_y T_{12}-\phi_x T_{22}+T_{32})\left[\frac{1}{T_{33}}-\frac{1}{T_{33}^2}(\phi_y T_{13}-\phi_x T_{23})\right] \quad (附 1.33)$$

进一步展开式(附 1.33)，并忽略二阶小量，可以得到

$$\tan\gamma+\frac{1}{\cos^2\gamma}\delta\gamma=\frac{T_{32}}{T_{33}}+\left(\frac{T_{32}T_{23}}{T_{33}^2}-\frac{T_{22}}{T_{33}}\right)\phi_x+\left(\frac{T_{12}}{T_{33}}-\frac{T_{32}T_{13}}{T_{33}^2}\right)\phi_y \quad (附 1.34)$$

最终，得到 $\delta\theta$ 与平台误差角的关系式为

$$\delta\gamma=-(\sec\psi\cos\theta)\phi_x-(\sec\psi\sin\theta)\phi_y \quad (附 1.35)$$

(3)$\delta\psi$ 与平台误差角的关系式。根据式(附 1.26) 可知

$$\hat{T}_{31}=-\phi_x T_{21}+\phi_y T_{11}+T_{31} \quad (附 1.36)$$

根据姿态角的求解公式有

$$-\sin\hat{\psi}=-\sin(\psi+\delta\psi)=\hat{T}_{31}=-\phi_x T_{21}+\phi_y T_{11}+T_{31} \quad (附 1.37)$$

将 $\sin(\psi+\delta\psi)$ 进行泰勒展开并取一阶项，可得

$$\sin\psi+\cos\psi\cdot\delta\psi=-T_{31}+\phi_x T_{21}-\phi_y T_{11} \quad (附 1.38)$$

将 T_{31}，T_{21}，T_{11} 表示成姿态角的函数，可得

$$\delta\psi=\sin\theta\cdot\phi_x-\cos\theta\cdot\phi_y \quad (附 1.39)$$

令 $\boldsymbol{\Phi}=[\delta\psi\quad\delta\theta\quad\delta\gamma]^{\mathrm{T}}$，根据式(附 1.31)、式(附 1.35) 和式(附 1.39)，可以求出平台误差角与姿态角误差之间的关系式为

$$\begin{bmatrix}\phi_x\\ \phi_y\\ \phi_z\end{bmatrix}=\begin{bmatrix}\sin\theta & 0 & -\cos\theta\cos\psi\\ -\cos\theta & 0 & -\sin\theta\cos\psi\\ 0 & -1 & \sin\psi\end{bmatrix}\begin{bmatrix}\delta\psi\\ \delta\theta\\ \delta\gamma\end{bmatrix} \quad (附 1.40)$$

附录 2　常见的随机误差模型

在实际的惯导系统中，对于陀螺仪和加速度计的系统性误差，由于具有一定的规律性，所以可以通过补偿的方法加以消除。而陀螺仪和加速度计误差中的随机部分，由于无法预先补偿，所以就成为产生系统误差的主要误差源。下面介绍几种常见的惯性器件随机误差模型。

1. 随机常数

一个连续随机常数可表示为

$$\dot{x}(t)=0 \tag{附 2.1}$$

与其相应的离散过程可写成

$$x_{k+1}=x_k \tag{附 2.2}$$

随机常数表示初始条件是一个随机变量,因而相当于一个没有输入但有随机初始值的积分器的输出,如附图 2.1 所示。

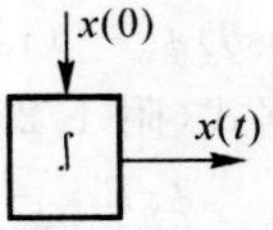

附图 2.1　随机常数

2. 随机斜坡

随机过程随时间线性增长,但是增长的斜率则是具有一定概率分布的随机量。

$$\left.\begin{aligned}\dot{x}_1(t)&=x_2(t)\\ \dot{x}_2(t)&=0\end{aligned}\right\} \tag{附 2.3}$$

如附图 2.2 所示为随机斜坡的结构图。

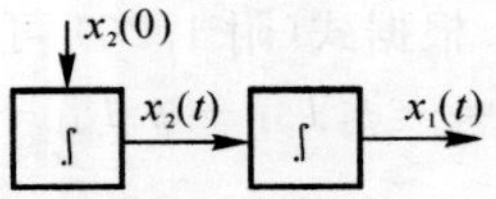

附图 2.2　随机斜坡结构图

相应的离散方程为

$$\left.\begin{aligned}x_1(k+1)&=x_1(k)+(t_{k+1}-t_k)x_2(k)\\ x_2(k+1)&=x_2(k)\end{aligned}\right\} \tag{附 2.4}$$

3. 随机游动

一个白噪声过程通过积分器后,输出就不再是一个白噪声。如果输入的白噪声过程具有零均值和平稳的正态分布,则输出就称为维纳过程,也称作随机游动。

$$\dot{x}(t)=W(t) \tag{附 2.5}$$

式中,$W(t)=\mathrm{NID}(0,\sigma_w^2)$。

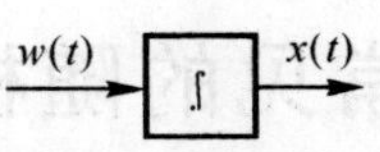

附图 2.3　随机游动结构图

如附图 2.3 所示为随机游动的结构图。相应的离散方程为

$$x(k+1)=x(k)+W(k)\sqrt{T} \tag{附 2.6}$$

式中,$T=t(k+1)-t(k)$ 为采样周期。

4. 指数相关的随机过程

随机过程具有如下指数相关函数：

$$R(\tau)=\sigma^2 e^{-\beta\tau} \tag{附 2.7}$$

式中，σ^2 为随机过程的方差；$1/\beta$ 为过程的相关时间。

这种指数相关的随机过程可以用由白噪声输入的线性系统输出来表示，即

$$\dot{x}(t)=-\beta x(t)+W(t) \tag{附 2.8}$$

如附图 2.4 所示为马尔柯夫过程的结构图，显然这是一个一阶马尔柯夫过程。

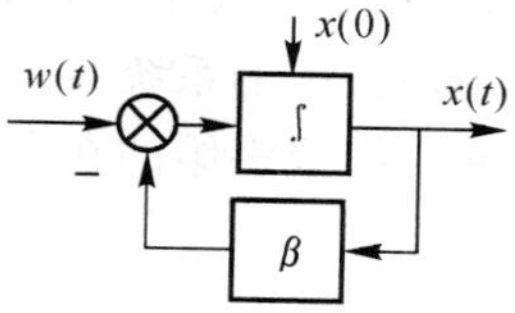

附图 2.4　马尔柯夫过程结构图

如果 $W(t)$ 具有高斯分布，则 $x(t)$ 也为高斯分布，称作高斯马尔柯夫过程。其相应的离散方程为

$$x_{k+1}=e^{-\beta(t_{k+1}-t_k)}x_k+W_k$$

一般进行分析时，为了简单起见，通常把陀螺仪的随机漂移误差看作是由随机常数和一阶马尔柯夫过程组成，即

$$\varepsilon(t)=\varepsilon_c+\varepsilon_r$$

其中

$$\left.\begin{aligned}&\dot{\varepsilon}_c=0\\&\dot{\varepsilon}_r(t)=-\beta\varepsilon_r(t)+W_1(t)\end{aligned}\right\} \tag{附 2.9}$$

加速度计的随机误差可以考虑为一个一阶马尔柯夫过程，即

$$\dot{\nabla}(t)=-\mu\nabla(t)+W_2(t) \tag{附 2.10}$$

式中，$\nabla(t)$ 为加速度计的随机常值误差；μ 为反相关时间；$W_2(t)$ 为白噪声。

5. 自回归-滑动平均模型 ARMA(p,q)

时间序列就是离散的随机过程。随机过程的每一个样本就是所观测到的一组有序的随机数据。正是数据的这种顺序与大小反映了数据内部的相互关系或规律性，蕴含了产生这些数据的现象、过程、系统的有关特性。

设时间序列为 $x_t,x_{t-1},x_{t-2},\cdots,x_{t-p},\cdots$，其自回归-滑动平均(ARMA) 模型表示为

$$x(t)-\mu=\varphi_1(x_{t-1}-\mu)+\varphi_2(x_{t-2}-\mu)+\cdots+\varphi_p(x_{t-p}-\mu)+a_t-\theta_1a_{t-1}-\theta_2a_{t-2} \tag{附 2.11}$$

式中，p 为自回归阶次；q 为滑动平均次数；μ 为平均值；$a_t=\mathrm{NID}(0,\sigma_a^2)$。

当 $p=0$ 时，ARMA 模型为滑动平均模型(MA 模型)；当 $q=0$ 时，ARMA 模型为自回归模型(AR 模型)。

从信号处理理论角度上看，这一参数模型是一成型滤波器。设 $\mu=0$，则

$$\hat{x}_t = \sum_{i=1}^{p} \phi_i x_{t-i} - \sum_{j=1}^{q} \theta_j a_{t-j} \qquad (附 2.12)$$

式中，$\hat{x}_t$ 为 t 的滤波值；a_t 为滤波误差。

从控制理论角度上看，这一参数模型是系统离散形式的动力学方程。输入为白噪声 a_t，输出为观测数据 x_t，系统的传递函数为 $\Theta(B)=\Phi(B)$，其中 B 为后移算子，$Bx_t=x_{t-1}$。

$$\Theta(B)=1-\theta_1 B-\theta_2 B^2-\cdots-\theta_q B^q$$

$$\Phi(B)=1-\varphi_1 B-\varphi_2 B^2-\cdots-\varphi_p B^p$$

需要指出的是，在许多情况下，对于产生数据的系统而言，当输入不清楚时，或当系统本身不清楚时，或当噪声太大时，或当输入与输出的关系不太清楚时，总之，当系统的输入与输出的因果关系不完全清楚时，直接采用控制理论中的系统辨识的方法一般是不可能的，而采用基于统计理论的时序分析方法，可以建立起一维或多维的在白噪声驱动下的系统参数模型。

参 考 文 献

[1] Bar-Itzhack I Y, Berman N. Control theoretic Approach to inertial navigation systems [J]. Journal of Guidance and control, 1988,11(3): 237 - 245.

[2] Dohyoung Chung, Chan Gook Park an, Jang Gyu Lee. Observability analysis of strapdown inertial navigation system using Lyapunov transformation[C]. Proceedings of the 35th Conference on Decision and Control. Kobe: WA02, 1996: 23 - 28.

[3] Jiang Y F, Lin Y P. Error estimation of ground alignment to arbitrary azimuth[R]. Aircraft Industries Association of America AIAA - 93 - 3823 - CP:1088 - 1093.

[4] Goshen-Meskin D, Bar-Itzhack I Y. Observability Analysis of Piece-Wise Constant System-Part I: Theory[J]. IEEE Transactions on Aerospace and Electronics Systems, 1992, 28(4): 1056 - 1067.

[5] Jiang Y, Linc Y. Error estimation of ground alignment to arbitrary azimuth [R]. Aircraft Industries Association of America (AIAA)- 93 - 3823 - CP:1088 - 1093.

[6] Ham F M, Brown R G. Observability , eigenvalues and kalman filtering [J]. IEEE Transactions on Aerospace and Electronic Systems ,1983 ,19 (2):269 - 273.

[7] Christopher C Ross , Timothy F Elbert . A Transfer algorithm study base on actual flight test data from a tactical air-to-ground weapon launch[J]. IEEE, 1994 :431 -438.

[8] Yang C ,Lin C F. Transfer alignment design and evaluation[R]. AIAA - 93 - 3892 - CP , 1724 - 1733.

[9] Kevin Spalding. An efficient rapid transfer alignment filter[R]. AIAA - 92 - 4598 - CP: 1276 - 1286.

[10] Kain J E, Cloutier J R. Rapid Transfer Alignment for Tactical Weapon Applications [R]. AIAA - 89 - 3581,1989.

[11] Efebvre T L, Bruyninckx H, Schutter J De. Comment on "A New Method for the Nonlinear Transform of Means and Covariances in Filters and Estimators" [J]. IEEE Transactions on utomation Control, 2002, 47(8): 1406 - 1408.

[12] Britting K R. Inertial navigation system analysis [M]. New York: Wiley-Interscience,1971.

[13] Kortum W. Design and analysis of low-order filters applied to the alignment of inertial platforms [R]. In practical aspect of Kalman filtering implementation, AGARD lecture series 82(AD - A024377), Mar., 1976.

[14] Broxmeye C. Inertial Navigation Systems[M]. New York: McGraw-Hill,1964.

[15] 万德均,房建成. 惯性导航初始对准[M]. 南京:东南大学出版社,1998.

[16] 房建成,宁晓琳. 天文导航原理及应用[M]. 北京:北京航空航天大学出版社,2006.

[17] 程向红,万德均,仲巡. 捷联惯导系统的可观测性和可观测度研究[J]. 东南大学学报,

1997,27(6):6-10.
[18] 刘一谦. 国外战术导弹惯导系统动基座对准方法综述[J]. 飞航导弹，1991，12:42-47，34.
[19] 于国宏. 捷联惯导系统初始对准技术的研究[J]. 上海航天，1995，3：11-13.
[20] 徐林，李世玲，屈新芬. 惯性导航系统传递对准技术综述[J]. 信息与电子工程，2010，8(6):633-640.
[21] 洪慧慧，李杰，马幸声，等. 捷联惯导系统初始对准技术综述[J]. 测试技术学报，2007，21(增刊)：149-153.
[22] 俞济祥. 惯性导航系统各种传递对准方法讨论[J]. 航空学报，1988，9(5):211-217.
[23] 孙昌跃，王司，邓正隆. 舰载武器惯导系统对准综述[J]. 测试技术学报，2007，21(增刊)：149-153.
[24] 杨亚非，谭久彬，邓正隆. 惯导系统初始对准技术综述[J]. 测试技术学报，2002，10(2)：68-72.
[25] David H Titterton，John L，Weston. Strapdown Inertial Navigation System[M]. 张天光，王秀萍，王丽霞，等，译. 北京：国防工业出版社，2010.
[26] Yeon Fuh Jiang. Error Analysis of Analytic Coarse Alignment Methods [J]. IEEE，1998，AES-34(1)：334-337.
[27] Heung Won Park，Jang Gyu Lee，Chan Gook Park. Covariance analysis of strapdown INS considering gyrocompass characteristics[J]. IEEE Transactions on Aerospace and Electronic Systems，1995，31(1):320-328.
[28] 魏春岭，张洪钺. 捷联惯导系统粗对准方法比较[J]. 航天控制，2000(3)：16-21.
[29] 秦永元，张洪钺，汪叔华. 卡尔曼滤波与组合导航原理[M]. 西安：西北工业大学出版社，1998.
[30] Lee J G，Park C G，Park H W. Multiposition alignment of strapdown inertial navigation system[J]. IEEE Transaction on Aerospace and Electronic Systems，1993，29(4):1323-1328.
[31] Wahba G. A Least Squares Estimate of Spacecraft Attitude[J]. SIAM Review，1965，7(3):409.
[32] Wu Meiping，Wu Yuanxin，Hu Xiaoping，et al. Optimization-based alignment for inertial navigation systems：theory and algorithm [J]. Aerospace Science and Technology 2011(15):1-17.
[33] Choukroun D，Bar-Itzhack I Y，Oshman Y. Novel quaternion Kalman filter[J]. IEEE Transactions on Aerospace and Electronic Systems，2006，42(1)：174-190.
[34] Keat. Analysis of least-squares attitude determination routine [R]. DOAOP，Computer Sciences Corp.，Report CSC/TM-77/6034，1977.
[35] Shuster M D，Oh S D. Three-axis attitude determination from vector observations [J]. Journal of Guidance，Control and Dynamics，1981，4(1)：70-77.
[36] Assaf Nadler，Bar-itzhack，Haim weiss. On algrithms for attitude estimation using GPS[C]. Proceeding of the 39th IEEE Conference on Decision and Control，Sydney，

Australia,2000:3321 - 3326.

[37] 秦永元,严恭敏,顾冬晴,等. 摇摆基座上基于信息的捷联惯导粗对准研究[J]. 西北工业大学学报,2005,23(5):681 - 684.

[38] 周丽弦,崔中兴. 系泊状态下舰载导弹自主式初始对准研究[J]. 北京航空航天大学学报, 2002, 28 (1) : 86 - 89.

[39] 袁信,倪永锡. 晃动基座上捷联式惯导系统的对准与标定[J]. 航空学报, 1988, 9 (8) : 338 - 345.

[40] 王司, 邓正隆. 惯导系统动基座传递对准技术综述[J]. 中国惯性技术学报, 2003, 11 (2): 61 - 67.

[41] 秦永元. 捷联惯导系统初始对准的参数辨识法[J]. 中国惯性技术学报, 1990 (0) : 1 - 16.

[42] Alan M Schneider. Kalman Filter Formulations for Transfer Alignment of Strapdown Inertial Units[J]. Journal of Institute of Navigation, 1983, 30(1):8 - 17.

[43] 徐晓苏,万德钧. 杆臂效应对捷联惯性导航系统初始对准精度的影响及其在线补偿方法研究[J]. 中国惯性技术学报,1994,2(2):22 - 27.

[44] 郝冰,王红艳. 杆臂效应与挠曲变形一体化误差补偿技术研究[J]. 计算机工程与应用, 2012, 48(9): 218 - 221.

[45] 肖艳霞,张洪钺. 考虑机翼弹性变形时的传递对准方法研究[J]. 航天控制,2001(2):27 - 35.

[46] Rogers R M. IMU In-Motion Alignment Without Benefit of Attitude Initialization [J]. Journal of The Institute of Navigation, 1997, 44(3): 301 - 311.

[47] 韩军海, 陈家斌. 舰船在风浪干扰下的快速对准技术研究[J]. 北京理工大学学报, 2004, 10(10):894 - 896,909.

[48] 陈凯,鲁浩,等. 传递对准中的一种新的姿态匹配算法[J]. 西北工业大学学报, 2007, 25(5):691 - 694.

[49] 孙昌跃, 邓正隆. 舰载导弹 INS 在低机动条件下传递对准研究[J]. 哈尔滨工业大学学报, 2007, 39(12):1916 - 1919.

[50] 韩京清, 袁露林. 跟踪-微分器的离散形式[J]. 系统科学与数学, 1999,19(3):268 - 273.

[51] You-Chol Lim, Joon Lyou. An error compensation method for transfer alignment[J]. IEEE 2001: 850 - 855.

[52] Tarrant D, Roberts C, Jones D. Rapid and robust transfer alignment [C]. Proceedings of the First IEEE regional conference on Aerospace control systems, 1993:758 - 762.

[53] 房建成, 宁晓琳, 田玉龙. 航天器自主天文导航原理与方法[M]. 北京:国防工业出版社, 2006.

[54] 吴海仙, 俞文伯, 房建成. 高空长航时无人机 SINS/CNS 组和导航系统仿真研究[J]. 航空学报, 2006, 27(2): 299 - 304.

[55] 魏春岭, 张洪钺, 郝曙光. 捷联惯导系统大方位失准角下的非线性对准[J]. 航天控制, 2003(4): 25 - 35.

[56] 张毅, 杨辉耀, 李俊莉. 弹道导弹弹道学[M]. 北京:国防科技大学出版社, 1998.

[57] 张国良，李呈良，等．弹道导弹 INS/GNSS/CNS 组合导航系统研究[J]．导弹与航天运载技术，2004(2)：11-15.

[58] Robert S Scalero, Nazif Tepedelenlioglu. A fast new algorithm for training feedforward neural networks[J]. IEEE Tran. SP, 1992, 49(1): 202-210.

[59] Youji Iiguni, Hideaki Sakai. A Real Time Learning Algorithm for a Multilayered Neural Network Based on the Extended Kalman Filter[J]. IEEE Trans. SP, 1992, 40 (4) : 959-966.

[60] Narendra K S, Parthasarathy K. Dentification and Contral for Dynamic System Using Neural Networks[J]. IEEE Trans. On Neural Network, 1990(1): 4-27.

[61] Dmitryev S P. Nonlinear filtering methods application in INS alignment [J]. IEEE Trans. On AES, 1997, 33 (1) : 260-271.

[62] Sunil E V T, Yung C S. Radial Basis Function Neural Network for Approximation and Estimation of Nonlinear Stochastic Systems [J]. IEEE Trans. On Neural Network , 1994 (5) , 594-603.

[63] 杨莉，汪叔华．采用 BP 神经网络的惯导初始对准系统[J]．南京航空航天大学学报，1996,8 (4) : 487-491.

[64] 王丹力，张洪钺．基于 RBF 网络的惯导系统初始对准[J]．航天控制，1999(2)：44-50.

[65] Ozan Tekinalp, Murat Ozemre. Artificial Neural Networks for Transfer Alignment and Calibtation of inertial Navigation system[R]. AIAA-2001-4406: 1-10.

[66] Nicolaos B Karayiannis, Anastasios N Venetsanopoulos. Efficient Learning Algorithms for Neural Networks[J]. IEEE Transactions on System, Man and Cybernetics, 1993,23(5): 1372-1383.

[67] Hecht N R. Theory of the back propagation neural networks proceeding[C]. IEEE Int. Conf. Neural Networks, 1989,593-605.

[68] 薛毅．最优化原理与方法[M]．北京：北京工业大学出版社，2001.

[69] 韩力群．人工神经网络理论、设计及应用[M]．北京：化学工业出版社，2002.

[70] 付梦印．Kalman 滤波理论及其在导航系统中的应用[M]．北京：科学出版社，2003.

[71] 蒋宗礼．人工神经网络导论[M]．北京：高等教育出版社，2001.

[72] 房建成，宁晓琳，田玉龙．航天器自主天文导航原理与方法[M]．北京：国防工业出版社，2006.

[73] Wang Jinchun, Chun Joohwan. Attitude Determination Using a Single Star Sensor and a Star-Density Table[J]. Journal of Guidance, Control, and Dynamics, 2000, 29 (6):1329-1338.

[74] Shuster M D, OH S D. Three-axis attitude determination from vector observations [J]. Journal of Guidance and Control, 1981, 4(1):70-77.

[75] 林玉荣，邓正隆．基于矢量观测确定飞行器姿态的算法综述[J]．哈尔滨工业大学学报，2003,35(1):38-45.

[76] Terry Tacker , Emanuel Levison. The AN/WSN-7B Marine Gyrocompass/Navigator[C]. Proceeding of the 2000 National Technical meeting of The Institute of Navigation, Anaheim,

CA, January 2000: 348 - 357.

[77] Lahhan J I, Brazell J R. Acoustic Noise Reduction in the MK49 Ship's Inertial Navigation System (SINS) [C]//The Proceedings of the IEEE Position Location and Navigation Symposium, 1992: 32 - 39.

[78] Levinson E, Horst J. The Next Generation Marine Inertial Navigator is Here Now [C]//IEEE Position Location and Navigation Symposium, 1994: 121 - 127.

[79] 袁保仑,饶谷音. 光学陀螺旋转惯导系统原理探讨[J]. 国防科技大学学报,2006,28(6):76 - 80.

[80] 杨建业,蔚国强,汪立新. 捷联惯性导航系统旋转调制技术研究[J]. 电光与控制,2009,16(2):30 - 33.

[81] 汪滔,吴文启,曹聚亮,等. 基于转动的光纤陀螺捷联系统初始对准研究[J]. 压电与声光,2007,29(5):519 - 522.

[82] 白亮,秦永元,孙丽. 晃动基座下的双位置参数辨识精对准仿真研究[J]. 计算机仿真,2009,26(1):83 - 88.

[83] 段江锋,秦永元,张亮. 较大幅度摇摆条件下舰船捷联惯导自对准研究[J]. 弹箭与制导学报,2005,16(1):130 - 134.

[84] 联军想,汤勇刚,吴美平,等. 捷联惯导惯性系动基座对准算法研究[J]. 国防科技大学学报,2007,29(5):95 - 100.

[85] 周喆,黄凤荣,孙伟强,等. 双轴旋转式 SINS 非线性初始对准方法[J]. 中国惯性技术学报,2011,19(4):408 - 513.

[86] 顾启泰. 系统设计与仿真[M]. 北京:清华大学出版社,1998.

[87] Wang Xinlong. Fast Alignment and Calibration Algorithms for Inertial Navigation System [J]. Aerospace Science and Technology, 2009,13: 204 - 209.

[88] Wang Xinlong, Guo Longhua. An Intelligentized and Fast Calibration Method of SINS on Moving Base for Planed Missiles[J]. Aerospace Science and Technology, 2009,13: 216 - 223.

[89] Wang Xinlong, Shen Liangliang. Solution of transfer alignment problem of SINS on moving bases via neural networks [J]. Engineering Computations: International Journal for Computer-Aided Engineering and Software, 2011,28: 372 - 388.

[90] Wang Xinlong, Wang Bin, Wu Xiaojuan. A Rapid and High Precise Calibration Method for Long-distance Cruise Missiles[J]. Aerospace Science and Technology, 2013,27:1 - 9.

[91] 王新龙. 惯性导航基础[M]. 西安:西北工业大学出版社,2013.

[92] 刘志琴. 捷联惯导系统初始对准及旋转调制技术研究[D]. 北京:北京航空航天大学,2012.

[93] 申亮亮. 捷联惯导系统动基座初始对准技术研究[D]. 北京:北京航空航天大学,2008.

[94] 郭隆华. 现代控制理论在捷联惯性组合导航系统中的应用研究[D]. 北京:北京航空航天大学,2007.

[95] 马闪. 光纤陀螺捷联惯性组合导航系统关键技术研究[D]. 北京:北京航空航天大

学,2007.
[96] 王焕杰. 机载武器动基座快速精确初始对准技术研究[D]. 北京:北京航空航天大学,2013.
[97] 王新龙,郭隆华. 一种新的 SINS 动基座误差模型及其应用研究[J]. 宇航学报,2006,27(5): 979-983.
[98] 王新龙,马闪. SINS 在摇摆基座上的快速精确对准方法[J]. 北京航空航天大学学报,2009,35(1):91-95.
[99] 王新龙,申亮亮,马闪. 摇摆基座 SINS 快速精确传递对准方法[J]. 北京航空航天大学学报,2009,35(6):728-731.
[100] 刘志琴,王新龙. 捷联惯导系统最优多位置对准的确定与分析[J]. 北京航空航天大学学报,2013,39(3):330-334.
[101] 王新龙,申功勋,唐德麟. 基于最优估计神经网络的惯导系统初始对准研究[J]. 宇航学报,2002,23(3):34-38,60.
[102] 王新龙,申亮亮,谢佳. 捷联惯导系统任意方位两位置的对准模式[J]. 红外与激光工程,2008,37(2): 371-375.
[103] 郭隆华,王新龙. 不同机动方式对机载武器系统传递对准性能影响研究[J]. 弹箭与制导学报,2006,26(1): 1-4.
[104] 郭隆华,王新龙. 机载武器传递对准精确建模方法研究[J]. 弹箭与制导学报,2007,27(2): 45-49.
[105] 李娜,王新龙. 舰载武器 SINS 非线性传递对准模型与滤波算法[J]. 鱼雷技术,2011,19(6): 443-450.
[106] 王新龙,陈涛,李志宇. 舰载武器捷联惯导系统初始对准方法研究[J]. 鱼雷技术,2007,15(1): 12-16.
[107] 申亮亮,王新龙. 弹道导弹 SINS 空中在线标定方法[J]. 航空兵器,2009(2): 3-7.